王功民　马世春　主编

兽医公共卫生

中国农业出版社

主　　审：张仲秋

主　　编：王功民　马世春

副主编：杨　林　池丽娟　陈三民

　　　　孙应祥　刘雅红　陈　泳

编写人员：（以姓名笔画为序）

丁　叶　刁新育　马世春　马志永

王九峰　王功民　王秀荣　王明利

尹晓青　田克恭　朱维琴　刘　伟

刘　群　刘玉满　刘雅红　池丽娟

汤　金　阳爱国　孙希萌　孙应祥

苏增华　杨　林　杨春生　李　扬

佘锐萍　余　勇　宋　琰　张桂红

陈　华　陈　泳　陈三民　陈东来

陈爱平　范运峰　金　萍　赵景义

姚源峰　索　勋　顾宪红　徐发荣

高　琳　寇占英　蒋安文　童光志

魏　巍

序

兽医公共卫生是以兽医领域的技术和资源直接为人类服务的公共事业，它以兽医科学为主并涉及其他众多科学领域，其最终目的是保护和促进人类身心健康。我国政府历来高度重视兽医公共卫生工作，通过建立健全法律法规、完善相关体制机制、制定突发事件应急预案等，不断提高兽医公共卫生工作管理水平和技术水平。

近些年来，SARS、高致病性禽流感、甲型 H1N1 流感等新的人畜共患病不断出现，以往人们熟知的狂犬病、结核病、血吸虫病等人畜共患病出现新的流行趋势，加上瘦肉精猪肉、苏丹红鸭蛋、三聚氰胺奶粉等食品安全事件的发生，使兽医公共卫生工作越来越被全社会所关注。

为促进兽医公共卫生知识普及，推动兽医公共卫生工作，中国动物疫病预防控制中心组织专家编写了《兽医公共卫生》一书。该书系统介绍了国外和我国兽医公共卫生工作相关政策、取得的成就及面临的机遇和挑战，涉及兽医公共卫生的各个方面，包括：人畜共患病的危害及其防控、动物源性产品的危害及其防控、动物医学实验与人类健康、实验室生物安全、动物保健、动物福利、动物生产与生态平衡、动物饲养环境与流通环节的生物安全、养殖场废弃物与病死动物对环境的污染与控制等，以及兽医公共卫生管理、兽医公共卫生服务、兽医公共卫生政策、兽医公共卫生的技术和法律体系等知识。书中还对国际国内兽医公共卫生事件处置案例进行了分析，并就如何加强兽医公共卫生管理提出了作者的思考。

该书无论在兽医公共卫生理论上，还是在兽医公共卫生事件处置上，都有重要的参考价值，既有利于提高读者的兽医公共卫生知识水平，也可为处置突发兽医公共卫生事件提供借鉴。希望广大读者通过此书能够进一步了解兽医公共卫生，进而关注兽医公共卫生，关注动物、人与自然的和谐。

中国动物疫病预防控制中心主任

2010 年 12 月于北京

前 言

　　兽医公共卫生研究范围包括：人畜共患病防控、动物源性食品安全、实验动物比较医学、环境污染、生态平衡以及现代生物技术与人类健康之间的关系。与其他学科不同，兽医公共卫生本身就是多学科的融合，是兽医和人医的融合，是部门协作的体现。其最终目的就是为人类的身心健康服务。

　　兽医公共卫生工作是一项公益性事业，影响到畜牧业经济效益、消费者权益和公共卫生安全，不但需要政府在人、财、物等方面的大力支持，更需要全社会的参与。要加强兽医公共卫生理念和知识的宣传，增加政府在兽医公共卫生事业上的投入，加强兽医公共卫生领域的行政管理和科学技术研究，确保兽医公共卫生在保障国家经济健康发展、社会安定和人民健康中发挥应有的作用。

　　中国动物疫病预防控制中心在对兽医公共卫生问题长期思考的基础上，组织多位兽医公共卫生方面的专家、学者，共同编写了《兽医公共卫生》一书，旨在为我国兽医公共卫生工作者提供参考和指导。本书力求把握兽医公共卫生的发展趋势，关注兽医在公共卫生中的热点、难点问题，推动兽医学与医学的相互交叉、相互渗透，促进我国兽医公共卫生科学的发展。

　　本书编者在收集和阅读大量文献的基础上，认真总结了世界及我国近几年在兽医公共卫生方面的成功经验，展示了兽医公共卫生的最新研究进展，同时书中收录了一些图片，一并呈现给读者。在中国动物疫病预防控制中心成立5周年之际出版该书，希望读者对兽医公共卫生有一个系统全面的认识。

　　在此，对在本书的出版过程中给予帮助的同志表达诚挚的谢意。

　　鉴于本书是全面论述兽医公共卫生的专著，加之时间较紧，编者水平有限，书中难免有疏漏和不足之处，恳请专家和广大读者批评指正。

编　者

目 录

绪　论

近年来，SARS、高致病性禽流感、甲型 H1N1 流感等新的人畜共患病不断出现，曾经控制的狂犬病、结核病、血吸虫病等人畜共患病又出现流行趋势，三聚氰胺事件、瘦肉精中毒事件、多宝鱼事件等食品安全事件，使动物源性食品安全问题成为国家和社会关注的焦点。不论是人畜共患病问题，还是动物源性食品安全问题，都与兽医公共卫生密切相关，属于兽医公共卫生的学科范畴。

兽医公共卫生是利用一切与人类和动物健康问题有关的理论知识、实践活动和物质资源，研究人畜共患病防控、动物源性食品安全、实验动物比较医学、动物保健与动物福利、生态平衡、环境污染以及现代生物技术与人类健康之间的关系，为人类健康事业服务的一门综合性应用科学。简而言之，兽医公共卫生就是以兽医领域的技术和资源直接为人类服务的公共事业。兽医公共卫生工作是多目标和多影响面的，会同时影响公共卫生安全及社会经济效益、动物福利和消费者权益，因此，不能简单地看待兽医工作。兽医的工作会在这些方面同时对人类产生影响。

兽医公共卫生是一项公益性事业，需要政府在人、财、物等方面的大力支持和全社会的参与协助。兽医公共卫生工作正面临着严峻挑战，必须重新认识并充分发挥兽医公共卫生在保护人民生命财产安全、社会公共卫生安全、畜牧业健康发展中的重要作用，加强兽医公共卫生知识的宣传，提高畜牧业生产人员、科技人员、相关行政管理人员和人民群众对兽医公共卫生的认识，增加政府在兽医公共卫生事业上的投入，加强兽医公共卫生领域的行政管理和科学技术研究，确保兽医公共卫生在保障国家经济健康发展、社会安定和人民健康中发挥应有的作用。

一、兽医公共卫生的概念和历史沿革

兽医公共卫生的概念起源于古埃及。在古埃及，随着狩猎和畜牧业的发展，人类开始驯养狩猎来的动物，巫师同时承担着治疗人和动物疾病的任务，没有人医和兽医之分。通过对动物和人类疾病的观察比较，以及动物尸体的解剖和对动物疾病的治疗，巫师获得了大量的医学知识，比如学会了对创伤、骨折、脱臼等损伤的简陋救助方法，发现了药用植物对动物疾病的治疗作用，并应用于人类的疾病治疗。这种"一个医学（One medicine）"理念持续到19世纪，随后由于政治、文化、宗教的原因，人医和兽医的距离逐渐拉大，关系逐渐疏远。但是，随着科学进步和对疫病认识的深入，人们逐渐认识到动物疫病与人类疫病之间的密切关系，兽医在预防人类疾病中的作用也逐渐被认识。1884年，兽医师Frank S. Billings撰写了《动物病与公共卫生的关系及动物病的预防》一书，这是兽医人员第一次阐述了兽医科学在预防动物和人类疾病中的作用。在第二次世界大战中，兽医在保护军队和公共卫生安全上发挥了重要的作用，并赢得了人医官员的高度评价。1945年，美国公共卫生处设立了兽医公共卫生科。1947年，美国疾病控制中心正式设立了兽医公共卫生处。此后,兽医公共卫生在保护人类健康中的作用逐渐被认识,其他发达国家也相继成立了相关的兽医公共卫生部门。

从 1950 年开始,联合国粮农组织(FAO)和世界卫生组织(WHO)联合发表了关于人类和动物健康的系列报告。1975 年,联合国粮农组织和世界卫生组织联合专家组(Joint WHO/FAO Expert Group)对兽医公共卫生进行了定义:兽医公共卫生是公共卫生活动的组成部分,致力于应用专业兽医技能、知识和资源保护和改善人类健康。随着全世界人口的增多、城市化进程的加快、发达国家和发展中国家之间贫富和科学技术差距的增大以及环境、气候、土地用途的改变,由动物及动物产品所造成的公共卫生问题日趋严重,因此,1999 年 WHO 又对兽医公共卫生进行了重新定义:兽医公共卫生是指通过掌握和应用兽医科学知识和技能为人类身心健康和社会福祉服务的所有活动,明确并强调了兽医公共卫生在保护人类健康和社会福祉中的作用和任务,同时提醒世界各国针对上述问题采取积极的应对措施。

我国兽医公共卫生事业起步较晚。20 世纪 80 年代我国部分农业高等院校开始设立兽医公共卫生专业,但与国外兽医公共卫生的内涵存在很大的差异。自从发生 SARS、高致病性禽流感、瘦肉精中毒等一系列与兽医公共卫生相关的事件后,兽医公共卫生的作用才逐渐得到认识和重视。2006 年,经农业部批准,中国动物疫病预防控制中心成立,内设兽医公共卫生处,2008 年中国畜牧兽医学会兽医公共卫生学分会成立,为推动兽医公共卫生事业的发展作出了自己的努力。

二、兽医公共卫生的内容及现状

兽医公共卫生是以兽医科学为主并涉及其他众多科学领域的学科,除了需要兽医专业人员参与外,还需要人医专业、畜牧学专业、微生物学专业以及环境、公共卫生、食品等相关领域的专家学者共同参与。兽医公共卫生的内容包括:人畜共患病的监测和防控;对动物源性食品进行监控和风险评估,预防食源性疾病的发生;畜牧业生产中动物疫病的防控;实验动物和比较医学的研究;野生动物保护及其疾病防控;制定和完善兽医公共卫生的法律法规和技术标准。此外,还包括动物福利,畜禽和野生动物的数量控制和管理，培养兽医公共卫生专业人才和普及兽医公共卫生知识，以及处理相关的突发公共卫生事件等。其最终目的是为保护和促进人类身心健康。

（一）人畜共患病的监测和控制

人畜共患病是指由共同病原体引起，流行病学上相互关联，自然传播的疾病。按照病原体的生物属性分类，可分为病毒性、细菌性、寄生虫性人畜共患病等。人畜共患病可源于与人类密切接触的家畜、家禽和宠物，也可源于远离人类的野生动物等。据统计，目前世界上已知的人畜共患病共有800多种，这占到了可感染人的传染病种类的60%，病原体涉及细菌、病毒、寄生虫、真菌等多种生物。在新发传染病中有75%是人畜共患病。据2007年统计，我国法定报告传染病中有16种为人畜共患传染病。动物是人畜共患传染病病原的巨大储存库，随着自然生态环境的改变甚至破坏，动物病原体的遗传变异和跨种传播的风险增大，人畜共患病对人类的威胁也越来越大。

人畜共患病的发生不仅危害人类生命健康，还会给畜牧业生产造成巨大损失，影响社会稳定和发展。据WHO资料，全世界有二十多亿人感染结核，占世界人口的1/3，每秒钟世界上就有一人新感染结核杆菌。2003年的SARS疫情，造成的经济损失高达179亿美元；2005年全世界有160万人因结核病死亡；2009年出现在北美的甲型H1N1流感，仅几个月就扩散至全球，造成全球性的恐慌，截止到2010年3月，夺去了16 000多人的生命。近年来，我国人畜共患病形势严峻，新发和再发的人畜共患病数量呈上升趋势。比如，高致病性禽流感不仅给我国养禽业造成巨大损失，还给人们生命健康带来严重的危害，截止到2009年，我国有38人感染发病，死亡25人；2003年我国发生SARS疫情，导致349人死亡；2005年，四川突发猪链球菌感染，造成数百人发病、30多人死亡的公共卫生事件。除了新发的人畜共患病以外，某些原有的曾得到有效控制的人畜共患病出现局部流行现象。比如，从2004年开始，我国狂犬病报告发病数明显增多，而且发病病例有向周边地区扩散的趋势；一度平息的血吸虫病也在原疫区出现回升；鼠疫、布鲁氏菌病、流行性乙型脑炎、结核等发病率也有回升趋势。

监测和控制已发人畜共患病，预防新发人畜共患病，是兽医公共卫生最主要的任务之一，这不仅可以保证畜牧业健康发展，而且可以保护人类免受人畜共患病的危害和威胁。

(二) 动物源性食品安全

据 FAO 统计，2007 年全球主要国家猪肉、禽肉、牛肉的产量分别为 1.16 亿吨、8 680 万吨和 6 190 万吨。2008 年，我国肉类产量达到 7 278.7 万吨，禽蛋产量 2 701.7 万吨（居世界第一位），奶类产量 3 781.5 万吨（居世界第三位），人均肉、蛋、奶占有量已分别达到 54.9 千克、20.4 千克和 28.5 千克。动物源食品在人类生活中占据着至关重要的地位，其安全性直接关系到千家万户。

动物源性食品安全是指动物生产的肉、蛋、奶等可食性产品及其加工产品中，不应含有可能损害或威胁人体健康的物质或因素。这些有害物质（因素）主要包括：细菌、病毒和寄生虫等病原，饲养和疾病治疗时残留的药物、饲料添加剂，以及人为添加和源于环境污染的有毒有害物质等，其来源可分为内源性污染（畜产品生产过程中畜产品本身携带污染物而造成的污染）和外源性污染（食品在生产加工、运输、贮藏、销售、食用过程中造成的污染）。

在我国，食源性疾病是目前影响食品安全的头号问题。2008 年国家食源性疾病监测资料表明，食源性疾病主要由微生物病原为主，占 40% 左右。食源性微生物污染包括细菌性污染、病毒、真菌及其毒素污染。微生物污染以副溶血性弧菌为主，其他依次为沙门氏菌、变形杆菌、蜡样芽孢杆菌、金黄色葡萄球菌及其毒素。食物中毒事件大多与污染的动物源食品有关。例如，在引起沙门氏菌中毒的食品中，约 90% 是肉、蛋、奶等畜产品。此外，施用动物粪便作肥料，也可导致蔬菜污染动物源微生物。

近年来，伴随着经济发展和人民生活水平的提高，人们的饮食习惯和消费方式发生了很大的改变，生吃和半生吃的食物数量和种类逐渐增多，大大增加了食源性微生物和寄生虫感染的机会。2004 年完成的"全国人体重要寄生虫病现状调查"结果显示，我国食源性寄生虫病的发病率在局部地区明显上升，其中华支睾吸虫病最为明显，囊尾蚴、旋毛虫、弓形虫、肺吸虫的感染率在局部地区，特别是西部贫困地区仍然较高。2006 年，北京市有 87 人因为食用凉拌螺肉，感染了广州管圆线虫，成为轰动一时的"福寿螺事件"。

随着养殖业发展、兽药使用范围的扩大及用量的不断增加，动物源食品兽药残留问题越来越严重，甚至某些畜牧业生产企业违法使用禁用药物。据调查，抗生素是最主要的兽药添加剂和兽药残留物，约占药物添加剂的60%。我国部分地区猪肉的抗生素阳性检出率在 20%～30%，猪肝脏中阳性检出率为 25%，猪肾脏中阳性检出率为 13%。滥用兽药和饲料添加剂，不仅造成动物源食品中残留超标，通过食物链，危害人的健康，而且严重影响畜产品的国际贸易，使畜产品的贸易受限。

动物源性食品安全是全世界关注的问题，FAO 在 2003 年提出了从农场到餐桌（From Farm to Table）全程控制食品安全的理念，并在全球进行推广实施。兽医公共卫生要求在动物源食品所涉及的农场（生产）、加工、运输、零售、餐桌（家庭）等每一个环节均加强对污染的控制，尤其是在农场——污染源头加强监控监管作用，要求认真执行《动物性食品中兽药残留最高限量》标准、《兽药休药期规定》和《食品动物禁用的兽药及其他化合物清单》，把有毒、有害物质污染的风险降到最低，保障动物源食品的优质、安全。

（三）畜牧业生产对生态环境的影响

高度集约化、规模化、标准化的饲养模式是畜牧业生产的主要模式和发展潮流，但养殖场带来的环境污染问题已引起人们的关注。2006 年 FAO 的一份报告中指出，畜牧业对环境有破坏作用，包括空气污染、气候变化、水资源浪费及污染、森林砍伐、土地和土壤破坏、物种消亡等。畜牧业生产的环境污染物主要包括：粪便排泄物、洗刷用具和场地消毒的污水、病死畜禽、废弃物等。动物粪便的不合理排放，导致氮、磷和其他营养物质进入地表水、地下水和沿海生态系统，致使其富营养化。这些环境污染物可携带 100 余种细菌和病毒，随灰尘进入空气，造成空气污染，随污水流入溪水河流，污染水体。畜禽饲料中的抗生素、抗球虫药物等添加剂和促生长剂，饲料中添加的铜、锰等微量元素，饲料原料（如菜子饼）中的有毒有害物质等均可随粪便排出体外，造成土壤中抗生素、重金属等有害物质沉积。畜牧业造成的环境污染，不仅损害人类健康，还可造成生物多样性丧失，引发气候变化、水土酸化以及生态系统退化等一系列问题。在丹麦，50 多年的集约化畜牧业生产活动扰乱了天然氮循环，因大量氨气向大气排放和硝酸盐对水源的污染，致使地下水和地表水中的硝酸盐含量升高，破坏了饮用水的水质，导致湖泊及沿海水域富营养化。

随着规模化养殖的发展，畜牧业发展与环境保护的矛盾日益突出。据测定，一个10万羽的养鸡场，年产鸡粪达3 600多吨；1头猪年产粪尿约2吨，如采用水冲式清粪，1头猪的日污水排放量约30千克。据统计，2000年我国畜禽粪便数量已达到19亿吨左右，是工业固体废物的2.4倍，畜禽粪便的总体土壤负荷警戒值已达0.49（以小于0.4为宜）。最近，据中华人民共和国环境保护部对23个省、市、自治区规模化畜禽养殖场污染情况调查显示，80%的规模化养殖场建在人口密集区域，80%左右的畜禽养殖场没有污水处理设施，有的即使建了污水处理设施也没有正常运行。畜禽粪便、污水及废弃物的排放，污染周围空气、水体和土壤，造成生态环境恶化，产生了一系列严重的环境问题。

目前，中华人民共和国环境保护部先后发布了《畜禽养殖业污染防治管理办法》、《畜禽养殖业污染物排放标准》和《畜禽养殖业污染防治技术规范》，规定了畜禽养殖场的选址要求、场区布局、清粪工艺、畜禽粪便贮存、污水处理、固体粪肥的处理利用、病死畜禽尸体处理与处置、污染物监测等污染防治的基本技术要求。在集约化养殖中加大了畜牧业污染的治理力度，取得了一定效果，但畜牧业发展与环境保护的矛盾仍很突出。

重视兽医公共卫生工作，不仅要考虑周围环境对动物健康和畜牧业生产的影响，还要考虑畜牧业生产对周围环境造成污染和破坏的问题。畜牧业生产所造成的环境污染不仅影响人类健康，而且环境污染与生态环境恶化也可严重制约畜牧业的可持续发展。必须降低畜牧业生产对生态环境的影响，提倡保护环境、造福人类。

（四）动物健康和福利水平

按国际标准，动物被划分为：农场动物、实验动物、伴侣动物、工作动物、娱乐动物和野生动物。所谓动物福利，就是人类应该合理、人道地利用动物，尽量保证为人类作出贡献的动物享有最基本的权利。动物福利由五个基本要素组成：生理福利，即无饥渴之忧虑；环境福利，让动物有适当的居所；卫生福利，主要是减少动物的伤病；行为福利，应保证动物表达天性的自由；心理福利，即减轻动物恐惧和焦虑的心情。动物福利是近年来发展起来的一门新学科，保护动物福利对人类健康、畜牧业生产、畜产品国际贸易和商业经营活动是非常重要的，兽医公共卫生应该在保护动物福利、提高动物健康水平上发挥更重要的作用。

　　许多国家已经制定了较为完善的动物福利法律，并将动物福利概念引入畜牧业、商业和国际贸易等多个行业领域。动物福利概念进入我国的时间比较晚，虽然我国《野生动物保护法》、《动物防疫法》、《生猪屠宰操作规程》、《畜类屠宰加工通用技术条件》等法律条文中涉及了部分动物福利问题，但与发达国家的标准差异较大。目前，我国有关动物福利的法律法规还不健全，缺乏系统性的动物福利标准。西方国家兴起的动物福利正在成为影响畜禽产品及相关制品出口的贸易壁垒，提高我国动物福利标准势在必行。在我国，动物福利的概念也正逐渐被接受，越来越多的人呼吁国家尽早进行动物福利立法。2004 年修订的《北京市实验动物管理条例》首次以立法的形式关注动物福利，明确要求"从事实验动物工作的单位和个人，应当维护动物福利"。2005 年颁布的《畜牧法》，在畜禽养殖和运输方面规定了基本的动物福利要求，如运输者应保护畜禽安全，并为畜禽提供必要的空间和饲喂饮水条件。必须提高动物相关行业和领域从业人员对动物福利的认识，并逐渐提高动物福利标准。

（五）动物医学实验与人类健康

　　动物医学实验在促进人类对疾病认知的过程中发挥了重要作用。通过对人和动物的解剖、生理、病理以及流行病学和治疗方法的比较，人类从动物医学中获取了大量的医学知识，并通过建立人类疾病的动物模型，更新和完善了对人类疾病的认识，提高了对疾病的治疗水平和防控能力。比如，英国医生哈维（William Harvey）通过对 40 种不同动物的解剖观察和实验，发现了机体的血液循环现象，于 1628 年发表了《动物心脏及血液运动的解剖学研究》，成为科学发展史上重大的成就之一。现在，动物医学实验已成为医学、生物学、药学等现代科学研究中不可缺少的工具。比如，美国科学家 Mario Capecchi 等人利用胚胎干细胞对小鼠基因进行定向修饰，发明了基因靶向敲除技术。人们利用此技术为人类疾病、胚胎发育、衰老等研究开辟了一条新途径。

　　随着生物学和医学理论的成熟和技术的进步，将有越来越多的特定模型动物、转基因动物等用于人类医学、比较医学、环境医学和运动生理学等众多与兽医公共卫生相关的学科领域内。

三、兽医公共卫生在国民经济中的作用

党的十六届三中全会通过了《中共中央关于完善社会主义市场经济体制若干问题的决定》，提出了"深化公共卫生体制改革，强化政府公共卫生管理职能，建立与社会主义市场经济体制相适应的卫生医疗体系"的要求。兽医公共卫生是公共卫生的重要组成部分，它不仅直接关系到人民的健康，而且与动物及动物产品的竞争力和农民增收有着密切的关系。在经济体制改革的过程中，兽医公共卫生在保障国民经济稳定、健康、快速发展的过程中发挥着不可忽视的作用，要切实加强国家的兽医公共卫生管理职能，以适应现代化市场经济发展的需要。

当前，粮食安全、农民增收和农产品的国际竞争力是农业农村经济工作中最受关注的三大问题。在农业结构战略性调整和优势农产品区域布局中，畜牧业、水产业是农村经济中的支柱产业，是农民增收的主要手段。在全球经济一体化趋势下，如果我国畜产品、水产品竞争力不强，不仅在国际，也会在国内丢掉已有的市场份额。提高畜产品、水产品质量，确保其安全性是提高动物产品国际竞争力的实质内容。具体表现在提高动物疫病控制程度和减少动物源性食品中药品和有害物质残留。要做好这方面的工作，兽医公共卫生工作是基础。

四、社会发展和科技进步给兽医公共卫生带来挑战

兽医公共卫生面临的挑战是随着社会文明的进步和人类生存环境的变化而改变的，因国家和地区发展程度的不同而有差异。早在 20 世纪 70～80 年代，畜牧业生产中兽药等化学物质残留对环境和食物链的污染已是西方发达国家兽医公共卫生关注的焦点。而目前，兽药等化学物质残留问题则是目前我国兽医公共卫生面临的主要问题。近 20 年来，由于埃博拉出血热、西尼罗河热、高致病性禽流感、耐药结核病等新发和再发人畜共患病的出现，使监控人畜共患病成为全世界兽医公共卫生面临的最主要挑战。从世界发展的角度看，随着未来社会的发展和科技的进步，还存在着其他新的挑战。

（一）世界人口迅速增长带来更多的兽医公共卫生问题

目前，世界人口约为 68 亿，联合国 2005 年公布的一份研究报告显示，过去 50 年间世界人口的持续增长和经济活动的不断扩展对地球生态系统造成了巨大压力，人类活动已给地球上 60％的草地、森林、农耕地、河流和湖泊带来了消极影响。近几十年来，地球上 1/5 的珊瑚和 1/3 的红树林遭到破坏，动物和植物多样性迅速降低，1/3 的物种濒临灭绝。自然生态系统的破坏将会改变人畜共患病的流行区域和模式，给兽医公共卫生带来新的挑战。

人口快速增长，必将加速城市化进程。发达国家城市地区居民占总人口的比重（73％）大于发展中国家（平均 42％），但发展中国家的城市化进程则更为迅速。在我国，城市化率从 20 世纪 80 年代的不足 20％上升到目前的约 45％，并呈快速上升趋势。世界人口的增长和城市化进程的加速，推动着人们对动物源性食品需求的强劲增长。过去几十年来，尤其是 20 世纪 80 年代以来，发展中国家畜产品消费迅速增长，畜产品人均消费增长明显超过其他主要食品类别。自 20 世纪 60 年代初，发展中国家人均奶消费量几乎翻番，肉类消费量增长了 2 倍，蛋类消费量增加了 4 倍。我国从 1980 年以来，人均肉类消费量翻了两番，奶类消费量增长了 10 倍，蛋类消费量增长了 8 倍。《2009—2018 年经合发组织-粮农组织农业展望》（OECD - FAO，2009）预测全球未来十年的肉类消费量总体增长速度为 19％，畜产品消费需求的增长将带来畜牧养殖数量的增长，国际粮食政策研究所（IFPRI）预测，2000—2050 年，全球牛的数量将由 15 亿头增长到 26 亿头，山羊和绵羊总量将由 17 亿只增长到 27 亿只。强劲的畜产品需求需要养殖大量畜禽，而大规模的畜禽养殖以及城市化进程将会改变社会结构和周围环境，尤其在不发达国家，人口的快速增长导致城市区域迅速扩大，原来远离城市的养殖场变成郊区养殖场甚至城市中的养殖场，使人与动物、畜牧场污物的接触机会增加，为人畜共患病的发生创造了条件。将可能带来人畜共患病、环境污染等诸多兽医公共卫生问题。

（二）畜禽养殖新技术的应用给兽医公共卫生带来潜在危险

为了满足对畜产品数量的需求，畜牧业的生产方式正从以农户为单位的小型混合养殖向规模化、标准化的养殖方式转变。规模化、标准化的养殖方式主要依赖于畜牧养殖新技术的快速发展和创新。养殖新技术的应用，不论是在动物屠宰总量（肉类方面）或生产总量（奶类和蛋类方面），还是在动物单产量的增加上都发挥了重要作用。然而，新技术的应用也带来一些兽医公共卫生问题，对人类健康造成潜在的危险。比如，规模化、标准化的养殖方式，导致动物高度集中，一是造成局部区域病原体数量积聚，增加了疾病流行和传播的机会；二是造成新的环境污染；三是带来抗生素等兽药和饲料添加剂的残留问题等。其中，具有代表性的例子是疯牛病，又称牛海绵状脑病（Bovine spongiform encephalopathy），是由朊病毒（prion）引起的一种侵害牛中枢神经系统的慢性致死性疾病。1996 年 3 月 20 日，英国宣布 20 余名英国人所患的克-雅氏病（Creutzfeldt - Jakob disease，又称早老痴呆症）与疯牛病传染有关。为此，英国对疯牛病疫区的 1 100 多万头牛进行了无害化处理，经济损失约 300 亿美元，引起全球对英国牛肉的恐慌。最终发现疯牛病的出现与牛饲料中添加的动物源肉骨粉有关。另外一个具有代表性的例子是瘦肉精，瘦肉精是一类能够促进瘦肉生长的饲料添加剂，是 β -兴奋剂（β - agonist）类药物。20 世纪 80 年代初，瘦肉精开始在美国作为饲料添加剂使用，以增加瘦肉率，但使用剂量是人用药剂量的 10 倍以上，才能达到提高瘦肉率的效果。如果不按规定使用，会导致其在猪体内的残留，容易引起人的中毒。世界上曾发生多起因食用瘦肉精残留猪肉而导致的瘦肉精中毒事件，现已经禁止使用瘦肉精。

畜牧养殖新技术发展迅速，许多新技术虽然能够提高畜牧业的生产水平，但是潜在的安全隐患可能要经过多年后才能显现。比如疯牛病，英国 1981 年制定的牛饲料加工工艺允许使用牛羊等动物的内脏和骨肉作饲料，1996 年英国才公开承认发现了疯牛病，期间经过了 10 多年的时间。目前，转基因技术日趋成熟，转基因植物已经用作动物饲料，DNA 疫苗等采用基因工程技术修饰的疫苗已经在一些国家商品化，转基因动物也呼之欲出，但是，对于这类新技术产品的应用需要进行慎重的生物安全和食品安全评价，才能保证畜牧业的持续发展和人类的健康。

（三）全球气候变暖将会影响疫病的发生规律

在过去 100 年里，地球的表面温度上升了 0.74℃。这种增长尽管看上去并不显著，却足以干扰地球的许多生态系统，并对人类健康构成重大威胁。气温升高与动物疾病发生关系的研究已日益受到重视。联合国诺贝尔奖专家团以及政府间气候变化问题小组委员会（IPCC）、国际兽疫局（OIE）等国际组织均发出了关于"气候变暖将扩大动物疾病的传播范围和滋生新的动物疾病"的警告。2009年OIE报告指出，世界上有71％的国家和地区对因气候变化所导致的动物疾病表示严重关注和极度忧虑，有58％的国家表示在其本土已经发现至少一种与气候变化相关的动物疾病。全球气候变暖对动物疫病的影响主要表现在如下方面：

（1）温度变化可能会导致蚊、蜱等媒介节肢动物的种群分布和栖息地改变，影响虫媒性疾病的流行范围和时期。热带地区是虫媒传染病的高发区，尤其是病毒性疾病最大的发源地。气候变暖使得热带、温带的边界扩大，感染或携带病原体的蚊、蜱等节肢动物的分布区域扩大，每年的危害期延长，使虫媒性疾病的扩散成为可能。例如，乙型脑炎曾经主要分布在东亚及东南亚地区，近年来发病区不断北移，我国东北和内蒙古地区也出现了病例，在南半球的澳大利亚近年也有感染病例的报道，这可能是随着气候变暖，携带病毒的蚊虫不断迁飞到适宜环境中的结果。

（2）气候变暖将有利于病原微生物和寄生虫的繁殖和活动。许多病原微生物和寄生虫的繁殖受环境温度、湿度的影响。全球气候变暖，导致区域环境温度、湿度增加，有利于病原微生物和寄生虫生存和发育的地域或水域增加，增加了疫病的传播速度和传播空间。例如，霍乱弧菌在外界水体中维持存活的温度为16℃，以22℃最为适宜，全球变暖，具备这样水温的区域必将扩大。

（3）气候带变化，影响病原体及其宿主的地理分布。随着气候的变暖，候鸟夏季北迁至蒙古，甚至西伯利亚地区，而冬季则南徙至长江、淮海流域。有数种病原能通过候鸟的迁徙发生"跳跃"传播，其中以禽流感病毒、新城疫病毒为代表。候鸟栖息地的改变，必将影响这些疾病的流行地域和流行时间。

（4）生态系统改变加剧，促使自然疫源性疾病进入人类社会。全球气候变暖可能导致地域性气候变化加剧、自然灾害和恶性天气频发，降雨模式亦发生相应改变，加速了森林、沼泽、草原的消失，这将严重影响生态系统的稳定。生态系统发生急剧变化，则使自然疫源性疾病进入到畜禽和人类的生存环境中，并造成流行。

总之，全球气候变暖将会对动物疫病的发生规律和发生模式产生影响，新发和再发人畜共患病的风险加大，给疫病的防控带来不确定因素。

(四) 贸易的全球化增加了发生公共卫生安全问题的风险

国际市场的关税日趋下降和世界贸易组织成员国的增加，推动着动物及动物产品的全球化贸易进程。

动物产品全球流通速度加快。大型零售商等（超市、快餐连锁和食品加工商）向发展中国家迅速扩张所形成的国际连锁店加速了畜产品的全球化流动。据统计，畜产品在全球农产品贸易中所占比重逐年增加，从 1961 年的 11％增加到了 2006 年的 17％。1980—2006 年，全世界肉类总出口量增长了 3 倍以上，乳制品出口量增长了 1 倍以上，蛋类出口量也几乎翻番。除了肉、蛋、奶外，进入国际贸易的其他畜产品也在增加。虽然根据世界贸易组织《实施卫生和植物检疫措施协定》（SPS）所规定的对等原则，疾病状况相似国家之间进行贸易，但由于国家之间发展水平和疾病控制规定不同，尤其是发展中国家普遍缺乏制度和技术支撑，很难确保贸易达到国际标准。同时，更长的市场链和更大地理区域的产品来源增加了疾病蔓延的风险，也增大了追溯难度。跨国境疾病的暴发（口蹄疫、牛传染性胸膜肺炎等）造成了区域贸易和国际贸易的混乱，造成人畜共患病和食源性疾病发生模式的改变和风险的增大。

动物全球性贸易规模逐年增大。随着畜牧养殖、动物展览、科学研究、动物保护、宠物商业等对产业动物、伴侣动物数量和种类需求的增加，动物全球性流动也逐年增大。据统计，美国在 2000—2004 年，通过合法途径从 163 个国家输入了 3 700 万只动物。而据国际刑警组织估计，每年非法野生动物贸易额达 60 亿～200 亿美元。世界范围内的动物流动增加了人畜共患病的传播机会和自然疫源性疾病发生的可能性，对人类和动物的健康造成威胁。以美国 2003 年发生的人感染猴痘事件为例，宠物经销商把从非洲进口的啮齿动物与草原土拨鼠关养在一起，致草原土拨鼠感染猴痘，感染的草原土拨鼠出售给顾客后，致使购买草原土拨鼠的人和从事诊疗工作的兽医（共 47 人）感染猴痘发病。

五、展　　望

(一) 同一个世界，同一个健康，同一个医学

2004 年，国际野生生物保护学会（Wildlife Conservation Society）针对埃博拉出血热、西尼罗河热等新发人畜共患病问题，提出了"同一个世界，

同一个健康（One world，One health）"的理念，呼吁人医和兽医合作，共同保护地球生命。这一呼吁迅速得到全世界的支持。国际兽疫局（OIE）也呼吁兽医和兽医公共卫生人员加强与人医的合作，在"同一个世界，同一个健康"的理念下，通过提高动物的健康水平来保护人类的健康。"同一个医学（One medicine）"理念是 20 世纪 60 年代由兽医流行病学和寄生虫学专家 Calvin Schwabe（1927—2006）提出的，他呼吁人医和兽医共同合作防控人畜共患病。2008 年世界兽医大会把上述两个理念整合为"同一个世界，同一个健康，同一个医学"，再次呼吁人医与兽医合作，共同保护地球生命，同时强调了兽医在食品安全、人畜共患病、保护生态环境、比较医学等领域中的责任。

（二）健康动物，健康人类

自古以来，动物就在人类经济和文化生活中占据重要的地位，不仅是人类重要优质蛋白食物的来源和皮毛、生物制品等重要生产资料的来源，还是人类的交通运输和劳动工具，并在安慰和寄托人类精神（宠物）和保护人类安全（警犬）中发挥重要的作用。动物健康（卫生福利）不仅是动物福利的五个要素之一，也与人类健康息息相关。健康的动物可以为人类提供更优质的生产、生活资料，更好地为人类服务，提高人类的生活质量。因此，健康的动物对人类健康至关重要，兽医公共卫生工作者要大力宣传"健康动物，健康人类"这一理念，并通过管理和科技手段，提高动物的福祉和健康水平，降低动物和动物产品中诸如人畜共患病病原、化学物质、兽药等有毒、有害物质，最终为保护和增进人类健康服务。

（三）畜牧业发展和人类健康的双赢策略

我国是农业大国，促进农业农村经济发展是我国的重要国策。畜牧业是现代农业产业体系的重要组成部分，畜牧业产值已占农业总产值的 1/3 以上，成为我国国民经济的重要组成部分，是农业农村经济中最活跃、农民收益最为实在的增长点。同时，随着人口的增长和人民生活水平的提高，对肉、蛋、奶等动物源性食品的需求也越来越大，大力发展畜牧业是我国经济和社会发展的需要。然而，动物饲养数量的增加必然带来人畜共患病隐患和生态环境污染等诸多兽医公共卫生问题，虽然兽医公共卫生的最终目的是通过掌握和应用兽医科学知识和技能为人类身心健康和社会福祉服务，但兽医公共卫生工作不能为了保护人类健康限制畜牧业的发展，必须要协调和处理好畜牧业发展与保护人类健康的关系，建立畜牧业发展和人类健康的双赢策略，既要保证我国畜牧业可持续发展，又要保护好人类健康。

2009年哥本哈根气候变化会议再次倡导"以低能耗、低污染、低排放为基础的经济模式"，发展"低碳经济"已成为世界各国的共识。2009年胡锦涛主席在联合国气候变化峰会上承诺我国将进一步把应对气候变化纳入经济社会发展规划，2006年FAO题为《牲畜的巨大阴影：环境问题与选择》的报告中比较系统地阐述了畜牧业对生态环境的破坏作用。在大力提倡"低碳经济"的今天，畜牧业发展所造成的空气污染、水资源的浪费、水污染、土地和土壤破坏等环境问题已成为无法回避的现实问题，解决畜牧业造成的环境问题是当前非常紧迫的任务之一。倡导低碳消费方式，适当控制畜禽养殖数量、发展生态畜牧业是解决问题的途径之一。而如何正确处理好畜牧业发展和环境保护关系，发展"低碳畜牧业"，是我国兽医公共卫生工作者要严肃对待和认真思考的问题。

21世纪是充满挑战的世纪，需要全世界的兽医公共卫生工作者联合起来，提高风险控制能力，加强基础理论研究和应用技术开发，共同迎接挑战，保护人类健康。

第一篇
兽医公共卫生与人类健康

第一章
人畜共患病的危害及其防控

第一节　人畜共患病概述

一、人畜共患病的概念及分类

人畜共患病是一个传统的概念，是指人类与人类饲养畜禽之间自然传播和感染的疾病。自 1940 年起，新发感染性疾病（Emerging infections disease，EID）发生率一直持续上升，在 80 年代达到了高峰。来自野生动物的新发人畜共患病（Emerging zoonosis）发生率也随着时间推移而上升，在 1990—2000 年发生的例数占过去 60 年总数的 52.0%。特别是近些年暴发流行的急性呼吸窘迫综合征（SARS）和高致病性禽流感（Highly pathogenic avian influenza，HPAI）提醒我们，野生动物源性人畜共患病作为新发传染病已经成为威胁人类健康的重要因素。因此，1979 年世界卫生组织（WHO）和联合国粮农组织（FAO）将"人畜共患病"这一概念扩大为"人兽共患病"（Zoonosis），即：由共同病原体引起，流行病学上相互关联，在人类和脊椎动物之间自然感染与传播的疾病，其病原包括病毒、细菌、支原体、螺旋体、立克次氏体、衣原体、真菌、寄生虫等。人畜共患病主要有以下三个特点：第一，由共同的传染源引起，包括病毒、细菌（革兰氏阳性菌、阴性菌）、立克次氏体、螺旋体、真菌、寄生虫（线虫、吸虫、绦虫、原虫）等；第二，在流行病学上，动物是人类疾病发生、传播必不可少的环节，动物和人类对病原都具有易感性；第三，在传播途径上，病原体在人和动物之间的自然传播是指水平传播，以接触感染方式为主，可以是直接接触（皮肤和黏膜），也可以是通过媒介（生物或机械媒介）间接接触（呼吸道、消化道、虫媒）。

世界卫生组织（WHO）、联合国粮农组织（FAO）和世界动物卫生组织（OIE）给新发人兽共患病的定义是"一种新发现的，或新变异的，或虽然以前存在，但目前其发病率增加或地域、宿主或媒介体扩大的人兽共患病"。新发传染病可以分为以下几种：①新病原体引起的新的疾病；②新变异株引起的新发传染病；③新认知的新发传染病（如莱姆病）；④新确认是传染病的新发传染病；⑤在某地域新流行的新发传染病。

人畜共患病的分类方式，世界各国不尽相同，依据其病原、宿主、流行病学或病原生活史等不同而有多种分类法。目前，应用较为广泛的主要有以下几种：

（1）**按病原体生物属性进行分类** 由细菌引起的人畜共患病，如鼠疫、布鲁氏菌病、沙门氏菌病、大肠杆菌病、鼻疽、土拉杆菌病、坏死杆菌病、巴氏杆菌病、空肠弯曲杆菌病、类鼻疽、炭疽、破伤风、链球菌病、猪丹毒、结核病、李氏杆菌病、放线菌病等；由病毒引起的人畜共患病，如流行性乙型脑炎、狂犬病、口蹄疫、牛痘、流行性感冒、猪水疱病、流行性出血热、新城疫、马传染性贫血、登革热、朊病毒病等；由衣原体引起的人畜共患病，如鹦鹉热等；由立克次氏体引起的人畜共患病，如 Q 热等；由真菌引起的人畜共患病，如曲霉菌病、念珠菌病、皮肤真菌病、隐球菌病、组织胞浆菌病等；由寄生虫引起的人畜共患病，主要有原虫病、绦虫病、吸虫病、线虫病，如弓形虫病、旋毛虫病、隐孢子虫病、肉孢子虫病、利什曼病、绦虫病、猪囊尾蚴病、棘球绦虫病、棘球蚴病、日本血吸虫病、并殖吸虫病、华支睾吸虫病、姜片吸虫病、肝片吸虫病、旋毛虫病、蛔虫病、钩虫病、丝虫病、类圆线虫病等。

（2）**按病原储存宿主的性质分类** 动物源性人畜共患病，这类病主要是在动物中传播，偶尔感染人的人畜共患病，如棘球蚴病、旋毛虫病和马脑炎等；人源性人畜共患病，指通常在人类中传播，偶尔感染某些动物的人畜共患病，如人型结核、阿米巴痢疾等；双源性人畜共患病（人畜并重的人畜共患病），是指在人间、动物间及人和动物之间均可传播的人畜共患病，如日本血吸虫病和葡萄球菌病等；真性人畜共患病，是指病原体的生活史（多见于寄生虫病）需在人和动物体内连续进行，缺一不可的人畜共患病，如猪绦虫病和牛绦虫病。

（3）**按流行环节分类** 根据病原在野生动物、畜禽和人类中的循环传播层次以及疫源地、疫区大小，可分为：野生动物传播的人畜共患病、畜禽传播的人畜共患病、野生动物与畜禽共同传播的人畜共患病。

二、人畜共患病对公共卫生的危害

（一）对人类健康的危害

目前，世界上已知的人畜共患病有 200 余种，占到了可感染人的传染病种类总数的 60%，病原体涉及细菌、病毒、寄生虫、真菌等多种类型。而在过去 30 年中，平均每年都有一种新的能够影响人类健康的传染病出现，在这些新发传染病中有 75％都是人畜共患病。在我国法定报告传染病中有 16 种为人兽共患或虫媒传染病，占每年法定报告传染病报告发病数的 2.5％，报告病死数的 28.7％。动物是人畜共患病病原的巨大储存库，也是疾病的主要传染源。以动物作为传染源的疾病称为动物源性传染病，对公共卫生的危害最大，如来源于野生灵长类动物的人类免疫缺陷病毒，以及来源于野生水禽的禽流感病毒，均可对人类健康造成重大威胁。

由古至今，人畜共患病一直广泛流行，危害严重。尽管现代医学和兽医学高度发展，人类仍然无法完全控制人畜共患病的发生和流行。历史上最早出现的人畜共患病是狂犬病，可追溯至公元前 20 世纪，其病死率高达 100％；历史上鼠疫危害最严重，发生过三次大流行，公元 542 年死亡 1 亿人；2003 年多个国家发生了 SARS 疫情，中国内地发病 5 327 人，死亡 349 人，正常的社会秩序一度受到严重影响；2005 年猪链球菌病在四川部分地区暴发，导致发病 204 人，死亡 38 人；我国民间布鲁氏菌病发病数近年来持续上升，已经超过历史最高发病水平，部分地区布鲁氏菌病慢性化比例高达 60％，给患者健康造成长期危害；2003 年以来，全球共有 15 个国家报告发生人感染高致病性禽流感病例 407 例，死亡 254 例，病死率 62％；海绵状脑病（疯牛病）自 1985 年在英国发现以来，全世界已有超过 100 人死于该病。

（二）对畜牧业发展的影响

人畜共患病给畜牧业带来的危害和损失难以估量，主要包括因发病造成的大批畜禽废弃、畜禽产品产量减少和质量下降而造成的直接损失，以及采取控制、消灭和贸易限制措施而带来的间接损失。对畜牧业危害最为严重的人畜共患病有海绵状脑病（疯牛病）、口蹄疫、流感（特别是高致病性禽流感）、布鲁氏菌病、结核病等。2004 年暴发的 H5N1 禽流感，鸡群死亡率高达 100％，导致十几个国家约 8 000 万只鸡死亡或被宰杀，给各地区经济造成了毁灭性打击。由于禽流感的发生，养禽业市场缩小，养殖者经营困难，继续威胁着世界各国的畜牧业发展。2003 年的 SARS 疫情导致果子狸养殖业遭到毁灭性打击，且生态平衡也遭到严重破坏。2005 年四川省发生的猪链球菌病，不仅造成 600 多头猪死亡，230 多人发病，而且造成全国人民"恐肉风波"，全国生猪价格下跌 30％，导致养猪农民损失 1 000 亿元。

动物疾病是限制畜产品国际贸易的决定因素之一。由于人畜共患病问题，我国畜产品在国际市场上的出口份额不断萎缩，甚至香港地区也减少从内地调运生猪、活禽，反而从巴西等国进口猪肉。因此，人畜共患病可给养殖业及相关产业造成巨大的经济损失，影响国民经济的持续健康发展。

（三）对畜产品安全的影响

人畜共患病的一个重要传播渠道就是食入感染，因此，控制食源性病原微生物，保证食源性动物产品安全是畜产品安全的一个重要内容，牛奶的巴氏消毒法就是为控制病原微生物而发明的。广大农村出售、贩卖病死动物的现象没有彻底根绝，导致畜群中很多人畜共患病得不到净化，这些病死动物源性产品成为食源性病原微生物的主要来源。1996 年日本发生 O157 大肠杆菌致出血性肠炎，10 天内有 6 200 名学生感染，死亡多人，食源性病原微生物的危害在世界范围内引起广泛关注。

（四）对社会经济发展的影响

人畜共患病曾经给人类健康和社会发展带来巨大灾难，直接影响正常的社会生活和秩序，也影响了人们的思维和行为方式。2002—2003 年，SARS 以突如其来的方式迅速在我国传播开来，我国被 WHO 宣布为 SARS 疫区，发出国际旅行警报，我国正常的国际交往和国际贸易受到严重影响。在国内，我国应对这种公共卫生紧急事件的经济、政治准备都不充分，加上人们的恐慌心理，纷纷抢购有关商品，导致口罩、消毒液、药材等短缺，有些不法商人乘机制售假冒伪劣商品牟取暴利，趁机哄抬物价。这些做法不仅违背了经商的基本道德准则，而且扰乱了市场秩序，对社会经济发展造成了不良影响。

（五）对旅游业的影响

跨地区、国际的动物及动物制品交易日益频繁，使得动物源性疾病可以在很短时间内迅速传播到全世界不同国家或地区。非疫源地区人群到疫源地区旅游，也会导致感染人畜共患病甚至造成疫病远距离传播，造成区域性旅游危机，影响旅游业的发展。世界各国因人畜共患病导致旅游业受重创的事件屡见不鲜，如 2003 年的 SARS 疫情导致新加坡航空公司 4 月份载客率比同期下滑 27%，我国杭州当年二季度旅游总收入同比下降 80%。

三、人畜共患病的流行特征

（一）人畜共患病流行的基本条件

人畜共患病流行必须具备三个相互连接的环节，即传染源、传播途径、易感对象。三者同时存在并互相联系时，就会造成人畜共患病的发生和流行。

1. 传染源 传染源是指病原体已在其体内生长繁殖并能排出病原体的动物和人群。包括传染病患者、隐性感染者、病原携带者及受感染动物。在人畜共患病中，人作为传染源的疾病很少，绝大多数是动物作为传染源。

（1）**动物作为传染源**

①**家畜和家禽** 人类与家畜和家禽的接触最为密切。在人类放牧、饲养管理、挤奶、使役、乘骑、加工畜禽产品、打扫畜禽排泄物以及治疗病畜禽疾病的过程中，人畜共患病的病原体可能通过多种途径侵入人体，引起人类发病。因此，家畜和家禽是人畜共患病的重要传染源。常见的以家畜和家禽为传染源的人畜共患病有：狂犬病、炭疽、结核病、布鲁氏菌病、口蹄疫、鼻疽、钩端螺旋体病、血吸虫病等。

②**伴侣动物** 将山野、森林捕捉到的野生动物引至动物园或特定场地饲养、驯化，有可能把某些自然疫源性疾病带入人群密集的地区，成为人畜共患病。如犬可以传播狂犬病，猫可以传播弓形虫病，观赏鸟类可传播鹦鹉热、森林脑炎及乙型脑炎等人畜共患病。

③**水生动物** 主要是鱼和虾等。在人类养殖、捕捞和加工等过程中，这些水生动物有可能将其携带的人畜共患病病原体传染给人类，成为传染源。

④**实验动物** 人们在饲养和使用实验动物（如小鼠、豚鼠、家兔等）进行科学实验的过程中，如果实验动物感染或携带人畜共患病的病原体，则可通过一定的传播途径传染给接触者，成为疾病的传染源。

⑤**野生动物** 当人们进入原始森林、大沙漠、荒岛及沼泽地时，这些特定地理环境中的各种野生动物群中的某些自然疫源性疾病可能会传染给人类，引起人畜共患病的发生与流行。现在发现野生动物是马尔堡出血热、拉萨热、埃博拉出血热及西尼罗河病毒脑炎等多种疾病的病原宿主，是人畜共患病的重要传染源。

⑥**半野生动物** 这些动物与人关系密切，过去曾经是野生动物，后来迁

入人类经济活动地区并依靠人类的活动而生存，如鸟类、鼠类、蝙蝠及某些爬行动物等。人类通过接触其排泄物、捕食或被这些动物噬咬等，感染疾病病原体，造成人畜共患病的发生。

受感染的动物作为传染源的危害程度，一方面取决于人类和动物的接触机会、接触的密切程度和受感染动物的数量，另一方面取决于是否有传播条件和传播媒介存在，同时，还与人们的卫生科学知识和生活习惯等因素有关。

（2）**人作为传染源**　受感染的人是指病人、隐性感染者和病原携带者。在人畜共患病中，人作为传染源，就整体而言，其所占比例是很小的，常见的有结核病、炭疽、血吸虫病及肠道病毒感染等。如结核病人，特别是开放性结核患者，以吐痰、打喷嚏、咳嗽等形式排出病菌，污染空气、土壤、饮水、草地及饲料等，可引起生活在周围环境中的动物感染。用结核病病人的剩食喂猪，曾导致猪发生人型结核病。人患皮肤炭疽，其病灶分泌物污染的草料和饮水，给动物饲喂或饮用后，可引起动物发生炭疽。

2. 传播途径　病原体从传染源排出体外，经过一定的传播方式，到达并侵入新的易感对象的过程，称为传播途径。人畜共患病的传播方式很多，主要有垂直传播、水平传播。

（1）**垂直传播**　通过胎盘、产道及乳汁，病原体直接由亲代传给子代的感染方式称为垂直传播。

（2）**水平传播**　包括直接传播和间接传播。

①**直接传播**　因被咬伤、舔舐、抓伤等而感染，如狂犬病病原体可经破损的皮肤而传播。

②**间接传播**　病原体通过传播媒介使易感动物发生感染，主要包括以下传播途径：

A. 经空气传播　呼吸道的病原体存在于呼吸道黏膜表面的黏液中或黏膜纤毛上皮细胞的碎片里，可随咳嗽、喷嚏、喊叫喷到传染源周围一定范围的空气中形成飞沫，与空气混合形成气溶胶，当人和动物呼吸时，就会把含有病原体的飞沫吸入。耐干燥的病原体，如结核杆菌、炭疽杆菌、SARS病毒、禽流感病毒可以经尘埃传播。

B. 经水传播　许多肠道传染病以及寄生虫病可以经水传播。如血吸虫病、钩端螺旋体病等。

C. 经食物传播　所有的肠道传染病及个别的呼吸道传染病（如结核病等），可通过污染的食物而传播。

D. 经土壤传播　患病动物的排泄物、分泌物或尸体进入土壤而传播疾病，如钩虫病、炭疽、结核病等。

E. 经节肢动物传播　按照节肢动物不同的解剖及生理特点，以及传播人畜共患病的种类和方式，我们将其分为两类：机械性传播，指节肢动物吸血后，血液中的病原体污染节肢动物的口器，病原体在其体内并不发育或繁殖，当它叮咬人或动物时，将病原体带入新的易感者。蚊及蜱叮咬患炭疽的动物后再叮咬健康人或动物，可将其口器内的炭疽杆菌带入人或动物体内使之感染；生物性传播，指病原体进入节肢动物体内后，在其肠腔或体腔内经过发育、繁殖后才能感染易感者。

F. 医源性传播　指在医疗及预防工作中人为地引起某种传染病传播，一般分两类：易感者在接受治疗、预防及各种检测试验时，由污染的器械、针筒、针头、导尿管等引起某些传染病的感染；生物制品单位或药厂生产的生物制品或药品受污染而引起疾病传播。

3. 易感对象　易感对象是指对某种传染病病原体易感的动物或人。易感性是指动物和人群对某种人畜共患病病原体感受性的大小。对各种人畜共患病的易感性，人与动物之间、各种动物之间都存在着差异。即使某种疾病的病原体能使多种动物和人感染，但感染之后所表现症状的严重程度和特征也不尽相同，这是由遗传性所决定的。有一些人畜共患病，动物感染后多呈隐性感染，很少出现临床症状，但人感染后则表现明显的临床症状，甚至引起死亡，如恙虫病、鼠型斑疹伤寒、Q 热等；有些人畜共患病，人感染后多为隐性感染，很少出现临床症状，但动物感染后有明显的临床症状，且常引起死亡，如口蹄疫、猪丹毒、鸡新城疫等；有些人畜共患病，人与动物感染后均有明显的临床症状，甚至引起死亡，如狂犬病、乙型脑炎、破伤风、结核病等。易感性的高低，与病原体的种类、毒力强弱、易感机体的免疫状态和年龄等因素有关。

（二）人畜共患病的基本特征

1. 病原体　人畜共患病大多有特异的病原体，且病原体大多数有特定的入侵部位，在机体内增殖、播散有阶段规律性。根据这些规律进行分离或检测，有助于及早发现病原体并证实其性质。

2. 传染性　人和动物感染后病原体可以通过多种途径（如粪便、尿液、唾液、乳汁及鼻腔、生殖器或溃疡灶分泌物）排出体外，再通过一定的媒介进入易感人群和易感动物体内。大多数人畜共患病都是感染而获得，并可以传播给其他宿主。就个体而言，除病原体致病性的强弱之外，宿主是否存在、传播媒介是否具备、机体内外条件是否适当等，都是决定人畜共患病流行的重要条件。

3. 群发性　人畜共患病的发生和传播是一个持续的过程，易感对象容易出现群体感染，具有群发性。

4. 职业性　动物是人畜共患病发生的决定环节。人畜共患病的分布，与从事动物活动及其有关工作的人群有直接的线性关系，体现出职业特征。饲养、动物产品加工、实验室人员及兽医等是人畜共患病高发群体。如炭疽、布鲁氏菌病，既有农业型（饲养者），也有工业型（皮毛加工、屠宰工人）。

5. 地方性　人畜共患病与患病动物的数量、生物媒介、动物饲养方式和人类生活习惯密切相关，表现出区域性特征。如我国云南、贵州、四川等地犬的饲养量大，狂犬病严重；南方蚊子等生物媒介多，疟疾、登革热严重；南方长江流域江滩上放牧牛多，导致血吸虫病严重；牧区犬和羊易患棘球蚴病。

6. 季节性　人畜共患病的生物媒介、动植物资源受季节影响大，畜禽数量也随季节变化，因此，人畜共患病表现出明显季节性。如春季牛、羊产犊、产羔季节，布鲁氏菌病发生率增加；洪水季节，炭疽多发；夏天蚊媒传染病易于流行。

7. 周期性　宿主种群中易感动物个体数量随时间呈周期性变化，导致某些人畜共患病的流行出现周期性。

8. 免疫性　人畜共患病痊愈后，人和动物大多可获得对该病原体的特异性细胞免疫及体液免疫，当再遇该病原体侵入时，可获得免疫保护而不再感染。这种免疫力持续的时间有长有短，病原体抗原性强者，感染后免疫力持久，甚至可终身免疫，如天花、麻疹等。有的病原体分型较多（如流行性感冒、细菌性痢疾等），多数原虫、蠕虫的抗原结构复杂，抗原性所激发的免疫力较弱，再次感染时很难得到保护。有些病原体抗原结构复杂，虽能引起某种特异性免疫应答，但病原体可得到某种程度的保护而继续生存，表现为伴随免疫，如某些原虫及蠕虫感染等。

（三）人畜共患病流行的新特点

1. 新病威胁加重，旧病卷土重来　自20世纪70年代以来，世界上人畜共患病的疫情出现上升趋势，公共卫生安全问题日渐突出，仅新发现和新出现的人畜共患病就有30多种，如SARS、H5N1禽流感等。这些新发生的疾病，由于人们所知甚少，常引发大的灾难。与此同时，某些曾得到控制的人畜共患病又死灰复燃，再度暴发流行。如结核病、弓形虫病、疟疾、霍乱、鼠疫、狂犬病等。面对此起彼伏的流行现状，人们不得不对人类自身活动在人畜共患病产生和发展过程中的作用进行深刻反思。

2. 感染畜禽种类增加，流行范围逐步全球化　第一，随着家畜家禽的规模化饲养，人与动物的接触日益密切，增加了病原微生物由动物向人传播的机会；第二，人口剧增也为传染病的流行提供了条件；第三，人类居住和生活领域的扩大，捕食野生动物、加工皮毛等活动的加剧，使野生动物与人类的空间距离不断缩小；第四，全球生产、贸易、旅游及战争等行为和交通的快速畅达，加快了各种传染病的流行频率并扩大了其传染范围，许多地方性疾病变成全球瘟疫。如禽流感病毒广泛分布于世界范围内的许多家禽、野禽、一些哺乳动物和人体内。2006年2月伊朗在里海附近的沼泽地发现135只野天鹅死于H5N1禽流感。意大利、希腊、保加利亚、奥地利、德国、克罗地亚等国也都有少量的野生天鹅死于H5N1禽流感。

3. 病原体的变异与耐药株的出现　当生态环境发生改变时，原来存在于自然疫源地的病原微生物为了适应新的生态环境和宿主环境而发生生态进化，通过基因突变、重组或转移形成遗传进化、变异及物种进化，使一些病原体由不致病变为致病，由弱毒株变为强毒株或演化成新的病原微生物，引发对人类的感染，导致新的传染病发生与流行。例如，肾综合征出血热（Hemorrhagic Fever with Renal Syndrome，HFRS），1978年在韩国首次分离到病毒（HV），现全球已分离到30多个基因型；1993年又在美国暴发了由新型HV引发的汉坦病毒肺综合征（HPS），病死率高达50%。现已发现丙型肝炎病毒（HCV）有9个基因型和30多个亚型。同时，由于生态环境的改变，临床上抗生素和疫苗的大量、长期使用，致使许多病原体出现了耐药菌株和变异毒株，引起了传统传染病的再度暴发与流行。如耐药株引起登革热、结核病和疟疾的再度发生，以及变异株引起的霍乱和流感的流行等。

4. 野生动物源性疾病的跨畜种传播　许多证据表明，侵入家畜、家禽的新病原体主要来于野生动物。当物种间正常的空间隔离受到破坏时，野生动物的传染病就可能传染家畜或人，并且随着人类居住范围越来越多地侵犯到野生动物的生活，新病原体的侵入可能会不断发生。一些老的"新病原体"如非洲猪瘟病毒，其流行病学特性已发生很大变化，不必与野生贮毒动物接触，就能长期存在于猪体内。

5. 全球气候变暖，虫媒传染病滋长　气候因素和地理因素对人畜共患病的发生有显著的影响。地球温室效应引起的气候变化，使全球变暖，为传播虫媒提供了理想的生存和滋生条件，促进虫媒性人畜共患病的暴发。气候变暖导致热带地区的虫媒性传染病在亚热带地区出现，如过去局限在非洲等地区发生的西尼罗河病毒脑炎和猴痘现却在美国暴发流行。

四、人畜共患病的防控

为了预防、控制和消除人畜共患病的发生与流行，保障人畜健康，须利用流行病学基本知识，采取阻断疾病发生和传播的措施，对一些严重威胁人类健康和生命安全的人畜共患病进行强制性管理。

（一）防控原则

1. 依法防控原则　WHO 制定了《国际卫生条例》，OIE 法规委员会出版了《国际动物卫生法典》，凡是世界卫生组织的成员国，都必须履行条例中规定的各项义务。《中华人民共和国传染病防治法》、《中华人民共和国传染病防治法实施办法》、《中华人民共和国食品卫生法》、《突发公共卫生事件应急条例》、《中华人民共和国动物防疫法》、《重大动物疫情应急条例》等法律法规对传染病预防、疫情报告、控制和监督等都有严格的规定和要求。各级卫生行政主管部门、各类医务人员及兽医工作者有义务、有责任按照这些法律法规的规定和要求做好人畜共患病的预防和控制工作。真正做到"依法防疫，科学防控"。

2. "预防为主"原则　影响人类和动物健康的因素很多，除了病原微生物之外，还有环境因素、机体本身因素、卫生保健因素等，这些因素相互依存，又相互影响，预防这些影响因素绝不是只运用生物医学与兽医学方法所能解决的，必须要从生物医学、现代兽医学、社会学和心理学的角度，多层次、全方位地观察和处理问题。必须坚持"预防为主，防重于治"的原则，调动全社会的力量，最大限度地利用公共卫生资源，制定人畜共患病的预防控制策略和措施，才能达到预期效果。

3. 综合防控原则 针对人畜共患病的三个环节（传染源、传播途径、易感对象），综合性地采用环境、化学、生物、物理、遗传等各种技术手段综合成一套系统的防治措施，防止人畜共患病的发生与流行。例如，免疫、检疫、扑杀、隔离、消毒、封锁、治疗（动物淘汰）等综合性卫生防疫措施，对防治任何人畜共患病都是普遍适用、必不可少的。当疾病流行时，消毒、检疫、隔离、封锁等措施可以使疾病局限于一定范围之内，然后再通过定期监测，检出临床发病、阳性动物予以扑杀、淘汰，防止疾病扩散和传染人类。

4. 重点突出原则 重点突出的原则是将人畜共患病流行的主要薄弱环节作为突破口，采取相应的主导性措施，达到有效预防、控制疾病的目的。人畜共患病种类繁多，流行病学表现复杂，但是每种人畜共患病都有自身的流行特点和临床特征，抓住这些特点和特征，针对最易突破的环节采取措施，可更有效地控制和消灭人畜共患病。

5. 加强合作原则 人畜共患病是全人类的公共卫生问题，传染性强，危害性大，又具有很强的地域流行特点。对这类疾病的预防控制不仅涉及医学和兽医学问题，还波及许多社会问题，同时随着国际交往与商贸频繁，发生在一个国家和地区的疾病迅速蔓延到其他国家和地区的危险性大大增加。因此，必须加强国际合作，如疫情公开、疫情通报、防止输入传染源、加强海关检疫等，同时要动员全国的力量，组织国家卫生、农牧、商业、外贸、海关、交通、旅游、公安、边防等各个部门通力合作才能顺利完成。

（二）流行病学调查

流行病学调查是研究疾病流行规律的主要方法，其目的在于揭示疾病在动物群体中发生的特征，阐明流行原因和规律，以作出正确的流行病学诊断，迅速采取有效措施，控制疾病流行。常用的方法是，通过描述、分析、实验等方法，制订调查方案；实施调查；分析资料并撰写调查报告。调查内容重点为以下四点：

1. 临床症状 大多人畜共患病都有典型的临床症状，如狂犬病的神经症状、攻击人的行为，炭疽的败血症状导致的天然孔出血等。这些典型临床症状为人畜共患病的快速诊断提供了直接依据。

2. 疾病的侵入途径　任何区域和动物群体发生疾病，都有病原侵入途径，要从生物传播途径、机械传播途径进行分析。

3. 流行特征　人畜共患病的流行主要有群发性、职业性、区域性、季节性和周期性等特征，要依据不同的流行特征进行分析对比。

4. 流行病学分析　在正确诊断基础上，汇总多年疫情资料后，掌握疾病发生、传播、流行的规律，进行疾病发生的风险性分析，确定疾病发生的可能性。

(三) 疫情监测

疫情监测对预防人畜共患病的流行具有重要意义。特别是危害性大的人畜共患病，监测动物感染极为重要，因为动物发病数量不断增多是病原微生物正在活动的信号。人畜共患病监测是在诊断基础上，对疫情进行长期的统计、分析和对比，研究影响疾病发生、传播、流行的因素，明确流行规律，指导疾病风险分析。

1. 动物疫情监测　人畜共患病动物疫情监测就是选择一定的样本，用规定的方法，对疾病分布情况进行检查，对疫情进行统计分析。可以分为两个阶段，第一阶段是发现疾病阶段，采集样品，主动地进行监测，确定疫情后进行归类；预警预测阶段是疫情监测的第二个阶段，对发现的疫情进行统计分析，运用流行病学知识，发现和总结疾病流行规律。

2. 人疫情监测　人的疫情是揭示人畜共患病疫情的重要方面，是动物疫情的重要显示器，因此，要注意人疫情的发展变化情况，完善人畜共患病疫情的监测。人疫情监测的主要方法就是对卫生系统公布的人畜共患病疫情进行统计分析。兽医和卫生部门应同步进行监测工作，并向社会公布。

3. 疫源地监测　疫源地监测是在动物和人疫情监测的基础上，研究和分析疾病的地理分布情况及疫源地的消长、变化规律。人畜共患病的疫源地不是固定不变的，有时候会消失，有时候会扩大。

(四) 疫情报告

任何单位和个人发现动物或与动物有密切接触史的人发生人畜共患病临床可疑症状，或者发现民间重大人畜共患病疫情而动物疫情情况不明的，应当立即向当地兽医主管部门、动物卫生监督机构或者动物疫病预防控制机构报告。接到动物疫情报告的单位，立即派专员到现场进行调查核实，怀疑是重大人畜共患病疫情的，应按照国家规定的程序，2 小时内报告上级主管部门，并同时报告所在地人民政府兽医主管部门，兽医主管部门应当及时通报同级卫生主管部门。省级动物卫生监督机构或动物疫病预防控制机构应当在接到报告后 1 小时内，向省级兽医行政管理部门和农业部报告。省级兽医行政管理部门应当在接到报告后的 1 小时内报省级人民政府。

（五）疫情诊断

几乎所有的人畜共患病都有明确的病原体，病原体的分离和证实是确诊的可靠手段。病原学诊断应以流行病学资料为基础，结合血清学诊断、分子生物学诊断等，进行综合分析，得出正确结论。

1. 病原学诊断　应根据病原体入侵的途径和发展规律适时正确地采集标本，便于诊断确定。寄生虫病可采取剖检、虫卵镜检、涂片检查等技术；细菌病可采取染色镜检、分离纯化、分型判定、实验动物检验等技术；病毒病可采取病毒分离、中和试验、PCR 等技术。

2. 血清学诊断　利用抗原和特异性抗体的反应进行诊断，主要有三大类：

（1）**变态反应**　主要是利用动物体 T 淋巴细胞被抗原致敏，使用抗原物质进行过敏检验。例如结核菌素点眼、皮内变态反应等。

（2）**免疫反应**　利用完全抗原和抗体的可见反应进行诊断。如凝集反应、沉淀反应、琼脂扩散试验、中和试验等。

（3）**免疫标记**　对于不发生肉眼可见反应的抗原和抗体，用红细胞、酶、荧光等进行标记显示。如免疫荧光技术、酶联免疫吸附试验（ELISA）、放射免疫分析。

3. 分子生物学诊断　包括 PCR、RT‐PCR、核酸探针技术、单克隆抗体技术、免疫印迹和生物芯片技术等。

（六）疫情处置

1. 处置原则

（1）**依法处置原则**　处置突发重大人畜共患病疫情，应严格按照《中华人民共和国动物防疫法》、《中华人民共和国传染病防治法》及《重大动物疫情应急条例》等法律法规的规定进行。

（2）**早、快、严处理原则** 一旦发生疫情，要迅速作出反应，采取封锁疫区和扑杀染疫动物、消毒环境等果断措施，及时控制和扑灭疫情，将损失减少到最低限度。

（3）**人畜同步原则** 发生突发重大人畜共患病疫情，兽医和卫生部门要密切协作，建立联防机制，加强疫情通报，共同完成流行病学调查、动物和民间疫情的处置、疫情预测预警和扑灭工作。

2. 处置程序 重大动物疫情发生后，县级以上地方人民政府兽医主管部门应当立即划定疫点、疫区和受威胁区，调查疫源。在疫区周围设置警示标志，在出入疫区的交通要道口设置临时动物检疫消毒站，对出入的人员和车辆进行消毒；县级以上地方人民政府应当立即组织有关部门和单位对疫点、疫区、受威胁区采取封锁、隔离、扑杀、销毁、消毒、无害化处理、紧急免疫接种等强制性措施，迅速扑灭疾病。在封锁期间，禁止染疫、疑似染疫和易感染的动物、动物产品流出疫区，禁止非疫区的易感动物进入疫区，并根据扑灭动物疾病的需要对出入疫区的人员、运输工具及有关物品采取消毒和其他限制性措施。此外，卫生部门应协同畜牧兽医部门做好高危人群的检测和防护教育。

五、人员防护

人畜共患病的危害十分严重，可造成人大批死亡、残疾或丧失劳动能力，使感染者生活质量下降，给很多家庭带来灾难和不幸，给社会带来巨大经济损失或负担。因此，加强从业及非从业人员的防护工作，对人畜共患病的防治具有重要意义。

（一）从业人员的个人防护

由于人们的职业不同，感染人畜共患病的几率也不同。如动物检疫、检验人员及人畜共患病疫情处理人员，在采样和样品处理过程中易受到人畜共患病的威胁；从事羊毛和皮张加工的人员易患炭疽和 Q 热；放牧者、接羔员和挤奶员等易患布鲁氏菌病；养猪者和渔民易患弓形虫病；屠宰工和兽医容易感染上述大多疾病；水稻作业区的农民易患血吸虫病和钩端螺旋体病等。因此，应加强以上从业人员的职业素质，在工作过程中做好个人安全防护。从事人畜共患病疫情处理相关工作的人员应做好以下防护工作。

1. 安全防护措施 对疑似重大人畜共患病疫情，工作人员应穿防护服，注意消毒。

2. 按照技术规范进行操作 应严格按照有关技术规范规定进行病料、诊断等操作；对不明死因动物的处理，要区别一般情况和特殊情况，要将疫情确认的重点放在综合分析的基础上，不可盲目剖检死亡动物。

3. 及时就诊 密切接触发病动物者，如出现可疑症状，应及时到指定的卫生防疫、医疗单位就诊。

（二）非从业人员的个人防护

人的卫生知识与卫生习惯也影响人畜共患病的流行。动物性食品是很多疾病重要的传播媒介，因此，人们的卫生知识和卫生习惯，与人畜共患病的发生密切相关。如养成不吃不熟的肉、乳、蛋、鱼等，切肉的刀具生熟分开，以及不尝生鲜等良好的卫生习惯，可避免很多疾病的发生。借助动物性食品传播的人畜共患病有很多，如华支睾吸虫病可通过鱼肉传染人。因此，预防食肉感染，应大力开展消费者卫生知识教育，并加强动物性食品卫生检验，对检出的病、死畜禽肉品和携带病原体的肉品，按照有关规定进行处理，切断疾病的传播途径。

第二节　病毒性人畜共患病

一、高致病性禽流感

高致病性禽流感（High pathogenic avian influenza，HPAI）是由正黏病毒科 A 型流感病毒的某些高致病力亚型引起的一种急性、高度致死性传染病，旧称真性鸡瘟或欧洲鸡瘟。OIE 将其列为必须报告的动物疾病，我国将其列为一类动物疫病（人的乙类传染病）。

（一）特征

该病的主要临床特征是高热、呼吸困难，其他各系统亦呈现不同程度的临床症状。流行特点是发病急骤，传播迅速，感染谱广，流行范围大，引起鸡和火鸡的大批死亡。

（二）危害

高致病性禽流感是一种毁灭性疾病，每次流行都给养禽业带来毁灭性打击。如美国历史上曾多次发生禽流感，1975 年阿拉巴马州和 1978 年明尼苏达州发生火鸡禽流感，损失超过 500 万美元。1983 年 4 月宾夕法尼亚州发生禽流感，致 300 日龄的鸡群发病。随后疫情不断扩散，至 1984 年，新泽西州、马里兰州、弗吉尼亚州都暴发了禽流感，为控制这次疫情，扑杀和销毁 1 700 万只鸡，直接经济损失达 8 500 万美元，间接损失 4.9 亿元。1985—1986 年美国再度暴发禽流感，这次发病较 1983 年更严重，纽约、新泽西、宾夕法尼亚、马塞诸塞、康涅狄格等 5 个州 15 个以上鸡群发病。

此外，禽流感还严重威胁人类健康和生命安全。1997 年轰动世界的香港禽流感事件中，有 18 人受感染，5 名儿童和 1 名女子死亡，令香港市民"闻鸡色变"。后经美国疾病控制中心及荷兰实验室诊断，证实这几名儿童染上了本应只在禽畜之间传播的禽流感。这次感染为禽流感病毒首次突破种间障碍感染人，并引起人的死亡。这是世界上首次证实 A（H5N1）型禽流感病毒感染人类，因而引起了世界的广泛关注。

（三）流行病学

禽流感在世界范围内家禽和野禽中呈不同规模的流行，已造成数以亿计的禽类死亡。

病禽、健康带毒禽是主要传染源，野生水禽是自然界流感病毒的主要带毒者。被污染的饮水、飞沫、饲料、蛋筐、蛋盘和运输工具等都是重要的传染物。

病毒通过与感染禽类直接接触或与其分泌物、排泄物及污染的饲料、水、蛋托（箱）、垫草、种蛋、鸡胚和精液等间接接触而传播。传播途径主要是消化道、呼吸道，也可通过气源性媒介传播，也可能存在垂直传播。鸟类特别是野生水禽是重要的传播者。人主要通过接触染病禽类、鸟类、病毒污染物而感染，也可经消化道、呼吸道感染。

很多家禽和野禽都能自然感染高致病性禽流感，包括：火鸡、鸡、鹌鹑、珍珠鸡、鸽子、鸭、鹅、燕鸥、鸵鸟、麻雀、乌鸦、寒鸦、燕子、天鹅、平胸鸟等。火鸡和鸡感染性最高，不同日龄、品种和性别的鸡群均可感染发病。水禽（如鸭、鹅）和鸽子较容易呈隐性感染。人类和其他动物（如猪、马、海洋哺乳类动物、鼬科动物）也可感染。

高致病性禽流感一年四季均可发生，但冬春季节多发。该病潜伏期短，传播快，发病急，发病率、死亡率可高达100％。

（四）诊断

根据临床症状和病理变化可作出初步诊断，确诊需进一步做实验室诊断。在国际贸易中，尚无指定实验室诊断方法，替代诊断方法为琼脂凝胶免疫扩散试验和血凝抑制试验。我国高致病性禽流感防治技术规范指定临床诊断方法为：血凝抑制试验、神经氨酸酶抑制试验、琼脂免疫扩散试验、反转录-聚合酶链反应。

1. 病毒分离鉴定 取样处理后接种9～11日龄的SPF鸡胚，37℃孵育4～7天，分离病毒。而后进行血凝试验、电镜检查或琼脂凝胶免疫扩散试验（检测病毒存在）、定型试验（用特定抗血清确定亚型）以及致病性试验（取经稀释的尿囊液对4～8周龄SPF鸡静脉接种，计算静脉接种指数来确定病毒的致病性）。

2. 血清学试验 包括血凝和血凝抑制试验（该法是亚型鉴定的常用方法，但用已知HA亚型的抗血清，不能检出新的HA亚型的禽流感病毒）、琼脂凝胶免疫扩散试验（此法简便、快捷、特异性高、技术要求低，但是敏感性较差，易出现假阳性，适用于大范围普查）、神经氨酸酶抑制试验、中和试验、免疫荧光技术以及间接ELISA和Dot－ELISA（具简便、快速、敏感、特异、可用肉眼判定等特点，适用于口岸检疫、疾病监测和早期快速诊断）。

3. 分子生物学技术 包括聚合酶链反应及反转录-聚合酶链反应、核酸探针技术和生物芯片技术等。

4. 鉴别诊断 本病应与鸡新城疫、鸡支原体病、鸟疫（鹦鹉热）和其他呼吸道疾病相区别。

（五）防控

1. 加强高致病性禽流感监测，掌握禽流感病毒变异的动态。遵守农业部制定的应急预案和防治规范，主要包括：早期诊断，划定疫区，严格封锁，扑杀感染的所有禽类，对疫区内可能受到污染的场所进行彻底消毒等。

2. 必须加强禽鸟交易市场检疫，严防病禽上市交易。平时做好定期预防消毒，对禽舍、所用器具经常用清水冲洗并晒干，保持清洁。育雏期内水槽、饲槽每天须清洗消毒。粪便要堆积发酵，垫草和垫料每周更换一次。禽舍用氢氧化钠或过氧乙酸喷洒消毒或用福尔马林熏蒸消毒，笼具用火焰消毒。屠宰加工、贮藏等场所及区域内池塘等水域的消毒要采用低毒、高效药品，避免造成污染。

3. 严防病原传入禽群，做好人员防护。

搞好消毒，消灭传染源，防止病毒传播；禁止鸡和水禽混养；严防禽与鸟类接触；加强饲养管理，提高禽的抵抗力；按时通风换气，保持适宜的光照强度和温湿度。

诊断、采样、扑杀禽鸟、无害化处理禽鸟及其污染物和清洗消毒的人员进入感染或可能感染场所和无害化处理地点时，应穿防护服、胶靴，戴消毒的橡胶手套、N95 口罩或标准手术口罩、目镜。工作完毕后，应对场地及设施进行彻底消毒，在场内或处理地的出口处脱掉防护装备，并作消毒处理，对更衣区域进行消毒；人员用消毒水洗手，工作完毕后要洗浴。

饲养人员与感染或可能感染的禽鸟及其粪便等污染物接触前，必须戴口罩、手套和护目镜，穿防护服和胶靴。如果参与病死禽鸟处置的，也应做上述人员的防护工作。赴感染或可能感染场所的人员进场前应穿防护服、胶靴，戴口罩和手套；离开时，脱掉个人防护装备，污染物要放入塑料袋置于指定地点，最后脱掉手套后要洗涤消毒，工作完毕要洗浴。

所有暴露者要接受卫生部门监测，出现呼吸道感染症状的人员及其家属应尽快接受卫生部门检查。免疫功能低下、60 岁以上和有慢性心脏和肺脏疾病的人员，要避免从事与禽接触的工作。密切注意采样、扑杀处理野鸟、清洗消毒人员及饲养员的健康状况。

4. 强制免疫。我国将该病列为一类传染病，属强制免疫项目，具体免疫工作由当地动物防疫监督机构按计划实施。所用疫苗必须是经农业部批准使用的灭活苗。免疫程序和方法按所使用疫苗的说明书执行。适时进行抗体水平监测，确保免疫效果。

二、牛海绵状脑病

牛海绵状脑病（Bovine spongiform encephalopathy，BSE，俗称"疯牛病"）是由朊病毒（prion，又称朊粒）引起牛的一种神经性、渐进性、致死性疾病。OIE 将其列为必须报告的动物疾病，我国将其列为一类动物传染病，中国疾病预防控制中心将其列为全国监测的传染病。

（一）特征

该病的临床特征是潜伏期长，病牛精神失常、共济失调、后肢瘫痪和感觉过敏，以及病牛恐惧或狂暴。组织病理学变化主要表现为中枢神经系统灰质部的神经元细胞出现空泡变性以及大脑的淀粉样变性。

（二）危害

1. 疯牛病直接危害畜牧业的健康发展　在英国最直接的灾难是造成近500 万头牛被屠杀和焚烧。随着疯牛病的蔓延，这一灾难也波及法国、瑞士、葡萄牙、爱尔兰、德国、西班牙等国家，给当地的农牧民造成了巨大的经济损失。

疯牛病的发生不仅使英国和欧盟的畜牧业遭受了直接的、较大的经济损失，而且对英国和欧盟相关产业的市场份额产生了明显影响。这些产业包括各种肉类加工业、肉类包装产业、肉类废料处理工业、饲料加工制造产业、明胶制造工业等。这些间接影响所造成的损失，以及中长期的负面影响很难准确估计，但肯定是巨大的，同时也是难以在短期内消除的。

2. 疯牛病对人类健康的危害　疯牛病对人类造成的巨大影响不仅仅是经济上的巨大损失，更重要的是疯牛病可突破种属屏障传染人引起人的新变异型克-雅氏病（variant Cruetzfledt - Jacob disease，vCJD），在全球引起了极大恐慌。这类疾病具有超长的潜伏期、100％的死亡率，人们对其发病机理还不完全清楚，目前对其无任何特异性预防和治疗手段，这使人们很难准确预计疯牛病对人类究竟能产生多大的影响。不少学者甚至认为疯牛病和vCJD 将是 21 世纪对人类威胁最大的疾病，将直接威胁到人类生存。

（三）流行病学

易感动物为牛科动物，包括家牛、非洲林羚、大羚羊、瞪羚、白羚、金牛羚、弯月角羚和美欧野牛等。易感性与品种、性别、遗传等因素无关。发病以 4～6 岁牛多见，2 岁以下的病牛罕见，6 岁以上牛发病率明显减少。奶牛因饲养时间比肉牛长，且肉骨粉用量大而发病率高。家猫、虎、豹、狮等猫科动物也易感。

该病于 1986 年最早发现于英国，随后由于英国 BSE 感染牛或肉骨粉的出口，将该病传给其他国家。目前，已有欧洲、美洲、亚洲的 20 多个国家发生了该病，我国无此病。

BSE 是由于饲料被羊痒病病原因子污染引起的，病牛及被朊病毒污染的动物肉骨粉、脂肪等是本病的主要传染源。同种动物之间的传播效率最高，不同种动物之间的传播具有种属屏障。一般来说，乳牛发病多于肉牛。饲喂含染疫反刍动物肉骨粉的饲料可引发 BSE。BSE 发生流行需以下三个要素：一是本国存在大量绵羊且有痒病流行或从国外进口了被 BSE 污染的动物产品；二是牛、羊脏器的化制条件（动物性蛋白饲料加工）不能消除其中具有的传染性因子，可使该致病因子逐渐适应在牛体内生存；三是用反刍动物肉骨粉喂牛。BSE 潜伏期长短不一，一般在 2～30 年，平均潜伏期为 4～5 年，病程一般为 14～90 天。

人主要通过食用由牛海绵状脑病病原污染的牛肉及相关制品感染，另外，使用污染的牛源生物制品也具有传播的可能性。人与人之间可以通过输血传染。日常护理接触和呼吸道均不会造成该病的传染。

（四）诊断

根据临床症状只能作出疑似诊断，确诊需进一步做实验室诊断。

1. 病原检测　目前，尚无 BSE 病原的分离方法。可用生物学方法对 BSE 的感染性进行检测，即用感染牛或其他动物的脑组织通过非消化道途径接种小鼠。但该方法时间长、费用高，无实际诊断意义。

2. 脑组织病理学检测　在病畜死后，立即取整个大脑，经 10％福尔马林溶液固定后送检。检查依据为病牛脑干核出现神经元空泡化和海绵状变化。本法是最可靠的诊断方法，但需在牛死后才能确诊，且检查需要较高的专业水平和丰富的神经病理学观察经验。

3. 免疫印迹检测　用抗体与经蛋白酶 K 消化的脑组织提取物进行免疫反应，主要用于脑组织中朊病毒的检测。该方法能检测出朊病毒的相对分子质量及糖基化情况，并对传染性海绵状脑病（TSE）进行分型。

4. 免疫组织化学检测　检测脑部的迷走神经核群及周围灰质区的特异性朊蛋白（PrP）的蓄积，可以对 PrP 进行定性、定量和定位研究。本法特异性高，成本低，但只能用于死后诊断。

5. 免疫转印技术检测　检测新鲜或冷冻脑组织（未经固定）抽提物中

特异性 PrP 异构体。本法特异性高，时间短，但成本较高。

6. 酶联免疫吸附测定 该技术是依据抗原-抗体特异性反应和酶高效催化作用的一种免疫标记技术，是目前应用最广泛的技术之一。可用于检测的抗体较多，其中大部分为单克隆抗体。可分为构象依赖性免疫试验和不同表位 PrP 抗体的"双抗夹心法"两种。其他检测方法还有毛细管电泳、光谱分析法等。

7. 鉴别诊断 应与以下疾病做鉴别：有机磷农药中毒（有明显的中毒史，发病突然，病程短）；低镁血症、神经性酮病（可通过血液生化检查和治疗性诊断确诊）；李氏杆菌感染引起的脑病（病程短，有季节性，冬春多发，脑组织大量单核细胞浸润）；狂犬病（有狂犬咬伤史，病程短，脑组织有内基氏小体）；伪狂犬病（通过抗体检查即可确诊）；脑灰质软化或脑皮质坏死、脑内肿瘤、脑内寄生虫病等（通过脑部大体解剖即可区别）。

（五）防控

为了控制本病，欧盟各国均颁布了有关法令与条例，包括疫情报告、强制性扑杀和焚烧患病动物及可疑动物；禁止销售和食用可疑病牛的内脏；禁止在动物饲料中添加反刍动物源性蛋白饲料。许多国家还禁止从英国进口牛、牛胚胎和精液、脂肪、肉骨粉或含肉骨粉的饲料等有关制品。

我国尚未发现该病，加强国境检疫，禁止从有疾病国家或地区进口易感动物和肉骨粉是防止该病引入的重要措施。

本病既无有效疫苗进行免疫预防，也无有效治疗药物。目前，主要针对该病的可能传播途径采取措施进行预防，主要包括：建立本病的持续监测和强制报告制度；禁止用反刍动物源性饲料饲喂反刍动物；禁止从本病发病国或高风险国进口活牛、牛胚胎和精液、脂肪、肉骨粉或含肉骨粉的饲料、牛肉、牛内脏及有关制品；严格执行骨肉蛋白饲料消毒加工工艺，对牛、羊等下脚料必须 134～138℃ 高压灭菌 18 分钟以上。一旦发现可疑病牛，立即采取隔离措施，并报告当地动物防疫监督机构进行诊断。一经确诊，应按照《重大动物疫情应急条例》、《国家突发重大动物疫情应急预案》等法律法规要求，对所有病牛、可疑牛及同群牛从严、从快处置，对其产品、畜舍、垫料进行无害化处理。

人员在屠宰、剖检可能感染的动物时，应戴橡胶手套、口罩，穿防护服，处理完毕后用消毒水洗手，并对手术、解剖、防护设备进行消毒或无害化处理。实验室研究人员要按生物安全三级（ABSL‑3）实验室要求，做好个人防护。避免食用被朊病毒污染的肉牛、牛脊髓、乳汁等。

三、口 蹄 疫

口蹄疫（foot and mouth disease，FMD）是由口蹄疫病毒（FMDV）引起的以偶蹄动物为主的急性、热性、高度接触性传染病。OIE 将其列为必须报告的动物疾病，我国将其列为一类动物疫病。

（一）特征

该病具有强烈的传染性，传播速度快，流行范围广，可致成年动物的口腔黏膜、蹄部和乳房等处皮肤发生水疱和溃烂，幼龄动物多因心肌受损而表现死亡率升高。本病不易控制和消灭，可带来严重的经济损失。

（二）危害

口蹄疫广泛分布于世界各地，特别是亚洲大陆南部、中东附近地区及南美洲等地，可致感染动物生产性能下降，疫区内各种曾与发病动物接触的动物被大规模扑杀，流行地区的易感动物及其产品被禁止销售与出口，因而对养殖业造成巨大的损失。2001 年，英国突然暴发猪口蹄疫，使欧洲各国在消灭本病将近 20 年后，又一次经历了口蹄疫的浩劫，震惊世界。

在我国，以 2009 年 1 月为例，湖北武汉市东西湖区奶牛场发生口蹄疫疫情，确诊为 A 型口蹄疫，相关部门工作人员对发病及同群的 9 858 头牛全部扑杀并进行无害化处理。此后，在新疆、上海、江苏、广西、贵州、山东，A 型口蹄疫不断发生，造成巨大的经济损失。

（三）流行病学

世界上绝大多数国家都流行过口蹄疫，但目前本病仅在亚洲部分国家和地区、非洲、南美呈地方性流行或零星散发。已消灭口蹄疫的国家和地区常有重新暴发本病的例证。

偶蹄动物对本病易感性最高，其中黄牛和奶牛最易感，其次是牦牛、水牛和猪，再次为绵羊、山羊、骆驼等，人和多种野生动物也可感染发病。

患病及带毒的偶蹄动物是本病最重要的传染源。在前驱期和明显期排毒量大，恢复期排毒量逐步减少。病毒随病畜分泌物和排泄物排出，水疱液、水疱皮、唾液、乳汁、粪便、尿液和呼出的气体中均含有大量病毒，传染性极强。

易感动物可通过呼吸道、消化道、生殖道和伤口感染病毒。牛易通过呼吸道感染，猪易通过消化道感染。该病通常以直接或间接接触（飞沫）方式传播，或通过人或犬、蝇、蜱、鸟等动物媒介，或经车辆、器具等污染物传播。如果环境气候适宜，病毒可随风远距离传播。

本病呈烈性传播，对畜牧业危害相当严重。成年动物死亡率低于5％，但幼畜因心肌炎可导致死亡率高达50％以上。长期存在本病的地区其流行常表现周期性，每隔1～2年或3～5年暴发一次。发生季节随地区而异，牧区常表现为秋末开始，冬季加剧，春季减轻，夏季平息。而农区季节性流行不明显。

（四）诊断

根据临床症状特征，结合流行病学、病理变化，可作出初步诊断。但确诊须做病毒分离和血清学试验。诊断时需进行病毒定型，以便使用相应疫苗紧急预防。本病应与猪传染性水疱病、猪水疱性疹、水疱性口炎等相鉴别。

1. 病毒分离鉴定 采取病畜水疱皮、水疱液及康复期或早期动物的喉头和食道刮取物，用磷酸盐缓冲液（PBS液）制备无菌浸出液或稀释液，接种幼仓鼠肾细胞（BHK细胞）、猪肾细胞系（IBRS2）或猪甲状腺细胞，培养分离病毒，做细胞蚀斑试验。病毒鉴定可采用补体结合试验或酶联免疫吸附试验等方法。

2. 血清学诊断 常用补体结合试验、乳鼠血清保护试验、细胞中和试验、琼脂扩散试验、反向间接血凝试验、酶联免疫吸附试验等。既可用于定型诊断和病毒分型鉴定，也可用于康复动物血清抗体的检测。

（1）**补体结合试验** 取病料无菌浸出液或稀释液，或病料细胞培养液作抗原，与标准阳性血清做补体结合试验或微量补体结合试验，进行定型诊断和病毒分型鉴定。也可用口蹄疫病毒抗原与康复动物血清做补体结合试验，检测血清抗体。

（2）**乳鼠血清保护试验和细胞中和试验** 取病料无菌浸出液或稀释液，或病料细胞培养液，与标准阳性血清做乳鼠保护试验或细胞中和试验，同样可以进行定型诊断和病毒分型鉴定。也可用已知血清型口蹄疫病毒与康复动物血清做乳鼠保护试验或细胞中和试验，检测血清抗体，进行定型诊断。

3. 分子生物学检测　PCR技术已成功地用于口蹄疫的检疫和诊断，利用RT-PCR技术可以检测到样品中极微量的病毒核酸，该方法可用于动物性食品中超微量口蹄疫病毒的检测。

4. 动物试验　用水疱皮、水疱液制成悬浮浸出液，给500克以上豚鼠进行跖部皮内接种。注射部位在1～3天内出现水疱，具有重要的诊断价值。

5. 鉴别诊断　临床症状易与本病混淆的疾病有：水疱性口炎、猪水疱病、猪水疱性疹。其他应鉴别的疾病：牛瘟、牛传染性鼻气管炎、蓝舌病、牛乳房炎、牛丘疹性口炎、牛病毒性腹泻-黏膜病。

（五）防控

平时对家畜加强检疫，常发地区要定期进行预防接种。预防接种，牛可用矿物油和氢氧化铝佐剂灭活疫苗，猪可用油佐剂灭活疫苗，免疫保护率一般为80%～90%，接种疫苗后10天产生免疫力，免疫持续期为6个月。注射方法、用量及注射以后的注意事项，必须严格地按照疫苗说明书执行。免疫所用疫苗的毒型必须与流行的口蹄疫病毒型一致，否则无效。注射后有时会出现副反应，必须事先做好护理和治疗的准备工作。

发生口蹄疫时，必须按《中华人民共和国动物防疫法》及有关规定，采取紧急、强制性、综合性的控制和扑灭措施。

发生疫情后，应立即向当地动物防疫监督机构报告，包括发病家畜种类、发病数、死亡数、发病地点及范围、临床症状和实验室检疫结果，并逐级上报至国务院畜牧兽医行政主管部门。

当地畜牧兽医行政主管部门接到疫情报告后，应立即划定疫点、疫区、受威胁区。由发病地县级以上人民政府发布封锁令，对疫区实行封锁，禁止疫区内相关动物及其产品的流动，关闭疫区内的相关动物及其产品交易市场。

扑杀并无害化处理所有病畜、同群畜及其产品；消毒栏舍、场地及所有受污染物体（器具、车辆、衣物等）；污水、污物和粪便等必须严格消毒和无害化处理。

封锁区内健康动物实行紧急免疫接种，并对受威胁区的易感动物实行免疫接种，建立免疫带。最后1头病畜死亡或扑杀后14天，经过彻底消毒，可报请县级以上人民政府解除封锁。

四、狂 犬 病

狂犬病（Rabies），又名恐水病，是由狂犬病病毒（Rabies virus，RV）引起的以侵犯中枢神经系统为主的多种动物共患的急性传染病。OIE 将其列为必须报告的动物疾病，我国将其列为二类动物疫病（人的乙类传染病）。

（一）特征

该病的临床特征是患病动物出现极度神经兴奋、狂暴和意识障碍，最后全身麻痹而死亡。该病潜伏期较长，动物一旦发病常因严重的脑脊髓炎而以死亡告终。

（二）危害

据世界卫生组织（WHO）报告，全球每年因狂犬病死亡的人数约 55 000，绝大多数病例发生在发展中国家。亚洲是全球狂犬病流行最为严重的地区，仅孟加拉国、印度、巴基斯坦每年因狂犬病死亡的人数约达 40 000。在狂犬病统计数据中，有 94%～98% 暴发于犬。

我国属狂犬病高发国家，近年来，随着养犬数量增加，狂犬病疫情有扩大的趋势。20 世纪 50 年代以来，我国狂犬病先后出现了 3 次流行高峰。第一次高峰出现在 20 世纪 50 年代中期，年报告死亡数最高达 1 900 多人。第二次高峰出现在 20 世纪 80 年代初期，1981 年全国狂犬病报告死亡7 037人，为新中国成立以来报告死亡数最高的年份。整个 80 年代，全国狂犬病报告死亡数都维持在 4 000 人以上，年均报告死亡数 5 537 人。第三次高峰出现在 21 世纪初期，狂犬病疫情重新出现连续快速增长的趋势，2007 年全国报告死亡数高达 3 300 人。

狂犬病不但病死率达 100%，且发病后景象非常惨烈，导致周围人群被犬、猫等动物伤害后产生极度恐惧心理，造成严重的精神和经济负担。

（三）流行病学

本病的发生不分地区，寒、热带的所有温血脊椎动物皆可感染，广泛分布于亚、非、欧、美洲。但在澳大利亚、瑞典、日本、英国等岛屿国家和地区不存在或已消灭了狂犬病。我国东部和南部地区狂犬病流行较严重。

病畜和带毒的野生动物（犬科、猫科）是本病的重要传染源。狂犬病属于自然疫源性疾病，一些野生动物如红狐、浣熊、臭鼬、蝙蝠等，是狂犬病病毒的储存宿主和传播载体。一些发展中国家，犬是狂犬病的主要载体，其次是猫，偶为牛、猪、马、骡和驴等家畜（多由其他动物传染）。人和大部分家畜都是狂犬病的终末宿主，自然情况下不会发病。此外，小鼠、豚鼠、兔等实验动物均对狂犬病病毒敏感。

本病主要经被感染动物咬伤而感染，也可通过动物舔舐黏膜、伤口或抓伤而感染，特殊情况下还可通过灰尘或气溶胶经呼吸道传播。

本病多呈散发，无明显的季节性，但春夏较秋冬多发。犬的狂犬病呈地方性流行，其中，1岁以下的青年犬在病毒传播过程中尤其重要。

（四）诊断

根据典型临床症状和病理变化可作出初步诊断，确诊需进一步做实验室诊断。在国际贸易中，指定诊断方法为荧光抗体病毒中和试验和快速荧光斑点抑制试验。我国《狂犬病防治技术规范》指定诊断方法为内基氏小体（包含体）检查、免疫荧光试验和小鼠感染试验、细胞培养物感染试验。

1. 病原检测　可采用荧光抗体试验（为 OIE 和 WHO 共同推荐方法）、快速狂犬病酶免疫诊断法（适用于大量样品的筛选）、组织学检查（检查内基氏小体）、小鼠感染试验和细胞培养物感染试验对病原进行检测。

2. 血清学检测　可用荧光抗体病毒中和试验、快速荧光斑点抑制试验（RFFIT）、小鼠病毒中和试验和酶联免疫吸附试验（ELISA）等血清学检测方法对狂犬病病毒的抗体进行检测。

3. 分子生物学诊断　包括反转录-聚合酶链式反应检测、核酸探针技术、单克隆抗体技术、病毒 DNA 基因测序定型技术等。

（五）防控

狂犬病目前尚无特效疗法，动物发病后 100% 死亡。由于本病独特的传播方式是被动物咬（抓）伤，因此，预防工作的重点应是控制动物这一传播源。在我国，加强犬的管理，做好犬的免疫防治工作是狂犬病防治的核心。根据世界卫生组织的防治标准，犬的免疫覆盖率达到 70% 就能阻止狂犬病的流行。因此，预防狂犬病必须首先控制好犬的狂犬病，同时强化防范意识，加强对犬咬伤人员的医疗救治。

要加强宠物，特别是农村养犬管理，实行登记许可制度，实施动物狂犬病强制性免疫接种，建立免疫档案。通常幼犬、猫应在3月龄时进行狂犬病疫苗首次免疫，1岁时加强免疫一次，之后坚持每年免疫1次，使整个社区保持70%以上的狂犬病免疫合格率。加强产地检疫和流通环节的检疫监管，严格限制疫区动物进入非疫区。

发现疑似狂犬病动物后，应立即隔离疑似患畜，限制其移动，并按照《狂犬病防治技术规范》要求划定疫点、疫区和受威胁区。对所有感染、患病动物和被患病动物咬（抓）伤的动物采取不放血方式扑杀；隔离观察感染或患病动物的同群畜；对疫区内所有易感动物进行紧急免疫接种；对扑杀的动物尸体、排泄物无害化处理；对粪便、垫料、污染物等进行焚毁；栏舍、用具、污染场所必须进行彻底消毒。

加强教育宣传工作，增强百姓的防范意识，使免疫成为每一个养犬户的自觉行动。免疫是预防狂犬病发生的最好方法，应加强对城市、农村犬的免疫，加强流浪犬、猫的管理和检疫。目前，国内使用的狂犬病疫苗有灭活疫苗（依靠进口）和弱毒疫苗两种，弱毒疫苗由于存在潜在带毒和毒力反强的危险，已不提倡使用。

从事宠物门诊、狂犬病临床诊断、实验室检测和研究、疫情处置等工作的人员需进行暴露前免疫。在被动物咬伤后，应及时正确地处理伤口并注射疫苗和狂犬病被动免疫制剂（动物源性抗狂犬病毒血清或人血免疫球蛋白）。

五、猪乙型脑炎

猪乙型脑炎（Swine B encephalitis）又称流行性乙型脑炎、日本脑炎，是由流行性乙型脑炎病毒引起的一种中枢神经系统的急性、人畜共患的自然疫源性传染病。世界动物卫生组织将其列为法定报告传染病，我国将其列为二类动物疫病（人的乙类传染病）。

（一）特征

该病属于自然疫源性疾病，以蚊为媒介，多种动物均可感染。其中，人、猴、马和驴感染后出现明显的脑炎症状，病死率较高；猪群感染最为普遍，大多不表现临床症状，死亡率较低，怀孕母猪表现为高热、流产、产死胎和木乃伊胎，公猪出现睾丸炎。

（二）危害

本病自 1871 年在日本被发现以来，主要分布于东亚的热带、亚热带及温带地区。特别是在越南北部、泰国北部和东北部、印度北部和东北部、尼泊尔、孟加拉国、缅甸等地发病率高，流行范围广，并发生过几次较大的暴发或流行。另外，日本、韩国、尼泊尔等地还表现出大龄发病比例升高的趋势。

我国是乙型脑炎发病率最高的国家之一，占世界总发病人数的 80% 以上。到目前为止，我国除新疆、青海、西藏无乙型脑炎病例报道外，其他地区均有乙型脑炎病例发现。由于本病疫区范围较大，人兽共患，危害严重，被世界卫生组织列为需重点控制的传染病。

本病于 1924 年在人群中发生过一次大流行，1935—1936 年及 1947—1948 年在日本马匹中发生大流行。1935 年从病死者和死马的脑组织中分离到相同的病毒，证明马和人的乙型脑炎是由同一种病毒所致，以后相继从猪、羊、牛等动物的脑组织中分离到该病毒，从而证实本病在人类和动物群中同时流行，并可相互传染。

（三）流行病学

传染源为带毒动物。其中，猪和马是最重要的动物宿主和传染源。小马是病毒的天然宿主，猪是最主要的扩散宿主。猪感染乙型脑炎病毒后，产生病毒血症，血液中病毒量较多，通过蚊-猪-蚊循环，使乙型脑炎病毒不断扩散。因此，猪是乙型脑炎病毒最主要的增殖宿主和传染源。

传播途径主要通过蚊虫（库蚊、伊蚊、按蚊等）叮咬传播，其中最主要的是三带喙库蚊。越冬蚊虫可以隔年传播病毒，病毒还可能经蚊虫卵传递至下一代。病毒的传播循环是在越冬动物及易感动物间通过蚊虫叮咬反复进行的。猪还可经胎盘垂直传播给胎儿。

马属动物、猪、牛、羊、鸡和野鸟都可感染。马最易感，猪不分品种和性别均易感染。

人也易感，主要是通过蚊虫（三带喙库蚊）等媒介昆虫叮咬感染，猪乙型脑炎不会直接传播给人。易感者多为 10 岁以下的儿童，患乙型脑炎后可产生持久免疫力，极少再发病。

乙型脑炎是一种自然疫源性疾病，有明显季节性，多发生于 7~9 月蚊虫滋生繁殖和猖狂活动季节。在热带地区，可常年发生。猪群中的流行特征为感染率高，发病率低，一般为隐性感染。绝大多数猪在病愈后不再复发，成为带毒猪。

（四）诊断

根据临床症状和病理变化可作出初步诊断，确诊需进一步做实验室诊断。

1. 病原分离与鉴定 采集2～3天内死亡或濒死迫杀病例的血液或脑脊髓液或脑组织，接种于鸡胚或敏感细胞进行病毒分离。分离的病毒可通过血清中和试验、交叉补体结合试验、交叉血凝抑制试验进行鉴定。

2. 血清学检测 反向血凝抑制试验、免疫黏附血凝试验、免疫酶组织化学染色试验、中和试验、补体结合试验等。在早期还可进行抗体检查。

3. 分子生物学诊断 反转录-聚合酶链反应技术，该方法检测时间短，敏感性高。

4. 鉴别诊断 应与伪狂犬病、细小病毒病、猪瘟等疾病进行鉴别诊断。

（五）防控

根据本病的发生和流行特点，消灭蚊子和免疫接种是预防本病的重要措施。在乙型脑炎流行季节前1～2个月对猪群接种乙型脑炎弱毒疫苗进行预防。加强动物的饲养管理，提高动物抵抗力，定期做好环境消毒。做好灭蚊、防蚊工作，切断传播途径，减少疾病发生。

发生乙型脑炎时，按《中华人民共和国动物防疫法》及有关规定，采取严格控制、扑灭措施，防止疾病扩散。对患病动物予以扑杀并进行无害化处理。死猪、流产胎儿、胎衣、羊水等均须无害化处理。污染场所及用具应彻底消毒。

在农村和饲养场，要做好猪的饲养环境卫生和免疫接种工作，通过对猪乙型脑炎的控制，来降低人乙型脑炎的流行。养殖场、兽医、实验室人员等，在接触病畜或病毒污染物前，应穿戴防护服、口罩、手套等防护装备。工作结束后，所有防护装备应就地脱下，洗净消毒，一次性物品应做无害化处理。乙型脑炎疫区的适龄人群（6月龄以上，10岁以下儿童）及相关工作人员应接种乙型脑炎疫苗，使用的疫苗包括乙型脑炎减毒活疫苗（SA14-14-2株）和灭活疫苗（P-3株），两种疫苗均安全有效。

六、裂 谷 热

裂谷热（rift valley fever，RVF）是由裂谷热病毒引起多种动物的一种热性、急性传染病。主要感染牛、羊等哺乳动物，也可感染人，被 OIE 列为必须报告的动物疾病。

（一）特征

本病通过蚊子叮咬感染人类和牲畜，主要症状是高热、流产和肝损伤，部分病人还会因血管破裂而死亡。流行特点是妊娠动物出现大批流产，新生动物死亡率急剧上升，同时伴有人群的发病和死亡。

（二）危害

本病于 1912 年首次发现于肯尼亚的裂谷并分离到病毒。目前，在非洲大部分国家或地区呈周期性流行。1977—1980 年首次在埃及流行，约有 20 万人感染，598 人死亡，并引起大量动物死亡。

世界卫生组织表示，裂谷热是人畜共患病，感染严重者痛苦不堪，死亡率极高。近年来，裂谷热越过红海，出现在非洲以外的地区，原来没有该病的阿拉伯半岛国家，如沙特阿拉伯等出现裂谷热流行。由于伊蚊和库蚊的广泛分布，专家们担心该病会进一步威胁亚洲和欧洲。

（三）流行病学

该病毒可感染多种脊椎动物，其中以绵羊、山羊、骆驼和人最为敏感。绵羊的发病最为严重，其次是牛和山羊，羔羊的致死率可达 90%，成年绵羊的致死率为 25%，其他动物如羚羊、驴、啮齿动物、犬、猫也可感染发病。人群对裂谷热病毒普遍易感，病后可获得免疫力。

裂谷热的传播媒介是蚊类。除直接被病蚊叮咬外，人体皮肤伤口接触到染病动物的血液、唾液、器官或身体其他部位的液体分泌物也可感染，而感染情况多是在照顾染病动物或屠杀牲畜，或摄取染病牲畜的乳汁，或吸进过多含病毒的潮湿空气、气溶胶时发生。

许多种蚊子可能是裂谷热的媒介，伊蚊和库蚊是该病流行的主要媒介，不同地区优势媒介也不同。泰氏库蚊、尖音库蚊、叮马伊蚊、曼氏伊蚊、金腹浆足蚊等是不同地方的主要媒介。此外，不同蚊子在裂谷热病毒传播方面的作用亦不同。

该病多在非洲雨季、洪水季节暴发。蚊子从感染动物身上吸血获得裂谷热病毒，能经卵传播，因此，新一代蚊子可以从卵中获得感染。在干燥条件下，蚊卵可存活几年。期间，若幼虫滋生地被雨水冲击，蚊卵在雨季孵化，蚊子数量增加，在吸血时将裂谷热病毒传给动物，这是自然界长久保存裂谷热病毒的机制。

(四) 诊断

根据流行病学特点、临床表现和剖检变化，即反刍动物出现大批流产和幼龄动物大量死亡，剖检具有不同程度的肝脏损伤，与发病动物接触的人具有急性、发热性变化等可作出该病的疑似判断，确诊需进行实验室检测。

1. 病原学检查 用酶联免疫吸附试验和反向被动凝集试验快速检查血样中的病毒抗原。也可进行该病毒的分离鉴定，裂谷热病毒可在多种细胞中繁殖，细胞病变一般在24～48小时出现，细胞培养物中的病毒抗原最早可在接种后12小时通过免疫荧光方法检测出来。

裂谷热病毒还可用全血或组织悬液通过脑内或腹腔内接种小鼠的方式进行分离。不论哺乳或断奶小鼠都是敏感的，在表现出中枢神经失调后3～8天死亡。分离到的病毒可用中和试验、血凝抑制试验和酶联免疫吸附试验进行鉴定。

2. 血清学检测 可用微量中和试验、蚀斑减少中和试验、小鼠中和试验检测该病毒的特异性抗体，因需用活病毒进行试验，故不适用非疫区使用。也可用酶联免疫吸附试验、血凝抑制试验、琼脂扩散试验、免疫荧光方法等，但这些方法易与白蛉热病毒属中其他成员出现交叉反应，应注意进行鉴别诊断。

(五) 防控

动物接种裂谷热病毒疫苗可预防裂谷热感染。已有减毒活疫苗和灭活疫苗供兽医、实验室人员使用。活疫苗只需要接种一次即可产生永久性免疫力，但会引起怀孕动物流产。灭活疫苗不会引起这些不良后果，但必须给予高剂量后才能产生保护力。疫苗尚未注册，至今无商业化产品，但已被试验性用于保护处于高度暴露危险区的人群，其他候选疫苗正在研究之中。

在流行期间，使用杀虫剂控制蚊媒，清除蚊媒滋生地是控制蚊媒传播该病的根本性措施。

为预防裂谷热病毒感染，对到疫区的旅游者或疫区屠宰场的工作人员的防护是非常重要的，如穿防护衣（如长衫、长裤），使用蚊帐和驱虫剂，在蚊咬高峰时间避免户外活动是防蚊的有效方法，特别要注意白天防蚊。捕获病畜或切取组织时要特别谨慎，必须戴手套和穿合适的防护服，避免接触病畜。采集和处理疑似或确诊的裂谷热病例标本时应采取保护措施，由经过训练的专业人员在合适的实验室处理标本，可以有效预防裂谷热病毒感染。

对于裂谷热等输入性蚊媒传染病，我国目前的综合性预防控制措施是控制传入，及时发现疫情；长期控制媒介密度使之维持在不至引起疾病暴发的程度；限制进口疫区牛、羊及胚胎、精液、血液制品；加强对来自疫区的人员和交通工具的检验检疫工作，防止裂谷热病毒经病人或蚊子传人。

七、水疱性口炎

水疱性口炎（Vesicular stomatitis，VS）是由水疱性口炎病毒（VSV）引起的多种哺乳动物的一种急性、高度接触性传染病，以马、牛、猪等动物较易感，人、绵羊和山羊也可感染。该病被OIE定为必须报告的动物疾病，我国将其列为二类疫病。

（一）特征

大量流涎是家畜感染水疱性口炎最重要的临床症状，其特征为口腔黏膜、乳房皮肤及蹄冠部皮肤出现水疱及糜烂，人感染后出现类似流感的症状。

（二）危害

早在1801、1802和1817年就有报道美国的马、牛、猪感染本病。1862年美国内战期间，因此病导致4000匹战马不能作战。以后美国几乎每隔10年就暴发一次。后来墨西哥、巴拿马、委内瑞拉、哥伦比亚、秘鲁、阿根廷、巴西、法国和南非等国相继报道过本病。据OIE报道，南美、中美几乎所有的国家和地区以及北美的美国等曾在1996—2002年暴发大面积的水疱性口炎流行，造成严重的经济损失。

随着我国加入 WTO，动物及动物产品的国际贸易量增加，外来动物病传入我国的风险逐渐加大。为防止国外动物病传入我国，保护我国畜牧业的健康发展，对该病进行充分的了解和研究具有特别重要的意义。

（三）流行病学

牛、马、绵羊、山羊、猪和猴对本病毒较易感，野生动物中的野羊、鹿、浣熊、野猪和刺猬亦可感染，人偶尔感染。实验动物中雪貂、豚鼠、仓鼠、小鼠、大鼠和鸡都易感。成年牛易感性最高，1 岁以下的犊牛易感性较低，在牛群中发病率为 $1.7\% \sim 7.7\%$。

患病动物是主要传染源，可通过其唾液和水疱液排出大量的病毒。本病主要经损伤的皮肤黏膜和消化道传播，双翅目昆虫如奴卡蚊、白蛉虫等也是本病的重要传播媒介。

本病流行具有明显的季节性，多见于夏季和初秋，秋末该病的流行趋于平稳。在美国，该病的流行还具有明显的周期性，大约每 10 年流行一次。在湿度高的季节，热带地区、茂密森林及其附近的牧区、河流或沼泽地附近的牧区中的易感动物发病较为多见，这主要与本病的传播媒介有关。

（四）诊断

根据明显的季节性及典型的水疱病变和流涎等症状，一般不难作出初步诊断。有条件时也可通过动物接种试验与牛口蹄疫、猪口蹄疫、水疱病、猪水疱疹加以区别，但最好采取口腔、蹄冠、乳房水疱上皮组织，或用食道探子采集食道和咽部黏液送检，或采集发病初期和后期的血清样品送检。通过病毒的分离鉴定或补体反应、中和试验、荧光抗体试验、酶联免疫吸附试验等进行诊断和鉴别诊断。

（五）防控

我国西部边境地区人畜往来频繁，缺乏有效的动物防疫措施，常年流行或可能流行于周边国家的口蹄疫、小反刍兽疫、蓝舌病、鹿流行性出血热病、赤羽病及水疱性口炎等动物虫媒病，无法在短期根除，防止外来疾病传入我国形势十分严峻，要密切关注疫情动态，严加防范，警钟长鸣。

一旦发生疫情，受感染的场地应该加以封锁，在病畜所有症状消失之前严禁其移动。

良好的卫生习惯可限制畜群中本病的扩散。易感动物应与感染动物隔离，并防止接触感染动物接触过的饲料和水。

控制继发感染可减少本病的危害，病灶糜烂面要保持清洁，如有继发感染的症状需用抗生素治疗。

减少或杜绝媒介昆虫与易感动物的接触，以减少带毒昆虫叮咬易感动物的可能性。

很多化合物可有效灭活水疱性口炎病毒，因此，可以用作消毒剂，如50％次氯酸钙、10％氯化苯甲羟胺、福尔马林、六氯酚、漂白粉等。

八、西尼罗河热

西尼罗河热（West Nile fever，WNF）是由西尼罗河病毒（West Nile virus，WNV）引起多种动物和人共患的一种自然疫源性和虫媒性传染病。

（一）特征

西尼罗河热在临床上以高热、脑脊髓炎为特征。

（二）危害

近几十年来，西尼罗河热在世界范围内的流行区域不断扩大，1999年以前广泛分布在东半球，包括非洲、亚洲及欧洲的大部分地区。1999年以后，西半球开始出现西尼罗河热的流行。近几年来，该病有扩大流行之势，并在北美开始出现大面积流行。自1999年8月美国纽约市首次发现西尼罗河病毒脑炎病例以来，西尼罗河热在北美地区迅速蔓延，同时出现乌鸦不明原因大量死亡，经过多次采样分离到西尼罗河病毒。2000年美国出现西尼罗河病毒致人死亡的病例，科研人员在越冬的蚊子体内分离到西尼罗河病毒，从而证实西尼罗河病毒已在美国稳定存活下来。2007年，美国有43个州通过ArboNET报告了3 630例人感染西尼罗河病毒，其中34％表现为脑炎或脑膜炎。

目前，非洲、北美洲、欧洲是西尼罗河病毒感染的主要流行地区；亚洲报告本病的国家有印度、马来西亚、泰国、菲律宾、土耳其、以色列、印度尼西亚、巴基斯坦等；此外，澳大利亚也发生过本病。我国尚无此病例。

近年来，由于国际人员和物资流动加快，感染者、带毒畜禽和媒介蚊虫

传入我国的可能性日益增加。加之，西尼罗河病毒主要分布在北纬 23.50°
到南纬 66.50°之间的温带地区，而我国大部分领土处在这一地区，并有适
宜的鸟类宿主、易感动物和媒介蚊虫分布，因此，面临着西尼罗河病毒输入
和流行的威胁。

（三）流行病学

西尼罗河热的传染源主要是鸟类，包括乌鸦、家雀、知更鸟、杜鹃、海
鸥等。鸟感染后产生的病毒血症至少可维持 3 天，足以使蚊感染。人、马和
其他哺乳动物感染后不产生病毒血症。本病可通过蚊子在人与人、人与动物
间传播。

蚊子是本病的主要传播媒介，以库蚊为主。蚊子因叮咬感染西尼罗河病
毒并出现病毒血症的鸟类而感染。病毒在蚊体内生长繁殖后进入蚊子唾液。
人和动物被蚊子叮咬而感染。有输血、器官移植传播西尼罗河病毒的报道，
但不是主要的传播方式。哺乳及胎盘传播也是可能的传播方式。

目前，已证明西尼罗河病毒可以感染鸟（乌鸦最易感）、蚊、人、猴、
马、狗、猫、鸡、鹅、鸽子、蝉、蝙蝠、花栗鼠、浣熊、臭鼬、松鼠和家
兔等。

人群对西尼罗河病毒普遍易感。有些地区人群感染率很高，但以隐性
感染居多。老年人感染后则易发展为脑炎、脑膜炎、脑膜脑炎，具有较高
的死亡率。流行高峰一般为夏秋季节，与媒介密度高及蚊体带毒率高
有关。

（四）诊断

目前，对该病的诊断有多种方法。根据临床症状及病理变化可作出初步
诊断，然后通过特异性诊断（如血清学诊断、分子生物学诊断）进一步
确诊。

1. 血清学诊断 采取动物的血清或全血做血凝抑制试验、间接免疫荧
光试验、蚀斑减少中和试验、血清中和试验，来检测西尼罗河病毒抗体。

2. 分子生物学诊断 主要采用 RT-PCR 技术。将病毒的 RNA 反转
录成 cDNA，然后进行 PCR，最后通过核苷酸序列分析和制作 PCR 探针
查出致病基因，从而检测病毒粒子。该法具有高特异性、敏感性的
特点。

目前，流式细胞仪也用于该病的诊断。

(五) 防控

目前，西尼罗河病毒感染后尚无有效的治疗方法，只限于支持和对症治疗，如加强护理，增强机体抵抗力，防止继发感染等。有的动物能够自己康复，甚至一些症状轻微的动物无需任何治疗也可康复。患者由于肌无力多累及呼吸肌，需要重病特别护理和呼吸机维持通气。在体外，干扰素对病毒比较有效，但有待于进一步的临床试验证实。人工疫苗目前并不十分有效，且还在研制中。目前，我国还没有西尼罗河病毒感染的报道，但是许多无法控制因素仍然存在，如候鸟的迁徙、染毒蚊子的活动等。因此，现阶段应注重预防，加强宣传教育，做好个人防护。预防的关键环节是采取措施控制媒介蚊虫的滋生，避免蚊咬。

九、轮状病毒病

轮状病毒病（Rotavirus diseases，RVD）是由轮状病毒（RV）感染引起的婴幼儿和多种幼龄动物的一种急性肠道传染病。

(一) 特征

临床以急性腹泻和脱水为特征。成人和成年动物多呈隐性经过。10～60日龄仔猪较易发病，发病率为80％，死亡率为20％。

(二) 危害

本病最早于1943年在患腹泻的儿童中发现，1975年首次从猪中分离出轮状病毒，目前本病已广泛分布于五大洲。对人和畜禽进行血清流行病学调查，结果表明，成年人和畜禽血清中轮状病毒的抗体阳性率达40％～100％。我国已从人、牛、羊、猪及多种禽类发现或分离到轮状病毒，证实其是引起仔猪、犊牛、羔羊腹泻的病原之一。

近年来，在美国、加拿大、新西兰、澳大利亚、英国、法国、苏联、德国、朝鲜、日本和我国等国家都发生过多种动物的轮状病毒性腹泻。动物轮状病毒病呈世界性分布，致病率高，可引起动物死亡，给世界畜牧业造成巨大的经济损失。

（三）流行病学

本病多发于寒冷的晚秋、冬季和早春季节，寒冷、潮湿、卫生不良、饲料营养不全和其他疾病的侵袭等，均能促进本病的发生。本病多为暴发或散发，也呈地方性流行。潜伏期一般为 12～24 小时。

各种年龄的动物都可感染本病，但以 8 周龄内仔猪多发，感染率可达 90%～100%。日龄越小的仔猪，发病率越高，病死率一般在 10% 以内。各种年龄的犬均可感染，但成年犬一般为隐性感染，缺乏明显的症状。

轮状病毒主要存在于病猪及带毒猪的消化道，随粪便排到外界环境后，污染饲料、饮水、垫草及土壤等，经消化道途径使易感猪感染。病猪排毒时间可持续数天，可严重污染环境，加之病毒对外界环境有顽强的抵抗力，使轮状病毒在成猪、中猪、仔猪之间反复感染。另外，人和其他动物也可散播传染。康复动物仍可从粪便中排毒，但排毒时间多长尚不清楚。轮状病毒在人和动物间有一定的交互感染性，因此，只要病毒在人或一种动物中持续存在，就有可能造成本病在自然界中长期传播。

（四）诊断

轮状病毒病的诊断，除根据临床表现和季节分布特点外，实验室诊断是确诊的重要手段。目前，国内多用电镜法、酶联免疫吸附试验（ELISA）、核酸电泳法、补体结合试验、免疫荧光试验、免疫黏附血凝试验、血凝抑制试验等进行检测。

本病应与猪传染性胃肠炎、猪流行性腹泻、仔猪白痢、仔猪黄痢等相区别。

（五）防控

加强饲养管理，保持圈舍卫生，做好仔猪的防寒保暖工作，减少应激因素，增强母猪和仔猪的抵抗力。

在疫区，要及早让新生仔猪吃到初乳，使其获得母源抗体保护，以减少发病。

发现病猪，立即将其隔离到清洁、干燥和温暖的猪舍内加强护理，减少应激因素，并清除粪便及被污染的垫草，消毒被污染的环境和器物。

将葡萄糖甘氨酸溶液给病猪自由饮用，同时进行对症治疗，投服收敛止泻剂，使用抗生素和磺胺类药物（以防止继发感染）。静脉注射5％的葡萄糖盐水和5％的碳酸氢钠溶液，可防止病猪脱水和酸中毒。

十、登革热/登革出血热

登革热（Dengue fever，DF）/登革出血热（Dengue hemorrhagic fever，DHF）是由1～4型登革病毒引起，经伊蚊传播的急性人畜共患病。按照《中华人民共和国传染病防治法》将其规定为乙类传染病，其中轻型称为登革热，重型称为登革出血热。

（一）特征

登革热临床特征是双相热、头痛、肌肉痛、关节痛、皮疹和淋巴结肿大，病死率低；登革出血热临床特征是发热、皮疹、出血和休克等，病死率高。

（二）危害

本病出现已有200多年的历史，主要分布在热带、亚热带60多个国家和地区，尤其是东南亚各国。目前，世界上约有25亿人受到登革病毒感染的威胁，每年感染登革病毒的患者超过1亿人，并且约有50万人发展成为登革出血热或登革休克综合征，造成大约25 000人死亡。

20世纪初本病就已经传入我国，20世纪20年代和40年代曾在上海、杭州、广州、汉口等地出现广泛流行。1978年5月本病在广东省佛山市发生流行，以后的十年中，广西、海南也出现流行。20世纪80年代云南边境局部地区曾发生过登革热散发流行，并从白纹伊蚊分离到4型登革病毒。20世纪90年代以来，本病主要在广东、福建流行，多为小规模流行或散发。1999年和2004年因输入性病例导致福建和浙江等地发生暴发流行，其他省份近年来也常有输入性病例的发生。但是，由于登革热传播迅猛，特别是近些年由于人员流动频繁和国际旅游的迅猛发展，使登革病毒的流行范围及其传播媒介（如埃及伊蚊和白纹伊蚊）的分布范围也在相应扩大。

登革病毒有4个血清型，在一个地区往往存在不同血清型病毒的交替流行，这更增加了登革出血热和登革休克综合征发生的可能性。登革出血热和登革休克综合征的病死率较高，不仅严重影响人民的身体健康，而且严重影响当地经济、贸易和旅游事业的发展。

（三）流行病学

1. 传染源 患者和隐性感染者为主要传染源，未发现健康带病者。患者在发病前6～8小时至病程第6天，具有明显的病毒血症，可使叮咬伊蚊感染。流行期间，轻型患者数量为典型患者的10倍，隐性感染者为人群的1/3，可能是重要传染源。丛林山区的猴子和城市中某些家畜虽然有感染登革病毒的血清学证据，但作为传染源，尚未能确定。

2. 传播媒介 已知12种伊蚊可传播本病，但最主要的是埃及伊蚊和白纹伊蚊。伊蚊只要与有传染性的液体接触一次，即可获得感染。病毒在蚊体内复制8～14天后即具有传染性，传染期长者可达174天。具有传染性的伊蚊叮咬人体时，可将病毒传播给人。因在捕获伊蚊的卵巢中检出登革病毒，从而推测伊蚊可能是病毒的储存宿主。

3. 易感对象 人对该病毒普遍易感，其他灵长类动物也易感，但以青壮年发病率最高。在地方性流行区，20岁以上的居民，100%在血清中能检出抗登革病毒的中和抗体，而发病者多为儿童。

人和动物感染后对同型病毒亦有免疫力，并可维持多年，对异型病毒也有1年以上免疫力。同时，感染登革病毒后，对其他B组虫媒病毒，也产生一定程度的交叉免疫，如登革热流行后，乙型脑炎发病率随之降低。

4. 流行特征 本病的流行特征具有地方性和一定的季节性，凡有伊蚊滋生的自然环境及人口密度高的地区，均可发生地方性流行。在城市中流行一段时间之后，可逐渐向周围的城镇及农村传播。在同一地区，城镇的发病率高于农村。发病季节与伊蚊密度、雨量相关。在气温高而潮湿的热带地区，蚊媒常年繁殖，全年均可发病。我国广东、广西为5～10月、海南省3～10月，登革热的发病率较高。

（四）诊断

根据流行病学资料和临床症状可作出初步诊断，但首例或首批患者确诊和新疫区的确定，必须结合实验室检查。

1. 常规检查 白细胞总数减少，第4～5天降至低点（2×10^9个/升），其中中性粒细胞减少，淋巴细胞相对增高，退热后1周恢复正常。可见病毒颗粒及核左移。1/4～3/4病例血小板减少，最低可达1.3×10^{10}个/升。部分病例尿及脑脊液可见轻度异常。

2. 病毒分离　将急性期患者血清接种于新生（1～3 日龄）小鼠脑内（或猴肾细胞株），病程第 1 天阳性率可达 40％，以后逐渐降低，在病程第 12 天仍可分离出病毒。最近采用白纹伊蚊细胞株 C6/36 进行病毒分离，阳性率高达 70％。用 C6/36 细胞培养第 2 代分离材料，作为病毒红细胞凝集素，进行病毒分型的红细胞凝集抑制试验，或作为补体结合抗原做补体结合试验分型，可达到快速诊断的目的。

3. 血清学检查　常用补体结合试验、红细胞凝集抑制试验和中和试验。单份血清补体结合试验效价超过 1∶32，红细胞凝集抑制试验效价超过 1∶1 280 者，有诊断意义。双份血清恢复期抗体效价比急性期高 4 倍以上者可以确诊。IgM 抗体捕捉 ELISA 法检测特异性 IgM 抗体有助于登革热早期诊断。

4. 鉴别诊断　登革热应与流行性感冒、麻疹、猩红热、药疹相鉴别；登革出血热、登革休克综合征应与黄疸出血型的钩端螺旋体病、流行性出血热、败血症、流行性脑脊髓膜炎、黄热病等相鉴别。

（五）防控

目前，还没有疫苗可用于预防登革热。地方性流行地区或可能流行地区要做好登革热疫情的检测、汇报工作，早发现，早诊断，及时隔离治疗。同时，尽快进行特异性实验室检查，识别轻型患者。加强国境卫生检疫。

防蚊灭蚊是预防本病的根本措施。改善卫生环境，消灭伊蚊滋生地，喷洒杀蚊剂消灭成蚊。

对患者应从发病起在无蚊环境下隔离 6 天以上，目前尚无特效治疗方法，一般以对症治疗为主。

十一、肾综合征出血热

肾综合征出血热（Hemorrhagic fever with renal syndrome，HFRS），又称流行性出血热（Epidemic hemorrhagic fever，EHF）是由汉坦病毒引起的一种自然疫源性疾病，是《中华人民共和国传染病防治法》规定的乙类传染病。鼠类为其自然宿主和主要传染源。

（一）特征

临床特征为发热、出血、休克和急性肾功能衰竭。根据我国出血热的主要传染源种类不同，本病可分为姬鼠型和家鼠型两种主要类型，其中黑线姬鼠为姬鼠型出血热的主要宿主动物和传染源，褐家鼠为家鼠型出血热的主要宿主动物和传染源。

（二）危害

本病于 1913 年发现于前苏联远东地区。世界上已有 30 多个国家发现肾综合征出血热，主要分布在欧亚大陆，其中发病最多的为中国、俄罗斯、朝鲜、芬兰、瑞典、挪威、波兰等。我国每年肾综合征出血热发病人数占世界报道病例的 90% 以上，是受汉坦病毒危害最为严重的国家。我国各地均有病例发生。我国年发病数最高曾超过 11 万，近十年来我国年报告发病人数一直在 2 万～5 万，新疫区不断出现，并时有暴发流行，老疫区的类型也有所变化。近年来，个别省份肾综合征出血热发病率明显升高，形势不容乐观。发病病例以农村青壮年人群为主，不仅对人民身体健康和生命安全造成危害，而且对社会经济发展造成严重影响，已经成为一个重要的公共卫生问题。

（三）流行病学

世界上有 170 多种脊椎动物可自然感染汉坦病毒，我国发现有 53 种。本病主要宿主动物是啮齿类如黑线姬鼠、大林鼠、褐家鼠等，其他动物包括猫、狗、家兔等。动物感染后可从尿、粪及唾液中排毒，人不是主要的传染源。

本病可多途径感染，包括接触传播、呼吸道传播、垂直传播。本病还可经消化道传播。另外，寄生于鼠类身上的革螨或恙螨也具有传播作用。

不同性别、年龄、职业的人群对本病普遍易感，疫区人群隐性感染率低，姬鼠型为 1%～4%，家鼠型为 5%～16%，主要为男性青壮年，占总发病的 2/3，病后能获得持久性免疫。

本病主要分布于亚洲，其次为欧洲和非洲，美洲较少。每十年左右出现一个高峰期，四季均可发病。姬鼠型以 11 月至次年 1 月为高峰，家鼠型流行高峰为 3～5 月。流行疫区的类型包括姬鼠型疫区、家鼠型疫区和混合型疫区。

（四）诊断

根据流行特点和典型临床症状，可作出初步诊断，但确诊需要进行实验室检查。

1. 一般检查　包括血常规、尿常规、血液生化检查、凝血功能检查等。

2. 血清学检查　特异性抗体检测，发病第二天即能检出 IgM 抗体。IgG 抗体效价一周后上升 4 倍有诊断价值。

3. 病原学检查　将发热期病人的血清、血细胞和尿液等接种 Vero－E6 细胞或 A549 细胞，分离汉坦病毒。应用汉坦病毒的多克隆抗体或单克隆抗体可从早期病人的血清、周围血的单核细胞和多核细胞、尿及尿沉渣细胞中检出病毒抗原。

4. 分子生物学检测　巢式 PT－PCR 方法可以检出汉坦病毒的 RNA，敏感性较高，具有诊断价值。

（五）防控

做好疫情监测（民间疫情、人群免疫状况、动物疫情等）。应用药物、机械等方法防鼠灭鼠。加强食品卫生工作的监督和管理，防止鼠类排泄物污染食品。沙鼠肾细胞疫苗（Ⅰ型汉坦病毒）和地鼠肾细胞疫苗（Ⅱ型汉坦病毒），有不同程度的交叉保护，可对疫区人群做定期预防接种。做好个人防护，在野外或疫区工作时应减少暴露，皮肤有破损应及时包扎。

第三节　细菌性人畜共患病

一、炭　　疽

（一）特征

炭疽（Anthrax）是由炭疽杆菌（*Bacillus anthracis*）所致的一种急性、热性、败血性人畜共患传染病。本病主要是食草动物（羊、牛、马等）的传染病，人因接触这些病畜及其产品或食用病畜的肉类而感染。临床上以突然高热和死亡、可视黏膜发绀、皮肤坏死及特异的黑痂、溃疡、天然孔流出煤焦油样血液为特征。

炭疽杆菌是需氧芽孢杆菌属中的一种长而粗的大杆菌，两端平切或凹陷，无鞭毛，不能运动，革兰氏染色阳性。在人及动物体内或含血清培养基中可形成荚膜，荚膜是毒性特征。本菌在体外不适宜条件下形成椭圆形芽孢，位于菌体中央且直径不大于菌体。在人和动物体内常单个存在，或2～3个菌体连成短链，或呈竹节样排列的长链。在腐败病料的涂片中，只能看到无菌体的菌影。炭疽杆菌受低浓度青霉素作用，菌体可肿大形成圆珠，称为"串珠反应"。这也是炭疽杆菌特有的反应。

炭疽杆菌繁殖型抵抗力不大，常用消毒药均可在短时间内将其杀死。但炭疽芽孢有极强的抵抗力，在干燥的土壤中可存活数十年；在皮毛制品中可能存活数年；牧场一旦被污染，芽孢可存活数年至数十年。煮沸40分钟、140℃干热3小时、高压蒸汽10分钟、20%漂白粉和石灰乳浸泡2天才能将其杀灭。石炭酸、来苏儿、季铵盐类、酒精等对芽孢杀灭作用很差，高锰酸钾、漂白粉、火碱等对芽孢有较强的杀灭作用。

(二)危害

炭疽杆菌致病物质为荚膜和炭疽毒素。临床上以突然高热和死亡、可视黏膜发绀、皮肤坏死及溃疡、天然孔流出煤焦油样血液为特征，是一种急性、热性、败血性人畜共患传染病。本病潜伏期一般为1～5天，《陆生动物卫生法典》指出其潜伏期可达20天。

1. 动物炭疽至少表现为4种不同形式：最急性型、急性型、亚急性型和慢性型。

(1) **最急性型** 绵羊与山羊多见，偶见牛、马。发病急，死亡快，病畜呈败血症症状，表现突然发病，急剧死亡，病程数分钟至数小时。呼吸高度困难，天然孔出血，痉挛，倒地而死。

(2) **急性型** 牛、马多见，猪罕见。表现体温升高，可视黏膜发绀，便血、尿血。濒死期体温急剧下降，呼吸高度困难，天然孔出血，痉挛，倒地而死。病程1～2天。

(3) **亚急性型** 牛、马多见。症状基本与急性型相似，但病程较长。常在颈部、胸前、腹下、乳房或肩胛等体表部位、直肠或口腔黏膜等处出现炭疽痈，初期坚实有热痛，后期热痛消失，可发生坏死或溃疡。原发性病灶常可康复，病程3～7天。

(4) **慢性型** 主要发生于猪，无明显症状，主要为咽部炭疽或肠炭疽。

表现体温升高，咽喉部及附近淋巴结明显肿胀，甚至蔓延至颈部、胸部，吞咽及呼吸困难，常因窒息而死。但不少病畜生前无明显症状，宰后检查时才发现。犬及其他肉食兽对炭疽有较强的抵抗力，呈慢性型经过。

2. 人炭疽按感染途径不同可分为皮肤炭疽、肺炭疽和肠炭疽等临床类型，其中皮肤炭疽最多见，占 90% 以上。病程潜伏期一般在 12 小时至 12 天，平均1~5 天。

（1）**皮肤炭疽**　在面、颈、手或前臂等暴露部位的皮肤出现红斑、丘疹、水疱，周围组织肿胀及浸润，继而中央坏死形成溃疡性黑色焦痂，焦痂周围皮肤发红肿胀，疼痛不显著，局部淋巴结肿大，伴有发热、头痛、关节痛等。

（2）**肺炭疽**　高热，呼吸困难，胸痛，咳嗽，咯黏液血痰。也可直接或继发脑膜炎和败血症。

（3）**肠炭疽**　急性发病，发热，腹胀，剧烈疼痛，腹泻，血便。可累及消化道以外系统。

（三）流行病学

本病世界各地均有发生，南美洲、亚洲和非洲等牧区多见，以散发为主，夏秋发病多。

传染源主要为患病动物及其尸体，如牛、羊、马、骆驼等，其次是猪和犬，它们可因吞食染菌食物而得病。人直接或间接接触患病动物分泌物及排泄物可感染。炭疽病人的痰、粪便及病灶渗出物均具有传染性。炭疽芽孢对环境具有很强的抵抗力，其污染的土壤、水源及场地可形成持久的疫源地。

动物炭疽感染途径以消化道为主，常因采食污染的草料、饮用污染的水而感染，如果动物口腔和胃肠道黏膜损伤则更易感染。通过损伤的皮肤和呼吸道接触炭疽芽孢也可感染。

人类炭疽以接触感染为主，且以与炭疽芽孢污染的毛皮、病畜产品、土壤和用具接触而感染较多见，呼吸道感染多见于毛皮厂，消化道感染常因进食未煮熟的肉类、奶或污染的食物所致。吸血昆虫叮咬病畜后再叮咬人群也可引起人类炭疽发生，但不多见。

易感对象包括各种家畜、野生动物及人。草食动物最易感，其中以马、牛、绵羊、山羊及鹿的易感性最强，骆驼、水牛及野生草食动物次之。猪、犬和猫感染性低，自然情况下家禽不感染。许多野生动物如黑猩猩、鹿、斑马、狼、狐、豺、貉、獾、豹、狮等也可感染。人可感染，但易感性较低，主要发生在与动物及动物产品接触机会多的人员，如农牧民、屠宰人员、皮毛加工人员、兽医及实验室人员。

流行病学特点是炭疽全年均可发生，但有明显的季节性，常在炎热多雨或炎热干旱季节发生，6～9月为发病高峰，秋、冬、春季少发，且以散发为主。不同年龄、性别、品种的家畜均有易感性，但幼龄较老龄家畜易感。干旱、洪涝等自然灾害是炭疽高发的主要诱因，环境卫生差、使役过度、长途运输、营养缺乏等降低畜体抵抗力的因素也是本病的诱因。被炭疽芽孢污染的牧地可形成持久疫源地，造成本病常在一定的地区内流行。

（四）诊断

根据典型临床症状和病理变化可作出初步诊断，确诊需进一步做实验室诊断。

凡炭疽病例或疑似炭疽病例，禁止剖检，以防炭疽芽孢污染环境，而造成持久疫源地。如怀疑死亡动物感染急性、亚急性炭疽，可采集动物血液送检。病料采集应在治疗、消毒处理前，尽量无菌、多部位采集，注意个人和环境防护。疑为动物炭疽，生前可取静脉血、水肿液或血便，死后由耳或四肢末端采集血或左侧肋间做一垂直切口，取小块脾。

新鲜病料可直接触片镜检或分离培养，未污染的标本可直接用普通营养琼脂培养，24小时后长成灰白色、边缘不整齐、表面粗糙的大菌落。陈旧腐败病料、处理过的材料、环境（土壤）样品可先采用选择性培养基，以解决样品污染问题，常用含有戊烷脒和多黏菌素的血液琼脂培养基分离培养，可抑制杂菌生长。炭疽杆菌于该培养基长出湿润、黏稠的灰黄色菌落，无溶血现象。

传统的血清学诊断方法是Ascoli热沉淀反应，原理是检测细菌的多糖抗原，常用于检测陈旧标本及污染的皮毛等。其他方法还包括琼脂扩散试验、补体结合试验、酶联免疫吸附试验等。

最急性和急性炭疽应与巴氏杆菌病（可检出两端浓染的巴氏杆菌，但Ascoli反应阴性）、恶性水肿相区别。

（五）防控

动物一般不宜进行药物治疗。炭疽常发地区和受威胁区，每年春季必须坚持预防接种。从事畜牧兽医相关工作及有关畜产品加工工作的人员每年应进行炭疽活疫苗的预防接种，一般使用炭疽活疫菌做皮上划痕接种，免疫力可维持半年至一年。要加强兽医检疫、监测和卫生监督。凡不明死因的动物尸体不得随意食用和利用，须经兽医人员检验后再做处理。

发生炭疽后，应迅速查清疫情并报告疫情；划定疫点、疫区和受威胁区；对患病动物做无血扑杀和无害化处理，对同群或与病畜接触过的假定健康动物立即进行强制免疫接种，并隔离观察 20 天；对病死家畜的尸体严禁解剖，不宜深埋，必须带皮焚烧；对发病、死亡动物的分泌物、排泄物以及污染的场所、用具等均可采用焚烧办法处理，不易焚烧的物品可用漂白粉、火碱或升汞溶液消毒；污染的土壤应焚烧或用 4% 的甲醛溶液消毒；对可能被污染的物品、交通工具、用具、动物舍进行严格彻底消毒；疫区、受威胁区所有易感动物进行紧急免疫接种。青霉素是治疗炭疽的首选药物，但对肠炭疽及肺炭疽效果不佳，有条件的可用抗血清。

二、布鲁氏菌病

（一）特征

布鲁氏菌病（Brucellosis）是由布鲁氏菌属（*Brucella*）成员引起的人畜共患传染病。羊、牛、猪多发，其他动物也有感染，患病羊对人威胁最大。布鲁氏菌病主要在畜间传播，也传染人。病畜为传染源。人发病主要由病畜传染，人与人之间传染机会极少。经消化道、呼吸道、生殖器官、眼结膜和损伤皮肤都可感染。临床上主要以生殖器官和胎膜发炎、母畜流产、不孕和公畜睾丸炎为特征。

布鲁氏菌为革兰氏阴性、细小的短杆菌或球杆菌，菌体无鞭毛，不形成芽孢，大小在 0.3～1.5 微米，宽 0.5～0.7 微米。本菌姬姆萨染色呈紫色。根据其病原性、生化特性等不同，可分为 6 个生物种，20 个生物型，包括羊种马尔他布鲁氏菌（*B. melitensis*）3 个生物型；牛种流产布鲁氏菌（*B. abortus*）9 个生物型；猪布鲁氏菌（*B. suis*）5 个生物型；绵羊布鲁氏菌（*B. ovis*）；犬布鲁氏菌（*B. canis*）和沙林鼠布鲁氏菌（*B. neotomae*）。不同种与不同生物型菌株之间，形态及染色特性等无明显差别。

布鲁氏菌病最危险之处是病畜几乎不表现症状，但能通过分泌物和排泄物（乳、精子、阴道分泌物、粪、尿）不断向外排菌，特别是随流产胎儿、胎衣和羊水排出大量病原菌，成为最危险的传染源。排出的病原菌对外界环境有相当强的抵抗力，如在胎衣中能存活 4 个月，在水、土、粪、尿中可存活 3 个月，在皮毛上可存活 1~4 个月，在冻肉中可存活 2~7 周，在乳中可存活 10 天至 1 年。因此，生活和生产环境一旦遭病原污染，不论人或畜，在几个月内均有被感染的可能。加热 60℃或日光下暴晒 10~20 分钟可杀死此菌。另外，本菌对常用化学消毒剂较敏感。

（二）危害

本病主要侵害生殖系统。易感动物广泛，羊、牛、猪最易感，牦牛、水牛、鹿、骆驼、马、犬、猫、兔、鸡、鸭和一些啮齿类动物以及人也有易感性。潜伏期长短不一，因病原菌的毒力、感染量及感染时动物的妊娠期而异。

牛、羊、猪感染布鲁氏菌后表现为弛张热、流产、胎衣滞留。流产可发生于妊娠的任何时期，多数流产牛能再次怀孕，但流产后可能发生胎衣滞留和子宫内膜炎。公畜出现睾丸炎及附睾炎，有些发生关节炎、黏液囊炎、跛行和持续高温等。

犬可感染犬种、牛种、羊种和猪种布鲁氏菌。感染犬种布鲁氏菌的母犬，发生流产，产死胎和出现不育症，淋巴结肿大。公犬常发生附睾炎、前列腺炎和菌血症。犬感染牛种、羊种和猪种布鲁氏菌多为隐性感染，呈散发性，部分犬出现淋巴结轻度肿大、多发性关节炎、腱鞘炎，少数出现发热症状。

马多数呈隐性感染，孕马大多不流产，但血检呈阳性。部分马可出现关节炎、腱鞘炎、跛行。尤其在头部和肩部，出现硬肿，有热痛，破溃后渗出黄色黏液，形成瘘管，常见"马肩瘘管"或"马颈背疮"。

人感染本病可全年发生，但有一定的季节性、地区性和职业性。如牧区，产羔季节，畜产品加工者、屠宰工人、牧工、兽医、长期接触动物者以及有生食肉品、饮用牛奶习惯人群。人感染布鲁氏菌后，临床症状各异，轻重不一，感染者主要表现为长期低热，反复发热，多数病例表现为不规则热型和弛张热。有关节痛、肝肿大、脾肿大及泌尿生殖系统症状。

（三）流行病学

布鲁氏菌病广泛地分布于世界各地。有 50 多个国家和地区的绵羊和山羊存在布鲁氏菌病流行，主要集中于非洲、亚洲和南美洲等；有100多个国家和地区的牛存在布鲁氏菌病，主要分布于非洲、中南美洲、亚洲及欧洲南部等；有30多个国家和地区的猪存在布鲁氏菌病，主要分布于美洲、亚洲、非洲北部和欧洲南部等。野生动物也有感染布鲁氏菌的报道。迄今为止，世界上已有瑞典、荷兰、日本等12个国家和地区宣布消灭了该病。

该病的主要传染源是发病及带菌的羊、牛、猪，其次是犬。流产母畜及其流产的胎儿、胎衣、羊水、阴道分泌物是最危险的传染源，乳汁或精液也是重要的传染源。与人类有关的传染源主要是患病羊、牛及猪，其次是犬。染菌动物首先在同种动物间传播，造成带菌或发病，随后波及人类。各型布鲁氏菌在各种动物间有转移现象，即羊种菌可能转移到牛、猪，或相反。因家畜与畜产品与人类接触密切，从而增加了人类感染的机会。患者也可以从粪、尿、乳向外排菌，但人传人的实例很少见到。

布鲁氏菌可经生殖道黏膜、消化道、呼吸道及皮肤等多种传播途径侵入动物体，也可通过吸血昆虫传播。易感动物通过接触或食入感染动物的分泌物、体液、污染的肉、乳等感染。因配种而感染的动物尤为常见。人可通过直接或间接接触病死畜及病菌污染物，或食入病畜产品而感染，也可通过吸入被污染的气溶胶而感染。人感染布鲁氏菌后一般不发生人与人之间的水平传播。

易感动物有60多种，其中羊种布鲁氏菌对绵羊、山羊、牛、鹿和人的致病性较强，牛种布鲁氏菌对奶牛、水牛、马和人的致病性较强，猪种布鲁氏菌对猪、野兔、人的致病性较强。三种布鲁氏菌均能感染人，但以羊种感染后病症较重，猪种次之，牛种最轻。

本病一年四季均可发生，但以产仔季节多发。发病率牧区高于农区，农区高于城市。老疫区较少出现广泛流行，新疫区会突然发生急性病例。患病与职业有密切关系，兽医、家畜饲养人员、屠宰工人、皮毛工等明显高于一般人群。发病年龄以青壮年为主，男多于女。牧区存在自然疫源地，但疫区流行强度受布鲁氏菌种、菌型及气候，人们的生活水平，以及牧畜、牧场管理情况等影响。

(四) 诊断

本病流行病学、临床症状、病理变化均缺乏明显特征，而且多数病畜呈隐性感染。因此，本病诊断较为困难，应结合多种方法，先根据流行病学调查、临床症状和病理变化作出初步诊断，再通过实验室诊断进一步确诊。

（1）**细菌形态检查**　采取流产胎儿、胎盘、阴道分泌物或母畜子宫绒毛膜抹片，革兰氏或姬姆萨染色后显微镜观察。阳性病例可见大量革兰氏阴性或姬姆萨染色呈紫色的球杆状短小杆菌。

（2）**国际、国内指定诊断方法**　在国际贸易中，指定诊断方法有缓冲布鲁氏菌抗原试验（BBAT）、补体结合试验（CF）、酶联免疫吸附试验（ELISA）和荧光偏振试验（FPA）。我国指定的牛布鲁氏菌病诊断方法为虎红平板凝集实验（RBPT）、全乳环状试验（MRT）和试管凝集实验（SAT）。

（3）**鉴别诊断**　应与弯杆菌病、沙门氏菌病、钩端螺旋体病、日本乙型脑炎、衣原体病和弓形虫病等有流产症状的疾病鉴别。

（五）防控

饲养场应坚持自繁自养和封闭管理，加强卫生消毒工作。严禁从疫区引进动物，对进出境或本地区的易感动物加强隔离检疫，特别是种用、乳用动物的检疫。对控制区，尤其是稳定控制区实施监测净化，疫区实施监测、扑杀和免疫相结合的防治措施。

发现疑似疫情，应立即将疑似患病动物隔离。一旦确诊，应对患病动物全部扑杀。对受威胁的畜群（病畜的同群畜）实施隔离，可采用圈养和固定草场放牧两种方式隔离。隔离饲养用草场，不要靠近交通要道、居民点或人畜密集的地区。对扑杀动物、流产胎儿、胎衣、排泄物、乳、乳制品等进行无害化处理。开展流行病学调查和疫源追踪，并对同群动物进行检测。对患病动物污染的场所、用具、物品严格进行消毒。

饲养、管理、屠宰家畜的人员，畜产品（皮毛、肉类、奶及奶制品）收购、保管、运输、加工人员，以及兽医等经常与家畜接触者，应具备一定防病知识，既要防止布鲁氏菌在畜间传播，又要防止病畜传染人，特别是在接产或处理流产时要谨慎，以防止细菌感染。在接触可疑病畜、病菌污染物或病菌时，应穿戴工作服、胶靴（鞋）、口罩、橡胶或乳胶手套等。工作结束后，所有防护装备应就地脱下，洗净消毒。高危险人群及相关实验室工作人员可接种疫苗。饲养人员每年应进行定期检查，发现患病人员应调离岗位，并及时治疗。

三、沙门氏菌病

(一) 特征

沙门氏菌病（Salmonellosis）是由各种沙门氏菌（Salmonella）所引起的急性传染病，是公共卫生学上具有重要意义的人畜共患病之一。沙门氏菌属属于肠杆菌科，可分为 6 个亚属，即亚属Ⅰ、Ⅱ、Ⅲ、Ⅳ、Ⅴ和Ⅵ，有 2 500 多个血清型。根据其致病范围可分为 3 个群：第 1 群，仅对人有致病性，有伤寒沙门氏菌（S. typhi）和副伤寒沙门氏菌（S. paratyphi）甲型、乙型、丙型，引起人的肠热症；第 2 群，对动物有致病性，并引起人的食物中毒，有鼠伤寒沙门氏菌（S. typhimurium）、猪霍乱沙门氏菌（S. choleraesuis）、肠炎沙门氏菌（S. enteritidis）、纽波特沙门氏菌（S. newport）、德波沙门氏菌（S. derby）、汤卜逊沙门氏菌（S. thompson）、鸭沙门氏菌（S. anatis）等，称为食物中毒群；第 3 群，仅对动物有致病性，如马流产沙门氏菌（S. abortusequi）、鸡沙门氏菌（S. gallinarum）和雏沙门氏菌（S. pullorum）。近年来，也有本菌引起人发生胃肠炎的报道。

沙门氏菌为革兰氏阴性菌，无荚膜，有周鞭毛（鸡伤寒沙门氏菌无），直杆状，不形成芽孢的短杆菌，大小为（1～3）微米×（0.4～0.9）微米。常见危害人畜的非宿主适应血清型有 20 多种，加上宿主适应血清型，约 30 余种。主要有肠炎沙门氏菌、鼠伤寒沙门氏菌、猪霍乱沙门氏菌、鸡白痢沙门氏菌、鸡伤寒沙门氏菌、伤寒沙门氏菌和副伤寒沙门氏菌甲型、乙型、丙型等。

本菌为需氧或兼性厌氧菌，在 10～42℃均生长，最适生长温度为 37℃，生长的最适 pH 为 7.2～7.4。在普通营养培养基上均能生长良好，培养 18～24 小时后，形成中等大小、圆形、表面光滑、无色半透明、边缘整齐的菌落。但猪伤寒沙门氏菌、羊流产沙门氏菌、鸡白痢沙门氏菌在普通营养培养基上生长欠佳。另有一些从污水或食品中分离的沙门氏菌呈粗糙型菌落。本菌在肉汤培养基内呈均匀混浊生长。沙门氏菌对干燥、腐败、日光等环境因素有较强的抵抗力，喜湿，耐寒，不耐热。对各种化学消毒剂的抵抗力不强，常规消毒药均可达到消毒目的。

（二）危害

本病主要通过污染食品（如肉类）而传播，引起人食物中毒，表现为急性胃肠炎等症状。本病在动物则经常引起败血症和母畜的流产。本病广泛存在于自然界，大多数血清型可感染脊椎动物，其中绝大多数是温血动物。

人感染沙门氏菌后，临床表现多种多样，可分为肠炎型、伤寒型、败血症型和局部化脓性感染四型，其中以肠炎型（食物中毒）为沙门氏菌感染最常见的形式，表现为呕吐、腹泻、腹痛等症状；伤寒型可引起类似伤寒的临床表现，症状一般较伤寒轻，长期发热，伴有胃肠道症状；败血症型引起败血症的机会在正常免疫功能的人群中较低，在免疫功能低下人群中发生率较高，这种病人往往原来就有一些慢性疾病，一般预后差。

牛沙门氏菌病主要由鼠沙门氏菌、都柏林沙门氏菌和纽波特沙门氏菌引起。成年牛常出现高热，昏迷，食欲废绝。大多数病例在发病后12～24小时，粪便中出现血块，不久便下痢，粪便恶臭，下痢开始后体温降至正常或略高，病牛多数在1～5天内死亡。病期延长者则出现脱水、消瘦、眼窝下陷、可视黏膜充血和发黄，怀孕母牛发生流产。一些病例可以恢复，还有些牛呈隐性经过，仅从粪便排出病菌，数天后可以停止排菌。

猪沙门氏菌病又称仔猪副伤寒，临床上可分为急性型、亚急性型与慢性型。急性型以急性败血症为特征，多见于断乳前后的仔猪突然死亡；亚急性型与慢性型较为常见，多以坏死性肠炎、顽固性下痢、卡他性或干酪性肺炎为特征，病程较长，可达数周，病猪消瘦，最后导致死亡或成为僵猪。

鸡白痢沙门氏菌和鸡沙门氏菌分别导致鸡白痢和禽伤寒。鸡白痢特征为幼雏感染后常呈急性败血症，发病率和死亡率都高；成年鸡感染后，多呈慢性或隐性带菌，严重影响孵化率和雏鸡成活率。禽伤寒主要危害3月龄以上的成年鸡，雏鸡感染时症状与鸡白痢相似。诱发禽副伤寒的沙门氏菌也能广泛感染各种动物和人类，因此，在公共卫生上具有重要意义。人类沙门氏菌感染和食物中毒常常来源于副伤寒污染的禽类、蛋品等。

（三）流行病学

沙门氏菌病广泛分布于世界各地，一年四季均可发病。人发病高峰主要在7～11月，此时正值夏秋季节，天气炎热，食物易被细菌污染，而且人们常在夏天喜食冷食，胃肠道屏障功能减弱，再者夏季蚊蝇多，污染食品机会也多。

患病与带菌动物是本病的主要传染源，其次为感染的鼠类和其他野生动物，带菌的食品工作人员也是重要的传染源。

沙门氏菌的宿主范围非常广泛。沙门氏菌既可感染人，也可导致多种动物发病，如牛、马、羊、猪、禽等。牛在各种年龄都可感染，成年牛多散发，出生30～40天以后的犊牛发病后呈群内流行。猪沙门氏菌病在密集型饲养的断奶仔猪中容易暴发，以1～4月龄猪较为多发，成年猪中很少发生，哺乳仔猪一般不发生沙门氏菌病，也不感染，很可能与母源抗体的作用有关。禽沙门氏菌病对各种品种的鸡均有易感性，以2～3周龄内雏鸡的发病率与病死率为最高，呈流行性。随着日龄的增加，鸡的抵抗力也增强。成年鸡感染常呈慢性或隐性经过。

沙门氏菌主要经口感染，也可经粪-口途径传播。感染畜禽和啮齿类动物可携带、排泄本菌，污染环境、水源、饲料、食品，造成流行和传播。通常情况下，人因与沙门氏菌污染动物产品直接或间接接触而感染，动物可通过接触患病者或病原菌携带者的粪便及污染的水源、饲料等经消化道感染。鼠类也可传播本病。禽沙门氏菌病可经蛋垂直传播，也可水平传播。

（四）诊断

根据流行病学、临床症状和病理变化，可作出初步诊断。最终确诊，要进行细菌检查，可从死亡动物的脏器和血液中分离细菌培养，进行生物学试验。毛皮兽沙门氏菌病可在生前进行快速细菌学检查。用无菌操作方法采血，接种于琼脂培养基斜面或肉汤培养基内，在37～38℃温箱中培养，经6～8小时便有该菌生长，将培养物和已知沙门氏菌阳性血清做凝集反应，即可确诊。

（五）防控

预防本病，应加强饲养管理，消除发病诱因，保持饲料和饮水的清洁卫生。及时将急性期患畜隔离，妥善处理病人和患病动物的排泄物，以控制传染源。炊具、食具必须经常清洗、消毒，生、熟食要分容器，切割时要分刀、分板；食用肉类时要煮熟煮透；不喝生水。对牲畜屠宰人员，要定期进行卫生检查，屠宰过程要遵守卫生操作规程，以避免肠道细菌污染肉类。在肉类、牛奶等加工、运输、贮藏过程中，必须注意清洁消毒。

四、结 核 病

结核分支杆菌病是由结核分支杆菌复合群中的结核分支杆菌（*Myco-bacterium tuberculosis*）、牛分支杆菌（*M. bovis*）和禽分支杆菌（*M. avium*）所引起的人畜共患的慢性传染病。发病在机体多种组织器官形成结核节和干酪样坏死灶为特征。我国畜间结核病以牛最为常见，尤其是奶牛更为严重，禽结核在一些地区也有发生。

（一）牛结核病

1. 特征 牛结核病（Bovine tuberculosis）是由牛分支杆菌引起的一种人和多种家畜共患的慢性传染病。以组织器官的结节性肉芽肿和干酪样、钙化的坏死病灶为特征。

牛分支杆菌较短而粗，两端钝圆，不产生芽孢和荚膜，有抗酸性，需氧，无芽孢或鞭毛，不能运动，为革兰氏染色阳性菌。结核杆菌具有蜡质膜，常用 Ziehl - Neelsen 抗酸染色法，以 5％石炭酸复红加温染色后可以染上，但用 3％盐酸乙醇不易脱色，若再加用美蓝复染，则分支杆菌呈红色，而其他细菌和背景中的物质为蓝色。

该菌为专性需氧菌，最适温度为 37℃，低于 30℃不生长。结核分支菌细胞壁的脂质含量较高，影响营养物质的吸收，故生长缓慢，在一般培养基中每分裂一代需要 18～24 小时，营养丰富时只需 5 小时。对外界的抵抗力很强，在土壤中可生存 7 个月，在粪便内可生存 5 个月，在奶中可存活 90 天。对直射阳光和湿热的抵抗力较弱。常用消毒药经 4 小时可将其杀死，75％酒精、10％漂白粉、3％甲醛等均对其有可靠的杀灭作用。

2. 危害 结核分支杆菌不产生内、外毒素。其致病性可能与细菌在组织细胞内大量繁殖引起的炎症，菌体成分和代谢物质的毒性，以及机体对菌体成分产生的免疫损伤有关。病程呈慢性经过，动物表现为进行性消瘦，咳嗽，呼吸困难，体温一般正常。临床上以肺结核、乳房结核和肠结核最为常见，也可见淋巴结核和神经结核。

肺结核以长期顽固性干咳为特征，且以清晨最为明显。患畜容易疲劳，逐渐消瘦，病情严重者可见呼吸困难。乳房结核表现为乳量渐少或停乳，乳汁稀薄，有时混有脓块。乳房淋巴结硬肿，但无热痛。肠结核多见于犊牛，以便秘与下痢交替出现或顽固性下痢为特征，粪便常带血或脓汁。

人结核病一年四季均可发生，以肺结核病最常见，主要临床症状有咳嗽、咳痰、咯血、胸痛、气喘等。

3. 流行病学　牛结核病分布广泛，在很多国家仍然是牛、其他家畜及某些野生动物的主要传染病。目前，有些国家消灭了结核病，如丹麦、比利时、德国、荷兰、澳大利亚和新西兰等。本病一年四季都可发生。舍饲的牛发病较多。畜舍拥挤、阴暗、潮湿、污秽不洁及饲养不良等，均可促进本病的发生和传播。

结核病畜是主要传染源。病畜能由鼻汁、粪便、乳汁、尿及气管分泌物排出病菌，污染周围环境。该病可经呼吸道和消化道传染。

奶牛最易感，其次为水牛、黄牛、牦牛；猪、鹿、猴也可感染；多种野生动物，如鹿、狐狸、象、雪貂、野兔、老虎等均可感染本病。人可通过接触病牛及污染的牛奶、排泄物、病损组织、甚至饲养区域空气飞沫等而感染。人结核也可感染牛。

4. 诊断　根据临床症状和病理变化可作出初步诊断，确诊有赖于细菌学检查。可取痰、支气管灌洗液、尿、粪、脑脊液或胸水、腹水，其他肺外感染可取血液或相应病灶分泌液或组织细胞，直接涂片或集菌后涂片，用抗酸染色。若找到抗酸阳性菌，即可初步诊断，并进一步做生化、药敏试验等进行确诊。

在国际贸易中，指定诊断方法为结核菌素试验，无替代诊断方法。其他实验室检测方法有 PCR、ELISA 等。

5. 防控　采取"监测、检疫、扑杀和消毒"相结合的综合性防治措施。成年牛净化群每年春秋两季各进行一次监测；初生犊牛，应于 20 日龄时进行第一次监测；所有的种牛、奶牛每年必须进行两次监测。异地引进的种牛、奶牛，必须来自于非疫区；调出前，在装运前 30 天内，须经当地动物防疫监督机构实施检疫；调入的种牛、奶牛，必须隔离观察 45 天以上，且经牛分支杆菌 PPD 皮内变态反应试验检查阴性者，方可混群饲养。

发现疑似疫情，畜主应限制动物移动；对疑似患病动物应立即隔离。动物防疫监督机构要及时派人员到现场进行调查核实，开展实验室诊断。确诊后，当地人民政府组织有关部门按规定要求处理。

养殖场、屠宰场、畜产品加工厂人员及兽医、实验室人员等，在接触病牛或病菌污染物前，应穿戴防护服、口罩、手套等防护装备。工作结束后，所有防护装备应就地脱下，洗净消毒。必要时使用卡介苗（BCG）进行暴露前免疫。

（二）禽结核病

1. 特征　禽结核病（Avian tuberculosis）是由禽分支杆菌复合群（血清1、2和3型）和日内瓦分支杆菌引起禽的一种慢性传染病。可感染禽类、牛、猪和人。以消瘦、贫血、受侵器官组织出现结核性结节为特征。

禽结核分支杆菌（*Mycobacterium avium*）的特点是短小，具有多型性。本菌细长、正直或略带弯曲，有时呈杆状、球菌状或链球状等。菌体两端钝圆，长1.0～4.0微米，宽0.2～0.6微米。本菌无芽孢，无荚膜，无鞭毛，不能运动。本菌对一般苯胺染料不易着色，革兰氏染色阳性；有耐酸染色的特性，用Ziehl-Neelsen氏染色法染色时，结核分支杆菌呈红色，非分支杆菌染成蓝色。

禽结核分支杆菌对外界环境的抵抗力较强，特别是对干燥的抵抗力最强，对化学药剂的抵抗力也较强，对脂溶性离子清洁剂敏感，对酸、碱均有相对的耐受力。

2. 危害　本病的病情发展很慢，以渐进性消瘦和贫血为特征。病鸡表现精神沉郁，胸肌萎缩，胸骨突出或变形，鸡冠、肉髯苍白。如果关节和骨髓发生结核，可见关节肿大、跛行。而肠结核可引起严重腹泻。鸡剖检特征是贫血、消瘦和在内脏器官上出现黄灰色干酪样结节。

3. 流行病学　该病呈世界性分布，在多种禽群中发生。传染源为病禽及带菌动物。主要经过消化道和呼吸道感染。鸡、火鸡、鸭、鹅、孔雀、鸽、捕获的鸟类和野鸟均可感染，尤以成年鸡最易感。猪、兔、牛、马、猫和人等也可感染。

人主要通过接触感染性材料，如排泄物、病损组织、甚至饲养区域空气飞沫等而感染。人与禽之间可以相互传染。

4. 诊断　本病的诊断，要结合流行病学、症状、病理变化、微生物学检查及变态反应等方法，进行综合分析和判定。

（1）**病原分离培养**　采取病死禽或扑杀禽的结核病灶病料，直接作成抹片，采用Ziehl-Neelsen氏染色法染色，镜检时，见到单个、呈对、成堆、成团的红色杆菌，可初步诊断为禽结核病。注意：结核杆菌生长较慢，要经2周以上培养，才能见到细菌生长。

（2）**变态反应**　变态反应是用于禽结核病诊断的一种较好的方法。

（3）**血清学诊断**　用于禽结核诊断的血清学方法有酶联免疫吸附试验（ELISA）、全血凝集试验、平板凝集试验等。

5. 防控　应采取综合措施进行控制和净化。采取严格的卫生消毒措施，注意饲料、饮水的卫生。坚持自繁自养、封闭管理制度，淘汰其他患结核病的动物。坚持定期检疫，及时淘汰阳性鸡群，并做无害化处理；新引入的鸡应检疫2～3次，确定无病后方能混群饲养。饲养人员应定期进行结核病检查，阳性者不能再进行饲养工作。

禽结核可引起人难以治疗的进行性疾病。兽医、实验室人员等在诊断、取样、检测时应戴手套、口罩等防护装备，工作完毕后将防护装备放到指定位置，及时用消毒水洗手，并将一次性物品进行无害化处理。养殖场、屠宰场、畜产品加工厂人员应注意个人防护，工作时穿戴工作服、口罩和手套等。

五、猪 2 型链球菌病

（一）特征

猪 2 型链球菌病（Streptococcus suis2）是由致病性链球菌感染引起的一种人畜共患病，其特征为急性病例常呈败血症和脑膜炎，慢性病例则表现为关节炎、心内膜炎及组织化脓等。

猪链球菌根据菌体荚膜抗原特性的不同，分成 35 个血清型，即 1～34 型和 1/2 型，其中以 2 型流行最广，对猪的致死性亦最强，该型又被称为猪链球菌血清 2 型或猪链球菌荚膜 2 型，分类上属于兰氏分类法的 R 群。本菌需氧或兼性厌氧，在普通培养基中生长不良，在半固体琼脂中不扩散，葡萄糖有利于本菌生长，在培养基中加入血液、血清及腹水等可促进其生长。本菌对高热及一般消毒药的抵抗力不强。但在组织或脓汁中的菌体，在干燥条件下可存活数周。革兰氏染色均为阳性，但结晶紫着色不良。在组织触片中多数为圆形或椭圆形，单球或双球，直径小于 2.0 微米，少数呈短链状，短者有 4～8 个细菌组成，长者有20～30 个细菌组成，不形成芽孢，亦无鞭毛，有紫色荚膜。在血液和肉汤培养物中可见本菌呈长链状。

猪链球菌单独在 0℃ 以下可以存活 150 天以上，室温可存活 6 天，在 50℃ 的水中能存活 2 小时；在 4℃ 的动物尸体中能存活 6 周；而在 0℃ 的灰尘中可存活 1 个月，在粪便中则为 3 个月；在 25℃的灰尘和粪便中，则只能存活 24 小时和 8 天。60℃ 30 分钟就可灭活本菌。本菌对一般的消毒药敏感，对青霉素、红霉素、四环素等均敏感。但是对抗生素可产生耐药性，不同的菌株对药物敏感性有差异。

（二）危害

该病主要发生在人和猪。

人畜感染 2 型猪链球菌后，潜伏期为数小时至数天。多数病例发病急，在临床上主要分为败血型、脑膜炎型和淋巴结脓肿型。败血型比较危险，常发生链球菌中毒性休克综合征，肢体出现淤点、淤斑，早期多伴有胃肠道症状、休克，很快转入多器官衰竭，并导致死亡。脑膜炎型临床表现较轻，病死率较低，多见于哺乳仔猪和断奶仔猪，主要表现为神经症状，转圈运动，抽搐，倒地，四肢划动似游泳状，最后麻痹而死。病程短的几小时，长的 1～5 天，致死率极高。淋巴结脓肿型以颌下、咽部、颈部等处淋巴结化脓和形成脓肿为特征。

（三）流行病学

猪链球菌病呈世界性分布。

病猪和病愈带菌猪是本病的主要传染源。病原存在于病猪（带菌猪）的各实质器官、血液、肌肉、关节和分泌物、排泄物中。高比例携带者通常为 4～10 周的仔猪。病菌可在扁桃体中持续一年，也可能存在于母猪及后备母猪的子宫或阴道中。

猪、马属动物、牛、绵羊、山羊、鸡、兔、水貂及鱼等均易感。猪不分年龄、品种和性别均易感，尤其仔猪和怀孕母猪的发病率最高。2 型猪链球菌可感染人并致死。

本病主要经呼吸道、消化道和损伤的皮肤感染。2 型猪链球菌在有临床症状及表观健康的猪扁桃体中增殖。携带者对其他猪有传染性，在疾病的传播中有重要的作用。仔猪在出生后不久可感染本菌。对病死猪处置不当和运输工具污染等是造成本病传播的重要因素。人感染的传播途径有经破损的皮肤、黏膜传播，以及经口传播。

本病一年四季均可发生，夏秋季多发。本菌呈地方性流行，新疫区可呈暴发流行，发病率和死亡率较高，老疫区多呈散发，发病率和死亡率较低。

（四）诊断

根据临床症状、流行病学和病理变化可作出初步诊断，确诊需进一步做实验室诊断。实验室诊断有病料涂片检查、肉汤培养物涂片检查、分离培养、生化试验、玻板凝集试验，乳胶凝集试验、协同凝集试验、限制性酶切图谱分析法、随机扩增多态 DNA 分析和 PCR 等方法。应注意本病与李氏杆菌病、猪丹毒、副伤寒和猪瘟相区别。

（五）防控

由于猪链球菌在自然界广泛存在，宿主感染谱广，因此，对于本病的预防就显得十分重要。应注意增强机体免疫力，完善环境卫生管理制度，定期消毒，消毒药品交替使用，防止细菌出现耐药性等。在猪链球菌病的防治工作中常根据药敏试验的结果筛选高效抗生素混料喂服，可以明显减少发病，结合加强饲养管理、改善通风条件、降低饲养密度、加强消毒等措施，基本上能控制本病。人-猪链球菌病是由猪链球菌经过伤口传染给人所致，也是人类的一种职业病，应加强对从业人员的教育。从业人员接触病畜时注意自身防范，并对病猪采取禁宰、深埋措施。

六、马　鼻　疽

（一）特征

马鼻疽（Glanders）是由鼻疽伯氏菌（*B. mallei*）感染引起的一种人畜共患传染病。主要流行于马、骡、驴等马属动物。临床表现以在鼻腔、喉头、气管黏膜或皮肤上形成特异性鼻疽结节、溃疡或瘢痕为主要特征。

（二）危害

鼻疽的特异性病变，多见于肺脏，其次见于鼻腔、皮肤、淋巴结、肝及脾等处。在鼻腔、喉头、气管等黏膜及皮肤上可见到鼻疽结节、溃疡或疤痕，有时可见鼻中隔穿孔。肺脏的鼻疽病变主要是鼻疽结节和鼻疽性肺炎的病理变化。渗出性为主的病变见于急性或慢性鼻疽的恶化过程及鼻疽的开放期，以增生性为主的病变常见于慢性鼻疽。

临床上常分为急性型和慢性型；根据病菌侵害的部位不同，也可分为肺鼻疽、鼻腔鼻疽、皮肤鼻疽。

急性型鼻疽病初表现体温升高，呈不规则热（39～41℃）和下颌淋巴结肿大等全身性变化。当肺部出现大量病变时，称为肺鼻疽。肺鼻疽表现干咳，流鼻液，呼吸增数，呈腹式呼吸。病重时叩诊肺部有浊音，听诊有湿啰音和支气管呼吸音。鼻腔鼻疽可见一侧或两侧鼻孔流出脓性鼻汁，鼻腔黏膜上有灰白色圆形结节突出，周围绕以红晕，结节坏死后形成溃疡，重者可致鼻中隔和鼻甲壁黏膜坏死、脱落，甚至鼻中隔穿孔。皮肤鼻疽常于四肢、胸侧和腹下等处发生局限性、有热、有痛的炎性肿胀并形成硬固的结节，结节破溃排出脓汁，形成边缘不整的溃疡，难以愈合。结节常沿淋巴管径路向附近组织蔓延，形成念珠状的索肿。后肢皮肤发生鼻疽时可见其明显肿胀变粗。

慢性型鼻疽临床症状不明显，有的可见一侧或两侧鼻孔流出灰黄色脓性鼻汁，在鼻腔黏膜常见有糜烂性溃疡，有的在鼻中隔形成放射状瘢痕。

（三）流行病学

本病很早以前就在世界各国广泛流行。我国在新中国成立前马鼻疽流行也非常广泛，特别是在偏远地区和牧区更加严重，马的感染率为 20%～30%，新中国成立后对鼻疽普遍采取了"定期检疫、分群隔离、划地使役"的防治措施，有些地区已基本上控制或消灭了马鼻疽。

患鼻疽病马及其他患鼻疽的动物是本病的传染源，尤其开放性鼻疽病马最危险。病菌存在于鼻疽结节和溃疡中，主要随鼻涕、皮肤的溃疡分泌物等排出体外，污染饲养管理用具、草料、饮水、厩舍等。

本病主要经消化道传染，多由摄入受污染的饲料、饮水而发生，也可经损伤的皮肤、黏膜传染。人主要是经受伤的皮肤、黏膜感染。

易感动物以马属动物（如马、骡、驴）为主，尤其以驴、骡最易感，感染后常呈急性经过，但感染率比马低，马多呈慢性经过。自然条件下，牛、羊、猪和禽类不感染，骆驼、狗、猫、羊及野生食肉动物可感染，人也能感染，多呈急性经过。

本病无季节性，一年四季都可发生，多呈散发或地方性流行。在新发地区，多呈急性、暴发性流行；在常发地区多呈慢性经过。

（四）诊断

无临床症状、慢性马鼻疽的诊断以鼻疽菌素点眼试验为主，血清学检查为辅；开放性鼻疽的诊断以临床检查为主，病变不典型的，则需进行鼻疽菌素点眼试验或血清学试验。在国际贸易中，指定诊断方法为 Mallein 试验和补体结合试验，无替代诊断方法。

（五）防控

加强饲养管理、消毒等基础性防疫工作，提高马匹抗病能力。异地调运马属动物，必须来自非疫区。调入的马属动物必须在当地隔离观察 30 天以上，经当地动物防疫监督机构连续 2 次（间隔 5～6 天）鼻疽菌素点眼试验检查，确认健康无病后，方可混群饲养。该病经确诊后，动物防疫监督机构应就地监督畜主实施扑杀等处理措施。

七、野 兔 热

（一）特征

土拉菌病（Tularenmia）是由土拉弗朗西斯菌（*Francisella tularensis*）引起的多种野生动物、家畜及人的共患病，亦称野兔热、兔热病。本病于 1907 年由 Mortin 在美国发现，1921 年 Francis 命名为土拉菌病。我国青海、新疆、西藏、黑龙江等省、自治区曾有病例报道。

土拉菌病是一种由扁虱或苍蝇传播的啮齿动物的自然疫源性传染病。根据传播途径和宿主反应的不同而出现各种临床表现，包括皮肤溃疡、咽炎、眼损伤、局部淋巴结肿大和肺炎。土拉弗朗西斯菌可以被用作生物战中的致病病菌，感染者会出现高烧、浑身疼痛、腺体肿大和咽食困难等症状。利用抗生素，很容易治疗这种疾病。

土拉弗朗西斯菌为革兰氏阴性球杆菌，菌体大小为（0.3～0.5）微米×0.2 微米。培养物涂片，菌体呈小球形；动物组织涂片，菌体呈球杆状。利用脏器或菌落制备的涂片进行革兰氏染色，可以看到大量的黏液连成一片呈薄细网状复红色，菌体为玫瑰色，此点为本菌形态学的重要特征。本菌对低温具有特殊的耐受力，在 0℃以下的水中可存活 9 个月，在 20～25℃水中可存活 1～2 个月，而且毒力不发生改变。对热和化学消毒剂抵抗力较弱。

（二）危害

土拉弗朗西斯菌的储存宿主主要是家兔、野兔（A 型）及啮齿动物（B 型）。A 型主要经蜱和吸血昆虫传播，而被啮齿动物污染的地表水是 B 型的重要传染来源。兔患病，主要呈现鼻炎、淋巴结化脓、消瘦，多为慢性经过。

人因接触患病野生动物或病畜而感染。人感染后潜伏期 1～10 天，平均 3～5 天。大多发病急，突然出现寒战、高热，体温达 39～40℃，伴有剧烈心痛、乏力、肌肉疼痛和盗汗。多见溃疡型，特点是皮肤溃疡和痛性淋巴结肿大，与兔有关的患者皮损多在手指和手掌，蜱媒传播的患者皮损多在下肢与会阴；其次是腺型，表现为局部淋巴结肿大而未见皮肤病损，以腋下或腹股沟腺肿多见；三是胃肠型，腹部阵发性钝痛，伴恶心、呕吐，颈、咽及肠系膜淋巴结肿大；四是肺型，上呼吸道出现卡他症状，咳嗽、气促、咳痰及胸骨后钝痛；五是伤寒型，起病急，剧烈头痛，寒战、高热，大汗，肌肉及关节疼痛，肝、脾肿大，常有触痛；六是眼腺型，表现为眼结膜充血、发痒、流泪、畏光、疼痛、眼睑严重水肿、角膜溃疡及严重的全身中毒症状；七是咽腺型，病原菌经口侵入，可致扁桃体及周围组织水肿发炎，并有小溃疡形成。

牛患病，体温升高，淋巴结肿大。妊娠母牛流产，犊牛表现腹泻，全身衰弱。

羊患病，稽留热 2～3 天，精神沉郁，垂头呆立，步样摇晃，心跳加快，呼吸增数，淋巴结肿大。

猪患病，体温升高至 42℃，食欲消失，咳嗽，淋巴结肿大，也有呈隐性经过。

犬感染多发热，多能耐过。

海狸鼠患病，表现精神沉郁，被毛粗乱，食欲减退，体温 41℃ 以上，结膜炎，鼻腔流出浆液或脓性鼻液，呻吟声似羔羊，后期出现四肢麻痹、呼吸急迫、便血，衰竭而死。

（三）流行病学

本病分布很广，常在兔形目和啮齿目动物中流行。野兔和鼠类为主要传染源。本病多通过直接接触或经媒介昆虫传播。人有因接触皮毛动物致病的报道。我国先后从野兔、黄鼠、蜱和病人中分离到土拉弗朗西斯菌。本病流行出现季节性，发病高峰往往与媒介昆虫的活动有关，但秋冬季也可发生水源感染。

（四）诊断

仅依临床表现难确诊，需要进行实验室检查。通过临床标准的土拉弗朗西斯菌的实验室培养或检测土拉弗朗西斯菌抗体效价升高 4 倍以上，可进行确诊。为了全国范围的监测，土拉菌病的确诊和近似病例分别定义为具有明确的和推测的土拉弗朗西斯菌感染的实验室证据的临床符合疾病。由于本菌可感染人，因此，采样时应采取适当的防护措施，避免直接接触临床病畜的口腔分泌物和渗出液。

（五）防控

在该病多发地区或有疫情时，要防吸血昆虫叮咬。加工皮毛和吃野味时要注意消毒灭菌，谨防感染。狩猎人员接触野兔等要注意自身防护。养兔场或养兔专业户，应避免与野兔接触，严防野生动物将病原带入兔群。链霉素是治疗土拉菌病的首选药，特别是与四环素合用已成为治疗该病的最有效手段。

八、大肠杆菌病

（一）特征

致病性大肠杆菌（Pathogenic *Escherichia coli*）属于肠杆菌科、埃希氏菌属，是指那些能引起人（尤其是婴儿）、动物（尤其是幼龄动物）感染及人的食物中毒的一群大肠杆菌，以肠出血性大肠杆菌（EHEC）O157：H7危害最为严重。致病性大肠杆菌与非致病性大肠杆菌在形态、培养特性、生化特性上难于区分，只能从抗原性不同来区分。该菌广泛分布于自然界，主要寄居于人及动物的肠道，是一种条件性致病菌。在致病性大肠杆菌中，有的血清型引起食物中毒，有的血清型引起婴儿腹泻与成人的肠道内、外感染，有的血清型引起畜禽疾病。

EHEC O157：H7 为革兰氏染色阴性菌，两端钝圆，大小为（1～3）微米×（0.5～0.7）微米，无芽孢，有鞭毛，动力试验呈阳性，其鞭毛抗原可丢失，则动力试验呈阴性。本菌为需氧或兼性厌氧菌，对营养要求不高，在15～45℃均能生长，最适生长温度为37℃，最适 pH 为 7.2～7.4。具有较强的耐酸性，pH 2.5～3.0，37℃可耐受 5 小时；耐低温，能在冰箱内长期生存；在自然界的水中可存活数周至数月；不耐热，75℃ 1 分钟即被灭活；对氯敏感。

（二）危害

EHEC 产生一种引起 Vero 细胞变性、溶解和死亡的毒素，在出血性肠炎中起重要作用。EHEC O157：H7 的感染剂量极低。本病潜伏期为3～10天，病程 2～9 天。患病人、畜通常是突然发生剧烈腹痛和水样腹泻，数天后出现出血性腹泻，可发热或不发热，严重者可导致死亡。

（三）流行病学

牛、羊等反刍动物是 EHEC O157：H7 的传染源和天然宿主，可携带病菌而不发病。幼畜、雏禽较易感染。许多动物的粪便中都可以分离到EHEC O157：H7，如牛、羊、猪、鸡、马、鹿、鸽子、海鸥等。传染源主要是带菌的畜禽和人，主要通过排泄粪便的方式排泄病原菌，污染环境、饲料和饮水等，造成散发感染或暴发流行。本病也可垂直传播。

在人间，本病呈世界性分布，以散发为主。多发于夏秋季，每年的7～8 月为发病高峰期，冬春季较少。人的感染剂量极低，主要经粪-口途径感染。其中，食物型引起暴发的几率最高，其次为水源型，接触型引发的疫情强度一般较低。

（四）诊断

根据临床症状可作出初步诊断，确诊需进一步做实验室诊断。

实验室诊断包括山梨醇发酵试验、山梨醇-麦康凯琼脂分离培养、溴麝香酚蓝抑制试验、酶联免疫吸附试验、聚合酶链反应、核酸探针技术和 Vero 毒素检测等。

（五）防控

养殖场应加强饲养管理，改善饲养条件，特别应加强新生幼畜禽的饲养管理，提高畜禽抵抗力；做好灭鼠、灭蝇工作；建立严格的卫生消毒制度，注意饲料、饮水卫生；降低饲养密度，注意通风，减少应激；加强对粪、尿等无害化处理。

重视食品安全，严格卫生检疫，注意人员和污染场所的消毒，对带菌产品进行严格的无害化处理。养殖场、屠宰场、畜产品加工厂人员以及兽医、实验室人员等，与感染或可能感染的畜禽及其粪便等污染物接触前，应戴口罩、手套和护目镜，穿防护服和胶靴。工作结束后，所有防护装备应就地脱下消毒。

九、李氏杆菌病

（一）特征

李氏杆菌病（Listeriosis）是由李氏杆菌（*Listeria monocytogenes*），引起的一种散发性人畜共患传染病。家畜和人以脑膜炎、败血症、流产为临床特征。我国将其列为三类动物疫病。

李氏杆菌属有 7 个种，分为两个群：第一群有产单核细胞李氏杆菌（*L. monocytogenes*）、伊氏李氏杆菌（*L. ivanovii*）、无害李氏杆菌（*L. innocua*）、韦氏李氏杆菌（*L. welshimeri*）和塞氏李氏杆菌（*L. seeligeri*）；第二群为较少见的格氏李氏杆菌（*L. grayi*）和莫氏李氏杆菌（*L. murrayi*），无溶血，被认为无致病性。

李氏杆菌为革兰氏阳性球杆菌，无荚膜，不形成芽孢，大小为（0.5～2）微米×（0.4～0.5）微米。该菌直或稍弯，两端钝圆，常呈 V 字形排列，偶有球状、双球状，兼性厌氧、无芽孢，一般不形成荚膜，但在营养丰富的环境中可形成荚膜，在陈旧培养中的菌体可呈丝状及革兰氏阴性。该菌有 4 根周毛和 1 根端毛，但周毛易脱落。李氏杆菌含 O 抗原和 H 抗原，根据 O、H 抗原组合可分 16 个血清型。

李氏杆菌广泛存在于自然界中，抵抗力较强，在土壤、粪便和青贮饲料中能长期存活。对酸和碱耐受性较强，在 pH 5.0～9.6 的范围内均能生长。对热的耐受性比大多数无芽孢杆菌强，常规巴氏消毒不能完全杀灭，65℃经30～40 分钟才能被杀灭。常用消毒剂均能杀灭本菌。

（二）危害

临床以发热、神经症状、孕畜流产为主要特征。但不同种动物临床表现有所不同。

1. 反刍兽 病初发热,羊体温升高 1～2℃,牛表现轻热。舌麻痹,采食、咀嚼、吞咽困难。头颈呈一侧性麻痹,弯向对侧,常做圆圈运动,遇障碍物以头抵靠而不动。角弓反张,直至死亡。妊娠母牛(羊)流产。犊牛常发生急性败血症而很快死亡。水牛感染病死率比其他牛高。

2. 猪 表现运动失调,或做圆圈运动,或头拱地不动,或头颈后仰,前、后肢张开呈观星姿势。肌肉震颤、僵硬,阵发性痉挛,侧卧时四肢做游泳状。有的后肢麻痹,拖地而行。仔猪以败血症为主,表现体温升高、咳嗽、呼吸困难、腹泻、耳部及腹部皮肤发绀,有的有神经症状,发病率较高。

3. 马 主要表现脑脊髓炎症状,体温升高,感觉过敏,容易兴奋,共济失调,四肢、下颌和喉部呈不完全麻痹。意识和视力显著减弱。幼驹常表现轻度腹痛、不安、黄疸和血尿等症状。

4. 兔 表现神志不清,口吐白沫。呈间歇性神经症状,发作时无目的地向前冲撞或转圈运动,最后倒地,头后仰,抽搐而死。其他啮齿类动物常表现败血症症状。

5. 家禽 多见于雏禽,表现精神沉郁,停食,下痢,多在短时间内死于败血症。病程较长的可发生痉挛、斜颈等神经症状。

6. 人 潜伏期为 3～70 天,平均为 3 周。新生儿及成年人感染后通常表现为脑膜炎和败血症;怀孕妇女感染后表现为发热和流产。常突然出现脑膜炎症状,伴有发热、剧烈的头痛、恶心、呕吐和颈部强直。

(三) 流行病学

李氏杆菌在自然界分布广泛。动物李氏杆菌病在美国、英国、保加利亚和新西兰等国家几乎每年都有发生,主要集中在羊和牛。近年来,我国有关动物李氏杆菌病的报道也很多,波及全国大部分省、市、自治区,涉及动物有家畜、家禽及鹦鹉、孔雀、鹧鸪、鹿、北极狐等野生动物。

患病动物和带菌动物是本病的传染源。患病动物的粪、尿、乳汁、精液以及眼、鼻、生殖道的分泌物均可分离到细菌。

自然感染途径可能是通过消化道、呼吸道、眼结膜及损伤的皮肤感染,也可能是通过蜱、蚤、蝇等传播。饲料和水是主要传染媒介。

本病的易感动物广泛,目前已证实 40 多种动物可感染本病,自然感染以绵羊、猪和家兔较多，牛和山羊次之。实验动物如兔、小鼠等啮齿类也是主要的易感动物。

人通常由于食用了生的或被致病性李氏杆菌污染的牛奶、奶制品、蔬菜及速食肉类而感染李氏杆菌病。新生儿的感染可通过母婴传播获得。人群中常见无症状带菌者。

本病多发于早春、秋、冬或气候突变的时节，因此，其流行具有显著的季节性。本病常呈散发或地方性流行，且常与其他的病毒病（如伪狂犬病）、细菌病（如沙门氏菌病）和寄生虫病（如脑多头蚴病）并发。由于该病发生多与青贮饲料有密切关系，故又将本病称为"青贮病"。

（四）诊断

根据流行病学、临床症状及病理解剖变化，并结合细菌学检查可以确诊。但要与巴氏杆菌病、脑脊髓膜炎及犬瘟热等相区别。如病牛出现特殊神经症状、妊娠牛流产血液中单核细胞增多，可疑为本病。但必须通过实验室检查才能确诊。羊应注意与多头蚴病、慢性型羔羊痢疾、软肾病、狂犬病、酮病和瘤胃酸中毒相区别；牛应注意与散发性脑脊髓炎、衣原体感染、传染性鼻气管炎病毒所致的脑炎、多头蚴病相区别；猪应与中毒、伪狂犬病及传染性脑脊髓炎相区别。

实验室检查可采取直接抹片镜检、细菌分离培养鉴定、血清凝集反应、酶联免疫吸附试验、荧光抗体技术、聚合酶链反应及核酸探针杂交等方法。

（五）防控

主要采取加强检疫、消毒和饲养管理等综合措施进行预防。养殖场应建立严格的卫生消毒制度，定期开展消毒，驱除鼠类等啮齿动物和体外寄生虫；加强饲养管理，防止饲喂病菌污染的饲料和水；坚持自繁自养和封闭管理制度，不要从疫区引入畜禽；加强检疫，及时隔离阳性畜禽，并做好无害化处理；病畜禽可用抗生素和磺胺类药物进行治疗。

养殖场、屠宰场、畜产品加工厂人员以及兽医、实验室人员等，在接染病畜禽或病菌污染物前，应穿戴防护服、口罩、手套等防护装备。工作结束后，所有防护装备应就地脱下，消毒、洗净。加强食品中李氏杆菌的检测，病畜、禽的肉和其他产品须经杀菌处理后才可以利用。

十、类 鼻 疽

(一) 特征

类鼻疽（Melioidosis）是由类鼻疽杆菌（*Burkholderia pseudomallei*）引起的一种热带、亚热带地区的人畜共患传染病，人和包括海洋哺乳动物在内的大部分哺乳动物均能感染，多数为散发病例。常以肺炎和多种组织、器官和部位的炎症、脓肿、特征性肉芽肿结节为特征。我国将其列为三类动物疫病。

类鼻疽杆菌为革兰氏染色阴性的需氧菌，大小为（1.2～2.0）微米×（0.4～0.5）微米，一端有鞭毛、有运动性，两极浓染，不形成芽孢和荚膜。

类鼻疽杆菌对外界环境有较强的抵抗力。在自然环境（如水和土壤）中可以存活 1 年以上，粪便中存活 27 天，尿液中 17 天，对干燥抵抗力也较强。对多种抗生素有天然抗药性，但对四环素、强力霉素、卡那霉素和磺胺等敏感。

(二) 危害

1. 人 人类鼻疽分为急性败血症型、亚急性型、慢性型和亚临床感染。急性败血症型病人主要表现为严重寒战、发热、虚脱和呼吸道感染症状，常伴有肾衰和脑膜炎等。亚急性型主要表现为肺炎、肺脓肿、脓胸、心包炎、心包积水、肾炎、前列腺炎、骨髓炎、脾脓肿、皮下脓肿、肝脓肿、脑炎等。慢性型多表现为常年呼吸系统疾病。

2. 猪 常呈地方性流行。仔猪常呈急性经过，病死率较高，通常在首次症状出现后 1～2 周死亡。成年猪多呈慢性经过，往往在宰后发现病变。表现为食欲不振，发热，咳嗽，运动失调，关节肿胀，眼、鼻流脓性分泌物，公猪睾丸肿胀。

3. 山羊和绵羊 自然感染病例以羔羊较为常见，病死率较高。均表现发热，咳嗽，呼吸困难，眼、鼻有分泌物，有时出现神经症状。有的绵羊表现跛行，或后躯麻痹，呈犬坐姿势。山羊多呈慢性经过，常在鼻黏膜上出现结节，流黏脓性鼻液。公山羊的睾丸、母山羊的乳房常出现顽固性结节。

4. 马和骡 常呈慢性或隐性经过，无明显临床症状，主要是鼻黏膜出现结节和溃疡，有的体表出现结节，破溃后形成溃疡。急性病例临床症状复杂多样，表现为高热、呼吸困难，有的呈肺炎型（咳嗽、听诊浊音或啰音），有的呈肠炎型（腹泻、腹痛及虚脱），有的呈脑炎型（痉挛、震颤、角弓反张等神经症状）。

5. 牛 多无明显症状。当脊髓（胸、腰部）形成化脓灶和坏死时，可出现偏瘫或截瘫等症状。在良好饲养管理条件下，牛对该病有很强的抵抗力，很少发生自然感染情况。

6. 犬和猫 病犬常有高热、阴囊肿、睾丸炎、附睾炎、跛行，伴有腹泻和黄疸等症状。猫表现呕吐和下痢。

（三）流行病学

类鼻疽杆菌是热带、亚热带地区水和泥土中常在菌，尤以死水中分离率更高，可以在环境中长期存在，不需要任何动物作为贮存宿主，人和动物都是偶然的宿主。人和动物可由于直接接触了病原菌污染的水和土壤而感染，感染动物可将病菌携带至新的地区，污染环境，形成新的疫源地。

本病动物感染谱较广，灵长类动物、猪、山羊、绵羊、羚羊、马属动物、牛、骆驼、狗、猫、兔、海洋哺乳动物等都可感染。该病主要分布在北纬20°以南和南纬20°以北的高温地区，有明显的地区性。主要发生于东南亚、澳大利亚北部、新几内亚、西非、马达加斯加、中美洲和西印度群岛，我国的广东、广西、海南和台湾有该病发生。

本病通过皮肤外伤感染最为常见，其次是通过呼吸道吸入气溶胶而感染。经消化道及吸血昆虫叮咬也能传播本病，但并非主要传播途径。

本病流行有明显的地区性，主要集中在热带、亚热带地区。高温多雨季节多发。动物及人的类鼻疽一般为散发，流行地区广泛存在人的隐性感染，在某些诱因作用下可发病。人对类鼻疽的易感性，与人种、年龄和性别无关。人-人间传播很少发生。人主要通过损伤皮肤、黏膜或呼吸道感染该病，常发生在疫区与泥土常年密切接触的农民。流行区的猪、羊感染类鼻疽很普遍，因此，通过带菌的猪肉、羊奶传播值得关注。

（四）诊断

根据临床症状和病理变化可作出疑似诊断，确诊需进一步做实验室诊断。实验室诊断：可用选择培养基，或通过接种中国仓鼠或豚鼠来分离病菌，对培养出的可疑菌用抗鼻疽阳性血清进行凝集试验，或用类鼻疽单克隆抗体做间接酶联免疫吸附试验或免疫荧光抗体试验。血清学检测可用凝集试验、间接血凝试验、补体结合试验、间接免疫荧光试验、酶联免疫吸附试验。对感染群体检测采用变态反应检测。

（五）防控

主要防止污染类鼻疽杆菌的水和土壤经皮肤、黏膜感染。在可疑染菌的尘土条件下工作，应戴好防护口罩。对患者及病畜的排泄物和脓性渗出物，应彻底消毒。接触患者及病畜时，应注意个人防护，接触后应做皮肤消毒。疫源地应进行终末消毒，并须采取杀虫和灭鼠措施。对可疑受染者，应进行医学观察2周。从疫源地进口的动物应予以严格检疫。

十一、放线菌病

（一）特征

放线菌病（Actinomycosis）是由多种放线菌引起的牛、猪、其他动物及人的一种非接触性慢性人畜共患病。以特异性肉芽肿和慢性化脓灶，脓汁中含有特殊菌块（称"硫黄颗粒"）为特征。

（二）危害

人放线菌病主要发生于颈部、面部和胸腹部器官，病程缓慢。临床症状随发病部位、病程进展而有不同，可有发热、盗汗等症状。牛以颌骨放线菌病最多见，常在第3、4臼齿处发生肿块，破溃后形成瘘管，长久不愈。头、颈、颌下等软组织也常发生硬结，不热不痛。舌感染放线菌通常称为"木舌病"，咀嚼、吞咽困难。绵羊和山羊常在舌、唇、下颌骨、肺和乳房出现病变。猪多见乳房肿大、化脓和畸形。马多发鬐甲肿或鬐甲瘘等。

（三）流行病学

本病以散发为主，偶尔呈地方性流行。
放线菌在自然界分布极广。在动物体，放线菌寄生于动物口腔、消化道及皮肤上。经伤口（咬伤、刺伤等）传播。主要感染牛、羊、猪。10岁以下的青壮年牛，尤其是2～5岁的牛最易感。马和一些野生反刍动物也可发病。少数菌株对人类有致病性，其中最主要的为衣氏放线菌，在拔牙、外伤或其他原因引起口腔黏膜损伤时，放线菌可由伤口侵入感染。

（四）诊断

根据典型临床症状和病理变化可作出初步诊断，确诊需进一步做实验室诊断。实验室诊断可进行镜检。组织压片经革兰氏染色，可见蓝色菌丝团块及棒状体，牛放线菌中心呈紫色，周围辐射状菌丝呈红色。

（五）防控

加强饲养管理，做好环境卫生消毒；改善饲养条件，提高机体抵抗力；防止皮肤、黏膜损伤；局部损伤后及时处理、治疗，可防止该病发生。人需要注意口腔卫生，及早治疗病变牙齿和牙周、扁桃体疾病。呼吸道、消化道炎症和溃疡灶应及早处理，以免形成慢性感染病灶。

十二、鼠　疫

（一）特征

鼠疫（Pestis）是由鼠疫杆菌引起的自然疫源性烈性传染病。临床主要表现为高热、淋巴结肿痛、出血倾向、肺部特殊炎症等。

鼠疫杆菌属肠杆菌科耶尔森菌属，革兰氏染色阴性。最适宜的生长温度为28～30℃。鼠疫杆菌在低温及有机体中生存时间较长，对光、热、干燥及一般消毒剂均较敏感。

（二）危害

鼠疫对人的危害比较严重。临床上大多表现为腺型、肺型及二者继发的败血症型。潜伏期短，发病急剧，恶寒，高热可达39～41℃，因严重发绀有"黑死病"之称。

（三）流行病学

世界各地存在许多自然疫源地，野鼠鼠疫长期持续存在。人间鼠疫多因为野鼠传至家鼠，然后由家鼠传染于人引起，偶因狩猎（捕捉旱獭等）、考查、施工、军事活动进入疫区而被感染。在许多发展中国家，贸易发展、人口迁移和卫生条件的恶化等可促进鼠疫的传播。

（四）诊断

根据临床症状和发病前 10 天内是否接触过鼠疫污染源可进行初步诊断。确诊需要依靠菌体分离鉴定。

（五）防控

严格控制传染源，隔离可疑病人或病人，严格执行检疫制度；切断传播途径，灭鼠、灭蚤；提高人群免疫力和个人防护。

十三、志贺氏菌性痢疾

（一）特征

志贺氏菌性痢疾是由志贺氏菌引起的一种人畜共患急性传染病。志贺氏菌是肠杆菌科的一属菌，又叫痢疾杆菌，包括痢疾志贺氏菌、福氏志贺氏菌、鲍氏志贺氏菌和宋内氏志贺氏菌四个群。其中福氏志贺氏菌和宋内氏志贺氏菌引起的细菌性痢疾（菌痢）较为常见。有的也可引起食物中毒。志贺氏菌是一类革兰氏阴性小杆菌，细菌形态与一般肠道杆菌无明显区别，菌体短小，（0.5～0.7）微米×（2～3）微米，不形成芽孢，无荚膜，无鞭毛，有菌毛。

志贺氏菌为需氧或兼性厌氧。对营养要求不高，最适生长温度为 37℃，最适 pH 为 7.2～7.8。在普通琼脂上形成圆形、稍突、光滑、湿润、无色、半透明、边缘整齐的菌落。宋内氏志贺氏菌的菌落稍大、较不透明、粗糙扁平；在 S.S 琼脂上形成边缘较整齐、粉红色菌落（因能迟缓发酵乳糖，故菌落为粉红色），可与大肠杆菌区别。在液体培养基中生长后均匀混浊，无菌膜形成。

本菌的抵抗力不强。宋内氏志贺氏菌抵抗力最强，福氏志贺氏菌次之，而痢疾志贺氏菌最弱，在潮湿土壤中能生存 34 天，37℃水中存活 20 天，而在冰块中可存活 3 个月。粪便中的细菌（15～25℃）可存活 11 天，在水果蔬菜和咸菜上能生存 10 天。对氯化钠有一定的耐受性，但随温度的升高而存活时间缩短。阳光直射 30 分钟、50～60℃ 10 分钟即可杀死。一般消毒药物能很快杀死。

(二) 危害

志贺氏菌性痢疾临床上以起病急、发热、腹痛、腹泻、里急后重及脓血便为特征，严重者可发生感染性休克和（或）中毒性脑病。痢疾型志贺氏菌产生毒素，可引起溶血性尿毒综合征。

(三) 流行病学

主要分布于温带和亚热带国家，赤道附近及寒带的国家发病较少。我国地处北温带，发生本病也较多，各地的发病率差异不大。本病是发展中国家的常见病、多发病。志贺氏菌性痢疾患病者及带菌者是传染源，通过消化道途径传播。

(四) 诊断

根据临床症状很难与其他细菌引起的痢疾进行鉴别，实验室诊断包括细菌选择性分离培养与生化试验鉴定、荧光菌球法和协同凝集试验等。

(五) 防控

志贺氏菌随粪便排出体外，通过食物、水和手经口传染给健康人。因此，只要切实地把好"病从口入"这一关，志贺氏菌性痢疾是可以预防的。应主要加强水源和食品安全的监管，对污染的水源、食品和物品及时消毒，防止传播。特别注意食品卫生的宣传教育工作。

十四、巴氏杆菌病

(一) 特征

巴氏杆菌病（Pasteurellosis）是由巴氏杆菌引起的哺乳动物和禽类的急、慢性病或流行性疾病。主要危害鸡、奶牛、猪、驴、马、兔、鼠等动物。人偶有感染，可发生心包炎和体表脓灶等。

巴氏杆菌属为无芽孢、不运动、兼性厌氧、菌体两端常染色浓重的革兰氏染色阴性小杆菌。本属已确定的种有多杀巴氏杆菌、嗜肺巴氏杆菌、溶血巴氏杆菌、尿巴氏杆菌和鸭疫巴氏杆菌等。

巴氏杆菌呈卵圆形或杆状，单个、成对或少数成短链。感染动物体液或组织制片中的菌体两极浓染明显。用姬姆萨染色液或美蓝染色，可见到薄荚膜。

（二）危害

巴氏杆菌可引起家禽霍乱的暴发性流行，以及牛的出血性败血病、原发性或继发性肺炎等。嗜肺巴氏杆菌可感染牛、小鼠、兔或人，引起胸膜肺炎；溶血巴氏杆菌可感染牛、羊，引起牛、羊肺炎或败血症；巴氏杆菌可在健康人鼻中发现，偶致臭鼻病。

（三）流行病学

本病分布范围广泛。健康畜禽的呼吸道中就有该菌，但不发病。当饲养管理不当、天气突然变化、营养不良、机体抵抗力减弱和细菌毒力增强时即可发病。发病季节性不明显，但以夏末秋初为最多，在潮湿地区也容易发生。主要通过呼吸道及皮肤创伤感染。患病畜禽的尸体、粪便、分泌物，以及被污染的运动场所、土壤、饲料、饮水、用具等是传染的主要来源。

（四）诊断

根据病史、临床症状和病理变化，结合制备肝脏或心血涂片，分别进行革兰氏或瑞氏染色、镜检。当发现有大量的两极浓染的革兰氏阴性小杆菌时，可作出初步诊断。最后确诊必须进行病原分离培养、鉴定和动物接种试验。

（五）防控

建立必要的饲养管理和卫生防疫制度。引种时要进行严格检疫，防止本病的传入。在发病地区，应定期进行预防接种，并采取综合防疫措施，以防止本病的发生和流行。发现本病时，应及时采取封锁、隔离、治疗、消毒等有效的防治措施，尽快扑灭疫情。

十五、空肠弯曲菌肠炎

(一) 特征

空肠弯曲菌肠炎（Campylobacter jejuni enteritis）是由空肠弯曲菌（*Campylobacter jejuni*）引起的急性肠道传染病。临床以发热、腹痛、血性便、粪便中有较多中性粒细胞和红细胞为特征。

弯曲菌最早于 1909 年自流产的牛、羊体内分离出，称为胎儿弧菌（*C. fetus*），1947 年从人体首次分离到。弯曲菌属共分 6 个种及若干亚种。对人类致病的绝大多数是空肠弯曲菌及胎儿弯曲菌胎儿亚种，其次是大肠弯曲菌。菌体两端尖，细长，一般（0.2～0.5）微米×（0.5～5.0）微米，具有一个或多个螺旋，可长达 8 微米。当两个菌体形成短链时呈现 S 形或海鸥形。在陈旧培养物中，菌体常变成圆球状。本菌有鞭毛，无荚膜，不产生芽孢，为革兰氏阴性微需氧菌。借一端或两端的端生单鞭毛而呈特征性的螺旋状运动。

该菌抵抗力不强，58℃ 5 分钟即可杀死，干燥、阳光都可使其迅速死亡。在水、牛奶中存活较久，如温度在 4℃ 则存活 3～4 周；在粪中存活时间也较长，在鸡粪中保持活力可达 96 小时。细菌对酸、碱有较大耐力，故易通过胃肠道生存。对物理和化学消毒剂均敏感。

(二) 危害

腹痛、腹泻为最常见症状，一般初为水样稀便，继而呈黏液或脓血黏液便，有的为明显血便。发热多为 38℃ 左右，或无热。

(三) 流行病学

本病分布较广。传染源主要是动物，动物多处于无症状带菌状态，且带菌率高，是重要的传染源和贮存宿主。粪-口是主要的传播途径。人普遍易感。

本病全年均有发病，以夏季为多。平时多散发，也可由于食物、牛奶及水被污染造成暴发流行。自然因素，如气候、雨量；社会因素，如卫生条件的优劣、人口流动（旅游）都可影响本病的发生和流行。

(四) 诊断

根据临床表现可以作出初步诊断，确诊有赖实验室检查。直接涂片镜检，可见细小、单个或成串，海鸥翼形、S 形、C 形或螺旋形两端尖的杆菌。取早期及恢复期血清做间接血凝试验，抗体效价呈 4 倍或以上增长，即可确诊。需要注意与其他细菌所致腹泻鉴别。

(五) 防控

空肠弯曲病最重要的传染源是动物，因此，控制动物的感染，防止动物排泄物污染水、食物至关重要。做好"三管"即管水、管粪、管食物，是防止弯曲菌病传播的有力措施。

第四节　人畜共患寄生虫病

虽然大多寄生虫病不像病毒病和细菌病呈暴发性流行，但对人和动物造成的危害是不容轻视的，有些疾病严重危害着人和动物的健康。人畜共患寄生虫病和其他病原引起的疾病相似，有些是全球性的，有些受传播媒介、中间宿主及气候条件的限制，局限于某些地区流行。据不完全统计，吸虫在 76 个国家流行，1.5 亿人受感染，年死亡 800 万人；钩虫感染者达 7 亿，发病者 2 000 万；绦虫感染者 6 500 万。我国卫生部 2001.6—2004.12 调查显示，棘球蚴病血清学阳性率为 12.04%，推算全国包虫病人 38 万；人囊尾蚴病阳性率为 0.58%，人带绦虫感染率为 0.28%，推算感染者 55 万；肺吸虫感染率为 1.71%；旋毛虫感染率为 3.38%；弓形虫感染率为 7.88%；蛲虫感染率为 21.74%，感染者 1.29 亿；流行区华支睾吸虫感染率为 2.4%，感染者 1 249 万。动物感染比人的感染更为普遍。本节对重要人畜共患寄生虫病进行简要论述。

一、特　征

人畜共患寄生虫病的病原分类复杂、虫种繁多，不同种类病原的形态、生活史、致病性、传播途径等生物学特性不同，引起的疾病特征亦不同。不同种类疾病病原的致病阶段亦不同，有些以寄生虫成虫阶段致病，有的以幼虫阶段致病，还有的寄生虫在各发育阶段都有致病性。因此，人畜共患寄生虫病的特征复杂，表1-1、表1-2、表1-3、表1-4和表1-5简述了病原基本分类、宿主、传播途径、致病阶段以及对人和动物危害等。

表1-1　重要人畜共患原虫病

病原种类	所致疾病	中间宿主和寄生部位	终末宿主和寄生部位	主要感染途径	主要致病阶段	对人的致病力
多种利什曼原虫	利什曼病	哺乳动物（主要是犬）和人；巨噬细胞	媒介：白蛉	皮肤	无性阶段	++++
蓝氏贾第鞭毛虫	贾第鞭毛虫病	—	人和多种哺乳动物；十二指肠	口		++
多种毛滴虫	毛滴虫病	—	多种动物和人；多种组织、器官	或其他		+
迈氏唇鞭毛虫	迈氏唇鞭毛虫病		人和哺乳动物；肠道	口		+
多种阿米巴（溶组织阿米巴为主）	阿米巴病		多种动物和人；多种组织、器官（以肠道为主）	口		++
刚地弓形虫	弓形虫病	多种哺乳动物和人；有核细胞	猫和猫科动物；肠上皮细胞	口、胎盘等途径	无性阶段	++++
多种隐孢子虫	隐孢子虫病	—	多种脊椎动物和人	口（禽类可经呼吸道）		++
多种肉孢子虫	住肉孢子虫病	草食动物、杂食动物和人；肌肉	犬、猫和人；肠上皮细胞	口	无性阶段	++
卡氏肺孢子虫	肺孢子虫病	—	人、啮齿类动物、羊、犬、猫及其他哺乳动物；肺泡上皮细胞	呼吸道		++
多种环孢子虫	环孢子虫病	—	脊椎动物和人；小肠上皮细胞	口和呼吸道		+
多种巴贝斯虫	巴贝斯虫病	哺乳动物和人；红细胞	硬蜱	皮肤	无性阶段	+

（续）

病原种类	所致疾病	中间宿主和寄生部位	终末宿主和寄生部位	主要感染途径	主要致病阶段	对人的致病力
多种微孢子虫	微孢子虫病	—	昆虫、鱼类、啮齿类、皮毛动物、灵长类动物和人；肠上皮细胞	经口和呼吸道		+
结肠小袋纤毛虫	小袋纤毛虫病	—	多种动物（以猪为主）和人；大肠	口		+
人芽囊原虫	人芽囊原虫病	—	多种动物和人；回肠和盲肠	口		+

表1-2 重要人畜共患吸虫病

病原种类	所致疾病	中间宿主和寄生部位	终末宿主和寄生部位	主要感染途径	主要致病阶段	对人的致病力
日本分体吸虫	分体血吸虫病	钉螺	多种哺乳动物和人；肠静脉血管	皮肤	成虫	++++
多种分体吸虫尾蚴	尾蚴性皮炎	多种淡水螺	人、哺乳动物；皮肤	皮肤	幼虫	++
卫氏并殖吸虫	卫氏并殖吸虫病	第一中间宿主川卷螺，第二中间宿主甲壳类动物	多种哺乳动物和人；肺脏	口	成虫	+++
斯氏狸殖吸虫	斯氏狸殖吸虫病	第一中间宿主拟钉螺，第二中间宿主甲壳类动物	果子狸、犬、猫、鼬、猴等动物，人偶感；肺脏	口	成虫	+
中华支睾吸虫	中华支睾吸虫病	第一中间宿主淡水螺，第二中间宿主淡水鱼、虾	猫、犬、猪等多种家养和野生动物、人；肝胆管	口	成虫	+++

（续）

病原种类	所致疾病	中间宿主和寄生部位	终末宿主和寄生部位	主要感染途径	主要致病阶段	对人的致病力
麝猫后睾吸虫	麝猫后睾吸虫和猫后睾吸虫病	第一中间宿主豆螺，第二中间宿主淡水鱼	犬、猫和人；肝胆管	口	成虫	++
姜片吸虫	姜片吸虫病	扁卷螺	猪和人；十二指肠	口	成虫	++
肝片吸虫和大片吸虫	肝片吸虫病	椎实螺	牛、羊，人偶感；肝胆管	口	成虫	+
矛形双腔吸虫和中华双腔吸虫	双腔吸虫病	第一中间宿主陆地螺，第二中间宿主蚂蚁	牛、羊、猪、马、犬等动物和人；胆管、胆囊	口	成虫	+
胰阔盘吸虫	胰阔盘吸虫病	第一中间宿主陆地蜗牛，第二中间宿主草螽	猪、绵羊、黄牛、猕猴等多种哺乳动物和人；胰管	口	成虫	+
异形吸虫	异形吸虫病	第一中间宿主淡水螺，第二中间宿主淡水鱼	鸟类、哺乳动物和人；小肠	口	成虫	+
横川后殖吸虫	横川后殖吸虫病	第一中间宿主淡水螺，第二中间宿主淡水鱼	人、犬、猫、猪、小家鼠和某些鸟类；十二指肠	口	成虫	+
人拟腹盘吸虫	拟腹盘吸虫病	螺蛳	猪、田鼠、恒河猴、食蟹猴、大鼷鹿、猩猩和人；盲肠和结肠	口	成虫	+
瓦生吸虫	瓦生吸虫病	不详	猴、狒狒、亚洲象和人；小肠	口	成虫	+

（续）

病原种类	所致疾病	中间宿主和寄生部位	终末宿主和寄生部位	主要感染途径	主要致病阶段	对人的致病力
多种棘口吸虫	棘口吸虫病	第一中间宿主淡水螺；第二中间宿主淡水鱼或螺蛳、蝌蚪等	鸟类、鱼类、爬行类、哺乳类动物和人；肠道	口	成虫	++
马西重翼吸虫、美洲重翼吸虫等	双穴吸虫病	第一中间宿主淡水螺，第二中间宿主蝌蚪、青蛙或螺蛳等	狼、狐狸、浣熊等野生动物和人；小肠	口	成虫	+

表1-3 重要人畜共患绦虫病

病原种类	所致疾病	中间宿主和寄生部位	终末宿主和寄生部位	主要感染途径	主要致病阶段	对人的致病力
猪囊尾蚴（猪带绦虫）	猪带绦虫病和猪囊尾蚴病	人、猪；肌肉	人；小肠	口	幼虫	++++
牛带绦虫	牛带绦虫病和牛囊尾蚴病	牛；肌肉	人；小肠	口	成虫	+
棘球蚴（细粒棘球绦虫等多种绦虫）	棘球蚴病	绵羊、山羊、牛等多种哺乳动物和人；肝、肺等	犬和犬科动物；小肠	口	幼虫	++++
多头蚴（多头带绦虫等多种绦虫）	多头蚴病	草食动物、其他动物和人；脑	犬和犬科动物；小肠	口	幼虫	++

（续）

病原种类	所致疾病	中间宿主和寄生部位	终末宿主和寄生部位	主要感染途径	主要致病阶段	对人的致病力
细颈囊尾蚴（泡状带绦虫）	细颈囊尾蚴病	猪、牛、羊和啮齿动物，人偶感；腹腔脏器	犬、狼、狐等肉食动物；小肠	口	幼虫	＋
西里伯赖利绦虫	西里伯赖利绦虫病	蚂蚁	鼠类和人；肠道	口	成虫	＋
德墨拉赖利绦虫	德墨拉赖利绦虫病	不详	人、吕宋鼠和吼猴	口	成虫	＋
犬复孔绦虫	犬复孔绦虫病	蚤	犬、猫，人偶感；小肠	口	成虫	＋
微小膜壳绦虫	微小膜壳绦虫病	蚤及某些甲虫；或不经中间宿主	鼠和人；小肠	口	成虫	＋
矛形剑带绦虫	矛形剑带绦虫病	蚤	野鸭等野禽、猪、灵长类和人；小肠	口	成虫	＋
阔节裂头绦虫	阔节裂头绦虫病	第一中间宿主剑水蚤，第二中间宿主鱼类	犬、猫和人；小肠	口	裂头蚴，成虫	＋
孟氏迭宫绦虫	孟氏迭宫绦虫病与孟氏裂头蚴病	第一和第二中间宿主分别是剑水蚤和蛙；蛇、鸟类和猪等可作转续宿主；人可作第二中间宿主或转续宿主；多种组织	犬、猫、虎、豹、狐狸等食肉动物和人；小肠	口，皮肤	裂头蚴，成虫	＋＋
中殖孔绦虫	中殖孔绦虫病	第一中间宿主食粪类节肢动物，第二中间宿主是蛙、蛇等	犬、狐狸、猫等肉食动物，人偶感；小肠	口	成虫	＋

表 1-4　重要人畜共患线虫病

病原种类	所致疾病	中间宿主和寄生部位	终末宿主和寄生部位	主要感染途径	主要致病阶段	对人的致病力
旋毛虫	—	与终末宿主为同一宿主；肌肉	150多种动物和人；小肠	口	幼虫	++++
肾膨结线虫	（肾）膨结线虫病	第一中间宿主蚯蚓，第二中间宿主淡水鱼	犬、貂、狐，猪和人偶感；肾和腹腔	口	成虫	+
肝毛细线虫、肺毛细线虫和菲律宾毛细线虫	毛细线虫病	菲律宾毛细线虫的中间宿主是鱼；其他两种无中间宿主	各种动物和人；分别寄生于肝脏、肺脏和肠道	口	成虫	+
猪蛔虫	猪蛔虫病	—	猪，人偶感；小肠	口	成虫，幼虫	+
犬弓首蛔虫、猫弓首蛔虫	弓首蛔虫病	—	犬、猫、人；小肠	口	成虫，幼虫	+
多种异尖线虫	异尖线虫病	第一中间宿主磷虾等；第二中间宿主海鱼及某些软体动物	消化道	口	幼虫（对人）	+
粪类圆线虫	粪类圆线虫病	—	犬、猫、长臂猿、猩猩、狐、浣熊和人；小肠	皮肤	成虫，幼虫	+
多种钩口线虫	钩虫病	—	多种哺乳动物和人；小肠	皮肤	成虫，幼虫	+++
多种毛圆线虫	毛圆线虫病	—	绵羊、山羊、骆驼和人；小肠	口、皮肤	成虫	+

（续）

病原种类	所致疾病	中间宿主和寄生部位	终末宿主和寄生部位	主要感染途径	主要致病阶段	对人的致病力
广州管圆线虫	广州管圆线虫病	软体动物（螺、蛞蝓、蛙、蟾蜍、咸水鱼、淡水鱼、鳖、淡水虾、陆栖蜗牛和海蛇等可作为转继宿主）	啮齿动物，犬科动物，猫科动物和食虫动物等，人偶感；肺部血管	口	童虫（对人）	++
喉兽比翼线虫、港归兽比翼线虫	比翼线虫病	—	多种动物，人偶感；气管	口	成虫	+
犬恶丝虫	犬恶丝虫病	蚊、蚤	犬及多种犬科动物和人；右心和肺动脉	媒介叮咬	成虫	+
马来丝虫	马来丝虫病	多种蚊	人、多种灵长类动物及实验动物；上、下肢浅部淋巴系统	媒介叮咬	成虫	+++
罗阿丝虫	罗阿丝虫病	斑虻	人和狒狒、大猩猩、黑猩猩、白脸猴、长尾猴、疣猴、蜘蛛猴等；体背、胸、腋、腹股沟、阴茎、头皮及眼等处的皮下组织	媒介叮咬	成虫	++
结膜吸吮线虫和加利福尼亚吸吮线虫	吸吮线虫病	果蝇	犬、猫、兔和人；泪管、瞬膜或结膜囊内	媒介叮咬	成虫	+

（续）

病原种类	所致疾病	中间宿主和寄生部位	终末宿主和寄生部位	主要感染途径	主要致病阶段	对人的致病力
麦地那龙线虫	麦地那龙线虫病	剑水蚤	家养及野生哺乳动物和人；皮下	口	成虫	+
绒毛铁线虫等	铁线虫病	昆虫	多种动物，人偶感；多种部位	多种途径	幼虫、成虫	+

表1-5 重要人畜共患棘头虫病及节肢动物病

病原种类	所致疾病	中间宿主和寄生部位	终末宿主和寄生部位	主要感染途径	主要致病阶段	对人的致病力
巨吻棘头虫；念珠棘头虫	棘头虫病	巨吻棘头虫中间宿主是鞘翅目昆虫；念珠棘头虫中间宿主为甲虫类和蜚蠊	巨吻棘头虫主要寄生于猪、犬、猫等动物和人的小肠；念珠棘头虫主要寄生于鼠类和人的小肠	口	成虫	+
人疥螨和多种动物疥螨	疥螨病	—	多种动物和人；皮肤	皮肤	各期螨	+++
鸡皮刺螨	鸡皮刺螨病	—	禽类和人；皮肤	皮肤	各期螨	+
蠕形螨	蠕形螨病	—	多种哺乳动物和人；毛囊和皮脂腺	皮肤	各期螨	++
多种硬蜱	蜱瘫痪	—	多种动物和人；皮肤	皮肤	各期蜱	++
多种舌形虫	舌形虫病	蛇、蜥蜴或犬、猫、虎等	狗、狼、狐狸等，偶见于马、羊、人；呼吸器官和内脏	口	成虫、幼虫	+
多种蚤	蚤病	—	皮肤	接触	幼虫、成虫	+

二、流行病学

人畜共患寄生虫病的流行与其他寄生虫病一样，大部分为全国性分布，如弓形虫病、旋毛虫病、隐孢子虫病等；还有一些受媒介、气候、养殖方式及居民生活方式的影响分布于局部地区，如血吸虫病、棘球蚴病、猪囊尾蚴病等。大部分人畜共患寄生虫病是经口传播的。在经口传播的寄生虫病中，多种线虫和原虫是土源性的，一般通过被污染的食物、水、蔬菜等传播；而大多数吸虫和绦虫是生物源性的，是通过中间宿主传播，其中某些重要病原通过肉食品、鱼直接传播；还有多种病原是通过生物媒介传播，其中有些疾病可通过多种方式传播。

（一）传播途径与传播方式

本文根据各疾病的主要传播或感染方式对在我国流行的重要人畜共患病进行了简单分类。主要分为经口传播寄生虫病、媒介传播寄生虫病和其他途径传播的寄生虫病等。

1. 经口传播寄生虫病　根据病原来源不同，又可分为肉食源性寄生虫病、经鱼及其他水生动物传播的寄生虫病、经植物或水传播的寄生虫病等。

（1）**肉食源性寄生虫病**（Meat-borne parasitic zoonoses）　因为多种人畜共患寄生虫病病原的感染阶段是动物肌肉中生存、繁殖的阶段，所以其主要传播方式属通过肉食传播，如猪囊尾蚴病、弓形虫病、棘球蚴病、旋毛虫病、住肉孢子虫病、裂头蚴病等。

（2）**经鱼及其他水生动物传播的寄生虫病**（Fish or aquatic animal-borne parasitic zoonoses）　多种淡水鱼和海鱼是吸虫、线虫等病原的中间宿主。有些疾病通过淡水鱼虾、海鱼及蛙类等传播，如华支睾吸虫病、异尖线虫、并殖吸虫病等。

（3）**经植物或水传播的寄生虫病**（Plant or water-borne parasitic zoonoses）此类寄生虫病感染阶段的病原附着在植物或其他物质上，或经不同途径排入水中，经饮水传播。如隐孢子虫病、贾第鞭毛虫病、阿米巴病、姜片吸虫病等。有些专家把隐孢子虫病、贾第鞭毛虫病、阿米巴病、环孢子虫病等主要经水传播的寄生虫病称为水传寄生虫病。

2. 媒介传播寄生虫病　多种寄生虫寄生于宿主的血液和组织中，通过吸血昆虫传播给其他宿主。如各种丝虫病、梨形虫病、锥虫病、利什曼原虫病等。

3. 其他途径传播的寄生虫病 （Other route-borne parasitic zoonoses） 有些寄生虫病经皮肤感染，如日本分体吸虫病、各种钩虫病等；有些经胎盘传给胎儿（垂直传播），如弓形虫病；还有多种寄生虫病经粪便向外排出感染性虫体，污染食物、饮水、蔬菜等，被宿主食入后遭受感染，如类圆线虫病等多种土源性线虫病、隐孢子虫病、环孢子虫病等；有些寄生虫病是通过宿主间的直接接触传播的，如疥螨病、痒螨病、虱病等。

很多种寄生虫病并非通过单一途径而是通过多种途径感染。

（二）宿主

绝大多数人畜共患寄生虫的宿主都不是单一种动物和人，而是多种动物与人共患，如细粒棘球蚴、刚地弓形虫、华支睾吸虫、小隐孢子虫、旋毛虫等。个别虫种主要是某一种动物与人共患，如猪囊尾蚴、姜片吸虫等。大多数虫种不仅感染家畜家禽，而且感染野生动物，成为自然疫源性寄生虫病，如旋毛虫、细粒棘球蚴、刚地弓形虫、日本血吸虫等，多种野生动物都可被感染。不同病原的宿主见表1-1、表1-2、表1-3、表1-4、表1-5。不言而喻，宿主范围越广泛，寄生虫病的控制就越难。

（三）流行特点与现状

每一种人畜共患寄生虫病的流行特点和现状各不相同。本文仅概述几种重要疾病的流行特点和现状。

1. 血吸虫病 日本血吸虫、曼氏血吸虫和埃及血吸虫是寄生人体的3种主要血吸虫，广泛分布于热带和亚热带的76个国家和地区，全世界约有2亿人感染，7.79亿人的健康受到威胁，每年死于本病者达百万之多。其中，日本血吸虫分布在亚洲的中国、日本、菲律宾和印度尼西亚，埃及血吸虫分布在非洲及西亚地区，曼氏血吸虫分布在中南美洲、中东和非洲。

我国血吸虫病的病原是日本分体吸虫。日本血吸虫病流行于我国长江流域及以南除贵州外的13个省、市、自治区的434个县、市，累计感染者达1 160万人，钉螺面积为143亿米^2，受威胁人口在1亿以上。经过40余年的努力，截至1999年，已有广西、广东、上海、福建5省、市、自治区，236个县（市）达到消灭血吸虫病（传播阻断）的标准，52个县（市）达到基本消灭血吸虫病（传播控制）的标准。据 2004 年资料，我国血吸虫病总人数约 84.3 万，病牛约 5.9 万。近年来，防治取得了显著的成效，但急性感染病例仍时有发生。

在血吸虫病传播过程中，含有血吸虫卵的粪便污染水体、水体中存在钉螺和人群接触疫水是三个重要因素。

2. 弓形虫病 弓形虫病呈全球性分布，可以感染弓形虫的动物至少有 200 种。病原只有刚地弓形虫，但分离自不同动物的弓形虫的致病性及其他生物学特性不同，可以分为Ⅰ、Ⅱ和Ⅲ型。人群感染普遍，人的感染率为 0.6%～94.0%，许多国家人感染率在 25%～50%。有报道法国某地区的感染率近 80%，孕妇感染率在 50%～72%。国际人口标准化阳性率为 5.52%，我国人口标准化阳性率为 6.02%，我国各地人群的感染率为 0.30%～47.3%。我国标准化血清学阳性率贵州最高（15.09%），其次为广西（12.65%），最低为黑龙江（0.55%）。血清学阳性率随年龄的增加而有所升高。据估计，我国至少有 5 138 万人感染弓形虫。

弓形虫是最常见的机会性寄生虫，免疫低下人群是主要受威胁者。有报道称艾滋病病人感染率为 30%～40%，获得性免疫缺陷综合征（AIDS）人群弓形虫抗体阳性率分别为 44.8%和 95.0%。弓形虫脑炎是艾滋病病人的主要死因之一，有报道 85 例脑弓形虫病病例中 70 例并发获得性免疫缺陷综合征，并发病率为 82.35%。河南省肿瘤患者、普通患者和健康人群弓形虫感染率分别为 63.5%、24.1%和 9.5%。肿瘤患者养猫户弓形虫感染率（45.78%）高于未养猫户（26.31%）。

家畜的弓形虫感染甚为普遍，猪是重要传染源之一，国内猪弓形虫感染率在 4%～71.4%。病畜和带虫动物的血液、肉、乳汁、内脏及多种分泌液中都可能有弓形虫，都是人或其他动物的传染来源。在流产胎儿体内、胎盘和羊水中均有大量弓形虫的存在，如果外界条件有利于其存在，就可能成为传染源。据报道，含弓形虫速殖子或包囊的食用肉类是人群感染的主要来源。

已从多种动物体内分离出弓形虫。弓形虫在这些动物的各种组织内寄生和繁殖，多呈隐性感染。动物间的相互厮杀、捕食，使弓形虫在野生动物间长期交替循环不绝。

3. 棘球蚴病（包虫病） 棘球蚴病呈全球性分布。重要流行国家有东亚的中国、蒙古；中亚的土耳其、土库曼斯坦；西亚的伊拉克、叙利亚、黎巴嫩；南美的阿根廷、巴西、智利；大洋洲的澳大利亚、新西兰；以及非洲北部、东部和南部的一些国家。我国是世界上包虫病高发的国家之一，23个省（市）区有过报道，其中以新疆、西藏、宁夏、甘肃、青海、内蒙古、四川等7省（区）最为严重。本病是高度致死的疾病，分布范围多见于青海、西藏、甘肃、四川、新疆的部分地区。世界公认的棘球蚴病病原有4种，在我国主要有细粒棘球蚴和多房棘球蚴等，以细粒棘球蚴病为主，主要流行于西北的牧区和半农半牧区。犬及其他犬科动物是主要的传染源和终末宿主，犬在排出成熟节片及大量虫卵时，污染草地、水源、家居环境，或附着在其毛皮上，食草动物和人因食入虫卵而被感染。家犬的平均感染率为35%。

十多种家畜作为中间宿主被感染，其中绵羊最易感，平均感染率，绵羊约为64%、牛为55%、猪为13%，对我国畜牧业造成极大的经济损失。此外，国内已证实的终末宿主还有沙狐、红狐、狼及犬等，中间宿主有布氏田鼠、长爪沙鼠、黄鼠和中华鼢鼠等啮齿类野生动物。

2003年进行全国性调查，对包虫病流行的12省、区开展了人群血清抗体检测，平均阳性率为12.04%，同类地区人群B超检查，平均患病率为1.08%，推算患病人数约38万。

4. 猪囊尾蚴病 猪囊尾蚴病的唯一传染源是猪带绦虫患者，他们每天不断地向外界排出孕节和虫卵，而且可持续数年甚至20余年，可造成环境的严重污染。人通过两个途径感染囊尾蚴：一是食入了猪带绦虫的虫卵和孕节，主要是因为猪带绦虫的虫卵污染人的手、蔬菜和食物，被误食后而受感染；二是猪带绦虫患者的内源性感染。

猪囊尾蚴病主要是猪与人之间循环感染的一种人畜共患病。猪囊尾蚴病呈全球性分布，其流行与当地居民的科学文化水平、卫生知识、社会经济、生活水平等密切相关。本病在发达国家已很少流行，而较多见于发展中国家，特别是科学文化落后而贫困的地区，如亚、非、拉的一些国家和地区。在我国有26个省、市、自治区曾有报道，除东北、华北、西北地区及云南与广西部分地区常发外，其余省、区均为散发，长江以南地区较少，东北地区感染率较高。本病的发生与流行与人的粪便管理和猪的饲养管理方式密切相关。在有些地区，养猪采用放牧式饲养，人无厕所；还有的地方采取连茅圈，猪接触人粪便的机会多，因而造成本病流行。

目前，随着生活水平提高、知识水平的提高及养猪方式的改变，猪囊尾蚴病的感染率和发病率都有显著下降，但在猪散养地区及喜食生肉地区仍然是个问题，而且随着人口流动的频繁，过去主要发生在农村，现在城市居民猪囊尾蚴病也时有发生。

5. 旋毛虫病 绝大多数哺乳动物及食肉鸟类对旋毛虫均易感，现已发现有 150 多种畜禽和野生动物自然感染旋毛虫，这些动物互相残杀、吞食或食入含旋毛虫活幼虫的动物尸体而互相传播。因人多食猪肉，故以猪与人感染的关系最密切，其次为野猪、熊等。据统计，在我国发生的 548 次旋毛虫病暴发中，因食猪肉引起的为 525 次（95.8%），其次为食狗肉（8 次，占 1.5%）引起的。猪的感染主要是由于吞食含有旋毛虫包囊的肉屑或鼠类。我国 26 个省、市、自治区已发现有猪旋毛虫病，屠宰猪群中旋毛虫检出率为 0.1%～34.2%。我国犬的旋毛虫感染率也较高，辽宁为 0.8%～28.6%，吉林为 9.8%，黑龙江为 4.9%～54.3%，河北为 11.3%，甘肃为 0.9%～27.2%，河南为 7%，湖北为 18.6%，广西为 33.3%，云南为 9.6%～10.4%。在我国吉林、辽宁和北京，发生过因食狗肉引起的旋毛虫病暴发。其次，近年来还发生数起因食草食动物和野生动物引发的旋毛虫病。

人体感染旋毛虫病主要是因为生食或半生食含有旋毛虫的猪肉和其他动物的肉类所致，其感染方式取决于当地居民的饮食习惯，如我国有些地区有吃生肉、生熟刀砧不分等生活习惯，都是旋毛虫病感染的主要方式。

旋毛虫病呈世界性分布，以前在欧洲及北美国家发病率较高，现在，通过严格肉类检查，发病率已明显下降，但近年来在法国、加拿大、西班牙、意大利及黎巴嫩等地仍有本病暴发。此外，巴布亚新几内亚、澳大利亚的塔斯马尼亚、南美洲的智利和阿根廷及亚洲的泰国亦发现有本病发生。墨西哥半农村地区，居民的旋毛虫抗体阳性率为 1%～1.9%。在智利，对 300 具尸体的膈肌样本进行旋毛虫镜检和消化法检查时发现旋毛虫的阳性率为 1.67%。在我国周边国家，如日本、老挝、印度、朝鲜等均已发现有本病存在。

我国自 1964 年在西藏发现人体旋毛虫病以来，云南、广东、广西、四川、内蒙古、辽宁、吉林、黑龙江、河北、湖北、四川等地均已有本病的散发或暴发流行，香港也曾发生了两次本病暴发。目前，云南、湖北和河南等地为我国旋毛虫病的高发区。在疫区，人和多种动物的感染率均很高。

6. 利什曼病 利什曼病是一种流行较广的寄生原虫病。WHO 估计，全球约有 3.5 亿人受到利什曼原虫的威胁，但由于许多病例未得到及时诊断或报告，确切的发病率和流行率难以估计。在有本病流行的 88 个国家或地区，约有1 200万病人。在人群中，本病的主要传播方式是人-白蛉-人及动物（犬）-白蛉-人的循环，偶然可发生子宫内感染或出生时感染，或由于输血而发生人-人传播。

人畜共患皮肤型利什曼病主要是由热带利什曼原虫复合群、巴西利什曼原虫复合群和墨西哥利什曼原虫复合群所引起。在我国流行的主要是杜氏利什曼原虫（L. donovani）所引起的黑热病（VL）。据1950年的调查，本病在辽宁、河北（包括天津市）、北京、山东、江苏、河南、湖北、安徽、山西、陕西、甘肃、青海、西藏、新疆、宁夏、内蒙古等17个省、市、自治区的525个县有流行，估计当时有病人53万，经50年代的大规模防治，到1958年基本消灭了黑热病。但山西、陕西、甘肃、内蒙古和新疆等地，自1960年至今仍每年都有新发病例。我国黑热病的流行可分为平原型疫区（人源型，其传染源主要是人）、山丘型疫区（犬源型，传染源主要为犬）和荒漠型疫区（自然疫源型，传染源主要为野生动物）。

利什曼病主要经白蛉进行生物学传播，偶可经口腔黏膜、损伤皮肤、输血或胎盘传播。

犬是人类利什曼病的主要保虫宿主，犬利什曼病的流行病学特征与人的几乎完全一致。在人的利什曼病灶状流行区，犬的感染率通常较高，在某些地区更明显高于人的感染率。除犬外，猫和马属动物的利什曼原虫感染对公共卫生的影响也日益受到关注。

综上所述，人畜共患寄生虫病的种类繁多，各种疾病的流行特点各不相同，此处不一一赘述。

三、危　害

虽然寄生虫病的危害方式各不相同，但其对人和动物的危害可概括为：严重威胁人类健康；直接造成畜牧业经济损失。在我国危害严重且比较重视的有血吸虫病、弓形虫病、棘球蚴病、囊尾蚴病、旋毛虫病等，还有多种危害严重或有潜在危害的人畜共患寄生虫病未得到应有的重视，如利什曼病、隐孢子虫病、华支睾吸虫病、并殖吸虫病、住肉孢子虫病等。

1. 血吸虫病　在我国血吸虫病的病原是日本分体吸虫，流行于长江流域的13个省、市、自治区。日本分体吸虫宿主范围广泛，疫区内的多种家养动物和野生动物都可感染。在血吸虫感染过程中，尾蚴、童虫、成虫和虫卵均可对宿主造成损害，损害的主要原因是血吸虫不同虫期释放的抗原均能诱发宿主的免疫应答，这些特异性免疫应答的后果便是一系列免疫病理变化的出现。因此，普遍认为血吸虫病是一种免疫性疾病。但血吸虫病对人和动物的危害程度大不相同。

（1）**人血吸虫病**　人感染血吸虫可因感染量、年龄及身体状态不同而呈现出不同的表现。

①*急性血吸虫病*　常见于初次感染者，或慢性病人再次大量感染尾蚴后亦可发生。大多数病例于感染后5～8周出现症状，少数病例潜伏期短于25天。临床上表现为畏寒、发烧、多汗、淋巴结肿大；常伴有肝区压痛、肝肿大，左叶较右叶明显，质地较软，表面光滑；脾肿大常见于重症感染；食欲减退、恶心、呕吐、腹痛、腹泻、黏液血便或脓血便等；呼吸系统症状多表现为干咳，偶可见痰中带血丝，有气促、胸痛，X线检查可见点状、云雾状或雪花状浸润性阴影，多在发病后月余出现，一般持续2～3个月消失。重症患者可有神志迟钝、黄疸、腹水、高度贫血、消瘦等症状。患者除有皮疹外，还可能出现荨麻疹、神经血管性水肿、出血性紫癜、支气管哮喘等过敏反应。

②*慢性血吸虫病*　急性期症状消失而未经治疗者，或经反复轻度感染而获得免疫力的患者常出现隐匿型间质性肝炎或慢性血吸虫性结肠炎。隐匿型患者一般无症状，少数可有轻度的肝或脾肿大。有症状的患者主要表现为慢性腹泻或慢性痢疾，症状呈间歇性出现。

③*晚期血吸虫病*　晚期血吸虫病是指出现肝纤维化门脉高压综合征，严重生长发育障碍，或结肠显著肉芽肿性增殖的血吸虫病。晚期血吸虫病分为巨脾型、腹水型、结肠增殖型和侏儒型。巨脾型指脾肿大超过脐平线或横径超过腹中线，伴有脾功能亢进、门脉高压或上消化道出血。腹水型是晚期血吸虫病门脉高压与肝机能代偿失调的结果，常在呕血、感染、过度劳累后诱发。表现腹部胀满、呼吸困难、脐疝、股疝、下肢水肿、胸水和腹壁静脉曲张。结肠增殖型以结肠病变为突出表现。表现为腹痛、腹泻、便秘或便秘与腹泻交替出现。严重者可出现不完全性肠梗阻。侏儒型系患者在儿童时期反复感染血吸虫，引起慢性或晚期血吸虫病，影响内分泌功能。患者有身材矮小、面容苍老、无第二性征等临床征象。

晚期血吸虫病的主要合并症有上消化道出血和肝性昏迷。50%以上的晚期病人死于上消化道出血，出血部位多位于食管下段或胃底静脉。肝性昏迷占晚期病人总数的 1.6%～5.4%，以腹水型为最多。晚期病人若并发肝性昏迷，死亡率达 70% 以上。

在我国，血吸虫病患者并发乙型肝炎的比率较高。有人对 298 例晚期血吸虫病患者进行肝细胞活检，发现 62.4% 的病例 HBsAg 阳性，这可能与晚期病人的免疫功能明显下降，因而感染乙型肝炎的机会较多有关。当血吸虫病合并乙型肝炎时，常可促进和加重肝硬化的发生与发展。

（2）**动物血吸虫病**　动物血吸虫病以犊牛和犬的症状较重，羊和猪较轻，马几乎没有症状。一般来讲，黄牛症状较水牛明显，小牛症状较大牛明显。但比之人血吸虫病的程度要轻得多，大多数情况下动物是日本分体吸虫的保虫宿主。

临床上有急性和慢性之分，以慢性为常见。黄牛或水牛犊大量感染时，常呈急性经过，首先表现食欲不振，精神不佳，体温升高，可达 40～41℃以上，行动缓慢，呆立不动，以后严重贫血，因衰竭而死亡。慢性型的病畜表现有消化不良，发育缓慢，往往成为侏儒牛。病牛食欲不振，下痢，粪便含黏液、血液，甚至块状黏膜，有腥恶臭和里急后重现象，甚至发生脱肛，肝硬化，腹水。母畜往往不孕或流产等。少量感染时，一般症状不明显，病程多取慢性经过，特别是成年水牛，虽诊断为阳性病牛，但在外观上并无明显表现而成为带虫牛。

2. 弓形虫病　弓形虫对多种动物和人都有较大的危害。几乎所有温血动物都可能感染弓形虫，研究证实可以感染弓形虫的动物至少有 200 种。动物是弓形虫病最重要的传染源。

弓形虫病的发生是宿主和寄生虫之间相互作用的结果。弓形虫的致病作用与虫株毒力、宿主的免疫状态有关。根据虫株的侵袭力、繁殖速度、包囊形成与否及对宿主的致死率等，刚地弓形虫可分为强毒株和弱毒株。强毒株侵入机体后迅速繁殖，可引起急性感染和死亡，通常是由急性感染的人或动物体内分离出来的；弱毒株侵入机体后增殖缓慢，在脑或其他组织形成包囊，通常由隐性感染或无症状的携带者体内分离出来的。

弓形虫侵入机体后均经淋巴或直接进入血液循环，造成虫血症，然后再散播到全身其他组织和器官。感染初期，机体尚未建立特异性免疫。弓形虫侵入宿主后迅速分裂增殖，直至宿主细胞破裂。宿主细胞破裂后，速殖子逸出，再侵入宿主细胞，如此反复进行，形成局部组织的坏死病灶，同时伴有以单核细胞浸润为主的急性炎症反应，这是弓形虫病最基本的致病过程。病变的大小取决于虫体增殖的速度、组织的坏死时间及机体的免疫状态。

（1）**动物弓形虫病** 虽然绝大多数动物对弓形虫易感，但不同动物弓形虫病的危害及临床表现不同。

①猪弓形虫病 我国猪弓形虫病流行十分广泛，全国各地均有报道。发病率可高达60％以上。10～50千克的仔猪发病尤为严重，多呈急性发病经过。病猪突然废食，体温升高至41℃以上，稽留7～10天。呼吸急促，呈腹式呼吸或犬坐式呼吸，流清鼻涕，眼内出现浆液性或脓性分泌物。常出现便秘，呈粒状粪便，外附黏液，有的患猪在发病后期腹泻，尿呈橘黄色。少数出现呕吐。患猪精神沉郁，显著衰弱。发病后数日出现神经症状，后肢麻痹。随着病情的发展，在耳翼、鼻端、下肢、股内侧、下腹部等处出现紫红色斑或间有小点出血。有的病猪在耳壳上形成痂皮，耳尖发生干性坏死。最后，因极度呼吸困难和体温急剧下降而死亡。妊娠猪常发生流产或产死胎。有的发生视网膜脉络膜炎，甚至失明。有的病猪耐过急性期而转为慢性，外观症状消失，仅食欲和精神稍差，最后变为僵猪。但大多数情况下，猪弓形虫病多呈慢性或隐性感染状态。

②绵羊弓形虫病 成年绵羊弓形虫病的临床表现不明显，多呈隐性感染。但绵羊弓形虫病危害较大，以流产为其主要表现。流产常出现于正常分娩前4～6周，大约50％胎膜有病变，绒毛叶呈暗红色，在绒毛叶间有许多直径为1～2毫米的白色坏死灶。产出的死羔皮下水肿，体腔内有过多的液体，肠管充血，脑部（尤其是小脑前部）有泛发性非炎症性小坏死点。如果感染量大、机体免疫力低下时也可发生全身性临床症状，出现神经系统和呼吸系统症状。患羊呼吸促迫，呈明显腹式呼吸，流泪，流涎，运动失调，视力障碍，心跳加快，体温达41℃以上。青年羊全身颤抖，腹泻，粪恶臭。

③山羊弓形虫病 中枢神经系统症状和呼吸困难明显。主要临床症状为呼吸促迫和明显腹式呼吸。

④牛弓形虫病 一般少见临床症状。严重时呈现呼吸困难、咳嗽、发热、头震颤、精神沉郁和衰弱等症状。

⑤马弓形虫感染 大多呈隐性，不呈现明显的临床症状。

⑥兔弓形虫病 急性病例以高热、呼吸困难和神经系统症状为主。慢性病例呈消瘦和神经系统症状。但多数兔在感染后无明显症状。

⑦犬弓形虫病 常见症状为呼吸困难、运动失调和下痢。幼犬表现剧烈。

⑧猫弓形虫病　猫既是终末宿主，也是中间宿主，可表现为临床型弓形虫病。肺炎是猫弓形虫病最重要的临床症状。

⑨禽弓形虫病　尽管弓形虫可自然感染鸡、火鸡、鸭和多种野鸭，但仅见报道过鸡弓形虫病的散发性暴发。

（2）**人弓形虫病**　弓形虫病对人的危害：孕妇发生流产、产畸胎等生殖障碍，弓形虫性脑炎和眼炎等。另外，弓形虫是机会性病原，常引起免疫低下人群的并发感染，表现出全身性症状。我国已报道人弓形虫病病例600多例。值得注意的是我国已报告两例艾滋病病人并发弓形虫病。人弓形虫病可分为先天性弓形虫病和获得性弓形虫病2种类型。

①先天性弓形虫病　神经系统病变多见，如脑的大、小畸形及颅缝裂开。由于大脑发育受损，婴儿多有不同程度的智力障碍，出现神经症状。有的表现为脑膜脑炎，严重者有昏迷、瘫痪或角弓反张。

眼部表现亦很多见，常见于儿童和青年人。可累及双眼，典型表现为视网膜脉络膜炎，发生率可达40%～80%。可表现为眼肌麻痹、虹膜睫状体炎、白内障、视神经炎、视神经萎缩和眼组织缺损等。

生殖障碍，如早产、流产和异常产。妊娠期间感染弓形虫，常引起流产，在流产分泌物中可发现弓形虫。如感染发生在妊娠后期，则导致胎儿死产或早产。

②获得性弓形虫病　一般较先天感染者轻，但临床表现复杂多样。常见淋巴结肿大和脑炎型。淋巴结肿大在一部分病人可能是本病的唯一特征。任何部位的淋巴结都可被侵犯，但以深部淋巴结最为常见。被侵犯的淋巴结多无粘连或触痛。脑炎型多表现为头痛、呕吐、抽搐、精神障碍、癫痫，甚至昏迷。除此之外，获得性弓形虫病还可表现为心肌炎型、心包炎型、肌炎型、肝脾肿大型、肝炎型、关节炎型和神经型等多种临床类型。

3. 棘球蚴病　棘球蚴对人和动物的致病作用都非常明显，机械性压迫、毒素作用及过敏反应等是直接致病因素。症状的轻重取决于棘球蚴的大小、寄生的部位及数量。棘球蚴多寄生于宿主的肝脏，其次为肺脏。棘球蚴机械性压迫可使寄生部位周围组织发生萎缩和严重的功能障碍，代谢产物被吸收后，使周围组织发生炎症和全身过敏反应，严重者可致死。

（1）**人棘球蚴病**　患者临床症状会因棘球蚴寄生的部位、囊肿大小以及有无并发症等而不同。主要有两类表现：①过敏反应，常见的有荨麻疹、血管神经性水肿和过敏性休克，甚至导致死亡；②占位性病变，随着包虫囊的不断生长，被寄生的器官出现压迫性萎缩，影响功能或导致疼痛。根据侵害的器官分类，最常见的有肝包虫病、肺包虫病，其他还有腹腔包虫病、脾包虫病、肾包虫病、骨包虫病、脑包虫病及心脏包虫病等。就对人的危害而言，多房棘球蚴比细粒棘球蚴危害更大。人体棘球蚴病以慢性消耗为主，往往使患者丧失劳动能力，仅新疆县级以上医院有记录的年棘球蚴病手术病例就有 1 000～2 000 例。

（2）**动物棘球蚴病**　绵羊是棘球蚴的最适中间宿主，对细粒棘球蚴敏感，死亡率较高。感染严重者表现为消瘦、被毛逆立、脱毛、咳嗽、倒地不起。牛棘球蚴病的表现仅次于绵羊，严重感染时，出现消瘦、衰弱、呼吸困难或轻度咳嗽，剧烈运动时症状加重，产奶量下降。其他动物对棘球蚴的敏感性较低，感染后常无典型症状。各种动物都可因囊泡破裂而产生严重的过敏反应，突然死亡。剖检可见，受感染的肝、肺等器官有粟粒大到足球大，甚至更大的棘球蚴寄生。

成虫对犬等的致病作用不明显，一般无明显的临床表现。

4. 囊尾蚴病　囊尾蚴病主要危害人，对猪的危害一般不明显。囊尾蚴病的危害程度取决于寄生数量、寄生部位及机体的抵抗力等诸多因素。

（1）**猪囊尾蚴病**　一般感染症状不明显。重度感染者可妨碍猪的发育和生长，特别影响幼龄猪的生长。重度感染时，可导致营养不良、贫血、水肿、器官衰竭，胸廓深陷入肩胛之间，前肢僵硬，发音嘶哑和呼吸困难。大量寄生于猪脑时可引起严重的神经紊乱，特别是鼻部的触痛，强制运动、癫痫，视觉紊乱和急性脑炎，有时突然死亡。

（2）**人囊尾蚴病**　囊尾蚴可寄生于人体的肌肉和各组织器官，如脑脊髓、眼、骨骼肌、心肌、肺、肠系膜、胸腺和皮下组织等，引起相应的囊尾蚴病，其危害情况常因囊尾蚴感染的数量与寄生部位不同而异，从无明显症状至引起猝死不等。寄生于脑时，可引起癫痫发作，间或有头痛、眩晕、恶心、呕吐、记忆力减退和消失，严重的可致死。据国内、外资料统计表明，癫痫发作是脑囊尾蚴患者的突出症状，占脑囊尾蚴患者的 60% 以上。寄生于眼内可导致视力减弱，甚至失明；寄生于肌肉皮下组织中，使局部肌肉酸痛无力。

（3）**人猪带绦虫病**　人不仅感染囊尾蚴，还是猪带绦虫成虫的唯一宿主。猪带绦虫寄生于人的小肠，由于虫体争夺宿主营养、虫体的机械损伤、产生的毒素等因素，导致人出现以消化道症状为主的临床症状。同时，由于虫体排出的代谢产物和分泌物，还可引起患者消化和神经症状。长期携带绦虫的患者一般呈现体弱和轻度慢性贫血等。儿童患者则发育迟缓。

5. 旋毛虫病　旋毛虫病的危害主要表现在人旋毛虫病，动物感染旋毛虫病一般无明显临床症状。人感染多因人对旋毛虫产生的毒素敏感所致。

（1）**人旋毛虫病**　旋毛虫病的潜伏期一般为5～15天，平均10天，但也有短为数小时，长达46天者。人临床表现多种多样，轻者无明显症状，症状不典型者常可导致误诊，重者可于发病后3～7周内死亡。

急性期病人的典型表现为持续性高热、眼睑和面部水肿、过敏性皮疹、血液中嗜酸性粒细胞增多等变态反应性表现及全身性肌肉酸痛等。患者一般在发病后第2周出现持续性高热、体温常在38～40℃，一般持续2～4周。多数患者出现眼睑、眼眶周围及面部水肿，重者可伴有下肢甚至全身水肿。全身性肌痛是本病最为突出的症状，患者常呈强迫屈曲状而不敢活动，几乎呈瘫痪状态。部分病人可伴有咀嚼吞咽和说话困难，呼吸和动眼时均感疼痛，患者感觉极度乏力；水肿可遍及多个器官，可出现心力衰竭和颅内压增高，甚至有心肌炎，肝、肾功能损害及视网膜出血的表现。少数病人则以呼吸道症状为主。重症患者在急性期内可出现心脏、中枢神经系统与肺部并发症。

随着肌肉内幼虫包囊的形成，急性炎症消退，全身症状亦随之消失，但肌痛可维持数月之久。重症者可呈恶病质、虚脱，或因毒血症、心肌炎而死亡。

（2）**动物旋毛虫病**　各种动物感染旋毛虫的症状均不明显。猪大剂量感染可能出现与人相似的症状。在自然感染情况下，猪一般缺乏临床症状，仅在肉品检验时发现呈阳性。其他动物多半为隐性带虫。因此，各种动物旋毛虫病的危害在于人食入带虫肉食后对人的危害。

6. 利什曼病

（1）**动物利什曼病**　动物中主要是犬和猫感染利什曼病。啮齿动物或其他野生动物感染利什曼原虫多为隐性感染。

犬利什曼病的潜伏期为3～7个月，症状显著程度与体内荷虫量并不完全一致，皮肤损伤较内脏病变更为多见，皮肤损伤多见于眼、耳、面部和足部，常为无瘙痒性脱毛、脱皮及炎症，也可见结节、溃疡和疥癣样结痂，但较少形成脓疱。全身性症状可见间歇热、贫血、高γ-球蛋白血症、低白蛋白血症、淋巴结病、脾肿大，有时也偶见发作性腹泻、肾小球肾炎和多发性关节炎等，病犬嗜睡、体重减轻。锑剂治疗效果较差，且复发率高。猫利什曼病内脏损伤仅为偶见，皮肤损伤主要为局部性结节、溃疡、结痂或丘疹，或广泛性的皮炎、脱毛及鳞屑，全身性病变则可累及肝、脾、淋巴结和肾等多个脏器。而马属动物的利什曼病至今未见累及内脏的病例报告，主要为局部性的、可自愈的耳翼部皮肤结节或溃疡。

（2）**人利什曼病**　人利什曼病的临床症状极其复杂多变，总体上尽管可分为内脏型利什曼病、皮肤型利什曼病和黏膜皮肤型利什曼病三种类型，但其中每一类都可由多种利什曼原虫所致，而任何一种利什曼原虫又可引起不止一类的临床体征，尤其是在获得性免疫缺陷综合征合并感染或有其他免疫抑制性疾病的人群，这种变化更为复杂。

①**人的内脏型利什曼病**　又称黑热病。大多数感染者可能是隐性或可自愈的，一部分可能有轻微症状，仅小部分感染者发展成典型的黑热病。其临床特征是不规则发热、消瘦、肝脾肿大、粒细胞减少症和高 γ -球蛋白血症。

潜伏期一般数周至数月。多数病例发展较为缓慢，少数病程较急者表现类似疟疾或其他急性感染样的高热。典型的黑热病除不规则发热外，特征性表现是由于肝脾肿大所致的腹部膨隆、食欲下降，并伴有体弱、贫血、鼻衄、头痛、咳嗽等非特异性体征。脾脏肿大是最主要的临床表现，早期质软，晚期坚硬，表面光滑，边缘整齐，无触痛。在某些患者，可见外周淋巴结病。晚期患者渐进性虚弱，严重营养不良，恶病质；儿童可表现矮小综合征、肝功能受损或暴发性肝炎。死亡常由于继发感染如肺炎、败血症、痢疾、结核病、麻风病或其他病毒性感染引起。实验室检查可见有贫血、血小板减少、中性粒细胞和嗜酸性粒细胞减少症、高 γ -球蛋白血症。获得性免疫缺陷综合征合并感染利什曼原虫者，约有 1/3 无典型的黑热病临床表现，常缺乏脾肿体征，但白细胞和血小板减少更为明显，并可在任何器官、组织的巨噬细胞中查见无鞭毛体。

②**人皮肤型/黏膜皮肤型利什曼病**　导致人皮肤型/黏膜皮肤型利什曼病的致病虫种多而复杂。尽管不同种利什曼原虫所致皮肤损伤各有一定特殊形态，但不能据此作出虫种的特异性诊断。典型损伤出现在白蛉叮咬的局部，由于单核细胞聚集而形成结节，逐渐增大并破溃形成溃疡。不同种病原引起的皮肤型利什曼病潜伏期不同，从数周至数月，形成的结节和溃疡的形态也不相同。整个病程持续数月，有些需 1 年或数年才愈合，或可持续数十年。一旦愈合，对同种原虫的再感染具有良好的免疫保护力。少数情况下，人感

染巴西利什曼原虫或其他虫种（偶见）后会导致黏膜损伤，多发于鼻、口腔、咽和/或喉，一般于泛发性皮肤损伤愈合后数年出现鼻咽黏膜利什曼病。其最初表现为鼻塞和炎症，逐渐发展为鼻黏膜和鼻中隔溃疡，再扩大到唇、峡部、软腭、咽和喉，导致毁容。在获得性免疫缺陷综合征合并利什曼原虫病流行的地区，内脏型利什曼原虫病患者更多地表现黏膜损伤。

四、诊　断

人畜共患寄生虫病是群发性疾病，每一种疾病都有其自身的发生发展规律，但其诊断原则与其他疾病（病毒病、细菌病）相似，而诊断方法因疾病的不同而不同。一般情况下，疾病的诊断均需从疾病的临床症状、流行特点入手，进一步进行实验室诊断。本节对重要人畜共患寄生虫病的实验室常用诊断方法和技术做简要概述。

（一）病原学诊断

从患病动物或死亡动物体采集病料，通过分离、观察、切片、染色等一系列手段实现病原的检测，以达到诊断的目的。不同疾病所用方法有所不同，下面分别列举从粪便、血液、组织中检查寄生虫的方法。

1. 粪便检查　采集新鲜粪便，用于检查寄生于消化道和呼吸道的寄生虫。本法简便、易行，常用有：

（1）**蠕虫虫体检查**　将收集的粪样加 $5\sim10$ 倍清水，反复搅拌、沉淀、漂洗，至上清液清澈时，经肉眼观察或取沉渣在放大镜下观察，发现虫体，挑出，进行进一步鉴定。

（2）**虫卵检查**　可采取直接涂片检查或集卵法。

①直接涂片法　简单易行，但检出率低。

②集卵法　漂浮法：通过饱和盐溶液使粪便中的虫卵富集于液体表面，再通过显微镜检查，提高检出率，适用于线虫卵、绦虫卵、球虫卵囊等的观察。沉淀法：用清水反复漂洗、沉淀，使粪便中的虫卵沉积于容器底部，再行检查，适用于吸虫卵、肺线虫卵等密度较大虫卵的检查。

（3）**幼虫检查**　通过使用漏斗或平皿等装置，使粪样中线虫幼虫游离出来，以达到检查的目的。

2. 组织学检查　以弓形虫检查为例，其他组织内寄生原虫的检查可参考进行。方法如下：

（1）**直接镜检**　采集病（死）畜的血液、腹腔液等做涂片，采集淋巴结、肺、脑、心、肝、肾、肌肉等做组织切片，进行瑞氏或姬姆萨染色，镜检，找到弓形虫滋养体或包囊，即可初步判定为弓形虫感染阳性，进一步需做抗体染色确认（间接免疫荧光试验）。此方法简单、易行，但检出率不高。

（2）**动物接种**　无菌采集病（死）畜的体液，或将肺、淋巴结、脑、心、肝、肾、肌肉等组织匀浆作成悬液，加入适量胰蛋白酶溶液于 37℃ 摇床消化 1 小时，经过滤、离心、中和，用灭菌生理盐水制成 1∶10 混悬液（每毫升加青霉素 1 000 国际单位，链霉素 100 微克），腹腔接种实验小鼠若干只，每只小鼠接种 200 微升。接种后观察，如小鼠出现皮毛松竖、不活泼、弓背、闭目、腹部膨大、颤动或呼吸急促等症状，立即剖检；取腹水、肺、淋巴结、脑、心、肝、肾、肌肉组织做涂片，姬姆萨染色，镜检，发现虫体可初步判为阳性，进一步进行免疫荧光染色即可确诊（间接免疫荧光试验）。初代接种的小鼠可能不发病，可于接种 3 周后，取被接种小鼠的肺、淋巴结、脑、心、肝、肾、肌肉等组织，按以上方法制成组织悬液盲传 3 代，如仍不发病，在脑中也未找到包囊，则可判为阴性。

3. 血液检查　主要用于检查寄生于血浆、血细胞或某寄生阶段可出现于血液中的虫体的检查。

（1）**直接检查**　可采血滴在载玻片上一滴，覆以盖玻片，在显微镜下检查。在检查锥虫时，可加一滴生理盐水混匀后检查，亦称此法为压滴法。

（2）**集虫法**　如血液中含虫量极少，可采血于加抗凝剂的试管中。当检查血液内线虫幼虫时，应加入蒸馏水使红细胞溶解，而后离心、沉淀，取沉渣进行检查。检查原虫时，由于血液中的锥虫或感染有巴贝斯虫的红细胞，均较正常红细胞为轻，而聚集于管底的红细胞沉淀的表层，因此，应采取表层沉淀制成血涂抹片，染色后显微镜检查。

（3）**薄血片法**　本法适用于血液寄生的伊氏锥虫、巴贝斯虫、泰勒原虫、住白细胞原虫等的检查。采血一滴，滴于洁净载玻片的一端，按常规制成血片，待干，甲醛液固定，而后用姬姆萨染色法或瑞氏染色法染色，之后，在显微镜下检查。

（二）免疫学（血清学）诊断

免疫学诊断是通过检测虫体抗体或循环抗原来确认寄生虫感染的常用方

法。主要有免疫组织化学方法、间接免疫荧光试验、凝集试验及酶联免疫吸附试验等。各种寄生虫病的免疫诊断方法相似，下面以弓形虫病诊断为例简要介绍，其他疾病诊断参照进行。

1. 免疫组织化学方法 常规方法制备石蜡切片或病料涂片，应用标记抗体进行染色，可大大提高常规病理组织学方法检测的效率，并可据此确诊。具体方法如下：

①标本的处理 将石蜡切片脱蜡和水化后，用 PBS 液冲洗 3 次，每次 3 分钟。

②抗原修复 将切片置于装有抗原修复液的抗原修复盒中，放入沸水浴中加热 20 分钟，PBS 液洗 3 次，每次 5 分钟。

③封闭内源性过氧化物酶 加 3% 的 H_2O_2 溶液室温孵育 30 分钟，PBS 液洗 3 次，每次 5 分钟。

④封闭 切片上滴加 5% 马血清，放入湿盒，室温孵育 30 分钟，PBS 液洗 3 次，每次 5 分钟。

⑤一抗孵育 切片上滴加弓形虫多克隆血清，放入湿盒，4℃过夜，次日置室温复温 30～60 分钟，PBS 液洗 3 次，每次 5 分钟。

⑥二抗孵育 切片上滴加 HRP - SPA，放入湿盒，室温孵育 2 小时，PBS 液洗 2 次，每次 5 分钟，再用 1 摩尔/升 TBS 液洗 5 分钟。

⑦显色 显色剂显色 3～15 分钟（DAB 或 NBT/BCIP）。

⑧显色后处理 自来水充分冲洗，复染，脱水，透明，封片。

⑨结果判定 与阳性对照相比，根据显色的深浅判定检测结果。

对照的设置：①阳性对照：用已知阳性单抗。②阴性对照：用已知阴性单抗（如正常小鼠血清、无克隆培养上清液）；用已知阴性组织。③无关对照：与待测一抗无关的其他单抗。

2. 间接免疫荧光试验 间接免疫荧光技术的检测灵敏度较高，操作简单，主要步骤如下：

①标本制备 标本的处理、抗原修复及非特异性染色的封闭方法同免疫组化法。

②抗体染色 加一抗 4℃过夜，之后 37℃复温 30 分钟或 37℃孵育 1 小时，PBS 液洗 3 次，每次 5 分钟；滴加荧光素标记的二抗 37℃孵育 30 分钟，PBS 液洗 3 次，每次 5 分钟。

③封片、镜检 甘油缓冲液封片、镜检。

④结果分析　与阳性对照相比，根据荧光显色的强弱来判定检测结果。

荧光染色后一般在 1 小时内完成观察，或于 4℃保存 4 小时，时间过长会使荧光减弱。每次试验时，需设置以下三种对照：①阳性对照：阳性血清＋荧光标记物；②阴性对照：阴性血清＋荧光标记物；③荧光标记物对照：PBS 液＋荧光标记物。

3. 间接血凝试验

（1）**试剂与器材**　绵羊红细胞，Alsever 液，洗涤和稀释液为 0.11 摩尔/升 pH 7.2 PBS 液，pH 7.2 的 3％丙酮液，3％甲醛，鞣酸，0.1 摩尔/升 pH 4.8 醋酸缓冲液，96 孔 V 形微量血凝反应板。

（2）**抗原制备**　用弓形虫 RH 或其他强毒株感染小鼠 48 小时后，收集腹腔洗液经 3 微米微孔多碳膜过滤，并洗 3 次，将最后沉淀虫体加 10 倍量的重蒸馏水，－20℃冻融 3 次，超声粉碎裂解 15 分钟，低温下 10 000 转/分钟离心 30 分钟，收集上清液即为纯化抗原，测抗原蛋白含量，－30℃保存。

（3）**操作**

①醛化固定的红细胞　国内常用双醛化法。取青年公羊血 1 份，加 Alsever 液 1.0～1.5 份，用 PBS 液洗涤 5 次，并配成 8％的悬液。取 1 份红细胞悬液，滴加等量的 3％丙酮液，边加边摇，置室温连续摇动 17～18 小时。用 PBS 液洗涤 5 次，仍配成 10％双醛固定红细胞悬液，加 0.01％叠氮钠防腐，4℃保存。可使用 3～6 个月。

②致敏红细胞　取 10％双醛红细胞 1 毫升，用 PBS 液洗涤 1 次，配成 2.5％悬液，加等量的新配制的 1∶200 000 鞣酸混匀，置 37℃水浴鞣化 15 分钟，经 3 000 转/分钟离心 10 分钟，弃上清液，取沉积红细胞用 PBS 液洗涤 1 次，配成 2.5％鞣化红细胞悬液，并立即致敏。取 2.5％鞣化红细胞 4 毫升，注入 10 毫升离心管中离心，弃上清液，沉积红细胞用醋酸缓冲液洗涤 1 次，弃上清液，加弓形虫抗原 0.25～0.3 毫升（视抗原浓度定）。加醋酸缓冲液至 1 毫升刻度处，混匀，在 37℃水浴中作用 1 小时，不时轻轻搅拌，取出后，用 1％健康兔血清 PBS 液洗涤 5 次，用同液配成 1％致敏红细胞，加 0.01％叠氮钠，置 4℃保存。在致敏过程中若发现红细胞于 5 分钟左右下沉，即表示致敏失败，若 10～15 分钟内呈混悬状态，则致敏成功率较大。

③对照绵羊红细胞　除用生理盐水代替抗原外，其他过程同致敏红细胞操作。

④被检血清　置 56℃水浴中灭活 30 分钟，必要时可用绵羊红细胞或双

醛固定绵羊红细胞吸收。

⑤操作方法 用 96 孔 V 形血凝反应板。为避免被检血清与绵羊红细胞产生非特异性凝集，每份被检血清滴 2 行，一行用于测定血凝效价，另一行作为对照（加 1% 正常红细胞）。血清倍比稀释，每孔 1 滴（0.025 毫升），然后每孔再加 1 滴致敏红细胞，在振荡器上振荡 2～3 分钟，置室温 2～3 小时，观察结果。每次试验均有已知效价阳性和阴性血清对照。

⑥结果判定

＋＋＋＋：红细胞均匀地呈膜样沉于管底，中心无红细胞沉淀点，或有针尖大沉淀点。

＋＋＋：红细胞均匀地呈膜样沉着，颗粒较粗，中心沉淀点较大。

＋＋：红细胞均匀地呈膜样沉着，周围凝集呈团点，中心沉淀点较大。

＋：红细胞沉于中心，周围仅见极少量颗粒状沉着物。

－：红细胞沉于中心，周围无沉着物。

注：本试验以出现＋＋的血清最高稀释倍数为血凝效价。血凝效价≥1∶64 为阳性，一般认为≥1∶200 以上是特异性的。≥1∶64 示既往感染，≥1∶256 示最近感染，≥1∶1024 示活动期感染。

4. 间接酶联免疫吸附试验 具体操作如下：

（1）**准备材料** 酶标仪、酶标板、包被抗原、包被缓冲液（0.05 摩尔/升 pH 9.6 碳酸盐缓冲液）、洗涤液（0.01 摩尔/升 PBS）、封闭液（含 5% 马血清、1%BSA 的 PBS）、酶标二抗、标准阳性血清、标准阴性血清、显色液、终止液（2 摩尔/升 H_2SO_4）等。

（2）**操作步骤**

①包被反应板 用包被缓冲液将已知抗原稀释至 1～10 微克/毫升，每孔加 100 微升，4℃过夜。次日用洗涤液洗 3 次，每次 5 分钟。

②封闭 封闭液 37℃封闭 1 小时，洗涤 3 次，每次 5 分钟。

③加样 加一定稀释的待检血清 100 微升于上述已包被的反应板中，置 37℃孵育 1 小时，洗涤 3 次，每次 5 分钟（同时做空白孔、阴性孔及阳性孔对照）。

④加酶标二抗 于各反应孔中，加入新鲜稀释的酶标二抗（经滴定后的稀释度）100 微升，37℃孵育 0.5～1 小时，洗涤 3 次，每次 5 分钟。

⑤加底物显色液 于各反应孔中加入新鲜配制的 TMB 底物溶液 100 微升，37℃10～30 分钟。

⑥终止反应　每孔加终止液 50 微升。

⑦结果判定　可于白色背景上，直接用肉眼观察结果反应孔内颜色越深，阳性程度越强，阴性反应为无色或极浅。依据所呈颜色的深浅，以"＋"、"－"号表示。也可测 OD 值：酶标检测仪上，于 450 纳米（若以 ABTS 显色，则 410 纳米）处，以空白对照孔调零后测各孔 OD 值，若大于规定的阴性对照 OD 值的 2.1 倍，即为阳性。

注：每孔应做 2 个重复，取二者的均值作为判定标准。

（三）分子生物学诊断

用于检测病原的分子生物学诊断方法很多，如 DNA 探针技术、PCR、芯片技术等，主要是通过测定病原的 DNA 来达到诊断目的。目前，最常用的是 PCR。下面以弓形虫病为例，其他疫病病原检测参照进行。

常用的方法是利用特异性引物扩增弓形虫 529bp 的重复 DNA 片段（该 DNA 片段的 Genbank 检索号为 AF146527），具体步骤如下：

（1）**提取模板**　取病（死）畜的肺、淋巴结、脑、心、肝、肾、肌肉等组织器官或腹腔液，按常规方法提取组织 DNA 作为模板，并以弓形虫 RH 标准株 DNA 为阳性对照。

（2）**引物合成**　上游引物：TOX4（CGCTGCAGGGAGGAAGACGAAAGT-TG）；下游引物：TOX5（CGCTGCAGACACAGTGCATCTGGATT）。

（3）**PCR 扩增体系**　每 50 微升反应体系中包括：模板 DNA 2 微升；10×Taq Buffer 5 微升；Taq 酶 1 微升；TOX4 上游引物 2 微升；TOX5 下游引物 2 微升；dNTPs 4 微升；ddH$_2$O 34 微升。

（4）**PCR 扩增条件**　94℃预变性 5 分钟；94℃变性 30 秒；57℃退火 30 秒；72℃延伸 30 秒；30～35 个循环；72℃后延伸 10 分钟。

（5）**电泳**　1％琼脂糖常规电泳，同时设立阴性和 1 000bp Marker 对照泳道，观察到 529bp 左右的条带后即用 DNA 回收试剂盒回收（按照说明书操作），并送生物公司测序。与 Genebank 上发布的弓形虫 AF146527 病例进行比对。一般相似性在 95％以上，判定为阳性结果。

五、防　控

由于寄生虫病流行病学特征、危害、发病规律等各不相同，导致的防控方法有一定的差异，但寄生虫病的防控与其他疾病一样需要综合防治，更重要的是需要各级政府、专业人员及每个人的共同参与。虽然每种寄生虫病防控的具体细节各不相同，但寄生虫病的防控措施无一不是从阻断其生活史和传播途径方面考虑。本节不对单个寄生虫的防治措施进行论述，仅对寄生虫病的总体防控措施做如下归纳。

（一）政府部门高度重视，加大财政支持力度

目前，多种人畜共患寄生虫病缺乏有效或特效防治药物，防控寄生虫病的商品化疫苗更少。需要政府部门高度重视，加大经费投入，加快科研成果转化。

（二）科普宣传、教育

由于多种人畜共患病都与人的生活习惯及养殖方式有关，因此，需要在疫区对百姓经常地进行科普宣传，使居民了解疾病的发生、发展、危害和传播过程，自觉改变不良生活习惯，建立科学的养殖模式从而减少疫病的发生机会。如猪囊尾蚴病，如果让老百姓充分认识到连茅圈的危害而实行圈养，并养成肉食生熟分开、人粪发酵处理后再用于施肥的习惯，可基本控制猪囊尾蚴病的发生和传播。现在发达国家猪囊尾蚴病大大减少即是此原因。

（三）加大科研投入，开展基础研究

目前，有些疾病可选用的药物较少，如弓形虫病，只有磺胺类药物可用于治疗临床急性病例。而疫苗的研制则更为滞后，因此，需要对寄生虫的病原生物学、入侵及免疫机制、药物作用靶点等进行深入研究，并在此基础上开展药物和疫苗的研发。

（四）各部门甚至国家间密切合作

人畜共患病的防控需要各部门的通力合作，尤其需要兽医和卫生部门合作，因此，上级主管部门应该协调兽医和卫生部门，使他们能够通力合作，才能有效地防控疾病。而有些疾病在局部地区或国家流行，有些疾病甚至在国际流行，为防止其扩散、传播，需要国际组织及相关国家的通力配合。

（五）疾病监测

在对人畜共患寄生虫病流行病学广泛研究和长期追踪的基础上，进行疾病的长期监测，建立监测点和监测站，及时了解疾病发生和发展情况，上报信息给有关部门。

（六）环境改造

1. 多种人畜共患病需要媒介和中间宿主传播，因此，改造环境使之不适宜中间宿主及媒介的生存，可大大减少疾病的传播，但环境改造需考虑生态平衡等诸多因素。
2. 改变饲养条件，切断传播途径。
3. 改善卫生条件。

（七）药物防治

在疾病流行地区，进行有计划的药物预防和治疗。

（八）关注外来疫病

加强检疫，严防引进动物、食品时带入疫病。

第五节　多种动物共患病

一、产气荚膜梭菌病

产气荚膜梭菌病是由产气荚膜梭菌（旧称魏氏梭菌）引起的多种动物共患的一类传染病的总称，包括猪梭菌性肠炎（俗称"仔猪红痢"）、羊肠毒血症（为三类动物疫病）、羊猝疽、羔羊痢疾和兔梭菌性腹泻。我国将其列为二类动物疫病。

（一）特征

该病的临床特征是发病急，病程短，死亡快，表现急性败血症或慢性坏死性肠炎等症状。本病一年四季均可发生，但主要发生在气温高的5～8月，危害大，各种畜禽均可感染发病、死亡，尤以青壮畜和膘情好的畜居多。

（二）危害

根据主要致死性毒素与其抗毒素的中和试验，产气荚膜梭菌可分为 A、B、C、D、E5 个型。A 型菌主要是引起人气性坏疽和食物中毒的病原，也引起动物的气性坏疽，还可引起牛、羔羊、新生羊驼、野山羊、驯鹿、仔猪、家兔等的肠毒血症；B 型菌主要导致羔羊痢疾，还可引起驹、犊牛、羔羊、绵羊和山羊的肠毒血症或坏死性肠炎；C 型菌是绵羊猝疽的病原，也引起羔羊、犊牛、仔猪、绵羊的肠毒血症和坏死性肠炎，以及人的坏死性肠炎；D 型菌引起羔羊、绵羊、山羊、牛及灰鼠的肠毒血症；E 型菌可致犊牛、羔羊肠毒血症，但很少发生。产气荚膜梭菌在自然界分布极广泛，可见于土壤、污水、饲料、食物、粪便以及人、畜肠道中。本病发病率为30％～70％，死亡率高达95％，给畜牧业造成极大的经济损失。

（三）流行病学

1. 猪梭菌性肠炎　主要侵害 1～3 日龄仔猪，1 周龄以上仔猪很少发病。同一猪群不同窝的仔猪发病率不同，最高可达 100％，病死率一般在 20％～70％。病原常存在于部分母猪肠道中，随粪便排出，污染哺乳母猪的乳头及垫料，当出生仔猪吮吸母乳或吞入污物时可被感染。

2. 羊猝疽　主要侵害绵羊，也感染山羊。不同年龄、品种、性别的羊均可感染，但以 6 个月至 2 岁的羊发病最高。被本菌污染的牧草、饲料和饮水都是传染源。病菌随着动物采食和饮水经口进入消化道，在肠道中生长繁殖并产生毒素，致使动物形成毒血症而死亡。

3. 羔羊痢疾　主要发生于 7 日龄以内的羔羊，尤以 2～3 日龄羔羊发病最多。主要经消化道感染，也可通过脐带或创伤感染。当母羊孕期营养不良，羔羊体质瘦弱，加之气候骤变、寒冷袭击、哺乳不当、饥饱不均或卫生不良时容易发生。本病呈地方性流行。

4. 肠毒血症　传染源为病羊及带菌羊。本病经口感染。易感染动物为羊，不同品种、年龄的羊都可感染。本病主要发生于绵羊，山羊较少，尤以 2～12 月龄膘情好的羊最易发病。本病流行有明显的季节性，牧区多发生于春末夏初青草萌芽和秋季牧草结实时期；农区发生于收菜或秋收季节，羊因采食了多量菜根、菜叶或谷物而发生。本病以散发为主，潜伏期较短，羊常突然发病并死亡，很少见到症状。

5. 兔梭菌性腹泻 除哺乳仔兔外，不同年龄、品种、性别的家兔对本菌均易感。以 1~3 月龄仔兔发病率最高。主要通过消化道或损伤的黏膜感染，发病诱因有饲养管理不当、青饲料短缺、饲料粗纤维含量低或饲喂高蛋白饲料、长途运输、气候骤变等。本病一年四季均可发生，以冬、春季节多发。

（四）诊断

根据临床症状和病理变化可作出初步诊断，确诊需进一步做实验室诊断。

1. 病原检查 取空肠内容物抹片，镜检菌体。用厌气肉肝汤和小羊鲜血琼脂平板分离培养。

2. 毒素检查 动物实验，或用标准的产气荚膜梭菌定型血清做中和试验。

3. 血清学检查 凝集试验、中和试验和 SPA 酶联免疫吸附试验。

4. 鉴别诊断 猪梭菌性肠炎应与仔猪黄痢、仔猪白痢、副伤寒、猪痢疾、流行性腹泻、轮状病毒病、传染性胃肠炎相鉴别；羊猝疽应与快疫、肠毒血症、黑疫和炭疽相鉴别；羔羊痢疾应与沙门氏菌病、大肠杆菌病和肠球菌引起的初生羔羊痢疾相区别；肠毒血症应与快疫、羊猝疽、黑疫和炭疽相鉴别；兔梭菌性腹泻应与球虫病、兔巴氏杆菌病、沙门氏菌病相鉴别。

（五）防控

可用疫苗免疫预防本病。由于病菌广泛存在于自然界，应加强饲养管理，加强畜舍和周围环境的卫生和消毒工作，保持好环境卫生。尽可能避免诱发疾病的因素：如避免饲料突变，切忌多食谷物尤其是初春时不能多喂青草和带有冰雪的饲草。放牧时尽可能选择高坡地，不选低洼地。一旦发生疫情，首先应用疫苗进行紧急免疫；其次，急速转移牧地，少给青饲料，多喂粗饲料；同时，应隔离病畜，对病畜及时无害化处理，对环境进行彻底消毒，以防病原扩散。

二、伪狂犬病

伪狂犬病（Pseudorabies，PR，又名 Aujeszky's disease，AD）是由伪

狂犬病病毒（Pseudorabies virus，PRV）引起多种动物和野生动物的一种以发热、奇痒（猪除外）及脑脊髓炎为主要症状的传染病。OIE 将其列为必须报告的动物疾病。我国将其列为二类动物疫病。

（一）特征

本病的临床特征是发热、剧痒和急性脑脊髓炎。病理特征为脑膜充血、出血、水肿及脑脊液增多等。

（二）危害

该病最早发现于美国，后来由匈牙利科学家首先分离出病毒。20 世纪中期，伪狂犬病在东欧国家流行较广。60 年代之前，猪被感染后症状比较温和，在养猪业中未造成重大经济损失。然而，在 20 世纪 60～70 年代，由于强毒株的出现，猪场暴发伪狂犬病的数量显著增加，而且各种日龄的猪均可感染，其症状明显加剧。这种变化不仅存在于美国，在西欧各国如德国、法国、意大利、比利时、爱尔兰等也同样存在。几年之后，此病相继传入新西兰、日本、我国的台湾及南美的一些国家和地区。

目前，世界上有 40 多个国家都有本病报道。我国自 1947 年在上海首次报道猫发生本病以来，很多省、市、自治区都先后出现猪、牛、羊、马、犬、貂伪狂犬病病例。据不完全统计，我国已有 20 多个省、市、自治区出现该病流行。近几年，伪狂犬病在我国许多省、市、自治区种猪场呈暴发流行趋势。

（三）流行病学

伪狂犬病病毒感染动物种类多，致病性强。除各种年龄的猪、牛易感外，在自然条件下也使羊、犬、猫、兔、鼠、水貂、狐等动物感染发病。实验动物中家兔、豚鼠、小鼠都易感，其中以家兔最敏感。

带毒猪及鼠类为重要传染源。猪是本病毒的贮存宿主，病猪、隐性感染猪或康复猪，均为长期带毒者。鼠类被认为是本病的第二位传播者，受病毒感染的灰鼠，耐过者其排毒期可达 131 天。

本病经伤口、上呼吸道和消化道感染。通过空气飞沫传播也是重要途径。感染公猪可通过配种传染母猪。本病可引起妊娠母猪流产，其分泌物和流产胎儿散布病毒而传播本病。本病还可通过吸血昆虫叮咬而传播。

（四）诊断

根据临床症状和病理变化可作出初步诊断，确诊需进一步做实验室诊断。在国际贸易中，制定的诊断方法为酶联免疫吸附试验和病毒中和试验。

1. 病毒分离和鉴定　采取脑组织、扁桃体，用 PBS 制成 10％悬液或鼻咽洗液接种猪、牛肾细胞或鸡胚成纤维细胞，于 18～96 小时出现病变，有病变的细胞用 HE 染色，镜检可看到嗜酸性核内包含体。

2. 血清学诊断　病毒中和试验（NT）、酶联免疫吸附试验（ELISA）、免疫荧光抗体试验（FA）、核酸探针技术、聚合酶链反应（PCR）等均能作出诊断。

（五）防控

消灭猪场中的鼠类。对猪舍及周围环境进行严格消毒，实行仔猪全进全出制度。引进种猪时，需隔离观察 1 个月，确认无病后方可混群饲养。

预防猪伪狂犬病最有效的方法是采取检疫、隔离、淘汰病猪及净化猪群等综合性防治措施。在本病刚刚发生和流行的猪场，用高效价的基因缺失疫苗鼻内接种，可以达到很快控制疫情的目的。免疫程序：种猪（包括公猪）第 1 次注射后，间隔 4～6 周加强免疫 1 次，以后每次产前 1 个月左右加强免疫 1 次，可获得非常好的免疫效果；留种仔猪在断奶时注射 1 次，间隔 4～6 周加强免疫 1 次，以后按种猪免疫程序进行；商品猪断奶时注射 1 次，直到出栏。猪发生伪狂犬病时，全场未发病的猪均用伪狂犬病基因缺失弱毒疫苗进行紧急免疫注射，一般可有效控制疫情。

本病暴发时，猪舍的地面、墙壁、设施及用具等用百毒杀隔日喷雾消毒1 次；粪尿要发酵处理；分娩栏和病猪栏用 2％的烧碱溶液消毒，每隔 5～6天消毒 1 次；哺乳母猪乳头用 2％的高锰酸钾溶液清洗后，才允许仔猪吃初乳；将病猪隔离扑杀、深埋。

三、副结核病

副结核病是一种由副结核分支杆菌（*Mycobacterium paratuberculosis*）感染引起的以牛、羊等反刍动物为主的慢性消耗性传染病，1891 年由 Johne首先描述本病，因此，又称约内氏病（Johne's disease）。世界动物卫生组织将其列为 B 类疫病，我国将其列为二类动物疫病。

（一）特征

本病的临床特征表现为慢性卡他性肠炎、顽固性腹泻，致使机体极度消瘦，剖检可见肠黏膜增厚并形成褶皱。

（二）危害

该病最初发现在各种家畜中，包括肉牛、奶牛、绵羊、山羊和鹿等反刍动物，近年来的调查表明野生动物在该病的流行过程中也扮演着重要角色。关于本病在野生动物中发病的报道很多，如野牛、驼鹿、野兔、狐狸等，甚至包括原生动物。另外，有些灵长类动物如狒狒、猕猴也可感染副结核分支杆菌。

该病给畜牧业带来很大损失，仅在美国动物性食品方面的损失每年就可达到 2.0 亿～2.5 亿美元。由于本病潜伏期长，在明显症状出现之前不易被发现，加之人工培养分支杆菌难度大，一旦感染可在短期内传播至整个畜群。因此，对本病的早期诊断就显得尤为重要，世界各国对本病的诊断学方法和技术都予以了高度重视和深入研究。

（三）流行病学

本病主要感染牛，尤其幼年牛最易感染发病。除牛外，绵羊、山羊、鹿、骆驼、马、驴、猪也有自然感染的病例。

病畜是主要传染源，症状明显和隐性期内的病畜均能向体外排菌，主要随乳汁、粪便、尿排出体外。由于该病菌抵抗力较强，可在外界环境中存活很长时间，污染用具、草原、饮水和草料等，通过消化道侵入健康动物体内而引起感染。也有材料证实，通过皮下静脉接种可感染本病；也可经乳汁感染幼畜或经胎盘垂直感染胎儿。

本病的流行特点是发展缓慢，发病率不高，病死率极高，一旦出现很难根除。本病广泛流行于世界各国，以奶牛业和肉牛业发达的国家受害最为严重。本病无明显季节性，但常发生于春秋两季。主要呈散发，有时可呈地方性流行。

（四）诊断

根据典型的临床症状和病理变化可作出初步诊断，确诊需进一步做实验室诊断。在国际贸易中，尚无指定诊断方法，替代诊断方法有补体结合试验、迟发型过敏反应和酶联免疫吸附试验。

1. 病原检查　抹片镜检（粪便涂片用 Ziehl – Neelsen 抗酸染色法染色、镜检），或细菌培养。

2. 血清学检查　补体结合试验（对临床可疑病例检测效果好，但用于群体普查，该法缺乏特异性）、酶联免疫吸附试验（检查亚临床感染的带菌动物，其敏感性高于补体结合试验）、琼脂凝胶扩散试验（可用于临床可疑牛、绵羊和山羊副结核的确诊）、迟发型过敏反应（皮内注射禽型结核菌素或副结核菌素）、副结核分支杆菌特异性 DNA 探针技术和 PCR 技术。

（五）防控

必须采取综合防治措施，对菌检阳性牛及有临床症状病牛及时扑杀处理，但对妊娠后期的母牛，应在严格隔离的条件下，延期至产犊以后第 4 天（人工采初乳喂犊牛）扑杀处理。每年用变态反应法结合血清学诊断法，对疫场、疫群检疫 3～4 次，边检疫、边隔离，保证病牛、健牛及时分开。对变态反应阳性牛集中隔离后进行观察，发现菌检阳性牛或出现明显临床症状的病牛应及时扑杀处理。对检疫结果为疑似的牛，做好标记，单独组群饲养 3 个月，做 2 次检疫，如果仍为可疑，即按阳性牛对待。犊牛出生后，立即与病牛（包括隐性患牛、菌检阳性牛和有临床症状牛）隔离，人工喂初乳 3 天，然后喂消毒奶，至 6 月龄断奶，并进行变态反应（一次皮内比较试验）及血清学检查，阴性犊牛归入"假定健康群"培育，坚持每年做 3～4 次检查，至 3～4 周岁，历次检查均为阴性者可视为健康牛。

病牛舍及饲养场地实行定期消毒，发现菌检阳性牛或开放性临床病牛应做适时彻底消毒，药液尽量采用热溶液（本菌不耐湿热，63℃ 30 分钟或 80℃ 1～5 分钟可被杀灭）。粪便堆积泥封，生物热消毒。

第二章
动物源性产品的危害及其防控

第一节　概　　述

随着经济的快速发展和人民生活水平的不断提高，消费者越来越崇尚绿色、环保、健康的食品，对动物源性食品及产品质量的要求日益提高。然而，传统食品污染源丝毫没有减少的迹象，新污染源却不断涌现，导致近年来动物食品污染事件接连发生。从比利时的"二噁英毒鸡"到我国河北的"红心咸鸭蛋"；从起始于英国的"疯牛病"到肆虐全球的"禽流感"；从屡禁不绝的"瘦肉精"到奶业的"三聚氰胺"，无一不暴露出食品安全中存在的隐患及给公共卫生带来的巨大挑战。因此，动物源性食品安全问题已成为世界各国广泛关注的焦点。

危害动物源性食品及产品质量的因素主要包括以下三个方面：

一、生物性因素

直接或间接来自畜禽或水生动物的动物源性食品及产品从生产加工到被

人们食用的中间环节比较多，因此，受各种生物性污染的机会也大大增加。生物性污染是指微生物、寄生虫和昆虫等对动物源性食品的污染。

（一）微生物污染

微生物种类繁多、分布广泛，其污染可能出现在生产、加工、运输、贮藏、销售、烹调的任何一个环节，是动物源性食品及产品生物性污染的主要方面。其中，细菌与细菌毒素、霉菌与霉菌毒素、病毒又是造成动物源性食品生物性污染的最重要因素。

造成动物源性食品污染的微生物，包括人畜共患病的病原体，以食品为传播媒介的致病菌及病毒，以及引起人类食物中毒的细菌、真菌及其毒素。细菌如炭疽杆菌、布鲁氏菌、沙门氏菌、小肠结肠炎耶尔森菌、肉毒梭菌及其肉毒毒素、葡萄球菌及其肠毒素；真菌如黄曲霉菌及其黄曲霉毒素等；病毒主要有口蹄疫病毒、禽流感病毒、猪传染性水疱病毒等；另外，还有伯氏立克次氏体等。此外，还包括引起食品腐败变质的非致病性细菌。

（二）寄生虫污染

主要是那些能引起人畜共患寄生虫病的病原体，通过动物源性食品使人发生感染。这类寄生虫很多，常见的有猪囊尾蚴、旋毛虫、弓形虫、棘球蚴、姜片吸虫、卫氏并殖吸虫等，这一类寄生虫一直以来就是卫生检验的主要对象。

（三）昆虫污染

主要是在肉、鱼、蛋等动物源性食品中的蝇蛆等。食品被这些昆虫污染后会受到破坏，感官性状不良，营养价值降低，甚至完全失去食用价值。

二、化学性因素

现代化生产极大提高了人们的生活水平，但同时也大大增加了动物源性食品化学性污染的几率。化学性污染是指各种有毒有害化学物质对动物源性食品的污染。包括各种有毒的金属、非金属、有机及无机化合物等。按其污染来源分，化学性污染主要有兽药和饲料添加剂残留、农药残留、工业"三废"及食品添加剂等方面的内容。

（一）兽药和饲料添加剂残留

由于在现代养殖生产中兽药的广泛应用，肉、蛋、乳及水产食品中含有各种兽药残留是不可避免的。兽药残留是指动物产品的任何食用部分所含兽药的母体化合物及其代谢物，以及与兽药有关的杂质的残留。动物源性食品的兽药残留量虽然很低，但对人类健康的潜在危害却甚为严重，而且影响深远，因而是动物源性食品污染问题中最受人类关注的一个方面。

动物源性食品的兽药残留大都是由于用药不当造成的。在实际生产中，由于种种因素的限制和各种不同利益的矛盾冲突，兽药的使用存在很大的问题，这也是造成兽药残留问题的根本原因。针对这类问题，世界上的各个国家和组织都纷纷制定了不同的法律法规来对兽药的科学使用进行规范。

（二）农药残留

农药的生产和使用均可造成环境污染，如农药厂的废气、废水、废渣等，均可对空气、水和土壤造成污染，然后通过农作物的吸收，使粮食或动物饲料中的农药浓度大大提高，进而通过食物链的富集作用对人类健康产生危害。

（三）工业"三废"

随着工业的快速发展，很多种类的有毒化学物质进入了人类生活和劳动的环境中。近代以来，科学家们已经意识到，人类的先天性畸形等一系列健康问题都与工业废物有关。特别是20世纪发生了几起震惊全球的工业污染事件以后，世界各国对于工业"三废"的污染问题也越来越重视。工业"三废"中排出的有害物质主要有汞、铅、镉等金属毒物和氟化物等。如果肉用动物长期生存在这种环境中，受到有毒物质污染的影响，就会成为被污染的动物源性食品的来源。

（四）食品添加剂

一部分化学合成的食品添加剂具有一定的毒性或致癌性，有时在其生产加工过程中也可能混入或产生有毒物质。因食品添加剂可随着食品长期作用于人体，在一定条件下可能对人体健康造成危害。

三、放射性因素

放射性物质对食品的污染问题，是 1954 年 3 月美国在南太平洋比基尼的氢弹试验以后，才引起人们普遍注意的。那次试验使 11 200 千米^2 的地区受到污染，日本在 1954 年 3～11 月捕获的鱼中，有数万吨因放射性核素含量超标而不能食用。近几十年来，原子能的利用在逐渐增加，放射性核素在医学和科学实验中的广泛应用，使人类环境中放射性物质的污染急剧增加，进而通过食物链进入人体，威胁着人类的健康。因此，调查研究和防止放射性物质对食品的污染已经成为食品卫生学的重要课题。

第二节 动物源性产品质量控制体系

为了更好地控制动物源性产品的质量，世界上不同的国家和地区均采用了不同的质量控制标准和体系，来对自身生产及进出口的动物源性产品进行控制。我国现行的几套标准中，有的是引进自发达国家的质量标准，有的则是根据我国实际情况自行制定的，主要有以下几种通行的质量控制体系。

一、HACCP 体系

(一) HACCP 的含义

HACCP（Hazard Analysis and Critical Control Point）表示危害分析和临界控制点：确保食品在生产、加工、制造、准备和食用等过程中的安全，在危害识别、评价和控制方面是一种科学、合理和系统的方法。用于识别食品生产过程中危害可能发生的环节，并采取适当的控制措施防止危害的发生；通过对加工过程的每一步进行监视和控制，从而降低危害发生的概率。

(二) HACCP 体系运作程序

在 HACCP 体系中，有七条原则作为体系的实施基础，它们分别是：

1. 分析危害 检查食品所涉及的流程，确定何处会出现与食品接触的生物、化学或物理污染体。

2. 确定临界控制点 在所有与食品有关的流程中鉴别有可能出现污染

体的、并可以预防的临界控制点。

3. 制订预防措施　针对每个临界控制点，制订特别措施，将污染预防在临界值或容许极限内。

4. 监控　建立流程，监控每个临界控制点，鉴别何时临界值未被满足。

5. 纠正措施　确定纠正措施，以便在监控过程中发现临界值未被满足。

6. 确认　建立确保 HACCP 体系有效运作的确认程序。

7. 记录　建立并维护一套有效系统（将涉及所有程序和针对这些原则的实施记录），并文件化。

（三）HACCP 体系的优越性

1. 强调识别并预防食品污染的风险，克服食品安全控制方面（而不是预防食物安全方面）传统检测方法的限制。

2. 由于保存了公司符合食品安全法的长时间记录，而不是在某一天的符合程度，使政府部门调查员的效率更高，调查结果更有效，有助于法规方面的权威人士开展调查工作。

3. 使可能的、合理的潜在危害得到识别，因而，对新操作工有特殊的用处。

4. 有更充分的允许变化的弹性。例如，在设备设计方面的改进，在与产品相关的加工程序和技术开发方面的提高等。

5. 与质量管理体系更能协调一致。

6. 有助于提高食品企业在全球市场上的竞争力，提高食品安全的信誉度，促进贸易发展。

二、GMP 认证

GMP 是 Good Manufacturing Practice 的缩写，中文的意思是"药品生产质量管理规范"，是一种特别注重制造过程中产品质量与卫生安全的自主性管理制度。它是一套适用于制药、食品等行业的强制性标准，要求企业从原料、人员、设施设备、生产过程、包装运输、质量控制等方面按国家有关法规达到卫生质量要求，形成一套可操作的作业规范，帮助企业改善卫生环境，及时发现生产过程中存在的问题并加以改善。GMP 是药品生产和质量管理的基本准则，适用于药品制剂生产的全过程和原料药生产中影响成品质量的关键工序。大力推行药品 GMP，是为了最大限度地避免药品生产过程中的污染和交叉污染，降低各种差错的发生，是提高药品质量的重要措施。

世界卫生组织在 20 世纪 60 年代中期开始组织制定药品 GMP，我国则从 80 年代开始推行，1988 年颁布了中国的药品 GMP，并于 1992 年作了第一次修订。十几年来，中国推行药品 GMP 取得了一定的成绩，一批制药企业（车间）相继通过了药品 GMP 认证，促进了医药行业生产和质量水平的提高。但从总体看，推行药品 GMP 的力度还不够，药品 GMP 的部分内容也急需做相应修改。

国家药品监督管理局自 1998 年 8 月 19 日成立以来，十分重视药品 GMP 的修订工作，先后召开多次座谈会，听取各方面的意见，特别是药品 GMP 的实施主体——药品生产企业的意见，组织有关专家开展修订工作。目前，《药品生产质量管理规范》（1998 年修订）已由国家药品监督管理局第 9 号局长令发布，并于 1999 年 8 月 1 日起施行。

三、GAP 认证

（一）GAP 的含义

良好农业规范（Good Agricultural Practices，简称 GAP），是 1997 年欧洲零售商农产品工作组（EUREP）在零售商的倡导下提出的。2001 年 EUREP 秘书处首次将 EUREPGAP 标准对外公开发布。EUREPGAP 标准主要针对生产初级农产品的种植业和养殖业，分别制定和执行各自的操作规范，鼓励减少农用化学品和药品的使用，关注动物福利、环境保护及工人的健康、安全和福利，保证初级农产品生产安全。

GAP 主要针对未经加工和经最简单加工（生的）出售给消费者和加工企业的大多数果蔬的种植、采收、清洗、摆放、包装和运输过程中常见的微生物的危害控制，其关注的是新鲜果蔬的生产和包装，但不限于农场，包含从农场到餐桌的整个食品链的所有步骤。

（二）GAP 认证的意义

在我国加入世界贸易组织之后，GAP 认证成为农产品进出口的一个重要条件，通过 GAP 认证的产品将在国内外市场上具有更强的竞争力。GAP 允许有条件合理使用化学合成物质（即如何用药施肥），并且 GAP 认证在国际上得到广泛认可。因此，GAP 认证，可以从操作层面上落实农业标准化，从而提高我国常规农产品在国际市场上的竞争力，促进获证农产品的出口。

（三）GAP 的现状

目前，GAP 认证已经被世界范围的 61 个国家的 24 000 多家农产品生产者所接受，而且现在更多的生产商正在加入此行列。

我国是世界第一大水果生产国，目前水果总产量已超过 6 000 万吨，约占全球产量的 14% 左右，据检验检疫部门统计，我国每年欲出口的水果大约有 100 多万吨，然而真正能出口的只有一小部分。2002 年，我国水果的出口量仅为 16 万吨，占世界水果出口总量的 3%，且价格明显低于发达国家。随着欧洲对于食品安全问题关注程度的增加，欧盟进口农产品的要求越来越严格，没有通过 GAP 认证的供货商将在欧洲市场上被淘汰出局，成为国际贸易技术壁垒的牺牲品。目前，我国已有数十家水果和蔬菜的出口企业通过了 EUREPGAP 认证。

（四）GAP 关注点

1. 食品安全 该标准以食品安全标准为基础，起源于 HACCP 基本原理的应用。

2. 环境保护 该标准包括良好农业规范的环境保护方面，是为将农业生产对环境带来的负面影响降到最低而设计的。

3. 职业健康、安全和福利 该标准旨在农业范围内建立国际水平的职业健康和安全标准，培养安全责任和意识。

4. 动物福利（适宜时） 该标准旨在农牧业范围内建立国际水平的动物福利标准，达到安全、质量、环保、社会责任等四个方面的基本要求。

四、绿色食品

（一）绿色食品的概念

绿色食品是指在无污染的条件下种植、养殖，施有机肥料，不用高毒性、高残留农药，在标准环境、生产技术、卫生标准下加工生产，经权威机构认定并使用专门标识的安全、优质、营养类食品的统称。在我国，绿色食品是对无污染的安全、优质、营养类食品的总称，是指按特定生产方式生产，并经国家有关专门机构的认定，准许使用绿色食品标志的无污染、无公害、安全、优质、营养型的食品。1990 年 5 月，中国农业部正式规定了绿色食品的名称、标准及标志。标准规定：①产品或产品原料的产地必须符合绿色食品的生态环境标准。②农作物种植、畜禽饲养、水产养殖及食品加工必须符合绿色食品的生产操作规程。③产品必须符合绿色食品的质量和卫生标准。④产品的标签必须符合中国农业部制定的《绿色食品标志设计标准手册》中的有关规定。国际上，绿色食品还有多种叫法，如生态食品、自然食品、蓝色天使食品、健康食品、有机农业食品等。

（二）绿色食品所具备的条件

1. 产品或产品原料产地必须符合绿色食品生态环境质量标准。

2. 农作物种植、畜禽饲养、水产养殖及食品加工必须符合绿色食品生产操作规程。

3. 产品必须符合绿色食品标准。

4. 产品的包装、贮运必须符合绿色食品包装贮运标准。

（三）绿色食品标准

绿色食品标准是由农业部发布的推荐性农业行业标准（NY/T），是绿色食品生产企业必须遵照执行的标准，核心是"从土地到餐桌"全程质量控制。标准分为两个技术等级，即 AA 级绿色食品标准和 A 级绿色食品标准。

（1）AA 级绿色食品标准要求 生产地的环境质量符合《绿色食品产地环境质量标准》，生产过程中不使用化学合成的农药、肥料、食品添加剂、饲料添加剂、兽药及对环境和人体健康有害的生产资料，而是通过使用有机肥、种植绿肥、作物轮作、生物或物理方法等技术，培肥土壤、控制病虫草害、保护或提高产品品质，从而保证产品质量符合绿色食品标准要求。

（2）A 级绿色食品标准要求 生产地的环境质量符合《绿色食品产地环境质量标准》，生产过程中严格按绿色食品生产资料使用准则和生产操作规程要求，限量使用限定的化学合成生产资料，并积极采用生物学技术和物理方法，保证产品质量符合绿色食品标准要求。

五、无公害食品

(一) 无公害食品的含义

无公害食品是指产地环境、生产过程和产品质量符合国家有关标准和规范的要求，经认证合格获得认证证书并允许使用无公害农产品标志的优质食品及其加工制品。无公害食品生产系采用无公害栽培（饲养）技术及其加工方法，按照无公害食品生产技术规范，在清洁无污染的良好生态环境中生产、加工的，安全性符合国家无公害食品标准的优质食品及其加工制品。

(二) 无公害食品行业标准

无公害食品标准主要包括无公害食品行业标准和农产品安全质量国家标准，二者同时颁布。无公害食品行业标准由农业部制定，是无公害农产品认证的主要依据；农产品安全质量国家标准由国家质量技术监督检验检疫总局制定。

建立和完善无公害食品标准体系，是全面推进无公害食品行动计划的重要内容，也是开展无公害食品开发、管理工作的前提条件。农业部 2001 年制定、发布了 73 项无公害食品标准，2002 年制定了 126 项、修订了 11 项无公害食品标准，2004 年又制定了 112 项无公害食品标准。

无公害食品标准以全程质量控制为核心，主要包括产地环境质量标准、生产技术标准和产品标准三个方面，无公害食品标准主要参考绿色食品标准的框架而制定。

1. 无公害食品产地环境质量标准 无公害食品的生产首先受地域环境质量的制约，即只有在生态环境良好的农业生产区域内才能生产出优质、安全的无公害食品。因此，无公害食品产地环境质量标准对产地的空气、农田灌溉水质、渔业水质、畜禽养殖用水和土壤等的各项指标及浓度限值作出规定，一是强调无公害食品必须产自良好的生态环境地域，以保证无公害食品最终产品的无污染、安全性，二是促进对无公害食品产地环境的保护和改善。

无公害食品产地环境质量标准与绿色食品产地环境质量标准的主要区别是：无公害食品同一类产品不同品种制定了不同的环境标准，而这些环境标准之间没有或有很小的差异，其指标主要参考了绿色食品产地环境质量标准；绿色食品是同一类产品制定一个通用的环境标准，可操作性更强。

2. 无公害食品生产技术标准 无公害食品生产过程的控制是无公害食品质量控制的关键环节。无公害食品生产技术操作规程是按作物种类、畜禽种类和不同农业区域的生产特性分别制订的，用于指导无公害食品生产活动，规范无公害食品生产，包括农产品种植、畜禽饲养、水产养殖和食品加工等技术操作规程。

从事无公害农产品生产的单位或者个人，应当严格按规定使用农业投入品。禁止使用国家禁用、淘汰的农业投入品。

无公害食品生产技术标准与绿色食品生产技术标准的主要区别是：无公害食品生产技术标准主要是无公害食品生产技术规程标准，只有部分产品有生产资料使用准则。无公害食品生产技术规程标准在产品认证时仅供参考，由于无公害食品的广泛性决定了无公害食品生产技术标准无法坚持到位。而绿色食品生产技术标准包括了绿色食品生产资料使用准则和绿色食品生产技术规程两部分，这是绿色食品的核心标准。绿色食品认证和管理重点坚持绿色食品生产技术标准到位，也只有绿色食品生产技术标准到位才能真正保证绿色食品质量。

3. 无公害食品产品标准 无公害食品产品标准是衡量无公害食品终产品质量的指标尺度。它跟普通食品的国家标准一样，规定了食品的外观品质和卫生品质等内容，但其卫生指标不高于国家标准，重点突出了安全指标，安全指标的制订与当前生产实际紧密结合。无公害食品产品标准反映了无公害食品生产、管理和控制的水平，突出了无公害食品无污染、食用安全的特性。

无公害食品产品标准与绿色食品产品标准的主要区别是：二者卫生指标差异很大，绿色食品产品卫生指标明显严于无公害食品产品卫生指标。以黄瓜为例：无公害黄瓜卫生指标 11 项，绿色黄瓜卫生指标 18 项；无公害黄瓜卫生要求敌敌畏≤0.2 毫克/千克，绿色黄瓜卫生要求敌敌畏≤0.1 毫克/千克。另外，绿色蔬菜还规定了感官和营养指标的具体要求，而无公害蔬菜没有。绿色食品有包装通用准则，无公害食品没有。

按照国家法律法规规定和食品对人体健康、环境影响的程度，无公害食品的产品标准和产地环境标准为强制性标准，生产技术规范为推荐性标准。

第三节 动物源性食品的生物性污染

在人类食品中，动物源性食品占有重要比例，是人体营养和必需成分的重要来源。动物源性食品中的各种生物性污染源除了能引起食品腐败变质外，其中少数病原微生物或致病性微生物还可对人和动物产生毒害作用。动物源性食品病原微生物（存在于动物源性食品中或以动物源性食品为传播媒介的病原微生物）通过直接或间接污染食品而引起人类食物中毒及各种人畜共患传染病。由于动物源性食品及产品都是直接或间接来自畜禽或水生动物，而当动物在生活过程中感染某些疾病的时候，就有可能在其肉和产品中携带感染性病原微生物。人们通过生产加工、运输、贮藏、销售、烹饪等过程中接触到这些病原微生物，或进食了未经彻底消毒的带有病原微生物的食品而发生感染，称为食源性感染。食品感染主要由动物源性食品引起的，称肉源性感染或动物源性食品感染。引起动物源性食品感染的微生物主要是人畜共患病病原微生物。人畜共患病病原微生物污染食品后，除了对人体健康产生严重危害外，对畜牧业的发展也将产生严重影响。

按照动物源性食品的污染来源，可以分为细菌污染、病毒污染、真菌污染、寄生虫污染以及其他。

一、细菌污染

（一）感染性细菌

1. 炭疽杆菌

（1）**食品卫生学意义** 炭疽杆菌属于需氧芽孢杆菌属，能引起羊、牛、马等动物及人类的炭疽。炭疽是由炭疽杆菌所致的人畜共患传染病，原系草食动物（羊、牛、马等）的传染病。人因接触这些病畜及其产品或食用病畜的肉类而被感染。因此，牧民、农民、皮毛和屠宰工作者易受感染。临床上主要表现为局部皮肤坏死及特异的黑痂，或表现为肺部、肠道及脑膜的急性感染，有时伴有炭疽杆菌性败血症。皮肤炭疽在我国各地还有散在发生，决不能放松警惕。

人类主要在工农业生产的过程中感染。人机体抵抗力降低时，接触被该菌污染的物品可发生炭疽。

（2）**病原特征** 炭疽杆菌繁殖体抵抗力不强，易被一般消毒剂杀灭。而芽孢抵抗力强，在干燥的室温环境中可存活数十年，在皮毛中可存活数年。牧场一旦被污染，芽孢可存活数年至数十年。皮肤直接接触病畜及其皮毛最易受污染；吸入带有大量该菌的尘埃、气溶胶或进食染菌肉类，可分别发生肺炭疽和肠炭疽；应用未消毒的毛刷或被带菌昆虫叮咬，偶可致病。

（3）**致病性** 炭疽杆菌的致病性取决于荚膜和毒素的协同作用。皮肤炭疽最常见，多发生于屠宰、制革或毛刷工人及饲养员等群体。炭疽杆菌由体表破损处进入体内，开始在入侵处形成水疖、水疱、脓疱、中央部呈黑色坏死，周围有浸润水肿。如不及时治疗，细菌可进一步侵入局部淋巴结或侵入血流，引起败血症，导致死亡。纵隔炭疽少见，由吸入炭疽芽孢所致，多发生于皮毛工人，病死率高。病初似感冒，进而出现严重的支气管肺炎，可在2～3天内死于中毒性休克。肠炭疽由食入病兽肉制品所致，以全身中毒症状为主，并有胃肠道溃疡、出血及毒血症，发病后2～3天内死亡。上述疾病若引起败血症，则可继发炭疽性脑膜炎。炭疽杆菌由于"制作"简单、价格低廉，更易被恐怖分子利用，可导致严重的突发公共卫生事件。

欧亚大陆曾发生过多次家畜和人间炭疽大流行。专家估计，全球每年平均发生5 000～8 000例炭疽。苏联的斯维尔德洛夫克州曾在1979年发生过炭疽杆菌泄漏事件，导致96人感染，69人死亡。目前，炭疽在全球范围内已明显减少，绝大多数人，包括许多临床医师和研究人员都从未见过此病。但该病在我国一些边远地区及西部山区仍有散发或流行。

（4）**检验** 检验参照《炭疽菌病诊断标准及处理原则》（GB 17015—1997）。

2. 布鲁氏菌

（1）**食品卫生学意义** 布鲁氏菌病（Brucellosis）是由布鲁氏菌属（*Brucella*）成员引起的人畜共患传染病，以生殖器官和胎膜发炎、流产、不孕和关节炎、睾丸炎等为特征。患病动物长期带菌。本病历史悠久，呈世界性分布，给畜牧业和人类健康带来严重危害。在我国分布较广，在某些地区（特别是牧区）流行还相当严重，在羊布鲁氏菌病流行的地区，人布鲁氏菌病患者也较多。近年来，在城郊奶牛场也常有牛布鲁氏菌病的发生，牧区的有些牛、羊群感染率很高。猪的布鲁氏菌病流行于南方，主要发生于种猪场。

（2）**病原特性** 本菌呈球形、卵圆形或短杆状，长0.6～1.5微米，宽

0.5～0.7 微米，革兰氏染色阴性，姬姆萨染色呈紫色。本菌为需氧菌，初代分离时需提供含有 10%CO_2 的空气。最适温度 37℃，最适 pH6.6～7.4。布鲁氏菌对自然条件抵抗力较强，在日光直射下 4 小时、污染的土壤和水中 1～4 个月、皮毛上 2～4 个月、食品中约 2 个月、粪便和子宫分泌物中 200 天仍可存活。但对湿热和消毒剂敏感，50～55℃维持 60 分钟、60℃维持 30 分钟即可杀死之。2%氢氧化钠溶液、10%漂白粉或 3%石灰乳 1～3 小时可杀死本菌。

（3）**致病性** 布鲁氏菌自皮肤或黏膜侵入人体，随淋巴液达淋巴结，被吞噬细胞吞噬。如吞噬细胞未能将菌杀灭，则细菌在细胞内生长繁殖，形成局部原发病灶。此阶段称为淋巴源性迁徙阶段，相当于潜伏期。细菌在吞噬细胞内大量繁殖导致吞噬细胞破裂，随之大量细菌进入淋巴液和血液循环，形成菌血症。在血液里细菌又被血流中的吞噬细胞吞噬，并随血流带至全身，在肝、脾、淋巴结、骨髓等处的单核-吞噬细胞系统内繁殖，形成多发性病灶。当病灶内释放出来的细菌，超过了吞噬细胞的吞噬能力时，则在细胞外血流中生长、繁殖，临床呈现明显的败血症。在机体各因素的作用下，有些细菌遭破坏死亡，释放出内毒素及菌体其他成分，造成临床上不仅有菌血症、败血症，而且还有毒血症的表现。

（4）**检验** 检验参照《布鲁氏菌病诊断标准及处理原则》（GB 15988—1995）。

3. 结核分支杆菌

（1）**食品卫生学意义** 结核分支杆菌（*M. tuberculosis*），俗称"结核杆菌"，是引起结核病的病原菌，可侵犯全身各器官，但以肺结核为最多见。人的牛分支杆菌感染主要是通过饮用生牛乳或消毒不合格的牛乳引起。随着人民生活水平提高，卫生状态改善，特别是开展了群防群治，儿童普遍接种卡介苗，结核病的发病率和死亡率大为降低。但应注意，世界上有些地区因艾滋病、吸毒、免疫抑制剂的应用、酗酒和贫困等原因，发病率又有上升趋势。结核病至今仍为重要的传染病。估计世界人口中 1/3 感染结核分支杆菌。据 WHO 报道，每年约有 800 万新病例发生，至少有 300 万人死于该病。新中国成立前，我国死亡率达每万人 20～30 人，居各种疾病死亡原因之首。

（2）**病原特征** 牛分支杆菌较短而粗，两端钝圆，不产生芽孢和荚膜，有抗酸性，需氧，无芽孢或鞭毛，不能运动，为革兰氏染色阳性菌。该菌为专性需氧菌，最适温度为 37℃，低于 30℃不生长。结核分支杆菌细胞壁的脂质含量较高，影响营养物质的吸收，故生长缓慢，在一般培养基中每分裂一代需时 18～24 小时，营养丰富时只需 5 小时。对外界的抵抗力很强，在土壤中可生存 7 个月，在粪便内可生存 5 个月，在奶中可存活 90 天。对直射阳光和湿热的抵抗力较弱。常用消毒药经 4 小时可将其杀死，75％酒精、10％漂白粉、石炭酸、3％甲醛等均对其有可靠的杀灭作用。

（3）**致病性** 结核分支杆菌不产生内、外毒素。其致病性可能与细菌在组织细胞内大量繁殖引起的炎症，菌体成分和代谢物质的毒性，以及机体对菌体成分产生的免疫反应所导致的损伤有关。结核分支杆菌可通过呼吸道、消化道或皮肤损伤侵入易感机体，引起多种组织器官的结核病，其中以通过呼吸道引起肺结核为最多。因肠道中有大量正常菌群寄居，结核分支杆菌必须通过竞争才能生存并和易感细胞黏附，所以一般情况下不易通过肠道感染。肺泡中无正常菌群，结核分支杆菌可随飞沫微滴或含菌尘埃的吸入而感染肺部，故肺结核较为多见。

（4）**检验** 检验主要通过细菌学镜检及分子生物学检查进行。参照《GB 15987—1995 传染性肺结核诊断标准及处理原则》。

4. 霍乱弧菌

（1）**食品卫生学意义** 霍乱弧菌是弧菌属的一个种，是烈性传染病霍乱的病原菌。此菌包括两个生物型：古典生物型和埃尔托生物型。这两种生物型除个别生物学性状稍有不同外，形态和免疫学特性基本相同，在临床病理及流行病学特征上没有本质的差别。自 1817 年以来，全球共发生了 7 次世界性大流行，前 6 次病原是古典型霍乱弧菌，第 7 次病原是埃尔托型所致。津巴布韦至 2009 年 1 月已经有 6 万人感染霍乱，3 100 人死亡。1992 年 10 月在印度东南部又发现了一个引起霍乱流行的新血清型菌株（0139），它引起的霍乱在临床表现及传播方式上与古典型霍乱完全相同，但不能被 01 群霍乱弧菌诊断血清所凝集，抗 01 群的抗血清对 0139 菌株无保护性免疫。该菌在水中的存活时间较 01 群霍乱弧菌长，因而有可能成为引起世界性霍乱流行的新菌株。

霍乱弧菌对人引起的疾病称为霍乱。霍乱是人类传染病，动物不发生，病人和带菌者是传染源。霍乱弧菌存在于含有一定盐分和有机营养物质的水体或海湾沿岸、江河出海口的海水中。流行一般在 5～11 月，高峰为 7～9 月，但全年均可流行。在人群分布上主要与生活习惯密切相关，如渔民、流动人口患病率较高。霍乱的传播途径：①经水传播：水是霍乱最主要的传播途径。②食源性传播：食物在生产、运输、加工、贮存和销售中可能被污染的水或被病人、带菌者污染，这些受污染的食物在霍乱的传播甚至暴发中起重要作用。③经生活必需品接触传播：与病人、带菌者或被该菌污染的物品接触而感染。④经苍蝇等昆虫传播：昆虫携带病菌污染食物，起传播作用。潜伏期短的为数小时，长的达 5 天，平均 1～2 天，病人主要表现为头昏、疲倦、腹胀、腹泻（强烈腹泻是霍乱的主要特征）。

（2）**病原特性** 霍乱弧菌菌体弯曲呈弧状或逗点状。新分离到的菌株形态比较典型，经人工培养后失去弧形而成杆状。取患者米泔水样粪便作涂片镜检，可见菌体排列如"鱼群样"。菌体一端有单根鞭毛和菌毛，运动活泼，呈穿梭状，无荚膜与芽孢。革兰氏染色阴性。营养要求不高，属兼性厌氧菌，生长温度为 16～24℃，最适生长温度 37℃，在 pH8.8～9.0 的碱性蛋白胨水或平板中生长良好。因其他细菌在这一 pH 不易生长，故碱性蛋白胨水可作为选择性增殖霍乱弧菌的培养基。在碱性平板上菌落直径为 2 毫米，圆形，光滑，透明。霍乱弧菌是生长最快的细菌之一，在固体培养基上，一般呈无色、圆形、透明、光滑、湿润、扁平或稍凸起、边缘整齐的菌落。

（3）**致病性** 霍乱弧菌进入人体小肠后，在细菌定居因子及黏附因子共同作用下，黏附于肠道上皮，大量繁殖并产生致泻性极强的肠毒素。

人类在自然情况下是霍乱弧菌的唯一易感者，主要通过污染水源或食物经口传染。在一定条件下，霍乱弧菌进入人的小肠后，依靠鞭毛运动，穿过黏膜表面黏液层，可能借菌毛作用黏附于肠壁上皮细胞上，在肠黏膜表面迅速繁殖，经过短暂的潜伏期后便急骤致病。该菌不侵入肠上皮细胞和肠腺，也不侵入血液，仅在局部繁殖和产生霍乱肠毒素，此毒素作用于肠黏膜上皮细胞与肠腺使肠液过度分泌，从而使患者出现上吐下泻，泻出物呈"米泔水样"并含大量弧菌，此为本病典型的特征。

霍乱肠毒素为蛋白质，不耐热，56℃ 30 分钟可破坏其活性。对蛋白酶敏感而对胰蛋白酶有抵抗力。该毒素属外毒素，具有很强的抗原性。霍乱弧菌古典生物型对外环境抵抗力较弱，埃尔托生物型抵抗力较强，在河水、井水、海水中可存活 1～3 周，在鲜鱼、贝壳类食物上存活 1～2 周。

霍乱肠毒素致病机理如下：毒素由 A 和 B 两亚单位组成，A 亚单位又分为 A1 和 A2 两肽链，两者依靠二硫键连接。A 亚单位为毒性单位，其中A1 肽链具有酶活性，A2 肽链与 B 亚单位结合参与受体介导的内吞作用中的转位作用。B 亚单位为结合单位，能特异地识别肠上皮细胞上的受体。1
个毒素分子由 1 个 A 亚单位和 5 个 B 亚单位组成多聚体。霍乱肠毒素作用
于肠细胞膜表面上的受体，其 B 亚单位与受体结合，使毒素分子变构，A
单位进入细胞，A1 肽链活化，进而激活腺苷环化酶，使三磷酸腺苷转化为
环磷酸腺苷，细胞内环磷酸腺苷浓度增高，导致肠黏膜细胞分泌功能大为亢
进，使大量体液和电解质进入肠腔而致人发生剧烈吐泻，由于大量脱水和失
盐，可发生代谢性酸中毒，血循环衰竭，甚至休克或死亡。

（4）**检验** 由于霍乱流行迅速，且在流行期间发病率及死亡率均高，危
害极大，因此，早期迅速、正确地诊断，对治疗和预防本病的蔓延有重大意
义。检验参考 GB15984—1995。

5. 产单核细胞李氏杆菌

（1）**流行病学和食品卫生学意义** 该菌是人和动物李氏杆菌的病原体，
为人畜共患病病原体，也是致死性食源性条件致病菌。怀孕妇女、新生儿、
老年人和免疫力低下者易感染此病。人和家畜感染后主要表现为脑膜炎、败
血症和流产；家禽和啮齿动物表现为坏死性肝炎和心肌炎。

产单核细胞李氏杆菌（以下简称李氏杆菌）广泛分布于自然界，在土
壤、健康带菌者、动物的粪便、江河水、污水、蔬菜、青贮饲料及多种食品
中均可分离到该菌。患病动物和带菌动物是本菌的主要传染源。患病动物的
粪尿、精液，以及眼、鼻、生殖道的分泌液都含有本菌，一旦污染食品，当
人们接触和食入，即可发生感染。人主要通过食入污染的软乳酪、鸡肉、热
狗、鲜牛乳、巴氏消毒乳、冰淇淋、生牛排、生羊排、卷心菜、芹菜、番
茄、法式馅饼、冻猪舌等而感染。约占 85%～90% 的病例是由被污染的食
品引起的。李氏杆菌在 4～6℃低温下能够繁殖，因此，一般冷藏食品也易
受到污染。

销售、食品从业人员也可能是传染源，人粪便分离率为 0.6%～1.6%，
人群中短期带菌者占 70%。虽然李氏杆菌食物中毒或感染事件的发生较少，
但其致死率较高，平均达 33.3%。2006 年法国因食物污染李氏杆菌引起
200 人感染，67 人死亡。

自然发病在家畜以绵羊、猪、家兔的报道较多，牛、山羊次之，马、
犬、猫很少；在家禽中，以鸡、火鸡、鹅较多，鸭较少。许多野兽、野禽、
啮齿动物特别是鼠类都易感染，且常为本菌的贮存宿主。

（2）**病原特性** 本菌革兰氏染色呈阳性，老龄培养物呈阴性。形态与培

养时间有关：37℃培养 3～6 小时，菌体主要呈杆状，随后则以球形为主；3～5 天的培养物形成 6～20 微米的丝状．本菌不产生芽孢。室温（20～25℃）时为 4 根鞭毛的周毛菌，运动活泼，呈特殊的滚动式；37℃时只有较少的鞭毛或 1 根鞭毛，运动缓慢。将细菌接种于半固体琼脂培养基，置于室温孵育，由于运动力强，细菌自穿刺接种线向四周弥散性生长，在离琼脂表面数毫米处出现一个倒伞形的"脐"状生长区，是本菌的特征之一。

本菌为需氧和兼性厌氧菌，在 22～37℃均能生长良好，生长温度范围是 1～45℃，在 4℃中亦能生长。根据此特性，可将污染众多杂菌的标本置 4℃进行冷增菌，有利于本菌的分离。本菌营养要求不高，普通培养基上均可生长，如加入少许葡萄糖、血液、肝浸出物则生长更好，最适 pH 为 7.0～7.2。

本菌在青贮饲料、干草、干燥土壤和粪便中能长期存活。对碱和盐耐受性较大，在 pH9.6 的 10%食盐溶液中能生存。

（3）致病性

①致病作用 李氏杆菌所引起的疾病可分为中毒型和侵袭型两种，中毒型主要表现为腹泻、腹痛及发热；侵袭型可引起脑膜炎、大脑炎、败血症、心内膜炎、流产、脓肿或局部性的损伤等，且许多病症已证实是致死性的。免疫系统有缺陷者、婴儿等易出现败血症、脑膜炎；孕妇表现流产、产死胎或所产婴儿健康状况不佳，幸存的婴儿易患脑膜炎，少数病人仅表现流感样症状。

家畜主要表现脑膜脑炎、败血症和妊娠畜流产；家禽和啮齿动物则表现坏死性肝炎和心肌炎，有的还可出现单核细胞增多。

②致病机制 对李氏杆菌的致病因子现在已经了解很多，但还不是很全面。李氏杆菌的感染模式：主要通过肠道感染，从肠道进入后第一侵害的靶器官为肝。在肝中李氏杆菌能大量繁殖，直到细胞免疫反应强烈后才停止。一般，人体内有抗李氏杆菌的记忆细胞，而对于免疫能力低下的患者，李氏杆菌则持续在肝中繁殖，造成菌血症，从而侵入第二个靶器官——脑和孕期生殖道，直至引起临床症状。单核细胞增多性李氏杆菌和绵羊李氏杆菌是专性巨噬细胞内寄生，并可侵袭各种吞噬细胞，如上皮细胞，直接扩散进入邻近细胞，完成一个侵袭过程。这个过程包括：从吞噬泡中逃逸-快速在胞浆内繁殖-诱导肌动蛋白运动-直接扩散到邻近细胞，然后再启动另一个循环。

宿主的易感性也在李氏杆菌病中起到重要作用，许多病例中都存在 T－

细胞介导的免疫学生理或病例缺陷。因此,可以判断李氏杆菌属条件致病菌,最危险人群是怀孕妇女、新生儿、老弱者(55～60岁或更老)、免疫缺陷患者。在绝大多数成年非怀孕病例(>75%)中,李氏杆菌通过肠道屏蔽,通过淋巴、血液到达肠系膜淋巴结、脾、肝。李氏杆菌被肝、脾中的巨噬细胞快速地从血流中清除掉,大约90%的菌体聚集在肝中,主要被窦状隙中Kupffer细胞捕获,大多数菌体被这些细胞杀死,但并不是所有的李氏杆菌都能被破坏,也有的在体内器官中生长、繁殖。从肝细胞到肝细胞直接胞内感染方式导致感染病灶的形成。李氏杆菌扩散进肝实质未经过免疫系统的体液效应,这就能解释在李氏杆菌免疫中抗体并不起主要作用。

③毒性因子

A. 溶血素 李氏杆菌溶血素(LLO)是一种多功能毒性粒子。外源性和内源性接触LLO能诱导宿主细胞的许多反应,如细胞增殖,转染纤维细胞中心形成作用,肠细胞中黏膜细胞外渗作用,经钙信号的内化作用调节,在巨噬细胞中细胞因子的表达,树突细胞的凋亡,磷脂代谢等。在对李氏杆菌感染的保护性免疫反应中,LLO起到关键作用,方式有两种:一种是LLO介导机体的细胞免疫,能诱导特异性保护性细胞毒CD8+T细胞的产生;第二种是LLO本身就是CD8+T细胞特异性识别李氏杆菌的保护性抗原。

B. 磷脂酶 李氏杆菌具有三种主要的磷脂酶,即PLcA、PLcB、SMcL。无溶血素(Hly)的李氏杆菌能逃逸吞噬泡进入胞浆,并在人特定的上皮细胞内生长,主要是因为其磷脂酶可将吞噬泡膜破坏助其逃逸。Hly能有效破坏第一次的吞噬泡膜。PLcB也可以介导细胞吞噬泡中李氏杆菌的逃逸,它能将第二个空泡膜溶解,从而对李氏杆菌细胞-细胞之间的传播起到关键的作用。从巨噬细胞扩散到其他细胞包括微血管内皮细胞的胞内扩散,PLcB是必需的。PLcB毒性作用相对较小,仅在李氏杆菌从吞噬泡中逃逸时起到一定作用。SMcL介导第一次空泡破裂和将菌体释放到胞浆中。PLc对李氏杆菌选择适应宿主细胞、菌体胞内生长时的组织炎性反应和宿主组织居住化等过程具有重要作用。PLc能破坏宿主细胞信号通道。

C. 肌动蛋白调节因子 在宿主细胞内,李氏杆菌利用ActA将细胞内的肌动蛋白汇聚于自己的菌体的尾部,变成菌体前进的动力,使菌体向前运动,并顶着宿主细胞膜镶嵌入另一个细胞内,从而使下一个细胞形成吞噬泡,菌体进入下一个细胞内。因此,ActA是李氏杆菌必不可少的侵袭性元素之一。

D. 内化素　李氏杆菌的内化素有 InIA 和 InIB 两种，能够使菌体内化入宿主细胞内。

其他的毒性因子还有 IP60、抗氧化因子、铁还原酶应急反应介质、PrfA 等。这些因子的致病作用有的已经很清楚。

（4）检验

①镜检　采取检样直接涂片，进行革兰氏染色，镜检如发现散在的、呈 V 形排列的或并列的革兰氏阳性的小杆菌，可以作出初步诊断。

②分离培养　取上述检样划线接种于 0.5%～1% 葡萄糖琼脂或 0.05% 亚碲酸钾胰蛋白胨琼脂平板上，37℃培养后挑取典型菌落进行鉴定。

③免疫学检测　用特异性单克隆抗体建立的夹心 ELISA 方法能于 20～24 小时内进行检测。

④聚合酶链反应（PCR）和连接酶链反应（LCR）　利用溶血素基因片段（606bp），进行 PCR 诊断。用 LCR 检测李氏杆菌属内的不同种，证实 LCR 对单核细胞增多性李氏杆菌有高度的特异性，且 12 小时内能报告结果。

（二）中毒性细菌

1. 沙门氏菌食物中毒　沙门氏菌对食品的污染是多方面的，对动物性食品的污染尤为常见。沙门氏菌广泛存在于各种动物的肠道中，当机体免疫力下降时，菌体就会进入血液、内脏和肌肉组织，造成食品的内源性污染；畜禽粪便污染了食品加工场所的环境或用具，也会造成食品的沙门氏菌污染，引起食物中毒。

（1）**病原特性**　沙门氏菌属有 2 300 多个血清型，我国已发现 100 多个血清型。它们在形态结构、培养特性、生化特性和抗原构造方面都非常相似，为革兰氏阴性杆菌，主要寄居于人和其他温血动物的肠道中，可引起多种疾病。根据沙门氏菌的致病范围，可将其分为以下三大类群：①对人适应。一些血清型如伤寒沙门氏菌和副伤寒沙门氏菌对人类高度适应，没有其他自然宿主。②对人和动物均适应。该类菌具有广泛的宿主范围，具有重要的食品卫生学意义。③对某些动物适应。如猪霍乱沙门氏菌。

（2）**致病性**　沙门氏菌经口进入人体以后，在肠道内大量繁殖，并经淋巴系统进入血液，造成一过性菌血症。随后，沙门氏菌在肠道和血液中受到机体的抵抗而被裂解、破坏，释放大量内毒素，使人体中毒，出现中毒症状。沙门氏菌食物中毒的潜伏期为 6～12 小时，最长可达 24 小时。主要病变是急性胃肠炎，临床表现恶心、头痛、出冷汗、面色苍白，继而出现呕吐、腹泻、发热，体温高达 38～40℃，大便水样或带有脓血、黏液，中毒严重者出现寒战、惊厥、抽搐和昏迷等，致死率较低。

（3）**沙门氏菌的检验方法** 沙门氏菌对食品造成的污染越来越受到食品加工企业、卫生检疫部门及广大消费者的重视。其检验按《食品卫生微生物学检验方法》（GB/T 4789.4—2008）的沙门氏菌检验方法进行。

2. 肉毒梭菌食物中毒 肉毒梭菌是一种腐物寄生菌，在自然界分布很广，土壤、霉干草和畜禽粪便中均有存在。肉毒中毒是一种较严重的食物中毒，它是肉毒梭菌外毒素所引起的。肉毒中毒主要是由于食品在调制、加工、运输、贮存的过程中污染了肉毒梭菌芽孢，在适宜条件下，芽孢发芽、增殖并产生毒素所造成的。中毒食品种类往往与饮食习惯有关，在国外，引起肉毒中毒的食品多为肉类及各种鱼、肉制品、火腿、腊肠，以及豆类、蔬菜和水果罐头。在我国也有肉毒中毒的报道，如据新疆肉毒中毒的调查统计，臭豆腐、豆豉、面酱、红豆腐、烂马铃薯等植物性食品占 91.48%；其余的 19 起源于动物性食品，包括熟羊肉、羊油、猪油、臭鸡蛋、臭鱼、咸鱼、腊肉、干牛肉、马肉等。特别是婴儿食品危害就更大，如蜂蜜。

（1）**病原特征** 肉毒梭菌的抵抗力一般，但其芽孢的抵抗力很强。煮沸 1～6 小时，180℃干热 5～15 分钟，120℃高压蒸汽下 10～20 分钟才能杀死芽孢；10%盐酸须经 1 小时才能破坏；在酒精中能存活 2 个月，其中以 A、B 型菌的芽孢抵抗力最强，这一点对于罐头食品的灭菌应特别注意。肉毒毒素抵抗力也较强，80℃ 30 分钟或 100℃ 10 分钟才能完全破坏。正常胃液和消化酶 24 小时亦不能将其破坏，仍可被肠道吸收而中毒。

目前，根据产生毒素的不同，可将肉毒梭菌分为 A、B、C、D、E、F、G 7 个菌型，其中 C 型有 $C\alpha$ 和 $C\beta$ 两个亚型。引起人中毒的主要是 A、B、E 三型，C、D 型主要是畜禽肉毒中毒的病原，F 型只见报道发生在个别地区的人。1980 年从瑞士 5 名突然死亡病例中发现 G 型毒素。肉毒毒素由肉毒梭菌芽孢产生，产生的最适温度为 28～37℃，低于 8℃ 或 pH4.0 以下，则不能产生。肉毒毒素是一种神经毒素，是目前已知化学毒物与生物毒素中毒性最强的一种，对人的致死量为 10^{-9} 毫克/千克，毒力比氰化钾大 1 万倍。

（2）**致病性**　肉毒毒素是一种与神经亲和力较强的毒素，经肠道吸收后，作用于外周神经肌肉接头、植物神经末梢及颅脑神经核。毒素能阻止乙酰胆碱的释放，导致肌肉麻痹和神经功能不全。临床表现以中枢神经系统症状为主。肉毒毒素中毒潜伏期长短不一，短者 2 小时，长者可达数天，一般为 12～24 小时。中毒症状：早期为瞳孔散大、明显无力、虚弱、晕眩，继而出现视觉不清和雾视，说话和吞咽困难，呼吸困难。体温一般正常。胃肠道症状不明显。病程一般为 2～3 天，也有长达 2～3 周。肉毒中毒病死率较高，可达 30％～50％。主要死于呼吸麻痹及心肌麻痹。如早期使用型特异性或多价抗血清治疗，病死率可降至 10％～15％。

（3）**检验**

①**细菌常规检验**　培养检测，对样品先煮沸 10～15 分钟，冷却后用明胶半固体培养基和 TPGYT 培养基培养分离。培养检测没有最终意义，细菌检出后还必须进行毒性鉴定。

②**肉毒毒素检测**　样品直接稀释后离心，取上清液注射小鼠，死亡者为有毒性。必要时进行毒素分型鉴定。检验标准按《食品卫生微生物学检验》（GB/T 4789.4—2003）进行。也可以用基因和免疫学方法进行快速检测鉴定。

3. 葡萄球菌食物中毒　葡萄球菌可分为金黄色葡萄球菌、表皮葡萄球菌和腐生性葡萄球菌。引起食物中毒的主要是金黄色葡萄球菌产生的肠毒素。金黄色葡萄球菌广泛存在于空气、土壤、水中。在人和家畜的体表及与外界相通的腔道，检出率也相当高。

（1）**病原特性**　葡萄球菌的抗原特性较复杂，细胞壁经水解后，用沉淀法可得到两种抗原成分，即蛋白质抗原和多糖类抗原。蛋白质抗原主要为葡萄球菌 A 蛋白（SPA），是一种表面抗原，从人分离到的菌株均有 SPA，来自动物的少见。90％以上的金黄色葡萄球菌有此抗原，因而只具有种的特异性而无型的特异性。SPA 的相对分子质量为 13 000～42 000，它能与人及哺乳动物血清中 IgG 的 Fc 片段发生非特异性结合。多糖类抗原为存在于细胞壁上的半抗原，是该菌的一个重要抗原，有型特异性。其抗原决定簇为磷壁酸中核糖醇单位，此抗原可用于该菌的分型。金黄色葡萄球菌采取噬菌体分型可分为 5 个群。引起食物中毒的主要是噬菌体Ⅲ群和Ⅳ群。

金黄色葡萄球菌在生长繁殖过程中还产生多种毒素和酶，其中主要有溶血毒素、肠毒素、杀白细胞素、血浆凝固酶、DNA 酶、耐热性核酸酶和透明质酸酶等。

在不产生芽孢的细菌中，葡萄球菌的抵抗力最强。在干燥的脓汁中可生存数月，湿热 80℃ 30 分钟才能将其杀死。耐盐性强，在含盐 7.5％～15％的培养基中能生长，但对染料较敏感，如培养基中加入龙胆紫液可抑制其生长。对磺胺类药物的敏感性较低，但对红霉素、链霉素及四环素较敏感。肠毒素的耐热性强，食物中煮沸 120 分钟方能破坏，故一般的消毒及烹调不能破坏。低温下 2 个月以上失去毒力，可抵抗 0.3％福尔马林达 48 小时，pH 3～10 不被破坏，但在 0.915 毫克/升氯溶液中 3 分钟即可破坏。

（2）致病性　金黄色葡萄球菌感染后可出现毛囊炎、疖、痈乃至败血症等。金黄色葡萄球菌造成肠道菌群失调后可引起肠炎。在动物和人可引起化脓、乳房炎及败血症等，产生肠毒素的菌株能引起食物中毒。潜伏期一般为 1～6 小时，最短者 0.5 小时。主要症状为恶心、呕吐、流涎，胃部不适或疼痛，继之腹泻。呕吐为多发性症状，呈喷射状呕吐。腹泻后多见腹痛，初为上腹部疼后为全腹部疼痛。呕吐物或粪便中常可见血或黏液。少数患者有头痛、肌肉痛、心跳减弱、盗汗和虚脱现象。体温不超过 38℃。病程 2 天，呈急性经过，很少有死亡，预后良好。金黄色葡萄球菌耐药株对人的危害非常大，如耐二甲氧青霉素钠株每年在美国可致死 19 000 人。有的对三十几种抗菌药产生耐药性，成为超级耐药菌。

致病物质主要有毒素和酶。

①溶血素　金黄色葡萄球菌产生的溶血素有 α、β、γ、δ、ε 等溶血素。对人有致病性的葡萄球菌多产生 α 溶血素。

②肠毒素　金黄色葡萄球菌的某些溶血菌株能产生一种引起急性胃肠炎的肠毒素。此种菌株污染牛乳、肉类、鱼虾、糕点等食物后，在室温（20℃）下经8～10 小时能产生大量毒素，人摄食该菌污染的食物 2～3 小时后即表现出中毒症状。目前，发现肠毒素有 A、B、C_1、C_2、D、E、F 等型。其中 A 型引起的食物中毒最多，B 型和 C 型次之。肠毒素是一种可溶性蛋白质，耐热，100℃ 30 分钟不被破坏，对胰蛋白酶有抵抗力，可使人、猫、猴发生急性胃肠炎。

③杀白细胞素　大多数致病性葡萄球菌能产生杀白细胞素，具有抗原性、不耐热，能通过细菌滤器。

④血浆凝固酶　能使家兔或人的枸橼酸钠或肝素抗凝血浆凝固。大多数致病性葡萄球菌能产生此酶，非致病性的则不产生此酶。

（3）**检验**　葡萄球菌的检验方法见《食品卫生微生物学检验》（GB/T 4789.10—2008）。此外，还可进行肠毒素的测定、血清学试验、噬菌体分型试验等。

4. 致病性大肠杆菌食物中毒　大肠杆菌主要寄居于人和动物的肠道内，由于人和动物活动的广泛性，决定了本菌在自然界分布的广泛性，在水、土壤、空气等环境都不同程度地存在。它属于条件致病菌，其中有些血清型能使人类发生感染和中毒，一些血清型能致畜禽疾病。致病性大肠杆菌（EHEC）是指能引起人和动物发生感染和中毒的一群大肠杆菌。致病性大肠杆菌和非致病性大肠杆菌在形态特征、培养特性和生化特性上是不能区别的，只能用血清学的方法根据抗原性质的不同来区分。致病性大肠杆菌根据其致病特点进行分类，一般可分为六类：肠产毒素性大肠杆菌、肠侵袭性大肠杆菌、肠致病性大肠杆菌、肠出血性大肠杆菌、肠黏附性大肠杆菌和弥散黏附性大肠杆菌。

致病性大肠杆菌主要是通过牛乳、禽肉、禽蛋、猪肉、牛肉、羊肉等及其制品、水产品、水及被该菌污染的其他食物导致人们的食物感染与中毒。致病性大肠杆菌常见的血清型较多，其中较为重要的是 EHEC O157：H7，属于肠出血性大肠杆菌，能引起出血性或非出血性腹泻、出血性结肠炎和溶血性尿毒综合征等全身性并发症。据美国疾病控制中心估计，在美国 EHEC O157：H7 每年约引起 2 万人发病，致死 250～500 人。近年来，在非洲、欧洲、英国、加拿大、澳大利亚、日本等许多国家均有 EHEC O157：H7 引发的感染，有的地区呈不断上升趋势。我国自 1987 年以来，也有陆续发生 EHEC O157：H7 散发病例的报道。

健康人肠道致病性大肠杆菌带菌率一般为 2%～8%，高者达 44%；成人肠炎和婴儿腹泻患者的致病性大肠杆菌带菌率较成人高，为 29%～52.1%。饮食业、集体食堂的餐具、炊具，特别是餐具易被大肠杆菌污染，其检出率高达 50% 左右，致病性大肠杆菌检出率为 0.5%～1.6%。食品中致病性大肠杆菌检出率高低不一，低者 1% 以下，高者达 18.4%。猪、牛的致病性大肠杆菌检出率为 7%～22%。

（1）**病原特性**　本菌为两端钝圆、散在或成对的中等大杆菌，多数菌株有 5～8 根周生鞭毛，运动活泼，周身有菌毛。少数菌株能形成荚膜或微荚膜，不形成芽孢。对一般碱性染料着色良好，有时菌体两端着色较深，革兰氏染色阴性。该菌能发酵多种糖类产酸气体，也有不产气的生化型。大多数菌株可迅速发酵乳糖，仅极少数迟缓发酵或不发酵，约半数菌株不分解蔗糖。

（2）**致病性** 大肠杆菌的致病性是由许多致病因子综合作用的结果，涉及黏附因子、宿主细胞的表面结构、侵袭素和许多不同的毒素及分泌这些毒素的系统等。

急性胃肠炎型：潜伏期一般为 10～15 小时，短者 6 小时，长者 74 小时。是由 ETEC 所致，主要表现为腹泻、上腹痛和呕吐。粪便呈水样或米汤样，每天4～5 次。部分患者腹痛较为剧烈，可呈绞痛。吐、泻严重者可出现脱水，甚至循环衰竭。发热，体温达 38～40℃，头痛等。病程 3～5 天。

急性菌痢型：潜伏期 48～72 小时。是由 EIEC 型引起，主要表现为血便、脓血便、脓黏液血便，里急后重，腹痛，发热，部分病人有呕吐。发热，体温达 38～40℃，可持续 3～4 天。病程 1～2 周。

出血性肠炎型：潜伏期一般为 3～4 天，短者 1 天，长者 8～10 天。主要由 O157：H7 引起，主要表现为突发剧烈腹痛、腹泻，先水样便后血便，甚至全部为血水。也有低热或不发热者。严重者出现溶血性尿毒综合征、血小板减少性紫癜等，老人和儿童多见。病程 10 天左右，病死率为3％～5％。

（3）**检验** 目前，我国国家标准中大肠杆菌的检测方法主要有：《食品卫生微生物学检验 大肠菌群测定》（GB/T4789.3—2008）；《食品卫生卫生学检验 致泻大肠埃希氏菌检验》（GB/T4789.6—2003）；《应用肠杆菌科噬菌体检验 食品致泻大肠埃希氏菌的检验程序和方法》 （GB/T4789.31—2003）。

5. 空肠弯曲菌食物中毒 空肠弯曲菌为弯曲菌属中的一个种，是引起散发性细菌性肠炎最常见的菌种之一，也是一种重要的人畜共患病的病原菌。该菌常通过污染饮食、牛乳、水源等而被食入，导致中毒；或与动物直接接触引起感染。

空肠弯曲菌广泛存在于家禽、鸟类、犬、猫、牛、羊等动物体内，猪盲肠带菌率为 59.9％、牛为 26.5％、鸡为 60％～90％。本菌对人体健康的危害是比较严重的，在英国、日本、美国及其他一些国家均有本菌引起的食物中毒报道。

（1）**病原特性** 本菌在感染组织中呈弧形、撇形或 S 形，经常见两菌连接为海鸥展翅状，偶尔为较长的螺旋状。在培养物中，幼龄时较短；老龄者较长，有的其长度可超过整个视野。另外，在老龄培养物中也可见到球状体。不形成芽孢或荚膜，但某些菌株特别是直接采自动物体病灶内的细菌，具有荚膜。撇形者为一端单鞭毛，S形者可为两端鞭毛，运动甚为活泼。革兰氏染色阴性。微需氧，在大气和绝对无氧环境中不能生长，以在5%氧气、85%氮气与10%二氧化碳环境中生长最为适宜。生长温度范围37.0～43.0℃，以42～43℃生长最好，25℃不生长，在其最适温度中培养既有利于本菌生长发育，又可抑制肠道部分杂菌的生长。本菌生化反应不活泼，不发酵糖类。本菌抵抗力较弱。培养物放置冰箱中很快死亡，56℃5分钟即被杀死，干燥、日光亦可迅速致死。培养物放室温可存活2～24周。冷冻干燥可保存其生活力达13～16个月。

（2）**致病性** 潜伏期一般为3～5天。突然发生腹泻和腹痛。腹痛可呈绞痛，腹泻一般为水样便或黏液便，重病人有血便，每天腹泻数次至十余次，带有腐臭味。发热，体温达38～40℃，特别是当有菌血症时出现高热，也有仅腹泻而不发热者。还有头痛、倦怠、呕吐等。偶有重者死亡。

空肠弯曲菌是一种重要的人畜共患病的病原菌，它可引起羊流产，猪、犬、猫、猴等动物的肠炎，牛乳房炎，禽类肝炎，以及人类的腹泻和败血症等。本菌还可以作为正常菌群存在于动物的肠道中，尤其以鸡和猪的带菌率高。本菌随粪便排出体外，污染环境、水源。本菌的致病因素主要是侵袭力、耐热性肠毒素及内毒素。

（3）**检验** 参考《食品卫生微生物学检验 菌落总数测定》（GB/T 4789.9—2008）。

6. 嗜水气单胞菌食物中毒 嗜水气单胞菌属于弧菌科、气单胞菌属，分为动力嗜温群和无动力嗜冷群。普遍存在于淡水、污水、淤泥、土壤和人类粪便中，对水产动物、畜禽和人类均有致病性，是一种典型人-畜-鱼共患病病原。可引起多种水产动物的败血症和人类腹泻，往往给淡水养殖业造成惨重的经济损失，已引起国内外水产界、兽医学界者的高度重视。熟肉制品中嗜水气单胞菌带菌率为39.6%，熟虾为5%，淡菜为11.1%，从牛乳中也能分离出嗜水气单胞菌。

（1）**病原特性** 嗜水气单胞菌可分为三个亚种：嗜水亚种、不产气亚种、解胺亚种，前两种是赖氨酸脱羧酶阴性，后一种是赖氨酸脱羧酶阳性。该菌为革兰氏阴性，无芽孢，无荚膜或有薄荚膜的短杆菌，有时亦可呈双球状或丝状。单个或成对排列，长为0.5～1微米。极端单生鞭毛，有运动力。

兼性厌氧，特殊培养条件下有荚膜产生。

4～45℃均能生长，最适生长温度为 30℃，最适 pH 为 5.5～9。在 6.5%NaCl 中不生长。嗜水气单胞菌与霍乱弧菌一样，存在所谓活的非可培养状态。实际上是一种休眠状态，其菌体缩小成球状，耐低温及不良环境，接种培养基在常规培养条件下不生长。一旦温度回升及获得所需的营养条件，这种非培养状态的细菌又可恢复到正常状态，重新具有致病力。

（2）**致病性** 嗜水气单胞菌有广泛的致病性，感染包括冷血动物在内的多种动物，如鱼类、禽类及哺乳类，引起败血症或皮肤溃疡等局部感染，是水生动物尤其是鱼类最常见的致病菌。在水温高的夏季，可造成暴发流行。人类感染运动性嗜水气单胞菌，可引起急性胃肠炎等。目前，在国外已将本菌纳入腹泻病原菌的常规检测范围内，是食品卫生检验的对象。

嗜水气单胞菌毒力因子有三类，一是胞外产物，如蛋白酶类：弹性蛋白酶、酪素水解酶、明胶水解酶，酯酶类：碱性磷酸酯酶、酸性磷酸酯酶、酯酶、乙酰胆碱酯酶，其他酶类：亮氨酸芳香基肽胺酶、脂肪酶、淀粉酶等；二是黏附素，如 S 蛋白型菌毛、外膜蛋白、溶血毒素、细胞毒素、细胞兴奋肠毒素、溶细胞毒素、气溶素和 bec 毒素等；三是铁载体，如含铁细胞和皮肤坏死因子等。

（3）**检验** 检验按《致病性嗜水气单胞菌检验方法》（GB/T 18652—2002）进行。

7. 志贺氏菌食物中毒 志贺氏菌是引起人类及灵长类细菌性痢疾最为常见的病原菌，又称痢疾杆菌。本属包括痢疾志贺氏菌、福氏志贺氏菌、鲍氏志贺氏菌、宋内氏志贺氏菌，共 4 群 44 个血清型。4 群均可引起痢疾，它们的主要致病特点是能侵袭结肠黏膜上皮细胞，引起自限性化脓性感染病灶。但各群志贺氏菌致病的严重性、病死率及流行地域有所不同，本菌只引起人的痢疾。我国主要以福氏和宋内氏志贺氏菌痢疾流行为常见，年统计病例为 200 万左右。引起人食物中毒的主要是对外界抵抗力较强的宋内氏志贺氏菌。食物中毒的主要原因是食品加工、集体食堂、饮食行业的从业人员中有痢疾患者或者是痢疾带菌者。在他们与食品接触过程中，污染了食品，特别是液体或湿润状态的食品，在适宜的温度下，细菌大量繁殖，就有可能引起食物中毒。

（1）**病原特性** 志贺氏菌的形态与一般肠道杆菌无明显区别，为革兰氏阴性短小杆菌。无芽孢，无荚膜，有菌毛。志贺氏菌为需氧或兼性厌氧菌，

对营养要求不高，在普通培养基上生长良好，形成半透明、光滑菌落。最适
生长温度为 37℃，最适 pH 为 7.2～7.8。

（2）**致病性**　志贺氏菌有较高的敏感性，一般只要 10 个菌以上就可以
引起人的感染。儿童和成人易感染，特别儿童，易引起侵袭性或感染性
痢疾。

（3）**检验**　参考《食品卫生微生物学检验　志贺氏菌检验》（GB/T
4789.5—2003）。

8. 粪链球菌食物中毒　粪链球菌广泛分布于自然界，如人、动物的肠
道、粪便，植物表面，食品，土壤，屠宰场所等。发现阴沟污水中也有大量
的本菌存在。粪链球菌是人和温血动物肠道正常菌群之一，往往和食物中毒
有关。虽然本菌易于在食品和食品加工设备上繁殖，却很少表明为粪便污
染。具有重要意义的是粪链球菌为发酵产品的有益菌种之一。

引起粪链球菌食物中毒的食品，常见的是肉类和乳品，如新鲜肉、碎
肉、乳酪、牛乳、冷冻海产、冷冻水果、蔬菜及果汁等，以前三种食品中分
离到本菌最多。一般对人致病，对猪等没有致病性。

（1）**病原特征**　本菌为圆形或椭圆形，成双或短链排列，少数菌株有荚
膜，无芽孢，肠球菌中有时也出现运动性菌株。革兰氏阳性，老龄培养可呈
阴性。兼性厌氧，可在 10～45℃生长，最适温度为 37℃，pH 为 7.5。普通
培养基上生长稍差，在培养基中需添加某些矿物质元素、B 族维生素、氨基
酸等。在血液培养基或腹水培养基上生长良好。

（2）**致病性**　本菌的某些菌株可引起食物中毒。当食品中有大量活菌存
在时，可使人发生中毒。本菌引起的食物中毒，潜伏期常比沙门氏菌食物中
毒短，症状比葡萄球菌中毒轻。发病快者仅 1～3 小时，慢的达 36 小时，平
均 6～12 小时，病程持续 1～2 天。主要症状有恶心、腹痛、下痢及偶尔呕
吐，很快可恢复。本菌还可致泌尿道、胆道、伤口感染及败血症、心内膜
炎、膜腔脓肿等病症。对人有致病性，对猪等没有致病性。

（3）**检验**

①直接镜检及活菌计数　直接涂片镜检（同其他食物中毒的检验）发现
链球菌时，即进行琼脂培养作粪链球菌计数。

②分离培养　将检样分别接种于下述培养基：血琼脂平板、ME 琼脂和
KF 琼脂、葡萄糖肉汤。将上述可疑菌落做涂片镜检，发现革兰氏阳性链球
菌者，即接种于数支葡萄糖肉汤，置不同温度培养，并作胆汁及牛乳美蓝还

原试验等。

二、病毒污染

（一）概述

与细菌和真菌相比，人们对食品中病毒的情况了解较少，这是有多方面原因的。首先，病毒必须依赖于活的细胞才能生存与繁殖，否则，生命将停止。食品这种媒介对于病毒来说既适合生长繁殖，又不适合生长繁殖，在食品处于活鲜阶段时是有生命的，非常适合病毒存活，也就是动物在宰前带毒是非常正常的。但宰后往往就不适合病毒生长。第二，并不是食品安全专家关心的所有病毒都能用现有的技术进行培养，如诺瓦克病毒，现在还难以人工培养，即现有技术还难以满足对一些食品中病毒的检测需要。第三，作为完全寄生性的微生物，病毒并不像细菌和真菌那样能在培养基上生长，培养病毒需要组织培养或鸡胚培养。第四，因为病毒不能在食品中繁殖，它们的可检出数量要比细菌少得多，所以提取病毒必须采用一些分离和浓缩方法，因此，目前还难以有效地从食品（如绞碎牛肉）中提取50％以上的病毒颗粒。第五，科研实验室中的病毒技术还难以应用到食品微生物检测实验室中。但随着分子生物学技术的快速发展，有些技术还是可以尝试的，如反向转录多聚酶链反应检测方法（RT－PCR）能直接检测一些食品（如牡蛎和蛤类组织）中存在的病毒基因。

粪-口模式对病毒通过食品媒介传播是非常重要的。病毒通过吸收进入人体，在肠道中繁殖，从粪便中排出。非肠道病毒也可能出现在食品中，但由于病毒具有组织亲和性，所以食品只能作为非肠道病毒传播的载体。这些病毒可以在某些贝壳类海产品中积累达到900倍的水平。

从病毒在食品和环境中分布发生的频率看，引起胃肠炎的病毒最常见于贝类食品中。甲壳类动物不能浓缩病毒，但作为软体动物的贝类是可以浓缩进入其体内的病毒的，因为它们对食物有滤筛作用。人为地感染脊髓灰质炎病毒的牡蛎，在保存于冷藏条件下30～90天后，病毒存活率为10％～13％。当水中病毒浓度低于每毫升0.01pfu时，牡蛎和蛤类不太可能吸收这些病毒。

大肠菌群数难以反映食品中病毒的污染状况，因此，细菌学卫生指标不能作为病毒的参考指标。

病毒在食品中存活能力表现各异。肠病毒在绞碎牛肉中于 23℃ 或 24℃ 下可存活 8 天，存活状态不受污染细菌生长的影响。蔬菜中病毒在自然状态下都没有发现活的病毒，也就是说病毒难以在蔬菜等样品中存活。而水产品如贝类较多见污染病毒。猪瘟病毒和非洲猪瘟病毒在肉类加工制品中存活状况是不一样的，在腌肉罐头、香肠中未检出病毒，但在猪肉被腌制后检出了病毒，而在加热后则不能检出病毒。在香肠原料肉中添加腌制调料和发酵菌种之后，非洲猪瘟病毒能够存活，但在发酵 30 天后全部死亡，而猪瘟病毒在发酵 22 天后仍能保持其活性。口蹄疫病毒感染的淋巴组织在加热 90℃ 15 分钟时能存活，但加热 30 分钟后就不能存活。水产品在煮熟后，其中的一般病毒均能被杀死，偶有个别能检出，如在炖煮、油炸、烘烤或蒸煮的牡蛎中发现一种脊髓灰质炎病毒。烘烤较轻的汉堡包（内部温度 60℃）中也可分离出肠道病毒。但总的来说，食品中病毒的存在或污染是相当少的。

（二）轮状病毒

1. 食品卫生学意义 人轮状病毒最早于 1973 年由澳大利亚学者 R. F. Bishop 从澳大利亚腹泻儿童肠活检上皮细胞内发现，形状如轮状，故命为"轮状病毒"。

轮状病毒（RV）性肠炎是波及全球的一种常见疾病，主要发生在婴幼儿，同时可以引起成人腹泻，发病高峰在秋季，故又名"婴幼儿秋季腹泻"。全世界每年因轮状病毒感染导致约 1.25 亿婴幼儿腹泻和 90 万婴幼儿死亡，其中大多数发生在发展中国家，至今尚无特效药物进行治疗。

人类轮状病毒感染常见于 6 月龄至 2 岁的婴幼儿，成人中也有暴发流行病例。除粪-口传播外，证实可经呼吸道传播，在呼吸道分泌物中测得特异性抗体。感染的食品行业从业人员在操作食品时可污染食品，如不经过进一步烹调的食品或即食食品等。病毒侵入小肠细胞的绒毛，潜伏期为 2～4 天。病毒在胞浆内增殖，受损细胞可脱落至肠腔而释放大量病毒，并随粪便排出。感染后血液中很快出现特异性 IgM、IgG 抗体，肠道局部出现分泌型 IgA，可中和病毒，对同型病毒感染有作用。一般病例病程 3～5 天，可完全恢复。隐性感染产生特异性抗体。

2. 病原特征 轮状病毒归类于呼肠孤病毒科，轮状病毒属。病毒体的核心为双股 RNA，由 11 个不连续的 RNA 节段组成。纯化的病毒在电子显微镜下呈球状，具有双层衣壳，每层衣壳呈二十面体对称，其中内膜衣壳子粒围绕中心呈放射状排列，类似辐条状，病毒外形类似车轮，因此，称为轮状病毒。病毒颗粒在粪便样品和细胞培养中以两种形式存在，一种是含有完整外壳的实心光滑型颗粒；另一种是不含外壳、仅含有内壳的粗糙型颗粒，具双层衣壳的实心病毒颗粒具有传染性。轮状病毒在环境中相当稳定，在蒸汽浴样品中都曾检测到病毒颗粒。普通的对待细菌和寄生虫的卫生措施似乎对轮状病毒没有效果。

在抗原与分型上，轮状病毒内壳蛋白 VP6 为群和亚群的特异性抗原。根据 VP6 抗原性的不同，目前将轮状病毒分为 A、B、C、D、E、F、G7个群。A 群主要感染婴幼儿；B 群主要感染成人；C 群主要引起散发病例；D、E、F、G 群主要感染各种动物。轮状病毒的外壳结构蛋白 VP4、VP7具有中和抗原活性，刺激机体产生中和抗体。VP4 为蛋白酶敏感蛋白，按其抗原性区分的血清型称为 P 型。VP7 为糖蛋白，依其抗原性不同区分的血清型称为 G 型，G1、G2、G3、G4 型因最常见而被用于制备疫苗。轮状病毒外衣壳上具有型特异性抗原。各种动物和人的轮状病毒内衣壳具有共同的抗原，即群特异性抗原。根据病毒 RNA 各节段在聚丙烯酰胺凝胶电泳中移动距离的差别，可将人轮状病毒至少分为 4 个血清型，引起人类腹泻的主要是 A 型和 B 型。

病毒流行株在各个地区以及各个地区不同时期都会发生变化，具有多变性。

3. 检测 通过检测病人的腹泻粪便可以明确诊断。对食物样品等可用酶免疫分析（EIA）法进行筛选，对 A 型轮状病毒已有几种诊断试剂盒。应用 RT－PCR 可确诊 3 种血清型的轮状病毒。胶乳凝集法也可进行分析诊断。电子显微镜镜检仍然是检测的主要或基本工具。

预防措施主要是控制好粪-口传播途径，对即食食品把好卫生关，加热要彻底。

（三）肠腺病毒

1. 食品卫生学意义 肠腺病毒胃肠炎是肠腺病毒感染最常见病症，肠腺病毒是婴幼儿腹泻的重要病原体。主要侵犯婴幼儿，通过人与人的接触传播，也可经粪-口途径及呼吸道传播。本病无明显季节性，夏秋季略多，可呈暴发流行。临床表现为较重的腹泻，稀水样便，每天 3～30 次不等。常有呼吸道症状，如咽炎、鼻炎、咳嗽等，发热及呕吐较轻，可有不同程度的脱水症，病程 8～12 天。多数患儿病后 5～7 个月内对蔗糖不耐受，并伴有吸收不良。引起感染的食品多为水产品中的贝类。食品中的检出率还不是十分清楚。

在世界各地报道的儿童腹泻病例中，肠腺病毒引起的占 2%～22%，仅次于轮状病毒，占病毒腹泻病原第 2 位。

2. 病原特征　肠腺病毒属于普通腺病毒的 40、41 血清型，外形与普通腺病毒相同，为直径 70～100 纳米的双链 DNA 病毒，末端有重复序列，为二十面体对称无包膜的病毒。病毒表面衣壳由 252 个亚单位组成，其中 240 个为六邻体，12 个五邻体，每个五邻体上有底部向外延伸的一个末端为球形的纤突。腺病毒科有 2 个属组成，其中禽腺病毒属仅包括禽类疾病的腺病毒，而哺乳动物腺病毒属包括人、猴、牛、马、猪疾病的腺病毒等 47 个型，分为 6 个亚属。型特异性抗原主要由六邻体及纤突上末端"球体"部分决定。亚属是根据腺病毒血凝性不同而划分的。病毒 DNA 链的 5′ 端能与一个蛋白分子结合，这一蛋白分子与宿主细胞的核基质结合并启动病毒基因的表达。另外，还有 3 种病毒蛋白与病毒 DNA 紧密结合。病毒基因组中有两个复制起始点，分别在两条 DNA 链的末端重复序列中。病毒基因组编码 5 个早期转录单位（E1A、E1B、E2、E3 和 E4）、2 个延迟早期转录单位和 3 个晚期转录单位。能引起人类腹泻者仅为 F 组的 40 和 41 型，主要感染 2 岁以下儿童。

3. 检测　诊断主要依据电镜直接查找病毒。免疫电镜检测粪便中肠腺病毒颗粒或用免疫荧光法等检测粪便中肠腺病毒抗原。新的诊断方法是从粪便抽提病毒 DNA，进一步作探针杂交或序列分析。另外，通过制备腺病毒 40 及 41 型的单克隆抗体，建立了对粪便进行检测的方法。

（四）嵌杯状病毒

1. 食品卫生学意义　1952 年在鲜猪肉中发现有嵌杯状病毒，原因是一位游客用从芝加哥和洛杉矶带回的蔬菜喂猪，引起传染。1976 年 Madeley 等和 Flewett 等在急性腹泻婴幼儿粪便标本中分别发现此病毒，此后英国、加拿大和日本等国先后报道了一些婴幼儿暴发嵌杯状病毒性胃肠炎，进一步证实嵌杯状病毒与小儿胃肠炎的关系。国内于 1984 年由婴幼儿腹泻粪便中查出此病毒，但检出率很低，迄今为止未见与杯状病毒相关的急性胃肠炎的暴发。近年，智利已报道嵌杯状病毒为儿童散发性急性腹泻的重要病原之一。在流行监测中，约占腹泻病例的 3%。嵌杯状病毒所致临床腹泻症状与其他病毒性腹泻无法区别。其流行多发生在学校或孤儿院。儿童时期感染获得的抗体可持续到成年，并具有一定的免疫保护作用，此点与其他腹泻病毒不同。

2. 病原特征 病毒颗粒外观呈六边形，立体对称，边缘不清晰，直径 30～34 纳米。电镜检查时，可见颗粒内部高密度区为数根明亮的交叉线条，低密度区为 7 个发暗的凹陷，中央 1 个，周围 6 个，构成六芒星样图像，形态似花边杯状或花萼状。1981 年国际病毒分类委员会将此类病毒定名为杯状病毒科。在电镜下可见病毒表面呈杯状凹入或内陷，形成特殊的形态而得名。病毒核心为单链 RNA，能通过免疫电镜检查与诺瓦克病毒相区分，但两者亦有一定的交叉免疫反应。

3. 检测 除电镜检查外，已发展免疫检测方法，可从粪便中直接检测病毒抗原。治疗和预防亦与其他病毒性腹泻相同。

(五) 冠状病毒

1. 流行病学和食品卫生学意义 冠状病毒病是由冠状病毒引起的一群疾病，是一种典型的人畜共患病。其中，动物冠状病毒病包括鸡传染性支气管炎、猪传染性胃肠炎、猪血凝性脑脊髓炎、初生犊牛腹泻、幼驹胃肠炎、猫传染性胃肠炎、猫肠道冠状病毒病、犬冠状病毒病、鼠肝炎、大鼠冠状病毒病、火鸡蓝冠病等，人冠状病毒病有人呼吸道冠状病毒病、人肠道冠状病毒病和新发现的 SARS。

冠状病毒感染在世界上非常普遍。人群 10%～30% 的冬季上呼吸道感染是由冠状病毒引起的，是导致普通感冒的因素中居第 2 位的病因。冠状病毒病主要发生于冬季和初春，并且在一个流行季节，通常只由单一血清型引起。冠状病毒的传播方式可分为两种：侵犯呼吸道的冠状病毒主要通过呼吸道飞沫传播；侵犯肠道的冠状病毒主要经口传播，并且排毒时间较长。冠状病毒在人群中可引起隐性感染，人能排出病毒，这更促进潜在性传播。约 45% 感染者出现临床症状。急性上呼吸道感染一般在 4～10 岁的儿童最为常见，在成年人则多为普通感冒，常在一个家庭内传播。229E 和 OC43 病毒感染有一定的周期性，一般间隔 2～3 年，出现一次较大规模的流行。229E 和 OC43 病毒有交替流行的现象。感染冠状病毒后，机体获得性免疫弱，所以再感染较为常见。动物体内冠状病毒的带毒现象非常普遍，常常在无临床表现的动物呼吸道、粪便中发现有病毒粒子的存在。它们通常具有很强的宿主特异性，只感染相应的动物并引起特定的疾病；有些冠状病毒也可感染其他种类的动物，并在这些动物体内引起或不引起相应的临床症状。

人与动物接触、与动物产品或食品接触、食用动物性产品等途径可感染此病。因此，SARS 病毒具备食源性感染的特点，对人的危害巨大，仅 2003 年就使全球 8 098 人受到感染，774 人丧生，造成全球经济损失约 800 亿美元，我国损失约百亿美元。

2. 病原特征

（1）**病原体**　冠状病毒是 RNA 病毒，因在电子显微镜下发现表面有形状类似日冕的棘突犹如王冠而得名。各种动物冠状病毒在分类上属于冠状病毒科、冠状病毒属。冠状病毒科下设两个属，即冠状病毒属和隆病毒属，两者在基因组结构及复制策略上有许多共同特点。隆病毒属及动脉病毒科家族的所有成员都只感染动物，但是病毒粒子形态及基因组长度不同。

冠状病毒颗粒多为圆形、椭圆形或轻度多形性，直径为 60～220 纳米，表面有多个稀疏的棒状突起，长约 20 纳米。病毒包膜是长的花瓣形状的突起，使冠状病毒看起来像王冠。冠状病毒科的其他特征还包括 3′ 末端成套结构的 mRNAs，独特的 RNA 转录策略和基因组结构。病毒颗粒内有由病毒 RNA 和蛋白质组成的核心，外面有脂质双层膜。

病毒粒子内是大小为 27～32kb 的单链正义基因组 RNA，是所有 RNA 病毒基因组中最大的。RNA 基因组与核衣壳（N）磷蛋白（50 000～60 000 道尔顿）相结合，形成一可变的长螺旋核衣壳。当从病毒离子释放时，核衣壳是直径为 14～16 纳米延伸的管状链。近来研究表明，在至少 2 种冠状病毒中，螺旋状核衣壳包裹于直径为 65 纳米的球形的并且可能形式上是二十面体的"内部核心结构"内。核心由膜（M）糖蛋白（可能还有 N 蛋白）组成。病毒核心包裹于脂蛋白包膜中，在病毒从细胞内膜出芽时形成。两类显著的突起排在病毒粒子外部，由突起（S）糖蛋白组成的长突起（20 纳米）存在于所有病毒；由血凝素-脂酶（HE）糖蛋白组成的短突起，仅存在于某些冠状病毒。包膜还含有 M 糖蛋白，横穿脂双层 3 次，因此，很明显 M 蛋白质既是内部核心结构又是包膜的成分。包膜还含有包膜（E）蛋白，其数量远少于其他病毒包膜蛋白。

（2）**冠状病毒的致病机制**　致病机制的分子基础：一般认为冠状病毒的复制首先是病毒颗粒经受体介导吸附于敏感细胞膜上。一些包膜上含有 HE

蛋白的冠状病毒则通过 HE 或 S 蛋白结合于细胞膜上的糖蛋白受体，而不含 HE 蛋白的冠状病毒则以 S 蛋白直接结合细胞膜表面特异糖蛋白受体。然后，吸附在敏感细胞膜上的病毒颗粒通过膜融合或细胞内吞侵入，其膜融合的最适 pH 范围一般为中性或弱碱性。病毒感染敏感细胞后经过 2～4 小时潜伏期，开始出现增殖，10～12 小时就完成一步生长曲线，感染细胞刚出现病变时，病毒增殖已达高峰。

人肠道冠状病毒选择性地感染肠黏膜中起吸收作用的细胞，引起绒毛的萎缩。不同毒株选择性地侵犯小肠、大肠或结肠，致临床表现严重程度不一，可从轻度一过性的肠炎快速发展为致死性腹泻。主要依靠局部免疫反应克服肠道感染。

（3）**病毒抗原性** 由于人冠状病毒分离较难，对器官培养分离得到的毒株缺乏简便定型方法，而冠状病毒抗原性又较弱，不易制出高效价特异性免疫血清，因此，人冠状病毒有多少血清型，至今还不清楚。

3. 致病性 动物冠状病毒具有胃肠道、呼吸道和神经系统的嗜性，特别是鼠肝炎病毒 JHM 毒株可以引起小鼠的脱髓鞘性脑脊髓炎。动物冠状病毒病潜伏期短，如鸡传染性支气管炎的潜伏期为 18 小时至 3 天，能在 2～3 天内迅速传播蔓延至全群；猪传染性胃肠炎潜伏期为 18～72 小时，感染后很快传遍整个猪群，大部分猪 2～3 天内发病；犬冠状病毒病的自然病例潜伏期为 1～3 天，人工感染为 24～48 小时，传播迅速，数日内即可蔓延全群。

鸡传染性支气管炎的病型复杂，通常分为呼吸型、肾型、肠型等，其中还有一些变异的中间型。鸡传染性支气管炎病毒血清型多，变异快，容易引起免疫失败，并导致禽的增重和饲料报酬降低。呼吸型幼龄鸡主要发生呼吸器官功能障碍，表现为突然甩头、咳嗽、喷嚏、流泪、喘息、气管啰音、鼻分泌物增多，偶尔出现脸部轻度水肿。肾型主要发生于 2 周龄雏鸡，发病初期可能有短期的呼吸道症状，但随即消失，临床表现主要为病雏羽毛松乱、减食、渴欲增加、排白色稀粪，以及严重脱水。

猪传染性胃肠炎在临床上表现为胃肠型和呼吸道型，不同年龄猪都可迅速感染发病。胃肠型表现为仔猪短暂呕吐，很快出现水样腹泻，粪便呈黄色、绿色或白色，常含有未消化的凝乳块，粪便恶臭；体重快速下降，严重脱水；2 周龄以内仔猪发病率、死亡率极高；超过 3 周龄哺乳仔猪多数可以存活，但生长发育不良。呼吸道型通常呈亚临床型，往往需要通过组织学检查才能发现间质性肺炎变化；有时可见轻度或中度的呼吸道症状，增重明显减慢；某些毒株则引起严重的肺炎，死亡率高达 60%。当猪呼吸道冠状病毒（PRCV）与其他呼吸道病原体共同感染时，能造成保育猪、育成猪或育肥猪严重的呼吸道症状，致使猪群死亡率明显增加。

病犬发病后嗜眠、衰弱、畏食，最初可见持续数天的呕吐，随后开始腹泻，粪便呈粥样或水样、黄绿色或橘红色。

冠状病毒引起的人类疾病有两类，首先是呼吸道感染，其次是肠道感染。冠状病毒是成人普通感冒的主要病原之一，在儿童可以引起上呼吸道感染，一般很少波及下呼吸道。冠状病毒感染的潜伏期一般为 2～5 天。典型的冠状病毒感染呈现流涕、不适等感冒症状。不同型别病毒的致病力不同，引起的临床表现也不尽相同。冠状病毒可以引起婴儿、新生儿急性胃肠炎，主要症状是水样大便、发热、呕吐，每天十余次，严重者可以出现血水样便。

4. 检测

（1）**病毒的分离和培养** 一般用鼻分泌物、咽漱液混合标本分离病毒阳性率较高。取标本，用人胚器官培养或细胞培养后分离病毒，电镜检查病毒颗粒。中和试验、补体结合试验和血凝抑制试验等测定患者急性期和恢复期血清中的抗体效价。由于病毒抗原的免疫原性较弱，约有 50% 的人感染后可能检测不出抗体。

（2）**间接酶联免疫吸附试验** 采用双倍细胞接种 229E，取上清液作抗原，包被苯乙烯板，该法敏感、简便、迅速。

（3）**放射免疫测定法** 该法与间接酶联免疫吸附试验同样为诊断冠状病毒感染较优的方法。

（4）**免疫荧光法** 该法是目前常用的病毒快速诊断方法，细胞培养感染冠状病毒，在胞浆出现免疫荧光，在核周最强，可以计数进行病毒定量，比镜检细胞病变及蚀斑试验敏感。

（六）戊型肝炎病毒

1. 食品卫生学意义 戊型肝炎（HE）是一种经粪-口传播的急性传染病，自 1955 年印度由于水源污染发生第一次戊型肝炎大暴发以来，尼泊尔、苏丹、苏联及我国新疆等地也先后发生流行。1989 年 9 月东京国际 HNANB 及血液传染病会议正式将其命名为戊型肝炎。

戊型肝炎病毒（HEV）的传播主要是通过水、食品造成的。水是主要途径之一，常发生于卫生条件不好的热带、亚热带地区。水生贝类食品是主要传播载体，如意大利曾发生的 E 型肝炎病毒感染。HEV 随病人粪便排出，通过日常生活接触传播，并可经污染食物、水源引起散发或暴发流行，发病高峰多在雨季或洪水后。潜伏期为 2～11 周，平均 6 周。临床患者多为轻、中型肝炎，常为自限性，不发展为慢性，主要侵犯青壮年，65％以上发生于 16～19 岁年龄组。儿童感染表现亚临床型较多。成人病死率高于甲型肝炎，尤其孕妇患戊型肝炎病情严重，在妊娠的后三个月发生感染，病死率达 20％～30％。HEV 感染后可产生免疫保护作用，防止同株甚至不同株 HEV 再感染。绝大部分患者康复后血清中抗 HEV 抗体持续存在 4～14 年。

猪、牛、绵羊、山羊和大鼠等动物体内也可分离到 HEV 样病毒，表明 HEV 为一种人兽共患病毒。

2. 病原特征

（1）**形态与分子结构** 戊型肝炎病毒是单股正链 RNA 病毒，呈球形，直径为 27～34 纳米，无囊膜，核衣壳呈二十面体立体对称。目前，尚不能在体外组织培养，但黑猩猩、食蟹猴、恒河猴、非洲绿猴、须狨猴对 HEV 敏感，可用于分离病毒。HEV 在碱性环境中稳定，有镁、锰离子存在情况下可保持其完整性。对高热敏感，煮沸可将其灭活。HEV 基因组长 7.5kb，ssRNA，在氯化铯分离的高盐液中稳定，3′端有 poly A 尾，有 3 个开放阅读框（ORF），ORF1 位于 5′端（约 2kb），是非结构蛋白基因，含依赖 RNA 的 RNA 多聚酶序列，ORF2 位于 3′端（约 2kb），是编码结构蛋白的主要基因，可编码核衣壳蛋白，ORF3 与 ORF1 和 ORF2 有重叠（全长 369bp），也是病毒结构蛋白基因，可编码特异性免疫反应抗原，用于血清学诊断。

（2）**基因型分类** 目前，根据 HEV 各分离株核苷酸、氨基酸同源性的大小及系统进化树分析，将世界上已有的 HEV 分为 7 个基因型：基因型 1（原称基因型Ⅰ），即缅甸类似株群，以缅甸株为代表，包括中国新疆株、缅甸株、巴基斯坦株、吉尔吉斯斯坦株、印度株及非洲株。各 HEV 分离株总的核苷酸同源性皆在 92％以上，遗传距离为 0.012 0～0.085 0。Arankalle 等又将此型分为 4 个亚型，即：ⅠA、ⅠB、ⅠC、ⅠD亚型。ⅠA 包括大部分印度株、缅甸株和尼泊尔株，ⅠB 包括中国新疆株、巴基斯坦株、前苏联株和 2 个印度株，ⅠC 包括非洲各株，ⅠD 包括 3 个印度株。基因型 2（原称基因型Ⅱ），代表株为墨西哥株。与基因型 1 各株之间的核苷酸同源性小于 76.1%，遗传距离大于 0.305 3。基因型 3（原称基因型Ⅲ），包括分离自美国的 HEV US－1 株、US－2 株及猪 HEV 株。此型各株与缅甸类似株及墨西哥株之间的核苷酸同源性小于 74.3%，遗传距离大于 0.329 5。US－1 和 US－2 之间的遗传距离为 0.080 5。在核苷酸和氨基酸水平上，3 株间 ORF2 同源性分别为 92% 和 98%～99%，ORF3 同源性分别是 95%～98% 和 93%～97%。基因型 4，包括分离自中国的台湾、北京、辽宁、广州、厦门等地的 HEV 分离株，目前划归基因型 4 -中国/台湾基因型。早在 1995 年 Huang 等人就发现广州分离的两株 HEV G－9 和 G20 的部分核苷酸序列与缅甸株、墨西哥株差异较大。近年来，又从中国的台湾、厦门等地戊型肝炎患者中分离到不同于中国新疆株的毒株，经过不完全序列分析，提示这些分离株属于另一基因型。Wang 等对来自中国北京、辽宁、河南等地感染者的 HEV 测定了 15 个序列，结果 9 株与缅甸株同源性较高，可以归入基因型 1，而另外 6 株则与缅甸株差别较大，种系遗传树分析这 6 株可归入基因型 4。基因型 5，主要是意大利分离株。对最近分离的意大利株 HEV 进行系统进化树分析，属于一独立分支，证实为新的基因型。意大利株 ORF2 与缅甸株、墨西哥株、美国各株之间核苷酸同源性分别为：83.3%、79.7% 和 87.7%。基因型 6 和基因型 7，分别包括希腊分离株 1 和希腊分离株 2。另外，有学者将阿根廷株划为基因型 8，其理由是从该国无旅行史的急性肝炎患者粪便样品中扩增得到部分 HEV 基因，对其 ORF1 和 ORF2 进行不完全序列分析，结果表明其与以往的任何分离株都有很大差异。

目前，HEV 分型尚无统一的标准，对基因型的分类也存在分歧。

3. 检测

（1）**免疫电子显微镜镜检**　用患者恢复期血清作抗体，检测急性期患者的粪便及胆汁中病毒抗原；或用已知病毒检测患者血清中相应的抗体。

（2）**免疫荧光法**　检测肝组织中戊型肝炎病毒抗原。

（3）**酶联免疫吸附试验**　检测血清抗体。

（4）**蛋白印迹试验**　应用基因重组肝病毒多肽作为抗原，建立蛋白印迹试验检测血清抗体。

（5）**逆转录聚合酶链反应法（RT－PCR）和套式逆转录聚合酶链反应法（NRT－PCR）**　检测胆汁、血清和粪便及食物样品中的戊型肝炎病毒核糖核酸（HEV RNA）。

三、真菌及真菌毒素污染

真菌广泛分布于自然界，种类多，数量大，与人类关系十分密切，有许多真菌对人类是有益的，而有些真菌对人类是有害的。有些真菌污染食品或在农作物上生长繁殖，使食品发霉变质或使农作物发生病害，不仅造成巨大经济损失，有些霉菌在各种基质上生长时还产生有毒的代谢产物——真菌毒素，引起人和动物发生各种疾病。

自从发现黄曲霉毒素以来，霉菌与霉菌毒素对食品的污染日益引起重视。近年来，有关这方面的理论研究与防治实践取得了很大进展。迄今发现的霉菌毒素已达几百种，有些与人畜急性或慢性中毒以及产生肿瘤有关，有些为研究某些原因不明性疾病提供了新的线索，而且多数与食品关系密切。

真菌性食物中毒主要是指真菌毒素的食物中毒。其中产毒素的真菌以霉菌为主。霉菌在自然界产生各种孢子，很容易污染食品。霉菌污染食品后能产生各种酶类，不仅会造成食品腐败变质，而且有些霉菌在一定条件下还可产生毒素，造成人畜中毒，并产生各种中毒症状。霉菌毒素通常具有耐高温、无抗原性、主要侵害实质器官的特性，而且霉菌毒素多数还具有致癌性。按真菌毒素的重要性及危害性排列，排在第一位的是黄曲霉毒素，其他依次排列为赭曲霉毒素、单端孢霉烯族化合物、玉米烯酮、橘霉素、杂色曲霉毒素等。

（一）黄曲霉毒素

黄曲霉菌在自然界分布十分广泛，其中有 $30\%\sim60\%$ 的菌株能够产生黄曲霉毒素。寄生曲霉和温特曲霉也能产生黄曲霉毒素。这些菌株主要在花生、玉米等谷物上生长，并同时产生毒素。也有报道鱼粉、肉制品、咸干鱼、乳和肝中发现黄曲霉毒素。我国很早就制定了食品中黄曲霉毒素允许量标准。在化学结构上，黄曲霉毒素是蚕豆素的衍生物，已明确结构的有十余种，其中以黄曲霉毒素 B_1 毒性最强，产生的量也最多，黄曲霉毒素 G_1、黄曲霉毒素 B_2 次之。一般所指主要是指黄曲霉毒素 B_1。将黄曲霉毒素污染的饲料用于畜牧业，可导致毒素蓄积于动物组织中。用这种饲料喂养畜禽，能在其肝脏、肾脏和肌肉组织中检测出黄曲霉毒素 B_1。

在乳牛场，如饲料中含有黄曲霉毒素，饲喂乳牛后可转变为一种存在于乳中的黄曲霉毒素代谢产物——黄曲霉毒素。这种代谢产物同其母体化合物一样，也是一种强致癌物质。当人们进食含黄曲霉毒素的食物达到一定量时，就足以引起原发性肝癌，这种威胁在我国南方潮湿地区较为严重。

由于黄曲霉毒素具有很强的毒性和致癌性，其限量标准为：食品中黄曲霉毒素 $B_1$5 微克/千克，食品中黄曲霉毒素 B_1、黄曲霉毒素 B_2、黄曲霉毒素 G_1 和黄曲霉毒素 G_2，总和为 10 微克/千克；牛乳中的黄曲霉毒素为 0.05 微克/千克；乳牛饲料中黄曲霉毒素 B_1 为 10 微克/千克。

1. 病原特性 黄曲霉毒素是一类结构类似的化合物。其基本结构都是二氢呋喃杂萘邻酮的衍生物，包括一个二呋喃环和香豆素。根据在紫外线照射下发出的荧光颜色不同，将黄曲霉毒素分为两类：一类为蓝色荧光的 B 类；另一类为绿色荧光的 G 类。黄曲霉毒素的纯品为无色结晶，低浓度的纯毒素在紫外线下易被分解破坏。黄曲霉毒素能被强碱和氧化剂分解，毒素在水中溶解度低，仅溶于油及一些有机溶剂，如氯仿、甲醇，但不溶于乙醚、石油醚及正己烷中。

2. 致病性 黄曲霉毒素的致病性分为毒性和致癌性。

（1）**急性毒性** 从黄曲霉毒素对动物的半数致死量来看，它属于剧毒毒物，毒性比氰化钾还更。黄曲霉毒素对动物的毒性因动物的种类、年龄、性别及营养状况等不同而有差别。幼龄动物、雄性动物较敏感。最敏感的动物是雏鸭。

雏鸭的肝脏急性中毒病变具有一定特征，可作为生物学鉴定的指标。一次口服中毒剂量后，可出现肝实质细胞坏死、肝细胞脂质消失延迟、胆管增生和肝出血等病理变化。其他组织如脾、胰等也可有病变，但不如肝脏明显。黄曲霉毒素对肝脏的损伤，若是小剂量则是可逆的，若剂量过大或多次重复感染毒素，则病变不能恢复。

（2）**慢性毒性** 黄曲霉毒素持续摄入所造成的慢性毒性，在某种意义上说，比急性中毒更重要。慢性中毒主要表现为动物生长障碍，肝脏出现亚急性或慢性损伤。表现为肝功能降低、肝实质细胞变性坏死、胆管上皮增生、纤维细胞增生形成再生结节，有些动物在低蛋白条件下可出现肝硬化。

（3）**致癌性** 黄曲霉毒素能引起多种动物和人发生癌症，主要是表现为诱发肝癌。实验证明，小剂量反复摄入或大剂量一次摄入均可引起癌症。黄曲霉毒素可诱发鱼类、鸟类、哺乳动物类和灵长类动物肝癌。黄曲霉毒素不仅引起动物的肝癌，在其他部位也可以引发肿瘤，如胃腺癌、肾癌、肺癌、直肠癌，以及乳腺、卵巢、小肠肿瘤。

3. 检测 检验按《食品微生物学检验 常见产毒霉菌的鉴定》（GB/T 4789.16—2003）进行。

产毒黄曲霉的检测鉴定主要是通过镜检观察霉菌的菌丝和孢子的形态特征、孢子排列，以及菌落生长特征等方式进行；在鉴定出菌株的基础上，再进行毒素的检测。黄曲霉毒素的检测方法主要包括薄层色谱法、高效液相色谱法、微柱筛选法或微柱层析法、酶联免疫吸附法、免疫亲和柱—荧光分光光度法、免疫亲和柱—高效液相色谱法及生物测定法。

（二）赭曲霉毒素及中毒

赭曲霉又称为棕曲霉，其毒素又称为棕曲霉毒素。棕曲霉属于棕曲霉群，常寄生于谷类，特别是在贮藏中的高粱、玉米及小麦麸皮上。

赭曲霉菌主要侵染玉米、高粱等植物性谷物，并产生赭曲霉毒素 A。动物实验性食入含赭曲霉毒素的饲料，于各种组织内均可检出残留毒素。赭曲霉能在小麦、裸麦、稻米、荞麦、大豆及花生上生长并产毒。其毒性作用主要为肝、肾毒性作用，引起变性、坏死等病理变化。毒素引起肾病病人的死亡率达 22%。

1. 病原特征 分生孢子头幼龄时为球形，老后分裂为 2～3 个分叉，其整体直径为 750～800 微米。分生孢子梗一般长 11.5 毫米，呈明显的黄色，壁厚、极粗糙，有明显的麻点。顶囊呈球形，壁薄，无色，直径 30～50 微米。小梗覆盖于全部顶囊，密集而生，属双层小梗系，大小不一，多为（15～20）微米×（5～6）微米。分生孢子着生在小梗上，呈链状球形，一般直径为 2.5～3 微米。

多数菌产生菌核，呈乳酪色、淡黄色、淡红色等。产生菌核的菌系分生孢子较少。有些菌系不产生菌核，但产生的分生头甚多。

2. 毒素 产生的适宜基质是玉米、大米和小麦，培养适宜温度是 20～30℃，在 30℃和水活性值 0.953 时产毒最多，在 15℃时要求水活性值为 0.997。赭曲霉毒素因其结构不同又分为赭曲霉毒素 A、B 二组，A 组的毒性较大，并且能在食品中自然污染后检出。

赭曲霉毒素是由赭曲霉、硫色曲霉、蜂蜜曲霉以及青霉属的鲜绿青霉、徘徊青霉和圆弧青霉等真菌产生的一类毒素。赭曲霉毒素 B 除了可以由赭曲霉毒素 A 衍生外，还可由红色青霉产生。赭曲霉毒素 A 纯品为无色结晶，易溶于氯仿、甲醇等有机溶剂，微溶于水。在新鲜干燥的粮食和饲料中赭曲霉素天然存在很少，但在发热霉变的粮食中赭曲霉素含量会很高，主要是赭曲霉素 A。当粮食中的产毒菌株处于 28℃ 的温度时，产生的赭曲霉素 A 含量最高，在温度低于 15℃ 或高于 37℃ 时产生的毒素极低。

3. 致病性　赭曲霉毒素具有较强的肾脏毒性和肝脏毒性，还可导致肺部病变。慢性接触可诱发鼠的肝、肾肿瘤。在猪体内赭曲霉毒素 A 的残留半衰期为 4.5 天，在肝脏是 4.3 天。

赭曲霉毒素 A 污染饲料后可引起丹麦猪和家禽肾炎，呈地方病性，死亡率较高。另外，赭曲霉毒素 A 还被认为与人的慢性肾病有关，即与巴尔干地方性肾病有关。巴尔干地方性肾病主要发生在前南斯拉夫、罗马尼亚和保加利亚等，呈地方性，主要沿着近溪谷的村庄发生，某些地区的死亡率高达 22%，在多发地区居住 10~15 年以上的人易患该病。给猪食入赭曲霉毒素 A 后，肾功能改变、肾脏病理变化与巴尔干地方性肾病极其相似。

4. 检测　检验按《食品微生物学检验　常见产毒霉菌的鉴定》（GB/T 4789.16—2003）进行。

（三）镰刀菌毒素

1. 病原特性　镰刀菌属种类多，分布广，从平原到珠穆朗玛峰的高山，从海洋到高空，从植物到动物均可检出本菌属的菌株。其中，许多是危害各种作物的病原菌，如引起小麦、水稻、玉米和蔬菜等病害。有些寄生在植物上，如粮食及饲料上，使其霉变，并产生毒素，人和动物食后发生中毒。

镰刀菌的分类是当今世界上的一大难题。从 1809 年 Link 建立镰刀菌属以来，镰刀菌的研究已有 190 多年的历史。由于镰刀菌形态变异大，人们常将不同形态的菌当作新种来描述，到了 20 世纪 30 年代，全世界出现了近千种镰刀菌种名。目前，国际上存在 10 种不同的镰刀菌分类系统。1940—1957 年，Snyder 和 Hansen 特别指出镰刀菌的变异性，认为镰刀菌分类必须用单孢分离的方法，最可靠的鉴定性状是大孢子的形状、小孢子和厚垣孢子的有无等。大部分种类在培养基上较少形成子囊壳，而且有些种类至今未发现有性时期，因此，在镰刀菌鉴定上主要根据无性时期的形态特征。

2. 镰刀菌毒素及其致病性　有些种类的镰刀菌能在各种粮食中生长并能产生有毒的代谢产物，如玉米赤霉烯酮、串珠镰刀菌素 C 和单端孢霉素类等。

镰刀菌能在 1~39℃的温度范围内生长，最适温度为 25~30℃（28℃），最适产毒温度通常为 8~12℃。玉米赤霉烯酮可使猪发生雌激素亢进症；单端孢霉素类则阻碍蛋白质合成而引起动物呕吐、腹泻和拒食。不过还有许多现象至今尚未得到明确的解释，如镰刀菌污染的粮食造成的食物中毒，引起的具流行病特征的人类疾病；又如 T-2 毒素造成的白细胞减少症（主要出现在俄国），这种疾病的临床表现是进行性的造血系统功能衰退。

单端孢霉素类要在温度超过 200℃才能被破坏，因此，经过通常的烘烤后，它们仍有活性（在残留的湿气中也要 100℃才能破坏）。粮食经多年储藏后，单端孢霉素类的毒力依然存在，无论酸或碱都很难使它们失活。

3. 检测　单端孢霉烯族真菌毒素一般用免疫亲和-荧光柱法、色谱柱分离测定、薄层色谱法进行检测。

玉米赤霉烯酮检测方法主要有免疫亲和-荧光柱法、薄层色谱法、气相色谱法、高效液相色谱法等。

丁烯酸内酯的简易测定方法是将产毒菌株培养物提取后，在薄板上层析，遇硫酸呈蓝荧光，喷以 2，4-二硝基苯肼呈黄色。

伏马菌检测方法主要有免疫亲和-荧光柱法、免疫亲柱-高效液相色谱法、毛细管电泳法、液相色谱/质谱法。

四、寄生虫污染

影响寄生虫通过食品感染人的因素有很多，如国际旅行、饮食多样化和食品全球化等，感染的结果严重威胁人类身心健康。

机会致病性寄生虫，如隐孢子虫、弓形虫、粪类圆线虫引发疾病时有报道。目前，由于市场开放，家畜和肉类、鱼类等商品供应渠道增加；城乡食品卫生监督制度不健全；生食、半生食的人数增加等，使一些食源性寄生虫病的流行程度在部分地区有不断扩大和多样化的趋势，如旋毛虫病、带绦虫病、华支睾吸虫病。存在于新鲜水源中的原虫，可能是受到含虫卵的人和动物的粪便污染造成，用污染的水浇灌蔬菜和水果，使这些寄生虫寄生其表面或成为感染的来源。弓形虫有时存在于生鲜肉中，尤其是猪肉，需要通过充分的烹调才能消灭他们。

食源性寄生蠕虫主要包括线虫和绦虫。肉和鱼类可能含有蚴绦虫，其可在人的肠道中发展为成虫。除猪和牛是绦虫的宿主外，鱼也是某些绦虫的主要宿主。一些寄生于鱼肠道的寄生虫是不进入肌肉中的，远洋打捞的鱼需要冷藏或冷冻，当温度逐渐降低的时候，这些寄生虫就逐渐向温度尚高的肌肉中移动，因此，对这类鱼的产品检验时也要注意其肉中寄生虫的检验。绦虫的卵可以存在于施过肥的水果或蔬菜中，或者是用污染的水源清洗水果，可使其污染寄生虫。如果人们摄食了含猪绦虫或者牛绦虫的肉或水果、蔬菜，蚴虫从卵囊中孵化出来，穿过肠道、游动到肌肉、脑和身体的其他部位，引起严重后果。有些如旋毛虫、腭口线虫和异尖线虫等，在肉中形成包囊，当人吃了含包囊的肉后，其在人体内发育成成虫。

在不发达地区，尤其是农村的贫苦地区，多种寄生虫混合感染常见。生食或轻微烹调，可能增加与寄生虫接触的机会。缺乏相应免疫系统的人群，寄生虫感染可能造成严重后果，如隐孢子虫病暴发。朝鲜等一些国家海岸线周围的居民喜欢生吃鱼片等，因此，易感染一些从来没有发生在人类的寄生虫病，也使人认识了一些新的人源或食源性寄生虫病。

（一）微小隐孢子虫

1. 流行病和食品卫生学意义 隐孢子虫是一种重要的机会致病性原虫。隐孢子虫病（Cryptosporidiasis）是一种人畜共患病，呈世界性分布。目前，在多种脊椎动物包括哺乳动物、鸟类、爬行类和鱼类中分离出 20 余种隐孢子虫，其中感染人等多数哺乳类动物的为微小隐孢子虫（*Cryptosporidium parvum*）。它能引起哺乳动物（特别是犊牛和羔羊）的严重腹泻，也能引起人（特别是免疫功能低下者）的严重疾病。隐孢子虫卵囊污染土壤、水源、饲草及空气等周围环境，通过消化道传染。1993 年在美国威斯康星州密尔沃基（Milwaukee）403 000 人由于水源污染暴发隐孢子虫病引起了强烈的反响。1987 年美国佐治亚州卡罗顿（Carrollton）13 000 人发生隐孢子虫病，这是第一次报道城市供水系统引起的该病发生。食品也是其重要的传播途径，水生贝类生物如牡蛎、蛤蜊、贻贝等体内都能检出卵囊。在市场销售的蔬菜，其表面也发现有隐孢子虫卵囊，冷、湿润的蔬菜提供了一个最适合其生存的环境，在蔬菜的叶子、根中都发现过隐孢子虫的卵囊。媒介食品主要是生鲜蔬菜、苹果汁、牛乳、新鲜腊肠等。

流行特征：隐孢子虫病呈世界性分布，在澳大利亚、美国、中南美洲、亚洲、非洲和欧洲均有该病流行。各地腹泻患者中隐孢子虫检出率不等，低者仅为 0.6%，高者可达 10.2%。国内于 1987 年首次报道 2 例隐孢子虫病例后，江苏南京、海安、徐州，福建福州、漳州、南平，河南开封，湖南湘中，山东青岛，以及江西赣州等地也有报道腹泻病人隐孢子虫病感染。隐孢子虫卵囊对常规饮用水消毒剂有高度抵抗力。

分子流行病学：应用分子生物学手段已经证实，人型微小隐孢子虫（基因型Ⅰ）、牛型微小隐孢子虫（基因型Ⅱ）均可造成暴发流行，不同地区有着不同的流行虫株。在美国、加拿大和澳大利亚，人型微小隐孢子虫是主要的流行株，表明在这些地区人源性的传播循环占有重要地位。而在英国，主要流行株随着地区差异而有所不同，散发病例主要是由牛型微小隐孢子虫引起，而两起大的水源性暴发则是由人型微小隐孢子虫引发的。

2. 生物学特性 人经口食入微小隐孢子虫卵囊后，在小肠内子孢子自囊内逸出，侵入肠黏膜上皮细胞，发育成滋养体后行无性繁殖，形成成熟的含8个裂殖子的Ⅰ型裂殖体，裂殖子释出后再侵入其他肠上皮细胞，经滋养体再发育为成熟的含4个裂殖子的Ⅱ型裂殖体，裂殖子释出分化成雌、雄配子体，经有性生殖形成卵囊。

生活史中有子孢子、滋养体、裂殖体、裂殖子、配子体、雌雄配子、合子和卵囊等发育阶段，其中卵囊为本虫唯一感染阶段。

微小隐孢子虫寄生于哺乳动物小肠上皮细胞上。卵囊（Oocyst）呈圆形或卵圆形，较小。卵囊内有4个裸露的、呈香蕉形的子孢子，围绕着一个较大的残体（Residual body）。卵囊有2种，一种为薄壁卵囊，子孢子在肠道内直接孵出侵入肠黏膜上皮细胞，导致宿主体内重复感染；另一种厚壁卵囊，经粪便排出后再感染人或其他哺乳动物。

隐孢子虫的生活史简单，整个发育过程无需宿主转换。繁殖方式包括无性生殖（裂殖生殖和孢子生殖）和有性生殖（配子生殖），两种方式在同一宿主体内完成。虫体整个发育期均在由宿主小肠上皮细胞膜与胞质间形成的纳虫空泡内进行。

（1）**裂殖生殖** 卵囊随宿主粪便排出体外后即具感染性，被人和易感动物吞食后，在消化液的作用下，子孢子从囊内逸出，附着于肠上皮细胞并侵入细胞，在纳虫空泡内进行裂殖生殖。子孢子从裂缝中钻出，以其头端与黏膜上皮细胞表面接触后，发育成球形滋养体。滋养体经2～3次核分裂后形成球形的裂殖体。隐孢子虫共有3代裂殖生殖，第1、3代裂殖体内含有8个裂殖子，第2代裂殖体内含有4个裂殖子。裂殖子之间填充着颗粒状残体，并包围着一个大的球形残体。

　　（2）**配子生殖**　第 3 代裂殖子进一步发育成雌、雄配子体。成熟的小配子体含有 16 个子弹形的小配子和一个大残体，小配子无鞭毛和顶体，但在最前端有一个电子致密度很高的附着区，推测在受精过程中起重要的作用。小配子附着在大配子上授精，在带虫空泡中形成合子。合子外层形成卵囊壁后即发育为卵囊。

　　（3）**孢子生殖**　孢子生殖过程也是在纳虫空泡中完成的。在宿主可产生两种不同类型的卵囊，即薄壁卵囊和厚壁卵囊。前者占 20%，在体内自行脱囊，从而造成宿主的自体循环感染；后者占 80%，卵囊随粪便排至体外，污染周围环境，造成个体间的相互感染。从感染到排出卵囊之间所需时间（潜隐期），在不同宿主体内不同，一般为 2～9 天，而卵囊排出期（显露期）可持续数天至数周不等。

　　3. 致病性　隐孢子虫病人、无临床症状的卵囊携带者，其粪便中可排出大量的卵囊，为主要的传染源；动物传染源包括羊、猫、犬、兔和新生小牛等家畜。

　　隐孢子虫卵囊污染水源是国际旅行者感染的主要因素之一。几次暴发病例与井水、表面水和游泳池池水污染有关。水源中表面水的污染与各种农业生产，尤其是与奶牛场污水排放有关。隐孢子虫卵囊在饮水中出现是饮水工业面临的关键性问题。海洋中牡蛎可被卵囊污染，蚌类和贻贝也可从污染的水中过滤和滞留有感染性的卵囊。水鸟亦是传播的媒介。

　　医务人员、实验室工作者、与牲畜密切接触者（如兽医、屠宰工）及同性恋肛交者均有较多的感染机会。由于隐孢子虫在发育过程中能产生薄壁卵囊，因而隐孢子虫可发生自身感染。

　　卵囊是通过粪-口途径从感染宿主传播到易感宿主。传播途径：①通过直接或间接接触造成人与人之间传播，可能包括性行为；②动物到动物；③动物到人；④通过饮水传播；⑤食物传播；⑥空气传播。主要传染源和传播途径分为三大类：动物源性的传播、环境造成的传播和人与人之间的传播。

　　人隐孢子虫病的病情与宿主免疫功能有关。免疫功能正常时，主要表现为急性胃肠炎症状，排带黏液的水样便，有的伴有明显的腹痛。此外，尚有恶心、呕吐、低热及畏食。水泻 1 周即可恢复。当免疫功能低下时，则表现为慢性腹泻，水泻难以控制，病程长达数月，并伴有呕吐、上腹疼挛、体重减轻等。儿童患者还表现为生长迟缓和发育不良。此类患者从粪便持续排出大量卵囊。部分患者可表现为胆囊炎，出现上腹疼痛、恶心、呕吐，同时伴有严重肠炎。

4. 检测和控制 粪检卵囊，可用改良 Kinyoun 抗酸染色，国内韩范报道用改良金胺-酚染色效果较好，卵囊染成玫瑰红色，成熟卵囊内含 4 个月牙形子孢子。由于卵囊排出不规则，所以应多次粪检。

（1）**病原学检查** 主要是应用组织切片染色法、黏膜涂片染色法、粪便集卵法直接观察各发育阶段的虫体，由此可作出确切的诊断。

（2）**动物实验** 要求所用动物为 1～5 日龄的易感动物，主要是用于进一步确诊经集卵法和染色法认为可疑的病理变化。

（3）**免疫学试验** 包括酶联免疫吸附试验（ELISA）、免疫荧光试验（FLA）、单克隆抗体（McAb）技术、免疫印迹法、免疫酶染色技术（IEST）、免疫酶染色试验、间接血凝试验（RPH）、流式细胞仪（FC）免疫检测等。

（4）**分子生物学方法** 核酸技术用于诊断隐孢子虫病，可以鉴别隐孢子虫的近源种或不同株型，在流行病学调查中确定传播途径或评价治疗效果。现已建立了多种方法：常规 PCR、PCR 结合探针标记技术、嵌套式 PCR、随机引物多态性 DNA PCR、反转录 PCR、半定量 PCR、免疫磁性捕获 PCR。

（5）**环境样本检测法** 水中隐孢子虫卵囊的检测需浓集后进行。主要包括四个步骤：卵囊的浓集、卵囊的纯化、卵囊的检测与计数、活性分析。

5. 预防措施 已经对隐孢子虫卵囊灭活疫苗、隐孢子虫亚单位疫苗和隐孢子虫核酸疫苗等隐孢子虫疫苗进行了实验室研究，但尚不能应用于临床。以下措施有助于预防本病：

（1）**加强对病人和病畜的粪便管理** 患隐孢子虫病的病人和动物粪便中含有大量感染性隐孢子虫卵囊，患病犊牛排出的粪便中每克含有 $10^5 \sim 10^7$ 个卵囊。应隔离隐孢子虫病病人和病畜，其粪便可用 10% 福尔马林或 5% 氨水消毒处理。

（2）**加强个人卫生** 不吃不干净的食物，不喝生水，不饮生乳，不吮吸手指，饭前便后洗手。家中有宠物时，应保持其清洁，并定期请兽医检查宠物的粪便中是否有隐孢子虫卵囊。

（3）**医疗人员严格遵守卫生措施** 医护人员和实验室工作人员在护理隐孢子虫病患者、接触隐孢子虫病患者时，应严格遵守卫生措施，如在诊疗过程中使用手套，摘去手套后洗手，病人用过的肠镜等器材和便盆等，在 3%

漂白粉澄清液中浸泡 15 分钟后再予清洗。

（4）**加强水源管理**　隐孢子虫的厚壁卵囊对环境和消毒剂的抵抗力远比其他原虫强，居民供水系统如果受到污染可能引起该病的暴发。除自来水外，湖水、河水、海水、游泳池池水及水上公园和观赏性喷泉用水也有可能被带有隐孢子虫的人或动物的排泄物所污染，因此，不要直接饮用湖水和河水，不要去有可能污染的水域游泳，在游泳或嬉水时注意不要呛水。目前，缺乏可靠而经济的预防隐孢子虫传播的水处理和消毒方法。

（二）广州管圆线虫

1. 食品卫生学意义　广州管圆线虫（*Angiostrongylus cantonensis*）主要寄生于啮齿类动物，尤其是肺部血管，为一种人畜共患病病原。人因食或半生食含感染性幼虫的中间宿主和转续宿主而感染，生吃被感染性幼虫污染的蔬菜、瓜果或喝生水也可能被感染。感染后可引起嗜酸性粒细胞增多性脑膜炎或脑膜炎。广州管圆线虫是陈心陶（1933，1935）首先在广州捕获的家鼠和褐家鼠体内发现的，命名为广州肺线虫，以褐家鼠为终末宿主。后由 Matsumoto（1937）在我国台湾报道，到 1946 年才由 Dougherty 订正为本名。2006 年北京因吃福寿螺而感染 23 人，5 人症状严重。螺是主要贮藏宿主，如东风螺，感染度极高，最多的一只螺内大约有 6 000 条以上。

2. 生物学特性　成虫细长，呈线状，体表光滑具微细环状横纹。头端钝圆，头顶中央有一小圆口，缺口囊，食道棍棒状，肛孔位于虫体末端。雄虫长 11～26 毫米，雌虫长 17～45 毫米。

成虫寄生于终宿主褐家鼠及家鼠的肺动脉内。雌虫在肺动脉内产卵，虫卵随血液流入肺毛细血管，孵出第一期幼虫，此幼虫穿破肺毛细血管进入肺泡，沿呼吸道上行至咽，再被吞入消化道，随宿主粪便一起被排出。当幼虫被吞入或主动侵入中间宿主（螺类及蛞蝓）体内后，在其组织内经 2 次蜕皮发育为第三期幼虫，即为感染性幼虫。鼠类等终宿主因吞食含有感染性幼虫的中间宿主、转续宿主及被感染性幼虫污染的食物而受感染。

人是广州管圆线虫的非正常宿主。广州管圆线虫在人体内的移行、发育大致与鼠类相同。但幼虫一般只停留在脑和脊髓，不在肺血管完成发育。因此，人体内虫体停留在第四期幼虫或成虫早期（性未成熟）阶段。但当机体免疫力下降时，虫体可以入肺动脉完成发育。在我国发现的本虫中间宿主有褐云玛瑙螺、皱疤坚螺、短梨巴蜗牛、中国圆田螺、方形环棱螺、福寿螺和蛞蝓，其中褐云玛瑙螺和福寿螺对广州管圆线虫幼虫的自然感染率为29.76％和69.5％；转续宿主有蟾蜍、蛙、蜗牛、咸水鱼、淡水虾等。广州管圆线虫可寄生于几十种哺乳动物，包括啮齿类、犬类、猫类和食虫类。终宿主以褐家鼠和黑家鼠较多见。

3. 致病性 潜伏期为20～47天，人的感染通常是自限性的，症状不明显，但具有致命结果。主要症状是头疼，也有其他症状，包括痉挛、呕吐、面瘫、机能异常、颈部僵硬和发热。人体广州管圆线虫主要侵犯中枢神经系统，认为与幼虫嗜神经性有关。幼虫侵犯人体中枢神经系统后，在脑和脊髓内移行造成组织损伤及其死亡后引起炎症反应，可导致嗜酸性粒细胞增多性脑膜炎或脑膜炎、脊髓膜炎和脊髓炎，使人致死或致残。病变集中在脑组织，除大脑和脑膜外，还可波及小脑干和脊髓。

4. 检测和控制 本病的诊断主要依据有吞食或接触含本虫的中间宿主或转续宿主史、典型症状与体征。

对广州管圆线虫的中间宿主和转续宿主必须熟食，洗干净并去除附着在蔬菜上的小型软体动物；不喝生水；加工螺类、虾及蟹类时注意防止污染厨具；积极灭鼠，消灭传染源。

（三）刚地弓形虫

1. 流行病和食品卫生学意义 刚地弓形虫（*Toxoplasma gondii*）是一种人和动物的专性细胞内寄生原虫。1908年法国学者Nicolle和Manceaux在北非突尼斯的刚地梳趾鼠（*Ctenodactylus gondii*）脾脏单核细胞内发现此虫，因其虫体呈弓形，故命名为刚地弓形虫。弓形虫呈世界性分布，细胞内专性寄生，可寄生于除成熟红细胞以外的任何有核细胞。引起人畜共患的弓形虫病，尤其在宿主免疫功能低下时，可造成严重后果，属机会致病原虫（Opportunistic protozoan）。

1937年，Wolf和Cowen首次报道了人的先天性弓形虫病，引起了全世界的关注。1940年，Pinkerton和Weinman又首次报道了成人感染弓形虫后死亡的病例，引起了轩然大波，自此弓形虫这个微小而又独特的虫子，在整个原虫大家族里声名鹊起。1948年，Sabin和Faldman成功研究出了诊断弓形虫病的染色试验（Dye test），这是一个敏感、特异的血清学诊断方法，至今仍在弓形虫病流行病学调查中体现出实用价值。1954年，Weinman和Chandler发现采食未煮熟的肉可引起弓形虫病。随后Hutchison于1965年首次发现猫的粪便具有感染性。

在中国，弓形虫病的发现和研究可追溯到 1955 年，于恩庶首次在福建平潭的猫和兔体内分离出弓形虫，随后又从猪和豚鼠中分离成功；1963 年发现鼠类的自然感染；1964 年谢天华首次报道了一例人眼弓形虫病，同年福建也发现一例神经型弓形虫病患者；1965 年朱汝禄等在海康从黄毛鼠心血染色涂片中检出类似弓形虫的半月形病原体；1979 年娄启戢从一例肌炎患者的病理组织切片中发现弓形虫的滋养体。此后，湖北、广西、广东、北京、江苏、陕西和黑龙江等地相继有病例报告。1997 年上海首先从"无名高热"猪体内分离出弓形虫，证明了我国存在猪弓形虫病的暴发流行，继之，北京、江苏、辽宁、湖北、广东、山东、黑龙江、浙江和甘肃等地也相继报道了猪弓形虫病的流行，与此同时发现了牛、马、羊、鹿、兔和鸡等动物的弓形虫病。1980 年以来，在全国范围内进行的人和动物弓形虫病的流行病学调查表明，迄今为止，在中国所有直辖市、省、自治区均发现了弓形虫病的感染。

弓形虫病是一种人畜共患病，宿主种类十分广泛，人和动物的感染率都很高。据国外报道，人群的平均感染为 25%～50%。在美国，弓形虫以慢性无症状形式寄生的人口约占全部人口的 1/3。而在中国，人弓形虫病感染率虽然没有欧美国家高，但在畜牧业发达的地区人弓形虫病感染率相对较高。不仅如此，在畜牧业中，动物弓形虫病严重地影响了畜牧业的良性发展，尤其是在养猪业中，弓形虫的危害更为巨大，个别猪暴发弓形虫病会使整个猪场的猪发病。20 世纪 70 年代后期，猪弓形虫病大流行，死亡率高达 60% 以上，引起兽医部门的重视。到 80 年代，卫生部门对人体弓形虫病开始重视，有关学者开始对此病进行较系统的研究，基本上掌握了我国弓形虫病的流行特征。由于新技术的采用及诊断试剂盒的问世，发现的病例也逐年增多。随着改革开放的深入，人民生活水平的提高，猫、犬、鸟等动物已由一般的饲养逐步变成一些人们爱不释手的宠物。因此，近年来动物弓形虫病已日趋增多，这直接威胁到人类的健康，已开始引起广泛关注。

2. 生物学特性　弓形虫发育需要两个宿主，经历无性生殖和有性生殖两个世代的交替。猫科动物为终宿主。弓形虫在终宿主小肠上皮细胞内进行有性生殖，同时也可在肠外其他组织细胞内进行无性增殖，故猫是弓形虫的终宿主兼中间宿主。在其他动物或人体内只能进行无性增殖，这些动物和人都是中间宿主。中间宿主极其广泛，包括各种哺乳动物和人等。

弓形虫发育的全过程经历 5 种不同形态的阶段：滋养体、包囊、裂殖体、配子体和卵囊。其中，滋养体、包囊和卵囊，与传播和致病有关。刚地弓形虫能感染包括各种哺乳动物在内的中间宿主。这些宿主的急性弓形虫病表现为许多组织细胞内弓形虫速殖子的迅速分裂。随着免疫反应对急性感染的控制，一些速殖子尤其是肌肉和大脑中的速殖子变得有被囊，形成包囊进入休眠阶段。这些包囊包含可以存活数年的、数以百计的缓殖子。如果含有这些包囊的组织被非猫科动物进食，这些缓殖子就进入小肠再次产生感染，最初表现为速殖子的迅速生长，最后表现为有被囊的缓殖子的持续存在。然而，当猫科家族的成员食入有被囊的缓殖子，缓殖子在小肠产生生殖周期，产生大量卵囊。当一个孢子化卵囊被某哺乳动物摄入后，子孢子得到释放进而感染小肠上皮细胞。它们很快倍增变为速殖子，这些速殖子先引起一种急性感染，而后伴随有被囊的缓殖子的形成转为慢性感染，从而完成自然生命周期。

3. 致病性 弓形虫主要引起神经、呼吸道及消化道症状。急性猪弓形虫病的潜伏期为 3～7 天，病初体温升高，可达 42℃以上，呈稽留热，一般维持 3～7 天，精神迟钝，食欲减少，甚至废绝。便秘或拉稀，有时带有黏液或血液。呼吸急促，每分钟可达 60～80 次，咳嗽。视网膜、脉络膜发炎，甚至失明。皮肤有紫斑，体表淋巴结肿胀。怀孕母猪发生流产或产死胎。耐过急性期后，病猪体温恢复正常，食欲逐渐恢复，但生长缓慢，成为僵猪，并长期带虫。

剖检可见肝脏上有针尖至绿豆大、米黄色的小坏死点。肠系膜淋巴结呈绳索状肿胀，切面外翻有坏死点。肺间质水肿，并有出血点。脾脏有粟粒大丘状出血。

4. 检测

（1）**直接镜检** 取肺、肝、淋巴结做涂片，姬姆萨染色，观察；或取患畜的体液、脑脊液做涂片，染色检查；也可以取淋巴结研碎后加生理盐水过滤，经离心沉淀后，取沉淀做涂片染色镜检。此法简单，但有假阴性。

（2）**动物接种** 取肺、肝、淋巴结研碎后加 10 倍生理盐水过滤，加入双抗后，室温置 1 小时，备用。接种前摇匀，每只接种 0.5～1.0 毫升。经 1～3 周，小鼠发病，可在腹腔中查到虫体。

（3）**血清学诊断** 目前，国内常用的有 IHA 和 ELISA。间隔 2～3 周采血，IgG 抗体效价升高 4 倍以上表明感染处于活动期；IgG 抗体效价不高表明有包囊型虫体存在或过去有感染。还可用 DT 法。

（4）PCR 法 提取待检动物组织 DNA，以此为模板，按照发表的引物序列及扩增条件进行 PCR 扩增，如能扩增出已知特异性片段，则表示为阳性。

5. 控制 急性病例使用磺胺类药物治疗有一定疗效，磺胺药与三甲氧苄胺嘧啶或乙胺嘧啶合用有协同作用。亦可用氯林可霉素。

防止饮水、饲料被猫粪直接或间接污染；控制或消灭鼠类；不用生肉喂猫，注意猫粪的消毒处理。

（四）旋毛虫

1. 流行病和食品卫生学意义 旋毛虫病（Trichinellosis 或 Trichinosis）是由旋毛虫（*Trichinella*）的成虫及幼虫寄生引起的一种寄生虫病。旋毛虫寄生于多种哺乳动物，其感染可致人死亡。我国将旋毛虫病列为人畜共患病传染病和二类动物疫病。旋毛虫有 8 个种，在我国分布最为广泛的是旋毛形线虫（*Trichinella spiralis*）和原地毛形线虫（*T. nativa*）。

该病是肉品卫生检验项目之一，在公共卫生上具有重要意义。旋毛虫成虫寄生于小肠称之为肠旋毛虫；幼虫寄生于横纹肌，称之为肌旋毛虫。人、猪、犬、猫等多种哺乳动物均可感染。鸟类可实验感染，人感染旋毛虫可致死亡。该病分布于世界各地。英国学者 Peacock 于 1828 年首次在解剖检查伦敦人尸体时发现旋毛虫包囊。1846 年 Leidy 在猪肉中发现旋毛虫。1881年，在我国厦门猪肉中首次发现旋毛虫。1964 年，我国发现首例人旋毛虫感染。1988—1992 年调查发现，我国人旋毛虫的发生率还有上升的趋势。

2. 生物学特性 旋毛虫发育只需要一个宿主，其感染时，先为终末宿主，后为中间宿主。旋毛虫的易感宿主包括人、猪、啮齿动物及大多数哺乳动物，还包括部分鸟类和爬行动物。旋毛虫成虫寄生于宿主的小肠绒毛，雌虫在肠黏膜产出的第 1 期幼虫随血液或淋巴液进入全身的骨骼肌并在其中发育，形成含有感染性幼虫的包囊。

当另一个宿主食入含有感染性幼虫包囊的肌肉时，幼虫在采食者胃内释出，进入小肠发育为成虫。旋毛虫包囊也可经由吞咽动物尸体的昆虫、软体动物等传播。人主要是通过食入生肉或未煮熟的猪肉及野味感染旋毛虫。

3. 致病性 人感染旋毛虫主要表现为幼虫在肌肉内发育导致的发热、水肿和肌肉疼痛等症状。依据旋毛虫在体内的发育周期，可将临床症状分为以下 3 个阶段：

(1) **早期** 即建立感染到成虫发育成熟期。病人表现有恶心、呕吐、腹痛、腹泻等，通常轻而短暂。

(2) **急性期** 为幼虫移行期。主要表现有发热、水肿、皮疹、肌痛等。发热多伴畏寒、以弛张热或不规则热为常见，多在 $38\sim40℃$，持续 2 周，重者最长可达 8 周。发热的同时，约 80% 病人出现水肿，主要发生在眼睑、颜面、眼结膜，重者可有下肢或全身水肿。皮疹多与发热同时出现，好发于背、胸、四肢等部位。全身肌肉疼痛甚剧，多与发热同时出现或继发热、水肿之后出现。重症患者咀嚼、吞咽、呼吸、眼球活动时常感肌肉疼痛。

(3) **恢复期** 即急性期症状渐退期。表现为包囊幼虫所致症状。病程第 $3\sim4$ 周，急性期症状渐退，而乏力、肌痛、消瘦等症状可持续较长时间。

猪、犬等动物由于宿主间的差异和感染轻重的不同，临床症状表现不一，但大部分情况下症状轻微或无症状。感染重剧者常见有腹泻、发热、呼吸困难等。

因感染旋毛虫死亡的病人，其腓肠肌切片经 HE 染色可见到旋毛虫幼虫（低倍视野中最多可见 $5\sim7$ 个幼虫），并可见到旋毛虫肉芽肿形成。光镜下见包囊呈椭圆形或梭形，囊壁明显，内壁为胶原纤维，外壁为变性的横纹肌纤维。光镜下见非包囊型有两种现象，一是横纹肌间可见与横纹肌平行排列的旋毛虫纵切面，虫体周围大量淋巴细胞和嗜酸性粒细胞浸润；二是横纹肌间小血管内皮细胞肿胀，周围可见淋巴细胞和嗜酸性粒细胞。病灶处横纹肌肿胀断裂，部分横纹消失，在肌纤维断裂处可见多个不等的肌细胞核聚集。

猪感染旋毛虫时，在肌纤维间分布有大小不等的梭形、卵圆形或带状的包囊型和非包囊型旋毛虫病灶。肌纤维呈现不同程度的变化。部分横纹消失，肌纤维着色不均呈斑驳状。肌膜内陷，甚至发生断裂。大部分病料见肌纤维间脂肪浸润，尤以包囊周围最明显。肌纤维断裂处肌细胞核大量增殖。

4. 检测

(1) **旋毛虫压片镜检、集样消化等诊断技术** 参见《猪旋毛虫病诊断技术》（GB/T 18642—2002）。上述技术中，压片镜检仅供参考，不推荐作为肉品检疫的标准方法。

(2) **酶联免疫吸附试验（ELISA）** 此法适用于进行大规模的流行病学调查和防控监测。

5. 控制 在有条件的地方尽量建立工业化养猪场。在养猪场应进行以下防治措施：①建立屏障，防止鼠等啮齿动物进入猪圈和粮仓（通风口和下水道应使用孔径小于1厘米的铁丝网覆盖）；②旋毛虫特异性抗体阴性的新猪才允许进入养猪场；③对死亡的动物做清洁处理；④确保养猪场无生的或未适当加热的残食或含肉的残食被猪食用。

加强猪肉和其他动物肉品的检疫。

加强健康教育，使人民大众改变不良的饮食习惯和烹饪方法，不食生或半生猪肉及其他动物肉类和肉制品，提倡生、熟食品刀、砧分开，防止生肉屑污染餐具。

6. 药物治疗　人每天按每千克体重用丙硫咪唑 20～35 毫克，分 3 次内服，连服 7 天。或噻苯咪唑 50 毫克，分 3 次内服，连用 7 天。

猪按每千克体重用丙硫咪唑 60 毫克，加石蜡油 5 倍稀释成悬浮液，一次肌内注射，连用 3 天；或噻苯咪唑 50～100 毫克内服，1 次/天，连服 7 天。

（五）猪囊虫

1. 流行病和食品卫生学意义　猪囊虫病（Cysticercosis）也叫猪囊尾蚴病，是由猪带绦虫幼虫（即猪囊尾蚴）寄生于人、猪、野猪等动物体内所引起的一种人畜共患寄生虫病。猪囊虫病在我国各地均有发生和流行。我国列为二类动物疫病和人畜共患传染病。

该病是肉品卫生检验项目之一，在公共卫生上具有重要意义。

2. 生物学特性　猪囊尾蚴的唯一终末宿主为人，中间宿主为猪、野猪，人和犬偶尔也可成为中间宿主。成虫猪带绦虫寄生于人的小肠，而猪囊尾蚴则寄生于中间宿主的肌肉组织。

猪带绦虫虫卵随人粪便排出后被猪吞食，幼虫进入猪的组织中发育为感染性的囊尾蚴。人通过食入未烹熟的猪肉而感染猪囊尾蚴，后者在人体内发育为成虫。此外，人还可通过污染的食物和饮水，或是肠道逆蠕动而感染虫卵，后者在体内各处发育为囊尾蚴。

3. 致病性　猪带绦虫成虫大量寄生时，可造成病人不适和腹泻。囊尾蚴感染在人有多种临床表现形式，取决于包囊寄生的位置及数量。囊尾蚴寄生于脑部时，出现颅高压、癫痫、神经衰弱等症状，甚至死亡。寄生于眼部则导致视力减退甚至失明。寄生心肌则导致心肌肥厚或缺血等症状。囊尾蚴还能寄生于肺、肾脏、肝脏等其他部位，引起相应功能障碍。

感染囊尾蚴的病猪一般无明显症状，或呈现慢性消耗疾病的一般症状。

极严重感染的猪可能有营养不良、生长迟缓、贫血和水肿等症状，被毛长而粗乱，贫血，可视黏膜苍白，且呈现轻度水肿。脑部大量寄生时，可引起神经症状，甚至突然死亡。

由一个囊体及内翻头节组成的囊尾蚴，大小为1~2cm，在肌纤维间很容易辨识。囊尾蚴通过对周围组织的退行性裂解而形成一个钙化的包囊。

4. 检测

（1）**病原鉴定** 猪囊尾蚴外观呈椭圆形囊泡状，长1~2厘米，囊壁有一乳白色的头节。猪带绦虫成虫长3~5米，头节有4个吸盘，顶突上的角质小钩排成两列，数目为22~36个。孕节的子宫分支为7~16个。

（2）**血清学诊断** 酶联免疫吸附试验（ELISA）、斑点免疫印迹（Dot immunoblot）适用于大规模的流行病学调查，但不适用于猪囊虫病的诊断。对人脑囊虫疑似病例，可通过联合计算机体层摄影（CT），结合脑脊液囊尾蚴抗体检测进行诊断。

5. 控制 讲究卫生，尤其是以散养方式喂养生猪的农村地区，防止猪吃人粪而感染猪囊虫病。

加强肉品卫生检验，大力推广定点屠宰，集中检疫。未经检疫或检疫出猪囊尾蚴感染的猪及猪肉制品严禁上市或养殖户自己食用。

加强宣传教育，提高人民对猪囊虫病危害性和感染途径的认识，自觉、积极防治猪囊虫病。注意个人卫生，改变饮食习惯，不吃生的或半生的猪肉、野猪肉。吃烧烤时一定烧熟烧透，以防感染猪囊尾蚴。

在猪囊虫病流行区内，应定期对居民进行猪囊虫病的流行病学调查，以便及时发现患者和诊治，从而消灭病原体。

6. 治疗 对感染猪囊尾蚴的病人，可用以下两种药物进行治疗：①丙硫咪唑（阿苯达唑），剂量为每千克体重15毫克，每天服用2次，连用8~30天；②吡喹酮，剂量为每千克体重20毫克，每天服用2次，15天为一疗程，连服6天。必要时，需进行外科手术，移除虫体包囊。

对感染囊尾蚴的猪，可用复方吡喹酮注射液进行治疗，剂量为每千克体重80毫克。也可采用吡喹酮或丙硫咪唑口服治疗，每天剂量为每千克体重30毫克，连用3次。

（六）微孢子虫

1. 流行病学及食品卫生学意义 微孢子虫（*Microsporidia*）是专性细

胞内寄生原虫，宿主广泛，常见于节肢动物和鱼类，易感染人类和其他哺乳动物，为一类人畜共患寄生虫病。目前，已发现至少 6 个属，约 14 种微孢子虫能感染人。一般认为，引起哺乳动物和人疾病的有下列几种：脑炎微孢子虫属的兔脑炎原虫（*Encephalitozoom*）、荷兰脑炎原虫（*E. hellem*），肠上皮细胞微孢子属的双年肠孢虫（*Enterocytozoon bieneusi*），以及微粒子属（*Genus Nosema*）、匹里虫属（*Genus Pleistophora*）的某些种。微孢子虫病是一类人畜共患寄生虫病，它广泛分布于亚、非、欧、美各地，我国香港、广州也已发现人体微孢子虫病。

微孢子虫能通过水源、食品及食品加工者等传播，经动物途径传播更为常见。孢子对外界抵抗力极强，污染食品后生存能力强。

2. 生物学特性　微孢子虫属微孢子虫纲、微孢子虫目。现已报道的微孢子虫约有 150 多种，统称微孢子虫。本虫是原始真核生物，虫体内无线粒体，无中心粒，仅含有类原核的微粒体，但仍具有原核生物的某些特点。由于其独特的结构及特殊的生物学特性，将其列为一独立的原生动物门——微孢子门。

成熟的孢子呈椭圆形，其大小随虫种不同而异，一般为 1～3 微米，用韦伯氏染色，孢子染成红色并具有折光性，孢壁着色深，中间淡染或苍白。许多孢子还可呈现典型的带状结构，即呈对角线或者垂直红染的腰带状包绕。

生活史：不同的微孢子虫发育周期有所不同，但一般认为，生活史主要包括裂体生殖和孢子生殖两个阶段，且在同一宿主体内进行，无有性生殖。生活史周期一般为 3～5 天。有的微孢子虫是在宿主的细胞质中的纳虫泡（Parasitophorous vacuole）内生长繁殖，有的则直接在宿主细胞的胞质中生长。生活史的第一阶段是裂体生殖时期，具感染性的成熟的子孢子被宿主吞食。孢子侵入细胞的方式特殊，其先伸出极丝穿入宿主细胞，然后孢子质通过中空的极丝注入宿主细胞质内。第二阶段是孢子生殖时期，形成大量的孢子，并逐渐发育成熟为感染性孢子。这些孢子可感染宿主的其他细胞并开始新的生活周期。当宿主死亡或被其他宿主吞食，孢子被释出并感染新宿主。肠道微孢子虫常寄生于空肠和十二指肠的肠绒毛顶部。

3. 致病性　微孢子虫的传播方式尚不十分清楚，可能是宿主吞食了成熟的孢子所致。另外，从本虫最常见于艾滋病患者，尤其是人类免疫缺陷病毒阳性的男性同性恋者来看，提示性接触传播的可能。食品和水源污染可能是另一个危险传播途径。

不同种的微孢子虫对人体致病性有所不同。作为机会致病病原体，微孢子虫感染的临床表现轻重与人体免疫状况密切相关。临床症状依感染部位不同而异，感染好发于空肠及十二指肠，虫体聚集在病变部位，病理变化通常较轻，可见肠绒毛轻度低平、变钝，严重时萎缩，肠上皮细胞退化、坏死、脱落。晚期形成肠囊肿。患者的症状主要是慢性腹泻、水样便，腹泻可引起脱水、低钾低镁血症。常有D-木糖和脂肪吸收不良。其他部位如肝、肾、脑、肌肉、角膜等组织器官，常见相应的病变，如角膜炎、肝炎、胆囊炎、尿道炎、肾炎、膀胱炎和肌炎等。

4. 诊断　电镜检查病原体是目前诊断本病最可靠的方法，并可确定其种属。利用光镜检测粪便、尿液、十二指肠液、胆汁液及其他体液。免疫学检测微孢子虫抗体，可使用免疫荧光试验、酶联免疫吸附试验、过氧化物酶抗过氧化物酶抗体复合物法（PAP）等。分子生物学方法有PCR技术等。另外，还有皮内试验检查法。

（七）矛形双腔吸虫

1. 食品卫生学意义　矛形双腔吸虫（*Dicrocoelium dendriltium*）又称枝岐腔吸虫，属双腔科，双腔属。虫体寄生于牛、羊等反刍兽及猪、马、兔的肝脏、胆管和胆囊内，偶尔也寄生于人体内。通过食品、蔬菜和转运宿主感染人。

2. 生物学特性　比片形吸虫小，色棕红，扁平而透明；前端尖细，后端较钝，因呈矛形而得名。虫体长5～15毫米。矛形双腔吸虫在发育过程中需要两个中间宿主，第一中间宿主为多种陆地螺，第二中间宿主为蚂蚁。当易感反刍兽吃草时，食入含有囊蚴的蚂蚁而感染，幼虫在肠道脱囊，由十二指肠经总胆管到达胆管和胆囊，在此发育为成虫。

病畜肝内成虫排出的虫卵随胆汁进入肠道，随粪便排出体外，被陆地螺吞食后，在其体内经毛蚴、母胞蚴、子胞蚴及尾蚴等发育阶段，成熟尾蚴自螺体逸出后黏附在植物上，被蚂蚁吞食后形成囊蚴，牛、羊等吃草时吞食了含囊蚴的蚂蚁而受感染。幼虫由十二指肠经总胆管或胆管（人）内寄生，经72～85天发育为成虫。

3. 致病性　无特异性临床表现。疾病后期可出现可视黏膜黄染，消化功能紊乱，慢性消耗性腹泻或便秘，右上腹疼，逐渐消瘦，皮下水肿，最后因体质衰竭而死亡。病理特征是慢性卡他性胆管炎及胆囊炎。本病几乎遍及全世界，多呈地方性流行。在我国主要分布于东北、华北、西北和西南等省、市、自治区，尤其以西北各省、市、自治区和内蒙古较为严重。宿主动物极其广泛，哺乳动物达 20 余种，除牛、羊、马、骆驼、鹿、兔等家畜外，许多野生偶蹄动物也可感染。

在温暖潮湿的南方地区，第一、第二中间宿主可全年活动，因此，动物几乎全年都可感染。

4. 检测和控制　虫卵检查。不要生吃蔬菜和未熟透的食品。

(八) 阔节裂头绦虫

1. 流行病学和食品卫生学意义　阔节裂头绦虫（*Disphyllobothrium latum*）寄生于人和多种食鱼动物，如犬、猫、狐、熊、狼、狮、虎等；成虫主要寄生于犬科食肉动物，也可寄生于人；裂头蚴寄生于各种鱼类，是一种人畜共患病病原。人的感染多由于食用了没有熟透的鱼类食品。在人群中感染率最高的是加拿大的爱斯基摩人，其次是俄国和芬兰。我国仅在黑龙江和台湾有数例报道。喜食生鱼及生鱼片，喜食盐腌、烟熏的鱼肉或鱼卵及果汁浸鱼，以及在烹饪过程中尝味等都极易受到感染。人类污染河湖等水源也是造成本病流行的一个重要原因。阔节裂头绦虫主要分布在欧洲、美洲和亚洲的亚寒带和温带地区，以俄罗斯病人最多。

2. 生物学特性　成虫虫体较大，可长达 10 米，最宽处 20 毫米，具有 3 000～4 000 个节片。头节细小，呈匙形，长 2～3 毫米。其背、腹侧各有一条较窄而深凹的吸槽，颈部细长。虫卵近卵圆形，呈浅灰褐色，卵壳较厚，一端有明显的卵盖，另一端有一小棘。

3. 致病性　成虫寄生于宿主小肠。人体感染多无明显症状，有些患者有轻度腹痛、腹泻，自感疲乏、无力和肢体麻木。由于虫体多取宿主的维生素 B_{12}，引起相似于恶性贫血的大红细胞贫血，并常发生感觉异常、运动失调、深部感觉缺陷等神经症状。动物临床表现与人相似，主要为呕吐、腹泻和轻度慢性肠炎，被毛粗硬、蓬乱，皮肤干燥，有的出现贫血、神经症状。

4. 检测和控制　检查粪便中的虫卵和节片。

加强卫生宣传教育，改变食鱼习惯，不食生的和不熟的鱼肉，也不要用生鱼或其废料饲喂犬、猫。避免粪便污染河湖。在本病流行区，特别是在嗜食生鱼的地区，供应市场的鱼类事先作冷冻处理可降低人群感染率。

第四节 动物源性食品的化学性污染

化学污染物质对动物源性食品影响的特点是，作用对象广泛、区域广泛。20世纪50年代中期在日本曾经发生过人因吃了受重金属汞污染的鱼而患上水俣病的震惊世界的事件，妇女生下的婴儿多数患先天性麻痹痴呆症。在瑞典，曾发现在排放镉、铅、砷的冶炼厂工作的女工，其自然流产率和胎儿畸形率均明显升高。化学性污染对人体健康的危害有些是潜在的，在短期内表现不出来，如重金属镉中毒可在20～30年后表现出来，有机氯农药虽已禁用多年，但现在在某些胎儿、婴幼儿体内还可查出。当今人类癌症80%～90%的致病因素与环境污染物有关，其中因化学污染诱发的癌症达90%以上。

动物源性食品中的化学性污染主要来自于食品原料本身含有的，在食品加工过程中污染、添加的，以及由化学反应产生的各种有害化学物质，主要包括以下几种：兽药和饲料添加剂残留、农药残留、工业"三废"污染、食品添加剂污染等。

一、兽药和饲料添加剂残留

兽药和饲料添加剂的使用在极大促进了养殖业发展的同时，因不规范使用甚至滥用，也大大增加了在动物性食品中的残留。兽药和饲料添加剂残留是我国动物性食品出口的主要制约因素，不仅直接影响养殖业的可持续发展，而且还会引起细菌耐药性的增加，使生态环境恶化，直接或间接影响人类健康。因此，了解动物源性食品兽药和饲料添加剂残留的现状及存在的问题，采取有效的防控措施有着深远的意义。

（一）引起兽药和饲料添加剂残留的原因

兽药和饲料添加剂在防治动物疾病、提高生产效率、改善畜产品质量、满足畜产品需求等方面起着十分重要的作用。然而，由于从事养殖业的人员对科学知识的缺乏及单纯追求经济利益，致使滥用兽药现象在当前畜牧业及水产业中普遍存在，兽药残留问题引起的食品安全事件屡见不鲜。造成兽药和饲料添加剂残留的原因有很多，综合我国情况主要有下列原因：

1. 非法使用违禁药物　　有些兽药容易残留在动物可食组织中，而且残留期长、对人体危害大，因而我国规定禁止用于食用动物。农业部已公布了氯霉素、硝基呋喃等 35 种（类）禁用兽药。欧盟明令禁用或重点监控的兽药及其他化合物有 30 种（类），美国有 11 种（类），日本有 11 种（类），我国香港地区有 7 种（类）。然而，在经济利益的驱动下，在畜牧业生产中，部分生产者和单位却未能严格执行国家和进口国的规定，违规使用兽药及添加剂。我国曾出现过多起瘦肉精中毒事件，就是商家使用违规药物 β-兴奋剂（盐酸克伦特罗，俗称"瘦肉精"）所致。此外，类固醇激素（如乙烯雌酚）、镇静剂（如氯丙嗪）、雌激素、同化激素、呋喃唑酮也是常见的饲料添加剂中的违禁药物。

2. 不遵守休药期的规定　　该问题主要集中在药物饲料添加剂方面。休药期的长短是根据药物进入动物体内吸收分布、转化、排泄与消除过程的快慢而制定的。根据农业部《兽药休药期规定》，对临床常用的兽药和饲料药物添加剂，要求兽药厂生产的所有产品标明停药期。但是部分养殖业主使用含药物添加剂的饲料时很少遵守规定。在畜禽出栏前或产蛋、产奶期间还继续使用兽药，造成兽药残留。最为典型的是患乳腺炎的奶牛在用抗生素治疗期间，所产的"抗生奶"仍然出售。在禽蛋业，多数抗球虫药和其他一些药物添加剂在产蛋期应该禁用的（如盐霉素、氯苯胍、莫能菌素、泰乐菌素等），却依然应用，造成药物在蛋中残留。

3. 不合理用药　　随着饲养的集约化，耐药性问题日趋严重。药物及药物添加剂的使用量也越来越大，药物残留时间及残留量也随之增加，即使按照休药期停药也可能造成残留超标。《药物添加剂使用规定》中，将 57 种药物添加剂划分为两类：防治动物疾病类药物，实行兽医处方管理，饲料厂不得擅自将其添加到饲料产品中；促进动物生长类药物，允许添加到饲料中，但必须在饲料标签上标明药物成分、含量、休药期等信息。但是我国养殖业普遍存在长期使用药物添加剂，不按用药处方给药，随意使用高效或新一代抗生素，滥用人畜共用药物，都会增加兽药残留。另外，由于没有用药记录而重复用药的现象也较为普遍。

4. 兽药标签不规范　　《兽药管理条例》明确规定：标签必须写明兽药的主要成分、含量等。但有些兽药厂家违规操作，任意夸大药物适应证，不标明兽药化学名称、主要成分、禁忌和毒副作用。用户根本无法确定如何科学合理用药，只是根据病症盲目用药。个别药厂使用其他厂家的成品或半成品兽药，非法改变剂型或包装后即变为自己的产品，不敢在标签上写明成分和含量。这些违规做法都会造成兽药残留超标。

5. 环境污染造成药物残留 大量使用兽药，动物未能完全吸收和代谢，就通过粪、尿排出体外，污染环境。使用消毒剂对厩舍、饲养场和器具等进行消毒，也可造成环境的污染。环境中的药物又会污染饲料、饮水，进而通过食物链进入动物体内，引起动物源性食品的兽药残留和再污染。

6. 防疫体系不完善及监管盲点的存在 我国畜牧业以农户分散养殖为主，从业者整体素质偏低。粗放型家庭式分散饲养，疾病监控和防治比较薄弱，再加上管理和技术方面落后，整个防疫体系不完善，致使兽药和药物添加剂的使用量增大，兽药残留的可能性也随之增大。

另一方面，药检监督部门对生产销售和使用违禁药物管理不严，缺乏兽药残留检验机构和必要的检测设备，兽药残留检测标准、制度不够完善，同样导致兽药残留的发生。

（二）兽药和饲料添加剂残留的危害及控制措施

兽药和饲料添加剂的大量使用，带来了两方面的负面影响：一方面是大量外源性化学物进入畜产品中，使动物源性食品中药物残留越来越严重，对人类的健康和公共卫生构成威胁，这包括对消费者的直接毒性作用，如引起急性、慢性毒性作用，过敏反应，以及致畸、致癌和致突变作用。抗生素药物残留会造成病原菌耐药性增加，并对人类胃肠道正常菌群产生不良影响，致使正常菌群平衡被破坏，从而使致病菌大量繁殖，增加人类疾病的治疗难度。另一方面，各类大型养殖场的动物使用兽药和饲料添加剂后，大部分以原药和代谢产物的形式经动物的粪便和尿液进入生态环境中，对土壤环境、水体等带来不良影响，并通过食物链对生态环境产生毒害作用，影响其中的植物、动物和微生物的正常生命活动，最终将影响人类的健康。

1. 对人体健康的影响 使用饲料添加剂的浓度一般很低，加上使用量有限，大多数并不能引起毒害作用。但也有少数人由于吃了有药物残留的动物源性食品而发生急性、慢性中毒的现象。许多兽药都有一定的毒害性，如果长期食用含有这些成分的动物产品就可能产生慢性毒害作用，影响人体健康。对消费者直接危害较大的主要有：激素类饲料添加剂、微量元素饲料添加剂和抗生素类兽药。

（1）**激素类残留的毒害作用** 激素类饲料添加剂，如性激素、生长激素、甲状腺激素、兴奋剂等，都能促进动物生长发育、提高日增重、消除性臭，但是同时也造成动物产品的污染。激素在动物产品中的残留，可使人产生急性、慢性中毒，致癌作用和激素样作用。β-兴奋剂如盐酸克伦特罗（瘦肉精），曾一度广泛应用于动物养殖，以提高动物的瘦肉率，该物质药性强，化学性质稳定，难分解、难溶化，极易在动物产品中残留，再加上一般烹调不能使其失活，人食用含有大量"瘦肉精"的动物产品后，会出现心动过速、血压升高、肌肉震颤、心悸、恶心、头痛和神经过敏等神经中枢中毒失控现象，严重者出现抽搐、昏厥，尤其对高血压、心脏病、糖尿病、甲亢、前列腺肥大患者危险性更大。

20 世纪 70 年代，许多国家均将雌激素或同化激素用作促生长剂，现已发现其具有致癌作用，禁止作为促生长剂。激素类残留的动物产品，还会干扰人的激素功能，对人体产生激素样作用。研究表明，长期食用动物食品中的残留激素，能使男性雌化。医学界已证实，目前青少年性早熟、儿童肥胖也与畜禽食品中的激素残留有关。

（2）**微量元素残留的毒害作用**　微量元素在保证动物机体健康生长和高效生产方面起着十分重要的作用，但是高剂量微量元素一方面可造成环境污染，对饲料生产者造成直接危害；另一方面，可在畜禽产品中残留，间接危害人体健康。饲料生产人员长期接触砷后，可发生皮肤损害甚至皮肤癌，少数工人还可继发肺癌。吸入大量氧化锌粉尘后，可引起锌中毒，一般吸入40 毫克锌即可发作，吸入 80 毫克以后明显发作。高铜可造成动物肝脏铜蓄积，从而使其食用价值下降，甚至对人体产生毒害作用。急性铜中毒可引起胃肠道黏膜刺激症状，恶心、呕吐、腹泻，甚至溶血性贫血、肝功能衰竭、肾功能衰竭、休克、昏迷或死亡。慢性摄入铜过高，可引起儿童肝硬化。高锌和有机砷在动物体内残留虽少，但也影响畜禽产品的安全性。

（3）**抗菌药残留的毒害作用**

①**一般急性、慢性毒性**　人长期摄入药物残留超标的动物源性食品后，药物不断在人体内蓄积，当积累到一定程度后，就会对人体产生毒性作用，能引起急性、慢性中毒。急性中毒可出现头痛、心动过速、狂躁不安、血压下降，严重的可引起死亡。慢性中毒兽药残留的浓度通常很低，长期食用常引起慢性中毒和蓄积毒性。比如：氯霉素能导致严重的再生障碍性贫血。四环素类药物能够与骨骼中的钙结合，抑制骨骼和牙齿的发育。大环内酯类的红霉素、泰乐菌素易引发肝损害和听觉障碍。链霉素、庆大霉素和卡那霉

素等氨基糖苷类药物主要损害前庭和耳蜗神经，导致眩晕和听力减退。磺胺类药物可引起肾损害，特别是乙酰化磺胺在尿中溶解度低，析出结晶后对肾脏损害更大。磺胺类药物还能破坏人体的造血机能。

②特殊毒性　现已发现许多兽药具有致畸、致突变或致癌作用（简称"三致"作用），如雌激素、硝基呋喃类、喹噁啉类的卡巴氧、砷制剂等都已被证明具有致癌作用，许多国家都已禁止上述药物用于食用动物。美国1979 年开始禁用己烯雌酚作生长促进剂。1988 年美国国家毒理研究中心报道，大剂量的磺胺二甲嘧啶（SM2）可引起大鼠甲状腺癌和肝癌的发生率大大增加。由于此药在牛、猪均为常用药，其消除半衰期较长，在美国是造成兽药残留的重要药物之一。直接饲喂大剂量 SM2 可致癌症，但 SM2 残留的动物源性食品进入人体内是否引起癌症，则未有报道。为慎重起见，有的国家 SM2 已禁用于泌乳奶牛。医学界也已证实，呋喃西林是一种致癌抗生素，其残留对人体产生致癌作用；丙咪唑类药物残留对人体产生致畸、致突变作用。

③对人类胃肠道微生物的影响　国内外近年来许多研究认为，有抗菌药残留的动物源性食品，能对人类胃肠道的正常菌群产生不良影响。在正常条件下，人体胃肠道内的菌群与人体能相互适应，且互相制约以维持平衡。如某些菌群能抑制其他菌群的过度繁殖，某些菌群能合成 B 族维生素和维生素 K 以供机体使用。如果长期、过多接触有抗菌药残留的动物源性食品，部分敏感菌群受到抑制或杀死，耐药菌或条件性致病菌大量繁殖，微生物菌群的平衡遭到破坏，从而导致长期的腹泻或引起维生素缺乏等，造成对人体的危害。

④造成人类病原菌耐药性的增加　在牲畜饲料里经常掺入抗生素，杀灭了动物身上通常存在的生命力较弱的微生物，使那些有抗药性的微生物得以繁殖，从而促进了细菌的抗药性，这些有抗药性的菌株不仅代代相传，而且在一定的条件下又能将耐药（抗药）因子传递给其他敏感细菌，使得某些不耐抗生素的致病菌也变成了耐药菌株，给牲畜疾病的防治带来困难。更为严重的是，这些耐药细菌通过食物链进入人体，引起疾病的细菌因为有耐药性，严重影响人体疾病使用抗生素的治疗作用。据美国新闻周刊报道，仅1992 年，全美就有 133 万患者死于抗生素耐药性细菌的感染，这种情况的发生很可能是因为动物细菌对抗生素产生耐药性，通过食物链将这种耐药性病菌转移给人类，使抗生素对人类疾病毫无效果。抗生素等药物进入水中，

使水环境中耐药菌的数量显著增加，使水环境不仅成为耐药菌基因的贮存库，也成为耐药基因扩展和演化的媒介。1999 年 2 月，路透社报道美国科学家在肉鸡饲料中发现了对目前所有抗生素具有耐药性的超级肠球菌。当前，许多国家纷纷立法禁止或限制使用抗生素，如欧盟立法从 1999 年 7 月 1 日起禁止在饲料中添加杆菌肽、螺旋霉素、维吉尼亚霉素、泰乐菌素等 4 种抗生素，从 2006 年 1 月 1 日起禁止在饲料中添加黄磷脂素、莫能霉素、盐霉素和卑霉素。

（4）对人类医疗资源的影响　长期食用含有兽药残留的动物源性食品，不仅导致人体内的微生物始终处于低剂量抗菌药的压力下，而且可使机体体液免疫和细胞免疫功能下降，以至引发各种病变，引起疑难病症，或用药时产生不明原因的毒副作用，给临床诊治带来困难，减少人类宝贵的医疗资源。1997 年 10 月在首次"抗生素应用于食品动物后对人类医疗影响"国际研讨会上，专家一致认为食用动物长期低剂量使用抗生素会增加耐药菌，并且细菌的耐药基因可以在人群中细菌、动物群中细菌和生态系统产生的细菌之间相互传递，由此可导致致病菌产生耐药性而引起人类和动物感染性疾病治疗的失败。因此，建议所有国家禁止使用此类抗生素，以免人类医疗资源丧失。

2. 兽药和饲料添加剂残留的生态危害　兽药和药物性饲料添加剂的广泛使用，使其在不同环境介质中均能进行迁移和转化，由其所诱导的抗性基因也因此具有很高的活性和迁移性，能在全球范围内进行迁移。Pruden 等首次将抗生素抗性基因作为一种环境污染物提出，并指出其可能对动物和人体健康造成的潜在生态风险，建议在养殖业、畜牧业集中地区及受其影响地区应尽快开展水、土壤环境介质中抗生素抗性基因的环境行为研究。

（1）对环境土壤及土壤植被的影响　现代养殖业使用各种微量元素添加剂是在不考虑饲料原料含量的情况下添加的，特别是具有促进动物生长或调节生理和代谢的微量元素（如铜、铁、锌和砷等）添加剂，动物吸收少，大部分随粪便排出体外。研究表明，单胃成年动物对锌的吸收能力为 7%～15%，未被消化吸收部分都随粪便排出。按美国使用砷制剂的标准，一个万头猪场使用含砷的药物添加剂，经 5～8 年，可向周围环境排放 1 吨砷。高剂量微量元素的饲料经畜禽消化道吸收排泄后，大部分的微量元素仍存在于排泄物中，如不能及时被植物转化利用，通过长时间的营养富集，就会造成人类赖以生存的表层土层恶化，影响土壤植被，造成作物减产。

（2）**对土壤微生物的影响** 土壤受到兽药污染后，会扰乱微生物类群的正常秩序，主要表现为对微生物种群数量、群落结构和群落的物种多样性等方面的影响。饲料添加剂中抗菌药物对土壤微生物影响较小而其中的微量元素影响却较大。研究发现，21 种饲料添加剂中的抗菌药物对环境土壤和水中的 36 种典型微生物中的 7 种敏感，其他 29 种微生物具有天然的耐药性，加之环境微生物的种类多、数量大及环境本身对药物的稀释，抗菌药物对土壤微生物生态的影响很小。砷对土壤固氮细菌、解磷细菌、纤维分解细菌、真菌和放线菌均有抑制作用，土壤受砷污染后，土壤呼吸强度降低，其 CO_2 的产量减少并与土壤细菌总数呈正相关。

（3）**对土壤动物的影响** 饲料添加剂中微量元素对土壤动物的种类和数量有明显影响。通过对重金属铜、锌、汞等对土壤中蚯蚓等动物种群的生态影响进行研究发现，重金属污染土壤可使土壤动物种类和数量减少，表现为污染敏感种群的减少或消失。

（4）**对水体及水生生物的影响** 饲料添加剂中的有机物进入水体，使水体富营养化，破坏水域生态平衡，使水中微生物和藻类过度生长，水中的化学耗氧量（COD）、生物耗氧量（BOD）增加，从而引起鱼类的大量死亡。饲料添加剂中抗生素残留进入水中，可造成水环境中耐药菌数量显著增加，使水环境不仅成为耐药菌基因的存库，也成为其扩展和演化的媒介。

（5）**对昆虫的影响** 研究发现饲料添加剂中抗寄生虫抗生素对环境中多种昆虫有强大的抑制和杀灭作用。伊维菌素牛皮下给药，排泄物所含的药量占投药量的 $40\%\sim75\%$，对甲壳虫幼虫的影响较成虫大，可使成虫的繁殖能力下降，幼虫发育受阻；对金龟子的影响可达 10 天。野外实验发现，增加投药量会明显减少各种粪虫数量。阿维菌素在体内代谢较少，大部分以原形排出，进入环境后，仍具有杀虫活性，对环境昆虫生态造成一定的影响。

（6）**饲料添加剂残留对环境的间接危害** 进入环境中的饲料添加剂受环境的光、热、湿度等因素的作用，本身产生转移、转化或在植物、动物体内富集，同时对环境也产生多方面影响。国外对许多饲料添加剂，尤其是药物在环境中的浓度、持续时间及在食物链中的富集作了许多研究。环境中的链霉素、土霉素很少降解并蓄积于环境中；泰乐菌素、竹桃霉素在土壤中降解很少；螺旋霉素低浓度降解很快，高浓度要 6 个月才能完全降解；杆菌肽锌在有氧条件下完全降解需要 $3\sim4$ 个月，厌氧环境中降解更慢。海洋渔场使用土霉素后，淤泥中绝大部分土霉素可在第一周降解，但是较低浓度能存在很长时间（半衰期为87～144天）。另外，饲料添加剂中微量元素直接通过食物链到达人体或动物体内，造成危害。土壤中砷含量每升高1毫克/千克，甘薯块根中砷含量即上升0.28毫克/千克，不用10年该地区甘薯中砷含量即超过国家卫生标准，不能供食用。

3. 给新药开发带来压力 不规范使用或滥用兽药，加重了动物性食品中兽药残留，加快了强耐药能力细菌的出现，同时使得抗菌药物的使用寿命相对变短，这就要求不断研发新药杀灭细菌的强毒株或超强毒株。但成功研发一种新药绝非易事，其需要科学与临床认证；而滥用兽药-加重残留-产生耐药性的恶性循环的周期逐渐缩短，导致新抗菌药研发的速度远落后于细菌的耐药性产生的速度，这是一种更为危险的倾向。

4. 兽药和饲料添加剂残留的控制措施 面对日益严重的畜产品卫生安全问题，如何确保动物源性食品安全，保持消费者对畜产品的信任度，需要政府、畜禽饲养者、屠宰加工者、兽药及饲料生产者等多方面的共同努力。无论是科研工作者、生产者、监管者，还是消费者，真正要做的是以科学的精神、以健康和理性的态度对待动物源性食品安全问题，从各自源头控制兽药残留，提高动物源性食品安全，才是解决问题的关键。

（1）**遵守各项管理条例及相应的法规** 畜牧兽医行政部门要严格执行《兽药管理条例》、《饲料和饲料添加剂管理条例》及其配套规章、规定，规范企业生产、经营行为。《兽药管理条例》对兽药残留监控作出明确规定，要求研制用于食用动物的新兽药，必须进行兽药残留试验并提供休药期、最高残留限量标准、残留检测方法及其制定依据等资料。兽药使用单位必须遵守国务院兽医行政管理部门制定的兽药安全使用规定。根据《兽药管理条例》和《残留物质监控计划》，十几年来，农业部不断完善兽药法规、提高残留检测能力建设、建立兽药残留标准体系、强化兽药使用监管、组织实施残留年度监测计划等，整体推进我国兽药残留监控工作，取得明显成效。目前，农业部已发布《饲料药物添加剂使用规范》、《食品动物禁用的兽药及其他化合物清单》、《动物性食品中兽药最高残留限量》和《兽药休药期规定》。

（2）**严格规范兽药的安全生产和使用** 要坚持治疗为辅的原则，需要治疗时，在治疗过程中要做到科学合理用药，使用通过认证的兽药和饲料厂生产的产品，避免产生药物残留和中毒等不良反应。兽医在处方上必须标明每种药物的休药期，养殖户必须在兽医指导下规范用药，尽量使用高效、低毒、无公害、无残留的绿色兽药，严禁私自用药。饲养过程中要对免疫情况、用药情况及饲养管理情况进行详细登记，必须按照兽药的使用对象、使用期限、使用剂量及休药期等规定严格使用兽药。填写用药登记，其内容至少包括用药名称、用药方式、剂量、停药日期，并将处方保留5年。要按照有关规定要求，根据药物及其停药期的不同，在畜禽出栏或屠宰前，或其产品上市前及时停药，以避免残留药物污染畜禽及其产品，进而影响人体健康。饲养过程中严禁使用国家明令禁止、国际卫生组织禁止使用的所有药物，如己烯雌酚、盐酸克伦特罗和氯霉素等，不得将人畜共用的抗菌药物作饲料添加剂使用。要应用微生态制剂、低聚糖、酶制剂、酸制剂、防腐剂、中草药等绿色添加剂。不应将含药的前中期饲料错用于动物饲养后期，不得将成药或原药直接拌料使用。不得在饲料中再自行添加药物或含药饲料添加物。

(3) **积极开发利用新型抗生素类替代品** 畜产品中的抗生素残留给人类健康带来诸多问题，解决这些问题，一方面可以通过限制抗生素的使用，将抗生素分为饲用型（非处方用药）和治疗型（处方用药），这虽然具有一定的缓解作用，但不能从根本上解决问题；另一方面就是另辟蹊径寻找可以替代抗生素且无残留、不产生抗药性的制剂，目前研究较多的有益生素、寡聚糖、中草药和糖萜类，这些都可以提高动物的免疫力，减少疾病发生几率，并且不产生环境污染和毒副作用，若将它们广泛应用到畜牧生产中，将会克服滥用抗生素所带来的耐药性和药物残留问题。

(4) **应用新型饲料添加剂**

①用有机微量元素代替无机微量元素 有机微量元素具有易吸收、效价高、添加量少、效果好、金属离子排量少的特点，在动物消化道中可以溶解，而且电中性的有机微量元素可以防止金属元素被吸附在阻碍其吸收的不溶性胶体上。在每千克饲料中添加量，赖氨酸铜（100毫克）和蛋氨酸锌（250毫克）分别与硫酸铜（250毫克）和氧化锌（2 000～3 000毫克）的促生长作用相当。

②利用酶制剂 酶制剂是指从生物中（动物、植物、微生物）提取出的具有酶特性的制剂。酶制剂通过参与有关化学反应，促进蛋白质、脂肪等的水解，从而弥补幼小动物消化酶不足，促进幼畜对营养物质的吸收，提高饲料的消化率和利用率，降低排泄量。研究发现，饲料中的磷较多以植酸磷形式存在，植酸磷中的磷在单胃动物中的利用率相当低，使大量的植酸磷从粪中排出。植酸酶可以催化植酸磷向正磷酸盐、肌醇和肌醇衍生物转化，促进

无机磷的释放；植酸酶可使猪饲料中磷的利用率提高 20％～46％；在肉鸡日粮中使用植酸酶，可使其排泄物的磷减少 50％，但需要在添加植酸酶的同时降低饲料中总磷含量。另外，在猪日粮中添加植酸酶还可提高钙、镁、铁等必需元素的利用率。饲料中添加蛋白酶，氮的沉积率可提高 5％～15％。氮沉积率提高 5％，意味着体重 20 千克的猪每天少排出 0.2 克氮，体重 60 千克的猪每天少排出 2 克氮。在断奶仔猪日粮中使用含葡聚糖酶和木聚糖酶的饲用酶制剂，试验组仔猪饲料报酬提高 3.4％。

③利用微生态制剂与化学益生素　微生态制剂是活微生物制剂，又称益生素，它能在肠道中大量繁殖，通过产生抗病物质，改善肠胃微生态环境，调整肠道菌群格局，抑制有害微生物的繁殖，从而提高日粮发酵碳水化合物的水平，促进对氮的利用。研究发现，在仔猪日粮中添加 0.5％的浓缩乳酸杆菌，干物质和氮的排出量分别降低 12.6％和 4.2％。外源性植物凝集素及葡萄糖结合物（主要为寡聚糖）能选择性促进肠道有益菌的增殖，阻止病原菌定植，促进其随粪便排泄，刺激动物免疫反应。由于这些物质具有调整胃肠道微生物区系平衡的效应，亦称化学益生素。研究结果表明，仔猪日粮中添加寡聚糖（果寡糖、甘露寡糖等），可提高仔猪日增重和饲料转化率。

④应用酸化剂　酸化剂能降低饲料 pH，抑制病原菌和霉菌生长；降低日粮 pH，使胃液 pH 下降，提高酶活性，促进铁的吸收；降低肠道内容物 pH，抑制肠道病原菌生长；促进矿物质的吸收，直接参与体内代谢，提高营养物质消化率。每千克仔猪日粮中添加 1.5～2.0 毫克富马酸，仔猪平均日增重提高 9％，采食量提高 5.2％，饲料利用率提高 4.4％，氮平衡提高 5％～7％，代谢能值提高 1.5％～2.15％。在肉鸡饲料中添加 0.4％柠檬酸，可使肉鸡增重提高 2.97％，并改善消化吸收功能，提高饲料利用率。

⑤使用生物活性肽　生物活性肽（BAPs）简称活性肽，是一类分子量小、在构象上较松散、具有多个生物学功能的小分子肽类，其具有独特吸收转运系统，比氨基酸的吸收具有更多的优越性，减少了单个氨基酸在吸收上的竞争，从而促进氨基酸的吸收，降低饲料蛋白供给量。在动物体内，小分子肽类比氨基酸的吸收利用率高，并具有调节组织蛋白质代谢的作用，某些肽类还具有重要的生理活性。在鸡日粮中添加禽胰多肽粗品，能提高采食量和饲料转化率；28 日龄断奶仔猪皮下注射胰多肽粗品，亦能提高饲料转化率；仔猪日粮中添加喷雾干燥血浆粉（SDP）可提高日增重 7.4％，且饲料利用率明显提高；在断奶仔猪日粮中添加生物活性肽，饲料转化率提高

$10.6\% \sim 11.6\%$。

⑥使用中草药制剂替代抗生素　中草药制剂是指以天然中药的物性、味性和生物间关系的传统理论为主导，并以饲料和饲料工业等学科理论及技术为依托，所研制的单一或复合型中草药添加剂。中草药制剂具有天然性、毒副作用小、不易产生抗药性、多功能性（营养作用、增强免疫作用、激素样作用、维生素样作用、抗应激作用、抗微生物作用）的优势。中草药制剂能使肉鸡的成活率提高 6.6%，增重率提高 21.14%，料肉比降低 19.2%，胴体解剖检验发现脂肪无药物残留。对于高产鸡的子宫脱肛具有良好的预防和治疗作用，而且使破壳蛋和软壳蛋分别减少 11.1% 和 17.2%，经济效益提高 2.23%。

（5）**加强饲养管理**　学习和借鉴国内外先进的饲养管理技术，创造良好的饲养环境，增强动物机体的免疫力，实施综合卫生防疫措施，降低畜禽的发病率，减少兽药的使用。一定要做好原料检测、脱毒、保鲜等工作，尤其是饲料添加剂、配合饲料，应具有一定的新鲜度，应具有该品种应有的色、嗅、味及组织形态特征，无发霉、变质、结块、异味、异臭。提倡畜禽标准化、规模化和集约化饲养，加大动物疾病防治力度，减少疾病发生；加强科学饲养管理，提高动物抗病力，减少药物使用，降低（避免）药物残留，确保动物源性食品质量安全。对畜禽疾病要坚持预防为主的原则，使用科学的免疫程序、用药程序、消毒程序、病畜禽处理程序，搞好消毒、驱虫等工作。

（6）**定期进行预防接种**　疾病的传播有 3 个基本环节，即传染源、传播途径和易感动物。要控制和预防疾病就要消灭传染源、切断传播途径和保护易感动物。而保护易感动物不仅仅是通过隔离措施，重要而有力的措施是定期预防接种，通过主动免疫，使动物对病原菌产生抗体，达到免疫保护、减少用药目的。

（7）**加大宣传力度**　通过新闻媒体及多种措施进行宣传，使养殖场（户）、兽药生产和经营单位（个人）、饲料和饲料添加剂的生产、经营单位（个人）及广大消费者了解、掌握科学使用兽药和饲料添加剂的重要性，促使全民充分认识到兽药残留等对人类健康和生态环境的危害。广泛宣传和介绍科学合理使用兽药的知识，全面提高广大养殖户的科学技术水平，使其能规范使用兽药和自觉遵守休药期规定。

（8）**加强兽药残留监控、完善兽药残留监控体系**　新的《兽药管理条例》将残留指标、检测一并纳入兽药管理范畴，为我国实施兽药残留监控计划奠定了法律基础。加快国家、部、省三级兽药残留监控机构的建立，加大监控力度，严把检验检疫关，严防兽药残留超标的产品进入市场，销毁超标产品并处罚超标者，促使畜禽产品由数量型向质量型转变，使兽药残留超标的产品无销路、无市场，迫使广大养殖场户科学合理使用兽药、遵守休药期的规定，从而控制兽药残留。改革兽医管理体制，加强对饲料生产企业、兽药生产企业及养殖过程的监管。积极推进兽医体制改革，将政府行为与市场行为、执法行为与服务行为区别开来，逐步推行兽医从业资格准入制度和兽医官制度，突出执法职能，本着精简高效、责权分明、规范执法、强化服务、完善机构、稳定队伍的原则，建立新型的兽医体系。建立兽药残留监控计划，把对人体健康危害大、国外重点监测、国内有滥用倾向的兽药列入重点监控计划中。严厉查处生产、经营、使用违禁兽药的行为。对违反国家规定的兽药生产（经营）企业、饲料厂、畜禽养殖场（户）要严厉查处，对查出的含违禁药物的饲料、兽药、畜禽及其产品要坚决进行无害化处理，并对有关单位（个人）进行严厉处罚，并实行溯源制度。兽药饲料监察机构应加强畜产品安全控制的意识，主动承担检测、监测和科研任务，对养殖场（户）、屠宰场和食品加工厂开展兽药残留的实际检测工作，为兽药残留的控制提供科学依据。

综上所述，在管理不到位的养殖场滥用药物和饲料添加剂，使生态环境受到污染，而环境中的有毒、有害物质可通过食物链的形式进入动物体内蓄积，再通过畜产品进入人体。因此，人类往往是终端生物的蓄积者，有毒、有害的物质在人体蓄积浓度为最高。如不逐级控制和减少有毒、有害物质对畜产品的污染，由畜产品引起的公害给人类带来的健康隐患将是难以估量的。鉴于此，畜牧兽医工作者必须高度重视。

在食品动物生产过程中，为达到某种预防、治疗及减少应激等目的，人为使用某些药物或添加剂，导致食品动物的肉类产品及其副产品的兽药残留等，已成为一个令人关注的卫生学问题。药物和饲料添加剂残留导致的动物性食品安全问题关系到国家的政治安定和经济稳定发展，关系到广大人民群众的身体健康和生活水平。搞好动物源性食品的卫生安全工作，需要全民素质的提高，需要政府尤其是动物防疫监督机构、工商管理部门、养殖生产者和屠宰加工企业的共同努力。只有政府健全食品安全法；监管部门完善监管体系；生产者本着对消费者负责的态度，提高动物源性食品质量；消费者理性地看待食品安全，严把"入口"关，拒绝有害食品，食品安全问题才有可能够得到较好的解决。

二、农药残留

农药残留是指农药使用后，其母体、衍生物、代谢物、降解物等在农作物、土壤、水体中的残留。其中，卫生学意义最大的是农药在食品与饲料中的残留。农药残效是指农药除在使用时直接作用于害虫、病菌发挥药效外，当其在环境中消失或降解以前，仍可能继续杀虫、杀菌，这种现象称为残效。残效期的长短与农药的化学性质有关。化学性质稳定的农药，在环境中不宜降解，残效期就长；反之，残效期就短。残效期的长短还受气温、光线等因素的影响。农药残毒是指在环境和食品、饲料中残留的农药对人和动物所引起的毒效应。包括农药本身及其衍生物、代谢产物、降解产物以及它在环境、食品、饲料中的其他反应产物的毒性。农药残留毒性，可表现为急性毒性、慢性毒性、诱变、致畸、致癌作用和对繁殖的影响等。环境中，特别是食品、饲料中如果存在农药残留物，可长期随食品、饲料进入人、畜机体，危害人体健康和降低家畜生产性能。

农药在农作物、土壤、水体中残留的种类和数量与农药的化学性质有关。一些性质稳定的农药，如有机氯杀虫剂及含砷、汞的农药，在环境与农作物中难以降解，降解产物也比较稳定，称之为高残留性农药。一些性质较不稳定的农药，如有机磷和氨基甲酸酯类农药，大多在环境与农作物中比较易于降解，是低残留性或无残留性农药。例如，含砷、汞、铅、铜等农药在土壤中的半衰期为 10～30 年，有机氯农药 2～4 年，而有机磷农药只有数周至数月，氨基甲酸酯类农药仅 1～4 周。农药残留性愈大，在食品、饲料中残留的量也愈大，对人、畜的危害性也愈大。据我国近十年的调查，依畜产品和出产地区的不同，猪肉、猪内脏、鸡肉、鸡蛋中，BHC（六六六）的检出率为 60％～100％，超标率达 3％～87％（超标 9 倍以内者居多）；DDT（滴滴涕）的检出率为 0～100％，超标率达 0％～74％（超标 6.5 倍以内者居多）。就残留量来看，BHC 和 DDT 虽大多未超出我国食品卫生标准所规定的允许量，但已大大超出发达国家所规定的允许标准而妨碍出口。国家已将农药残留量的控制列入饲料质量监督管理工作的重要内容之一。

（一）常用农药对动物源性食品的污染

1. 有机氯杀虫剂　有机氯杀虫剂化学性质稳定，不易分解，在环境中的残留期长，可在动物体内长时间蓄积。很多国家由于长期和大量使用这种农药，已造成环境、食品与饲料的污染，使之在动物和人体内有较多的蓄积，因农畜产品受污染而影响了食品出口。

（1）**在农作物中的残留**　以有机氯杀虫剂湿性粉剂的水悬液喷洒农作物，一般情况下 4～12 周后方可消失。饲料中有机氯农药残留的一般情况是：动物性饲料中的残留量高于植物性饲料；谷物种子中的残留量比粗饲料少。

（2）**对动物的毒性**　经口摄入的有机氯杀虫剂可被肠道吸收，除部分经粪、尿和乳汁排出外，主要蓄积于脂肪组织，其次为肝、肾、脾及脑组织。有机氯杀虫剂对动物的急性毒性属于中等毒性。蓄积在脂肪组织中的有机氯杀虫剂不影响脂肪代谢，但仍保持其毒性。在饥饿、疾病造成动物体重下降时，脂肪中的农药可被动员出来，产生毒性作用。有机氯杀虫剂属神经毒和细胞毒，可以通过血脑屏障侵入大脑和通过胎盘传递给胚胎。主要损害中枢神经系统的运动中枢、小脑、脑干和肝、肾、生殖系统。有机氯杀虫剂对神经系统具有刺激作用，使中枢神经系统的应激能力显著提高，因而中毒时表现为中枢神经兴奋、骨骼肌震颤等。有机氯杀虫剂蓄积在实质脏器的脂肪组织中，能影响这些器官组织细胞的氧化磷酸化过程，尤其对肝脏有较大的损害，可引起肝脏营养性失调，发生变性甚至坏死。有机氯杀虫剂对生殖机能的影响主要表现在引起性周期紊乱，胚胎在子宫内的发育发生障碍，以及子代发育不良等。有机氯杀虫剂急性中毒的特征是明显的中枢神经症状，中毒动物初期表现为强烈兴奋、肌肉震颤，继之出现阵发性及强直性痉挛，最后常因呼吸衰竭而死亡。中毒死亡的动物可见肝脏肿大，肝细胞脂肪变性和坏死。其慢性毒性主要表现为肝的损害，出现肝肿大，肝细胞脂肪变性和坏死，并常有不同程度的贫血和中枢神经系统病变。由于有机氯杀虫剂能在人体及动物体内长期蓄积，因此，它的蓄积毒性及远期毒性作用逐渐引起了人们的注意。

（3）**食品及饲料中的容许残留量**　我国饲料产品中有机氯杀虫剂残留量标准为鱼粉、大豆饼、大豆粕、肉用仔鸡、生长鸡配合饲料、产蛋鸡配合饲料、生长肥育猪饲料不超过 0.02 毫克/千克。

2. 有机磷杀虫剂 有机磷杀虫剂是我国目前使用最广泛的杀虫剂。尤其是我国停止使用有机氯杀虫剂以后,有机磷杀虫剂上升为最主要的一类农药。有机磷杀虫剂的化学性质较不稳定,在外界环境和动物、植物组织中能迅速进行分解,故残留时间比有机氯杀虫剂短。但多数有机磷杀虫剂对哺乳动物的急性毒性较强,故污染饲料后易引起急性中毒。

(1) **在农作物中的残留** 与有机氯杀虫剂相比,有机磷杀虫剂在农作物中的残留甚微,残留时间也较短。因品种不同,有机磷杀虫剂在农作物上的残留时间差异甚大,有的施药后数小时至2~3天可完全分解失效,如辛硫磷等。而内吸性农药品种,由于对作物的穿透性强,易产生残留,可维持较长时间的药效,有的甚至能达1~2个月以上,如甲拌磷。有机磷杀虫剂在室温下的半衰期一般为7~10天,低温时分解较为缓慢。作物水分含量较高,农药也易于降解。农药完全分解所需的时间,一般触杀性农药为2~3周,内吸性农药需3~4个月。某些有机磷杀虫剂,尤其是含硫醚基的内吸性杀虫剂,进入植物体后有一转毒过程。例如,内吸磷的两种异构体(硫酮式和硫醇式)被植物吸收后,先氧化为相应的亚砜、砜和磷酸酯,以后逐渐水解为二乙基磷酸,最终水解为磷酸。其中,硫醇式代谢物(如硫醇式亚砜、硫醇式砜等)对哺乳动物经口急性毒性比母体化合物还大。因此,内吸磷施用在作物上后,它的残留性就比一般有机磷长得多,内吸磷的一些类似物如甲拌磷、乙拌磷、甲基内吸磷、异吸磷、二甲硫吸磷等的代谢情况也是如此。这种现象对评价饲料中农药残留的毒性有重要意义。对这类农药,在选用残留分析方法、表示检测结果及制订施药的安全间隔期时,都要考虑其降解代谢产物的这一特性。有机磷杀虫剂在作物不同部位的残留情况有所差异,如在根类或块茎类作物比在叶菜类或豆类的豆荚部分的残留时间长。与有机氯杀虫剂相似,有机磷杀虫剂主要残留在谷粒和叶菜类的外皮部分。因此,粮食经加工后,残留农药可大幅度下降。叶菜类经过洗涤,块根块茎类经过去皮,都能减少残留的有机磷农药。一般说来,除内吸性很强的有机磷杀虫剂外,饲料经过洗涤、加工等处理,其中残留的农药都在不同程度上有所减少。

(2) **对动物的毒性** 有机磷杀虫剂被机体吸收后,经血液循环运输到全身各组织器官,其分布以肝脏最多,其次为肾、肺、骨等。排泄以肾脏为主,少量可随粪便排出。有机磷杀虫剂的主要毒作用是它很容易与体内的胆碱酯酶结合,形成不易水解的磷酰化胆碱酯酶,使胆碱酯酶活性受抑制,降低或丧失其分解乙酰胆碱的能力，以至胆碱能神经末梢所释放的乙酰胆碱在体内大量蓄积，从而出现与胆碱能神经机能亢进相似的一系列中毒症状。因此，通常将有机磷杀虫剂归属于神经毒。临床表现为 3 类：①毒蕈碱样症状，即瞳孔缩小，流涎，出汗，呼吸困难、肺水肿，呕吐，腹痛、腹泻，尿失禁等；②烟碱样症状，即肌肉纤维颤动、痉挛、四肢僵硬等；③乙酰胆碱在脑内积累而表现的中枢神经系统症状，即乏力，不安，先兴奋后抑制，重者发生昏迷。有机磷杀虫剂中毒后，体内的磷酰化胆碱酯酶可自行水解，脱下磷酰基部分，恢复胆碱酯酶的活性。但是这种自然水解的速率非常缓慢。因此，必须应用胆碱酯酶复活剂。肟类化合物如解磷定（又称碘磷定，PAM）、氯磷定、双复磷、双解磷等胆碱酯酶复活剂能从磷酰化胆碱酯酶的活性中心夺取磷酰基团，从而解除有机磷对胆碱酯酶的抑制作用，恢复其活性。有机磷杀虫剂中毒时，除应用上述特效解毒剂外，还可应用生理解毒剂或称生理颉颃剂，如阿托品，它是 M 型胆碱受体（毒蕈碱样受体）阻断剂，与乙酰胆碱竞争受体，从而阻断乙酰胆碱的作用，并且还有兴奋呼吸中枢的作用，故可解除中毒时的症状。某些有机磷杀虫剂，如马拉硫磷、苯硫磷、三硫磷、皮蝇磷、丙氨氟磷等有迟发性神经毒性（Delayed neurotoxicity），即在急性中毒过程结束后 8～15 天，又可导致神经中毒症状，主要表现为后肢软弱无力和共济失调，进一步发展为后肢麻痹。在病理组织学上表现为神经脱髓鞘变化。这种现象称为迟发性神经中毒症（Delayed neurotoxic syndrome）。鸡对迟发性神经毒性最为敏感。牛、羊、鸭、猪、兔等都可出现这种现象。此毒性与胆碱酯酶无关，用阿托品治疗亦无效。对新的有机磷农药进行毒性评价时，应包括迟发性神经毒性试验。世界卫生组织在 1975 年即已建议将迟发性神经毒性作为有机磷农药中毒的鉴定指标之一。有些有机磷杀虫剂如敌敌畏和马拉硫磷，对雄性大鼠精子的发生有损害作用；敌百虫和甲基对硫磷可降低大鼠的受孕率；内吸磷和二嗪农等对实验动物有轻度致畸作用。近来发现，某些有机磷农药在哺乳动物体内可使核酸烷基化，损伤 DNA，从而具有诱变作用。因此，有机磷农药是否有潜在致癌作用，已经引起注意，尚需继续研究。

3. 氨基甲酸酯类杀虫剂　氨基甲酸酯类杀虫剂是继有机氯、有机磷农药之后应用越来越广泛的一类农药，具有选择性杀虫效力强、作用迅速、易分解等特点。不同品种的氨基甲酸酯类杀虫剂的急性毒性差异很大，一般多属中等毒或低毒类。与有机磷农药相比，毒性一般较低。氨基甲酸类杀虫剂在体内易分解，排泄较快。一部分经水解、氧化或与葡萄糖醛结合而解毒，一部分以还原或代谢物形式迅速经肾排出。代谢产物的毒性一般较母体化合物小。氨基甲酸酯类杀虫剂的毒作用与有机磷杀虫剂相似，即抑制胆碱酯酶活性，造成乙酰胆碱在体内积聚，出现类似胆碱能神经机能亢进的症状。症状与酶的抑制程度平行。但此种抑制作用与有机磷杀虫剂不同。氨基甲酸酯类的作用在于此类化合物在立体构型上与乙酰胆碱相似，可与胆碱酯酶活性中心的负矩部位和酯解部位结合，形成复合物进一步成为氨基甲酰化酶，使其失去水解乙酰胆碱的活性。但大多数氨基甲酰化酶较磷酰化胆碱酯酶易水解，使胆碱酯酶很快（一般经数小时左右）恢复原有活性，因此，这类农药属可逆性胆碱酯酶抑制剂。由于其对胆碱酯酶的抑制速度及复能速度几乎接近，而复能速度较磷酰化胆碱酯酶快，故与有机磷杀虫剂中毒相比，其临床症状较轻，消失亦较快。过去认为，氨基甲酸酯类杀虫剂的残留毒性问题不大，但近年研究认为它是否存在严重的残毒问题还有待探索。据研究资料，氨基甲酸酯类因含氨基，随饲料进入哺乳动物胃内，在酸性条件下易与饲料中亚硝酸盐类反应生成 N 亚硝基化合物。后者酷似亚硝胺，具有极强诱变性。例如，西维因在胃内酸性条件下与饲料中亚硝酸基团起反应而形成 N 亚硝基西维因。它是一种碱基取代性诱变物，在某些诱变实验中呈阳性反应。它也是一个弱致畸物。据报道，用西维因和亚硝酸钠一起喂饲小鼠可致癌。这些问题尚待进一步研究。

4. 杀菌剂 用于防治农作物病害的杀菌种剂很多。不同种类与品种的杀菌剂，其在作物上的残留特性和对动物毒性差别甚大。总的来说，一般杀菌剂对人、畜的急性毒性比杀虫剂低得多，但在慢性毒性方面，由于杀菌剂要求有较长的残效期，残毒问题就更重要一些。

5. 除草剂 除草剂按其化学成分可分为有机和无机除草剂两类。无机除草剂常用的是砷化物和氯酸盐，目前已逐渐被淘汰。常用的有机合成除草剂按其化学结构分，有如下几种：①苯氧羧酸类除草剂，如 2，4 滴（D）、二甲四氯、2，4，5涕（T）；②二苯醚类除草剂，如除草醚、草枯醚、氯硝醚；③酰胺类除草剂，如敌稗、杂草锁（拉索）、杀草胺、毒草胺；④二硝基苯胺类除草剂，如氟乐灵、黄乐灵；⑤氨基甲酸酯类除草剂，如燕麦灵、燕麦敌、灭草灵、杀草丹、苯胺灵；⑥取代脲类除草剂，如敌草隆、利谷隆、绿麦隆、伏草隆；⑦酚类除草剂，如五氯酚钠、地乐酚；⑧季胺盐类除草剂，如百草枯、杀草快；⑨三氯苯类除草剂，如西马津、莠去津、扑草净；⑩苯甲酸类除草剂，如豆科威，草芽平；⑪其他还有敌草腈、溴苯腈、茅草枯、稗草烯、苯达松等。

除草剂不论是茎叶喷洒还是土壤处理，均有部分被作物吸收，并在作物体内降解与积累。因此，可造成对饲料的污染。但由于除草剂使用于作物早期，且使用量少、使用次数少，故饲料作物中除草剂的残留量一般较少。多数除草剂对人、畜的急性毒性均较低，亚慢性毒性也小。近年来，比较着重研究除草剂的致畸、致突变和致癌作用。

目前，初步认为使除草剂具有致癌作用的因素有两个：①多种除草剂含有致癌物亚硝胺类，如氟乐灵和草芽平含有多量二甲基亚硝胺；②有的除草剂如2，4，5涕、2，4滴及五氯酚钠中含有杂质TCDD，它是强致畸原和致癌原。在除草剂的生产工艺上很难彻底消除TCDD，前德国规定2，4，5涕中TCDD的含量应小于0.1毫克/千克，方可使用。2，4，5涕中TCDD的含量很高，现已被禁用。关于除草剂本身的毒性及其代谢物与所含杂质的毒性，特别是致突变性、致癌性及致畸性，尚需进一步研究。

6. 熏蒸剂 在适当的气温下，利用有毒的气体、液体或固体挥发所产生的蒸气毒杀害虫或病菌，称为熏蒸。用于熏蒸的药剂叫做熏蒸剂。通常多用于熏蒸粮库，防除储粮中的害虫。我国原粮食卫生标准（GB2715 81）规定熏蒸剂在原粮中的允许残留量（毫克/千克）：磷化物（以pH3计）0.05，氰化物（以HCN计）≤5，氯化钴≤2，二硫化碳≤10，马拉硫磷≤8。粮食中熏蒸残留的消失受气温、相对湿度及粮仓内通风条件的影响。粮食湿度下降，熏蒸剂消失亦慢。熏蒸剂因制剂种类不同，其毒作用各异。它们一般对人、畜均有较大的毒性。但因具有易挥发的特点，在储存过程中容易从粮食中挥发散失，残留量较低，故以往多主张不规定其在食品中的允许残留量。近年来，由于检测技术的发展，证明熏蒸剂在储粮中仍有少量存在。因此，应定期监测粮食中熏蒸剂的残留量。

（二）农药污染的防控措施

控制和降低农药残留对饲料的污染及其对畜产品安全的危害，不仅是农药生产、饲料生产、环境保护、卫生防疫等部门面临的共同问题，也需要政府经济、法制部门的密切配合。从技术上讲，防治污染应坚持预防为主、防重于治的原则，通过农药生产、饲料生产和养殖业环保技术产业化，可望从根本上解决农药残留对动物源性食品的污染问题。

三、工业"三废"污染

随着近代以来世界各国工业化的逐步完成,人类在享受工业化成果的同时也开始认识到工业化所带来的严重的工业"三废"污染问题。工业"三废"污染指的是工业生产过程中所产生的废水、废气、废渣等的污染,这些工业废物在污染环境的同时也在通过直接或间接的途径污染着食物链,处在食物链最顶端的人类的食品安全与健康也受到了严重的挑战。对动物源性食品的品质与安全性危害最严重的工业三废主要包括两方面的内容,分别是重金属污染和持久性有机物污染。

(一)重金属污染物

随着工业化生产,重金属污染越来越严重,重金属残留也引起了人们的重视,尤其备受关注的是铅、汞、砷、镉等在动物源性产品中的残留及其危害。

21世纪以来,含铅汽油(把四乙基铅用作汽油防爆剂)和铅基油漆的广泛应用,将铅污染的危害推向了威胁人类健康和生命的阶段。进入人体的铅约有90%蓄积在骨骼中,在一定条件下可重新释放入血液,当全血铅量大于80微克/千克时即可发生铅中毒。尽管膳食中有适量的钙和铁,可以减轻铅的毒性作用,但铅在生物体的半减期为1 460天,骨骼中沉积铅的半减期为10年,消除极其缓慢,且在机体内极易蓄积残留。铅及其化合物对很多系统都有毒害作用,最严重的是对造血系统、神经系统及肾的损害。铅中毒影响凝血酶的活力,使凝血过程延长。铅可以干扰体内卟啉代谢,导致体内血红蛋白合成障碍。铅还可干扰免疫系统功能。此外,铅污染还可导致儿童智力低下、心理异常及一些行为上的障碍。

汞污染主要是由于汞矿及其他矿产的开采冶炼和其在工农业生产的广泛应用。元素状态的汞,除被直接吸入外,一般认为没有特殊的毒性。但是,一旦当汞以元素状态或无机形式进入环境中时,就会通过微生物转化而甲基化,即形成甲基汞和三甲基汞等烷基汞化合物。汞的甲基化作用可在厌氧条件下发生,也可在需氧条件下发生。在厌氧条件下,主要转化为二甲基汞;在需氧条件下,主要转化为甲基汞。二甲基汞难溶于水,但它具有挥发性,易于逸散到大气中。甲基汞是水溶性物质,易被生物吸入而进入食物链。甲基汞的脂溶性高，排泄速率缓慢而蓄积在动物或人体肝和肾中，干扰蛋白质的生化功能。甲基汞通过血脑屏障进入脑组织。吸收入血的汞，大部分与红细胞结合，约有 10％输送到毛发中去。汞主要损害神经系统，急性中毒时可迅速昏迷，抽搐，死亡；慢性中毒可使四肢麻木、步态不稳、言语不清，进而发展为瘫痪麻痹、智力丧失、精神失常。此外，甲基汞还能透过胎盘进入胎儿体内，导致畸胎率明显增高。因此，汞污染已被列为世界八大公害之一。日本鹿儿岛水俣镇 1953 年发生的所谓"水俣病"就是一则汞中毒事件。当时该地鱼体内的汞含量一度高达 20～24 毫克/千克，致使一些微生物，特别是污泥中的微生物将无机汞转化为有机汞。

　　天然状态的砷不会对食品造成大的污染，食品中砷污染主要是来源于在工农业生产中应用的砷化物。含砷的化合物常被作为除草剂、杀虫剂、杀菌剂、杀鼠剂和各种防腐剂广泛应用于农业中，最主要的含砷农用化学剂包括砷酸铅、砷酸铜、砷酸钠、乙酸砷酸铜和二甲砷酸。含砷的农药大量施用可引起砷在土壤中的积累，造成了农作物的严重污染，导致食品中砷含量增高；在动物饲料中大量掺入对氨基砷酸等含砷化合物的促生长剂，对动物源性食品的安全性也造成了严重影响；此外，含砷矿石的开采，含砷矿物的冶炼，以及以砷及其化合物为原料的化工生产和燃料燃烧都是砷进入环境的重要途径，直接或间接造成砷污染食品。砷的毒性与其价态有关。三价砷化物毒性较大，五价砷化物毒性较小。不同价态的砷在机体内可以互相转化，无机砷甲基化后，毒性剧增。此外，在微生物的作用下，水体中的无机砷也可转化为三甲基砷。砷化物的毒性很早就已被人们认识，如众所周知的剧毒药"砒霜"就是三氧化二砷。至于砷在动植物体内残留并通过食物链对人体带来的危害，也逐渐被人们所了解。三价砷及其化合物对体内酶蛋白的巯基有特殊的亲和力，结合成稳定的络合物，尤其与丙酮酸氧化酶的巯基结合成为酶-砷复合体，使酶失去活性，阻碍细胞正常呼吸与代谢，导致细胞死亡。砷酸盐可在细胞线粒体内蓄积引起线粒体肿胀并抑制其生物氧化过程。尤其是三价砷能使主要酶系统受到破坏，从而抑制丙酮酸、葡萄糖和氨基酸的代谢。砷中毒引起的代谢障碍，首先危害神经系统，引起中毒性神经衰弱症候群及多发性神经炎等。吸收入血的砷，直接损害毛细血管，使管壁松弛扩张、渗透性增高；造成平滑肌麻痹，导致组织器官淤血，有碍细胞营养。我国台湾西部曾发生的"黑足病"，就是长期饮用高砷水（达 1.2～2.0 毫克/升）引起慢性中毒的结果，其实质是一种干坏疽。此外，从分子水平上对慢性砷中毒患者的研究还发现，砷可从 DNA 链上取代磷酸盐而引起细胞染色体畸变，并可抑制 DNA 的正常修复过程。给孕鼠注射砷酸钠，可使育鼠发生无眼、小脑、露脑、性器官发育不全及肋骨缺损。砷和砷化物的毒性机理比较复杂，尚待更深一步研究论证。

镉矿的开采及其他金属的冶炼，是造成镉污染的主要来源。此外，合金制造、电镀、印刷、油漆、颜料、电池、陶瓷、汽车运输等工业生产排放的含镉废水和烟尘，也是造成镉污染的重要因素。大量使用含镉的化肥或农药也会加重镉污染。镉在生物体内蓄积性很强，生活在含镉废水中的鱼贝类和其他水生生物的含镉量可增大到 450 倍。个别的海贝类更可高达 $10^5 \sim 10^6$ 倍。动物的肾含镉量最高。金属镉本身无毒性，但镉的化合物，尤其氧化物毒性极大。水中含镉浓度达 0.2～1.1 毫克/升时，就可使鱼类死亡。即使饮水中镉浓度低至 0.1 毫克/升，也能在人体组织内积累并导致发病，食用镉污染的食物也是如此。镉也可经吸入而进入人体，且吸入比食入的吸收量更多，因此，吸入的毒性比经口摄入的毒性约大 60 倍。由于氯化镉、硝酸镉易溶于水，容易被吸收，因此，对人体的毒性较大。氯化镉、硫化镉及其他可溶性盐类还有致癌的危险。食品中的镉吸收入血后，极易通过红细胞膜，并与血红蛋白和金属硫因结合呈现毒性作用。进入体内的镉主要蓄积在肾、肝等器官中。新生儿体内几乎没有镉的贮留，但随着年龄的增长，通过食物链蓄积的镉逐年增加，其 1/3 在肾皮质，1/6 在肝，由于镉在体内的生物半衰期可长达 10～33 年，因此，在人体内的残留十分明显。1944 年以来，日本富山县神通川流域发生的所谓"骨痛病"，就是由于因镉工业废水污染了农田，当地居民长期食用含镉稻米、蔬菜及饮水而中毒的结果。镉离子能抑制对胶原合成起关键作用的氨酰化酶，影响葡萄糖代谢，抑制线粒体摄氧等。对骨痛病患者进行研究还表明，镉能引起人体染色体畸变，故镉污染对人体的潜在危害性很大。

（二）持久性有机物污染

持久性有机污染物（POPs）是指人类合成的能持久存在于环境中，通过生物食物链（网）累积，并对人类健康造成有害影响的化学物质。与常规污染物不同，持久性有机污染物对人类健康和自然环境危害更大：在自然环境中滞留时间长，极难降解，毒性极强，能导致全球性的传播。持久性有机污染物对人类的影响会持续几代，对人类生存繁衍和可持续发展构成重大威胁。其主要的有多氯联苯、多溴联苯醚、二噁英、多环芳烃等均被列入《关于持久性有机污染物的斯德哥尔摩公约》受控名单中。

多氯联苯（PCBs）来源于电气、润滑剂、塑料、油墨、油漆、橡胶工业生产过程中的泄露、流失、废弃、蒸发、燃烧、堆放、掩埋及废水处理。环境中的 PCBs 降解缓慢，通过食物链的生物富集作用污染水生生物，而被富集在海洋鱼类和贝类食品中。人体摄入被多氯联苯污染的食品，可经消化道吸收，且吸收率很高。PCBs 被人和其他动物吸收后，广泛分布于全身组织，以脂肪中含量最多。人类对 PCBs 非常敏感，摄入很少量的 PCBs 即可导致所谓"油症"。但 PCBs 对大鼠毒性不强，经口的 LD_{50}（半数致死量）为每千克体重 4 000 毫克。PCBs 中毒主要表现为：指甲变形，皮肤有黑点、皮疹、皮痒，黄疸，眼睛浮肿，四肢麻木，发烧，偏头疼，出汗，虚弱，呕吐，下痢，听力下降，胃肠道功能紊乱和体重减轻，以及胎儿和儿童生长停滞等。长期接触 PCBs，除引起再生障碍性贫血和致癌外，还可使遗传基因受到损害，出现畸形婴儿。它还能影响大脑功能，干扰正常思维，使记忆衰退，甚至失忆。1968 年日本福冈县发生的"米糠油中毒事件"就是 PCBs 污染所致，患者皮肤出现黑色酒刺般疮疤，并有手足麻木等症状。

环境中的多环芳烃（PAH）主要来源于木材、煤和石油的燃烧，食品中多环芳烃来源于环境污染和食品中的大分子物质发生裂解。人体摄入被多环芳烃污染的食品，可经胃肠道吸收，广泛分布于整个机体，且由于 PAH 属于脂溶性化合物，在人体脂肪组织中最丰富。PAH 能通过胎盘屏障，故在胎儿组织中可以检出。PAH 在体内的存在并不持久，代谢迅速。但某些 PAH 经代谢被活化成为能够与 DNA 结合的活性代谢产物，特别是二醇环氧化物，导致基因突变，诱发肿瘤。如苯并芘代谢产物中最重要的是 7，8-二氢二醇-7，10-环氧化物，它与 DNA 结合的活性最高，是苯并芘的终致癌物，也是目前已知的强烈致突变和致癌物质之一。匈牙利西部地区、苏联拉脱维亚沿海地区胃癌明显高发，调查认为与居民经常进食苯并芘含量高的自制熏肉、熏鱼较多有关。冰岛是胃癌高发国家，原因也是与食用熏制食品有关。用该地的熏羊肉喂大鼠，诱发出恶性肿瘤。

大气环境中的二噁英（Dioxin）90％来源于城市和工业垃圾焚烧。含铅汽油、煤、防腐处理过的木材、石油产品及各种废弃物，特别是医疗废弃物在燃烧温度低于 300～400℃时容易产生二噁英。聚氯乙烯塑料、纸张、氯

气及某些农药的生产，以及钢铁冶炼等过程都可向环境中释放二噁英。自然
界的微生物和水解作用对二噁英的分子结构影响较小，因此，环境中的二噁
英很难自然降解，毒性大，是氰化物的 130 倍、砒霜的 900 倍，有"世纪之
毒"之称。二噁英可引起多种动物肝损伤、胸腺萎缩等肝毒性及免疫毒性，
甚至出现废物综合征。另外，二噁英中以 2，3，7，8-四氯-二苯并-对-二
噁英（2，3，7，8-TCDD）的毒性最强，对动物有极强的致癌性，可诱发
实验动物多个部位产生肿瘤。流行病学研究表明，二噁英暴露可增加人群患
癌症的危险度。根据动物实验与流行病学研究的结果，1997 年国际癌症研
究机构（IARC）将 2，3，7，8-TCDD 确定为 I 类致癌物。

多溴联苯醚（PBDEs）源于电子电器和自动控制设备、建材、纺织品、
家具等产品的使用过程中，可通过蒸发和渗漏等进入环境，焚化和报废含有
PBDEs 的废弃物也可使 PBDEs 进入环境。高溴代联苯醚有可能在阳光下降
解为低溴代联苯醚，而低溴代联苯醚比高溴代联苯醚更易被生物体吸收和富
集。大气、水体和土壤中痕量的 PBDEs 可通过食物链最终进入人体，可能
对人类和高级生物的健康造成危害，也可广域迁移，导致全球污染。幼龄动
物排泄多溴联苯醚的能力低，因此，幼龄动物摄入或富集过高浓度多溴联
苯醚会导致组织（包括脑）损伤。胎儿和婴儿在出生前后接触多溴联苯
醚，会引起持久性的行为改变。给孕期大鼠持续管饲多溴联苯醚后，可发
现胎鼠后肢畸形。多溴联苯醚能扰乱成年期和发育期哺乳动物的甲状腺系
统，使 T4 代谢紊乱。低剂量的多溴联苯醚染毒雄性小鼠的精子和精原细
胞数量下降。

四、食品添加剂污染

进入近代以来，人们为了获得更加优良的食品品质，采用各种技术来改
善食品的色、香、味等性状，向食品中添加化学性的食品添加剂就是其中一
种最重要的方法。但是由于在食品添加剂方面的理论和实践经验的缺乏以及
其他种种原因，长期以来，食品添加剂的残留问题一直备受争议，特别是由
于近来诸多食品添加剂引发的公共卫生事件的发生，更是使这一问题在全球
范围受到了强烈的关注。食品添加剂污染是指在加工过程中为改变动物源性
食品的某些性状而人为添加化学物质导致的污染，主要包括三聚氰胺、硝酸
盐、亚硝酸盐和苏丹红等。

(一) 三聚氰胺

三聚氰胺是一种用途广泛的基本有机化工中间产品,最主要的用途是作为生产三聚氰胺甲醛树脂 (MF) 的原料。三聚氰胺还可以作阻燃剂、减水剂、甲醛清洁剂等。该树脂硬度比脲醛树脂高,不易燃,耐水、耐热、耐老化、耐电弧、耐化学腐蚀,有良好的绝缘性能、光泽度和机械强度,广泛运用于木材、塑料、涂料、造纸、纺织、皮革、电气、医药等行业。初期认为三聚氰胺毒性轻微,但为安全起见,一般采用三聚氰胺制造的食具都会标明"不可放进微波炉使用"。据 1945 年的一个实验报道:将大剂量的三聚氰胺饲喂给大鼠、兔和狗后没有观察到明显的中毒现象。动物长期摄入三聚氰胺会造成生殖、泌尿系统的损害,膀胱、肾部结石,并可进一步诱发膀胱癌。1994年国际化学品安全规划署和欧洲联盟委员会合编的《国际化学品安全手册(第三卷)》和《国际化学品安全卡》也只说明:长期或反复大量摄入三聚氰胺可能对肾与膀胱产生影响,导致产生结石。然而,2007 年美国宠物食品污染事件的调查结果认为,掺杂了 ≤6.6% 三聚氰胺的小麦蛋白粉是宠物食品导致中毒的原因,为上述毒性轻微的结论画上了问号。2008 年发生在我国的"三鹿奶粉事件"用悲惨的事实证明,三聚氰胺的毒性程度需要重新判定。三聚氰胺是一种无味白色结晶粉末,掺杂后不易被发现。由于我国检验食品和饲料工业蛋白质含量方法的缺陷,近年来,三聚氰胺常被不法商人掺杂进食品或饲料中,以提升食品或饲料检测中的蛋白质含量指标,因此,三聚氰胺也被作假的人称为"蛋白精"。有人估算,在植物蛋白粉和饲料中使测试蛋白质含量增加一个百分点,用三聚氰胺的花费只有真实蛋白原料的 1/5。

三聚氰胺进入人体后,发生取代反应(水解),生成三聚氰酸,三聚氰酸和三聚氰胺形成大的网状结构,造成结石。美国食品药品管理局 (FDA) 食品安全高官史蒂芬·桑德洛夫表示,在食品中只有同时含有三聚氰胺和三聚氰酸这两种化学成分时才对婴儿健康构成威胁。虽然三聚氰胺和三聚氰酸共同作用下才会导致肾结石,但是三聚氰胺在胃的强酸性环境中会有部分水解成为三聚氰酸,因此,只要食用含有三聚氰胺的食品就相当于含有了三聚氰酸,其危害的根源仍来自于三聚氰胺。

(二) 苏丹红

苏丹红是一种人工合成的红色染料,常作为一种工业染料,被广泛用于如溶剂、油、蜡、汽油的增色以及鞋、地板等增光方面。在动物性食品中，有些食品加工者为了追求食品外观色泽以谋取更多的经济利益，违规过量添加苏丹红，从而造成食物中残留，并对人体产生危害，给食品安全带来挑战。

国际癌症研究机构（International Agency for Researchon Cancer, IARC）将苏丹红归为三类致癌物，即动物致癌物，主要基于体外和动物试验的研究结果，尚不能确定对人类有致癌作用。苏丹红致癌的主要靶器官是肝脏，也可引起膀胱、脾脏等脏器的肿瘤。用苏丹红喂饲 F-344 大鼠（剂量为每千克体重 15 毫克和 30 毫克）和 B6C3F1 小鼠（剂量为每千克体重 60 毫克和 120 毫克）103 周后，雌雄高剂量组大鼠肝癌的发生率较对照组显著升高，这提示苏丹红可能诱导大鼠肝癌的发生；雌性低剂量组小鼠白血病和淋巴瘤发生率较对照组明显增加。Boobis 等每天按每千克体重 30 毫克剂量给大鼠喂饲苏丹红 2 年，引发了大鼠肝癌。如前所述，依据欧洲辣椒粉中苏丹红的检出水平和人群辣椒粉的摄入水平，以最坏的假设，人每天摄入含苏丹红 3 500 毫克/千克的辣椒粉 500 毫克（最大摄入量）来推算，则每天人可能摄入苏丹红的最大量为 1.75 毫克，即相当于人体每天摄入 29.2 微克/千克（按成人正常体重 60 千克计算）。可以看出，苏丹红诱发动物肿瘤剂量（每千克体重 30 毫克）约为人的 1 000 倍。以摄入含苏丹红较低水平（如 10 毫克/千克）的辣椒粉 500 毫克来推算，则每天可能摄入苏丹红的量为 5 微克，即相当于人体每天摄入 0.083 微克/千克（按成人正常体重 60 千克计算），则苏丹红诱发动物肿瘤剂量（每千克体重 30 毫克）约为人的 3 600 倍。偶然摄入含有少量含苏丹红的食品，对人健康造成危害的可能性很小，引起的致癌性危险性不大，但如果经常摄入含较高剂量苏丹红的食品就会增加其致癌的危险性。

研究还显示，苏丹红在 S-9 存在的条件下，对伤寒沙门氏菌具有致突变作用；对小鼠淋巴瘤 L5178YTK+/- 细胞具有致突变作用；大鼠骨髓微核试验呈阳性；可增加 CHO 细胞姊妹染色单体交换。彗星试验表明，苏丹红可引起小鼠胃和结肠细胞的 DNA 断裂。苏丹红还具有致敏性，可引起人体皮炎。

进入体内的苏丹红主要通过胃肠道微生物还原酶、肝和肝外组织微粒体和细胞质的还原酶进行代谢，在体内代谢成相应的胺类物质。在多项体外致突变试验和动物致癌试验中发现，苏丹红的致突变性和致癌性与代谢生成的胺类物质有关。

苏丹红在食品中非天然存在，但在许多食品中天然存在一些胺类物质，如报道在新鲜水果和蔬菜中可检出 0.6～30.9 毫克/千克的苯胺，在大白菜中可检出 22 毫克/千克的苯胺，在胡萝卜中可检出 30.9 毫克/千克的苯胺，并可在红茶和蒜汁的挥发性成分中检出苯胺。在胡萝卜中可检出 7.2 毫克/千克的甲苯胺，在芹菜和甘蓝菜中检出 1.1 毫克/千克的甲苯胺。

（三）硝酸盐和亚硝酸盐

硝酸盐（NO_3^-）以其钠盐和钾盐为多见，为白色结晶或浅灰色粉末，味咸，易溶于水。亚硝酸盐（NO_2^-）性状与其略同。在自然界及生物体内，NO_3^- 可还原为 NO_2^-，因而两者具有共同的毒性机理和危害。硝酸盐和亚硝酸盐工业用途广泛，如染料制造、有机合成、肥料、试剂、医药及建筑业防冻剂等，其中主要用作食品加工发色剂和防腐剂。

NO_3^- 本身毒性低，主要转化为 NO_2^- 后而具毒性。硝酸盐进入人体后，可使血液中低铁血红蛋白氧化成高铁血红蛋白，失去运氧的功能，致使组织缺氧。显然，变性血红蛋白血症的发生是硝酸盐毒性的显著特征。另外，硝酸盐也能引起血管扩张，从而使变性血红蛋白血症加重。硝酸盐还原形成亚硝酸根离子，从而使血红蛋白分子中的二价铁氧化成三价铁，形成的变性血红蛋白不能可逆性地结合氧。当变性血红蛋白浓度超过 20% 时，出现缺氧而引起的亚硝酸盐中毒的临床症状。

除其急性毒性外，NO_2^- 还有致癌毒性。NO_2^- 是 N 亚硝基化合物的前体物，N 亚硝基化合物（NNC）包括亚硝胺和亚硝酰胺，前者在体内经酶激活后成为终致癌物，后者不需任何代谢激活即能在胃中直接诱发肝癌。两者都可先在体外合成或在体内合成。NNC 的合成须有前体物 NO_2^- 及胺类或酰胺。如前已述，NO_2^- 主要来源是由摄入体内的 NO_3^- 转化而来；而胺类或酰胺则由摄入体内的肉、蛋、奶类蛋白质分解生成。日本胃癌发病率高，与其常吃经 NO_2^- 处理的青色制品有关，用其提取物给大鼠灌胃可致胃腺瘤。流行病学研究表明，11 个国家的每天 NO_3^- 摄入量与胃癌死亡率密切相关（r=0.88），哥伦比亚胃癌高发区的饮水、土壤、蔬菜及居民尿中的硝酸盐氮比低发区高，我国胃癌低发区水源中 NO_3^- 平均为 5.6 毫克/千克，明显低于高发区的 29.2 毫克/千克。福建省长乐县胃癌高发区水源中 NO_3^-

达 150.3 毫克/千克，英国、匈牙利等国的胃癌高发区人群饮水中也含较高 NO_3^-。

因此，在实际生产应用中，应严格限制硝酸盐和亚硝酸盐的使用量。同时，充分利用现代科学技术积极寻找高效安全的生产加工替代品，为食品安全提供有力保障。

五、动物源性食品中化学性毒物的残留限量

为有效控制有毒、有害物质的残留，减少其对人体健康的损害，必须规定安全的残留限量，严格禁止超标的动物源性食品上市销售。各种有毒、有害物质的残留限量见表 1-6。

表 1-6 动物源性食品中有毒、有害物质的残留限量

有毒、有害物质	动物源性食品残留限量
铅	畜禽内脏、鱼类 0.5 毫克/千克；鲜乳 0.05 毫克/千克；婴儿配方粉 0.02 毫克/千克；肉类 0.2 毫克/千克
汞	鱼及其他水产品 0.5 毫克/千克；肉、蛋 0.05 毫克/千克，食肉鱼类（如鲨鱼、金枪鱼）1.0 毫克/千克；鲜乳 0.01 毫克/千克
砷	乳粉 0.25 毫克/千克（无机砷）；鱼 0.1 毫克/千克（无机砷）；贝类及虾蟹类（以干重计）1.0 毫克/千克（无机砷）；贝类及虾蟹类（以鲜重计）；其他水产品（以鲜重计）0.5 毫克/千克（无机砷）；畜禽肉类、蛋类、鲜乳 0.05 毫克/千克
镉	畜禽肝脏 0.5 毫克/千克；畜禽肉类、鱼 0.1 毫克/千克；畜禽肾脏 1.0 毫克/千克；鲜蛋 0.05 毫克/千克
多氯联苯醚	海产鱼、贝、虾（以 PCB_{28}、PCB_{52}、PCB_{101}、PCB_{118}、PCB_{138}、PCB_{153}、PCB_{180} 总合计）2.0 毫克/千克，PCB_{138} 0.5 毫克/千克，PCB_{153} 0.5 毫克/千克
多环芳烃	熏烤肉（苯并芘）5 微克/千克
二噁英	我国二噁英的排放浓度为 1 纳克毒性国际当量/标准立方米（$ngTEQ/Nm^3$）
多溴联苯醚	动物每天每千克体重允许≤100 微克
黄曲霉毒素	婴儿代乳品不得检出
三聚氰胺	人每天允许摄入量为每千克体重 0.2 毫克
苏丹红	鸡蛋、鸭蛋不得检出
亚硝酸盐	鱼类、肉类 3 毫克/千克；蛋类 5 毫克/千克；乳粉 2 毫克/千克

六、动物源性食品化学性污染的防控

目前，动物源性食品化学性污染的种类很多，残留较为严重，不仅造成了巨大的经济损失，而且对人体健康造成危害。因此，大力发展无疾病、无污染、无残留、安全、营养的绿色动物源性食品势在必行。人类若想有一个安全的食品卫生环境，继续享受工业化成果，就必须开始认真思考如何在动物界和整个环境中控制污染，并将污染物减少到最低限度。

改善目前化学性污染的现状，除了加强动物饲养过程中各个环节的管理，提高饲养者素质；加大饲养业的科技投入和科技含量，增强动物机体的抵抗力，减少化学合成药物的使用，合理使用无残留生物药品；加强对肉食品市场的监督管理；禁止未经定点屠宰检疫的肉食品上市，取缔私屠滥宰窝点外，还应着重加强以下几个方面的工作。

1. 控制环境毒物的污染　通过积极治理工业"三废"，确保饲料原料生产的良好生态环境；加强对剧毒农药生产和使用的管理，禁止使用汞制剂、砷制剂和有机氯类农药等，减少饲料原料的农药残留；提高人们的环保意识，选用环保燃料、装饰材料等，减少因生活垃圾产生的污染物等，从源头控制污染。

2. 改善生产工艺，加大执法力度　加大对基层设备和技术人员培训的投入，改善生产包装工艺，建立无污染加工体系；提高执法人员的法律意识，严格执法，实行责任到人、可追溯制度等，从生产及监督层面上减少污染。

3. 健全法规，倡导健康的消费意识　认真贯彻执行好国务院颁布的《环境保护法》、《食品卫生法》、《食品卫生标准》等相关法规，建立健全各级环境保护和食品卫生监督体系，继续完善残毒的允许限量标准，研究和推广先进的检测方法；提高人们的消费和法律意识，摒弃不健康的消费观念，在法律及消费层面上杜绝污染。

第五节　动物源性食品的放射性污染

放射性元素的原子核在衰变过程中放出 α、β、γ 射线的现象，俗称"放射性"。由放射性物质所造成的污染，叫放射性污染。放射性污染的来源有：

原子能工业排放的放射性废物，核武器试验的沉降物，以及医疗、科研试验排出的含有放射性物质的废水、废气、废渣等。

食品中的放射性物质有来自地壳中的放射性物质，称为天然本底；也有来自核武器试验或和平利用放射能所产生的放射性物质，即人为的放射性污染。某些鱼类能富集金属同位素，如^{137}铯和^{90}锶等。后者半衰期较长，多富集于骨组织中，而且不易排出，对机体的造血器官有一定的影响。某些海产动物，如软体动物能富集^{90}锶，牡蛎能富集大量^{65}锌，某些鱼类能富集^{55}铁。放射性对生物的危害是十分严重的。放射性损伤有急性损伤和慢性损伤。如果人在短时间内受到大剂量的 X 射线、γ 射线和中子的全身照射，就会产生急性损伤。轻者有脱毛、感染等症状。当剂量更大时，出现腹泻、呕吐等肠胃损伤。在极高的剂量照射下，发生中枢神经损伤，甚至死亡。放射能引起淋巴细胞染色体的变化。在染色体异常中，可用双着丝粒体和着丝粒体环估计放射剂量。放射照射后的慢性损伤会导致人群白血病和各种癌症的发病率增加。

一、动物源性食品放射性污染的危害

动物源性食品放射性污染对人体的危害主要是由于摄入污染食品后，放射性物质对人体内各种组织、器官和细胞产生的低剂量、长期内照射效应。主要表现为对免疫系统、生殖系统的损伤和致癌、致畸、致突变作用。

二、动物源性食品放射性污染的防控措施

预防食品放射性污染及其对人体危害的主要措施是，加强对污染物的卫生防护和经常性的卫生监督。定期进行食品卫生监测，严格执行国家卫生标准，使食品中放射性物质的含量控制在允许的范围之内。

第六节　动物源性产品的污染

21 世纪的今天，随着生化技术、信息技术与免疫学技术的迅速发展，动物源性产品的种类愈加繁多。其在人们的生活中所占的比重越来越大，对人类的健康影响巨大。下面主要对动物源性生物制品、毛皮及药品等动物源

性产品进行介绍。

一、动物源性生物制品

生物制品包括人用生物制品与兽用生物制品，是根据免疫学原理利用微生物、寄生虫及其代谢产物或一些活性物质的免疫应答产物制备的一类物质，专供相应的疾病诊断、治疗、预防或动物生理调控之用。从狭义讲，生物制品包含诊断试剂、抗病血清、抗体和疫苗等特异性制品；从广义讲，还包括血液制剂、丙种球蛋白、干扰素、益生菌制剂与激素制剂等非特异性制品。下面主要介绍动物源性生物制品。

广泛的科学研究表明，动物体内有大量的生物活性物质，其中有很多具有重要的药用价值，目前已用的动物药也超过了 2 000 种。我国现代的动物源性生物制品是以脏器、药物为基础而逐渐发展起来的。目前，随着现代生物技术的发展，动物源性生物制品的来源几乎涵盖了各种组织和器官、腺体、体液、胎盘、毛发等部分。

动物源性生物制品种类复杂繁多，主要有两种分类方法，一是根据其原料的来源将动物源性生物制品分为血液制品、组织和器官来源的生物制品、腺体来源的生物制品、乳源生物制品和禽蛋来源的生物制品等；二是根据其有效成分的化学性质将其分为动物蛋白质与多肽类制品、酶与辅酶类制品、核酸类制品、脂类制品、糖类制品等。

（一）动物源性生物制品的特点

动物来源的生物制品主要有酶及辅酶、多肽激素和核酸等。其特点主要有：

1. 效价高、疗效好　此类制品本身即是一些具有重要生物功能的酶、激素、细胞因子等生理活性物质，纯化后有些产品，极少的量就能产生极其显著的疗效，具有较高的效价。

2. 稳定性好　此类制品的稳定性相比原料要稳定得多。因为其可以制成冻干制剂，若在 10℃ 以下保存，则可保存 2 年以上，而且有利于运输、贮存和使用。

3. 原料资源丰富　与人源性生物制品不同，动物源性生物制品的来源非常丰富，而且品种也多，动物的各种器官、组织、腺体、骨骼、血液及乳、蛋等都能作为原料来生产生物制品。从生物制品的来源动物看，牛、猪、羊、鸡、鸭等是主要的动物来源。另外，我国还有极为丰富的畜禽水产副产品及其他海洋、陆地动物，为动物源性生物制品的开发研究提供了充足的资源。

4. 种类繁多 动物体内有很多生物活性物质都具有药用价值。据统计，国内外已有 400 多种动物源性生物药物，我国生产的也已超过 100 种。

5. 安全性需重视 众所周知，人体来源的生物制品由于其与人体成分差异较小，不易产生免疫反应等副作用，而具有较高的安全性。然而，动物源性生物制品与人体存在种属差异，活性物质的结构也存在有一定程度的差异，特别是蛋白质类生物制品会产生抗原反应，严重的还会危及生命。另外，动物体内寄生的病原微生物很多都是人畜共患的，因此，此类生物制品的质量及其安全性是需要特别重视的。

（二）几种重要的动物源性生物制品简介

1. 胰岛素 胰岛素是由 51 个氨基酸组成的双链（A 链和 B 链）多肽激素。A 链有 21 个氨基酸，B 链有 30 个氨基酸，A 链、B 链之间由两个二硫键相连，折叠在一起形成了致密的胰岛素原粒，A 链还有一个链内二硫键。

胰岛素在动物体内有促进葡萄糖氧化及肝糖原合成的生理功能，其能降低体内的血糖浓度，增加肝糖原的含量。近年的大量研究证实，其还具有抗炎、抗凋亡等重要的生物学作用。胰岛素可迅速分布到全身各组织器官，而且胰岛素受体也广泛分布于全身各个系统，并存在于多数哺乳动物细胞表面，因而可以用来治疗多种疾病，如胰岛素分泌不足引起的糖尿病、角膜损伤等。另据报道，对肝移植后糖尿病患者给予胰岛素强化治疗，可以有效控制高血糖。

不同种属动物的胰岛素分子结构大致相同，其生理功能亦是相同的。猪源胰岛素与人源胰岛素的差异只有 B30 位的一个氨基酸，前者是丙氨酸，后者是苏氨酸。因此，用猪源胰岛素治疗糖尿病效果较好，不易产生胰岛素抗体。而且随着新技术、新方法的研究，胰岛素的给药途径也呈多样化。

2. 胰蛋白酶 胰蛋白酶是从猪、牛、羊胰脏中提取的一种蛋白水解酶。

胰蛋白酶在胰脏是作为酶的前体胰蛋白酶原而被合成的，是肽链内切酶，它能把多肽链中赖氨酸和精氨酸残基中的羧基侧切断。它不仅起消化酶的作用，而且还能限制分解糜蛋白酶原、羧肽酶原、磷脂酶原等其他酶的前体，起活化作用。

胰蛋白酶本身容易自溶，由 β-胰蛋白酶变为 α-胰蛋白酶，再进一步降解为拟胰蛋白酶，乃至碎片，活力也逐步下降直至丧失。猪胰蛋白酶较牛胰蛋白酶稳定，活力也较高。羊胰蛋白酶与牛、猪相似，但活力略高。

胰蛋白酶在外科手术上较常用作抗炎剂，可以提高组织通透性，强烈抑制实验性浮肿，抑制血栓周围的炎症反应，可以迅速溶解血凝块、渗出液及坏死组织，分解痰、脓液等黏性分泌物。此外，胰蛋白酶也广泛应用于食品加工业及皮革加工业等。

3. 溶菌酶　溶菌酶又称胞壁质酶，是一种能水解致病菌中黏多糖的碱性酶。目前，临床上使用的溶菌酶主要是从鸡蛋清中提取的，其是由 129 个氨基酸残基组成的碱性球蛋白。溶菌酶的活性中心是 Asp52 和 Glu35，它能破坏肽聚糖中 β-1，4-糖苷键，从而破坏肽聚糖支架，进而溶解细菌细胞壁。溶菌酶还可与带负电荷的病毒蛋白直接结合，与 DNA、RNA、脱辅基蛋白形成复盐，使病毒失活。因此，该酶具有抗菌、消炎、抗病毒等作用。另外，因溶菌酶参与机体多种免疫反应，因此，其在机体正常防御及非特异性免疫中也具有重要作用。临床上主要用来治疗急慢性咽喉炎、慢性鼻炎、口腔溃疡和扁平疣等，也常与其他抗菌药物合用以治疗各种细菌感染。此外，在食品工业中可用作包装防腐剂和婴儿食品的添加剂。另外，其在兽医临床也用来治疗仔猪腹泻及奶牛乳房炎。

（三）动物源性生物制品的质量控制

生物制品的质量非常重要，因而对其质量要求非常严格，质量不好的产品使用后不仅得不到应有的效果，反而会导致严重的后果。对于动物源性生物制品的质量控制可从以下几个方面着手：

1. 确保原材料的质量安全　用于制备生物制品的动物性原料：①其中的杂质含量要尽可能少，而且对由起始原料引入的杂质、异构体，必要时应进行相关的研究并提供质量控制方法；②起始原料应质量稳定、具可控性，富含所需目的物并易获得，还应有来源、标准和供货商的检验报告，必要时应根据制备工艺的要求建立内控标准；③对具有手性结构的起始原料，应规定作为杂质的对映异构体或非对映异构体的限度，同时应对该起始原料在制备过程中可能引入的杂质有一定的了解；④由于生理活性物质容易降解与失活，因此，动物原料采集后要立即处理，去除结缔组织、脂肪组织等，并迅速冷冻贮存。

2. 纯化工艺的质量监控 对整个纯化工艺应进行全面的研究，包括能够去除宿主细胞蛋白、核酸、病毒或其他杂质及在纯化过程中加入的化学物质等。对于纯度的要求，可依据生物制品的用途和用法而确定，如仅使用一次或需反复多次使用等。另外，对于重症患者的生物制品，对纯度的要求可能千差万别。

3. 目标产品的监控 对于基因工程制品如各种细胞生长因子，很多都是参与人体一些生理功能精密调节所必需的蛋白质，其极微量就可产生显著的效应，在性质或剂量上的任何偏差，均有可能贻误病情甚至造成严重的危害，因此，其从原料到产品以及制备过程的每一步都必须严格控制条件和鉴定质量，确保产品符合质量标准、安全有效。其质量控制主要包括以下几项要点：产品的鉴别、纯度、活性、安全性、稳定性和一致性。

4. 国家质量标准的监管 我国自从 1950 年卫生部批准成立国家生物制品检定所以来，其中的一项任务就是抓生物制品的国家标准的起草、修订和落实执行。凡载入《生物制品法规》和《中国生物制品规程》中的各种制品规程，均为批准期限内的生物制品现行国家标准。凡在我国境内研究、生产、质量检定、使用的所有生物制品都必须严格执行国家批准颁布的生物制品现行国家标准。进口的所有生物制品，除须符合生产所在国的国家标准外，还须符合我国的生物制品现行国家标准。其中，原国家药品监督管理局 2001 年 6 月在《关于禁止药品、生物制品生产中使用疫区牛源性材料的通知》中规定："禁止使用来自'疯牛病'国家或地区牛、羊的脑及神经组织、内脏、胎盘及血液（含提取物）等动物性原材料生产药品、生物制品，或作为培养物质应用于生物制品的制备过程。"

二、毛　皮

（一）国内外毛皮动物养殖业概况

在国外，毛皮动物的人工饲养开始于北美洲。美国人 Charles 于 1867 年首先建立了水貂养殖场。第一次世界大战后，德国、挪威、瑞典等国相继引种饲养，继而水貂饲养业开始迅速发展，至今前景依然很好。其他如银黑狐、海狸鼠、毛丝鼠等的养殖经发展于目前也有了很大的规模。

相比国外，我国毛皮动物养殖业的发展经历了狩猎、驯养和规模化生产三个阶段。然而，对于不同动物，这三个阶段的时间区分是不同的，如人工饲养黄鼠狼比鹿要晚得多。珍贵毛皮动物养殖业较国外晚，始于1956年从苏联引种水貂、银狐、海狸鼠等毛皮动物进行建场饲养。1988年，全国水貂饲养量约有300万只，年产皮500万张，占当时世界水貂皮总量的10%。至今，我国毛皮动物的饲养已遍布全国各地，前景也十分广阔，但在饲养管理、毛皮质量及经济效益等方面与发达国家还存在一定的距离。

（二）毛皮的质量控制

各种毛皮，在毛型、色泽、张幅、产地及加工方法等方面都会有很大的差异。根据用途不同也有不同的分类方法：按来源可分为野生毛皮和家养毛皮；按用途分为革皮和裘皮；按毛型分为大、小细毛皮和胎毛皮；按加工方法分为圆筒皮、袜筒皮和片状皮；按季节分为春皮、夏皮、秋皮和冬皮等。

毛皮的质量直接影响着经济效益甚至人体的健康。影响毛皮质量的因素很多，包括性别、年龄、营养、疾病、环境等自然因素和加工、保管、运输等人为因素。为提高我国毛皮产品的质量应采取以下措施：

1. 把好引种关，确保毛皮动物品种质量。

2. 把好饲料关，确保饲料质量安全，以减少疾病的发生并做好免疫预防工作。营养调控与毛皮质量关系密切，因此，加强饲料安全，进行合理的营养调控是提高毛皮质量的一项重要措施。另外，疾病不仅损害毛皮动物的健康和生长发育，而且影响毛皮的品质，因此，加强疾病防治，是提高毛皮质量的重要措施。影响毛皮质量的主要疾病有犬瘟热、秃毛癣、螨虫病、蛔虫病、跳蚤和虱子感染、钩虫病、维生素缺乏症等。

3. 提供毛皮动物所需的最佳生活环境。

4. 加强原材料的检验，严格控制毛皮生产工序条件。在毛皮生产企业中，原料皮和化工材料的质量直接影响成品的质量。原料皮的种类、性质关系到产品外观质量和物理性能。

5. 改进鞣制工艺，确保有毒、有害物质残留符合国际标准。例如，铬鞣制品，其中容易残留不稳定的六价铬，对环境和人身健康造成一定的危害。据德国最新研究，在铬鞣工序中降低六价铬的措施主要有以下两点：一是在复鞣中使用含有稳定剂的天然加脂剂和合成鞣剂；二是毛皮制品的储藏相对湿度要高于35%。

6. 加强对毛皮行业的指导，从整体上提高我国毛皮产品质量。

三、动物源性药品

(一)国内外药用动物养殖业概况

国外药用动物养殖业以养鹿为主。各国所养鹿种和用途不尽相同,其养鹿历史也不尽相同。我国动物资源丰富,是认识动物药用价值、应用药用动物产品和驯养药用动物最早的国家之一。但大规模养殖开始于 20 世纪 50~60 年代。我国现有药用动物 1 581 种,其中野生动物主要分布在新疆、黑龙江和内蒙古,家养动物在四川、陕西和甘肃存量最大。目前,我国人工养殖的药用动物主要有梅花鹿、马鹿、马麝、乌鸡、蝎子等。

(二)几种重要的动物源性药品

1. 甲状腺素 甲状腺素即四碘甲状腺原氨酸,有 L、D、DL 型。L 型为白色结晶,235~236℃分解;D 型也为结晶,237℃分解;DL 型为针状结晶,231~233℃分解。溶于碱溶液,不溶于水、乙醇和乙醚。未证实其有天然游离态存在,可能为甲状腺球蛋白分裂产品。可从动物甲状腺中提取。可由 3,5-二碘-L-酪氨酸为原料制取。L 型活性强,D 型活性较小。有促进细胞代谢、增加氧消耗及刺激组织生长、成熟和分化的功能,可作甲状腺激素替代药或作生化试剂。D-甲状腺素生理活性很低。因此,定量测定人血清 FT4,对甲状腺疾病的诊断及甲状腺的病理、生理研究有重要意义。采用联结 T4 抗体的固相物质,利用 25I-FT4 与抗血清进行放射免疫分析,可简便、快速测定血浆中 FT4 的含量。

甲状腺素可由牛、羊、猪等的甲状腺中提取,或由人工合成。

2. 肾上腺素 肾上腺素能使心肌收缩力加强、兴奋性增高,传导加速,心输出量增多。对全身各部分血管的作用,不仅有作用强弱的不同,而且还有收缩或舒张的不同。对皮肤、黏膜和内脏(如肾脏)的血管呈现收缩作用;对冠状动脉和骨骼肌血管呈现扩张作用等。由于它能直接作用于冠状血管引起血管扩张,改善心脏供血,因此,是一种作用快而强的强心药。肾上腺素还可松弛支气管平滑肌及解除支气管平滑肌痉挛。利用其兴奋心脏、收缩血管及松弛支气管平滑肌等作用,可以缓解心跳微弱、血压下降、呼吸困难等症状。

药用肾上腺素可从家畜肾上腺提取,或人工合成。

（三）动物源性药品的质量控制

动物源性药品类型很多，按动物的入药部位可分为：全身入药者，如全蝎、海马、地龙、白花蛇等；器官入药者，如海狗肾等；组织入药者，如鸡内金、乌贼骨等；衍生物入药者，如羚羊角、鹿茸等；分泌物入药者，如麝香、蟾酥、虫白蜡等；排泄物入药者，如白丁香、夜明砂等；病例产物入药者，如牛黄、狗宝、虫草等；生理性产物入药者，如蛇蜕、紫河车等；动物制品入药者，如阿胶、龟板胶、血余炭等。其特点有：疗效好；人们对其有一定的了解；有很多对治疗癌症等疑难杂症有一定的疗效；资源虽多，但产品依然紧缺。

动物源性药品的质量控制可从以下几个方面着手：

1.选育优良的药用动物品种。药用动物优良品种的选育对提高药材产量、改善药材外观品质、保障药材的内在质量、降低或避免病虫害造成的损失具有重要意义。不同药用动物各自有着不同的生物学特性，如何针对每种动物的特点，经过人为地选择、定向培育与提纯复壮，培养出符合市场需要的优良品种，仍然是今后需要加强的研究重点。

2.研制利用专用饲料，提供优良的饲养环境。药用动物食性较复杂，有肉食性、草食性、杂食性之分，食物范围有广食性、狭食性、单食性之分；大部分独立生活，但也有寄生动物和共生动物。现阶段我国对药用动物食性的了解并不充分，家养条件下所供应的食物，并不能满足药用动物不同生长发育阶段（如幼龄期、育成期、成年期）的需要。而对不同生物学时期（如配种期、妊娠期、产仔哺乳期、冬眠前后和蜕皮前后等）所需特殊营养的了解就更为缺乏，造成人工养殖的药用动物繁殖障碍，生长发育受阻，体质衰弱，产品质量下降。要生产出临床预防和治疗疾病所需的动物类中药，就必须要有符合药用动物生物特性的专用饲料。此外，给动物提供优良舒适的生活环境也是提高动物源性药品的需要。

3.严格控制药品原料的质量。

4.利用现代生物化学技术加强对药品的监管控制。

第三章
实验动物医学与人类健康

第一节　概　　述

实验动物科学（Laboratory animal science）是一门研究实验动物及其培育和应用的学科。它的历史源远流长，经过漫长岁月，通过许多科学家的努力，它已经发展成为一门新兴的综合性的学科。它融汇生物学、动物学、医学和畜牧兽医学等形成了一门覆盖面很广的应用学科。随着自然科学的迅猛发展，实验动物学的内容不断丰富和更新。实验动物学的进步，又能更好地服务生命科学、发展生命科学、保障人类健康和幸福。

实验动物学的重要性不仅在于实验动物能反映人的各种生命现象，通过功能、形态、体液介质和生物放大系统等不同层次，从宏观到微观表达生命的各种现象，还在于实验动物常常作为人的"替身"，去承受生物医学、药物学、毒理学和兽医学等种种试验，甚至是一些致命性的试验。可以说实验动物义无反顾地去作"替身"，为人类健康和科学的发展作出了贡献。

随着对生命体复杂性认识的不断深入，现代医学研究越来越注重体内试验，动物实验成为医学研究中无可替代的手段。然而，动物实验在为生命科学和人类健康作出贡献的同时，也面临公共卫生问题。

一、动物实验为人类健康服务

（一）医学生物学研究

医学生物学研究的主要任务是预防与治疗人类的疾病，保障人民健康。它是通过临床研究和实验室研究两个基本途径来实现的，而不论临床研究，还是实验室研究，均离不开实验动物。特别是医学科学从"经验医学"发展到"实验医学"阶段，动物实验就显得更加重要。实验医学的主要特点是不仅对正常人体或病人（在不损害病人的前提下）进行实验研究，还利用实验室条件，进行包括试管内、动物离体器官、组织和细胞的实验，尤其是整体动物的实验研究。动物实验方法的采用及发展，促进了医学科学的迅速发展，解决了许多以往不能解决的实际问题和重大理论问题。在一定意义上说，只有经过严格的、系统的动物实验才能把医学置于真正科学的基础上。

回顾医学生物学发展的历史，不难发现，许多具有里程碑式的划时代研究成果，往往与实验动物及动物实验密切相关。这可以追溯到英国科学家哈维（William Harvey，1628）发现血液循环是一个闭锁的系统，阐明了心脏在动物体内血液循环中的作用；德国科学家科赫（Robert Coch，1878）发现了结核杆菌，首次证明病原菌与疾病的关系；法国微生物学家巴斯德（Louis Pasteur，1880）首先制造出禽霍乱疫苗，以及后来的狂犬病弱毒疫苗，并开创了传染与免疫研究的新领域。近代医学研究中，化学致癌因素的发现（山极和市川，1914），应激学说的确立（Selye，1936），单克隆抗体技术的建立（G. Kohler and C. Milstein，1975）等，也都是动物实验的研究成果。

巴甫洛夫指出，"没有对活动物进行实验和观察，人们就无法认识有机界的各种规律，这是无可争辩的。"18世纪以后，医学知识的迅速增长主要归功于实验动物应用的增加。从1901年诺贝尔生理学或医学奖设立以来，到2008年为止，2/3的诺贝尔生理或医学奖的成果归功于动物实验研究的发现。

（二）新药研究与化学品的安全性评价

预防和治疗人类疾病的新药的研究、安全性评价，以及质量控制都离不开动物实验；化肥、农药、环境化学物质的毒性也要靠动物实验来评价。

在新药研究中，通过动物实验可以了解药物的药理、药效和毒副作用情况，进而为临床用药提供指导。通过建立动物模型，可观察药物的药理和药效，了解药物的作用特点。根据给药途径和新药的分类不同，还需要进行急性、亚急性及慢性毒性试验，三致试验（致畸、致癌、致突变），包括对啮齿动物、犬或猴等不同进化程度动物进行试验，证明在其临床剂量下安全可靠后，才能报批开展临床试验，通过临床试验，最后获得新药证书，方可上市销售。药品在正常生产过程中，产品也要以动物实验进行有效性检验和致热原检查等，以保证产品的安全性。

以动物实验进行化肥、农药安全性评价极为重要。在合成的多种新农药化合物中，真正能通过动物实验并对人体和动物没有危害的只占 1/30000，其余都因发现对人的健康有危害而禁用。例如，早在 20 世纪 40 年代，美国人应用的杀虫剂乙酰胺，因发现它是强致癌剂而停用，但已经造成了对环境的污染。50 年代研制出的一种杀螨剂 Aramite，广泛用于棉花、果树、蔬菜，用了 7 年后发现能引起大鼠和家犬的肝癌，不得不停用，但也已造成了环境的污染。我国过去大量使用的有机氯农药，也发现有致癌作用。

（三）生物制品生产与检定

实验动物不仅是生物制品生产的原料，也是其安全性、有效性评价必不可少的工具。以实验动物为原料生产的生物制品包括：①预防用生物制品：用地鼠肾制备乙型脑炎、流行性出血热及狂犬病疫苗，甲猴肾制备小儿麻痹症疫苗，用鸡胚制备小儿麻疹、黄热病、流感和狂犬病疫苗；②治疗性生物制品：用猪胰腺和牛胰腺生产胰岛素，用猪胸腺和牛胸腺生产胸腺肽，用小鼠生产治疗用单克隆抗体，用家兔生产牛痘疫苗致炎兔皮提取物等；③诊断用生物制品：用小鼠、家兔和羊生产各种抗体、免疫血清等。需要动物实验进行产品鉴定的项目包括：①动物免疫保护试验：将制品对动物进行主动（或被动）免疫后，用活菌（毒、虫）或毒素攻击，从而判定制品的保护力水平；②活菌数测定和活病毒滴定：活菌数主要测定其菌落数，计算其菌落形成单位（CFU）的数值。活病毒滴定常用细胞培养法（半数组织感染量，$TCID_{50}$）和鸡胚感染法（半数鸡胚感染量，EID_{50}）；③类毒素和抗毒素的单位测定：类毒素包括絮状单位（Lf）测定和毒素单位（AE）测定。后者在实验动物体内进行，以国际单位（IU）代表效价高低；④血清学试验：疫苗接种动物体后，可产生相应抗体，并可保持较长时间，抗体水平的消长情况也是反映制品质量的一个方面。检测的方法包括凝集试验、沉淀试验、间接血凝试验、血凝抑制试验、补体结合试验、中和试验、标记抗体检测试验等。

（四）实验外科学研究

实验外科学是生命科学的重要组成部分，是外科学发展的先导和基础。一般说来，实验外科学作为实验医学的一个部分，内容包括与外科有关的基础研究和临床研究的各个领域。广义的外科动物模型包括：①模拟与外科相关的一类疾病的动物疾病模型，如肿瘤、消化性溃疡等；②用外科手术的方法制作的研究机体生理、病理变化和功能活动的动物模型，如生理学研究的经典模型——巴普洛夫小胃；③用外科手术方法制作的动物疾病模型，如普遍用于外科基础和临床教学、研究的失血性休克动物模型、盲肠结扎加穿孔所致的腹膜炎模型等；④用于观察手术后各种变化的手术模型，如胃大部切除动物模型；⑤为开展新的手术或其他技术而专门设计的新的手术方式的模型，如器官移植模型等。

从历史的角度看，最初的解剖学研究促使了外科学的形成，而外科学的发展反过来加深了人们对解剖学的认识。对炎症、创伤问题的外科实践也反过来修正了微生物和免疫学的理论认识。21 世纪初，电生理学家 Bernstein 正是利用了实验外科学的成果，使用蛙的肌纤维和枪乌贼的巨轴突成功地进行了静息电位描述试验。以后几十年，随着实验外科学由大体进入显微领域，电生理研究也发展到单细胞记录水平。此外，在神经生物学领域，单细胞分离技术的实施也要归功于显微外科学的发展。在发展迅速的分子生物学领域，更需要实验外科学的技术支持。从转基因动物的培育、基因敲除动物模型的建立到基因治疗给药途径的实施，离开实验外科学的基础理论与基本操作都是难以想象的。试管婴儿与克隆动物的分离、植入与培育，这在几十年前实验外科技术未发展到今天的水平时都是不可能实现的。事实上，现代生命科学各学科彼此交叉、融合，学科间的严格界限已难界定，因此，就像分子生物学与其他学科杂交产生的新学科如分子病毒学、分子免疫学、分子病理学一样，有理由将分子生物学作为外科学学科整体的一个部分，推动实验外科学的发展，并完善分子生物学内容，进而推进整个生命科学的进步。

（五）器官移植

早在 1912 年卡雷尔就通过动物实验，开创了血管与器官移植的实验研究，并因此获得诺贝尔医学奖。之后，直到 1954 年 Murray 在实验研究的基础上首先实行同卵双生姐妹间的肾移植，获得成功，且患者术后获得成功。1962 年他又首次用尸体肾进行人的异体肾移植而获得成功，从而打开了器官移植的大门。现今器官移植技术已进入了飞速发展的阶段，成功地运用于多种重要器官。

器官移植的成功主要归功于 3 个关键方面的突破，显微血管吻合技术（显微外科）、离体器官保存液和器官储存、HLA 配型和免疫抑制药物的相继使用，其突破均建立在动物实验的基础上。1960 年美国医生 Jaeobson 和 Sanrez 开创显微血管外科技术，首先在动物身上用放大 25 倍的手术显微镜吻合 26 条口径在 1.6 毫米以上的小血管，通畅率达 100%。家兔的股静脉、耳中央静脉，大鼠的股静脉、颈动脉、颈静脉，以及犬的股静脉、隐动脉、隐静脉的吻合一直是血管显微手术训练的基本动物模型。目前，随着显微外科手术器械的不断创新和完善，出现了微创外科和腔镜外科的新领域，大有取代常规开放手术的趋势。今后，随着科技的不断发展，全新智能化的微型诊疗机器人将会对外科疾病的诊断和治疗带来新的突破，而动物模型是最早接纳"机器人"的受体。器官低温保存则得益于 1969 年 Collins 创用的细胞内液型保存液，使得离体移植器官能够保持活力，提高移植器官的成功率。但是，器官的长期保存一直是困扰人类的难题，最近，我国科学家在动物器官冷冻保存方面取得了重大突破。他们通过改进冷冻保护剂配方、器官灌注方法和计算机冷冻控制程序等一系列技术手段，率先找到器官冷冻这一新方法。将动物卵巢在 -196℃ 液氮中深低温冷冻保存，在世界上首获成功，冻融后再移植的卵巢可恢复排卵和内分泌功能，并成功受孕。这也必将推动其他实质器官（如肾脏、心脏、肝脏等）冷冻保存技术的研究。器官冷冻保存，建立人类器官库，这一器官移植领域的梦想有望实现。HLA 配型和免疫抑制药物的应用则解决了移植免疫的难题。1960 年 Jackson 实验室的 Snell 博士曾用将肿瘤移植于不同近交品系小鼠的方法，观察其接受和排斥现象，发现组织和器官移植能否成功是由主要组织相容性基因决定的，即小鼠组织相容性抗原，之后医学界发现人类也有类似的基因，从而开创了人类组织相容性抗原的研究，为配型打下了基础，Snell 因此获得了 1980 年诺贝尔奖。由于器官来源匮乏，近几年来，异种移植备受注目，在其研究中，最重要的两个模型就是豚鼠-大鼠心脏移植及中国地鼠-大鼠心脏移植。这些小动物心脏移植具有经济、稳定、可重复性强，易于通过移植心脏搏动状态监测移植动物排斥及耐受情况，以及获得的受体组织及血液标本可完成较大标本量试验等优点。而异种大动物如猪-猴腹腔异位心脏移植、猪-猴胸腔原位心脏移植，在异种移植研究中更具有重要价值。在移植外科中，虽已解决了器官移植的技术问题。但可供移植的人体器官不足，一直是困扰医学界的难题。为解决这一问题，科学家将目光投向了转基因猪。猪的器官大小、解剖结构及生理功能与人相似。猪的心脏瓣膜、猪的胰岛组织作为异种器官组织移植供体直接用于临床已获成功。因此，猪成为异种器官移植最有希望的供体器官来源。通过剔除或者改造有关基因，使其不发挥作用，从而控制异种器官移植的排异反应，成为器官移植研究的新热点。

二、动物实验存在公共卫生风险

（一）人畜共患病的风险

实验动物体表与体内寄生着各种微生物和寄生虫，如果存在人畜共患病的病原体，既会危害动物本身，还会波及与之密切接触的易感人群，甚至可将病原体扩散至周围其他人群，引起更大危害。

普通环境繁殖和野外捕捉的动物都可能携带危害动物和人类健康的病原体。有些病原体也可以在经剖腹产或子宫切除术获得的动物体内检测到，如念珠状链杆菌是一种在健康大鼠鼻、咽中常见的细菌。人一旦被携带念珠状链杆菌的大鼠咬伤，可能引起鼠咬热（Rat-bite fever）；饮用被念珠状链杆菌污染的水和牛奶，可能会得哈佛希尔热（Haverhill fever）。得了这两种疾病，如果不及时治疗，可能危及生命。

毛癣菌病（Trichophytosis）也是一个很容易传播的真菌类人畜共患病，主要由发癣菌（*Trichophyton* sp.）和小孢子菌（*Mcrosporum* sp.）感染引起，这类感染往往呈现亚临床症状，人患毛癣菌病后出现圆环状的皮肤损伤症状。

普通环境饲养繁殖的大鼠也可潜伏性感染汉坦（Hantaan）病毒，这种病毒通过呼吸道、肠道分泌物、排泄物、尿液传播。人直接或间接接触被病毒污染的动物、生物制品材料和设备，很容易感染上汉坦病毒，出现严重的急性间质性肾炎，即出血热肾病综合征（Hemorrhagic fever with renal syndrome，HFRS），肾脏功能丧失，严重时导致死亡。

另一方面，由于生物医学研究的需要，有时给实验动物人为地接种人畜共患病微生物，这是一个确定的人类病原微生物的传染源，必须采取预防性的保护措施限制病原微生物的传播。在2003年全球性严重急性呼吸综合征（Severe acute respiratory syndromes，SARS）流行期间，新加坡、中国台湾和北京相继有实验室人员感染SARS病毒，实验室生物安全再度成为专业人士和公众关注的话题。为此，世界卫生组织敦促各国对SARS实验室实施认可和准入制度，并再次公布有关实验室处理SARS病毒样本的操作细则。与此同时，中国也在加紧制订相关管理条例和技术规范，力求从根本上消除实验室生物安全隐患。

WHO 一直非常重视生物安全问题在国际事务中的重要性，早在 1983 年就出版了《实验室生物安全手册（第一版）》，将传染性微生物根据其致病能力和传染的危险程度等划分为 1、2、3、4 四类；将生物安全实验室根据其设备和技术条件等划分为四级：生物安全 1～4 级（BSL 1～4）；将传染性微生物相应的操作程序也划分为四级（BSL 1～4），并对四类微生物可操作的相应级别的实验室及程序进行了规定。2003 年 4 月《实验室生物安全手册（第三版）》以电子版的形式在 WHO 网页上发布，再次强调了良好的专业训练和技术能力对安全健康的实验室环境的重要性，以及研究人员对自身、同事、社会和环境应负的责任。尤其强调了在对新发现的病原体进行研究时，一定要具有高度的责任感，预先评价其危险性。

我国在生物安全方面也制定了一些相应的条例和法规。2004 年，国务院发布了《病原微生物实验室生物安全管理条例》，同年出台了国家标准《实验室生物安全通用要求》（GB19489—2004）。此后，农业部发布了《动物病原微生物分类名录》（2005），卫生部发布了《人间传染的病原微生物名录》（2006）。这些条例和法规有力地规范了生物安全实验室的管理与使用。

（二）与动物接触带来的风险

动物实验研究需要与实验动物密切接触，被动物排泄物等污染的空气、动物可能对人类造成的攻击或意外伤害、动物鸣叫产生的噪声，均能给人类的健康带来风险。

实验动物致敏（Laboratory animal allergy，LAA），是一种职业过敏性疾病，由于例行性与实验动物接触而容易产生的过敏性疾病，造成人的呼吸道及皮肤发生炎症。过敏源是动物皮毛、尿液、唾液中的一类酸性小分子蛋白质。LAA 主要是由毛皮动物引起的，其中主要是大鼠、小鼠，这可能因为它们是生物医学研究中最常用的实验动物。其实所有的毛皮动物都可能造成过敏疾病，不过由于动物种类的不同，所造成的过敏情况有所不同，啮齿类动物是最具有致敏性的一个物种。Seward 通过调查研究认为，LAA 出现的总体概率为 11%～44%，而更严重的哮喘现象出现的概率为 4%～22%。

被动物污染的空气也会给接触者，甚至对大气环境造成影响。动物的排泄物及其分解后产物可以产生多种有臭味的气体。对不同的恶臭物质加以分析，发现动物产生的污染气体中，以氨气的浓度最高。氨浓度与饲养环境的温度、湿度、通风换气及饲养密度有关。动物室内氨的生成，主要是动物粪便中的尿素经细菌分解后所产生。多数研究者认为，氨可以引起呼吸器官黏膜异常，引发呼吸道疾病，严重的可导致鼻炎、中耳炎、支气管炎和支原体性肺炎等。

有些动物对人类有攻击性，有些动物倾向于逃离人类束缚，实验过程中，可能给实验者造成咬伤、抓伤。如果是野生动物等，将可能有带来传染病、甚至未知疾病的风险。

实验过程中，人们更多地只是关注动物在实验中的反应，以及环境因素对实验动物和动物实验结果的影响，实际上，实验动物产生的噪音也会对接触动物的饲养员、科技人员产生影响，犬吠和一些动物在捉拿等实验操作过程中的鸣叫，对人类健康是有害的。

（三）基因改造动物带来的风险

遗传工程动物是指通过基因工程手段人为地改造了某些遗传性状的动物。遗传工程动物所涉及的技术主要分为两大类，一类是转基因动物技术，另一类是基因敲除技术。

转基因动物技术是 20 世纪 80 年代初发展起来的一项生物技术，经过科学家们近 20 年的努力，无论在该技术的研究本身，还是在其应用领域都已取得举世瞩目的成就。它在不断丰富物种基因库的同时，也扩大了生命科学的研究视野。转基因动物技术一方面克服了物种之间的生殖隔离，实现了跨物种之间动物遗传物质的交换和重组。另一方面，它开辟了一条用四维体系研究特定基因的新手段。它将分子、细胞及动物整体水平结合起来，成为一个整体的表达系统，在基因的表达调控研究方面具有无可比拟的优越性。利用转基因动物技术，可将复杂的生物学问题分解为多个因素分别进行研究，又可将生物体内各种复杂的影响因素综合在一个个体内进行研究，从而为复杂生命现象的研究开辟了新的思路。自从 1979 年，科学家将 SV40 病毒 DNA 导入小鼠早期胚胎的囊胚腔，得到第一个承载有人工导入的外源基因的嵌合体小鼠。80 年代初，R. P. Palmiter 将人类生长激素基因导入小鼠受精卵的雄原核，诞生了"超级小鼠"。之后，科学家又建立了鼠、兔、羊、猪、牛、鱼和鸡等的转基因动物。

基因敲除（Gene knock out），是指对一个结构已知但功能未知的基因，从分子水平上设计试验，将该基因去除，或用其他顺序相近基因取代，然后从整体观察实验动物，推测相应基因的功能。基因敲除是 20 世纪 80 年代后半期利用 DNA 同源重组原理发展起来的一门新技术。20 世纪 80 年代初，胚胎干细胞（ES）分离和体外培养的成功奠定了基因敲除的理论和技术基础。1987 年，Thompsson 首次建立了完整的 ES 细胞基因敲除的小鼠模型。此后的几年中，基因敲除技术得到了进一步的发展和完善。由基因敲除技术产生的特殊小鼠已经对哺乳动物生物学的各个领域，包括发育生物学、癌生物学、免疫学、神经生物学和人类遗传学产生了极大的影响。理论上，基因敲除技术可适用于任何能产生 ES 细胞的物种，因此，将来可在小鼠基因敲除技术成熟的基础上开展其他实验动物的基因敲除工作。

到目前为止，通过基因敲除技术，已建立起万余种的基因敲除鼠模型，其中以各种疾病相关基因的敲除鼠模型为主。这些敲除鼠模型在探讨人类各种疾病的发病机制、疾病诊断、预防及基因治疗等方面有重大意义。

随着转基因动物应用的增多，转基因动物的安全性也受到人们的关注。由于转基因动物携带外源基因，释放至环境中可能通过杂交导致"基因逃逸"，使外源基因转到其野生近缘种造成"基因污染"，危及生物多样性安全。转基因个体经定向改造，往往生长更快，或具较强的抗病力、抗逆性，比其他物种更具适应性和竞争力，一旦释放到自然环境，可能破坏原有的种群生态平衡；而有些野生品种可能因不具竞争力而灭亡，对物种的遗传多样性造成威胁。以转基因水产动物为例，虽然其经济性状得到改良，可带来养殖经济效益，但其食品安全性、释放到环境后的遗传安全和对生态的胁迫作用也需充分考虑。有实验显示，转鲑鱼 GH 基因的雄性青鳉占有交配上的优势，若释放至自然水体可能会造成野生型青鳉种群的灭绝。对两只处于相同生长阶段的转 GH 基因银大马哈鱼与非转基因鱼在有捕食者存在（放入较大规格的大西洋鲑）时的存活与生长状况进行观察，发现转基因鱼具有与非转基因鱼相似的竞争能力，在有捕食者存在的环境中转基因鱼的死亡率并没有升高，且仍能维持较快的生长速度，因此，如果转基因鱼进入自然环境，其相似的竞争能力和存活率就有可能影响野生鱼的生存。

有些转基因动物的存在是为了提供食物来源。对转基因食品食用安全性评价的基本原则有科学原则、实质等同性原则、个案原则和逐步原则等。其中，实质等同性原则是安全性评价的起点，它是指以有安全食用历史的传统食品为基础，要求转基因食品和它所替代的传统食品至少要同样安全。由于动物本身的特点，转基因动物要以个案分析为基础，每只转基因动物都要以它的亲本动物作为对照，只有与亲本动物同样安全，才能进行下一步的评价。

（四）异种器官移植带来的风险

器官移植已成为许多终末期疾病首选的治疗方法。全世界至今接受心、肝、肾等移植者已达 60 余万例。随着外科手术的成功，免疫抑制剂的不断发展，移植成功率的提高，出现了供体严重短缺现象，异种移植已成为研究的新方向。目前，只有 50％的患者有机会接受移植，大约有 20％的患者在等待中死亡。等待器官移植时间越长，患者死亡越多。供体器官来源不足严重困扰着器官移植手术。这种状况推动了各国对非人源器官的可移植性研究。但异种器官移植面临两大障碍，一是免疫排斥，包括超急性排斥、急性血管排斥反应、细胞介导的排斥反应和慢性排斥反应；二是各类病原的感染，包括病毒、寄生虫等。

目前，基于细胞核移植技术的转基因猪的培育，已经在解决供体器官超急性排斥反应方面取得了很大进展，但是，转基因动物器官移植更为严重的问题可能是跨物种感染。临床医生将转基因动物器官直接移植进入人体，这种移植方式可能给转基因动物病毒感染人提供了一个更加有利的途径和机会。从理论上看，转基因动物与人这两个不同物种的病毒可以相互重组，形成新的更加危险的病毒，而且，很多在转基因动物身上潜伏的病毒，在人身上却会变成致病或致命的病毒。通常情况下不会感染人的病毒，通过异种器官移植提供的细胞之间亲密接触的机会也可能感染人或与人的病毒重组，免疫系统被抑制的移植受体比一般人更容易感染。最重要的是，转基因动物带有的未知病毒是否会从移植受体扩散而传播给其他人造成疾病大流行，引起流行病，仍是个未揭开的谜，这个问题不能不引起我们的重视。例如，现在大多数科学家认为，艾滋病病毒起源于猩猩，由于某种原因跨越了物种障碍而感染了人类。1997 年英国科学家发现，猪有遗传病毒的迹象。该病毒潜伏在猪肾脏细胞内的基因中，它们对猪是无害的，但对人体有害。因此，英国政府已明令禁止转基因猪器官移植人体。研究表明，内生性逆转录病毒不但存在于每头猪的每一个细胞中，而且还插入到猪的遗传物质中，使得不可能从供体猪的身体中消灭该病毒。器官移植后该病毒有可能会从猪的器官中出来插入到人类细胞的遗传物质中，引起人类遗传物质的突变，增加患癌症的风险。因此，虽然目前不能给转基因动物器官移植可能带来的跨物种感染这个风险定量，但知道它确实存在，并且可能殃及人类。一旦跨物种感染成为可能，所产生的后果是严重的。

三、实验动物的微生物和寄生虫污染控制

实验动物是活的精密仪器，为确保动物试验结果准确、可靠和可重复，必须对其体内携带的微生物和寄生虫进行控制。目前，国际上科研、教学和检定中应用的实验动物基本上都是体内微生物和寄生虫经过严格控制的无特定病原体（Specific pathogen free，SPF）动物。

（一）实验动物微生物和寄生虫控制的必要性

1. 可引起实验动物发病和死亡　传染病是引起实验动物发病和死亡，以及影响实验动物质量的主要原因。实验动物传染病的病原体包括：病毒、支原体、细菌和寄生虫。有些烈性传染病给实验动物的生产与使用造成毁灭性打击，例如，感染实验小鼠的鼠痘，感染家兔的兔出血热。有些传染病在实验动物并不一定出现临床症状（潜在或亚临床感染）。以往研究显示，动物混合感染病毒和细菌后，会导致细菌或病毒单独感染的临床症状出现或加重。如啮齿类动物可终生携带肺支原体而不出现任何临床症状，但是仙台（Sendai）病毒继发感染动物后，啮齿类动物会出现致命性肺炎。

2. 干扰动物实验结果　大多数情况下，病原微生物感染动物后并不出现临床症状。然而，这些潜在的感染却能严重影响动物实验结果。如仙台病毒感染后，能造成动物T、B淋巴细胞对抗原刺激的应答反应减弱，增加干扰素产量，减少血清第三补体因子水平。小鼠感染肝炎病毒后，网状内皮系统的吞噬细胞活性、淋巴细胞的细胞毒活性被抑制，血清天冬氨酸转氨酶、丙氨酸转氨酶等许多肝酶水平升高。这些事例充分说明，病原体潜在感染能严重影响动物实验结果。

3. 可导致人畜共患病的发生　普通环境繁殖和野外捕捉的动物都可能携带危害动物和人类健康的病原体，导致人畜共患病的发生。例如，由流行性出血热病毒（Epidemic hemorrha fever virus）引起的主要发生于大鼠的烈性传染病，是一种人畜共患的自然疫源性传染病。

4. 影响生物制品的质量　人和动物应用的血清、疫苗和其他生物制品必须是安全的、无污染的，因此，对用来生产生物制品或用于质量鉴定的实

验动物必须进行微生物和寄生虫控制。如果人用活疫苗是用被污染的动物细胞生产的，就可能导致使用者感染人畜共患病。因此，疫苗制品和治疗用生物制品需要严格的预防制度来监管。药品生产质量管理规范（Good Manufacture Practice，GMP），其目标就是控制药品所有生产阶段，最后得到一个安全的、高品质的产品。

（二）实验动物微生物和寄生虫控制等级

根据实验动物所携带的微生物和寄生虫情况，可将实验动物分为不同的等级。我国按微生物学和寄生虫学控制标准（GB 14922.2—2001），将实验动物分为 4 个等级：①普通动物；②清洁动物；③无特定病原体动物（SPF）；④无菌动物。

1. 普通动物　普通动物（Conventional animal，CV）指不携带人畜共患病和动物烈性传染病病原的动物。普通动物仍然被广泛应用于生物医学研究中，主要是那些尚未实验动物化的动物和一些大型实验动物。如果动物的微生物学和寄生虫学情况未知或可疑时，应被视为普通动物。通常普通动物使用前需要经过一段时间的检疫期，检疫期的长短取决于排除传染性所需的最长潜伏期。

2. 清洁动物　清洁动物（Clean animal，CL）是除不带有普通动物应排除的病原外，不携带对动物危害大和对科学研究干扰大的病原的动物。清洁动物是根据我国国情自行设定的等级动物。清洁动物仅适合于短期或部分科研试验。它较普通动物健康，又较 SPF 动物容易达到质量标准，在动物实验中较少受动物疾病的干扰，是在我国现实情况下的一种过渡型动物级别。

3. SPF 动物　无特定病原体动物（Specific pathogen free animal，SPF）是指除不具有普通动物、清洁动物应排除的病原外，不携带主要潜在感染和对科学试验干扰大的病原的动物。SPF 动物被认为是标准的实验动物，广泛用于生物医学研究中。

4. 无菌动物和悉生动物　无菌动物（Germ free animal，GF）是指用现有的监测技术在动物体内外的任何部位，均检测不出任何活的微生物和寄生虫的动物。

悉生动物（Gnotobiotic animal，GN）又称已知菌动物或已知菌丛动物，是在无菌动物体内植入已知微生物的动物。根据植入无菌动物体内菌种数目的不同，可将其分为单菌、双菌、三菌和多菌动物。

（三）实验动物微生物和寄生虫质量监测

实验动物的微生物和寄生虫质量控制包括环境控制和动物控制两方面。要坚持预防为主的原则，从动物流行病学的三个基本环节——传染源、传播途径和易感动物着手，制订切实可行的控制方式。此外，定期对实验动物进行微生物学、寄生虫学质量监测是保障实验动物质量的重要手段。

1. 检测规则

（1）**检测频率**

①普通级动物　每3个月至少检测动物一次。

②清洁动物　每3个月至少检测动物一次。

③无特定病原体动物　每3个月至少检测动物一次。

④无菌动物　每年检测动物一次，每4周检查一次动物的生活环境标本和粪便标本。

（2）**检测项目分类**

①必须检测项目　是指在进行实验动物质量评价时必须检测的项目。

②必要时检测项目　是指从国外引进实验动物时；怀疑有本病流行时；申请实验动物生产许可证和实验动物质量合格证时必须检测的项目。

（3）**检测结果判定**　在检测的各个等级动物中，如有一只动物的一项指标不符合该等级标准要求，则判为不符合该等级标准。

2. 检测方法　根据监测的对象不同，可分为实验动物病毒学监测、实验动物细菌学监测、实验动物真菌学监测和实验动物寄生虫学监测4种类型。

（1）**实验动物病毒学监测**　常用方法有血清学检查和病原学检查。

（2）**实验动物细菌学监测**　常用方法是进行病原菌的分离与培养。有一些病原菌，如泰泽氏菌，由于不能在人工培养基上生长，因此，宜采用病变组织压片、镜检的方法进行检查，并结合病理检查结果最后作出诊断。

（3）**实验动物真菌学监测**　目前，主要采用分离培养法，所用培养基为沙氏培养基。

（4）**实验动物寄生虫学监测**　常用方法：体外寄生虫可用透明胶纸粘取毛样，显微镜检查体外寄生虫及其虫卵；肠道寄生虫要采集动物粪便，集虫后镜检；血液寄生虫监测需采集末梢血液，制成厚、薄涂片，染色后镜检；组织内寄生虫监测需对疑为寄生虫感染的部位做组织压片、切片检查。

第二节 常用实验动物及其在生物医学研究中的应用

一、小 鼠

小鼠（Mouse，*Mus musculus*）在分类学上属于哺乳纲、啮齿目、鼠科、小鼠属，来源于野生小家鼠。几个世纪以前，小鼠就作为观赏动物被驯养，19世纪，用于遗传试验，到20世纪被广泛应用于各个研究领域，遍布世界各地，形成或培育出许多各具特色的封闭群和近交系，是应用最广泛的哺乳类实验动物。

（一）生物学特性

小鼠全身被毛，面部尖突，嘴脸前部两侧有触须，耳直立呈半圆形，眼睛大而鲜红。尾长约与体长相等，成年鼠一般体长10～15厘米。尾部被有短毛和环状角质鳞片。有多种毛色，如白色、鼠灰色、黑色、棕色、黄色、巧克力色、肉桂色等。

小鼠体小娇嫩，皮肤无汗腺，对外界环境适应能力差。性情温顺，易于实验操作。小鼠喜居光线暗淡的环境，习惯于昼伏夜动，其进食、交配、分娩多发生在夜间。小鼠活动高峰每天有两次，一次在傍晚后1～2小时，另一次在黎明前。

小鼠为群居动物，群养时生长发育较单饲快，过分拥挤会抑制生殖能力。性成熟早，非同窝的雄性在一起易互斗并咬伤，表现为群体中处于优势者保留胡须，而处于劣势者则掉毛，胡须被拔光。小鼠对外来刺激极为敏感，强光、噪声、不同气味等刺激均可导致神经紊乱，发生食仔现象。

新生小鼠发育迅速，性成熟早，6～7周龄时已性成熟，小鼠体成熟雄鼠为70～80天，雌鼠为65～75天，故小鼠开始繁殖一般是在65～90天。雌鼠性周期4～5天，妊娠期19～21天，哺乳期20～22天，每胎产仔6～15只，年产6～9胎。小鼠性活动可维持1年左右，寿命约2年。

（二）在生物医学研究中的应用

由于小鼠的体型小，生长繁殖快，易于管理和实验操作，其质量标准明确，故在生物医学研究的各个领域得到广泛应用。

1. 药物学研究

（1）**药物安全性评价试验**　小鼠常被用于药物的急性、亚急性和慢性毒性试验，是药物半数致死量和最大耐受量测定最常选用的动物。小鼠也常用于评价药物的致畸、致癌和致突变作用的试验。

（2）**生物效应测定和药物效价的比较试验**　小鼠被广泛用于血清、疫苗等生物制品的鉴定，生物效价的测定，以及各种生物效应的研究。

（3）**药效学研究**　小鼠是药效学研究的常用动物。例如，利用小鼠瞳孔放大作用测试药物对副交感神经和神经连接的影响；用小鼠热板技术引起的后爪运动或机械压尾评价止痛药；用小鼠角膜和耳郭反射评价镇静药药效等。另一方面，也常用小鼠复制疾病模型，用于药物筛选或药效研究。例如，小鼠在雾化的氢氧化铵刺激下有咳嗽反应，是研究镇咳药的首选动物；洋地黄、乌头碱可诱发小鼠心率失常，易复制快速性心率失常模型，用于药物筛选；用声源性惊厥的小鼠模型评价抗痉挛药物等。

2. 肿瘤学研究

（1）**小鼠移植性肿瘤研究**　已建立了 500 多种小鼠移植性肿瘤。小鼠移植性肿瘤模型复制简便，接种成活率高，可在同种或同品系动物中连续移植，长期供试验用，广泛用于药物和治疗措施的体内筛选试验。常用的小鼠移植性肿瘤有肉瘤 S180、肝癌 H22、肺癌 Lewis、白血病 L1210、白血病 P388、黑色素瘤 B16 等。

（2）**小鼠自发性肿瘤研究**　474 个近交系小鼠中大约有 244 个品系或亚系都有其特定的自发性肿瘤。如 AKR 小鼠白血病发病率可达 90％，C3H 小鼠乳腺癌发病率达 90％～100％。从肿瘤发生学上来看，这些自发性肿瘤与人体肿瘤相近，为研究各种类型肿瘤的发生、发展过程，以及预防和治疗提供了良好的模型。另外，小鼠对致癌物敏感，也可用于化学致癌剂诱发肿瘤研究，如用二乙基亚硝胺诱发小鼠肺癌，甲基胆蒽诱发小鼠胃癌和宫颈癌等。

（3）**人体肿瘤的异种移植**　胸腺严重缺陷的裸小鼠可接受人类各种肿瘤细胞的植入，成为活的癌细胞"试管"，是研究人类肿瘤发生、发展、转移和治疗的良好动物模型。

3. 遗传学研究　人类基因组序列"框架图"已在 20 世纪末基本完成，但是要从基因组的破译转向功能基因组分析定位，唯一的办法是通过整体动物模型进行分析，人类重大疾病的预测、诊断与治疗都将在此基础上取得新的突破。在模型动物中，最适合作整体研究的材料就是小鼠。随着人类基因组计划的实施，小鼠是继人类之后第二个完成基因组测序工程的哺乳类动物。据 2002 年发表的小鼠基因组草图显示，小鼠的 20 对染色体上共有约25 亿个碱基对，与人类 23 对染色体上的 29 亿个碱基对相当接近。两个物种的基因数目大约都是 3 万个，基因的同源性高达 90％以上。目前，小鼠的遗传学研究已经成为生命科学研究的最前沿，以小鼠为基本材料的遗传资源的保护和开发，直接影响基因药物产业和相关医疗领域的研究，其社会效益和经济效益不可估量。

近年来发展起来的小鼠的转基因技术和基因敲除技术，可用于研究基因的功能、表达和调节，探索疾病的分子遗传学基础和基因治疗的可能性和方法，成为研究的热点。此外，小鼠的毛色变化多种多样，其遗传学基础已研究得比较清楚，常作为小鼠遗传学分析中的遗传标记。重组近交系小鼠将双亲品系的基因自由组合和重组产生一系列的子系，这些子系是小鼠遗传学分析的重要工具，主要用于研究基因定位及其连锁关系。同源近交系小鼠常用来研究多态性及发现新的等位基因。

4. 微生物学研究 小鼠对多种病原体和毒素敏感，适宜复制多种细菌性和病毒性疾病模型，特别适用于疟疾、血吸虫病、马锥虫病、流行性感冒及脑炎、狂犬病及其他许多细菌性疾病的感染研究及实验治疗，也适用于其他病原体的致病力、宿主抵抗的机制、病理学的研究。

5. 免疫学研究 先天性免疫缺陷小鼠为免疫学研究提供了丰富的模型。例如，胸腺发育缺陷的裸小鼠，可用于 T 细胞功能及细胞免疫在免疫应答反应中的作用研究。20 世纪 80 年代培育出的 SCID 小鼠是一种先天性 T 和 B 细胞联合免疫缺陷动物，有利于研究 NK 细胞、LAK 细胞、巨噬细胞和粒细胞等"自然防御"细胞和免疫辅助细胞的分化和功能，以及它们与淋巴细胞及其分泌的淋巴因子的相互作用。SCID 小鼠能接受同种或异种淋巴组织移植，是研究淋巴组织细胞分化和功能的活体测试系统。CBA/N 小鼠 B 淋巴细胞发育有先天性缺陷，缺少成熟 B 细胞，是 B 淋巴细胞发育和功能研究的模型。C57BL/6N - bg 小鼠的 NK 细胞的发育和功能有缺陷，血液凝固和巨噬细胞活性有缺陷，是 NK 细胞的发育和功能研究的良好模型。NZB 小鼠有自发性自身免疫性贫血症，可用于研究自身免疫疾病的机制。

6. 衰老机制研究 小鼠是研究胶原老化的动物模型。老龄鼠结缔组织主要成分为胶原蛋白，胶原蛋白老化常可视作机体老化的指标。研究表明，随着鼠龄增长，胶原结构中双体和多聚体比例增加，皮肤中 α 螺旋结构减少，而 β 结构未增加。利用老龄小鼠研究中枢传导及代谢发现，老龄 C57BL/6J 雄性小鼠脑纹状体多巴胺含量降低，酪氨酸转化率下降，一些物质在下丘脑和纹状体中分解代谢减慢。利用垂体功能低下、生长激素缺乏的侏儒小鼠，可以研究生长激素与老化的关系。

7. 内分泌疾病研究　小鼠内分泌腺结构的缺陷常引起类似人类的内分泌疾病，因此，小鼠是研究内分泌疾病的好材料。如肾上腺皮质肥大造成肾上腺功能亢进，类似人类库欣氏综合征。肾上腺淀粉样变性造成肾上腺激素分泌不足可导致 Addison 病症状。此外，小鼠还可用来研究甲状旁腺激素失活引起的钙、磷代谢紊乱和次生骨吸收障碍；糖尿病和抑尿素缺乏造成的尿崩症；遗传性家族肥胖症；胰岛发育不全造成的肥胖症；垂体性侏儒症以及生长激素缺乏造成的 Snell 侏儒症，等等。

二、大　　鼠

实验大鼠（Rat，*Rattus norvegicus*）分类学上属于哺乳纲、啮齿目、鼠科、大鼠属，由褐家鼠变种而来。18 世纪初开始人工饲养，19 世纪中期用于动物实验。大鼠是最常用的实验动物之一，其用量仅次于小鼠，广泛应用于生物医学研究中的各个领域。

（一）生物学特性

大鼠外观与小鼠相似，但体型较大。成年大鼠一般体长 18～20 厘米。尾上被有短毛和环状角质鳞片。大鼠皮肤缺少汗腺，汗腺仅分布于爪垫上，主要通过尾巴散热。大鼠对新环境适应能力强，易接受通过正、负强化进行的多种感觉指令的训练。昼间睡眠，夜间和清晨比较活跃，采食、交配多在此期间发生。

大鼠喜啃咬，性情温顺，易于捕捉。当粗暴操作、营养缺乏或听到其他大鼠尖叫时，变得紧张不安难于捕捉，甚至攻击人。孕鼠和哺乳鼠更易产生攻击人的倾向。

大鼠妊娠期为 19～23 天，平均为 21 天，每胎产仔数平均为 6～12 只。大鼠生长发育的快慢与其品系、营养状况、健康状况、环境条件，以及母鼠的哺乳能力、生产胎次均有密切关系。一般成年雄鼠 300～600 克，雌鼠 250～500 克，寿命为 2.5～3 年。

（二）在生物医学研究中的应用

大鼠体型大小适中，繁殖快，产仔多，易饲养，给药方便，采样量合适且容易，畸胎发生率低，行为多样化，广泛应用于生物医学研究的各个领域，是最常用的实验动物之一。

1. 药物学研究

（1）**药理毒理学** 大鼠是药理毒理学研究的最常用动物。大鼠广泛应用于药物、农药和化学品的安全性评价，利用大鼠的亚急性和慢性毒性试验，获得药物安全剂量和中毒剂量、中毒反应、毒性反应的可逆性，以及寻找中毒的靶器官，从而为药物的临床应用提供参考。也常用大鼠进行药物代谢和毒性代谢研究，评价和确定药物的吸收、分布、排泄、剂量反应曲线等。

（2）**药效学研究** 大鼠是药理学和药效学研究的常用动物。例如，大鼠的血压和血管阻力对药物反应敏感，适于筛选新药和研究心血管药理。利用大鼠跳台试验或迷宫试验观察大鼠的记忆功能，研究中枢神经系统药物的药理。此外，大鼠经常用于药效学研究，如用大鼠复制多发性关节炎、风湿性关节炎、慢性肾衰、炎性肉芽肿、糖尿病、骨质疏松症等模型，用于评价药效和探讨治疗机制。

2. 营养代谢研究 大鼠是营养代谢研究的重要动物。早在 18 世纪中期，大鼠首次应用于实验研究时就是用于营养学研究。大鼠对营养物质缺乏敏感，可发生典型缺乏症状，常用来评价营养不良和饥饿对机体发育产生的不利影响，以及维生素、蛋白质、氨基酸缺乏对机体的影响，也有用于对无机离子及微量元素缺乏研究的报道，如钙、镁、锌、镉、锰、铬等的研究报告。

3. 行为学研究 大鼠行为表现多样，情绪反应灵敏，适应新环境快，探索性强，可人为唤起和控制其动、视、触、嗅等感觉，神经系统反应方面与人有一定相似，因此，常用于行为及行为异常的研究。如迷宫训练：早期用大鼠做行为学研究多采用迷宫踏板训练大鼠，以测试大鼠的学习和记忆能力；奖励和惩罚效应：采用特殊的电击装置，测试大鼠记忆判断和回避惩罚的能力；药物效应：测试大鼠饲以酒精、咖啡因、鸦片后的行为；高级神经活动：观察假定与神经反射异常有关的行为表现，进行神经官能症、狂躁精神病、精神发育阻滞等高级神经活动障碍研究。

4. 老年病学研究 大鼠常用于衰老机制和抗衰老因素的研究。例如，衰老的生理生化变化：可从大鼠得到足够量的血样和其他体液样品进行衰老的激素水平等生理、生化研究，探讨衰老过程中与 DNA 合成、复制、转录和翻译有关酶的活性及其改变；胶原老化：饲喂三鏊豆素可引起大鼠胶原中双体和多体增加，而新合成的胶原和弹性蛋白成熟度不够，适宜复制结构蛋白老化的模型；饮食方式与寿命的关系：限制大鼠食量每天给以七成量的食物，可延长大鼠寿命并发现其尾腱胶原的老化缓慢。

5. 心血管疾病研究 大鼠是高血压研究的最常用动物。1963 年，日本学者 Okamoto 在 Kyoto 医学院动物室的 Wistar 大鼠原种中发现一只自发性高血压雄鼠，将之与该种群中另一只血压较高的雌性大鼠交配，选择子代中血压高的大鼠，以兄妹交配的方式进行繁殖，结果培育出自发性高血压大鼠（Spontaneous hypertension rat，SHR），近交至 F23$^+$ 代时命名为 SHR 大鼠。这种自发性高血压大鼠是人类高血压研究的理想模型。目前，用遗传育种方法已经纯化了 8 个品系遗传性高血压大鼠，即遗传性高血压品系（GH）、自发性高血压品系（SHR）、中风型高血压品系（SHRSP）、盐敏感品系（DS）、Milan 高血压品系（MNS）、Munster 品系（SHM）、Sabra 高血压品系（SBH）和 Lyon 高血压品系（LH）。

6. 内分泌疾病研究 大鼠的内分泌腺容易手术摘除，尤其是垂体更易摘除。因此，大鼠常用于研究各种腺体对全身生理、生化功能的调节；激素腺体和靶器官的相互作用；激素对生殖生理功能的调控作用及计划生育。一些因内分泌功能失调造成的疾病，可找到相应的自发或诱发大鼠模型，如尿崩症、糖尿病、甲状腺机能衰退、甲状腺功能低下造成的新生儿强直性痉挛。肥胖品系大鼠用来研究高血脂症。大鼠还用于与内分泌有关的应激性胃溃疡、骨质疏松症、克汀病等的研究。

7. 肿瘤学研究 很多致癌物可在大鼠体内诱发肿瘤，几乎所有类型的肿瘤均有大鼠体内诱发的报道，肿瘤的发生率大多在 90% 以上。化学因素诱发的动物肿瘤模型与人类肿瘤的发生情况类似，即均经过较长过程的逐渐成癌，瘤细胞增殖动力学也与人类肿瘤较接近，是癌变机理及癌前阻断研究的理想模型。此外，也建立了一些大鼠移植性肿瘤，如，肉瘤 W256、吉田肉瘤、肝癌 BERH-1 和 BERH-2 等。胸腺发育缺陷的裸大鼠还可以用于人类肿瘤的异种移植。

8. 微生物学研究　大鼠对多种细菌、病毒和寄生虫敏感，适宜复制多种细菌性和病毒性疾病模型，是研究支气管肺炎、副伤寒的重要实验动物。出生 5 天的大鼠接种流行性感冒杆菌，用以研究细菌性软脑膜炎。用 1 岁大鼠静脉内接种大肠杆菌，可建立肾盂肾炎动物模型。大鼠可用于疱疹病毒感染所致的病毒性肝炎的研究。旋毛虫病、血吸虫病和锥虫病等也可用大鼠建立动物模型。

9. 口腔医学研究　大鼠适用于龋齿与微生物、唾液及食物的关系，以及牙垢产生的条件、牙周炎等研究。也常用于研究口腔组织生长发育及其影响因素，研究口腔肿瘤的发生和治疗等。

三、豚　　鼠

豚鼠（Guinea pig，*Cavia porcelLus*）在分类学上属哺乳纲、啮齿目、豚鼠科、豚鼠属，又称天竺鼠、荷兰猪、海猪等。原产于南美洲平原，作为食用动物而驯养。16 世纪作为观赏动物传入欧洲。1780 年，Laviser 首次用豚鼠做热原质试验，此后开始实验动物化并遍布世界各地，是生物医学研究的常用动物。

（一）生物学特性

豚鼠体型短粗，头大，耳朵和四肢短小，无尾，全身被毛，前足有四指，后足有三趾，趾端有尖锐短爪，两眼明亮，耳壳薄而血管明显，上唇分裂，有多种毛色。

豚鼠属草食性动物，喜食纤维素较多的禾本科嫩草。在自然光照条件下，日夜采食，在两餐之间有较长的休息期。一般拒绝苦、咸和过甜的饲料，对限量喂饲或限量饮水也不适应。

一雄多雌的群体构成豚鼠明显的群居稳定性。表现为成群活动，休息或集体采食，紧挨躺卧。豚鼠性情温顺，胆小易惊，喜欢安静环境。突然的响声、震动或环境变化，可引起四散奔逃或呆滞不动，甚至引起孕鼠流产。

豚鼠性成熟早，一般在 5 月龄左右达到性成熟。性周期为 13～20 天（平均 16 天），妊娠期长达 65～70 天，每胎产仔 1～8 只，多数为三四只，成年体重 350～600 克。寿命 4～5 年。

豚鼠由于体内缺乏左旋葡萄糖内酯氧化酶，因此，不能合成维生素 C，所需维生素 C 必须来源于饲料中。

（二）在生物医学研究中的应用

1. 药物学研究

（1）**皮肤刺激试验**　豚鼠皮肤对毒物刺激反应灵敏，其反应近似人类，通常用于局部皮肤毒物作用的试验，如研究化妆品对局部皮肤的刺激反应、经皮给药药物的皮肤刺激试验、皮肤过敏试验等。

（2）**致畸研究**　豚鼠妊娠期长，胎儿发育完全，出生时幼仔形态、功能已成熟，适用于药物或毒物对胎儿后期发育影响的试验。

（3）**药效评价试验**　平喘药和抗组胺药：豚鼠对组胺类药物很敏感，可引起支气管痉挛性哮喘，常用作药物药效的测试模型；镇咳药：7％的氨气、SO_2、柠檬酸吸入都可引起豚鼠咳嗽，常用于镇咳药物的药效评价；局部麻醉药：豚鼠常用于测试局部麻醉药，如角膜擦伤、皮肤灼伤、坐骨神经刺激；抗结核药物：豚鼠对结核杆菌很敏感，是研究治疗各种结核病药物的首选动物。

2. 免疫学研究

（1）**过敏反应、迟发性变态反应研究**　豚鼠是过敏和变态反应研究的首选动物，特别是迟发性超敏反应，豚鼠与人的反应十分相似。豚鼠是抗原诱导的速发型过敏反应常用的动物模型，一般选用体重 150～200 克的豚鼠，以浓度为 4％的卵蛋白按每只 4 毫克致敏，2 周后，再以 5％卵蛋白雾化吸入诱发，豚鼠出现咳嗽、挠鼻、呼吸困难，甚至因细支气管平滑肌痉挛性收缩，而发生窒息、死亡。药物过敏性试验则通常以静脉攻击诱发过敏反应。而迟发性过敏反应则是以皮内注射结核菌素诱发。一般选用 2～3 月龄豚鼠、体重 350～400 克的豚鼠，于注射 24～48 小时内出现。

（2）**补体来源**　豚鼠是实验动物中血清补体含量最高的动物，免疫学实验中所用的补体多来自豚鼠血清。

3. 传染病研究　豚鼠对结核杆菌、白喉杆菌、鼠疫杆菌、钩端螺旋体、布鲁氏菌及沙门氏菌都比较敏感，尤其对结核杆菌有高度敏感性，感染后的病变酷似人类的病变，是结核杆菌分离、鉴别、疾病诊断及病理研究的首选动物。

4. 耳科学研究　豚鼠耳壳大，易于进入中耳和内耳；耳蜗的血管伸至中耳腔，可以进行内耳微循环的检查。其听觉敏锐，存在可见的普赖厄反射。因此，常用于听觉和内耳疾病的研究，如噪声对听力的影响、耳毒性抗生素的研究等。

四、家　兔

家兔（Rabbit，*Oryctolagus cuniculus*）分类学上属哺乳纲、兔形目、兔科、穴兔属。实验用兔基本上都是欧洲野生穴兔驯化而来，目前已有 50 多个品种。家兔是生物医学研究中最常用的动物之一，广泛应用于心血管病、免疫学、眼科学、药理毒理学等研究领域。

（一）生物学特性

家兔体型中等，毛色主要有白、黑、红、灰蓝色，也有咖啡色、灰色、麻色。耳朵大，眼睛大而圆，腰臀丰满，四肢粗壮有力，某些属、种雌兔颌下有肉髯。

家兔具有夜行性和嗜眠性，夜间十分活跃，而白天表现十分安静，除喂食时间外，常常闭目睡眠。家兔听觉和嗅觉都十分灵敏，胆小怕惊，散养的家兔喜欢穴居，有在泥土地上打洞的习性。性情温顺但群居性较差，如果群养同性别成兔经常发生斗殴咬伤。喜欢清洁、干燥、凉爽的环境。家兔属于啮齿动物，喜欢磨牙且有啃木习惯。家兔有从肛门直接食粪的癖好，以吃夜间排出的软粪为主，但不吃已经落地或其他兔排泄的粪便。吃粪可使软粪中丰富的粗蛋白、粗纤维素和 B 族维生素得到重新利用。

家兔的性成熟较早，小型品种 3～4 月龄，中型品种 4～5 月龄，大型品种 5～6 月龄性成熟，体成熟年龄比性成熟推迟 1 个月。家兔属典型的刺激性排卵动物，交配后 10～12 小时排卵，性周期一般为 8～15 天，无发情期，但雌兔可表现为性欲活跃期，持续 3～4 天，此时交配，极易受孕。兔妊娠期为 29～36 天，平均 32 天。哺乳期约 40～45 天。

（二）在生物医学研究中的应用

1. 动脉粥样硬化研究　家兔是最早用于复制动脉粥样硬化模型的动物。1908 年，Ignatowski 首次报道了以富含动物蛋白的食物成功诱发出家兔主动脉内膜病变，此后，应用高胆固醇、高脂饮食诱发家兔动脉粥样硬化成功，使其成为常用的动物模型，尽管该模型与人类的动脉粥样硬化存在不同，但到目前为止，仍是经常选用的经典方法，背景资料十分丰富。

研究表明，高脂饲料中胆固醇含量达 0.2%～2.0%，就可使家兔血浆中胆固醇迅速升高。高胆固醇血症的后果是动脉粥样硬化的形成和发展。与人类的自然病变不同，兔血管病变主要分布在主动脉弓和胸主动脉，而腹主动脉的病变轻微一些。

日本学者还培育出了自发性高胆固醇血症模型渡边兔（Watanabe heritable hyperlipidemic，WHHL）和圣·托马斯兔（St. Thomas's hospital strain，STHS）。WHHL 兔是单基因隐性突变造成 LDL 受体缺陷，饲喂普通饲料就可以形成高胆固醇血症和动脉粥样硬化，纯合子 WHHL 兔血清胆固醇的浓度是正常日本大耳白兔的 8～14 倍。STHS 兔肝脏合成 VLDL 功能亢进，饲喂正常饲料就可造成血液中 LDL、IDL 和 VLDL 浓度升高。STHS 兔 LDL 受体功能正常，遗传特征还没有确定，可能是一个主要基因突变引起的。该品系兔脂质代谢的特性和病理变化与高胆固醇饲料诱发的高胆固醇血症不同，具有人复合性高胆固醇血症的特征。

2. 药理毒理学研究

（1）**皮肤刺激试验和皮肤毒性试验**　家兔皮肤对刺激反应敏感，常用于皮肤刺激性和皮肤毒性试验。是经皮肤应用的新药、化妆品及环境有害物质毒性试验的常用动物。

（2）**发热及热原试验**　家兔体温变化十分灵敏，易于产生发热反应，发热反应典型、恒定。因此，常选用家兔进行这方面的研究。给家兔注射细菌培养液或内毒素可引起感染性发热反应，如皮下注射大肠杆菌或乙型副伤寒杆菌培养液，几小时后可引起发热，并持续 12 小时。给家兔注射化学药品或异性蛋白等，可引起非感染性发热，如皮下注射 2% 二硝基酚溶液（30 毫克），15～20 分钟后开始发热，1～1.5 小时达高峰，体温升高 2～3℃；皮下注射松节油（0.4 毫升）后 18～20 小时引起发热，24～36 小时达到高峰，体温升高 1.5～2.0℃。药品生物制品鉴定中热原的检查均选用家兔来进行，家兔被广泛应用于制药工业和人、畜用生物制品等各类制剂的热原检验。

3. 免疫学研究　家兔免疫反应灵敏，血清量产生较多，抗原免疫技术及抗体提取技术成熟，被广泛用于人、畜各类抗血清和诊断抗体的研制。包括细菌、病毒、立克次氏体等病原体的免疫血清或抗体的制备；兔抗人、兔抗小鼠等间接免疫诊断所需抗体的制备；各种研究用蛋白、多肽等抗原物质诊断用抗体的制备，等等。

此外，家兔在对抗原刺激引起的反应方面的研究也较多，关于兔的血型和移植性抗原也研究得比较深入。

4. 眼科学研究　家兔的眼球大，几乎呈圆形，便于进行手术操作和观察，是眼科研究中最常用的动物。如在双眼角膜上复制等大、等深的创伤瘢痕模型。以左、右眼对比观察药物疗效和治疗的原理，可排除异体间个体差异。

此外，对新西兰白兔的遗传性青光眼已作过广泛研究。但是这种基因突变的模型动物繁殖率较低，限制了它的推广使用。

5. 实验外科学研究　由于家兔体型中等，繁殖率较高，性情温顺，便于操作，因此，广泛用于实验外科学研究。骨科：皮瓣移植、骨颗粒异体移植、血凝块在断骨再生中的作用、整形外科研究等。心血管病和肺心病研究：结扎冠状动脉前降支复制心肌梗死模型；以重力牵拉阻断冠状动脉法复制家兔缺血性濒危心肌模型；心源性休克或失血性休克模型；以乌头碱、肾上腺素等诱发心律失常模型；肺心病模型、肺水肿模型等。急性心血管试验：家兔颈部神经血管分布和胸腔结构很适于急性心血管试验，如直接记录颈动脉血压、中心静脉压，间接法测量冠状动脉血流量、心搏量、肺动脉和主动脉血流量等。

6. 肿瘤研究　已建立了一株家兔移植性肿瘤 VX2。由于家兔体型相对较大，因此，广泛应用于实验外科治疗和介入性治疗研究中。VX2 是 1938 年以 Shope 病毒诱发的兔鳞状上皮细胞癌，在新西兰白兔、大耳白兔和青紫蓝兔体内均可移植生长，可接种于皮下，也可接种于肝脏、肺脏等脏器。

五、犬

犬（Dog, *Canis familiaris*）属哺乳纲、食肉目、犬科、犬属。犬与人类有很漫长的共同生活和相互依赖的历史，是已被驯养的伴侣动物。早在17世纪就有人用犬做实验，但是犬作为实验动物，还是从本世纪40年代开始的。由于犬在生理学、解剖学及对疾病的反应上与人类有很多相似之处，因此，人类医学许多关于生理学、病理学、免疫学、外科学、生物化学、营养学、毒理学及疾病防治等方面的知识都是基于对犬的研究。

（一）生物学特性

犬体型较大，大脑发达，喜近人，有服从人的意志的天性。犬习惯不停地运动，故饲养场地需要有一定的活动范围。犬喜食肉类、脂肪及啃咬肉骨头。由于长期家畜化，也可杂食或素食，但饲料中应保证其对动物蛋白和脂肪的基本需要。正常的犬鼻呈油状滋润，人以手背触之有凉感。犬的汗腺很不发达，散热主要靠加速呼吸频率，舌伸出口外喘式呼吸，才能加速散热。

犬视网膜上无黄斑，无最清晰的视觉点。犬的视觉不灵敏。每只眼只有单独视野，视角低于 25°，正面近距离看不见，视力仅 20～30 毫米。犬还是红绿色盲，故不宜用红绿色作为刺激进行条件反射试验。犬的嗅觉发达，鼻黏膜上布满高敏感的嗅神经细胞，嗅神经极为发达，嗅觉超过人类嗅觉细胞 1 000 倍。犬的听觉也很灵敏，比人灵敏 16 倍，可听范围在 50～55 000 赫兹。犬的味觉不够敏感，但触觉较敏感。

犬属于春秋季单发情期动物，发情后 2～3 天排卵。性周期 180 天，发情期 8～14 天，妊娠期 60 天，每胎平均产仔 6 只，哺乳期 60 天。犬的品种很多，不同品种差异很大。根据成年体重，习惯分为袖珍型（3 千克以下）、小型（3～10 千克）、中型（10～25 千克）和大型（25 千克以上）。

（二）在生物医学研究中的应用

1. 实验外科学　犬是实验外科学研究的最常用动物，广泛应用于实验外科学各方面的研究，如心血管外科、脑外科、断肢再植、器官和组织移植等。临床外科医生常常通过犬的外科试验以取得经验和技巧，然后应用于临床。

2. 药理毒理学试验　在国际性的药物安全性评价规范中，通常药物毒性研究需要同时应用啮齿类和非啮齿类动物，由于犬在生理学、解剖学及对疾病的反应上与人类有很多相似之处，因此，犬是非啮齿类动物的首选。每年都有大量的犬用于药物、农药和化学物质的安全性评价。

3. 基础医学研究　犬是目前基础医学研究和教学中最常用的动物之一。尤其在生理、药理、病理生理等实验研究中起着重要的作用。犬的神经、血液循环系统很发达，适合做失血性休克、弥漫性血管内凝血、脂质在动脉中的沉积、急性心肌梗塞、心律失常、急性肺动脉高压、条件反射、脊髓传导试验、大脑皮层定位等实验研究。

犬易于调教，通过短期训练即可较好地配合试验，非常适合于进行慢性试验研究。犬的消化系统发达，与人有相同的消化过程，常用于慢性消化系统瘘道的研究。如可用无菌手术方法做成唾液腺瘘、食道瘘、肠瘘、胃瘘、胆囊瘘来观察肠运动和消化吸收、分泌等变化。

六、猪

猪（Swine，*Sus scrofa domestica*）隶属于哺乳纲、偶蹄目、不反刍亚目、野猪科、猪属。野猪经过人类长期驯化、选择，被培育成我们现在饲养的家猪。猪具有齿列短、消化道结构简单和杂食性等特点，使之与人类在解剖和生理上有很好的相似性，是来源丰富、研究用途广泛的大型杂食动物。由于普通家猪体型大、食量多、不便试验操作和饲养管理等缺点，一直未能充分利用，自20世纪50年代开始，陆续培育了一些小型猪，促进了其在生物医学研究中的应用。

家猪与小型猪的主要差别是性成熟时的体型大小。家猪在性成熟时体重一般超过100千克，在12月龄时体重超过200千克很常见。而大多数小型猪在性成熟时只有12～45千克。尽管在医学科技文献中有几十种不同品种的小型猪得到应用，但是最常见的还是哥廷根小型猪、尤卡坦小型猪、尤卡坦微型猪、汉福德小型猪、辛克莱（荷美尔）小型猪和NIH小型猪。在医学科技文献中，家猪也有一定数量的应用，常见的品种有约克夏、长白猪、杜洛克和一些杂交品种。我国拥有小型猪品种资源优势，所有小型猪均为自然形成，比较知名的品种有版纳微型猪、五指山小型猪、广西巴马小型猪、贵州小型猪、中国实验用小型猪、藏香猪、甘肃蕨麻小型猪、剑白香猪等。

（一）生物学特性

猪性格温顺，易于调教。喜群居，嗅觉灵敏，有用吻突到处乱拱的习性。对外界温湿度变化敏感。猪是杂食动物，吃得多，消化快，能消化大量饲料。

小型猪性成熟期早，雄猪3月龄就可用于配种，雌猪4月龄开始发情，即可配种。发情期持续4天左右，妊娠期114天左右。多胎，经产母猪一年能产2胎。

（二）在生物医学研究中的应用

在最近30年中，猪在生物医学研究中的应用数量迅速增加。这一应用数量的增长，一方面是由于西方社会对犬、猴等大型动物应用的限制，另一方面是由于人们对猪作为人类生物医学研究模型动物的适用性认识的加深。猪被广泛应用于实验外科学研究、心血管疾病研究、消化系统研究，以及近年来的移植和异种移植研究。

猪也被探索性应用于其他系统的研究中。外科技术、麻醉技术、饲养管理和实验操作技术得以发展，使猪的实验应用变得比较便利。

1. 心血管系统研究 猪的血液循环系统几乎是人类血液循环系统的复制品，其解剖结构与人类惊人的相似。冠脉系统在解剖和功能上与人类有90％的相似性。一个40～50千克的小型猪的心脏与成人心脏的大小十分相似。血液动力学方面，猪已被证实在心脏功能上与人类相似。

由于猪在心血管系统的解剖、生理和对致动脉粥样硬化的食物的反应方面与人类高度一致，使其成为动脉粥样硬化、心肌梗死和一般心血管系统研究的通用标准模型。利用猪的心脏瓣膜来修补人的心脏瓣膜缺损或其他疾患，目前国外已普遍推广，每年可达几万例，我国临床上也已开始应用。此外，还见应用于心律失常、肌原纤维变性和坏死、持久性动脉导管、心脏停搏、心脏发育、心肌肥大症、充血性心肌症、感染性心内膜炎/心包炎、心脏移植、大动脉移植和分流手术等研究。

2. 皮肤相关的研究 猪的皮肤与人类一样，被毛稀少，固定的皮肤紧紧地附着于皮下组织。总体上，与人类相比，猪的皮肤较厚而且血管较少，然而，皮肤的血液供应特性与人类相似。缺少顶浆分泌的汗腺。脂肪细胞可分布于真皮层。随着动物的生长，相当数量的皮下脂肪沉积，动物的颈部和背部的皮肤趋厚。

皮肤血液供应和创伤愈合特性与人类的相似性，使猪成为整形外科和创伤愈合研究的标准模型。最近，人们对猪作为皮肤和经皮毒理学研究的模型产生兴趣，在欧洲，猪已成为经皮毒理学研究的首选动物。除了解剖相似性外，猪在经皮吸收研究方面与灵长类具有等同作用，而且具有相似的脂质生物物理学特性、表皮更新动力学和皮肤碳水化合物代谢。

3. 消化系统研究 猪的胃肠道虽然在解剖结构上与人类有一些差别，但是，它们的消化生理过程却与人类十分相似，猪已被广泛应用为胃肠道模型。涉及消化系统的最经典模型是营养方面的研究，即为研究人类消化现象而研究猪的消化。猪的代谢功能、小肠运输时间及营养物质吸收特点使它们在基础营养学研究中变得有价值。猪直接与人类相关的其他特殊功能特点包括离子运输和活力、新生儿胃肠道发育和内脏血流特征。宿主防御系统的发育研究及内毒素性休克研究使它们成为这些领域的有用的生物医学模型。

最近，建立了猪的内窥镜和腹腔镜外科模型，并广泛应用。猪的胆道系统和胰腺管等的大小和结构功能的特点，使猪成为研究人用型号的设备和生物材料植入的适宜的模型。猪的肠道也是研究外科和慢性造瘘技术的适宜模型。

代谢上，猪的肝脏功能与人类相似，而且已被用于人类肝昏迷的异体灌注治疗。其他报道的研究包括胃溃疡、肠移植、肉芽肿性肠炎、全肠外营养研究、回肠旁路-旁路段的长度和周长减少、寄生虫性肠气肿、膨胀剂/胃扩张术、肠道对初乳的反应等。

4. 药理毒理学研究　猪是杂食动物，与人类有着相似的细胞色素氧化酶 P450 系统（除了缺乏 CYP2C19 和 CYP2D6），是药理毒理学研究中非啮齿类动物的又一个选择。

猪已成为研究外源化学物质、食物添加剂和环境污染物急性和慢性毒性评价的良好模型。对于药理和毒理研究，尤其在心血管系统药物、经皮给药、非甾体类抗生素、消化系统用药方面表现出明显的优越性。

5. 儿科学研究　猪出生时的发育程度与人类相似，出生后的生长发育也与新生儿类似。今天正在应用的小儿外科和新生儿护理技术的很多知识来源于对小猪的研究。研究应用报道包括：出生前和围产期的胃肠道发育、婴幼儿腹泻、新生儿蛋白和氨基酸代谢、新生儿坏死性肠炎、缺铁性贫血、先天性血卟啉症、幼儿暂时性低丙球蛋白血症等。

6. 泌尿系统研究　猪的泌尿系统与人类在很多方面相似，尤其在肾脏的解剖和功能方面比其他所有动物都更近似人类。已报道的研究包括：胚胎性肾瘤、病毒性肾小球肾炎、肾性高血压、肾移植/器官保存、泌尿系统发育，以及儿科泌尿学、肾脏药理学。

7. 异种器官移植　严重器官衰竭患者急需的移植器官的短缺，迫使人们探讨异种器官移植。小型猪已成为异种器官移植手术供体器官最有希望的来源。这是由于：①小型猪肝脏、胰腺、肾脏和心脏在大小、解剖和功能上与人类的相似性。②猪体内寄生的可意外传给人类的疾病较少，猪的遗传系统可进行人工修饰。③非人灵长类动物的异种移植应用受到限制。包括动物数量有限、疾病背景复杂、有较多的与人共患的疾病、缺乏动物遗传改造技术基础等。

目前，已有一些异种细胞移植研究和临床试用，包括：猪的胰岛细胞移植作为胰岛素依赖性糖尿病的治疗；肝细胞移植用于急性肝衰竭的治疗；产多巴胺的脑细胞用于治疗难控制的帕金森氏病。

8. 免疫系统研究　猪的免疫系统与人类有着很多相似之处，其组织相容性系统和凝血机制与人类一致。宿主防御系统的发育研究及内毒素性休克研究使它们成为这些领域的研究模型。

猪的胎盘属弥漫性上皮绒毛模型，母源抗体不能通过胎盘，只能通过初乳传给仔猪。刚生下来的仔猪，体液内 γ-球蛋白和其他免疫球蛋白含量极少，但可从母乳中得到 γ-球蛋白。用剖腹产手术所得的仔猪在几周内，体内 γ-球蛋白和其他免疫球蛋白仍极少，因此，其血清对抗原的抗体反应非常弱。无菌猪体内没有任何抗体，因此，在生活后一经接触抗原，就能产生极好的免疫反应，成为免疫学研究的良好模型。其他研究包括：血管性血友病、恶性淋巴瘤、过敏反应、玫瑰糠疹、风湿性关节炎、病原感染（尤其是肠道疾病）的免疫机制等。

七、鸡

家鸡属鸟纲、鸡形目、雉科。鸡作为实验动物是从 1789 年 Pastaur 用鸡研究禽霍乱开始的。SPF 鸡是我国得到最广泛应用的 SPF 级实验动物，我国已有从美国、澳大利亚、英国、德国引入的近 10 个品系，每年提供大量鸡胚和 SPF 鸡供生产及研究应用。

（一）生物学特性

鸡体表被覆丰盛的羽毛，没有汗腺，通过呼吸散热，怕热更甚于怕冷。肺为海绵状，紧贴于肋骨上，无肺胸膜及膈膜。肺上有小气管直通气囊，气囊共有 9 个。无膀胱，输尿管直通泄殖腔，粪、尿常一起排放。在泄殖腔上有重要免疫器官法氏囊。胸腺紧贴于细长的颈部皮下，红细胞有核，呈椭圆形。

鸡体温高，标准体温 41.5℃，心率及呼吸速率快。听觉灵敏，习惯于四处觅食，不停活动，用灵活的两脚爪向后刨。常常对色彩很敏感，如鲜红的血会对鸡形成刺激，引起鸡追随啄食，造成严重损伤。环境和管理不良易产生异嗜癖。

（二）在生物医学研究中的应用

1. 疫苗生产和鉴定　鸡胚是生物制品生产的重要原料。鸡胚可用于病毒的培养、传代和减毒，常用于病毒类疫苗的研究、生产和检定。

2. 药物研究　在某些药物评价试验中要用鸡或鸡的离体器官。6～14 日龄雏鸡用于评价药物对血管功能的影响。鸡的体外药物评价系统有：离体嗉囊评价药物对副交感神经肌肉连接的影响；离体心耳评价药物对心脏的影响；离体直肠评价药物对血清素的影响。

3. 传染病研究、内分泌学研究和营养学研究　鸡可用于研究支原体感染引起的肺炎和关节炎，链球菌感染，以及细菌性心内膜炎。鸡还用于研究阉割后引起的内分泌性行为改变。也用于雄性激素失调、甲状腺机能减退、垂体前叶囊肿等内分泌性疾病的研究。鸡适合研究 B 族维生素，特别是维生素 B_{12} 和维生素 D 缺乏症。其高代谢率适合于研究钙、磷代谢的调节及嘌呤代谢调节。还可用于碘缺乏症研究。

八、非人灵长类

灵长目下分原猴亚目和猿亚目，猿亚目按分布规律可分为新大陆猴和旧大陆猴两类。新大陆猴具有长而能缠绕树枝的尾巴，以绢毛猴、卷尾猴、蜘蛛猴和吼猴为代表，主要分布在中南美洲。旧大陆猴的尾都不具有缠绕功能，以猕猴类、叶猴类、长臂猿类、猩猩类、狒狒类为代表，分布于亚洲、非洲。灵长类动物集中于南、北回归线之间的热带、亚热带地区。欧洲、北美、澳洲没有灵长类动物。

由于非人灵长类动物进化程度高，具有许多与人类相似的生物学特征，是很重要的实验动物。其应用是从 20 世纪初开始的，但是到 50 年代才用于普通研究机构。长期以来，实验用猿猴主要从野外捕获，近年来各国大力开展野生动物保护，来源日趋紧张。目前，世界各国都在大力开展人工繁殖和培育研究。

（一）生物学特性

过去，有多种非人灵长类动物应用于实验研究，但随着人们对灵长类动物认识的深入和动物保护意识的提高，实验研究中越来越集中于应用少数种类，主要为灵长目、狭鼻猴附目、旧大陆猴科、猕猴亚属的动物。其中，恒河猴被称为标准的实验用非人灵长类动物，食蟹猴的应用数量也呈增长的趋势。

猕猴是热带、亚热带动物，群栖于接近水源的林区或草原。一般栖居于树木和岩石坡面上，少数在平原地面上。群居性强，雌雄老幼几十只生活在一起，由直线型社会组成。群猴领袖即为猴王，是最凶猛、强壮的雄猴。猴王地位短暂，4～5 年更换一次。猴群过大则分群，并产生新的猴王。猴群活动范围较固定，群体之间从不相互跨越。

猕猴为杂食性动物，以植物果实、嫩叶、根茎为主，有颊囊，可用来储存食物。善攀登、跳跃，会游泳。大脑发达，聪明伶俐，动作敏捷，好奇心与模仿力很强。有较发达的智力和神经系统。猕猴之间经常斗架，受惊吓会发出叫声。经驯养后，能领会和配合实验者进行实验。不能体内合成维生素 C，需从食物中摄取。

1973 年 D. S. Georpe 博士提出非人灵长类动物有下列特点：有爪、锁骨和胎盘的哺乳动物，具有骨质环绕的眼眶，有 3 种牙齿和脱落更新的恒齿，有发达的盲肠，拇指与其他指头相对。雄性阴茎下垂，睾丸在阴囊内。雌性胸部有 2 个乳房。脑壳有一钙质裂隙（后叶矩状沟）。

猕猴血型分两类：一类同人的 A、B、O 和 Rh 型相同，有 A、B、C、Lewis、MN、Rh、Hr 型等，其 Rh 系统全是 RhO（又叫 Rh1）；另一类是猕猴属特有的，有 Arh、Crh、Drh、Erh、Frh、Grh、Hrh、Irh、Xrh、Yrh、Zrh、Krh、Jrh 型。这些血型抗原可产生同族免疫，在同种异体间输血时要做血型配合试验。

猕猴性成熟早，雄性 3 岁，雌性 2 岁，性周期 28（21～35）天，月经期 2～3（1～5）天。妊娠期 165 天左右。每胎产仔 1 个，年产 1 胎。哺乳期半年以上。寿命为 20～30 年。

（二）在生物医学研究中的应用

灵长类动物进化程度高，很多形态和机能与人类相似，是生物医学研究的重要模型动物。但是由于动物来源困难和价格昂贵，它的应用越来越集中于那些其他实验动物无法取代的研究项目。

1. 药理毒理学研究　猕猴是药物代谢研究的重要模型动物。在已研究的化合物中，证实 71％的药物在猴体内代谢和在人体内代谢相似。猕猴的生殖生理与人类非常接近，是人类避孕药研究的理想模型。猕猴对镇静剂的依赖性与人较接近，戒断症状较明显并易于观察，新镇静剂进入临床前要用猴进行实验。

猕猴是新药安全性评价的重要动物，在全新的化合物或生物制品应用到临床前，必须用猕猴进行安全性评价。

2. 传染病研究和疫苗试验 在这些疾病（如肝炎病毒、脊髓灰质炎病毒、麻疹病毒、类鼻疽菌、B病毒、马尔堡病毒、痢疾杆菌、赤痢阿米巴等）的发病机制、预防和治疗研究中，猕猴为重要的模型动物。尤其在疫苗研制和保护性评价研究中均离不开动物感染模型。在制造和鉴定脊髓灰质炎疫苗时，猕猴是唯一的实验动物。非人灵长类动物还可用于人的疟原虫（恶性疟原虫、间日疟、三日疟原虫）感染研究。

3. 生理学研究 由于非人灵长类动物很多系统的形态和功能与人类相似，因此，可通过研究动物的生理，进而促进对人类生理功能的了解和研究。例如，应用非人灵长类动物研究脑功能、血液循环、血型、呼吸生理、内分泌、生殖生理、神经生理、行为学及老年学等。

4. 人类重大疾病和器官移植研究 可用猕猴复制动脉粥样硬化模型、慢性气管炎模型。进行实验肿瘤学、牙科疾病、放射医学研究、遗传代谢性疾病研究。如新生儿肠道脂肪沉积、蛋白缺乏症、胆石症、先天性伸舌白痴、酒精中毒性胰腺炎等。

非人灵长类是研究人类器官移植的重要动物模型。猕猴的主要组织相容性抗原（RHLA）同人的 HLA 抗原相似，有高度的多态性，是非人灵长类动物组织相容性复合体基因区域的主要研究对象，基因位点排列同人类有相似性。

九、其　　他

（一）仓鼠

仓鼠（Hamster，*Mesocricetus auratus*）又名地鼠，属哺乳纲、啮齿目、仓鼠科、仓鼠亚科的小型动物。广泛分布于欧亚大陆的许多地区。由野生动物驯养后进入实验室。作为实验动物的主要有两种：金黄地鼠（Golden hamster），又名叙利亚地鼠；中国地鼠（Chinese hamster），又名黑线仓鼠。生物医学研究中 80％以上使用金黄地鼠。

1. 生物学特性　金黄地鼠背部毛色为淡褐色，侧面及腹部为白色，尾粗短，有颊囊。耳呈深圆形，色深，眼小而明亮，被毛柔软。中国地鼠灰褐色，眼大呈黑色，外表肥壮，短尾，背部从头顶直至尾基部有一暗色条纹。

地鼠属昼伏夜行动物，夜晚活动十分活跃。有嗜眠习惯，熟睡时，全身松弛，如死亡状，不易弄醒。对室温变化敏感，一般于 8～9℃时可出现冬眠。地鼠生活能力强，食性广泛，以植物性食物为主。口腔两侧有一发达颊囊，内可贮藏多种食物和水，便于冬眠时使用。性情凶猛好斗，常互相厮打。繁殖能力强，春末秋初为繁殖高峰季节。

金黄地鼠生殖周期短，是啮齿类动物中最短者。30～32 天性成熟，妊娠期 15 天左右（14～17 天），哺乳期为 21 天，每年产 5～7 胎，每胎产仔 4～12 只。成年体重雌性 120 克，雄性 100 克。平均寿命为 2.5～3 年。

中国地鼠 8 周龄性成熟，妊娠期 20.5（19～21）天，哺乳期约 20～25 天，寿命 2～2.5 年。中国地鼠胰岛易退化，胰岛细胞萎缩退变，易产生 2 型糖尿病。

2. 在生物医学研究中的应用

（1）**微生物学研究**　地鼠对病毒、细菌敏感，地鼠的肾细胞常用于脑炎病毒、流感病毒、腺病毒、立克次氏体及原虫的分离和鉴定，也是制作狂犬疫苗、流行性乙型脑炎疫苗和流行性出血热疫苗的原材料。地鼠对各种血清型的钩端螺旋体感受性强，病变典型，适宜复制钩端螺旋体的病理模型，进行病原分离等研究。

（2）**糖尿病研究**　中国地鼠可自发产生糖尿病，已培育出自发 2 型糖尿病的中国地鼠近交系，是研究遗传性糖尿病的良好动物模型。另外，地鼠还可用于计划生育、营养学、内分泌学、微循环、龋齿、冬眠等方面的研究。

（二）沙鼠

沙鼠（Gerbil，*Meriones ulzguicuLatus*）又称长爪沙鼠，是一种小型草食动物，主要分布于我国内蒙古、陕西、宁夏、青海等地的草原地区，是一种小型草原动物。自 20 世纪 60 年代开始，由于生物医学科学的发展，国内外科学工作者对沙鼠进行了开发和驯化，目前已作为实验动物使用，并建立了若干远交和近交种群。

1. 生物学特性　沙鼠是昼夜活动的动物，短期剧烈活动与短期休息或沉睡交替，午夜和下午 3 点左右为活动高峰。后肢长而发达，可做垂直与水平运动。行动敏捷，有一定的攀缘能力，性情温顺，通常不发生斗殴，但成年沙鼠混群常导致激烈斗殴，并伴有损伤和死亡。沙鼠日排尿量较少，有时仅有几滴，粪便干燥。对温差适应性强。

腹中线上有一与毛囊有关的、卵圆形棕褐色、被有蜡样物质的、由增生的皮脂腺组成的腹标记腺，或叫腹标记垫，其分泌物具有特殊的怪味。雄性沙鼠的腹标记腺较雌鼠大且出现早，成年时会形成无毛区。在沙鼠群养时，以其中最长分泌腺体的动物为统治者。

沙鼠全年都可繁殖，冬季繁殖率稍有下降。雌鼠性成熟期为 9～12 周，雄鼠为 10～12 周，性周期 4～6 天，孕期为 25 天左右，每胎产仔 4～8 只，哺乳期为 14～29 天。平均寿命 2～4 年。

2. 在生物医学研究中的应用　沙鼠作为实验动物，其使用量比大鼠、小鼠、豚鼠、地鼠少得多，但在某些特殊研究领域仍具有重要价值。

（1）**脑缺血研究**　沙鼠的一个非常重要的解剖学特征是部分动物的脑底动脉环前或后交通支缺损或发育不良，不能构成完整的 Willis 环，如将单侧颈动脉结扎常发生脑梗塞，是研究人类脑血管疾病的理想模型。

（2）**代谢病和微生物学研究**　沙鼠血清胆固醇含量极易受饲料胆固醇含量的影响，且肝脏内类脂质含量较高，能维持高血脂和高胆固醇水平，对研究高血脂、胆固醇吸收和代谢具有重要价值。沙鼠也见应用于糖尿病、肥胖症、牙周炎、白内障等疾病的研究。

沙鼠对流行性出血热病毒敏感，而且适应毒株范围广泛。病毒在其体内繁殖快，易分离和传代，是研究流行性出血热的动物模型。另外，沙鼠对钩端螺旋体、狂犬病病毒和脊髓灰质炎病毒及其他多种病原菌敏感。

（三）猫

猫（Cat，*Felis catus*）属于哺乳纲、食肉目、猫科、猫属。猫和人类在一起已生活了很长时间，其祖先及演化史尚难下定论。自 19 世纪末开始应用于实验，由于长期作为伴侣动物，实验动物化进程缓慢。为提高实验用猫的质量，近年来，不少国家开始以供实验使用为目的，进行专门的繁殖饲养。有的国家已进行纯化、培育出了无菌猫、SPF 猫。我国也有一些单位进行了专门的饲养，开展了品种固定工作。

1. 生物学特性　猫喜爱孤独而自由的生活，喜欢舒适、明亮、干燥的环境，有在固定地点大、小便的习惯，便后立即掩埋。牙齿和爪十分尖锐，善捕捉、攀登，经过驯养的猫比较温顺。每年春夏和秋冬各换毛一次。喜食鱼、肉，能用舌舔除附在骨上的肉。猫对环境变化敏感，有对良好食物和适宜生活环境的要求。经调教对人有亲切感。

猫不能在体内将 β-胡萝卜素转化为维生素 A，需食物供给。

猫属典型的刺激性排卵动物，即只有经过交配刺激，才能排卵。发情时，雌猫发出粗大叫声，骚动不安，交配后 24 小时开始排卵。猫的妊娠期 58～65 天，哺乳期 60 天，每窝产仔数 3～5 只。寿命 8～14 年。

2. 在生物医学研究中的应用

（1）**药理学研究**　猫血压恒定，血管壁坚韧，心搏力强，便于手术操作，能描绘完好的血压曲线，适合进行药物对循环系统作用机制的分析。猫还常用于冠状窦血流量测定，药物通过血脑屏障的机理等研究。由于猫在心血管等药理测试试验中可反复应用，因此，大型制药企业曾经长期饲养猫作为药物检定用动物。

（2）**中枢神经系统研究**　由于猫神经系统发达，接近人类，可以耐受长时间的麻醉和对大脑的手术，因此，猫被广泛用于神经冲动的传递、感觉及涉及机体各系统在接受化学刺激后产生反应的机理等方面的研究。例如，在电极探针插入大脑各部位的生理学研究方面现已完成标准化。可以在清醒状态下研究神经递质等活物质的释放和条件反射，以及外周神经与中枢神经的联系等。采用辣根过氧化物酶反应方法进行神经传导通路的研究，周围神经形态学研究，中枢神经系统之间联系的研究，以及周围神经与中枢神经联系的研究。用猫脑室灌流法研究药物作用部位，血脑屏障等。此外，猫还常被用于长期行为及精神学方面的研究。

（3）**疾病研究**　猫的一些自发性疾病或人工诱发的疾病也常作为人类疾病的动物模型，例如，淋巴细胞性白血病（猫泛白细胞减少症）、弓形虫病、Kinefelters 综合征、先天性吡咯紫质沉着症、白化病、耳聋症、脊柱裂、病毒引起的营养不良、急性幼儿死亡综合征、先天性心脏病、草酸尿、卟啉病等。

（四）羊

1. 山羊

（1）**生物学特性**　山羊（Goat, *Capra hircus*）雌、雄皆有角。山羊性情活泼，行动敏捷，易驯养，采食性广，喜合群，爱清洁、干燥，厌恶潮湿，抗病力强，繁殖力强，一般两年三产或一年两产，每胎产 1～3 羔。性成熟年龄为 6 个月，最佳繁殖年龄为 3～5 岁。性周期 21 （15～24）天，发情持续 2～3 天，一般均在秋季，发情后 9～19 小时排卵，妊娠期 148（141～159）天，哺乳期 3 个月。寿命 10～12 年。

（2）**在生物医学研究中的应用** 山羊颈静脉表浅而粗大，采血容易，血液学诊断、微生物学血液培养基制作等均大量使用山羊血。山羊又是免疫学研究和生物医学研究中较好的实验动物。奶山羊乳腺发达，产奶量大，可用于泌乳生理学的研究。此外，还应用于营养学、放射医学、实验外科学、微生物学研究，以及复制心律失常模型、肺水肿模型等。

2. 绵羊

（1）**生物学特性** 绵羊（Sheep，*Ovis aries*）较山羊温顺，合群性好，灵活性与耐力较差，喜干燥，潮湿环境易使绵羊患腐蹄病和感染寄生虫，怕热、不怕冷，夏季要及时剪毛，对疾病有较强抵抗力。喜吃青草而不喜吃树叶，对饲料的消化力强，利用率高。绵羊嘴尖、唇薄，齿唇有一纵沟，如兔唇状，较灵活，有利于采食牧草，下颌门齿向外有一定倾斜度，可食很短的牧草。绵羊为反刍动物，有 4 个胃，其胰腺不论进食时或平时都不断地进行分泌，胆囊的浓缩能力较差。

绵羊性成熟为 7～8 月龄，性周期 17 （15～18）天，发情持续时间平均为 24 小时，排卵在发情后 12～41 小时内，妊娠期 150 （140～160）天，哺乳期 4 个月，每胎产仔 1～2 只。寿命 12 年左右。

（2）**在生物医学研究中的应用** 绵羊为免疫学研究中常用的动物，可用其制备抗人或抗兔蛋白的免疫血清，用于免疫学诊断研究和诊断试剂的生产。绵羊红细胞是许多血清学试验如体外结合试验的主要材料。此外，还用于生理学试验、实验外科学等。

（五）鱼

鱼类品种繁多，可达 3 万～4 万种，是脊椎动物门中品种最多的纲，比哺乳类动物多近 10 倍。

1. 生物学特性 鱼是变温动物，能适应水温变化而改变体温，从零下水温到温泉水温（40℃）都能适应。可通过改变水温来控制鱼的体温，以研究其生理生化反应。

鱼类的皮肤不同于哺乳类动物，鱼的皮肤无角质层而有保护层，该层组织是由黏多糖物质、黏液、脱落细胞、免疫球蛋白和游离脂肪酸构成。

　　鱼用鳃呼吸。鱼在水中的气体交换主要依靠鳃，皮肤和肺也可交换。鱼的心脏和网状内皮系统与哺乳动物不完全相同，鱼只有一个心房和一个心室。网状内皮系统无淋巴结，鱼心房和鳃板内皮内有吞噬细胞，肝、脾、肾中有巨噬细胞积聚，这是鱼类独具的特征。

　　各种物理、化学的刺激都能影响鱼的行为。缺氧可刺激鱼游至富氧层。鱼的嗅觉特别灵敏，气味感觉对鱼的行为影响最大。如鱼的信息素（从一个个体分泌出的能促进同一鱼种的另一个个体的特异性反应的物质）可识别幼鱼和帮助群游。不同鱼种繁殖行为多样化，有卵生和胎生鱼种，即便是卵生鱼种的繁殖行为也是多样的。

　　鱼和哺乳类动物的营养需求相似，特别在氨基酸、维生素、无机盐等方面。不同食性的鱼对营养的需求有很大差异。实验用鱼宜选用专制的鱼饵料。

　　2. 在生物医学研究中的应用　　鱼类具有某些其他动物无可取代的优点和特点，其生物学性状可以与人类的相应性状所类比。作为生物医学、环境保护科学等领域的实验研究对象或材料，已在世界各地获得了不少科研成果。

　　（1）**药理毒理学研究及环境监测**　　鱼类对药物、毒气都十分敏感，极微量的成分即可引起很强的反应，对其习性的影响也很灵敏，适宜研究某些含量低和药理作用弱而需长期口服给药的中草药。对某些中枢神经兴奋或抑制药的反应比较敏感，结果判断明确并易于掌握。因此，鱼类是检测水质中人工污染物的良好生物指示剂。

　　（2）**遗传与发育学研究**　　若要揭示高等脊椎动物乃至人的发育机制，必须直接面对脊椎动物。小鼠虽已被大量应用于遗传学研究，但小鼠的胚胎却因深藏于子宫内而难以观察。斑马鱼成为既适合胚胎学、又适合遗传学研究的理想模型动物。斑马鱼胚体完全透明，便于观察胚胎发育的全过程，并且易于追踪个体细胞的分裂和迁移活动。斑马鱼最初用于遗传学研究。但是，其优良的特性很快受到发育遗传学家的青睐。

　　此外，鱼类可用于研究遗传和变异。还有利用鱼类细胞移植试验，将鲑鱼的 RNA 注射到金鱼卵内，探索鱼类细胞质遗传规律。

　　（3）**肿瘤学研究**　　鱼体很多组织都可发生肿瘤病变，自发性和诱发性肿瘤都较多。小型淡水鱼类在研究肿瘤的发生与环境之间的关系上有着特殊的用途。鱼类是肿瘤研究的新资源，具有独特的优点。鱼肿瘤的生物学特性与人肿瘤相似，同时实验条件易于模拟和控制，操作和观察简单、方便，需要的研究经费相对较少，材料也较易得。

第三节　器官移植

一、概　　述

（一）移植的概念

将身体的某一部分如细胞、组织或器官，用手术或其他措施移到自己体内或另一个体的特定部位，而使其继续存活的方法，叫做移植（Transplantation），常用于实验研究或临床上治疗疾病。被移植的部分称为移植物（Transplant graft）。献出移植物的个体，叫做供者或供体（Donor）。接受移植物的个体，叫做受者（Recipient）或宿主（Host）。进行移植的外科手术叫做移植术（Transplantation）。以往，移植术限指那些将供者器官与受者的血管进行吻合的手术，把不进行血管吻合的组织移植叫做种植术（Implantation）。现在，移植术与种植术已互相通用，且一般称为移植术。如果供者与受者是同一个体，则称为自体移植（Autotransplantation）。在自体移植时，若移植物重新移植到原来的解剖部位，叫做再植术（Replation）。如断肢再植，应称为再植术而不能叫做移植术。

（二）临床常用的移植

临床上常用移植的三种类型是细胞移植、组织移植和器官（脏器）移植。

1. 细胞移植　将有活力的细胞群团制备成悬液，从一个个体输入到另一个个体内，称为细胞移植。接受移植的部位常为血管、体腔，也有组织（如皮下、肌肉层）内和器官（如腺、肾、肝包膜下或实质内）等。

细胞移植的特点：①移植物为有活力的细胞群团，不具有器官的正常形态及解剖结构，不是一个完整的器官，移植前需制成细胞悬液，移植时无需也不可能吻合血管，因此，移植是通过各种输注途径来实现的。②供体细胞在分离、纯化、制备和输注过程中，多有损伤，部分细胞丧失活力，为了保证疗效，要做大量的高活力的细胞群团移植。③移植物在体内是可以移动的，可在远离原来植入部位处遭到破坏，也可在远处发生局部症状和反应。④移植细胞多不在人体原来的解剖位置，失去了正常生存环境，对长期生长不利。⑤移植细胞经过几代传代繁殖后，就会发生变异、退化，而逐渐失去原有功能，因此，细胞移植的有效期多数是短暂的。这些特点，对细胞移植的研究与应用，都是非常重要的。细胞移植的典型例子是输全血。也有开展肝细胞移植治疗重型肝炎肝昏迷，脾细胞移植治疗重症血友病和晚期肝癌，且获得一定疗效的报道。

2. 组织移植　组织移植包括皮肤、黏膜、脂肪、筋膜、肌腱、肌肉、角膜、血管、淋巴管、软骨和骨、神经等的移植。除皮肤外，这些组织在移植前通常采用冷冻或化学药品（如汞剂）处理，因此，在移植过程中，组织内细胞的活力已完全或绝大多数丧失，属于结构移植或非活体移植，是一种无生命的支架移植，不属于移植医学范畴。

3. 器官移植　用手术的方法，将整个保持活力的器官移植到自己或通常是另一个个体内的某一部位，叫做器官移植或脏器移植。临床上用来治疗一些已不能用其他疗法治愈的器官致命性疾病。

器官移植有下述特点：①移植物从切取时切断血管直到植入时接通血管期间，始终保持着活力。②在移植术的当时，即吻合了动、静脉，建立了移植物和受者间的血液循环。③如为同种异体移植，术后不可避免地会出现排斥反应。器官移植属于活体移植，器官内细胞必须保持活力，以便在移植术后能尽快地实现有效的功能。从移植技术来看，器官移植属于吻合移植。目前，同种间的许多器官如肾、心、肝等的移植已成为有实用价值的医疗方法。同胞之间、异卵双生子之间、父代与子代之间、亲属之间以及非亲属之间的移植都属于同种异体移植。临床上同种异体移植，移植用的器官可来自活体或尸体。成双的器官如肾有可能来自自愿献出一个健康肾的活体，多半为同胞或父母，而单一生命器官如心脏，尸体则是唯一来源。现在常用的器官移植有肾、心、肝、胰、胰肾联合、肺（单肺、双肺）、心肺联合、心肝联合、肝肾联合、脾、小肠，以及腹部多器官联合移植。此外，还有少见的卵巢、睾丸、甲状旁腺、肾上腺移植等。

二、异种器官移植面临公共卫生问题

通过异种器官移植可望解决世界性的人源器官短缺问题。然而，在异种动物器官移植中出现的公共卫生问题，也是人们不可忽视的，即在异种动物器官移植中随器官移植而将动物的病原体移植给人类的可能性。人们担心移植的器官会将猪内源性逆转录病毒（Porcine endogenous retrovirus，PERV）传递给人类，已有证据表明猪基因组内至少含有 50 个拷贝的 PERV，其遗传遵守孟德尔规律。这种病毒在猪体内已经存在了数百万年，已经成为猪基因的一部分。这种病毒对猪无害，但如果猪的器官被移植到人体，是否可能将 PERV 也传递给人类呢？这种病毒已经引起人们极大的关注。

（一）异种器官移植的感染风险

与同种器官移植不同的是，异种器官移植发生的新的感染将可能影响病人的家庭、朋友、治疗中心的职工，甚至还可以影响整个社会，这是由于动物所患的疾病有潜在的危险。对供体动物应该监测特殊的细菌、真菌、寄生虫和病毒。虽然通过严格检测等手段，可保证大多数病原体能够在异种器官移植前被消除，但已知有一些病毒，特别是那些整合到细胞基因组中的病毒，既不能使用细胞溶解技术，也无法预测病毒的数量，这才是最棘手和最主要的危险。

（二）异种器官移植损伤抗病毒防预系统

为解决异种移植的排异反应问题，需要对供体动物进行遗传改造，这些措施使器官移植受体更易遭到病原微生物的感染。

此外，异种移植比同种移植要求使用更多的免疫抑制剂，免疫抑制将增加异种感染的可能性，为病毒提供一个适应新环境的好机会，而且免疫抑制导致持续性病毒的活化，使得逆转录病毒诱导的疾病进一步发展。如果这些病毒暂不发作，则有可能与移植病人感染的人类病毒进行基因重组，产生一种难以控制的新病毒，这类病毒如在人类中传播，后果将十分严重。

（三）PERV 在人类中传播的可能性

Patience C 报道了猪肾脏细胞与人的细胞共同培养时，分布在猪基因组内的内源病毒可被激活，产生病毒颗粒并感染人的细胞。由此引发了异种器官移植的争议，即猪的器官是否可以移植给人、是否在移植后会给人类带来新的、严重致病的病毒。许多事例表明，某些对一个物种无害的逆转录病毒在被移植到人体后会变成"病毒杀手"。最明显的例子就是人类免疫缺陷病毒（HIV），这种病毒在青猴体内是无害的，而到了人体内就变得致命。为证明 PERV 的潜在危害性，最近有人将猪胰腺细胞移植给免疫功能受到抑制的实验小鼠（NOD/SCID）后，PERV 会被激活，使受体动物多种组织受到感染。

但一些研究表明，人体细胞暴露于猪的细胞时，PERV 不会感染人体细胞。Khazal 等对 160 例曾接受过活猪不同组织治疗的病人进行 PERV 检查，采用RT－PCR和免疫杂交的方法对来自病人的血清进行分析，结果表明，160 例无一例出现病毒血症，用 PERV 特异性引物对来自 159 例病人外周血单核细胞 DNA 进行了 PCR 扩增，也没有发现一例感染 PERV。这无疑增加了人们对猪器官用于人异种器官移植的研究信心。

三、猪异种器官移植研究

（一）猪是异种器官移植最有希望的器官来源

为最大限度地减少供体和受体之间遗传方面的差距，许多人都更倾向于以灵长类动物为供体。但是，应用灵长类动物提供器官存在突出的缺陷，小型猪成为最有希望的供体来源。

1. 灵长类动物提供器官的障碍

（1）**数量有限**　灵长类动物繁殖率低，自然资源有限。与人类组织结构和生理方面最接近的是黑猩猩和狒狒，但是黑猩猩的数量稀少，狒狒的器官规格太小。

（2）**涉及动物伦理问题**　对于牺牲灵长类动物的生命为人类治病，保护动物权益的组织坚决反对，实验研究和将来的临床应用会受到很大的限制。

（3）**传染病问题突出**　一个物种的进化程度与人越近，传播疾病的危险就越大。灵长类动物与人类共患的疾病很多，可能携带致命的传染因子。

（4）**遗传改造困难**　异种移植器官需要对供体器官进行遗传改造，以解决移植排斥问题。灵长类动物的遗传系统人工改造困难，技术基础薄弱。

2. 小型猪提供器官的优势　猪容易饲养，妊娠期短，产仔数多，后代生长快，更重要的是猪的不同发育时期的器官，如心脏、肾脏等与不同年龄人的器官在大小上比较接近，形态和生理与人类也相当接近。实施手术相对快速简单。用猪提供器官引起的伦理道德及与安全有关的问题少于黑猩猩和狒狒。虽然积极保护动物权益的人士坚决反对和利用任何哺乳动物作为器官供体，但鉴于我们已经每年屠宰数千万头猪用作食品，再屠宰数万头猪用于医疗不至于引起民众的强烈愤慨。事实上，医生早已使用猪的不同成分如心脏瓣膜、凝结因子、胰岛细胞，甚至脑细胞治疗人类疾病。

当然，为了移植的成功，必须对猪的基因组加以改造，随着基因工程技术的不断完善，人们可以将基因添加到基因组中或从基因组中敲除，在培养细胞中进行基因修饰要比在整个动物身上做试验容易得多，进而通过克隆技术生产出更适合作为器官供体的基因工程猪，这方面的工作已取得一些进展。已经有克隆猪的报道。美国 Ouishi 等利用显微注射的方法将猪胎儿的成纤维细胞核注射到去核的卵母细胞中，发育成一个名叫 Xena 的小猪崽。2000 年 3 月，英国著名国际生物技术公司 PPL 宣布，他们已用猪的成年体细胞通过两步核移植技术，创造出一窝共 5 只小猪，并对它们的基因组DNA 进行微卫星分析，发现其中三只小猪属于同一细胞系，另外两只小猪属于另一细胞系。该公司准备将来使用这些小猪作为患者的供体。这标志着克隆技术距离实用化又近了一步。

(二) 猪器官的人源化改造

利用猪进行人类异种器官移植面临两大障碍，一是免疫排斥，包括超急性排斥反应、急性血管排斥反应、细胞介导的排斥反应和慢性排斥反应；二是病原的感染，包括病毒、朊病毒、寄生虫等。一些灵长类动物与人之间的器官移植属 "协调性异种移植"，人体内不存在针对对方组织的天然抗体（如 IgM 等），因此，一般不会发生超急性排斥。由于猪与人之间的器官移植属 "非协调性异种移植"，因此，超急性排斥便成了异种器官移植的第一道障碍。

1. 猪异种器官移植免疫学排斥反应的种类　虽然猪的器官在结构和功能与人具有相似性，并可能利用猪的器官来解决当前人源器官严重短缺问题，但把正常的没有经过人源化修饰的猪器官，直接移植给病人，就会产生一系列免疫排斥反应，解决这一问题的关键是如何对猪的器官进行人源化改造，使其 "排斥基因" 产物不被病人的免疫系统所识别。当正常猪的器官异种移植给人类时，会发生几种机制不同的免疫排斥反应。

（1）超急性排斥反应（Hyperacute rejection，HAR）　被移植的器官，在 5 天内就会变黑、坏死。其机理是灵长类以下动物的细胞表面，含有一种被称为半乳糖（Galactose）的物质，在长期的生命进化中，这种物质在灵长类包括人中已经消失，但存在于所有猪的细胞表面，这种半乳糖被称之为猪器官细胞表面的 G 抗原，G 抗原激活了病人体内的补体系统，最终导致移植物的坏死。

（2）**迟发性异种移植排斥反应**（Delayed xenongraft rejection，DXR）这种排斥反应是由人的 T 细胞介导的，猪器官表面内皮细胞层上通常含有抗凝蛋白，它可阻止流经器官或其周围的血液凝固，但在猪-灵长类动物模型中已证实，在异种移植后，这些抗凝蛋白迅速消失，导致在器官周围形成血栓，使器官广泛缺氧。另一种 DXR 机理是，由于猪内皮细胞中编码黏附分子 VCAM（Vascular cell adhesion molecular）的基因上调（Up-reglation），使 VCAM 产生过量，导致炎性反应，吸收各种免疫细胞破坏移植物。

2. 猪器官人源化改造的途径 超急性排斥反应是由存在于猪细胞表面的 G 抗原所引起的，要使猪的异种器官移植成功，必须克服 HAR。通过对 G 抗原的深入研究，认为 G 抗原需要 $\alpha-1,3$ 半乳糖苷转移酶（$\alpha-1,3GT$）的作用而合成。在体外建立与培养猪体细胞系，利用基因定向转移（Gene targeting）技术，直接并准确地对 $\alpha-1,3GT$ 基因进行同源重组，使 $\alpha-1,3GT$ 失活，最后采用动物体细胞核移植克隆技术，生产出没有 $\alpha-1,3GT$ 的猪，这种克隆猪就可以克服 HAR。

近几年，Yifan Dai 等利用以上技术和方法已成功地克隆出 5 头无 $\alpha-1,3GT$ 的雌性小猪。赖良学等用类似方法也完成了猪胚胎成纤维细胞基因定向转移的工作，得到了转基因克隆猪。

除对 $\alpha-1,3GT$ 进行基因定向修饰外，阻断由异种器官移植而激活的人类补体的串联反应是猪器官人源化改造的另一途径。人类体内的补体激活是一种高度有序的级联反应，正常情况下，补体的激活及其末端效应均处于严密的调控中，补体调节因子是补体自稳功能的机制之一，受补体调节基因控制。人类补体激活调节因子具有种间特异性，补体调节因子主要有衰变加速因子（Decay accelerating factor，DAF）、膜辅助蛋白（Membrane cofactor protein，MCP）、Cl 抑制分子（Cl inhibitor，ClINH）、CD59 等。在猪器官的人源化改造中，主要集中研究了 DAF、MCP 和 CD59。因为编码这些因子的基因均位于人类 1 号染色体上，所以它们的调节作用可能是相互协调进行的，对其中的某个基因的人源化修饰，有可能影响其他因子的作用。若用转基因的方法，将人类的 DAF（hDAF）和 MCP（hMCP）等基因导入并整合到猪的细胞内，筛选出有这些基因表达的细胞系，这就有可能建立相应的转基因克隆猪。

Lavitrano M 等用精子介导的方法，将 hDAF 基因导入到猪的体内，结果表明 80％以上的 hDAF 基因成功地导入到猪的体内，并整合到猪的基因组中，64％携带有 hDAF 基因的转基因猪能稳定地转录该基因，性状可通过遗传传给后代。Zhou CY 等建立了 hMCP 转基因猪，用核酸酶保护试验（RPA）分析表明 hMCP 基因表达遍及所有组织。Schmidt P 等用腺病毒作为载体，对成年猪的胰岛细胞进行了人源化改造，他们将 hDAF 和 hCD59 重组至腺病毒中，构建腺病毒载体，通过转染成年猪的胰岛细胞，将 hDAF 和 hCD59 转入到胰岛细胞中，结果猪胰岛细胞内成功地导入了 hDAF 和 hCD59，对补体介导的溶血反应的敏感性大大降低。

克服了 HAR，迈出了猪器官人源化改造的第一步，要彻底解决异种器官移植中的排斥反应，要求用于器官移植的猪不仅仅 $\alpha-1,3GT$ 缺陷，重建 hDAF、hMCP、hCD59 等，而且还要有抗凝蛋白和下调 VCAM，以克服迟发性异种移植排斥反应。目前，抗凝蛋白基因已被克隆，在转基因鼠和体外培养的猪细胞中证实有效。这些基因可以通过转染或微注射技术导入 $\alpha-1,3GT$ 缺陷猪脾细胞中，然后再用这些细胞的细胞核克隆转基因猪。但是小鼠动物模型证实，完全除掉 VCAM，将导致动物胚胎死亡。因此，要利用基因定向转移使 VCAM 失活是不可能的。有人通过转抗 VCAM 抗体的基因而产生一种 VCAM 敲除（knockdown）的转基因猪，而且这种抗 VCAM 抗体基因，可置于可诱导的启动子下游，这样就在给人移植猪的器官之前，使 VCAM 基因关闭，达到猪细胞的人源化改造。

（三）猪器官异种移植的展望

迄今对异种移植感染危险性的争论，并非主要针对个体受者所承受的风险，而是针对整个社会可能面临的危险性，即异种移植可能产生新的威胁整个人类的致病原。但 2003 年第七届异种移植大会上，德国的 Robert Koch 研究所和 ImmergeBio Therapeutlcs 公司联合作了目前对非人灵长类动物 PERV 的感染性问题研究的长篇报告。发现在应用与临床免疫抑制相似的治疗方案中，给予大剂量的病毒，均不能使狒狒感染 PERV A、PERV B 和 PERV A/C，表明 PERV 和非人灵长类动物并不存在交叉感染。这是目前以猪为供者，异种移植安全性问题的重要资料。

　　1998 年 2 月，Bach 等提出成立新的异种移植立法委员会，以立法的形式暂停和延迟其临床应用。此提案遭到以 Sach 为代表的推进派的反对。他们在《Nature Medicine》1998 年 4 月刊中指出：应小心从事而不是延迟，因为已有很多病人在等待供体时死去。

　　总之，适用于人体器官移植的材料是未来临床医学的急需，也是对转基因技术的一种挑战，高新技术的应用将为培育适于器官移植的克隆猪铺平道路。尽管人们对其内源性病原总不放心，但究竟有害与否，尚需科学实验加以鉴定。而人类与猪几亿年来都有着紧密的联系，从以往人与猪偶然的血液和组织的交换，到现在发展起来的异种器官移植，猪与人之间的联系会愈来愈紧密，寻找病毒少的或不含病毒的供体猪也成为以后研究的一个重点。器官移植成功率的提高及对其安全性和排异问题研究的加强，以及转基因技术和克隆技术的成熟，不仅有可能解决安全性和异源组织排异反应问题，而且将为防止新病原带入移植器官或组织作出更大的贡献，异种器官移植的应用前景将更为广阔。

第四章
实验室生物安全

第一节 概 述

实验室生物安全起源于第二次世界大战结束后。20世纪50年代，美国出现了世界上最早的生物安全实验室。随后，一些国家，如苏联、英国、法国、德国、日本、澳大利亚、瑞典、加拿大、南非等国家也相继建造了不同级别的生物安全实验室。其中，美国、英国、法国、德国、日本、澳大利亚、瑞典、加拿大、南非等国家均建立了生物安全四级实验室并制定了相应标准。

1983年，WHO（世界卫生组织）出版了第一版《实验室生物安全手册》，鼓励各国接受和执行生物安全的基本概念，以及为安全操作致病微生物制定的操作规程，使生物安全实验室在世界范围内有了一个统一的标准和基本原则。

实验室生物安全与人畜共患病密切相关，与人类健康关系密切。据文献资料报道，1941年，在美国有74人被实验室的布鲁氏菌（Meyer）感染；1976年Harrington和shannon的调查结果表明，英国医学实验室人员比一般人群感染结核的危险高5倍。同样，实验室生物安全与畜牧业发展密切相关，如2007年发生在英国Pirbright实验室的"口蹄疫实验室散毒事件"给当地畜牧业蒙上了一层阴影。

近年来，根据国内外动物防疫新形势的要求，国家增加投入，加强各级动物疫病预防控制中心及重点实验室、区域动物疫病诊断实验室等高级别兽医生物安全实验室的建设，以提高我国兽医实验室的设施水平。加快构建符合中国实际的、与国际接轨的、满足生物安全要求的兽医生物安全实验室体系；强化生物安全管理能力，提高生物安全管理水平，增强对动物防疫工作，特别是对重大动物疫病防控的技术支撑能力，具有非常重要的意义。

一、动物疫病的分类

在我国，动物疫病的分类主要是根据以下因素来决定的：①危害性大而目前防治困难大或耗费财力大的疾病，如禽流行性感冒（高致病性禽流感）、痒病、牛海绵状脑病等；②急性烈性动物传染病，如猪瘟、鸡新城疫等；

③人畜共患的一些疫病，如炭疽、布鲁氏菌病等；④我国尚未发生的国外传染病，如非洲猪瘟、非洲马瘟等。

2008 年 12 月 21 日我国农业部发布第 1125 号公告，明确了动物疫病的分类。157 种疫病中，一类动物疫病 17 种，二类动物疫病 77 种，三类动物疫病 63 种。

一类动物疫病（17 种）

口蹄疫、猪水泡病、猪瘟、非洲猪瘟、高致病性猪蓝耳病、非洲马瘟、牛瘟、牛传染性胸膜肺炎、牛海绵状脑病、痒病、蓝舌病、小反刍兽疫、绵羊痘和山羊痘、高致病性禽流感、新城疫、鲤春病毒血症、白斑综合征

二类动物疫病（77 种）

多种动物共患病（9 种）：狂犬病、布鲁氏菌病、炭疽、伪狂犬病、魏氏梭菌病、副结核病、弓形虫病、棘球蚴病、钩端螺旋体病

牛病（8 种）：牛结核病、牛传染性鼻气管炎、牛恶性卡他热、牛白血病、牛出血性败血病、牛梨形虫病（牛焦虫病）、牛锥虫病、日本血吸虫病

绵羊和山羊病（2 种）：山羊关节炎脑炎、梅迪-维斯纳病

猪病（12 种）：猪繁殖与呼吸综合征（经典猪蓝耳病）、猪乙型脑炎、猪细小病毒病、猪丹毒、猪肺疫、猪链球菌病、猪传染性萎缩性鼻炎、猪支原体肺炎、旋毛虫病、猪囊尾蚴病、猪圆环病毒病、副猪嗜血杆菌病

马病（5 种）：马传染性贫血、马流行性淋巴管炎、马鼻疽、马巴贝斯虫病、伊氏锥虫病

禽病（18 种）：鸡传染性喉气管炎、鸡传染性支气管炎、传染性法氏囊病、马立克氏病、产蛋下降综合征、禽白血病、禽痘、鸭瘟、鸭病毒性肝炎、鸭浆膜炎、小鹅瘟、禽霍乱、鸡白痢、禽伤寒、鸡败血支原体感染、鸡球虫病、低致病性禽流感、禽网状内皮组织增殖症

兔病（4 种）：兔病毒性出血病、兔黏液瘤病、野兔热、兔球虫病

蜜蜂病（2 种）：美洲幼虫腐臭病、欧洲幼虫腐臭病

鱼类病（11 种）：草鱼出血病、传染性脾肾坏死病、锦鲤疱疹病毒病、刺激隐核虫病、淡水鱼细菌性败血症、病毒性神经坏死病、流行性造血器官坏死病、斑点叉尾鮰病毒病、传染性造血器官坏死病、病毒性出血性败血症、流行性溃疡综合征

甲壳类病（6 种）：桃拉综合征、黄头病、罗氏沼虾白尾病、对虾杆状

病毒病、传染性皮下和造血器官坏死病、传染性肌肉坏死病

三类动物疫病（63 种）

多种动物共患病（8 种）：大肠杆菌病、李氏杆菌病、类鼻疽、放线菌病、肝片吸虫病、丝虫病、附红细胞体病、Q 热

牛病（5 种）：牛流行热、牛病毒性腹泻/黏膜病、牛生殖器弯曲杆菌病、毛滴虫病、牛皮蝇蛆病

绵羊和山羊病（6 种）：肺腺瘤病、传染性脓疱、羊肠毒血症、干酪性淋巴结炎、绵羊疥癣，绵羊地方性流产

马病（5 种）：马流行性感冒、马腺疫、马鼻腔肺炎、溃疡性淋巴管炎、马媾疫

猪病（4 种）：猪传染性胃肠炎、猪流行性感冒、猪副伤寒、猪密螺旋体痢疾

禽病（4 种）：鸡病毒性关节炎、禽传染性脑脊髓炎、传染性鼻炎、禽结核病

蚕、蜂病（7 种）：蚕型多角体病、蚕白僵病、蜂螨病、瓦螨病、亮热厉螨病、蜜蜂孢子虫病、白垩病

犬猫等动物病（7 种）：水貂阿留申病、水貂病毒性肠炎、犬瘟热、犬细小病毒病、犬传染性肝炎、猫泛白细胞减少症、利什曼病

鱼类病（7 种）：鲴类肠败血病、迟缓爱德华氏菌病、小瓜虫病、黏孢子虫病、三代虫病、指环虫病、链球菌病

甲壳类病（2 种）：河蟹颤抖病、斑节对虾杆状病毒病

贝类病（6 种）：鲍脓疱病、鲍立克次氏体病、鲍病毒性死亡病、包纳米虫病、折光马尔太虫病、奥尔森派琴虫病

两栖与爬行类病（2 种）：鳖腮腺炎病、蛙脑膜炎败血金黄杆菌病

二、概　念

1. 生物安全　有狭义和广义之分。狭义生物安全是指防范由现代生物技术的开发和应用（主要是指转基因技术）所产生的负面影响，即对生物多样性、生态环境及人体健康可能构成的危险或潜在风险。广义的生物安全不但针对现代生物技术的开发和应用，以及生物医学研究与实验，并且包括了更广泛的内容，如人类的健康安全、人类赖以生存的农业生物安全、与人类

生存有关的环境生物安全。

2. 实验室生物安全 指实验室的生物安全条件和状态不低于容许水平，可避免实验室人员、来访人员、社区及环境受到不可接受的损害，符合相关法规、标准等对实验室生物安全责任的要求。

3. 病原微生物 指能够使人或者动物致病的微生物。

4. 动物病原微生物 指一切能引起动物传染病或人畜共患病的细菌、病毒和真菌等病原体。

5. 高致病性动物病原微生物 指来源于动物的，在《动物病原微生物分类名录》中规定的第一类、第二类病原微生物。

6. 实验活动 指实验室从事与病原微生物菌（毒）种、样本有关的研究、教学、检测、诊断等活动。

7. 兽医实验室 一切从事兽医病原微生物、寄生虫研究与使用，以及兽医临床诊疗和疫病检疫监测的实验室。

8. 保藏机构 农业部指定的菌（毒）种保藏中心或者专业实验室，承担集中储存病原微生物菌（毒）种和样本的任务，并向实验室提供病原微生物菌（毒）种和样本。

9. 生物安全实验室 是指对病原微生物进行试验操作时所产生的生物危害具有物理防护能力的兽医实验室。适用于兽医微生物的临床检验检测、分离培养、鉴定及各种生物制剂的研究等工作。

10. 生物安全动物实验室 是指对病原微生物的动物生物学试验研究所产生的生物危害具有物理防护能力的兽医实验室。也适用于动物传染病临床诊断、治疗、预防研究等工作。

三、加强生物安全的要求及其目的和措施

（一）首要考虑的生物安全三要素

1. 实验室安全设备 包括生物安全柜、各种密闭容器、个人保护用品等，构成一级防护屏障。

2. 实验室建筑结构的设计和建设 有利于实验室人员的防护，为外部人员提供防护屏障，保护外部免受可能从实验室逃逸传染性因子的污染，构成二级防护屏障。

3. 实验室运行管理 坚持严格的管理制度和标准化的操作程序。

（二）加强生物安全管理的目的

1. 减少或消除实验室工作人员和内环境受到感染和污染的可能性，由良好的微生物学操作技术和适当的安全设备提供，且使用疫苗可以提高个人防护水平。

2. 防止实验室外环境受到潜在有害病原体的危害，由实验室建筑的合理设计和标准操作程序的结合来提供。

（三）确保实验室生物安全的措施

一靠投资：实验室基本建设。

二靠管理：包括实验室内部管理及政府主管部门监督管理。

世界卫生组织出版的《实验实生物安全手册》中说道："生物安全柜、其余设施或者操作程序中没有哪一项能单独保证安全，只有使用者按照对生物安全的深刻理解来操作才能实现安全"。可见，对生物安全的深刻理解是包括管理者和实验室工作人员在内的所有工作人员，按照生物安全要求开展工作，才是保障生物安全的重点所在。

第二节　实验室生物安全

国家根据病原微生物的传染性、感染后对个体或者群体的危害程度，将病原微生物分为四类：第一类病原微生物，是指能够引起人类或者动物非常严重疾病的微生物，以及我国尚未发现或者已经宣布消灭的微生物。第二类病原微生物，是指能够引起人类或者动物严重疾病，比较容易直接或者间接在人与人、动物与人、动物与动物间传播的微生物。第三类病原微生物，是指能够引起人类或者动物疾病，但一般情况下对人、动物或者环境不构成严重危害，传播风险有限，实验室感染后很少引起严重疾病，并且具备有效治疗和预防措施的微生物。第四类病原微生物，是指在通常情况下不会引起人类或者动物疾病的微生物。第一类、第二类病原微生物统称为高致病性病原微生物。农业部以第 53 号令公告了《动物病原微生物分类名录》，对名录上所列出的病原微生物的操作，包括分离培养、动物感染实验、未经培养的感染性材料实验、灭活材料实验及运输包装要求，以《农业部关于进一步规范高致病性动物病原微生物实验活动审批工作的通知》（农医发〔2008〕27

号）规定了不同的实验活动在不同级别兽医生物安全实验室/生物安全动物实验室进行，详见表1-7。

表1-7 动物病原微生物实验活动生物安全要求细则
《农业部关于进一步规范高致病性动物病原微生物实验活动审批工作的通知》
（农医发〔2008〕27号）

序号	动物病原微生物名称	危害程度分类	实验活动所需实验室生物安全级别				f运输包装要求	备注
			a病原分离培养	b动物感染实验	c未经培养的感染性材料实验	d灭活材料实验		
1	口蹄疫病毒	第一类	BSL-3	ABSL-3	BSL-2	BSL-2	UN2900（仅培养物）	C实验的感染性材料的处理要在Ⅱ级生物安全柜中进行
2	高致病性禽流感病毒	第一类	BSL-3	ABSL-3	BSL-2	BSL-2	UN2814（仅培养物）	C实验的感染性材料的处理要在Ⅱ级生物安全柜中进行
3	猪水泡病病毒	第一类	BSL-3	ABSL-3	BSL-2	BSL-2	UN2900（仅培养物）	C实验的感染性材料的处理要在Ⅱ级生物安全柜中进行
4	非洲猪瘟病毒	第一类	BSL-3	ABSL-3	BSL-3	BSL-3	UN2900	
5	非洲马瘟病毒	第一类	BSL-3	ABSL-3	BSL-3	BSL-3	UN2900	
6	牛瘟病毒	第一类	BSL-3	ABSL-3	BSL-3	BSL-3	UN2900	
7	小反刍兽疫病毒	第一类	BSL-3	ABSL-3	BSL-3	BSL-3	UN2900	
8	牛传染性胸膜肺炎丝状支原体	第一类	BSL-3	ABSL-3	BSL-3	BSL-3	UN2900	
9	牛海绵状脑病病原	第一类	BSL-3	ABSL-3	BSL-3	BSL-3	UN3373	
10	痒病病原	第一类	BSL-3	ABSL-3	BSL-3	BSL-3	UN3373	
11	猪瘟病毒	第二类	BSL-3	ABSL-3	BSL-2	BSL-2	UN2900（仅培养物）	
12	鸡新城疫病毒	第二类	BSL-3	ABSL-3	BSL-2	BSL-2	UN2900（仅培养物）	

（续）

序号	动物病原微生物名称	危害程度分类	实验活动所需实验室生物安全级别				f运输包装要求	备注
			a病原分离培养	b动物感染实验	c未经培养的感染性材料实验	d灭活材料实验		
13	狂犬病病毒	第二类	BSL-3	ABSL-3	BSL-3	BSL-2	UN2814（仅培养物）	
14	绵羊痘/山羊痘病毒	第二类	BSL-3	ABSL-3	BSL-2	BSL-2	UN2900（仅培养物）	
15	蓝舌病病毒	第二类	BSL-3	ABSL-3	BSL-2	BSL-2	UN2900（仅培养物）	
16	兔病毒性出血症病毒	第二类	BSL-3	ABSL-3	BSL-2	BSL-2	UN2900（仅培养物）	
17	炭疽芽孢杆菌	第二类	BSL-3	ABSL-3	BSL-3	BSL-2	UN2814（仅培养物）	
18	布鲁氏菌	第二类	BSL-3	ABSL-3	BSL-2	BSL-2	UN2814（仅培养物）	
19	低致病性流感病毒	第三类	BSL-2	ABSL-2	BSL-2	BSL-1	UN3373	
20	伪狂犬病病毒	第三类	BSL-2	ABSL-2	BSL-2	BSL-1	UN3373	
21	破伤风梭菌	第三类	BSL-2	ABSL-2	BSL-2	BSL-1	UN3373（仅培养物）	
22	气肿疽梭菌	第三类	BSL-2	ABSL-2	BSL-2	BSL-1	UN2900（仅培养物）	
23	结核分支杆菌	第三类	BSL-3	ABSL-3	BSL-2	BSL-1	UN2814（仅培养物）	C实验的感染性材料处理要在Ⅱ级生物安全柜中进行
24	副结核分支杆菌	第三类	BSL-2	ABSL-2	BSL-1	BSL-1	UN3373	
25	致病性大肠杆菌	第三类	BSL-2	ABSL-2	BSL-1	BSL-1	UN2814（仅培养物）	
26	沙门氏菌	第三类	BSL-2	ABSL-2	BSL-1	BSL-1	UN3373（仅培养物）	

（续）

序号	动物病原微生物名称	危害程度分类	实验活动所需实验室生物安全级别					备 注
			a 病原分离培养	b 动物感染实验	c 未经培养的感染性材料实验	d 灭活材料实验	f 运输包装要求	
27	巴氏杆菌	第三类	BSL-2	ABSL-2	BSL-1	BSL-1	UN3373	
28	致病性链球菌	第三类	BSL-2	ABSL-2	BSL-2	BSL-1	UN2814（仅培养物）	
29	李氏杆菌	第三类	BSL-2	ABSL-2	BSL-1	BSL-1	UN2814（仅培养物）	
30	产气荚膜梭菌	第三类	BSL-2	ABSL-2	BSL-1	BSL-1	UN3373	
31	嗜水气单胞菌	第三类	BSL-2	ABSL-2	BSL-1	BSL-1	UN3373	
32	肉毒梭状芽孢杆菌	第三类	BSL-2	ABSL-2	BSL-2	BSL-1	UN2814（仅培养物）	
33	腐败梭菌和其他致病性梭菌	第三类	BSL-2	ABSL-2	BSL-1	BSL-1	UN3373	
34	鹦鹉热衣原体	第三类	BSL-2	ABSL-2	BSL-2	BSL-1	UN2814	
35	放线菌	第三类	BSL-2	ABSL-2	BSL-1	BSL-1	UN3373	
36	钩端螺旋体	第三类	BSL-2	ABSL-2	BSL-1	BSL-1	UN3373（仅培养物）	
37	牛恶性卡他热病毒	第三类	BSL-2	ABSL-2	BSL-1	BSL-1	UN3373	
38	牛白血病病毒	第三类	BSL-2	ABSL-2	BSL-1	BSL-1	UN3373	
39	牛流行热病毒	第三类	BSL-2	ABSL-2	BSL-1	BSL-1	UN3373	
40	牛传染性鼻气管炎病毒	第三类	BSL-2	ABSL-2	BSL-1	BSL-1	UN3373	
41	牛病毒性腹泻/黏膜病病毒	第三类	BSL-2	ABSL-2	BSL-1	BSL-1	UN3373	
42	牛生殖器弯曲杆菌	第三类	BSL-2	ABSL-2	BSL-2	BSL-1	UN3373	
43	日本血吸虫	第三类	BSL-2	ABSL-2	BSL-1	BSL-1	UN3373	

（续）

序号	动物病原微生物名称	危害程度分类	实验活动所需实验室生物安全级别				f运输包装要求	备注
			a病原分离培养	b动物感染实验	c未经培养的感染性材料实验	d灭活材料实验		
44	山羊关节炎/脑脊髓炎病毒	第三类	BSL-2	ABSL-2	BSL-2	BSL-1	UN3373	
45	梅迪/维斯纳病病毒	第三类	BSL-2	ABSL-2	BSL-2	BSL-1	UN3373	
46	传染性脓疱皮炎病毒	第三类	BSL-2	ABSL-2	BSL-2	BSL-1	UN3373	
47	日本脑炎病毒	第三类	BSL-2	ABSL-2	BSL-2	BSL-1	UN2814（仅培养物）	
48	猪繁殖与呼吸综合征病毒	第三类	BSL-2	ABSL-2	BSL-2	BSL-1	UN3373	
49	猪细小病毒	第三类	BSL-2	ABSL-2	BSL-2	BSL-1	UN3373	
50	猪圆环病毒	第三类	BSL-2	ABSL-2	BSL-2	BSL-1	UN3373	
51	猪流行性腹泻病毒	第三类	BSL-2	ABSL-2	BSL-2	BSL-1	UN3373	
52	猪传染性胃肠炎病毒	第三类	BSL-2	ABSL-2	BSL-2	BSL-1	UN3373	
53	猪丹毒杆菌	第三类	BSL-2	ABSL-2	BSL-1	BSL-1	UN3373	
54	猪支气管败血波氏杆菌	第三类	BSL-2	ABSL-2	BSL-1	BSL-1	UN3373	
55	猪胸膜肺炎放线杆菌	第三类	BSL-2	ABSL-2	BSL-1	BSL-1	UN3373	
56	副猪嗜血杆菌	第三类	BSL-2	ABSL-2	BSL-1	BSL-1	UN3373	
57	猪肺炎支原体	第三类	BSL-2	ABSL-2	BSL-1	BSL-1	UN3373	
58	猪密螺旋体	第三类	BSL-2	ABSL-2	BSL-1	BSL-1	UN3373	

（续）

序号	动物病原微生物名称	危害程度分类	实验活动所需实验室生物安全级别				f运输包装要求	备 注
			a病原分离培养	b动物感染实验	c未经培养的感染性材料实验	d灭活材料实验		
59	马传染性贫血病毒	第三类	BSL-2	ABSL-2	BSL-2	BSL-1	UN3373	
60	马动脉炎病毒	第三类	BSL-2	ABSL-2	BSL-2	BSL-1	UN3373	
61	马病毒性流产病毒	第三类	BSL-2	ABSL-2	BSL-2	BSL-1	UN3373	
62	马鼻炎病毒	第三类	BSL-2	ABSL-2	BSL-2	BSL-1	UN3373	
63	鼻疽假单胞菌	第三类	BSL-2	ABSL-2	BSL-2	BSL-1	UN2814（仅培养物）	
64	类鼻疽假单胞菌	第三类	BSL-2	ABSL-2	BSL-2	BSL-1	UN2814（仅培养物）	
65	假皮疽组织胞浆菌	第三类	BSL-2	ABSL-2	BSL-1	BSL-1	UN3373	
66	溃疡性淋巴管炎假结核棒状杆菌	第三类	BSL-2	ABSL-2	BSL-1	BSL-1	UN3373	
67	鸭瘟病毒	第三类	BSL-2	ABSL-2	BSL-2	BSL-1	UN3373	
68	鸭病毒性肝炎病毒	第三类	BSL-2	ABSL-2	BSL-2	BSL-1	UN3373	
69	小鹅瘟病毒	第三类	BSL-2	ABSL-2	BSL-2	BSL-1	UN3373	
70	鸡传染性法氏囊病病毒	第三类	BSL-2	ABSL-2	BSL-2	BSL-1	UN3373	
71	鸡马立克氏病病毒	第三类	BSL-2	ABSL-2	BSL-1	BSL-1	UN3373	
72	禽白血病/肉瘤病毒	第三类	BSL-2	ABSL-2	BSL-1	BSL-1	UN3373	
73	禽网状内皮组织增殖病病毒	第三类	BSL-2	ABSL-2	BSL-1	BSL-1	UN3373	

（续）

序号	动物病原微生物名称	危害程度分类	实验活动所需实验室生物安全级别				f 运输包装要求	备　注
			a 病原分离培养	b 动物感染实验	c 未经培养的感染性材料实验	d 灭活材料实验		
74	鸡传染性贫血病毒	第三类	BSL－2	ABSL－2	BSL－2	BSL－1	UN3373	
75	鸡传染性喉气管炎病毒	第三类	BSL－2	ABSL－2	BSL－2	BSL－1	UN3373	
76	鸡传染性支气管炎病毒	第三类	BSL－2	ABSL－2	BSL－2	BSL－1	UN3373	
77	鸡减蛋综合征病毒	第三类	BSL－2	ABSL－2	BSL－2	BSL－1	UN3373	
78	禽痘病毒	第三类	BSL－2	ABSL－2	BSL－1	BSL－1	UN3373	
79	鸡病毒性关节炎病毒	第三类	BSL－2	ABSL－2	BSL－2	BSL－1	UN3373	
80	禽传染性脑脊髓炎病毒	第三类	BSL－2	ABSL－2	BSL－2	BSL－1	UN3373	
81	副鸡嗜血杆菌	第三类	BSL－2	ABSL－2	BSL－1	BSL－1	UN3373	
82	鸡毒支原体	第三类	BSL－2	ABSL－2	BSL－1	BSL－1	UN3373	
83	鸡球虫	第三类	BSL－2	ABSL－2	BSL－1	BSL－1	UN3373	
84	兔黏液瘤病病毒	第三类	BSL－2	ABSL－2	BSL－2	BSL－1	UN3373	
85	野兔热土拉杆菌	第三类	BSL－2	ABSL－2	BSL－2	BSL－1	UN3373	
86	兔支气管败血波氏杆菌	第三类	BSL－2	ABSL－2	BSL－1	BSL－1	UN3373	
87	兔球虫	第三类	BSL－2	ABSL－2	BSL－1	BSL－1	UN3373	
水生动物病原微生物								
88	流行性造血器官坏死病毒	第三类	BSL－2	ABSL－2	BSL－1	BSL－1	UN3373	

（续）

序号	动物病原微生物名称	危害程度分类	实验活动所需实验室生物安全级别				f 运输包装要求	备 注
			a 病原分离培养	b 动物感染实验	c 未经培养的感染性材料实验	d 灭活材料实验		
89	传染性造血器官坏死病毒	第三类	BSL-2	ABSL-2	BSL-1	BSL-1	UN3373	
90	马苏大麻哈鱼病毒	第三类	BSL-2	ABSL-2	BSL-1	BSL-1	UN3373	
91	病毒性出血性败血症病毒	第三类	BSL-2	ABSL-2	BSL-1	BSL-1	UN3373	
92	锦鲤疱疹病毒	第三类	BSL-2	ABSL-2	BSL-1	BSL-1	UN3373	
93	斑点叉尾鮰病毒	第三类	BSL-2	ABSL-2	BSL-1	BSL-1	UN3373	
94	病毒性脑病和视网膜病毒	第三类	BSL-2	ABSL-2	BSL-1	BSL-1	UN3373	
95	传染性胰脏坏死病毒	第三类	BSL-2	ABSL-2	BSL-1	BSL-1	UN3373	
96	真鲷虹彩病毒	第三类	BSL-2	ABSL-2	BSL-1	BSL-1	UN3373	
97	白鲟虹彩病毒	第三类	BSL-2	ABSL-2	BSL-1	BSL-1	UN3373	
98	中肠腺坏死杆状病毒	第三类	BSL-2	ABSL-2	BSL-1	BSL-1	UN3373	
99	传染性皮下和造血器官坏死病毒	第三类	BSL-2	ABSL-2	BSL-1	BSL-1	UN3373	
100	核多角体杆状病毒	第三类	BSL-2	ABSL-2	BSL-1	BSL-1	UN3373	
101	虾产卵死亡综合征病毒	第三类	BSL-2	ABSL-2	BSL-1	BSL-1	UN3373	
102	鳖鳃腺炎病毒	第三类	BSL-2	ABSL-2	BSL-1	BSL-1	UN3373	
103	Taura 综合征病毒	第三类	BSL-2	ABSL-2	BSL-1	BSL-1	UN3373	
104	对虾白斑综合征病毒	第三类	BSL-2	ABSL-2	BSL-1	BSL-1	UN3373	

（续）

序号	动物病原微生物名称	危害程度分类	实验活动所需实验室生物安全级别				f运输包装要求	备注
			a病原分离培养	b动物感染实验	c未经培养的感染性材料实验	d灭活材料实验		
105	黄头病病毒	第三类	BSL-2	ABSL-2	BSL-1	BSL-1	UN3373	
106	草鱼出血病毒	第三类	BSL-2	ABSL-2	BSL-1	BSL-1	UN3373	
107	鲤春病毒血症病毒	第三类	BSL-2	ABSL-2	BSL-1	BSL-1	UN3373	
108	鲍球形病毒	第三类	BSL-2	ABSL-2	BSL-1	BSL-1	UN3373	
109	鲑鱼传染性贫血病毒	第三类	BSL-2	ABSL-2	BSL-1	BSL-1	UN3373	
蜜蜂病病原微生物								
110	美洲幼虫腐臭病幼虫杆菌	第三类	BSL-2	ABSL-2	BSL-1	BSL-1	UN3373	
111	欧洲幼虫腐臭病蜂房蜜蜂球菌	第三类	BSL-2	ABSL-2	BSL-1	BSL-1	UN3373	
112	白垩病蜂球囊菌	第三类	BSL-2	ABSL-2	BSL-1	BSL-1	UN3373	
113	蜜蜂微孢子虫	第三类	BSL-2	ABSL-2	BSL-1	BSL-1	UN3373	
114	跗腺螨	第三类	BSL-2	ABSL-2	BSL-1	BSL-1	UN3373	
115	雅氏大蜂螨	第三类	BSL-2	ABSL-2	BSL-1	BSL-1	UN3373	
其他动物病原微生物								
116	犬瘟热病毒	第三类	BSL-2	ABSL-2	BSL-2	BSL-1	UN3373	
117	犬细小病毒	第三类	BSL-2	ABSL-2	BSL-2	BSL-1	UN3373	
118	犬腺病毒	第三类	BSL-2	ABSL-2	BSL-2	BSL-1	UN3373	
119	犬冠状病毒	第三类	BSL-2	ABSL-2	BSL-2	BSL-1	UN3373	
120	犬副流感病毒	第三类	BSL-2	ABSL-2	BSL-2	BSL-1	UN3373	
121	猫泛白细胞减少综合征病毒	第三类	BSL-2	ABSL-2	BSL-2	BSL-1	UN3373	

（续）

序号	动物病原微生物名称	危害程度分类	实验活动所需实验室生物安全级别				f运输包装要求	备 注
			a病原分离培养	b动物感染实验	c未经培养的感染性材料实验	d灭活材料实验		
122	水貂阿留申病病毒	第三类	BSL－2	ABSL－2	BSL－2	BSL－1	UN3373	
123	水貂病毒性肠炎病毒	第三类	BSL－2	ABSL－2	BSL－2	BSL－1	UN3373	
124	第四类动物病原微生物		BSL－1	BSL－1	BSL－1	BSL－1	UN3373	

注：

　　a. 病原分离培养：是指实验材料中未知病原微生物的选择性培养增殖，以及用培养物进行的相关实验活动。

　　b. 动物感染实验：是指用活的病原微生物或感染性材料感染动物的实验活动。

　　c. 未经培养的感染性材料的实验：是指用未经培养增殖的感染性材料进行的抗原检测、核酸检测、血清学检测和理化分析等实验活动。

　　d. 灭活材料的实验：是指活的病原微生物或感染性材料在采用可靠的方法灭活后进行的病原微生物的抗原检测、核酸检测、血清学检测和理化分析等实验活动。

　　f. 运输包装分类：通过民航运输动物病原微生物和病料的，按国际民航组织文件 Doc9284《危险品航空安全运输技术细则》要求分类包装，联合国编号分别为 UN2814、UN2900 和 UN3373。若表中未注明"仅培养物"，则包括涉及该病原的所有材料；对于注明"仅培养物"的感染性物质，则病原培养物按表中规定的要求包装，其他标本按 UN3373 要求进行包装；未确诊的动物病料按 UN3373 要求进行包装。通过其他交通工具运输的动物病原微生物和病料的，按照《高致病性病原微生物菌（毒）种或者样本运输包装规范》（农业部公告第 503 号）进行包装。

　　兽医实验室分两类，一类是生物安全实验室，一类是动物生物安全实验室。这两类实验室，根据所用病原微生物的危害程度、对人和动物的易感性、气溶胶传播的可能性、预防和治疗的可行性等因素，其实验室生物安全水平各分为四级，一级最低，四级最高。

一、生物安全实验室

　　生物安全实验室分为一级生物安全实验室、二级生物安全实验室、三级生物安全实验室和四级生物安全实验室。

（一）一级生物安全实验室生物安全及相关病原微生物操作

一级生物安全实验室指按照 BSL－1 标准建造的实验室，也称基础生物实验室。在建筑物中，实验室无需与一般区域隔离。适用于操作特性明确、一般不会引起健康成年人或动物致病的细菌、真菌、病毒等生物因子，如芽孢杆菌、酵母菌、表皮葡萄球菌、犬肝炎病毒等。只需要开放式工作台面，实验室人员需经一般生物专业训练，掌握良好的微生物操作技术。对 BSL－1 实验室而言，为确保生物安全，通常实验室研究工作一般在桌面上进行，采用微生物的常规操作。工作时操作人员应穿着实验室专用长工作服，戴乳胶手套，必要时可佩戴防护眼镜或面罩。工作台面至少每天消毒一次，并且在工作区内不准吃、喝、抽烟、用手接触隐形眼镜、存放个人物品（化妆品、食品等）。严禁用嘴吸取试验液体，应该使用专用的移液管。防止皮肤损伤。另外，所有操作均需小心，避免外溢和气溶胶的产生。所有废弃物在处理之前用公认有效的方法灭菌消毒。从实验室拿出消毒后的废弃物应放在一个牢固不漏的容器内，并按照国家或地方法规进行处理。只有这样严格按照标准的操作要求进行，才能有效确保一级生物安全实验室的生物安全水平。

（二）二级生物安全实验室生物安全及相关病原微生物操作

二级生物安全实验室指按照 BSL－2 标准建造的实验室，也称为基础生物实验室。BSL－2 实验室适用于操作涉及可能引起人或动物发病，但一般情况下对健康工作者、群体、畜禽或者环境，不会引起严重威害的生物因子，如乙型肝炎病毒、丝虫、附红细胞体等。实验室感染不会导致严重疾病，具有良好的治疗和预防措施，并且传播风险有限。除了开放式工作台面外，还应该配置生物安全柜。实验室应有生物危害标记，操作人员需经一般生物专业训练。BSL－2 实验室微生物操作、特殊操作要求如下：

1. 微生物操作

（1）在实验室内工作，操作人员必须穿防护工作服。离开实验室到非工作区（如餐厅、图书室和办公室）之前要脱掉工作服。所有工作服或在实验室处理或由洗衣房清洗，不准带回家。

（2）工作一般在桌面上进行，采用微生物的常规操作和特殊操作。

（3）工作区内禁止吃、喝、抽烟、用手接触隐形眼镜和使用化妆品。食物贮藏在专门设计的工作区外的柜内或冰箱内。

（4）使用移液管吸取液体，禁止用嘴吸取。

（5）可能接触传染性材料和接触污染表面时要戴乳胶手套。完成传染性材料工作之后需经过消毒处理，方可脱掉手套。待处理的手套不能接触清洁表面（微机键盘、电话等），不能丢弃至实验室外面。脱掉手套后要洗手。如果手套破损，先消毒后脱掉。

（6）制定对利器的安全操作对策和应急预案。

（7）所有操作均须小心，以减少实验材料外溢、飞溅、产生气溶胶。

（8）每天完成实验后对工作台面进行消毒。实验材料溅出时，要用有效的消毒剂消毒。

（9）所有培养物和废弃物在处理前都要用高压蒸汽灭菌器消毒。消毒后的物品要放入牢固不漏的容器内，按照国家法规进行包装，密闭传出处理。

（10）妥善保管菌、毒种，使用要经负责人批准并登记使用量。

2. 特殊操作

（1）操作传染性材料的人员，由负责人指定。一般情况下受感染概率增加或受感染后后果严重的人不允许进入实验室。例如，免疫功能低下或缺陷的人受感染危险增加。

（2）负责人要告知工作人员工作中的潜在危险和所需的防护措施（如免疫接种），否则不能进入实验室工作。

（3）操作病原微生物期间，在实验室入口必须标记生物危险信号，其内容包括微生物种类、生物安全水平、是否需要免疫接种、研究者的姓名和电话号码、进入人员必须佩戴防护器具、遵守退出实验室的程序。

（4）实验室人员需操作某些人畜共患病病原体时，应接受相应的疫苗免疫或检测试验（如狂犬病疫苗接种或 TB 皮肤试验）。

（5）应收集和保存实验室人员和其他受威胁人的基础血清，进行实验病原微生物抗体水平的测定，以后定期或不定期收取血清样本进行监测。

（6）实验室负责人应制定具体的生物安全规则和标准操作程序，或制定实验室特殊的安全手册。

（7）实验室负责人对实验人员和辅助人员要进行针对性的生物危害防护的专业训练，定期培训。必须学会防止微生物暴露、评价暴露危害的方法。

（8）必须高度重视污染利器包括针头、注射器、玻璃片、吸管、毛细管和手术刀的安全对策。

（9）培养物、组织或体液标本的收集、处理、加工、储存、运输，应放在防漏的容器内进行。

（10）操作传染性材料后，应对使用的仪器表面和工作台面进行有效的消毒，特别是发生传染性材料外溢、溅出或其他污染时更要严格消毒。污染的仪器在送出检修、打包、运输之前都要消毒。

（11）发生传染性材料溅出或其他事故，要立即报告负责人，负责人要进行恰当的危害评价、监督、处理，并记录存档。

（12）非本实验所需动物不允许进入实验室。

（13）能产生传染物外溢、溅出和气溶胶的操作，包括离心、研磨、搅拌、强力震荡混合、超声波破碎、打开装有传染性材料的容器、动物鼻腔注射、收取感染动物和孵化卵的组织等，都要使用Ⅱ级生物安全柜和物理防护设备。

（14）离心高浓度和大容量的传染性材料时，如果使用密闭转头、带有安全帽的离心机可在开放的实验室内进行，否则只能在生物安全柜内进行。

（15）当操作（微生物）不得不在安全柜外面进行时，应采取严格的面部安全防护措施（护目镜、口罩、面罩或其他设施），并防止气溶胶发生。

（三）三级生物安全实验室生物安全及相关病原微生物操作

三级生物安全实验室指按照 BSL-3 标准建造的实验室，也称为生物安全实验室。实验室需与建筑物中的一般区域隔离。BSL-3 实验室适用于操作能引起人或动物严重疾病，或造成严重经济损失，但通常不能因偶然接触而在个体间传播或能用抗生素、抗寄生虫药物治疗的生物因子，如高致病性禽流感病毒、口蹄疫病毒、牛传染性胸膜肺炎放线杆菌等。BSL-3 实验室微生物操作、特殊操作要求如下：

1. 标准操作

（1）实验室内，工作人员要穿防护性实验服，如长服装、短套装，或有护胸的工作服装。消毒后清洗，如有明显的污染应及时换掉，作为污弃物处理。在实验室外面不能穿工作服。

（2）在操作传染性材料、感染动物和污染的仪器时必须戴手套，戴双层为好，必要时再戴上不易损坏的防护手套。更换手套前，戴在手上消毒冲洗，一次性手套不得重复使用。

（3）感染性材料的操作，如感染动物的解剖、组织培养、鸡胚接种、动物体液的收取等，都应在Ⅱ级以上生物安全柜内进行。离心、粉碎、搅拌等不能在Ⅱ级生物安全柜内进行的工作，可在较大或特制的Ⅰ级生物安全柜内进行。

（4）当操作不能在生物安全柜内进行时，个人防护（Ⅲ级以上类似防护设备的具体要求）和其他物理防护设备（离心机安全帽或密封离心机转头）并用。

（5）完成传染性材料操作后，对手套进行消毒、冲洗。离开实验室之前，脱掉手套并洗手。

（6）在实验室内禁止吃、喝、抽烟，不准触摸隐形眼镜和使用化妆品。戴隐形眼镜的人也要佩戴防护镜或面罩。食物只能存放在工作区以外的地方。

（7）禁止用嘴吸取试验液体，要使用专用的移液管。

（8）一切操作均要小心，以减少和避免产生气溶胶。

（9）实验室至少每天清洁一次，工作后随时消毒工作台面，传染性材料外溢、溅出污染时要立即消毒处理。

（10）所有培养物、储存物和其他日常废弃物在处理之前都要用高压灭菌器进行有效地灭菌处理。需要在实验室外面处理的材料，要装入牢固不漏的容器内，加盖密封后传出实验室。实验室的废弃物在送到处理地点之前应消毒、包装，避免污染环境。

（11）对 BSL－3 实验室内操作的菌、毒种必须由两人保管，保存在安全可靠的设施内，使用前应办理批准手续，说明使用剂量，并详细登记，两人同时到场方能取出。试验要有详细使用和销毁记录。

2. 特殊操作

（1）**制定安全细则** 实验室负责人要根据实际情况制定本实验室特殊而全面的生物安全规则和具体的操作规程，并报请生物安全委员会批准。工作人员必须了解细则，认真贯彻执行。

（2）**张贴生物危害标志** 要在实验室入口的门上标记国际通用生物危害标志。实验室门口标记实验微生物种类、实验室负责人的名单和电话号码，指明进入本实验室的特殊要求，诸如需要免疫接种、佩戴防护面具或其他个人防护器具等。

实验室使用期间，谢绝无关人员参观。如参观必须经过批准并在个体条件和防护达到要求时方能进入。

（3）**生物危害警告**　实验过程中实验室或物理防护设备里放有传染性材料或感染动物时，实验室的门必须保持紧闭，无关人员一律不得进入。门口要示以危害警告标志，如挂红牌或文字说明实验的状态，禁止进入或靠近。

（4）**进入实验室的条件**　实验室负责人要指定、控制或禁止进入实验室的实验人员和辅助人员。未成年人不允许进入实验室。受感染概率增加或感染后果严重的实验室工作人员不允许进入实验室。只有了解实验室潜在的生物危害和特殊要求并能遵守有关规定合乎条件的人才能进入实验室。与工作无关的动植物和其他物品不允许带入实验室。

（5）**工作人员的培训**　一是对实验室工作人员和辅助人员要进行与工作有关的定期和不定期的生物安全防护专业培训。实验人员需经专门生物专业训练和生物安全训练，并由有经验的专家指导，或在生物安全委员会指导监督下工作；二是必须学会气溶胶暴露危害的评价和预防方法。在 BSL‑3 实验室做传染性工作之前，实验室负责人要保证和证明，所有工作人员熟练掌握了微生物标准操作和特殊操作，熟练掌握本实验室设备、设施的特殊操作技术，包括操作致病因子和细胞培养的技能等。

（6）**避免气溶胶暴露**　一切传染性材料的操作不可直接暴露于空气之中，不能在开放的台面上和开放的容器内进行，都应在生物安全柜内或其他物理防护设备内进行；需要保护人体和样品的操作可在室内排放式 2A 型生物安全柜内进行；只保护人体、不保护样品的操作可在Ⅰ级生物安全柜内进行；如果操作放射性或化学性有害物，应在 2B2 型生物安全柜；严禁使用超净工作台。

（7）**避免利器的感染**　对可能污染的利器，包括针头、注射器、刀片、玻璃片、吸管、毛细吸管和解剖刀等，必须经常采取高度有效的防范措施，必须预防经皮肤的实验室感染；在 BSL‑3 实验室工作，尽量不使用针头、注射器和其他锐利的器件。只有在必要时，如实质器官的注射、静脉切开、从动物体内和瓶子（密封胶盖）里吸取液体时才能使用，尽量用塑料制品代替玻璃制品；在注射和抽取传染性材料时，使用一次性注射器（针头与注射器一体的）。使用过的针头在消毒之前避免不必要的操作，如不可折弯、折断、破损，不要用手直接盖上原来的针头帽；要小心地把它放在固定、方便且不会刺破的处理利器的容器里，然后进行高压消毒灭菌；破损的玻璃不能用手直接操作，必须用机械的方法清除，如刷子、夹子和镊子等。

（8）**污染的清除和消毒**　传染性材料操作完成之后，实验室设备和工作台面应用有效的消毒剂进行常规消毒，特别是传染性材料溢出、溅出或其他污染，更要及时消毒；溅出的传染性材料的消毒、消除由适合的专业人员进行，或由其他经过训练和有使用高浓度传染物工作经验的人处理；一切废弃物处理之前都要高压灭菌，一切潜在的实验室污物（如手套、工作服等）均需在处理或丢弃之前消毒；需要修理、维护的仪器，在包装、运输之前要进行消毒。

（9）**感染性样品的储藏、运输**　一切感染性样品如培养物、组织材料和体液样品等在储藏、搬动、运输过程中都要放在不泄漏的容器内，容器外表面要彻底消毒，包装要有明显、牢固的标记。

（10）**病原体痕迹的监测**　采集所有实验室工作人员和其他有关人员的本底血清样品，进行病原体痕迹跟踪检测；依据被操作病原体和设施功能情况或实际中发生的事件，定期、不定期采集血清样本，进行特异性检测。

（11）**医疗监督与保健**　对 BSL-3 实验室工作者进行医疗监督和保健。操作病原体的工作人员要接受相应的试验或免疫接种（如狂犬病疫苗接种，TB 皮肤试验）。

（12）**暴露事故的处理**　当生物安全柜或实验室出现持续正压时，室内人员应立即停止操作并戴上防护面具，采取措施恢复负压。如不能及时恢复和保持负压，应停止试验，及早按规程退出；发生此类事故或具有传染性暴露潜在危险的其他事故和污染时，当事者除了采取紧急措施外，应立即向实验室负责人报告，听候指示，同时报告国家兽医实验室生物安全管理委员会。负责人和当事人应对事故进行紧急科学、合理地处理。事后，当事人和负责人应提供切合实际的医学危害评价，进行医疗监督和预防治疗；实验室负责人对事件的过程要予以调查和公布，写出书面报告呈报国家兽医实验室生物安全管理委员会，同时抄报实验室安全委员会并保留备份。

（四）四级生物安全实验室生物安全及相关病原微生物操作

四级生物安全实验室指按照 BSL-4 标准建造的实验室，也称为高度生物安全实验室。实验室为独立的建筑物，或在建筑物内与一切其他区域相隔离的可控制的区域。为防止微生物传播和污染环境，BSL-4 实验室必须实施特殊的设计和工艺。BSL-4 实验室有两种类型：①安全柜型，即所有病原微生物的操作均在Ⅲ级生物安全柜内或隔离器进行；②防护服型，即工作人员穿正压防护服工作，操作可在Ⅱ级生物安全柜内进行。也可以在同一设施内穿正压防护服，并使用Ⅲ级生物安全柜。BSL-4实验室具体的标准微生物操作、特殊操作要求如下：

1. 标准操作

（1）限制进入实验室的人员数量。

（2）制定安全操作利器的规程。

（3）减少或避免气溶胶发生。

（4）工作台面每天至少消毒一次，任何溅出物都要及时消毒。

（5）一切废弃物在处理前要高压灭菌。

（6）严格控制菌、毒种。

2. 特殊操作

（1）**人员进入控制** 只有工作需要的人员和设备运转需要的人员经过系统的生物安全培训，并经过批准后方能进入实验室。负责人或监督人有责任慎重处理每一种情况，确定进入实验室工作的人员。采用门禁系统限制人员进入。进入人员由实验室负责人、安全控制员管理。人员进入前要告知他们潜在的生物危险，教会他们使用安全装置。工作人员要遵守实验室进出程序。制定应对紧急事件切实可行的对策和预案。

（2）**危害警告** 当实验室内有传染性材料或感染动物时，在所有的入口门上展示危险标志和普遍防御信号，说明微生物的种类、实验室负责人和其他责任人的姓名和进入此区域特殊的要求。

（3）**负责人职责** 实验室负责人有责任保证，在BSL-4实验室内工作之前，所有工作人员已经高度熟练掌握标准微生物操作技术、特殊操作和设施运转的特殊技能。这包括实验室负责人和具有丰富的安全微生物操作和工作经验专家培训时所提供的内容和安全委员会的要求。

（4）**免疫接种** 工作人员要接受试验病原体或实验室内潜在病原微生物的免疫注射。

（5）**血清学监督** 对实验室所有工作人员和其他有感染危险的人员采集本底血清并保存，再根据操作情况和实验室功能不定期血样采集。进行血清学监督。注意致病微生物抗体评价方法的适用性。项目进行中，要保证每个阶段血清样本的检测，并把结果通知本人。

（6）**制定生物安全手册** 告知工作人员特殊的生物危险，要求他们认真阅读并在实际工作当中严格执行。

（7）**技术培训** 工作人员必须经过操作最危险病原微生物的全面培训，

建立普遍防御意识，学会对暴露危害的评价方法，学习物理防护设备和设施的设计原理和特点。每年训练一次，规程一旦修改要增加训练次数。由对这些病原微生物工作受过严格训练和具有丰富工作经验的专家或安全委员会指导、监督进行工作。

（8）**紧急通道标识** 只有在紧急情况下才能经过气锁门进出实验室。实验室内要有紧急通道的明显标识。

（9）在安全柜型实验室中，工作人员在外更衣室脱下衣服并保存，穿上全套的实验服装（包括外衣、裤子、内衣或者连衣裤、鞋、手套）后进入。在离开实验室进入淋浴间之前，在内更衣室脱下实验服装。服装洗前应高压灭菌。在防护服型实验室中，工作人员必须穿正压防护服方可进入。离开时，必须进入消毒淋浴间消毒。

（10）实验材料和用品要通过双扉高压灭菌器、熏蒸消毒室或传递窗送入，每次使用前后对这些传递室进行适当消毒；对利器，包括针头、注射器、玻璃片、吸管、毛细管和解剖刀，必须采取高度有效的防范措施；尽量不使用针头、注射器和其他锐利的器具。只有在必要时，如实质器官的注射、静脉切开、从动物体内和瓶子里吸取液体时才能使用，尽量用塑料制品代替玻璃制品。

（11）在注射和抽取传染性材料时，只能使用锁定针头或一次性的注射器（针头与注射器一体的）。使用过的针头在处理之前，不能折弯、折断、破损，要精心操作，不要盖上原来的针头帽；放在固定、方便且不会刺破的用于处理利器的容器里。不能处理的利器，必须放在器壁坚硬的容器内，运输到消毒区，高压消毒灭菌；可以使用套管针管和套管针头、无针头注射器和其他安全器具；破损的玻璃不能用手直接操作，必须用机械的方法清除，如刷子、簸箕、夹子和镊子。污染针头、锐利器具、碎玻璃等，在处理前一律消毒，消毒后处理按照国家或地方的有关规定实施。

（12）从 BSL-4 拿出活的或原封不动的材料时，先将其放在坚固密封的一级容器内，再密封在不能破损的二级容器里，经过消毒剂浸泡或消毒熏蒸后通过专用气闸取出；除活体或原封不动的生物材料以外的物品，除非经过消毒灭菌，否则不能从 BSL-4 拿出。不耐高热和蒸汽的器具物品可在专用消毒通道或小室内用熏蒸消毒；完成传染性材料工作之后，特别是有传染性材料溢出、溅出或污染时，都要严格彻底地灭菌。实验室内仪器要进行常规消毒；传染性材料溅出的消毒清洁工作，由适宜的专业人员进行。并将事故的经过在实验室内公示。

（13）建立报告实验室暴露事故、雇员缺勤制度和动物实验室有关潜在疾病的医疗监督系统，以便对与实验室潜在危险相关的疾病进行医学监督。对该系统要建造一个病房或观察室，以便需要时，检疫、隔离、治疗与实验室相关的病人。与实验无关的物品（植物、动物和衣物）不允许带入实验室。

二、动物生物安全实验室

动物生物安全实验室分 4 级，分别为一级动物生物安全实验室、二级动物生物安全实验室、三级动物生物安全实验室和四级动物生物安全实验室。

（一）一级动物生物安全实验室生物安全及操作要求

一级动物生物安全实验室指按照 ABSL - 1 标准建造的实验室，也称动物实验基础实验室。工作人员在实验室内应穿实验室工作服。与非人灵长类动物接触时，应考虑其黏膜暴露对人的感染危险，要戴保护眼镜和面部防护器具。不要使用净化工作台，需要时使用Ⅰ级或 2A 型生物安全柜。标准操作为：

（1）动物实验室工作人员需经专业培训才能进入实验室。人员进入前，要熟知工作中潜在的危险，并由熟练的安全员指导。

（2）动物实验室要有适当的医疗监督措施。

（3）制定安全手册，工作人员要认真贯彻执行，知悉特殊危险。

（4）在动物实验室内不允许吃、喝、抽烟、处理隐形眼镜、使用化妆品、储藏食品等。

（5）所有实验操作过程均须十分小心，以减少气溶胶的产生和外溢。

（6）实验中，发生病原微生物意外溢出及其他污染时，要及时消毒处理。

（7）从动物室取出的所有废弃物，包括动物组织、尸体、垫料，都要放入防漏带盖的容器内，并焚烧或做其他无害化处理，焚烧要合乎环保要求。

（8）对锋利物要制定安全对策。

（9）工作人员在操作培养物和动物以后要洗手消毒，离开动物设施之前脱去手套、洗手。

（10）在动物实验室入口处都要设置生物安全标志，写明病原体名称、动物实验室负责人姓名及其电话号码，指出进入本动物实验室的特殊要求（如需要免疫接种和呼吸道防护）。

（二）二级动物生物安全实验室生物安全及操作要求

二级动物生物安全实验室指按照 ABSL－2 标准建造的动物实验室。在动物室内工作人员穿工作服。在离开动物实验室时脱去工作服。在操作感染动物和传染性材料时要戴手套。在评价认定危害的基础上，使用个人防护器具。在室内有传染性非人灵长类动物时，要戴防护面罩。进行容易产生高危险气溶胶的操作时，包括对感染动物尸体、鸡胚、体液的收集和动物鼻腔接种，都要同时使用生物安全柜或其他物理防护设备和个人防护器具（如口罩和面罩）。必要时，把感染动物饲养在与其动物种类相宜的一级生物安全设施里。建议鼠类实验使用带过滤帽的动物笼具。ABSL－2 实验室标准操作和特殊操作要求如下：

1. 标准操作

（1）除了制定紧急情况下的标准安全对策、操作程序和规章制度外，还应依据实际需要制定特殊的对策。把特殊危险告知每位工作人员，要求他们认真贯彻执行安全规程。

（2）尽可能减少非熟练的新成员进入动物室。为了工作或服务必须进入者，要告知其工作潜在的危险。

（3）对动物实验室工作人员应有合适的医疗监督，根据试验微生物或潜在微生物的危害程度，决定是否对实验人员进行免疫接种或检验（如狂犬病疫苗接种或 TB 皮肤试验）。如有必要，应该实施血清学监测。

（4）在动物室内不允许吃、喝、抽烟、处理隐形眼镜、使用化妆品、储藏个人食品。

（5）所有实验操作过程均须十分小心，以减少气溶胶的产生和防止外溢。

（6）操作传染性材料以后，所有设备表面和工作表面用有效的消毒剂进行常规消毒，特别是有感染因子外溢和其他污染时更要严格消毒。

（7）所有样品收集放在密闭的容器内并贴标签，避免外漏。所有动物室的废弃物（包括动物尸体、组织、污染的垫料、剩下的饲料、锐利物和其他垃圾）应放入密闭的容器内，高压蒸汽灭菌，然后建议焚烧。焚烧地点应是远离城市、人员稀少、易于空气扩散的地方。

（8）工作人员操作培养物和动物以后要洗手，离开设施之前脱掉手套并洗手。

（9）当动物室内操作病原微生物时，在入口处必须有生物危害的标志。危害标志应说明使用感染病原微生物的种类、负责人的姓名和电话号码。特别要指出对进入动物室人员的特殊要求（如免疫接种和戴面罩）。

（10）严格执行菌（毒）种保管制度。

2. 特殊操作

（1）对动物管理人员和试验人员应进行与工作有关的专业技术培训，必须避免微生物暴露，了解评价暴露的方法。每年定期培训，保存培训记录，当安全规程和方法变化时要进行培训。一般来讲，感染危险可能性增加的人和感染后果可能严重的人不允许进入动物设施，除非有办法除去这种危险。

（2）只允许用做实验的动物进入动物实验室。

（3）所有设备拿出动物室之前必须消毒。

（4）造成明显病原微生物暴露的实验材料外溢事故，必须立刻妥善处理并向设施负责人报告，及时进行医学评价、监督和治疗，并保留记录。

（三）三级动物生物安全实验室生物安全及操作要求

三级动物生物安全实验室指按照 ABSL－3 标准建造的实验室，适合于操作具有气溶胶传播潜在危害和引起致死性疾病的微生物感染动物的工作。其工作人员应在危害评估确认的基础上使用个人防护器具，操作传染性材料和感染动物都要使用个体防护器具。工作人员进入动物实验室前要按规定穿戴工作服，再穿特殊防护服。不得穿前开口的工作服。离开动物室前必须脱掉工作服，并进行适当的包装，消毒后清洗。

1. 标准操作

（1）操作感染动物时要戴手套，实验后以正确方式脱掉，在处理之前和动物实验室其他废弃物一同高压灭菌。

（2）将感染动物饲养放在Ⅱ级生物安全设备中（如负压隔离器）。

（3）操作具有产生气溶胶危害的感染动物的尸体和鸡胚、收取组织和体液、动物鼻腔接种时，应该使用Ⅱ级以上生物安全柜，戴口罩或面具。

（4）制定安全手册或手册草案。除了制定紧急情况下的标准安全对策、操作程序和规章制度外，还应根据实际需要制定特殊适用的对策。

（5）限制对工作不熟悉的人员进入动物室。为了工作或服务必须进入者，要告知他们工作中潜在的危险。

（6）对动物室工作者应有合适的医疗监督，根据试验微生物或潜在微生物的危害程度，决定是否对实验人员进行免疫接种或检验（如狂犬病疫苗接种和 TB 皮肤试验）。如有必要，应该实施血清学监测。

（7）不允许在动物室内吃、喝、抽烟、处理隐形眼镜、使用化妆品、储藏人的食品。

（8）所有实验操作过程均须十分小心，以减少气溶胶的产生和防止外溢。

（9）操作传染性材料以后所有设备表面和工作台面用适当的消毒剂进行常规消毒，特别是有传染性材料外溢和其他污染时更要严格消毒。

（10）所有动物室的废弃物（包括动物组织、尸体、污染的垫料、动物饲料、锐利物和其他垃圾）放入密闭的容器内并加盖，容器外表面消毒后进行高压蒸汽灭菌，然后建议焚烧。焚烧要合乎环保要求。

（11）对锐利物进行安全操作。

（12）工作人员操作培养物和动物以后要洗手，离开设施之前脱掉手套、洗手。

（13）动物室的入口处必须有生物危害的标志。危害标志应说明使用病原微生物的种类、负责人的姓名和电话号码，特别要指出对进入动物室人员的特殊要求（如免疫接种和戴面罩）。

（14）所有收集的样品应贴上标签，放在能防止微生物传播的传递容器内。

（15）实验和实验辅助人员要经过与工作有关的潜在危害防护的针对性培训。

（16）建立评估暴露的方法，避免暴露。

（17）对工作人员进行专业培训，所有培训记录要归档。

（18）严格执行菌（毒）种保管和使用制度。

2. 特殊操作

（1）用过的动物笼具清洗、拿出之前，要高压蒸汽灭菌或用其他方法消毒。设施内仪器设备拿出检修、打包之前必须消毒。

（2）实验材料发生了外溢，要消毒、打扫干净。如果发生传染性材料的暴露，必须立刻向设施负责人报告，同时报国家兽医实验室生物安全管理委员会，最后的处理评估报告，也要及时报国家兽医实验室生物安全管理委员会，同时报实验室生物安全委员会负责人。及时提供正确医疗评价、医疗监督和处理措施，并保存记录。

（3）所有的动物室内废弃物在焚烧或进行其他最终处理之前必须高压灭菌。

（4）与实验无关的物品和生物体不允许带入动物实验室。

（四）四级动物生物安全实验室生物安全及操作要求

四级动物生物安全实验室指按照 ABSL-4 标准建造的实验室，适用于本国和外来的、通过气溶胶传播或不知其传播途径的、引起致死性疾病的高度危害病原体的操作。必须使用Ⅲ级生物安全柜系列的特殊操作和正压防护服的操作。在安全柜型实验室中，感染动物均在Ⅲ级生物安全设备中（如手套箱型隔离器）饲养，所有操作均在Ⅲ级生物安全柜内进行，并配备相应传递和消毒设施。在防护服型实验室中，工作人员必须穿正压防护服方可进入。感染动物可饲养在局部物理防护系统中（如把开放的笼子放在负压层流柜或负压隔离器中），操作可在Ⅱ级生物安全柜内进行。重复使用的物品，包括动物笼在拿出设施前必须消毒。废弃物拿出设施之前必须高压消毒，然后焚烧。焚烧应符合环保要求。

1. 标准操作

（1）应该制定特殊的生物安全手册或措施。除了制定紧急情况下的对策、程序和草案外，还要制定适当的针对性对策。

（2）未经培训的人员不得进入动物实验室。因工作或实验必须进入者，应对其说明工作的潜在危害。

（3）对所有进入 ABSL-4 的人必须进行医疗监督，监督项目必须包括适当免疫接种、血清收集及暴露危险等有效性协议和潜在危害预防措施。一般而言，感染危险性增加者或感染后果可能严重的人不允许进入动物设施，除非有特殊办法能避免额外危险。这应由专业保健医师作出评价。

（4）负责人要告知工作人员工作中特殊的危险，让他们熟读安全规程并遵照执行。

（5）设施内禁止吃、喝、抽烟、处理隐形眼镜、使用化妆品和储藏食品。

（6）所有操作均须小心，尽量减少气溶胶的产生和外溢。

（7）传染性工作完成之后，工作台面和仪器表面要用有效的消毒液进行常规消毒，特别是有传染性材料溢出和溅出或其他污染时更要严格消毒。

（8）外溢污染一旦发生，应由具有从事传染性实验工作训练和有经验的人处理。外溢事故明显造成传染性材料暴露时要立即向设施负责人报告，同时报国家兽医实验室生物安全管理委员会，最后的处理评估报告，也要及时报国家兽医实验室生物安全管理委员会，同时报实验室生物安全委员会负责人。及时提供正确医疗评价、医疗监督和处理措施，并保存记录。

（9）全部废弃物（含动物组织、尸体和污染垫料）、其他处理物和需要洗的衣服均需用安装在次级屏障墙壁上的双扉高压蒸汽灭菌器消毒。废弃物要焚烧。

（10）要制定使用利器的安全对策。

（11）传染性材料存在时，设施进口处标示生物安全符号，标明病原微生物的种类、实验室负责人的姓名和电话号码，说明对进入者的特殊要求（如免疫接种和呼吸道防护）。

（12）动物实验室工作人员要接受与工作有关的潜在危害的防护培训，懂得避免暴露的措施和暴露评估的方法。每年定期培训，操作程序发生变化时还要增加培训，所有培训都要记录、归档。

（13）动物笼具在清洗和拿出动物实验室之前，要进行高压灭菌或用其他可靠方法消毒。用传染性材料工作之后，对工作台面和仪器应用适当的消毒剂进行常规消毒。特别是传染材料外溅时更要严格消毒。仪器修理和维修拿出之前必须消毒。

（14）进行传染性实验必须指派 2 名以上的实验人员。在危害评估的基础上，使用能关紧的笼具，操作动物要对动物麻醉，或者用其他的方法，必须尽可能减少工作中感染因子的暴露。

（15）与实验无关的材料不许进入动物实验室。

（16）严格执行菌（毒）种保管和使用制度。

2. 特殊操作

（1）必须控制人员进入或靠近设施（24 小时监视和登记进出）。人员进出只能经过更衣室和淋浴间，每一次离开设施都要淋浴。除非紧急情况，不得经过气锁门离开设施。

（2）在安全柜型实验室中，工作人员在外更衣室脱下衣服并保存，穿上全套的实验服装（包括外衣、裤子、内衣或者连衣裤、鞋、手套）后进入。在离开实验室进入淋浴间之前，在内更衣室脱下实验服装。服装洗前应高压灭菌。在防护服型实验室中，工作人员必须穿正压防护服方可进入。离开时，必须进入消毒淋浴间消毒。

（3）进入设施的实验用品和材料要通过双扉高压锅或传递消毒室。高压灭菌器应双门互连锁，不排蒸汽，冷凝水自动回收灭菌，避免外门处于开启状态。

（4）建立事故、差错、暴露、雇员缺勤报告制度和动物实验室有关潜在疾病的医疗监督系统，这个系统要附加以潜在的和已知的与动物实验室有关疾病的检疫、隔离和医学治疗设施。

（5）定期收集血清样品进行检测并把结果通知本人。

第三节　动物实验生物安全

一、基本要求

1. 应熟悉动物实验室运行的一般规则，能正确操作和使用各种仪器设备。

2. 应了解操作对象的习性，并熟悉动物实验操作中可能产生的各种危害及预防措施。

3. 应熟悉动物实验操作中意外事件的应急处置方法。

4. 在开展相关工作之前，应制定全面、细致的标准操作规程。

5. 进行动物实验的所有操作人员应经过培训，考核合格，取得上岗证书。

6. 进入动物实验室人员应经过实验室负责人许可。

7. 严禁在动物实验室内饮食、吸烟、化妆和处理隐形眼镜等。

二、动物实验操作

（一）动物实验室的进出

1. 动物实验操作人员应先提出申请，并获得生物安全负责人批准。

2. 进入动物实验室的人员应准备好实验所需的全部材料，一次性全部带入或传入实验室内。如果遗忘物品，必须服从既定的传递程序。

3. 进入实验室的所有人员必须更换专门的实验防护服和鞋。

4. 出动物实验室时，根据不同级别实验室要求，按照出实验室程序依次离开实验室。

（二）动物实验室内操作

1. 对有特殊危害的动物房必须在入口处加以标识。

2. 动物实验室门在饲养动物期间应保持关闭状态。

3. 在处理完感染性实验材料、动物及其他有害物质后，以及在离开实验室工作区域前，都必须洗手。

4. 操作时必须细心，以减少气溶胶的产生及粉尘从笼具、废料和动物身上散播出来。

5. 应防止意外自我接种事件的发生。

6. 对实验动物应当采取适当的限制手段，避免对实验人员造成伤害。

7. 搬运动物时，应关闭所有处理室和饲养室的门。

8. 手术室/解剖室应保持整洁干净，设备、纸张、报告等应安全存放并不能堆积，在手术室进行清洁和消毒时应清除地面障碍物。

9. 针对不同动物，必须遵循其特殊的尸体剖检程序，以免使用切割设备或解剖工具时受伤。

10. 每次操作前后，应认真检查饲养器具的状态、笼内动物数量，做好记录。操作时尽量降低动物应激反应。

11. 在操作台上更换笼子、盖子、饲料等。更换的底面敷设物、笼子等从饲养室搬出时，要全部消毒，或装入耐高压袋内进行高压消毒。

12. 每次操作结束后，应清理操作台和地面，并进行消毒。

13. 每次试验结束，必须对动物隔离间和污染走廊进行清扫并有效消毒。

（三）动物室消毒操作

1. 饲养期间，需要对笼具消毒时，用抹布浸上适宜的消毒剂擦拭。

2. 隔离器使用后用适当的消毒剂消毒。

3. 动物室内的污染设备和材料，必须经过适当的消毒后方可继续使用或运出。

4. 实验结束时，所有剩余的动物隔离间的补给物质（如辅助材料、饲料）必须拿走并消毒。

5. 样品容器、从防护屏障内拿出的其他物品及许多不能采用热处理的物品，可以采用化学消毒剂去除污染。

6. 实验结束后，所有的解剖器械必须经过高压灭菌或消毒。

7. 需要用以进一步研究的标本（新鲜的、冰冻的或已固定的），应放在防漏容器中并作适当标记，容器外壁必须在剖检完成后从手术/解剖室移出时必须进行清理和消毒。样品只能在相同防护屏障级别的实验区内开启。

8. 实验结束后，采用甲醛熏蒸等适宜的方法对动物室熏蒸消毒。

9. 实验人员在离开动物实验室时必须换下防护服并消毒。

（四）实验废弃物处置

1. 应采用一种能减少气溶胶和粉尘的方式转移动物垫料，在转移垫料之前必须对笼舍进行消毒处理。

2. 废弃的锐器、针头、刀片、载玻片等必须放到适当的容器中消毒。

3. 实验结束或中断而不需要的动物，进行安乐死后，将动物尸体（大动物尸体必须分割成小块，每块残体都应小心地放置在防漏容器内以避免溅出或形成气溶胶）装入防漏的塑料袋或规定容器并封口，粘贴标签，注明内容物、联系人和日期，按规定进行无害化处理。

4. 对洗涤、擦拭用的少量废水应通过高压消毒。排放消除污染的液体必须符合相关规定。

第四节　动物实验防护

以下是一些防护措施的例子，这些防护措施可以阻断通过已知传播途径导致的感染。可以作为中国疾病预防控制中心（CDC）、美国国立卫生研究院（NIH）和加拿大国家研究委员会（NRC）生物安全防护知识的辅助物。它们来自一系列感染控制的教训，这些教训是阻断感染链的任何部分，就可以防止暴露或感染。这条感染链由生物危害因子、贮存宿主、贮存宿主的传播、传播途径、侵入点和易感宿主组成。以下列出的处理生物危险因子的防护措施（表1-8）针对的是传播途径和侵入点。

表1-8　处理生物危险因子的防护措施	
防护措施	暴露途径
不要用口移液	A、I、C
小心操作传染性液体	A、C
限制使用锐器（针、注射器）	P、A
使用防护性实验服装/设备	C、A、I
经常洗手	C、I
对工作台面消毒	C、I
不要将污染的事物放入口、眼或鼻中（不要在实验室中进食、饮水、存放食物、吸烟、使用化妆品或摘戴隐形眼镜）	C、I

注：A. 空气；C. 接触（皮肤、黏膜）；I. 食入；P. 经皮。

一、防止通过接触传播的防护措施

防止传染性因子或污染的材料接触眼、鼻、口、黏膜和/或损伤或擦破的皮肤等侵入点的程序有：

1. 使可能受到污染的手和物品（如铅笔）远离口和损伤的皮肤。

2. 在操作传染性因子或污染的物品时，要在破损/擦伤皮肤处缠绕产生绷带或使用封闭敷料，并戴手套，以盖住绷带。

3. 使用机器人技术或工具代替手。如使用自动化细菌培养设备。

4. 选择并穿着合适的个人防护装备，但要注意，它们并不是完全不可穿透的屏障。

5. 手部防护。在操作传染性因子或材料时，戴乳胶手套、乙烯树脂手套或其他适当的防护手套。为过敏者提供无粉和无乳胶手套。

6. 眼部防护。戴防护镜，以防止液体直接溅入眼部和/或污染的手接触眼睛。在涉及传染性液体的特定操作（匀浆、捣碎、离心等）中，有可能发生迸溅和飞沫时，需要护目镜或面罩的额外保护。

7. 身体防护。在BSL-1级水平下穿塑料围裙。穿手术衣和围裙，以防止内层衣物的污染（BSL-2级）。在BSL-3级及以上安全等级下，在污染区要穿连体衣或袖口织有棱纹的宽松型手术衣。

8. 呼吸防护。使用外科手术面具，防止污染的手/物质或迸溅物接触鼻和口，虽然不是呼吸防护，但它可以防止黏膜暴露。在进行产生传染性气溶胶的工作时，适当使用微粒式呼吸罩或带有 HEPA 过滤筒的全面式或半面式呼吸罩。

二、防止经皮接触的屏障

关于防止传染性因子自身接种的建议，包括但不限于以下内容：

1. 不使用玻璃巴斯德吸管、刺血针和注射器等锐器，防止经皮接触。在可能的情况下使用钝端或软插管。

2. 使用有自封套（Self-storing sheaths）的针。

3. 在可能的情况下，保证尖锐物品在视野范围内，并限制使用单开针。

4. 使用合适的手套来防割伤和皮肤接触，寻找具有防穿刺特性的新产品。

5. 使用防穿刺容器弃置锐器，特别是皮下注射针和刺血针。

6. 小心处理动物，防止抓伤或咬伤。

三、防止摄入接触的屏障

为了防止摄入传染性因子或物质，工作人员应该：

1. 使用自动移液器（具有 BSL - 2 级或以上级别的过滤器），并且不要用口吸液。

2. 在实验室中禁止吸烟、进食、饮水和使用化妆品。

3. 保持手和污染的物品远离口部，如不要咬铅笔。

4. 适当的使用面罩或戴面具，防止迸溅物和飞沫进入口中。

四、防止吸入接触的屏障

(一) 重要的物理屏障和工程学控制手段

1. 防止、控制或减少气溶胶产生或散播的气溶胶防护程序。

2. 在桌面使用吸收性物质，以收集和吸收迸溅物和液滴等。

3. 用消毒剂/防腐剂杀灭废物收集容器中的微生物。

4. 当从移液管中排出最后一滴液体时要小心操作设备。小心移去药水瓶或橡胶隔膜上的针头。小心打开离心管。小心从液体培养物中取样。小心处置报警的捣碎机、匀浆机等。

5. 选择适当的个人防护装备，保护使用者免受迸溅物和飞沫影响。这包括头部、脸部和身体的防护。

(二) 减少生物气溶胶的工程学控制手段

1. Ⅱ级生物安全柜可以提供一定程度的气溶胶防护。要注意超净工作台不是防护设备，而且可以造成额外的危险。

2. 离心机安全设备（安全杯、有盖转子和 O 圈）可以防止气溶胶的释放。

3. 使用耐扎注射针头的弃置容器。

第二篇

兽医公共卫生与动物健康

第五章
动 物 保 健

第一节　概　　述

动物生活在自然环境中，随时都会受到各种致病因子的攻击，而动物机体也每时每刻都在利用机体抗病机制抵抗攻击，使之处于相对平衡状态。大多数动物都处于疾病状态或亚健康状态，绝对健康的动物很少。动物保健就是指保护动物的健康，是通过一系列严格的环境控制、合理的营养调控、科学的预防及良好的饲养管理，从而保持和提高动物机体本身的特异性和非特异性抗病能力，其重点是防病治病，并以预防为主。

动物保健主要包括疫苗免疫、药物治疗与保健、中草药保健、抗应激药物保健、保健药保健等，其目的是为了抵御疾病或亚健康状态，从而达到健康的理想状态。

为了预防和消灭动物疾病，保护动物群正常生产，提高养殖户的经济效益，促进养殖业的健康发展，我们应高度重视动物的保健。

一、科学的饲养管理

加强饲养管理、注重环境卫生、实行科学饲养是提高动物抗病能力、减少疫病发生的重要条件。因此，要认真做好以下三个方面的工作。

（一）实行分群管理

对于集约化、半集约化养殖场，应按畜禽的品种、性别、年龄、体重、强弱等进行分群、分圈、分槽饲养。同时要根据不同品种和不同生长阶段畜禽的营养需求，确定饲料标准和饲养方法，如给予品质优良、营养丰富的全价配合饲料和清洁饮水。饲喂要定时定量，以保证畜禽的正常发育和健康，防止营养缺乏病，尤其对怀孕动物和哺乳动物更应给予特殊照顾。

（二）创造优良的环境条件

要根据我国国情，科学合理地规划养殖场及其配套的圈舍内环境，同时要搞好饲养场的周边环境。圈舍场地位置要适当，布局要合理，要符合动物防疫条件要求。保持圈舍清洁舒适、通风良好、光照合适、便于清扫、洗刷和消毒。冬天能保温防寒，夏天能防暑降温，防止蚊、蝇、蚯蚓、老鼠等传染媒介的侵扰，这样既有利于动物的生长，又可减少疾病的发生。

（三）严格兽医卫生管理

严格兽医卫生制度，禁止非工作人员、动物、车辆、污物等进入圈舍，以防携带病原体而传播疾病。确须进入养殖场者，应通过消毒池和消毒间进行严格消毒后方可进入，以防病原引入。购买或引进种畜时，需经当地动物卫生监督部门检疫，并签发检疫证明，再经本场或本地兽医验证、检疫、隔离观察一段时间，确认健康的，再全身喷雾消毒，方可入舍混群。

二、预防接种

免疫接种是动物保健最有效的方法之一。接种时将兽用生物制品按照免疫程序，定期对健康或假定健康动物进行注射，使其自身产生免疫抗体，在一定时间内可预防相应疫病的发生。传染病的发生、发展和流行需要三个条件，即传染源、传播途径和易感动物，只要我们切断其中任何一个环节，传染将不可能发生。因此，免疫接种对预防动物疾病的发生具有重要意义。针对不同疾病和动物，正确选择适宜的疫苗进行合理的免疫接种。此外，还应根据当地的具体情况，制定适宜的免疫程序。在使用疫苗时，一定要仔细阅读说明书，并注意疫苗的有效期、保存条件和注意事项等。

三、药物保健

除使用兽用生物制品通过免疫接种方法预防动物的多种传染病外，还可以通过药物保健方法，定期使用某些药物，从而达到预防动物疾病发生的目的。

四、制定严格、合理的消毒制度

消毒是指用物理、化学或生物学的方法，杀灭或清除环境、动物体、物品中的病原体。消毒种类还可分为常规消毒、紧急消毒、终末消毒。消毒可减少疫病的发生，应根据不同的消毒对象选择不同的消毒药物、浓度和消毒方法。选择消毒药物的原则是广谱、高效、低毒、廉价、作用快、性质稳定、使用方便。

五、定期驱虫

在养殖过程中，应该注意预防和治疗寄生虫病。消灭病原寄生虫、减少或预防病原扩散，驱虫是其有效措施。每年春秋两季应对全群动物各驱虫 1 次，驱虫前最好进行粪便虫卵检查，弄清动物体内的寄生虫种类及其严重程度，以便有效地选择驱虫药。选择驱虫药的原则是：高效、低毒、广谱、低残留、价廉等。

六、做好检验检疫，监测动物群体健康状况

观察动物的精神状态、被毛、运动、饮食、呼吸等情况，定期对动物进行检验检疫，监测动物群体的健康状况，防止动物疫病的发生、发展，做到早发现、早治疗、早隔离、早上报。

当发生世界动物卫生组织规定的法定报告疫病和农业部公告的一、二类重大动物疫病时，应立即将动物隔离，严禁与外部人、畜、物品、用具等进行接触和交流。同时，还要将疫情及时向上级畜牧兽医主管部门和同级人民政府进行报告，避免疫情扩散蔓延。

第二节　免疫预防

免疫接种是激发动物机体产生特异性免疫力，使易感动物转化为非易感动物的一种重要手段，它是预防和控制动物传染病的重要措施之一。在一些重要传染病的控制和最终消灭过程中，有组织、有计划地进行疫苗免疫接种

是行之有效的方法。

一、疫苗和免疫接种的分类

疫苗（vaccine）是指接种动物后能产生自动免疫和预防疾病的生物制剂，包括细菌性疫苗、病毒性疫苗和寄生虫性虫苗。

（一）疫苗的种类

目前，疫苗主要可分为常规疫苗和新型疫苗两大类。常规疫苗按其病原微生物性质可分为灭活疫苗和活疫苗。新型疫苗是利用分子生物学、生物工程学、免疫化学等技术研制的基因工程疫苗，主要有亚单位疫苗、基因工程活载体疫苗、基因疫苗等。两类疫苗均能起到刺激动物机体产生主动免疫而预防疫病的目的，但针对不同疫病，存在免疫效果的差异，各有其特点。

1. 常规疫苗（Conventional vaccine） 由病毒、细菌、立克次氏体、螺旋体、支原体、寄生虫等完整微生物制成的疫苗，称为常规疫苗，包括灭活疫苗和活苗两种。

（1）**灭活疫苗（Inactivated vaccine）** 又称死苗（Dead vaccines，Killed vaccine），指采用化学（如甲醛等）或其他方法灭活微生物培养物或毒素，并加入佐剂制备而成的生物制品。灭活疫苗达到了使病原体失去繁殖能力和致病性，但仍保持免疫原性的目的。

甲醛是一种最常用的灭活剂，也是有强烈刺激性的致癌物质，其既可作用于病毒含氨基的核苷酸碱基（如 A、G、U），又可作用于病毒壳蛋白。用甲醛灭活时间一般需要在 37～39℃处理 24 小时以上或更长时间，使用浓度一般为 0.1%。其灭活的效果易受温度、pH、浓度、是否存在有机物、病原体的种类和含氨量等因素影响，残留的游离甲醛若随疫苗注入机体后，会产生刺激性反应。

β-丙内酯（Beta-Propiolactone，BPL）是在国外已广泛用于各种疫苗的灭活剂，是一种杂环类化合物，沸点 155℃，常温下是无色黏稠状液体，对病毒具有很强的灭活作用，能作用于病原体的 DNA 或 RNA，改变病毒核酸结构达到灭活的目的，而不直接作用于蛋白，不破坏病原体的免疫原性。由于其能在疫苗液体中完全水解，不必考虑在成品疫苗中的残留，接种反应也轻微。β-丙内酯灭活病原时间短，但与甲醛相比，价格明显昂贵，不适用于发展中国家或经济落后国家。

在疫苗生产中加入佐剂是为了增强灭活疫苗的免疫效果，常用的有不溶性盐类佐剂（主要是氢氧化铝胶、明矾及磷酸三钙等）、油水乳剂（主要采用含抗原物质的水相为分散相，以加油乳化剂的油相为连续相制成的油佐剂）、蜂胶佐剂（蜂胶乙醇浸液）、新型免疫佐剂等。

①油类佐剂　主要有弗氏佐剂和可降解的油类佐剂。弗氏佐剂（Freund's adjuvant，FA）是免疫学上广泛应用的油类佐剂，并应用于很多兽医疫苗研发过程中。根据是否添加分支杆菌分为弗氏完全佐剂（FCA）和弗氏不完全佐剂（FIA）2种，不完全弗氏佐剂是由液体石蜡与羊毛脂混合而成，组分比为1～5：1，可根据需要而定，通常为2：1；不完全佐剂中加卡介苗（最终浓度为2～20毫克/毫升）或死的结核分支杆菌，即为完全弗氏佐剂。弗氏佐剂的佐剂效能很高，广泛应用于科学研究工作中，但可引起机体发热、注射部位的脓肿、肉芽增生、长时间的组织损伤等剧烈副作用，限制了它们在临床上的应用。目前常用油/水乳剂型佐剂，以MF59、AS02、Montani-de ISA-51和ISA-720为代表，是一类油包水或水包油型乳化剂，如常用的禽流感油乳剂灭活疫苗、口蹄疫油乳剂灭活疫苗等。MF59佐剂可刺激机体的体液免疫及细胞免疫。

②不溶性盐类佐剂　如铝盐佐剂，是传统佐剂中的一类，包括氢氧化铝胶和磷酸铝等。铝盐佐剂使用方便，成本低廉，安全无毒，是至今唯一被FDA批准用于人用疫苗的佐剂，一直广泛用于人用和兽用疫苗的制备。铝盐佐剂主要诱导体液免疫应答，刺激机体迅速产生持久的高抗体水平，对于胞外繁殖的细菌及寄生虫抗原是良好的疫苗佐剂。其缺点是皮下注射时常有肿胀或结块等炎症反应，抗原免疫原性弱时，不足以提高其免疫原性，激发细胞免疫应答能力差，不能诱导足够的抗病毒免疫应答。

③微生物佐剂　主要有脂多糖、分支杆菌、胞嘧啶鸟嘌呤二核苷酸、霍乱毒素等。分支杆菌在兽医中广泛地应用于疫苗，如牛分支杆菌卡介苗是早期应用成功的一种。蜂胶是一种天然的免疫增强剂和刺激剂，具有增进机体免疫功能和促进组织再生的作用。据报道，应用蜂胶配合抗原能增强免疫功能以及补体和吞噬细胞活力，增加白细胞的产生和抗体产量，并使特异性凝集素的产生大大增加。胞嘧啶鸟嘌呤二核苷酸（CpG）具有DNA的免疫学活性，对B淋巴细胞、巨噬细胞及NK细胞均有活化作用。霍乱毒素（CT）可提高对多种口服天然抗原的局部黏膜免疫力。大肠杆菌不耐热毒素（LT）

可协助 DNA 疫苗诱导机体产生更强的细胞免疫反应。破伤风类毒素（TT）可诱发机体产生高水平的 IgG 抗体应答。免疫刺激复合物（ISCOM）可增强机体对大多数抗原的体液免疫和迟发型变态反应、诱导 γ - IFN 分泌、调节 MHCⅡ类抗原表达、刺激机体产生抗非感染性抗原的 MHC Ⅰ类限制的 CD8$^+$细胞毒 T 细胞。

④新型免疫佐剂　如细胞因子等。细胞因子（cytokine）是机体的各种细胞在其生命周期中所释放的具有不同生物学效应的物质，是细胞间相互作用的调节信号。经典的细胞因子包括淋巴毒素（LT）、肿瘤坏死因子（TNF）和干扰素（INF）、白细胞介素（IL）和集落刺激因子（CSF）等。细胞因子的作用特点具有多效性、靶细胞的多样性、多源性、高效性及快速反应性。细胞因子作为免疫佐剂，可提高疫苗的免疫效果；作为免疫治疗剂，可预防和治疗某些病原感染；并可通过基因重组，构建新型基因工程疫苗。常用的几种重要的细胞因子包括：

白细胞介素-1（IL-1）：在抗感染免疫、抑制肿瘤细胞生长（抗肿瘤免疫）及维持机体内环境的平衡（免疫自稳）中起着重要作用。

白细胞介素-2（IL-2）：促进 T 细胞生长、诱导或增强细胞毒性细胞的杀伤活性、协同刺激 B 细胞增殖及分泌免疫球蛋白、增强活化的 T 细胞产生 IFN 和 CSF、诱导淋巴细胞表达 IL-2R、促进少突胶质细胞的成熟和增殖及增强吞噬细胞的吞噬杀伤能力等免疫生物学效应。

白细胞介素-4（IL-4）：激活 T 细胞、B 细胞、NK 细胞和自身受体 IL-4R，增强或抑制免疫球蛋白的合成。

白细胞介素-12（IL-12）：诱导 NK 细胞和 T 细胞产生 IFN-γ，对灭活疫苗、肿瘤和寄生虫抗原具有有效的佐剂活性。

γ-干扰素（Interferons-γ，IFN-γ）：诱导 MHC-Ⅱ的表达。

目前，还有一些使用自家灭活疫苗。自家灭活疫苗是指从患病动物自身病灶中分离出的病原体经培养、灭活后制成的疫苗，再用于该动物本身，故称为自家疫苗（autogenous vaccine）。此种疫苗可以治疗慢性的、反复发作而用抗生素治疗无效的细菌性感染或病毒性感染，如顽固性葡萄球菌感染症。

脏器灭活苗（组织灭活苗）是指利用病、死动物的含病原微生物脏器制成乳剂，加甲醛等灭活脱毒制成的疫苗。如兔病毒性出血症，肝脏中含毒量较高，因而可以制成肝组织甲醛灭活苗。

（2）**活疫苗**（Live vaccine） 又称弱毒疫苗（Attenuated vaccine）或减毒疫苗，是通过人工诱变获得的弱毒株、筛选的天然弱毒株或失去毒力但仍能保持抗原性的无毒株所制成的疫苗。根据种毒的来源不同，可分为三类：

①筛选的弱毒株制备的疫苗 当其接种动物时，能够产生免疫但不发病，产生安全有效的免疫效果。如新城疫病毒 La Sota 系毒株等。

②改变了毒力的病原分离物制备的疫苗 通过实验室动物传代、组织培养、细胞培养或异源传代使其毒力致弱，如Ⅰ型鸭肝炎弱毒疫苗，是鸭肝炎病毒强毒株通过鸡胚传代致弱获得的疫苗株。国内，市场上商品化的弱毒疫苗如猪瘟弱毒疫苗、狂犬病弱毒疫苗、新城疫弱毒疫苗等均用此方法制备而成。

③采用异源毒株制备的疫苗 这种疫苗是用含交叉保护性抗原的非同种微生物制备而成的。如马立克氏病疫苗是用火鸡疱疹病毒来预防马立克氏病的。

（3）**类毒素**（Toxoid） 又称脱毒毒素，是指细菌生长繁殖过程中产生的外毒素，经化学药品（甲醛）处理后，成为无毒性而保留免疫原性的生物制剂。接种动物后能产生自动免疫，也可用于注射动物制备抗毒素血清。在类毒素中加入适量磷酸铝或氢氧化铝等吸附剂吸附的类毒素即为吸附精制类毒素。精制类毒素注入动物体后，能延缓吸收，长久地刺激机体产生抗体，增强免疫效果，如破伤风类毒素和明矾沉降破伤风类毒素等。

2. 新型疫苗

（1）**亚单位疫苗** 指病原体经物理或化学方法处理，除去其无效的毒性物质，提取其有效抗原部分制备的一类疫苗。病原体的免疫原性结构成分包含多数细菌的荚膜和鞭毛、多数病毒的囊膜和衣壳蛋白，以及有些寄生虫虫体的分泌和代谢产物，经提取纯化，或根据这些有效免疫成分分子组成，通过化学合成，制成不同的亚单位疫苗。该类疫苗人工合成物纯度高，使用安全。如肺炎球菌囊膜多价多糖疫苗、流感血凝素疫苗及牛和犬的巴贝斯虫病疫苗等。

（2）**基因工程疫苗**

①基因工程亚单位疫苗 指将病原微生物中编码免疫原性抗原的基因，通过基因工程技术导入细菌、酵母或哺乳动物细胞中，使该抗原高效表达后产生免疫效果制成的疫苗，又称"生物合成亚单位疫苗"或"重组亚单位疫苗"，如仔猪腹泻的 K88 疫苗、鸡传染性喉气管炎表达 gB 蛋白制成的疫

苗等。

②基因工程活载体疫苗 指将病原微生物的保护性抗原基因插入到病毒疫苗株等活载体的基因组成细菌的质粒中，这种重组病毒或质粒既不影响载体抗原性和复制能力，又能表达抗原，利用其原理制成的疫苗，如禽流感重组鸡痘病毒载体疫苗、鸡传染性喉气管炎鸡痘二联基因工程活载体疫苗等。

③基因缺失疫苗 指通过基因工程技术在 DNA 或 RNA 水平上除去病原体毒力相关基因或序列以及具有免疫原性的糖蛋白，但仍能保持复制能力及免疫原性的毒株制成的疫苗。如猪伪狂犬病病毒 TK/gG 双基因缺失活疫苗、猪伪狂犬病病毒 gG 基因缺失灭活疫苗等。专家学者在其他基因缺失疫苗的研制方面也做了大量工作，如猪圆环病毒Ⅱ型 ORF3 基因缺失疫苗、禽传染性喉气管炎 gJ 基因缺失疫苗、山羊痘病毒 TK 基因缺失疫苗等的研制。

④合成肽疫苗 指根据病原微生物中保护性抗原的氨基酸序列，人工合成免疫性多肽并连接到载体蛋白后制成的疫苗，也称"多肽疫苗"，如猪口蹄疫 O 型合成肽疫苗。

⑤核酸疫苗 指用编码病原体有效抗原蛋白的外源基因与细菌质粒重组后直接导入动物细胞内，并通过宿主细胞的转录系统合成抗原蛋白，诱导宿主产生对该抗原蛋白的免疫应答，以达到预防和治疗疾病的目的而制成的疫苗，又称"DNA 疫苗"。它不仅可诱导体液免疫应答，而且能够诱导细胞免疫应答，具有亚单位疫苗的安全性和弱毒疫苗的高效性，被兽医工作者称为第三次疫苗革命，如禽流感、新城疫、传染性喉气管炎等核酸疫苗。

(3) 其他疫苗 抗独特型疫苗（Anti-idiotypic vaccine）：根据免疫网络学说原理，利用第一抗体分子中的独特抗原决定簇（抗原表位）所制备的具有抗原的"内影像"（Internal image）结构的第二抗体。该抗体具有模拟抗原的特性，故称之为抗独特型疫苗。它可诱导机体产生体液免疫和细胞免疫，主要适用于目前尚不能培养或很难培养的病毒，以及直接用病原体制备疫苗有潜在危险的疫病。

（二）免疫接种的分类

1. 预防接种 为控制动物传染病的发生和流行，减小疾病造成的损失，根据国家、地区或养殖场传染病流行的具体情况，按照一定的免疫程序进行有组织、有计划地对易感动物群体免疫接种。预防接种通常使用疫苗、菌苗、类毒素等生物制剂作为抗原，使机体产生主动免疫力。接种后经一定时间（数天至 3 周），可获得数月至 1 年以上的免疫力。

2. 紧急接种　在国家、地区或养殖场区域暴发传染病后，为迅速控制和扑灭该病的流行，尽可能地降低损失，对疫区和受威胁区尚未发病动物群进行的免疫预防接种。紧急接种通常使用免疫血清或抗毒素，使机体尽快获得被动免疫力。如对被狂犬或发生狂犬病的动物咬伤、抓伤的人、畜，可用狂犬病抗血清做紧急接种，同时还需注射接种狂犬病疫苗，达到良好的预防效果。在疫区内应用疫苗做紧急接种时，须对所有受到传染病威胁的畜禽逐一进行详细观察和检查，仅能对正常无病的畜禽以疫苗进行紧急接种；对病畜及可能已受感染的潜伏期病畜，必须在严格消毒的情况下立即隔离，不能再接种疫苗。

3. 临时接种　在引进或运出动物时，为了避免在运输途中或到达目的地后发生传染病而进行的预防免疫接种。

二、常用的免疫接种技术

根据接种对象和所用生物制剂的品种不同，可采用点眼、滴鼻、皮下注射、皮内注射、肌内注射、皮肤刺种、喷雾、口服等不同接种方法。免疫接种的方法又可分为个体免疫法和群体免疫法。群体免疫法主要应用于家禽，如饮水、喷雾、浸嘴法等，适合于大型牧场，特别是大型养禽场使用，省时省力。个体免疫适于小型饲养场或农村散养户。对于接受免疫的个体来说，个体免疫的效果比群体免疫效果好。

（一）家禽免疫接种技术

1. 滴鼻、点眼　主要适用于鸡新城疫、鸡传染性支气管炎等需经黏膜免疫途径免疫的疫苗，这种方法是目前最常用的个体免疫接种方法之一。具体操作：用一手指堵一鼻孔，将疫苗滴入另一鼻孔，点入眼中。在此过程中，需要注意的是：要停留几秒钟，不要过快放鸡，使疫苗充分被吸收，通过黏膜侵入，达到疫苗的有效接种。

2. 饮水　饮水免疫能够诱导黏膜免疫。此种方法操作比较简单，方便、省力，将家禽的应激反应降到最低。具体操作：先计算好疫苗和用水量，在水中加入 0.1%～0.3%脱脂奶粉，5 分钟后再在水中开启疫苗瓶将疫苗加入水中混匀，立即使禽群饮用。此种方法不足之处是饮水免疫效果不均衡，若免疫用水、水温、饮水时间等把握不当，或疫苗在水溶液中时间过长时会降低免疫效果，或者使疫苗失效。因此，在接种过程中应该注意以下几点：

（1）**免疫用水的要求** 一般使用生理盐水或者蒸馏水，无此条件的话可以用凉开水，但不能用含氯消毒剂的自来水，因为其可破坏疫苗的有效成分。最简单的办法是将自来水在太阳下晒，能够使氯挥发。也可添加去氯剂（10 升水加 10%硫代硫酸钠 3～10 毫升）。

（2）**饮水时间的要求** 为使整个群体都能在短时间内均匀摄入到足量的疫苗水，应根据动物的不同和气温情况控水。一般情况下，夏季为 3～4 小时，且在高温情况下可加入无菌冰块；冬季则为 5～6 小时，应尽量使动物在疫苗稀释后30～45 分钟内将疫苗水饮完，避免阳光直射疫苗水。饮完疫苗水后，使禽群停水 1 小时后喂料、饮水。

（3）**饮水量** 饮水量应根据禽日龄大小而定。一般 7～10 日龄鸡，每只 5～10 毫升；20～30 日龄鸡，每只 10～20 毫升；30 日龄以上鸡，每只 30 毫升。

（4）**其他** 疫苗接种前后至少 24 小时内不能在饮水中加入消毒剂、抗病毒药物及磺胺等免疫抑制药物；水温不得超过 20℃；最好在早晨或傍晚免疫；饮水器具应适宜，确保应免禽同时饮用到疫苗。一般适宜用搪瓷、塑料或木制等器具。

3. 注射免疫 该种方法是家禽个体常用的免疫接种方法之一。

（1）**颈背部皮下注射** 主要用于接种灭活疫苗。针头从颈部下 1/3 处，针孔向下与皮肤呈 45°角从前向后方向刺入皮下 0.5～1 厘米，使疫苗注入皮肤与肌肉之间。

（2）**双翅间脊柱侧面皮下注射** 此部位是最佳皮下注射部位，由头部向尾部方向进针，局部反应较小。适合油乳灭活疫苗的接种。

（3）**胸部肌内注射** 注射器与胸骨成平行方向，针头与胸肌成 30°～40°倾斜的角度，于胸部中 1/3 处向背部方向刺入胸肌。切忌垂直刺入胸肌，以免造成穿破胸腔的危险。

（4）**腿部肌内注射** 主要用于接种水剂疫苗或油乳剂灭活疫苗，于大腿无血管处注射疫苗。

4. 喷雾或气雾免疫　群体免疫常用此方法。在家禽，气雾免疫对呼吸道疾病（如新城疫、传染性支气管炎等）的免疫效果较好，但支原体发病场严禁喷雾或气雾免疫。一般 1 日龄雏鸡喷雾，每 1 000 只鸡的喷雾量为100～200 毫升；平养鸡 250～500 毫升；笼养鸡为 250 毫升。稀释用水为去离子水或蒸馏水，最好加入 5％甘油或 0.1％脱脂奶粉。粗滴气雾免疫，雾粒直径为 10～100 微米，最好 60 微米左右，一般停留在雏鸡的眼和鼻腔内，很少激发慢性呼吸道病。细滴气雾免疫，雾滴直径为 5～22 微米，肉眼一般看不见，雾滴可同时刺激上呼吸道和肺的深部，产生局部免疫力，但是，这种方法容易诱发鸡呼吸道感染，对鸡的刺激较大。在进行免疫前，应注意关闭门窗、通风和取暖设备，以免吹散疫苗和使雏禽感冒，并使鸡舍处于黑暗中。喷雾器和气雾机的位置约在禽群上方60～70 厘米。

5. 刺种　适用于个体免疫。具体操作即把蘸满疫苗液的针刺入翅膀内侧无血管处。刺种 5～7 天后检查刺种部位，如果有红肿、水疱和结痂，表示接种成功，否则需重新接种。此结痂部位的痂皮会在 2～3 周后自行脱落。刺种接种免疫时应注意，每瓶疫苗应更换一个新的刺种针。接种 1 日龄禽可在大腿或腹部的皮肤接种。

6. 涂擦　此方法适合个体接种，适用于禽痘和禽传染性喉气管炎免疫。接种禽痘的方法是，先拔掉禽大腿部的 8～10 根羽毛，让其皮肤暴露出来，然后用高压灭菌消毒的棉签或毛刷蘸取疫苗，逆着羽毛生长的方向涂刷 2～3 次。

擦肛法常用于鸡传染性喉气管炎弱毒疫苗的免疫，此方法可减少疫苗的应激反应。具体方法是：首先翻开肛门，用消毒棉拭或专用刷子，蘸满稀释好的疫苗，涂抹或轻轻地刷拭肛黏膜。判断是否接种成功，可根据毛囊涂擦鸡痘疫苗后 10～12 天局部是否出现同刺种一样的反应；擦肛后 4～5 天，是否见泄殖腔黏膜潮红。如接种部位不发生这种反应，表明接种不成功，需重新接种。

7. 拌料　此种方法适合群体免疫。球虫的免疫常用此方法。在洁净容器中加入 1 200 毫升蒸馏水或凉开水，将疫苗倒入水中（冲洗疫苗瓶和盖），然后加入加压式喷雾器中，把球虫疫苗均匀地喷洒在饲料上，搅拌均匀，让鸡在 6～8 小时内采食完全，从而达到免疫的目的。

8. 皮内注射　少数疫苗需进行皮内注射。具体操作是：对注射部位进行消毒后，将针头于皮肤面呈 15°角刺入皮内约 0.5 厘米，注入药液；注射完毕后，在拔出针头的同时用消毒干棉球轻压针孔，以避免药液外溢，降低（或失去）免疫效果；最后用5%碘酊消毒涂擦。

(二)家畜免疫接种技术

家畜免疫接种也可采用口服、滴鼻、皮下注射、皮内注射等方法，针对大动物还可以采用肌内注射、穴位注射的方法进行免疫。

1. 皮下注射 多数疫病的疫苗都可采用皮下注射，是最常用的接种方法之一，如炭疽、狂犬病、破伤风、布鲁氏菌病、肉毒梭菌中毒症等。皮下注射宜选择皮薄、被毛少、皮肤松弛、皮下血管少的地方。常选择进行免疫接种的部位有家畜颈侧中部1/3部位、尾根，犬、猫的背部等。如羊链球菌病疫苗要求在尾根皮下注射，不能在其他部位。

2. 肌内注射 部分可进行皮下注射的疫苗也可采用肌内注射，如狂犬病、猪肺疫、布鲁氏菌病等。肌内注射时，应选择合适大小的针头，猪宜于耳后颈部注射，牛、马、羊等宜于颈中部肌内注射。

3. 皮内注射 山羊痘弱毒株活疫苗、绵阳痘弱毒活疫苗需在尾内侧、股内侧进行皮内注射免疫。皮内注射宜选择皮肤致密、被毛少的部位。马、牛宜在颈侧、尾根、肩胛中央，猪宜在耳根后，羊宜在颈侧或尾根部。

4. 穴位注射 主要针对大动物进行的免疫，常用的穴位有后海穴和风池穴注射。

(1)**后海穴注射** 局部消毒后，于后海穴向前上方进针，刺入深度由畜体大小决定，一般0.5~4厘米。

(2)**风池穴注射** 局部剪毛、消毒后，根据动物大小、肥瘦选择垂直进针深度，一般1~1.5厘米。

5. 胸肺腔内注射 猪气喘病弱毒疫苗适合于此免疫方法。猪胸腔肺内注射的部位为猪右侧，倒数第7肋间肩胛骨后缘3~5厘米处进针，针头进入胸腔有空入感，回抽针无血或其他内容物，即可注入疫苗。此方法操作较其他方法复杂。

6. 口服 猪肺疫弱毒活疫苗、仔猪副伤寒活疫苗、猪链球菌病活疫苗、牛羊口服猪布鲁氏菌病苗。在进行口服菌苗免疫时，应注意在清晨喂饲，必须空腹，服苗30分钟后方可喂食。

7. 滴鼻 对3日龄内乳猪进行伪狂犬疫苗免疫时适用此免疫方法。

三、免疫接种注意事项

无论何种接种方法或何种疫苗，只有正确、科学地使用和操作，才能获得预期的效果。因此，在进行动物免疫预防时，应注意以下免疫接种注意事项。

（一）注意无菌操作

1. 器械消毒　注射器械的卫生情况会直接影响免疫接种的效果，有可能会带入其他疾病。因此，注射器及针头需蒸煮灭菌、高压灭菌或用一次性注射器。使用一次性无菌塑料注射器时，应检查包装是否完好、是否在有效期内。灭菌后的器械 7 日内未用，应重新灭菌方可使用。禁止使用化学药品消毒器械。

2. 针头的选择　根据畜禽大小应选择大小适宜的针头，若过短、过粗，拔出针头时，疫苗易顺针孔流出，或将疫苗注入脂肪层，达不到预期的免疫效果；针头过长，易伤及骨膜或者脏器等。

（二）注意做好个人安全防护和畜禽保定

首先，应该做好免疫接种人员的个人消毒工作。应剪短手指甲，用肥皂、消毒液（如来苏儿或新洁尔灭溶液等）洗手，手指再用 75% 酒精进行消毒。其次，做好进行免疫接种人员的个人防护。工作服、胶靴、乳胶手套、口罩、帽等应佩戴整齐。对于特殊动物传染病，还应该有特殊的防护措施，如进行气雾免疫和布鲁氏菌病免疫时还应佩戴护目镜。最后，应该做好畜禽保定工作。不同动物采取相应的保定措施，做到尽量保护免疫接种人员免受伤害的同时，又便于免疫操作。

（三）免疫时要注意动物健康状况

被免疫接种的畜禽机体感染某些免疫抑制性疾病，其免疫功能不全或低下，或有营养不良、发育不全以及患某些传染病后，或在接种前的一定时间内使用过免疫抑制剂或免疫球蛋白被动免疫制剂等，均能影响免疫效果或者造成畜禽的死亡。

1. 在进行紧急接种时，已有一部分畜禽处于该传染病的潜伏期，常在接种后的短期内发病，造成疫情的暴发。因此，为了保证免疫接种动物安全及接种效果，接种前应了解接种动物的健康状况。

2. 除一些特殊情况外，原则上，初生畜禽不宜免疫接种。因为幼畜禽可从母体获得母源抗体，接种疫苗易受母源抗体干扰。怀孕后期的家畜应谨慎接种疫苗以防引起流产。繁殖母畜应在配种前一个月注射疫苗。

3. 为了防止疫苗残留，屠宰前 28 日内禁止注射油乳剂疫苗。

（四）正确使用疫苗

要使疫苗充分发挥应有的免疫效果，应注意以下疫苗使用的基本原则：

1. 应该保证所接种疫苗是经过国家药品和兽医药品检验、鉴定部门严格检验、鉴定，并在长期的防疫实践中证实是安全、有效的疫苗。在接种前应检查疫苗的外观质量，有无疫苗瓶破损、瓶盖或瓶塞密封不严或松动、无标签或标签不完整（包括疫苗名称、批准文号、生产批号、出厂日期、有效期、生产厂家等）情况，有无超过有效期、色泽改变、发生沉淀、破乳或超过规定量的分层（超过疫苗总量的 1/10），有无异物、霉变、摇不散凝块、异物、失真空等，是否保存妥当。

2. 免疫接种之前应详细阅读使用说明书，了解疫苗的用途、用法、用量和注意事项等　严格选用说明书所规定的稀释液，不主张向疫苗稀释液中添加抗生素等任何外来物质。饮水、气雾、拌料接种疫苗的前后 2 天共计 5 天内不得饮用任何消毒药物（如高锰酸钾、抗毒威等），也不得进行带鸡喷雾消毒；使用弱毒菌苗的前后各 1 周内不得使用抗微生物药物。根据本地区各种人畜共患病发生和流行情况，依据疫病种类和流行特点（如流行季节），选用适宜的疫苗品种、剂型与接种时间，以及加强免疫的次数与间隔时间。

3. 应保证疫苗在整个接种过程中处于低温状态　使用冻干苗时，应先置于室温（15~25℃左右）平衡温度后，方可稀释使用；油乳苗要达到25~35℃，方可使用，且使用中应不断振摇；使用鸡马立克氏病细胞结合型活毒疫苗（液氮苗）时，应先将疫苗瓶迅速侵入 25℃温水浴中使疫苗溶解，然后用冰冷的专用稀释液稀释后立即接种。防止疫苗被空气中细菌污染，活疫苗应在 30 分钟内用完；灭活疫苗应在 1 小时内用完。如未用完，疫苗应该废弃。

4. 接种完毕后，应该做好接种记录　包括疫苗的种类、批号、生产厂家、剂量、稀释液；接种方法和途径；接种动物的品种、日（月）龄、数量；接种时间、参加人员、接种反应等。

5. 为了防止疫苗的散毒，在使用弱毒疫苗时，应避免外溢；未使用完的弱毒疫苗应该进行高温消毒处理。

四、接种疫苗后的不良反应及对策

所谓不良反应是指经预防接种后引起了持久的或不可逆的组织器官损害或功能障碍而致的后遗症。对动物免疫接种后，绝大多数畜禽获得了抗感染的有益免疫应答反应，但是，个别动物可能在获得免疫保护的同时，会发生一些除正常反应之外的不良反应或剧烈反应，因为生物制品对于机体来说，毕竟是一种异物。因此，要注意观察免疫动物的饮食、精神等状况，并抽检体温，对有异常表现的动物应予登记，并妥善处理。

（一）正常反应

指疫苗注射后出现短时间的精神不佳或者食欲不良等症状，此反应是由生物制品本身的特性引起的，属正常反应，一般可不作任何处理，可自行消退。但随着科技的发展，毒副作用小的疫苗陆续问世。对于某些疫苗有一定的毒性，接种后可引起一定的局部或全身反应，有些疫苗是活菌苗或活疫苗，接种后实际是一次轻度感染，也会发生某种局部反应或全身反应。

（二）严重反应

超过正常比例的畜禽发生程度较重不良反应的情况。引起严重反应的原因，可能是由于某一批生物制品质量较差；使用方法不当，如接种剂量过大，接种技术不当，或者接种途径错误等；个别动物也可能对某种生物制品过敏造成此反应。常见的反应有震颤、流涎，注射油乳剂灭活疫苗后头和脸部肿大、脖子僵硬、扭曲，胸肌注射时注入过深造成猝死，肌内注射时损伤神经、刺伤血管、注射部位感染而造成瘫痪或腿部肿胀、跛行、瘙痒、皮肤丘疹、注射部位出现肿块、糜烂、产生流产等综合症状。对禽滴鼻、点眼时引起的呼吸道反应，最严重的可诱发感染潜伏期免疫动物的急性死亡。发生严重反应时，需要及时救治。

（三）合并症

指与正常反应性质不同的反应。主要包括：血清病、过敏性休克、变态反应等超敏感反应；由于接种活疫苗后，防御功能不全或遭到破坏时发生的全身感染，如鸡新城疫疫苗气雾免疫时诱发慢性呼吸道病等。发生反应后，应立即救治，可用肾上腺素、地塞米松等药物抢救。

第三节　药物防治

近年来，随着全球经济一体化和国际食品贸易的日益扩大，食品安全越来越面临世界性的挑战，成为全球性的重要公共卫生问题。而恶性、突发性动物源食品安全事件的频频发生，使动物源食品安全突破了以往传统意义上的畜牧生产及畜牧业经济领域，并以其突出的重要性成为世界各国政府与人民广泛关注的问题。近年来，动物源食品安全的内涵也发生了较大的变化，除了人们熟悉的致病微生物和寄生虫污染以外，还包括兽药、饲料添加剂、抗生素、重金属、霉菌毒素、农药及其他化学物质的污染。这些新的致病因素由于使人致癌、致畸、致突变以及影响遗传而受到日益广泛的重视。

随着生活水平的提高，人们对动物性产品卫生质量与安全的要求越来越高，不仅要求其营养丰富、美味可口，而且要求卫生经济。兽药（包括添加剂）在保障动物健康生长方面发挥着重要作用，可以降低动物发病率与死亡率、提高饲料利用率、促进生长，并能改善动物产品的品质。但随之而来，由于动物用药不当也产生了兽药残留问题，对动物源食品安全构成了威胁，也对公共卫生提出了挑战。因此，加强我国动物源食品兽药安全工作是摆在我们面前的一个重要任务。

一、药物防治的概念

群体化学预防和治疗是防疫的一个新途径，某些疫病在具有一定条件时采用此种方法可以达到显著效果。所谓群体是指包括没有症状的动物在内的畜群单位。合理正确地使用预防用药能够起到防止传染病的发生、发展，促进家畜生长的作用。

所谓药物防治，是指为预防和治疗某些传染病和寄生虫病，对畜禽使用安全而价廉的化学药物等。这些药物中除部分抗生素供注射外，大多数可混于饮水或拌入饲料进行喂服。但是，长期使用化学药物预防，容易产生耐药菌株，影响防治效果。因此，要经常进行药物敏感试验，选择有高度敏感性的药物用于防治。长期使用抗生素等药物预防某些疾病如仔猪大肠杆菌病、雏鸡沙门氏菌病等还可能对人类健康带来严重危害，因为一旦形成耐药性菌株后，如有机会感染人类，则往往贻误人类疾病的治疗。另外，动物产品中的药物残留，同样会给人类健康带来威胁。因此，目前在某些国家倾向于以疫（菌）苗来防治这类疫病，而不主张药物预防。

二、药物保健

（一）抗微生物药（Antimicrobial agents）

抗微生物物指能够选择性抑制或杀灭体内外病原微生物，而对机体没有或只有轻度毒性作用的化学物质，包括抗生素、合成抗菌药和抗病毒药等。

1. 抗生素（Antibiotics）　由微生物产生或人工合成、半合成的，能抑制或杀灭体内外病原微生物的化学物质。

根据其作用特点分为：

（1）主要抗革兰氏阳性细菌的抗生素　青霉素、红霉素、林可霉素等。

（2）主要抗革兰氏阴性细菌的抗生素　链霉素、卡那霉素、庆大霉素、新霉素、多黏菌素等。

（3）广谱抗生素　四环素等。

（4）抗真菌的抗生素　制霉菌素、灰黄霉素、两性霉素等。

（5）抗寄生虫的抗生素　伊维菌素、越霉素 A、莫能菌素、盐霉素、马杜霉素等。

（6）抗肿瘤的抗生素　放线菌素 D、丝裂霉素、柔红霉素等。

（7）饲用抗生素　杆菌肽锌、弗吉尼亚霉素、黄霉素等。

2. 合成药物　包括磺胺类、抗菌增效剂、喹诺酮类、喹噁啉类等。

3. 抗病毒药　黄芪多糖。

（二）消毒防腐药

1. 环境消毒药

（1）酚类

①苯酚的用法和用量　器具、厩舍、排泄物和污物等消毒配成 2%～5%溶液。

②甲酚的用法和用量　甲酚皂溶液 3%～5%溶液用于厩舍、场地、排泄物、器具和器械等消毒。

（2）醛类

①甲醛的用法和用量　熏蒸消毒每平方米 15 毫升甲醛溶液加兑 20 毫升水加热蒸发消毒 4～10 小时，消毒结束后开门窗通风，为消除甲醛味，每平方米 2～5 毫升浓氨水加热蒸发，使甲醛变成无刺激性的环六亚甲四胺。器具喷洒消毒配成 2%溶液。生物或病理标本固定和保存，尸体防腐配成 5%～10%溶液。

种蛋熏蒸消毒：对刚下的种蛋每立方米用福尔马林 42 毫升、高锰酸钾 21 毫克、水 7 毫升、熏蒸 20 分钟，对洗涤室、垫料、运雏箱则需熏蒸消毒 30 分钟。入孵第一天的种蛋用福尔马林 28 毫升、高锰酸钾 14 毫克、水 5 毫升，熏蒸 20 分钟。

②戊二醛的用法和用量　喷洒、浸泡消毒配成 2%碱性溶液（加 0.3%碳酸氢钠）消毒 15～20 分钟或放置至干。

（3）碱类

①氢氧化钠的用法和用量　厩舍地面、饲槽、车船、木器等消毒配成 2%溶液应用。

②氧化钙的用法和用量　将氧化钙加入 10～20 倍的水制成石灰乳，对厩舍、墙壁、畜栏、地面进行消毒。石灰乳应现用现配。每千克氧化钙加水 350 毫升，生成消石灰的粉末，可撒布在阴湿的地面、粪池周围及污水沟等处进行消毒。直接将生石灰粉撒布在干燥的地面上不发生消毒作用，反而会使动物蹄部干燥干裂。

（4）酸类　无机酸类为原浆毒，具有强烈的刺激和腐蚀作用，故应用受限制。硫酸具有强大的杀菌和杀芽孢作用。2 摩尔/毫升硫酸可用于消毒排泄物等。2%盐酸中加食盐 15%，并加温至 30℃，常用于被炭疽芽孢污染的动物皮张的浸泡消毒（6 小时）。食盐可增强其杀菌作用，并可减少皮革因受酸的作用膨胀而降低质量。

（5）卤素类

漂泊粉的用法和用量：对厩舍等消毒时，临用前配成 5%～20%混悬液或 1%～5%澄清液；对玻璃器皿和非金属用具消毒时，临用前配成 1%～

5％澄清液；饮水消毒时，每50升水1克。

（6）过氧化物类及其他

①过氧乙酸的用法和用量　厩舍和车船等喷雾消毒配成0.5％溶液，空间加热熏蒸消毒配成3％～5％溶液，器具浸泡消毒配成0.04％～0.25％溶液，黏膜或皮肤消毒配成0.02％～0.2％溶液。

②环氧乙烷的用法和用量　用药量在杀灭繁殖体时，每立方米用300～400克，作用8小时。消毒芽孢和霉菌污染的物品时，每立方米用700～950克。

2. 皮肤、黏膜消毒防腐药

（1）醇类

乙醇的用法和用量：常用70％乙醇消毒皮肤（例如注射部位、术野和伤口周围的皮肤消毒）以及器械（刀、剪、体温计等）浸泡消毒，亦可用作溶媒。乙醇对黏膜刺激性大，不可用于黏膜消毒和创面感染。急性关节炎、腱鞘炎、肌炎等可用浓乙醇涂擦或热敷。

（2）表面活性剂

①苯扎溴铵的用法和用量　0.1％溶液用于皮肤和术前手消毒（浸泡5分钟）、手术器械消毒（煮沸15分钟后浸泡30分钟），0.01％溶液用于创面消毒，感染性创面宜用0.1％溶液局部冲洗后湿敷。

②氯己定的用法和用量　皮肤消毒用0.5％水溶液或醇溶液（以70％乙醇配制）溶液，黏膜及创面消毒使用0.05％溶液，术者手部消毒使用0.02％溶液，器械消毒使用0.1％溶液。

（3）碘与碘化物

碘酊是常用且最有效的皮肤消毒药。一般皮肤消毒用2％碘酊，大家畜的皮肤和术野消毒用5％碘酊。由于碘对组织有强烈的刺激性，其强度与浓度成正比，故碘酊涂抹皮肤待稍干后，宜用75％乙醇擦去，以免引起发泡、脱皮和皮炎。碘甘油刺激性较小，用于表面消毒。2％碘溶液不含酒精，适用于皮肤浅表破损和创面，以防止细菌感染。在紧急的条件下用于饮水消毒，每升水中加入2％碘酊5～6滴，15分钟后可供饮用，水无不良气味，且水中各种致病菌、原虫和其他生物可被杀死。

（4）有机酸类

①醋酸的用法和用量　5％醋酸溶液有抗绿脓杆菌的作用、嗜酸杆菌和假单胞菌属的作用；稀释后内服可治疗消化不良和瘤胃膨胀。

②硼酸的用法和用量　外用洗眼一般毒性不大，但不适用于大面积创伤

和新生肉芽组织，以避免吸收后蓄积中毒。急性中毒早期症状为呕吐、腹泻、皮疹、中枢神经系统先兴奋后抑制，严重时可引起循环衰竭和休克。外用洗眼用2%～4%溶液。也可用硼酸磺胺粉（1∶1）治疗创伤，硼酸甘油（31∶100）治疗口、鼻黏膜炎症，硼酸软膏（5%）治疗溃疡、褥疮等。

（5）氧化剂类

①过氧化氢的用法和用量　清洗带恶臭的伤口用1%～3%溶液，冲洗口腔用0.3%～1%溶液。

②高锰酸钾的用法和用量　腔道冲洗及洗胃配成0.05%～0.1%溶液，创面消毒配成0.1%～0.2%溶液。

（6）染料类

龙胆紫的用法和用量：对革兰氏阳性菌有选择性抑菌作用，亦有抑制霉菌的作用，毒性很小，对组织无刺激性，有收敛作用。有1%～3%的水溶液和乙醇溶液，还有2%～10%软膏，可用于皮肤、黏膜创伤感染及溃疡，1%水溶液亦可用于烧伤。

（三）抗寄生虫药物

1. 抗蠕虫药　包括伊维菌素、阿维菌素、多拉霉素等抗线虫药，丁萘脒、氯硝柳胺、吡喹酮等抗绦虫药，硝氯酚、碘醚柳胺等抗吸虫药，以及硝硫氰醚等抗血吸虫药。

2. 抗原虫药　莫能霉素、盐霉素、拉沙洛西、马度米星等。

3. 杀虫药

（1）有机磷类药物

①敌百虫用法和用量　喷洒：配成1%～3%溶液喷洒与动物局部体表，治疗体虱、疥螨，0.1%～0.5%喷洒于环境中，杀灭蝇、蚊、虱、蚤等。药浴：0.5%用于疥螨，0.2%溶液适用于痒螨病。涂擦：2%溶液涂擦牛的背部，治疗牛皮蝇蛆，一次用量300毫升左右。喷淋：用于肉牛、泌乳奶牛的体表杀虫，0.25%～0.5%药液高压喷雾（压强为1.72～2.45兆帕）沿牛背线喷灌，使毛皮全湿。1头牛用量不超过3.8升。全池泼洒：以1米³水0.2～0.5g全池泼洒，每周1次，杀灭指环虫、三代虫、鱼鲺、水蜈蚣等鱼类寄生虫。

②敌敌畏用法和用量　敌敌畏乳油，喷洒或涂擦，配成0.1%～0.5%溶液喷洒空间、地面和墙壁，每100米²面积约1升为宜；在畜禽类粪便上

喷洒 0.5% 药液,可杀灭蝇蛆、蚊。每头牛不超过 60 毫升。

③辛硫磷用法和用量 辛硫磷乳油,药浴时配成 0.05% 乳液,喷洒时配成 0.1% 乳液,休药期为 14 日;复方辛硫酸胺菊酯乳油(含 40% 辛硫磷、8% 胺菊酯、24% 八氯二丙醚),加煤油按 1∶80 稀释喷雾,可灭蚊蝇。

④巴胺磷用法和用量 巴胺磷溶液,羊喷淋、药浴时,每 1 升水 0.2 克,休药期为 14 日。

(2)拟除虫菊酯类药物

①溴氰菊酯用法和用量 溴氰菊酯乳油,加水稀释为每 1 000 升中含溴氰菊酯 5~15 克(预防)、30~50 克(治疗),供家畜药浴或喷淋,休药期为 28 日。必要时隔 7~10 天重复一次。

②氰戊菊酯用法和用量 氰戊菊酯乳油,药浴、喷淋:每 1 升水,马、牛螨病 20 毫克,猪、羊、犬、兔、鸡螨 80~200 毫克,牛、猪、兔、犬虱 50 毫克,鸡虱及次皮螨 40~50 毫克,休药期:28 日,杀灭蚤、蚊、蝇、牛虻 40~80 毫克。喷雾:稀释成 0.2% 浓度,鸡舍按照 3~5 毫升/米², 喷雾后密闭 4 小时杀灭鸡羽虱、蚊、蝇、蠓等。

(四)用药方法

1. 预防用药的给药方法 预防用药一般采用群体给药法,常将药物添加在饲料中,或溶解到水中,让畜禽服用,有时也采用气雾给药的方法群体给药。

(1)**拌料给药** 现代畜牧业进行工厂化生产,拌料给药是最常用的一种给药途径。该法简便易行,节省人力,减少应激,效果可靠,主要适用于预防性用药,尤其适用于长期给药。使用该法时,应确保药物混合均匀,多采用分步拌料法,即将所有药物先混合于少量饲料,然后再将其逐步混合于更多的饲料中,直至拌入到所需的全部饲料中。同时,应计算好药物的剂量,密切注意给药后动物有无不良反应。

(2)**饮水给药** 饮水给药也是比较常用的给药方法之一,这种方法常用于预防和治疗家禽的传染病。所用的药物应是水溶性的,除注意拌料给药的一些事项外,还应注意用药前停止饮水,特别是一些容易被破坏或失效的药物,建议在饮水给药前,寒冷季节停止饮水 3~4 小时,气温较高季节停饮 1~2 小时。要根据不同动物、不同月龄、不同季节等具体情况,决定饮水量的多少。对于不易于溶解的药物可采用适当的加热、加助溶剂或及时搅拌的方法。

（3）**气雾给药**　气雾给药是指使用能使药物气雾化的机械，将药物分散成一定直径的微粒，弥散到空气中，让畜禽通过呼吸作用吸入体内或作用于动物被毛及皮肤黏膜的一种给药方法。可用于气雾给药的药物应无刺激性，容易溶解于水。欲使药物作用于肺部，应选用吸湿性较差的药物；而欲使药物作用于上呼吸道，就应选择吸湿性较强的药物。要计算好用药剂量，雾粒大小应根据药物所到部位适当控制，如要使药物能进入肺部，雾粒大小以 0.5～5 纳米较合适。

（4）**体外用药**　是为了杀灭动物体表及其环境中的寄生虫、微生物所进行的体外用药方法，它包括喷洒、喷撒、喷雾、熏蒸和药浴等不同的方法。体外用药，也要根据用药目的，选择一定品种的药物，同时还应注意抗药性的产生与变化。

2. 群体给药的剂量　在采用混饲、混饮等群体给药法时常使用毫克/千克（升）［mg/kg（L）］来表示饲料或水中所含药物的浓度。毫克/千克（升）的含义是百万分之一。在固体（饲料）或液体（饮水）中，1 毫克/千克（升）表示 1 千克饲料或 1 升水中含药物 1 毫克。

3. 预防用药注意事项

（1）**正确选择药物**　应选择预防效果好、不良反应小、价廉易得的药物。

（2）**切忌滥用**　滥用药物，除增加了不必要的生产成本外，还可导致耐药菌株的产生和药物残留，破坏动物体内正常菌群间的平衡。因此，应尽量少用或不用抗微生物药物，可用疫苗预防的疫病，尽量用疫苗预防；某些肠道菌感染，还可试用微生态制剂；使用抗微生物药物时，能用一种时绝不要使用两种或多种药物；预防或治疗时用药量要足，疗程要够，一般 3～5 天为一疗程；原则上不宜长期将抗微生物药物作为饲料添加剂。

（3）**合理联合用药**　联合用药能够发挥抗微生物的协同作用，扩大抗菌范围，从而提高药效，降低药物副作用，减少或延缓耐药性的产生。联合使用的药物必须是作用机理不同的抗微生物药，且这些药物的疗效间必须相互协同，而不能相互颉颃，更不能出现配伍禁忌。

（4）**注意用药剂量和用药期**　严格用药剂量，预防用药、治疗用药和作为添加剂的用药剂量间不得混淆。磺胺类、抗菌增效剂、呋喃类、喹乙醇等用量稍大即会引起中毒。防治可使肾脏受损的疾病时，不宜选用经肾排出的磺胺类药物，链霉素、庆大霉素等对肾脏有损害的药物，也应慎用。

（5）**注意休药期**　许多抗微生物药在停止用药后，在畜禽体内仍有存留，其肉、蛋产品中仍可能有一定含量的药物，人类食用后，会威胁人体的健康。因此，必须严格遵守休药期的规定。遵守无公害动物性食品生产中兽药使用准则。

三、无公害畜禽产品生产中兽药残留控制

（一）无公害畜禽产品生产中兽药使用准则

将《无公害食品　生猪饲养兽药使用准则》（NY 5030—2001）、《无公害食品　肉鸡饲养兽药使用准则》（NY 5035—2001）、《无公害食品　肉牛饲养兽药使用准则》（NY 5125—2002）、《无公害食品　肉羊饲养兽药使用准则》（NY 5148—2002）、《无公害食品　肉兔饲养兽药使用准则》（NY 5130—2002）归纳总结如下：

畜禽疾病以预防为主，应严格按《中华人民共和国动物防疫法》的规定防止畜禽发病和死亡，及时淘汰患病畜禽，最大限度地减少化学药品的使用。预防、治疗和诊断疾病所用的兽药必须符合《中华人民共和国兽药典》、《中华人民共和国兽药规范》、《兽药质量标准》、《兽用生物制品质量标准》、《进口兽药质量标准》和《饲料药物添加剂使用规范》的相关规定。所用兽药必须来自具有《兽药生产许可证》和产品批准文号的生产企业，或者具有《进口兽药许可证》的供应商。所用兽药的标签应符合《兽药管理条例》的规定。

使用兽药时还应遵循以下原则：

1.允许使用消毒防腐剂对饲养环境、厩舍和器具进行消毒，但应符合NY/T 5033的规定。

2.优先使用疫苗预防动物疾病，但应使用符合"兽用生物制品质量标准"要求的疫苗对畜禽进行免疫接种，同时应符合 NY 5031 的规定。

3.允许使用《中华人民共和国兽药典》二部及《中华人民共和国兽药规范》二部收载的用于畜禽的兽用中药材、中药成方制剂。

4.允许在临床兽医的指导下使用钙、磷、硒、钾等补充药、微生态制剂、酸碱平衡药、体液补充药、电解质补充药、营养药、血容量补充药、抗贫血药、维生素类药、吸附药、泻药、润滑剂、酸化剂、局部止血药、收敛

药和助消化药。

5. 慎重给猪使用经农业部批准的拟肾上腺素药、平喘药、抗（拟）胆碱药、肾上腺皮质激素类药和解热镇痛药，慎重给牛使用作用于神经系统、循环系统、呼吸系统、泌尿系统的兽药。

6. 禁止使用麻醉药、镇痛药、镇静药、中枢兴奋药、化学保定药及骨骼肌松弛药。

7. 治疗药应凭兽医处方购买，除此之外还应注意以下几点：①严格遵守规定的用法与用量；②休药期应遵守规定的时间，未规定休药期的品种，休药期不应少于 28 天；③使用药物时应注意配伍禁忌，抗球虫药应轮换使用，以免产生抗药性。

8. 建立并保存免疫程序记录，建立并保存全部预防用药记录、治疗用药记录。包括畜禽编号、发病时间及症状、治疗用药物名称（商品名及有效成分）、给药途径、给药剂量、疗程、治疗时间等；预防或促生长混饲给药记录，包括药品名称（商品名及有效成分）、给药剂量、疗程等。

9. 禁止使用未经国家畜牧兽医行政管理部门批准的用基因工程方法生产的兽药。

10. 禁止使用未经农业部批准或已经淘汰的兽药。

11. 禁止使用有致畸、致癌、致突变作用的药物。

12. 禁止使用会对环境造成严重污染的兽药。

13. 限制使用某些人畜共用药，主要是青霉素类和喹诺酮类的一些药物。

14. 禁止使用影响动物生殖功能的激素类或其他具有激素作用的物质及催眠镇静类药物。

（二）药物残留的问题及其危害

食品安全和公共卫生安全是近年来国际上高度关注和高度敏感的话题，尤其畜禽肉、蛋、奶中的药物残留是人们关注的焦点，这些药物残留与化学和抗生素药物在食源动物中的大量使用有直接关系。随着畜牧业规模化、集约化的发展，兽药及饲料添加剂在畜牧业生产中得到了广泛运用。有的生产企业及饲养者、经营者为谋取最大利润，置国家法律法规于不顾，滥用或非法使用兽药及违禁药品。一方面，过量的药物残留在动物体内，另一方面，饲料中铜、铅、汞、砷等微量元素，通过动物体的富集作用使其毒性增强，当人们食用了残留超标的动物源食品后，会在人体内蓄积，产生多种不良后果，甚至引起中毒，直接危害人的健康及生命。

兽药和添加剂等禁用化学物质污染是食品安全和公共卫生安全的主要问题，表现为经营者违法使用抗生素、激素等兽药，及违法使用瘦肉精等饲料添加剂等问题。例如 2006 年上海连续发生瘦肉精食物中毒事件，波及全市 9 个区，336 人中毒。据不完全统计，1998 年以来，我国相继发生 18 起瘦肉精中毒事件，中毒人数达 1 700 多人，死亡 1 人。动物源食品生产、加工、储存、流通、消费等各个环节，即所谓的从农场到餐桌（From Farm to Table）这一全过程中，病原微生物或致病因子、残留抗生素或其他兽药、饲料添加剂等对人类健康的影响，已成为食品安全的重要问题。

畜禽饲料中的一些促生长剂，如抗球虫药物、抗生素及高铜、高锰、高铅等微量元素，饲料原料（如菜子饼）中的有毒有害物质等均可随粪便排出体外，污染环境。例如，锌、铜、锰等元素在动物体内尚未充分吸收，如成年单胃动物对锌的吸收能力仅为 7%～15%，铜的吸收能力仅为 5%～10%，未被吸收的都从粪中排出体外，渗入土壤而污染环境，当超过土壤的自净能力时，将会引起土壤组成和性状的改变，破坏土壤原来的基本功能。

1. 兽药残留是影响动物性食品安全的重要因素　兽药残留不仅影响人类食肉安全，而且影响动物源食品的对外贸易。我国兽药安全管理还不完善，兽药管理体系和法律标准还存在一些问题。在认真落实科学发展观，坚持以人为本和努力构建和谐社会的今天，食品安全愈来愈受到政府和全社会的高度关注。动物源食品安全是食品安全的重要组成部分，而动物源食品安全的重点之一是控制动物源食品的药物残留。近年来发生的"瘦肉精"、氯霉素、硝基呋喃等影响食品安全的事件，都是因药物残留存在或超标，危害着人们身体健康，影响了动物性食品出口创汇，在国际国内均造成了极坏的影响。

2. 动物药物残留对贸易的影响　兽药残留直接影响进出口动物源食品的质量，更影响进出口贸易关系，并且还与消费者的安全卫生和身体健康密切相关。因此，掌握研究动物源食品药物残留的现状，不仅对养殖企业具有重要意义，而且对检验检疫部门的检疫与监管具有现实意义。应加强动物源食品药物残留企业自控及检验检疫部门监控工作，加强对各注册场药物使用的监督管理，使动物源食品的药物残留监控水准在最短的时间内达到国际标准的要求。

3. 动物源食品中兽药残留控制是系统工程 我国政府和有关部门对解决动物源性食品中兽药残留问题做了大量的工作，如制订《兽药残留标准检测方法》和《兽药最高残留限量和休药期》的标准，发布《饲料药物添加剂使用规范》，开展兽药残留监控和检测工作，打击、查处在动物生产中使用违禁药物等措施，并取得了显著的成绩，使我国动物源食品中兽药残留的问题得到了明显的改善。但是，近年来我国动物源食品在基本满足了数量要求以后，随着人民生活水平的提高，人民都要求吃上"放心肉"、"安全肉"，对食品质量安全的要求已成为主要的问题，但在这方面，目前尚有一定的差距。另外，兽药残留问题也是影响我国动物源产品国际贸易的突出问题，欧盟、日本等往往借我国肉产品中的兽药残留，设置贸易壁垒，拒绝进口我国的畜禽产品，严重影响了我国的声誉和畜禽产品的出口。因此，如何进一步采取措施解决我国动物源食品中兽药残留问题，便成为一个急需解决的重要问题。

（三）积极发挥兽医公共卫生的作用，有效控制兽药残留

1. 完善法律法规体系和食品安全标准体系 国家应尽快制定和完善动物源食品安全管理的法律法规，形成一个覆盖面广、配套完善的法律体系，并组织各方力量围绕动物源食品的生产、产品质量、安全评价等因素，面向国际市场，制订出适合我国国情的动物源食品质量安全标准，使动物源食品安全管理有法可依、依法管理，确保食品的质量安全，保障人民身体健康，促进社会安定。

2. 加大对兽药、饲料和饲料添加剂的监督管理力度 畜牧兽医行政管理部门应依据《兽药管理条例》规定，加大执法力度，定期、不定期对兽药生产、经营和使用单位进行监督检查。整顿兽药市场，严厉打击违法生产、经营和使用兽药行为，监督兽药生产企业按照《兽药GMP》组织生产，确保产品质量合格。饲料行政管理部门要依据《饲料和饲料添加剂管理条例》规定，对饲料、饲料添加剂生产经营企业经常进行检查，对违法生产经营活动予以严厉查处。各地兽医行政管理部门以贯彻实施《兽药管理条例》为契机，加大对非法制售重大疫病疫苗查处力度，力争使兽药市场整治工作取得明显成效。同时加大兽药质量监督抽检工作力度和监管力度，建立健全兽药质量跟踪检测制度和申诉核查制度，严肃查处违规企业和不合格产品，严厉打击非法制售假劣兽药行为，有效遏制非法制售假劣兽药违法活动，使兽药

产品质量合格率稳步提升。

3. 建立可持续发展畜牧业的法制基础　制定促进畜牧业健康发展的新制度，将可持续发展建立在法制的基础上。对养殖企业的资格准入、饲养环境、食品加工企业的资质、各级兽医机构的职责、兽医服务从业要求等制定出配套完整的法规和技术规范，做到每个环节都有法可依。

4. 做好兽医公共卫生教育　在我国农业院校中，多数设有兽医学院，尚没有设立兽医公共卫生学院。从医学的三大学科预防医学、临床医学和基础医学看，兽医公共卫生是预防医学学科。国外很多著名大学均设有医学院和公共卫生学院。我国台湾中兴大学设有兽医公共卫生研究所。我国在农业院校中设立专门的兽医公共卫生学院是必要的，主要为预防兽医学培养专业人才，以本科教育为主，为政府兽医公共卫生官员提供人才来源。

第四节　疫病净化

动物源疫病给人类带来难以估计的影响。有史以来，全世界死于鼠源疫病的人数远远超过直接死于各次战争的人数，自公元 520 年至 20 世纪 40 年代，死于鼠疫流行的人数达 1.5 亿人。目前，我国出血热、钩端螺旋体等鼠传染病，对人类健康构成很大威胁。人畜共患病除了源于家畜、家禽和饲养的宠物外，还可源于野生动物、鸟类、水生动物、节肢动物等。其中由野生动物引起的人畜共患病又称为自然疫源性疾病。如鼠疫、流行性出血热、森林脑炎、恙虫病、布鲁氏菌病、钩端螺旋体病、炭疽及地方性斑疹伤寒等。所谓的自然疫源性是指疾病不依赖于人类，就能在野生动物中自然传播，并不断循环往复的特性。也就是说，这类疾病独立于人类之外，在野生动物中自然地发生和流行，人类之所以发病只不过是涉足其中而被偶尔感染上的。自然疫源性包括两层含意：即自然性和疫源性。自然性强调了不依赖于人类，在自然界发生或存在的生物学现象；而疫源性则强调了病原体、媒介、宿主是一定地理景观、一定生活环境中生物群落的共生物。

人畜共患病是人类和脊椎动物由同一病原体引起的，在流行病学上互相关联的一类疾病，人畜共患病应符合的条件包括：病原体是微生物或寄生虫，非生命性的公共致病因素不包括在内；同一种病原体在自然条件下能使人和某种脊椎动物感染或发病，并可以在人与人之间，动物与动物之间相互或单向传染；病原体在人和动物之间的传播方式可以是直接接触性的，也可以是间接接触性的。

按病原体的种类区分，人畜共患病分为病毒病、细菌病、衣原体病、立克次氏体病、螺旋体病、真菌病和寄生虫病。按病原体储存宿主的性质分为以动物为主的人畜共患病，以人为主的人畜共患病，以及人畜并重的人畜共患病。人畜共患病的种类多、分布广，危害人类健康和畜牧业的发展。

一、人畜共患病的流行趋势

（一）传统传染病再度肆虐人畜

目前，人畜共患病不仅威胁着发展中国家，而且威胁到发达国家。许多传染病和寄生虫病已成为造成人类死亡的主要原因。历史上发生的传统传染病曾经给人类带来过巨大灾难，人类在长期同这些疾病做斗争的过程中积累了丰富的经验，并取得了重大成就，先后消灭和控制了许多急性传染病。由于种种因素的影响，如耐药株和变异株病原体的出现、生态环境的改变、世界气候的变化、人口的频繁流动、食品工业化、动物与动物产品市场流动的加快等，助长了人畜共患病的发生与传播。当前，一些已经被控制的传统传染病，如结核病、狂犬病、布鲁氏菌病、乙型脑炎、血吸虫病等卷土重来，对人类重新构成严重威胁。

（二）新出现的传染病已对人类构成新的威胁

据统计，自 20 世纪 70 年代以来，全球范围内已出现新发生的传染病43 种，其中在我国存在或潜在的约有 20 多种。新出现的传染病是指那些由新种或新型病原体引起的传染病，可导致地区性的或国际性的公共卫生问题。在这些新发现的传染病中绝大多数是动物源性的人畜共患病，又以病毒病和自然疫源性疾病为多数，其特点表现为流行范围广，传染性强，传播速度快，病死率高，危害性大。按照新传染病被发现的特点可将其分为三类：一是疾病以往在人间可能不存在，确实是新发现的，如艾滋病、冠状病毒性非典型肺炎、O_{139} 霍乱等；二是疾病在人间早已存在，近 30 年来才被发现和认识，如莱姆病、戊性肝炎、丙型肝炎等；三是一些过去被认为是非传染病的疾病现已找出了病原体，并确认具有传染性，如幽门螺旋杆菌引起的胃溃疡或萎缩性胃炎、乙肝病毒和丙肝病毒引起的肝癌、人嗜 T 淋巴细胞病毒 I、II 型分别引发的人 T 细胞淋巴瘤白血病和毛细胞白血病等。

二、疫病净化

人畜共患病是全人类的公共卫生问题，传染性强，危害性大，又具有很强的地域流行特点。对这类疾病的预防控制不仅涉及医学和兽医学问题，还涉及许多社会问题。随着经济全球化的发展，以及人口流动和国际贸易不断增加与扩大，人畜共患病的预防控制任务日益繁重，要采取综合防控措施才能有效控制动物疫病的发生和传播。一是要加强合作。不仅要加强国际合作，如疫情公开、疫情通报、防止输入传染源、加强海关检疫等，同时要动员全国的力量，组织国家卫生、农业、商业、外贸、海关、交通、旅游、公安、边防等各个部门间的通力合作。二是控制传染源，消灭传播媒介，切断传播途径。人畜共患病的主要传染源来自家畜、家禽和相应的野生动物。世界上动物种类众多，人类与家畜接触最多，据有关资料统计，有 1/3 的人类感染来自家畜和脊椎动物，有 2/3 的人畜共患病的储存宿主是家畜。因此，当发生重大动物疫情时，对患病动物应采取扑杀无害化处理措施，彻底消除传染源。三是加强疫情监测。定期开展监测检疫工作，及时掌握疫情动态，切实做到"早发现、早诊断、早报告、严处置"，严防疫情的扩散蔓延。四是强化动物防疫条件的审核，落实生物安全措施。五是加大基础研究的投入，建立参考实验室，组建专家队伍。

（一）布鲁氏菌病

1. 布鲁氏菌病的现状　布鲁氏菌病（Brucellosis，又称地中海弛张热、马耳他热、波浪热或波状热）是由布鲁氏菌引起的传染-变态反应性人畜患传染病。临床上主要以母畜流产、不孕和公畜睾丸炎为特征，我国农业部将其列为二类动物疫病，卫生部将其列为乙类人间传染病。世界动物卫生组织将其列为法定报告动物疫病。

自 20 世纪 80 年代后期以来，世界某些国家和地区人畜布鲁氏菌病疫情出现上升趋势，致使德国每年损失 6 600 万美元，法国损失 8 100 万美元，美国和拉丁美洲损失 7 亿美元。我国自 80 年代中期至 90 年代初，人、畜布鲁氏菌病曾得到一定程度的控制，人感染率下降至 0.3%，畜感染率下降至 0.5%～1%，并有 8 个省、区、市已达到基本控制的标准。但到 90 年代初，我国疫情又出现波动，到 90 年代中期已有 10 余个省、区布鲁氏菌病疫情出现大幅度反弹，仅1994年就上升至3.2%。据统计，广西10年间因布鲁氏菌病造成的损失达1 491.8万元，新疆10年间损失达1.11亿元。

2. 布鲁氏菌病净化中存在的问题 疫情波及范围广。目前，除重庆、贵州和海南外，其他28个省（区、市）均有人间布鲁氏菌病疫情报告，以奶牛、羊主产区疫情较重，且疫情呈现出从牧区、半牧区向农区甚至城市蔓延的趋势。疫情与奶牛、羊只流动情况关系密切。近几年，我国奶业迅速发展，奶牛大范围流动，部分地区奶牛布鲁氏菌病疫情上升较快，有些原本无疫情地区亦出现了疫情。新发病人主要分布在牧区和半农半牧地区，以养殖、加工人员居多。病人症状趋于典型。20世纪80年代，我国布鲁氏菌病临床表现多呈轻症经过，典型病例少见；20个世纪90年代以后，受流行的菌种影响，布鲁氏菌病患者大多为重症病人，病情较80年代有明显差异，严重危害人民群众的身体健康。

布鲁氏菌病有明显的职业性，与病畜、染菌畜产品接触多者感染和发病率高。80年代前，兽医、畜牧场饲养员、屠宰工、皮毛加工人员等感染率明显高于一般人群。80年代后，职业人群感染率呈下降趋势，但市民、学生等的感染率明显上升。可能与牲畜频繁流动和食用被布鲁氏病菌污染的食品有关。人对布鲁氏菌易感，无性别差异，主要取决于接触机会多少。从事畜牧业生产活动较多、接触传染源机会多的人感染机会也多。布鲁氏菌病的感染率和发病率具有明显的地区差异：农区高于城镇，城镇病人多集中在职业性较密切的工厂、畜产品仓库、城市养畜户等。布鲁氏菌病一年四季均可发病，但冬、春季节及家畜产子季节发病较多。羊种布鲁氏菌流行区有明显的季节性高峰，人间发病高峰在3～5月，牛种布鲁氏菌病则在产期和产后的泌乳期较多。2004年以后，发病的季节性有弱化的趋势。

传染源的存在和流动是疫情发生的最直接、最主要原因。各地大力发展畜牧业，购进奶牛、小尾寒羊等经济型牲畜，牲畜流通频繁，很容易造成疫情传播。如北方某市，近年来制定了"突出发展奶牛、寒羊两大产业，全力打造畜牧业强市"的发展目标，大量引进奶牛、寒羊，却没有加强检疫、免疫，导致传染病输入，致使布鲁氏菌病暴发流行。该市布鲁氏菌病新发病人从2001年的6例猛增至2005年的2 174例，上升数百倍。

随着农牧区经济结构的调整，牲畜现多属于农牧民私人财产，如果淘汰病畜补贴经费不能落实，又缺乏淘汰病畜的强制性措施，那么检出的阳性牲畜就无法处理，传染源可长期存在。此外，宣传力度不够也是导致布鲁氏菌病发生的重要因素。部分牧区的调查表明，多数从业人员对布鲁氏菌病防治知识并不了解，接羔时无任何防护措施，接羔后不洗手，污染物不消毒、随地乱扔，人畜混居现象比较严重，个人防护意识较差。

3. 布鲁氏菌病的净化防控措施　坚持"预防为主"的方针，实施"免疫、监测、扑杀、消毒、检疫"等综合防控措施，加强部门间的沟通合作，维护兽医公共卫生安全，努力减少和消除布鲁氏菌病对人民身体健康和畜牧业发展的危害。实行"重疫区以免疫和检疫为主，轻疫区以监测和扑杀为主，日常管理以消毒和个人防护为主"的措施，尽快控制疫情。

（1）**免疫**　各地根据布鲁氏菌病流行情况，依照国家相关政策对羊、牛进行免疫；除紧急免疫外，连续免疫 3 年，3 年后，根据评估结果采取相应措施；布鲁氏菌病疫苗 S2 株主要用于免疫牛、羊，M5 株主要用于免疫羊，S19 株主要用于免疫牛，也可使用农业部批准的新型布鲁氏菌病疫苗；对免疫动物应建立、健全免疫档案，做好免疫记录，特别要做好免疫用疫苗种类、生产厂家、生产批号等记录。

（2）**监测和流行病学调查**　由省级兽医行政主管部门组织开展血清学监测，对羊在 5 月龄以上，牛在 8 月龄以上的进行监测。

免疫地区：对新生畜、未免疫畜、免疫一年半或口服免疫一年以后的牲畜进行监测（猪可在口服免疫半年后进行）。监测至少每年进行一次。非免疫地区：监测至少每年进行一次。达到控制标准的牧区县抽检 1 000 头（只）以上，农区和半农半牧区抽检 500 头（只）以上；达到稳定控制标准的牧区县抽检 500 头（只）以上，农区和半农半牧区抽检 200 头（只）以上。

所有的奶牛、奶山羊和种畜每年必须进行两次血清学监测。

（3）**检疫监管**　加强活畜流动监管，加强产地和屠宰等环节的检疫监管，特别要加强对种用、奶用动物和规模化养殖企业的防疫监管。免疫动物调运前，应严格查验布鲁氏菌病的免疫记录。

（4）**疫情诊断和报告**　布鲁氏菌病的诊断按照《布鲁氏菌病防治技术规范》进行。

（5）**扑杀和消毒**　按 GB 16548—2006《病害动物和病害动物产品生物安全处理规程》进行无害化处理，对疫点、疫区及易感家畜饲养环境依据国家有关规定进行消毒，重点加强动物配种、分娩和流产环节消毒，净化环境。

（二）结核病

牛结核病（Bovine Tuberculosis）是由牛分支杆菌（*Mycobacterium bovis*）引起的一种人和多种家畜共患的慢性传染病。以组织器官的结核结节性肉芽肿和干酪样、钙化的坏死病灶为特征。我国农业部将其列为二类动物疫病，卫生部将结核病列为乙类人间传染病。世界动物卫生组织将其列为法定报告动物疫病。

1. 结核病的流行现状　结核病（TB）是一种由结核分支杆菌（*Mycobacteium tuberculosis*）引起的古老疾病，结核病与艾滋病和疟疾一起已被世界卫生组织列为重点控制的当今世界威胁人类健康的三大传染病。结核病居全球十大疾病死亡率死因之首。到 2002 年全球共报告死亡 5 700 万人，其中 1 050 万是 5 岁以下的儿童，98.0％在发展中国家。2004 年已有 170 万人死于结核病，包括 2 614 万与结核病/人类免疫缺陷病毒混合感染病人，结核病形势严峻，防治前景不容乐观。TB 现患率由 1990 年的 297/100 000 下降到 2004 年的 229/ 100 000。

根据 2000 年全国第 4 次流行病学调查结果，活动性肺结核和涂阳肺结核的患病率分别为 367/10 万和 122/10 万，估算全国有活动性肺结核病人 500 万，其中涂阳肺结核病人 150 万，占全球每年新发病例的 15％。结核病患病和死亡人数在全国甲乙类法定报告传染病中仍居首位。结核病是一个贫困病，越贫困病人越多，结核病疫情在经济不发达的中西部地区最高，比经济发达的东部沿海省份高 2 倍，全国大约 80％的结核病人来自农村。肺结核的患病率随着年龄增加而逐渐增高，在 45 岁以上年龄组中增加的最为明显，75 ％的患者是中青年。男、女肺结核病的患病率在 35 岁以前相近，35 岁以后男性的患病率高于女性的患病率。

中国结核病疫情仍呈"四高一低"的状况，即高患病率：活动性肺结核患病率为 367/10 万，痰涂阳性肺结核患病率为 122/10 万，菌阳患病率 160/10 万，估计全国有 500 万活动性肺结核病人，结核病人 80 ％在农村；高死亡率：全国结核病死亡率 9.8/10 万，每年死于结核病者达 13 万～15 万人，为各种其他传染病和寄生虫病死亡总和的两倍；高耐药率：肺结核病人耐药率高达 46％～90％，被世界卫生组织列入特别引起警示的国家和地区之一，其中初始耐药率为 18.6 ％，继发耐药率为 46.5％；高感染率：估计中国有 5.5 亿人已受结核菌感染，其中 10％的人将发生结核病；年递降率低：1990—2000 年活动性肺结核患病率年递降率仅为 5.4%，涂阳患病率年递降率仅为 3.2%。近 10 年来，传染性肺结核患病率无明显改变。

2. 结核病净化中存在的问题

（1）耐药性的出现 我国是全球结核病高负担国家之一，结核病患者居世界第二，而结核病耐药已成为结核病控制的一大难题，2000 年全国结核病流行病学抽样调查结果显示，我国结核分支杆菌初始耐药率为 18.6%，发达国家一般在 5%左右。

为加强结核病的预防与控制，中国 28 个省于 1993 年先后实施了世界银行贷款中国结核病控制项目，全面贯彻以发现和治疗肺结核病人为主的现代控制措施，结核病治疗取得了巨大的进步。但是，在抗结核药物的广泛应用中，由于多种因素影响，耐药结核病特别是耐多药结核病逐渐增多。耐药结核病的出现给结核病防治带来困难，也成为研究热点和难点。获得性耐药结核病，特别是耐多药结核（MDR-TB）病的出现主要是人为因素引起，比如，化疗方案不合理，医护人员督导不利，治疗不规范，单用药、不适当的联合用药、用药量不足等，极易导致耐药的产生。边远贫困地区由于地理和经济的特殊性，缺少专业机构的医生和服药监督人员，非专业机构的医生由于不能完全理解全程督导治疗的重要性，未监督患者用药，有的甚至未能指导患者家属来实行监督。病毒与结核杆菌双重感染也是引起获得性耐药结核病发病率增高的原因之一，像人类免疫缺陷病毒（HIV）和乙肝病毒（HBV）。另外，还包括一些社会因素，也会加大防治结合的难度，例如，流动人口的出现和增多，增加了结核病控制策略（DOTS）实施的难度，且流动人口是结核产生耐药的危险因素之一；医疗资源分布不均衡，我国县级以上结核病防治专业人员人均服务半径平均为 10.9 千米，而西部省份县级以上结核病防治人员服务半径达到 15.3 千米，西部结核病防治人员的工作难度极大。同时，由于缺乏有效的隔离和消毒措施，导致耐药结核菌的传播，增加了耐药结核病的发病率。

（2）人畜相互感染的存在 分支杆菌是一种细长的杆菌，其中主要有 3 种致病分支杆菌，即人型、牛型和禽型。这 3 个型的分支杆菌是同一种微生物的变种，是由于长期分别生存于不同机体而适应的结果，它们是人、牛、鸡结核病的主要病原。人型结核分支杆菌可使人、牛、羊、猪、狗和猫等这些与人类密切接触的动物发病。目前全球有 1/3 的人口感染过人型结核分支杆菌，每年有 800 万~1 000 万新病例产生，大约有 300 万患者因此而死亡

（Dolin 等，1994）。结核病是单一致病菌引起成年人死亡的主要原因，全世界中约有 1/4 可预防的死亡是由结核病引起的。牛分支杆菌主要感染不同种属的温血动物，包括有蹄动物、有袋动物、食肉类动物、灵长类动物、鳍脚类动物和啮齿类动物在内的 50 多种哺乳动物，还包括类鹦鹉鸟、石鸽、北美洲乌鸦等 20 多种禽类。其中牛是对牛分支杆菌最敏感的动物。牛分支杆菌的毒力较大，尤其是对奶牛，其次是水牛和黄牛。牛结核病常能引起各种家畜的全身性结核，也是羊结核的主要传染来源。另据有关资料报道，世界上结核病人中约有 15％ 是食用了结核病牛的奶而得病的。禽分支杆菌旧称禽结核分支杆菌，是家禽、鸟类和哺乳动物结核病的病原菌，可使鸡、人、牛、羊、猪和马发病。艾滋病人混合感染结核病的分支杆菌病原以禽分支杆菌居多。

在美国和其他国家（澳大利亚、巴西、法国、德国、日本和南非等），至少从猪中分离出 15 个血清型的禽分支杆菌。由此可见，由禽分支杆菌引起的猪结核病在世界广泛分布。在猪结核病中也分离到人型分支杆菌。

在以牧业为主要生活方式的少数民族地区，结核病严重影响人们的身体健康，同时也给畜牧业造成严重危害。

3. 结核杆菌净化防控措施 采取以"监测、检疫、扑杀和消毒"相结合的综合性防治措施。

（1）**监测净化** 成年牛净化群每年春、秋两季各进行一次监测；初生犊牛，应于 20 日龄时进行第一次监测；所有的种牛、奶牛每年必须进行两次监测。

（2）**检疫** 加强种牛、奶牛调运的检疫，异地引进的种牛、奶牛，必须来自于非疫区；调出前，在装运前 30 天内，须经当地动物防疫监督机构实施检疫；调入的种牛、奶牛，必须隔离观察 45 天以上，且经牛分支杆菌 PPD 皮内变态反应试验检查阴性者，方可混群饲养。

（3）**饲养管理** 加强饲养管理，建立严格卫生消毒制度，坚持自繁自养和封闭管理制度。

（4）**处置** 发现疑似疫情，畜主应限制动物移动；对疑似患病动物应立即隔离。动物防疫监督机构要及时派员到现场进行调查核实，开展实验室诊断。确诊后，当地人民政府组织有关部门按下列要求处理：

扑杀：对患病动物全部扑杀。

隔离：对受威胁的畜群（病畜的同群畜）实施隔离，可采用圈养和固定草场放牧两种方式隔离。隔离饲养用草场，不要靠近交通要道、居民点或人畜密集的地区。场地周围最好有自然屏障或人工栅栏。

无害化处理：对病死和扑杀的病畜进行无害化处理。

养殖场、屠宰场、畜产品加工厂人员以及兽医、实验室人员等，在接触病牛或病菌污染物前，应穿戴防护服、口罩、手套等防护装备。工作结束后，所有防护装备应就地脱下，洗净消毒。必要时使用卡介苗（BCG）进行暴露前免疫。

（三）沙门氏菌病

1. 沙门氏菌病的流行现状　沙门氏菌病是由沙门氏菌属（*Salmonella*）中的不同血清型感染各种动物而引起的多种疾病的总称。这种病流行于世界各国，常致肠炎，对幼畜、雏禽危害甚大，成年畜禽多呈慢性或隐性感染。患病与带菌动物是本病的主要传染源，经口感染是其最重要的传染途径，而被污染物与饮水则是传播的主要媒介物。它主要包括猪沙门氏菌病、马沙门氏菌病、牛沙门氏菌病、羊沙门氏菌病、禽沙门氏菌病等。我国农业部将其列为三类动物疫病。

据报道，日本、美国等发达国家发生的食物中毒事件中 40%～80% 都是由该病引起，中国约为 90%。2003 年，韩国因沙门氏菌造成的食物中毒事件就达 416 起之多；2004 年 7 月在德国阿尔高北部地区有 23 人确诊为沙门氏菌感染；2007 年 2 月，美国因花生酱沙门氏菌污染事件波及美国 41 个州，造成 300 多人感染；2007 年 5 月 3 日起俄国禁止产自美国、巴西、德国的肉产品进口，其原因是在检查中发现了这些食品中带有大量沙门氏菌病原体。

2008 年，范旭等人在家禽沙门氏菌病防控与食品安全报道中称沙门氏菌是世界范围内最为重要的食物源性沙门氏菌病原之一，30% 的食源性细菌污染由其引发。因此，沙门氏菌病的防控对公共卫生具有重要的意义。

2. 沙门氏菌净化防控措施

（1）国际上控制沙门氏菌的方法　国际上控制家禽沙门氏菌感染，除了采取严格的生物安全措施、加强饲养管理、卫生和消毒、种鸡群执行白痢-伤寒净化外，还提倡用疫苗控制。

①立法　欧共体从以下方面对沙门氏菌进行了规定：沙门氏菌的定义，引发的病和病原，禽群沙门氏菌的监测计划，饲养群沙门氏菌的检测方法，

规定证实感染的精确方法，家禽饲养原料中沙门氏菌的检测方法，共同体的参考实验室清单。

根据规定，对于多于 250 只鸡的种鸡群必须定期进行细菌学监测（只有在结果等同于细菌学方法时才用血清学方法）。针对肠炎沙门氏菌和鼠伤寒沙门氏菌的检测结果如果为阳性，应正式取样进行确认，如果得到确认，必须在符合有关法规要求的安全、卫生原则下进行屠宰或处理，并对鸡场进行消毒。种鸡群各生产阶段监测的内容分别为：1 日龄，雏鸡盒的衬垫、死鸡；4 周龄，粪便样品（每单元 60 份）；16 周龄，粪便样品（每单元 60 份）；生产期间每 2 周每群收集 250 只雏鸡的胎粪混合样品。

每个欧盟国家都必须采用该规定或将其内容转列入国家立法中，比如德国 1994 年制定了鸡沙门氏菌法令，英国 1993 年制定了家禽饲养群和孵场指令，规定指出，沙门氏菌种指有公共卫生意义的血清型，靶动物包括种鸡以及蛋鸡、肉鸡、火鸡、猪；到 2008 年 1 月直接供人消费的蛋只能来自按照描述的方法检测并符合阴性状态的鸡群，到 2009 年 1 月供人消费的鲜肉必须符合 25 克样品中不能检出沙门氏菌。如果合理使用疫苗，并采用免疫学方法进行检测，这样的结果是可能达到的。

②疫苗控制　现在，常用的疫苗有两大类：一类为灭活疫苗，主要有肠炎沙门氏菌病灭活疫苗和鼠伤寒沙门氏菌病灭活疫苗；另一类为弱毒活疫苗，主要有肠炎沙门氏菌病活疫苗、鼠伤寒沙门氏菌病活疫苗等。油乳剂灭活疫苗的免疫保护效果优于氢氧化铝胶菌苗。由于灭活疫苗的推荐免疫时间较晚（12～14 周龄），早期有保护缺口（接种前没有保护），并且不能诱导产生消化道局部保护力，所以使用受到一定的限制，但灭活疫苗结合活疫苗加强免疫使用的免疫效果会更好。

（2）国内对沙门氏菌病的防控措施

①早发现早治疗，对症下药是治疗本病的关键。失诊误治易造成动物的大量死亡，抗生素、磺胺类等药物要合理配伍，交替使用，以避免产生耐药性。

②严格执行免疫制度，认真落实防疫和消毒措施，是防止本病发生的最有效、最经济的办法。应根据当地疫情，合理制定免疫程序，科学选用优质疫苗，提高免疫质量。

③科学配制饲料，合理饲养。饲料构成的变化和配制，应根据动物生长周期的营养需要，科学调整日粮中粗蛋白质和钙质比例，适当提高青、粗饲

料比例，适量加入维生素、矿物质等，保障动物的正常生长需要，严禁突然改变饲料构成和饲养方法。

④合理调配饲养密度，确保圈舍有适宜的光照、温度、湿度，并且要重视环境卫生工作，尽可能给动物提供一个清洁、舒适的环境，提高生存的环境质量。尽量保持环境安静和饲养管理的规律化，避免应激反应。

⑤严格坚持自繁自养的原则，尽量不要从外场引进动物，如确需引进的，引入后应隔离检疫，及时接种疫苗，隔离观察一个月后才能混群。

（四）无规定疫病区的建设

1. 相关概念

（1）**无规定疫病区**　在规定期限内，没有发生过某种或几种疫病，同时在该区域及其边界和外围一定范围内，对动物和动物产品、动物源性饲料、动物遗传材料、动物病料、兽药（包括生物制品）的流通实施官方有效控制并获得国家认可的特定地域。无规定疫病区包括非免疫无规定疫病区和免疫无规定疫病区两种。

（2）**非免疫无规定疫病区**　在规定期限内，某一划定的区域没有发生过某种或某几种动物疫病，且该区域及其周围一定范围内停止免疫的期限达到规定标准，并对动物和动物产品及其流通实施官方有效控制。

（3）**免疫无规定疫病区**　在规定期限内，某一划定的区域没有发生过某种或某几种疫病，对该区域及其周围一定范围内允许采取免疫措施，对动物和动物产品及其流通实施官方有效控制。

（4）**监测区**　环绕某疫病非免疫无规定疫病区，依据自然环境、地理条件和疫病种类所划定的，按非免疫无疫区标准进行建设的对非免疫无规定疫病区有缓冲作用的足够面积的地域，且该地域必须有先进的疫病监控计划，实行与非免疫无规定疫病区相同的防疫监督措施。

（5）**缓冲区**　环绕某疫病免疫无规定疫病区而对动物进行系统免疫接种的地域，是依据自然环境和地理条件所划定的按免疫无规定疫病区标准进行建设的对免疫无规定疫病区有缓冲作用的一定地域，且该地域必须有先进的疫病监控计划，实行与免疫无规定疫病区相同的防疫监督措施。

（6）**感染区**　指有疫病存在或感染的一定地域，由国家依据当地自然环境、地理因素、动物流行病学因素和畜牧业类型而划定公布的一定范围。

（7）**自然屏障**　指自然存在的具有阻断某种疫情传播、人和动物自然流动的地理阻隔，包括大江、大河、湖泊、沼泽、海洋、山脉、沙漠等。

（8）**人工屏障** 指为建设无疫区需要，限制动物和动物产品自由流动，防止疫病传播，由省级人民政府批准建立的动物防疫监督检查站、隔离设施、封锁设施等。

2. 规定疫病区疫病控制标准

（1）**高致病性禽流感** 无高致病性禽流感区：①该区域首先要达到国家无规定疫病区基本条件。②有定期的、快速的动物疫情报告记录。③在过去3年内没有发生过高致病性禽流感，并且在过去6个月内，没有进行过免疫接种；另外，该地区在停止免疫接种后，没有引进免疫接种过的禽类。④在该区具有有效的监测体系和监测区，过去3年内实施疫病监测，未检出H5、H7病原或H5、H7禽流感HI试验阴性。⑤所有的报告、监测记录等有关材料准确、翔实、齐全。

若发生高致病性禽流感时，在采取扑杀措施及血清学监测的情况下，最后一只病禽扑杀后6个月；或采取扑杀措施、血清学监测及紧急免疫情况下，最后一只免疫禽屠宰后6个月，经实施有效的疫情监测和血清学检测确认后，方可重新申请无高致病性禽流感区。

（2）**口蹄疫**

①免疫无口蹄疫区

A. 该区域首先要达到国家无规定疫病区基本条件。

B. 该区域在过去2年内未发生过口蹄疫。

C. 有定期的、快速的动物疫情报告记录。

D. 该区域和缓冲区实施强制免疫，免疫密度100%，所用疫苗必须符合国家兽医行政管理部门规定。

E. 该区域和缓冲区须具有运行有效的监测体系，过去2年内实施监测，未检出病原，免疫效果确实。

F. 所有报告及免疫、监测记录等有关材料准确、翔实、齐全。

若免疫无口蹄疫区内发生口蹄疫时，最后一例病畜扑杀后12个月，经实施有效的疫情监测确认后，方可重新申请免疫无口蹄疫区。

②非免疫无口蹄疫区

A. 该区域首先要达到国家无规定疫病区基本条件。

B. 在过去2年内没有发生过口蹄疫，并且在过去12个月内，没有进行过免疫接种；另外，该区域在停止免疫接种后，没有引进免疫接种过的动物。

C. 有定期的、快速的动物疫情报告记录。

D. 在该区具有有效的监测体系和监测区，过去 2 年内实施疫病监测，未检出病原。

E. 所有报告及监测记录等有关材料准确、翔实、齐全。

若非免疫无口蹄疫区内发生口蹄疫时，在采取扑杀措施及血清学监测的情况下，最后一例病例扑杀后 3 个月；或在采取扑杀措施、血清学监测及紧急免疫的情况下，最后一头免疫动物屠宰后 3 个月，经实施有效的疫情监测和血清学确认后，方可重新申请非免疫无口蹄疫区。

（3）新城疫

①免疫无新城疫区

A. 该区域首先要达到国家无规定疫病区基本条件。

B. 该区域在过去 3 年内未发生过新城疫。

C. 有定期的、快速的动物疫情报告记录。

D. 该区域和缓冲区实施强制免疫，免疫密度 100%，所用疫苗必须为符合国家兽医行政管理部门规定的弱毒疫苗（ICPI 小于或等于 0.4）或灭活疫苗。

E. 该区域和缓冲区须具有运行有效的监测体系，过去 3 年内实施监测，未检出 ICPI 大于 0.4 的病原，免疫效果确实。

F. 所有的报告及免疫、监测记录等有关材料准确、翔实、齐全。

若免疫无新城疫区内发生新城疫时，最后一只病禽扑杀后 6 个月，经实施有效的疫情监测确认后，方可重新申请免疫无新城疫区。

②非免疫无新城疫区

A. 该区域首先要达到国家无规定疫病区基本条件。

B. 在过去 3 年内没有暴发过新城疫，并且在过去 6 个月内，没有进行过免疫接种；另外，该地区在停止免疫接种后，没有引进免疫接种过的禽类。

C. 有定期的、快速的动物疫情报告记录。

D. 在该区具有有效的监测体系和监测区，过去 3 年内实施疫病监测，未检出 ICPI 大于 0.4 的病原或 HI 滴度不大于 23（1∶8）。

E. 所有报告及监测记录等有关材料准确、翔实、齐全。

若非免疫无新城疫区内发生新城疫时，在采取扑杀措施及血清学监测情况下，最后一只病禽扑杀后 6 个月；或采取扑杀措施、血清学监测及紧急免疫情况下，最后一只免疫禽屠宰后 6 个月，经实施有效的疫情监测和血清学检测确认后，方可重新申请非免疫无新城疫区。

（4）猪瘟

①免疫无猪瘟区

A. 该区域首先要达到国家无规定疫病区基本条件。

B. 该区域在过去 2 年内未发生过猪瘟。

C. 有定期的、快速的动物疫情报告记录。

D. 该区域和缓冲区实施强制免疫，免疫密度 100％，所用疫苗必须符合国家兽医行政管理部门规定。

E. 该区域和缓冲区须具有运行有效的监测体系，过去 2 年内实施监测，未检出病原，免疫效果确实。

F. 所有报告，免疫、监测记录等有关材料准确、翔实、齐全。

若免疫无猪瘟区内发生猪瘟时，最后一例病猪扑杀后 12 个月，经实施有效的疫情监测，确认后方可重新申请免疫无猪瘟区。

②非免疫无猪瘟区

A. 该区域首先要达到国家无规定疫病区基本条件。

B. 在过去 2 年内没有暴发过猪瘟，并且在过去 12 个月内，没有进行过免疫接种；另外，该地区在停止免疫接种后，没有引进免疫接种过的猪。

C. 有定期的、快速的动物疫情报告记录。

D. 在该区具有有效的监测体系和监测区，过去 2 年内实施疫病监测，未检出病原。

E. 所有的报告及监测记录等有关材料准确、翔实、齐全。

若非免疫无猪瘟区内发生猪瘟时，在采取扑杀措施及血清学监测的情况下，最后一例病猪扑杀后 6 个月；或在采取扑杀措施、血清学监测及紧急免疫的情况下，最后一例免疫猪屠宰后 6 个月，经实施有效的疫情监测和血清学检测确认后，方可重新申请非免疫无猪瘟区。

2. 无规定疫病区基本条件

（1）区域要求

①区域规模 无规定疫病区的区域应集中连片，有足够的缓冲区或监测区，具备一定的自然或人工屏障的区域。

②社会经济条件 无规定疫病区必须是动物饲养相对集中。

无规定疫病区的建设必须在当地政府领导下，有关部门积极参与，并得到社会各界的广泛支持。

社会经济水平和政府财政具有承担无疫区建设的能力，承受短期的、局部的不利影响，并在维持方面提供经费等保障。

无规定疫病区的建立能带来显著的经济和社会生态效益。

③动物防疫屏障　无规定疫病区与相邻地区间必须有自然屏障和人工屏障。

④非免疫无规定疫病区外必须建立监测区，免疫无规定疫病区外必须建立缓冲区。

⑤免疫无规定疫病区必须实行免疫标识制度、实施有计划的疫病监控措施和网络化管理。

免疫无规定疫病区引入易感动物及其产品只能来自于相应的免疫无规定疫病区或非免疫无规定疫病区。对进入免疫无规定疫病区的种用、乳用、役用动物，应先在缓冲区实施监控，确定无疫后，并按规定实施强制免疫，标记免疫标识后，方可进入。

⑥非免疫无规定疫病区必须采取有计划的疫病监控措施和网络化管理。

非免疫无规定疫病区引入易感动物及其产品只能来自于相应的其他非免疫无规定疫病区。对进入非免疫无规定疫病区的种用、乳用、役用动物，应先在监测区按规定实施监控，确定符合非免疫无规定疫病区动物卫生要求后，方可进入。

（2）**法制化、规范化条件**

①省级人大或者人民政府制定并颁布实施与无规定疫病区建设相关的法规规章。

②省级人民政府制定并实施有关疫病防治应急预案，并下达无规定疫病区动物疫病防治规划。

③依据国家或地方法律法规和规章的有关规定，省级畜牧兽医行政管理部门必须严格实施兽医从业许可、动物防疫条件审核、动物免疫、检疫、监督、疫情报告、畜禽饲养档案、机构队伍和动物防疫工作档案等具体的管理规定；必须严格实施动物用药、动物疫病监控、防治等技术规范。

（3）**基础设施条件**

①区域内应有稳定健全的各级动物防疫监督机构和专门的乡镇畜牧兽医站，并有与动物防疫工作相适应的冷链体系。

②区域内的实验室应具备相应疫病的诊断、监测、免疫质量监控和分析能力，以及与所承担工作任务相适应的设施设备。

③动物防疫监督机构具备与检疫、消毒工作相适应的检疫、检测、消毒等仪器设备。

④动物防疫监督机构具有与动物防疫监督工作相适应的设施、设备和监督车辆，保证省、市、县三级动物防疫监督机构有效开展检疫、执法、办案和技术检测等工作。具备对动物或动物产品在饲养、生产、加工、储藏、销售、运输等环节中实施动物防疫有效监控的能力。

⑤有相应的无害化处理设施设备，具备及时有效地处理病害动物和动物产品以及其他污染物的能力。

⑥省、市、县、乡有完备的疫情信息传递和档案资料管理设备，具有对动物疫情准确、迅速报告的能力。

⑦在无规定疫病区与非无规定疫病区之间建立防疫屏障，在运输动物及其产品的主要交通路口设立动物防疫监督检查站，并配备检疫、消毒、交通和及时报告有关情况的设施设备。具有对进入本区域的动物及其产品、相关人员和车辆等进行有效监督和控制疫病传入传出的能力。

（4）机构与队伍

①组织机构　有职能明确的兽医行政管理部门；有统一的、稳定的、具有独立法人地位的省、市、县三级动物防疫监督机构；有健全的乡镇动物防疫组织。

②队伍　有与动物防疫工作相适应的动物防疫人员；动物防疫监督机构设置的动物防疫监督员必须具备兽医相关专业大专以上学历，动物检疫员必须具备兽医相关专业中专以上学历；动物防疫监督机构内从事动物防疫监督、动物检疫及实验室检验的专业技术人员比率不得低于80%；兽医行政管理部门及动物防疫监督机构应制定并实施提高人员素质的规划，有组织、有计划地开展培训和考核，并具有相应的培训条件和考核机制；各级政府应采取有效措施，保证动物防疫监督机构及动物防疫组织从事的动物防疫活动按照国家和省财政、物价部门制定的标准收费。

（5）其他保障条件

①动物产地检疫和屠宰检疫均由动物防疫监督机构依法实施。

②有处理紧急动物疫情的物资、技术、资金和人力储备。

③有足够的资金支撑，在保证基础设施、设备投入和更新的同时，保证动物免疫、检疫、消毒、监督、诊断、监测、疫情报告、扑杀、无害化处理等工作经费。

第六章
动 物 福 利

　　现代畜牧科学技术都以满足人类需要出发，而较少或没有考虑动物在长期系统发育过程中形成的生理、行为、情感等方面的需求。因此，在大幅度提高了动物生产水平和效益的同时，导致了动物的生活质量下降，适应能力、抵抗力、免疫力降低，严重影响了动物的生产力和健康水平。此外，由于片面追求经济利益，降低生产成本，把畜禽当作"生产机器"，生产规模和饲养密度越来越大，动物排出大量的粪、尿、气体使畜禽舍的环境质量不断恶化，处在这种环境下的畜禽极易得病，只好靠重复大剂量使用抗生素等药物来控制畜禽的疾病，这样极易导致病原微生物抗药性的产生、新的血清型出现，使畜牧场非典型疫病、新亚型疫病及细菌、病毒混合感染疫病防不胜防，严重影响动物甚至人类的公共卫生安全。目前养殖环境、传染病、应激综合征、动物性食品安全和品质等一系列与畜禽福利密切关系的问题已成为我国畜牧业持续健康发展的急需解决的主要矛盾。因此，提倡"养重于防"、"防重于治"，重视畜禽产品的源头控制，实现健康养殖、福利养殖对于动物健康、食品安全具有重要作用。

第一节　概　　述

　　动物福利的理念是追求动物与自然的和谐，主张人与动物的协调发展。因此，要生产安全营养的畜产品，保护人类安全和健康，就必须在人类需要与动物需要之间寻找一种平衡，建立一种新的既让动物享有福利，又能提高动物生产性能和经济效益的生产方式。人类关注动物福利问题已有100多年的历史。动物福利理念与研究日益普及与深入，目前国际上对动物福利的关注逐渐从日常的伴侣动物转移到传统的农场动物身上。作为肉、蛋、奶的主要供给者，农场动物与人类日常生活密切相关，对动物产品的国内外贸易和人类的健康影响巨大。本文从动物福利和健康养殖的概念出发，阐述了动物福利与健康养殖的关系，同时从饲养员的培训、提供良好的饲养环境、提供福利设施、提供营养全面优质的日粮、有效处理畜禽粪便等方面探讨了提高动物福利、建立福利型健康养殖方式的技术途径。

一、动物福利及其基本要求

动物福利一词源自英文"Animal welfare",其概念由美国人休斯(Hughes)于1976年提出,动物福利可简单地概括为"让动物康乐"。要实现康乐就需要提供给动物所需要的生存条件,按照自然法则尊重、满足动物的基本生理、心理、行为需求,善待动物,以此促进动物健康、快乐,减少疾病,使生产者获得高品质、安全的畜禽产品,从而实现产业链上的良性循环。对动物福利的重视,不仅是为了让动物生活舒适,确保家畜享有动物福利,同时也是为了提高畜禽个体的生产性能和经济效益。

动物福利的实质就是要实现健康与快乐的"统一"。因此,为了使动物享受足够的福利,应该关注动物的生理健康和心理健康,这也是英国农业动物福利协会(FAWC)提出的动物福利应遵循"五项自由"的基本内容:①不受饥渴的自由;②生活舒适的自由;③不受痛苦伤害和疾病威胁的自由;④生活无恐惧和悲伤感的自由;⑤享有表达天性的自由。目前我国的动物福利比较落后,比如在动物饲养环节,我国还无法达到动物福利要求,动物的饲养密度仍然比较大,动物的生活条件还比较差;在运输环节,我国尚不具备在运输工具上安装空调、饮水装置、喷雾装置及通风装置等设备的能力,运输密度也达不到欧盟的要求;在屠宰环节上,仅有很少的屠宰场能达到欧盟的要求。

二、动物福利与健康养殖

畜牧业的发展对满足人类对肉、蛋、奶以及毛皮等其他工业原料的需求作出了巨大贡献,但与此同时,集约化的生产方式也违背了动物基本的生理、心理、行为需求,引发了许多动物应激乃至疾病问题。这种普遍性的负面影响,已经日益显现出来,如动物的生活质量下降,适应环境的能力以及抗病力和免疫力降低,严重影响了动物的生产力和健康水平。为了追求永不满足的经济效益,人们使用提高动物生产力和抗病力的饲料添加剂和大剂量的抗生素等,以减少发病率和死亡率,从而促进肉、奶、蛋的生产,这又导致了动物性食品安全和品质下降、环境污染等问题的发生,许多抗药性强的病原菌的产生，最终又危及人类的健康和生存。为此，人们从不同角度研究动物福利问题，以改善动物福利，提高动物的生产性能，以期畜牧业走向健康发展之路。

近几年我国学者在吸纳国外动物福利的先进技术和先进理念的基础上，结合我国畜牧业生产的特点提出了"健康养殖"的概念，其科学内涵包括动物养殖全过程的安全健康和动物产品的安全与健康两方面，最终目的是保护人类的安全。实际上，"健康养殖"在许多方面都与动物福利的要求"不谋而合"，都是为了保护动物健康，生产安全营养的畜产品，从而保护人类安全和健康。研究表明，善待动物，尊重动物天性，并为其提供适宜生存环境及饲喂安全、营养全面的日粮，动物便可依托自身的各种机制大大提高生产力。所以，健康养殖是科学发展观在畜牧领域的具体体现，既是我国现代畜牧业发展的必然趋势，也是保护动物健康、快乐和人类安全，体现动物福利理念，规避集约化养殖风险，促进畜牧业良性发展的必经之路。

三、建立福利型健康养殖

纵观我国近二十多年来猪病的暴发与流行情况，似乎这些疫病之间毫无关联，但就其引发这些疫病大规模暴发的共同潜在原因，都可以归结为恶劣的饲养环境和不合理的饲养管理。因此，加强动物养殖环节的科学管理及畜禽舍环境控制对改善动物福利状况显得尤为重要。在饲养环节中影响动物福利的因素主要有人员、设备、饲料、饲养环境和生产管理以及粪污处理等，这些因素对动物的行为和生产性能都有着不可小视的影响。

（一）加强饲养员的培训

饲养员与动物的关系对动物福利有重要影响。Hemsworth对饲喂人员素质与猪受到的影响之间的关系进行了研究，结果表明受到饲养员舒适对待的猪更容易接近人，受到饲养员不舒适对待的猪则表现低的生长速率和怀孕率，表明受到不舒适对待的猪受到了慢性应激。由此可见，饲养员要具有较高的道德水平和生产管理技能，要熟悉动物正常和异常的生理反应及表现，并以友好的态度对待动物，禁止吆喝、恐吓、踢打等妨碍动物身心健康、损害动物福利的行为。

（二）提供良好的饲养环境

动物的饲养环境一般指与动物关系极为密切的生活与生产空间以及可以直接、间接影响动物健康的各种物理、化学和生物因素，主要包括畜（禽）舍设计与建筑材料、舍内外温度、湿度、空气、光线、有害气体、微生物等。现代化养殖业不仅要保证畜禽的正常生产和繁殖性能，还必须充分考虑畜禽的行为和生理需要，为畜禽提供各种良好的环境条件，如通过增加饲养空间、改善地板状况、增强舍内环境调控能力等措施，满足动物各种行为的需求，从而提高畜禽的生产性能、健康状况和福利水平。

1. 满足动物的地面空间需求　地面空间并不是一个用数量来描述的简单概念。它包括休息空间、功能空间和社会空间等各个方面的复杂概念。减少单个动物的地面空间占有量，即提高饲养密度，可以提高单位面积的生产效益，但高密度饲养时，圈舍被粪尿污染的程度会增加，从而会使动物感染疾病的风险增加，并增加舍内有害气体的浓度和个体损伤的几率等。Villagrá 等（2009）研究表明高密度养殖的肉鸡受到应激后引起剧烈的应激反应，而中低密度养殖的鸡则应激反应不明显。杨伟等（2008）研究表明猪的大圈饲养能有效地减少了圈栏的污染面积，提高猪舍的卫生状况。这些都说明满足动物的地面空间需求是非常重要的，应该给以足够的重视。

2. 改善地板状况　畜舍地面是畜禽生活的主要场所，其对动物身体舒适程度、体温调节、健康都有非常重要的影响。总体来说，要求畜舍地面防滑、防止动物受伤，休息区域应当干净，排水良好。猪舍地板类型的选择应该从尽可能满足猪自然习性的角度出发，尽量不给它们施加不良的应激，让它们在相对适宜的环境中快乐地生长。此外，还应该注意到猪生产中的不同阶段对地板的要求是不同的。例如，仔猪的体温调节能力差，腹部易受凉导致拉稀，这是导致仔猪死亡率高的重要原因。因此，我们可以在仔猪舍铺设加热地板或保温地板。育肥猪的体温调节能力已经比较健全，所以我们可以在育肥舍铺设半漏缝地板。有研究表明漏缝地板对猪细菌感染有预防作用，因为在漏缝地板猪粪可以很快地流到储粪池中。

3. 提供福利设施　动物饲养利用的一切设备必须有利于畜禽群体的采食和休息。此外，在不改变饲养场所主要设施的情况下，利用环境富集材料来改善畜禽福利已受到越来越多的动物福利学家和生产者的认同。环境富集是指对家养动物的居所进行有益的改善，但这样对畜禽环境富集的界定过于笼统。Shepherson（1994）指出，"畜禽环境富集"是指在单调的环境中，提供必要的环境刺激，促使畜禽表达其种属内典型的行为和心理活动，从而使该畜禽的心理和生理都达到健康状态。Pearce 等（1993）研究表明相对环境单调的围栏中猪，在环境丰富的围栏中对环境的适应性更好。垫草、绳索、锯屑或稻壳垫料以及撒在地上的饲料等环境富集材料不仅可以增加动物的探索行为、玩耍行为、操纵行为等，而且可以减少对同伴的攻击行为（如咬尾、拱腹），减少了动物用嘴拱墙、粪便或圈舍同伴的行为，降低了接触病菌的潜在危险。陈良云等（2009）研究表明添加环境富集（玩具）和喷淋装置都能部分地改善猪的福利，减少猪的争斗行为，改变猪的热调节行为，提高猪只日增重，添加喷淋显著能提高猪的平均背膘厚 11.5%（$P<0.05$）。KilBride 等（2009）研究了育肥猪、小母猪、怀孕母猪中足部损伤和地板类型间的关系，发现饲养在有很少垫草的水泥地面、半漏缝或全漏缝地板的育肥猪比饲养在有厚垫草的水泥地面上的猪有更多的异常步态，而异常步态增加了黏液囊炎和足部损伤的几率。胡华伟等（2008）研究指出数控保温箱（相对红外灯保温箱）和加热地面能够提高仔猪的平均日增重，降低腹泻率和料肉比，减少圈栏污染面积和皮肤损伤，减少应激，从而改善动物福利。

4. 改善畜禽舍内微环境 畜禽舍内微环境对动物有直接的影响，这些微环境主要包括阳光、水、温度、湿度、空气状况等。为了提高生产效率，降低成本，在高度集约化的养殖模式下，动物的生存环境常常得不到有效的保障。因此，福利养殖除了要保证畜禽的正常生产性能，还必须充分考虑畜禽的行为和生理需要，为畜禽提供各种良好的环境条件：如畜禽舍中特别是靠近畜禽生活的局部区域要保证有良好的通风和空气质量，$NH_3<10$ 毫升/升，$CO_2<3\ 000$ 毫升/升，$CO<10$ 毫升/升，$H_2S<0.5$ 毫升/升；应避免高湿、阴冷、高尘埃环境；避免高于 85 分贝的连续噪音；对猪舍每天提供8 小时或更长时间的光照，对肉鸡舍应采用间歇光照制度。总的来说就是通过舍内环境调控措施，为动物生活创造良好的生长和生产条件，满足动物对环境的基本需求。

因此，人们在考虑生产效益和社会效益的同时，应当充分考虑为动物提供舒适、安全的养殖环境，这也是保证人们从动物身体上谋求最大的经济与社会效益的客观要求。

（三）提供营养全面、优质的日粮

动物福利的基本要求是给动物提供符合营养需要的饲料，饲喂的饲料至少不能影响动物的健康。应根据不同饲养阶段，提供安全的营养平衡的配合饲料，适量提高日粮中维生素、矿物元素以及各种必需氨基酸的含量，增强畜禽的免疫力。对于种用动物，常常通过限饲来控制其生长速度，但长期的限饲会造成动物长期处于饥饿状态，容易导致营养不良，对动物福利产生负面影响。为解决这一问题，常用的方法就是减少饲料的营养成分，增加粗纤维含量，延缓动物的胃排空时间。另外 Scott 等（2005）研究表明定量饲喂时，地位低的猪体重增加较慢，但自由采食或室外饲喂空间较大时，则争食打斗现象减少。其他生产操作如断奶、转群、计划免疫等在实施前，应提高日粮中多维的浓度或在饮水中加入多维，以预防畜禽的应激。使用氨基酸平衡粗蛋白质水平适当降低的日粮可减少各种未消化的含氮物质在畜禽后肠的腐败发酵和粪尿中氮的排出，提高畜禽体内、外环境的质量，促进畜禽的健康。

（四）有效处理畜禽粪便

畜禽粪便中含有大量肠道寄生虫和病原微生物，随意排放非常容易造成人畜共患疾病的传播。因此，在健康养殖中，有效处理畜禽粪便也是保证动物福利的重要组成部分，必须保证畜禽粪便的贮存设施有足够的容量，并得到妥善利用，所有粪便储存、处理设施在设计、施工、操作时都要避免引起地下及地表水的污染。畜禽粪便的常见处理方式有：

（1）**堆肥处理**　将粪便堆积、腐熟，可使粪便无害化，提高肥效。此方式简单、易行，适用于农村养殖场（户）。

（2）**用畜禽粪便与化肥生产复合肥**　生产出的这种肥料具有化肥和有机肥的双重优点，便于运输和机械施肥。

（3）**干燥处理**　用发酵干燥、高温等方法快速烘干粪便，主要用于鸡粪加工。

（4）**生物处理**　用畜禽粪便可以培养食用菌及蝇蛆、蚯蚓、藻类等，然后将这些培养物再用作畜禽及鱼的饲料。这种间接利用比直接应用更安全，营养价值更高。

总之，要实现畜禽的健康养殖，就必须改善生态环境，无害化处理及资源化利用畜禽废弃物，保持畜牧业生产与环境的协调。坚持"预防为主，防重于治"的原则，防止畜牧场本身对周围环境的污染，同时又要避免周围环境对畜牧业生产的危害，从而实现畜牧业生产的社会效益、经济效益和生态效益的有机结合，以保证畜牧业生产健康持续的发展。

第二节　动物伦理

随着科学技术的日益进步，经济的高速发展，人类文明程度的不断提高，以及动物福利的提出和实施，人类对动物的关怀已不是单纯的同情和怜悯，而是人类进行哲学、伦理学、宗教和文化思考后，对人类自身伦理和道德诉求的自然流露。而动物伦理学即是把人类的道德关怀扩展到动物的伦理学说，是关于人与动物关系的伦理信念、道德态度和行为规范的理论体系，是一门尊重动物的价值和权利的新的伦理学说。其实质就是，强调各种动物拥有独立于人类的内在价值，及人类必须尊重它们的"生存权利"。也只有在动物伦理这样的高度上，才能复原人与动物、动物与自然的和谐共处，才能促进生物世界的长久发展，远离公共卫生事件的侵袭，确保人和动物生存环境的安全。

一、动物伦理的基本思想

（一）儒家动物生态伦理的基本思想

儒家动物生态伦理的基本思想包括：生命"一体原则"与生命感受苦乐能力的"等级原则"、亲疏远近的"厚薄原则"以及仁心跃动的"次第原则"等四项基本原则。儒家动物生态伦理思想对于人类将道德的对象和范围从人类自身逐步扩大到人以外的自然物，有其现实的合理性，而且符合人类道德进化的方向。在当今时代，儒家思想中热爱生命、珍视动物、保护动物的思想，对于我们提倡动物伦理道德、遵循自然规律等仍然有着重要的启发和借鉴意义。

（二）非人类中心主义

在人类中心主义看来，人是自然其他存在物的目的，人类对自然其他存在物并不负有直接的道德义务。这在非人类中心主义看来是狭隘的，也是当代环境问题的根源。在非人类中心主义看来，人类中心主义把人视为自然的主人，把人的主体性片面地理解为对自然的征服和控制，把自然逐出了伦理王国，使自然失去了伦理的庇护，人与自然的关系才出现了整体性的空前危机。而大自然中的其他存在物也具有内在价值，其他生命的生存和生态系统的完整也是环境道德的相关因素。因此，人对非人类存在物也有直接的道德义务。由于非人类中心主义突破了人类中心论的把"道德"理解成调节人与人之间的关系，而把道德关怀的范围扩展到人以外的物种，这就意味着将动物吸纳到"道德顾客"的范围之内。因此，非人类中心主义环境伦理学的兴起，标志着伦理道德价值的时代转向。

二、动物科技中的伦理问题

随着科学技术的发展，人工授精、胚胎移植等现代科学技术在动物生产中得到广泛应用，1997年克隆羊"多莉"诞生后，动物克隆技术也得到迅速发展。人工授精、胚胎移植及动物克隆技术的可行性与否引起了伦理、社会、道德、法律等的挑战。

（一）人工授精面临的伦理问题

20世纪上半叶，人工授精技术逐渐发展成为一种改良家畜品种的有效手段，现已在动物生产中得到广泛应用，取得了很好的经济效益。通过人工授精进行杂交改良，可以充分利用优良种畜禽，减少雄性种畜禽的饲养数，节约饲料，从杂交优势中获得最大的经济效益，引入新品种时可防止疾病传播，预防传染病的发生，如交叉感染等。人工授精还在保护珍稀物种方面发挥了非常重要的作用，如圈养大熊猫基本上都是依靠人工授精使大熊猫妈妈"喜得贵子"。但与此同时，一些伦理道德上的困惑逐渐显现出来。如后代近亲交配的伦理问题，由于现代社会的迁移性很大，近亲婚配的可能性也将增大。因此，人工授精大大增加了近亲婚配的可能性。此外，人工授精还增加了将遗传性疾病传给下一代的可能性。绝大多数生育力低下、无精子、严重少精或精子畸形、弱的动物是由于染色体数量和结构异常或各种基因突变所致。如果将携带染色体畸变或基因突变的精子注入卵胞浆内使卵子受精，就可能将上述各种动物精子发生的遗传性疾病传给下一代。

（二）胚胎移植面临的伦理问题

1908 年，英国科学家首次成功地进行了兔的胚胎移植，此后，研究者在家畜方面进行了一系列的实验，先后在绵羊、猪、马和牛等主要家畜中取得了胚胎移植的成功。应用性别控制技术生产性控胚胎提高奶牛的雌性比例，已在国际上得到应用，采用高产奶牛 7 日龄雌性冻胎，以自然发情的黄牛作为受体，通过胚胎移植生产高产奶牛能够整合各种优势资源，避免大量资金投入，取得较好的经济效益。胚胎移植是指将雌性动物的早期胚胎，或者通过体外受精及其他方式得到的胚胎，移植到同种的生理状态相同的其他雌性动物的体内，使之继续发育为新个体的技术，但随着体外受精-胚胎移植技术的不断发展和普及推广，在技术应用过程中出现了大量的剩余胚胎，剩余胚胎的去向日益成为一个亟须关心的问题，对剩余胚胎如何处置引发了一系列伦理和法律争议。此外，动物胚胎移植后，产仔率也很低，且目前体外生产技术体系得到的胚胎普遍存在流产率和产后死亡率高、出生动物畸形率也较高等问题，从而也引发了一系列相应的动物伦理问题。

（三）克隆技术面临的社会伦理问题

克隆技术取得突破，给人类带来的最大好处是培养大量品质优良的家畜，丰富人们的物质生活，使畜牧业的成本降低，效率提高。另外，对于已濒临绝种的动物，克隆技术为人类提供了切实可行的途径来挽救它们，使一些珍稀动物能够保持物种的延续。但同时也引起科学界以至整个社会的强烈反对。第一，它违背了伦理学的不伤害原则，克隆动物的成功率很低，很可能会产生出许多畸形的、具有严重缺陷的克隆动物，自然会造成对它们的伤害；第二，克隆动物违背了伦理学的自主原则，被克隆者作为动物所享有的独特性受到粗暴的剥夺；第三，克隆动物违背了伦理学的平等原则，我们不能将克隆动物仅仅当作为社会服务的手段和工具。对克隆技术持否定态度的人看到了克隆可能引发的一系列社会、伦理、法律等问题。其中，最大、最复杂的恐怕还是道德伦理问题。克隆动物会影响物种的自然构成和发展，打破了动物传统生殖模式，使伦理关系模糊。另外，它破坏了动物拥有独特基因的权利。

迅猛发展的当代科技与伦理价值体系之间的互动往往陷入一种两难困境：一方面，革命性的、可能对人类社会带来深远影响的技术的出现，常常会引起伦理上的巨大恐慌。另一方面，如果绝对禁止这些新科技，我们又可能丧失许多为人类带来巨大福利的新机遇，甚至与新的发展趋势失之交臂。因此，理性审视和发展克隆技术需要全世界科学家和科学工作者的共同努力，更需要全社会、政府和法律的关注和支持，让克隆技术在严格有效的监控下造福人类和动物，这是克隆技术的理性发展方向。

（四）转基因动物的伦理问题

自 1982 年 Palmiter 等获得转基因"超级鼠"以来，转基因动物已成为当今生命科学中一个发展最快、最热门的领域，世界各国都相继成功获得转基因猪、牛等动物。随着转基因动物技术的发展，转基因动物在人类疾病动物模型建立等领域显示出巨大经济和社会效益的同时，国内外学术界已越来越关注转基因动物的伦理问题研究。但是转基因动物伦理研究还存在许多问题，主要表现为：

1. 学科的交叉和学者间的交流尚显不足 转基因动物伦理是属于交叉学科即生命伦理学的研究范畴，推动转基因动物伦理的研究需要有遗传学者、动物学者、医学者、生命伦理学者、伦理学者等的积极参与。但是，我们可以看到一个十分明显的现象：在召开遗传学、动物学、生命伦理学、伦理学等学术研讨会上，关于转基因动物伦理前沿问题及对策几乎没有见到相关方面学者共同参加研讨。

2. 研究的系统性和深入性还不够 相对于转基因食品或转基因产品伦理研究来说，转基因动物伦理研究还非常薄弱，在国内尚处于起步阶段。目前有关转基因动物伦理研究的文献资料非常零散，研究成果仅仅局限于提出问题，对伦理的探讨只是停留在表面上，缺乏运用基本的生命伦理学原则和生命伦理学理论，以及生命伦理学方法对转基因动物伦理进行系统、全面和深入的分析和论证。这正是目前转基因动物伦理研究系统性和深入性不够的基本原因。

3. 有些转基因动物伦理尚未研究 就转基因动物伦理而言，需要研究的范畴和内容很多，迄今为止尚有一些问题还处于萌芽状态，如转基因动物及其产品如何进行商业化？转基因动物食品或药品和器官移植商业化之前是否应该进行人体实验？是否应该进行标识？以及如何进行人体实验？人体实验中应该坚持的标准或准则及操作的程序是什么？如何结合传统文化来论证转基因动物是自然的还是非自然的问题？我国公众对转基因动物到底持何种态度？等等。这些问题对人体健康、社会发展和利益分配等都具有十分重要的意义和作用，有待于我们今后做深入细致的研究和探讨。

三、动物伦理与动物福利

从 19 世纪以来，特别是在进入 20 世纪后的欧洲，人与动物的关系已经成为伦理道德关怀的重大课题，对其关注的结果是各种官方、民间的动物保护组织的大量建立、各种有组织的动物福利（Animal Welfare）运动的开展及动物福利立法的建立和完善。尽管有一些人认为，动物福利是一门不带感情色彩的科学，对动物福利的研究以及动物福利标准的设立都必须建立在科学方法的基础上，而不是只凭感觉或直觉。这样才会带来动物福利的真正改善，而不是想象的改善。但是，实际上，如果没有伦理上的考虑，动物福利这一门学科就不可能建立，更不可能获得突飞猛进的进展。实际上，关系到动物使用和动物福利的话题，多半都需要通过社会的伦理讨论才能获得理性认知。特别是在实用伦理学领域，人类与动物的利益相互冲突时，比如集约化畜牧业、动物实验、基因工程等问题，都需要根据伦理学和合理的现实需要加以考虑，这可以促进对人与动物关系的理解和对相关伦理原则的理解。这些讨论及其结果也将对动物所受待遇产生深远的影响。

人类的发展史也是驯化、利用动物的历史，动物为我们提供饱暖之需、精神安慰和身心享受。可以说，动物改变了人类生活，所以我们应怀敬畏之心、感恩之情对待动物。史怀泽说，"伦理不仅与人，而且也与动物有关。动物和我们一样渴求幸福，承受痛苦和畏惧死亡。如果我们只是关心人与人之间的关系，那么，我们就不会真正变得文明起来，真正重要的是人与所有生命的关系。"面对动物伦理引发的社会问题，我们应该运用人类的智慧，站在更高的层面来处理好人与动物的各种关系。重视动物福利，保障动物作为一个生命体所应享有的基本权利，许多动物伦理问题就能有效遏止。对动物伦理问题的研究解决是实现动物福利的重要组成部分，只有这样我们的社会才会更加文明、和谐。

四、坚持可持续发展的伦理观，使人与动物和谐发展

可持续发展的伦理学核心是公平与和谐，公平包括代际公平以及不同地域、不同人群之间的代内公平；和谐则是指全球范围的人与自然的和谐。在人与自然的基本关系中，可持续发展的环境伦理观认为人具有理性，具有能从根本上改变环境的强大力量，然而人类应该站在平等的立场尊重和善待其他动物。大多数时候杀死动物是为了食用，当然这种杀也要尽量减少它们的痛苦，这是自然规则。虐待动物是天理不容的，除了人以外没有动物会为了生存以外的目的就杀死别的动物，但有些时候也不光是为了食物，比如威胁到它的生存。而且与人类处境相同时，动物还有一种人类在这种情况下不会体会到的精神痛苦，那就是未知带来的恐惧以及其他情绪。由于动物的智力不及人而且也无法与人类沟通，甚至即使它们知道也无法表达，因而其常常承受巨大的精神压力。所以，我们在对待动物的时候应该充分注意到这一点，尽量减少其心理压力，使它们能健康地活着，这样必然会减少它们患病的机会和环境中致病因子的负荷，进而从源头上减轻公共卫生事件发生、发展的压力。除此之外，即使我们在为了正常利用动物而不得已将其杀死的时候，也应该尽量采用人道的方法，即快速地杀死它们，减少它们的痛苦。

第三节　动物福利壁垒

从本章动物福利的概述中已经谈到，动物福利的目的具有双重性，一是从人本主义的思想出发，改善动物福利可以最大限度地发挥动物的作用，有利于让动物更好地为人类服务；二是从人道主义出发，重视动物福利，改善动物的康乐程度，使动物尽可能免除不必要的痛苦。由于改善动物福利需要人们对生物伦理有较高的认识，大多数时候还需要经济基础、饲养技术的投入。因此，相比一些发达国家，广大发展中国家在动物福利保护方面还没有得到足够的重视，生产实践中的福利措施也没有得到广泛落实。为了本国经济利益，一些发达国家正是利用这些差距来对发展中国家的动物及其产品国际贸易设置障碍，形成了所谓的动物福利壁垒。

一、动物福利壁垒的概念

动物福利壁垒是一种介于纯粹的自由贸易和完全的保护贸易之间的贸易体制,是管理贸易制度中的一种。具体而言,就是指在国际贸易活动中,当国内保护和技术壁垒作用降低时,一些发达国家就会寻找新的贸易壁垒,减小市场开放程度,逃避 WTO 新规则对其的约束,达到保护本国农民经济利益的目的。发达国家以本国的动物福利为标准,限制甚至拒绝他国的动物及其相关产品进入本国市场,主要是利用社会发展、文化教育和传统习俗等方面的优势,将动物福利与国际贸易紧密挂钩,指责发展中国家国内饲养、运输及屠宰动物时没有满足本国的动物福利标准,进而减少从发展中国家进口动物及动物源产品,从而形成了一种特殊的、新的非关税壁垒——动物福利壁垒。动物福利壁垒可以看成是融技术壁垒与道德壁垒为一体的新的复合型非关税壁垒。其关注的焦点已由经济问题扩展到社会问题,由产业发展转向了动物福利方面。

动物福利壁垒具备合法性、合理性、隐蔽性、易操作性、实用性强、执法成本低等特征。

二、动物福利壁垒产生的原因

在一次中国哈尔滨国际经济贸易洽谈会上,欧盟国家的一个畜牧产品进口商来到黑龙江准备购买大量的活体肉鸡。但由于肉鸡未达到欧盟规定的动物福利标准,这笔巨额生意最终在所谓"不够宽敞舒适"的鸡舍旁流产。

乌克兰曾经有一批猪经过 60 小时的长途运输,运抵法国,却被法国有关部门拒收。理由是运输过程没有考虑到猪的福利,中途未按规定时间休息。

美国一家名为"善待动物协会"的民间组织号召人们对肯德基采取一场全球性的抵制运动。该组织除召开新闻发布会外,还在一些主要城市的大街上散发传单和招贴画,揭露肯德基的非"鸡"道行为。面对强大的压力,肯德基不得不承诺改进。要求供货的养殖场必须采取措施,改善动物生存环境,不得采取强迫进食等虐待措施,否则停止进货。

一些欧洲国家已开始动物福利标识,只能销售标有自由食品(Freedom

food）标志的产品。从 2004 年开始，欧盟规定：市场上出售的鸡蛋必须在标签上注明是"自由放养的母鸡所生"还是"笼养的母鸡所生"。欧盟还规定，欧盟通用的每格 450 厘米^2 的鸡笼到 2013 年要被更大的鸡笼替换。

上面一系列的事实引出了动物福利壁垒。动物福利壁垒产生的原因具有复杂性，主要体现在以下方面：

（一）WTO 协议中有关规则使动物福利壁垒具有合法性

2003 年 2 月，WTO 农业委员会提出的《农业谈判关于未来承诺模式的草案》第一稿及其修改稿已将"动物福利支付"列入"绿箱政策"之中。目前世界上大多数发达国家都已经健全了动物福利的相关法规，这些做法为动物福利壁垒合法化提供了法律和制度的基础。

（二）世界各国动物福利的差距是设置动物福利壁垒的客观基础

目前，发达国家和发展中国家在动物福利方面存在着明显的差距，主要体现在大众的认识和理念的差距、动物保护和动物福利相关法律上的差距、动物在饲养、运输和屠宰加工方面的差距等，而发展中国家却很难在短时间内缩小与发达国家在这些方面的差距，也就使得发达国家可以利用这些差距在贸易中设置动物福利壁垒，以此来保护本国市场和农民的利益。

（三）食品安全、生态健康、动物保护的要求奠定了动物福利的地位

保护动物、保证动物福利是国际趋势，人类、动物、植物共同构成了自然社会，并保持着生态链的平衡。随着社会的发展以及人们生活水平的不断提高，可持续发展理念深入人心，人们越来越关心赖以生存的地球和生态的平衡，因而要求国际贸易中的产品本身及其生产加工过程都不要以破坏环境及生态平衡为代价。疯牛病、口蹄疫、SARS 以及后来的禽流感等事件使人类更加关注自身健康与生态系统、环境之间的协调发展。不规范的动物饲养、运输及屠宰加工都会影响动物性产品的质量，进而影响人体健康，这就使得动物福利问题逐渐得到重视。

（四）我国持续的贸易顺差推动动物福利壁垒

在全球经济发展迟缓的环境下，我国持续多年保持贸易顺差，且大多年份顺差额呈增长趋势，这使欧盟、美国等很多国家发起了"中国威胁论"。

在动物福利方面，我国几乎处于空白，未建立相关法规、标准体系等，这给一些发达国家可乘之机。

（五）政府的目标是动物福利壁垒形成的主观原因

在国际贸易和 WTO 谈判中，做出决策的是政府，而不是消费者或企业。政府官员追求的是在不受贸易报复情况下的顺差最大化，而不是更低的进口商品价格给消费者带来的社会福利以及给进口企业带来的利润。动物福利高国家的政府往往采取一刀切的办法把动物福利作为进口的标准，以此判断是否予以进口。

三、动物福利壁垒对我国动物源 产品生产和贸易的影响

（一）对畜禽产品出口的影响

目前，我国作为禽畜产品的出口大国，虽然质量安全性问题在很大程度上制约了我国禽畜产品的出口，但当我国提高了禽畜产品的质量安全性，克服了发达国家设置的技术壁垒时，某些西方国家可能会主要以"动物福利"壁垒限制我国禽畜产品出口。

（二）对中药出口的影响

我国是中药生产大国，传统的中医药学有着五千多年的历史，其独特的原理和神奇的疗效世人皆知。但是，现在许多中药的制药方法却遭到批评和抵制，如活熊取胆与冷冻龟鳖丸。虽然两种药的疗效非常显著，但由于其取药与制药的方式，影响了其制品在海外的销售。

（三）对水产业出口的影响

我国是世界第一位的水产养殖大国。我国水产品具有比较大的出口潜力，但我们不得不面对美国、欧盟等国家的诸多规定和法令。欧盟多个国家，如德国、英国等对屠宰动物有严格要求，其中包括卖鱼者不能将活鱼直接卖给顾客，由商家把鱼放进电箱里快速杀死后才能出售。美国从 1995 年至今一直禁止进口我国的虾类产品，原因是美国认为我国的一些渔船上没有

海龟逃生装置。

（四）对皮毛加工业出口的影响

瑞典播放《冷酷事实》之事让来势汹汹的"动物福利壁垒"给我国整个毛皮产业笼上了阴影。在2004年底和2005年初就发生了我国出口的皮革产品在一些欧洲国家无端遭受下架和停售的事件。

（五）动物福利壁垒对化妆品贸易的影响

2009年之后，欧盟各国的化妆品公司不得在动物身上进行化妆品的毒性或过敏性试验，欧盟也将禁止进口在动物身上进行过试验的化妆品。我国作为世界上一个最重要的化妆品出口国，受到欧盟此项措施影响的可能性很大。

（六）增加企业出口成本，削弱产品国际竞争力

一些发达国家对动物从出生、养殖、运输到屠宰、加工过程制定了一系列具体、严格的标准，而目前我国动物高度集约化饲养方式、大规模的宰杀方式和运输方式与这些标准是严重相悖的。我国要想向其出口动物源产品就必须符合这些动物福利标准，这样就会增加企业的生产成本，使企业产品因成本的增加而失去价格优势，从而影响我国出口企业产品的国际竞争力。

（七）国际声誉受损

由于动物源产品不符合进口国动物福利要求而不能出口，各种新闻媒体的宣传，将增加消费者对产品的不安全感和不信任感，使人误认为我国产品安全存在质量问题，而导致国际声誉下降，影响我国在国际上的整体形象。

四、应对动物福利壁垒的措施

随着我国在国际贸易中的地位不断提升，而重视动物福利又是一种国际贸易的趋势，动物福利壁垒将成为我国动物源食品出口的主要障碍，对此我们必须抓住机遇，采取以下措施迎接挑战。

（一）加强动物福利科学的研究

目前国内动物福利科学的研究尚处于初级阶段，跨越动物福利壁垒就需要提高动物福利，提高动物福利关键在于动物福利科学的研究。这就需要国家加大投资支持科研院所高校进行动物福利科学的研究，建立合理的动物福利评价体系，开发动物福利新设施，改善现有的生产条件，确实做到满足动物的各项福利，以为国家实施动物源产品走出去战略打下重要基础。

（二）建立健全质量认证和检疫检测体系

我国加入 WTO 后，实施标准化管理势在必行。目前，在畜牧产品方面我国的相关质量认证和检测体系尚不完善，与国际标准有很大距离。我国应积极建立信息收集系统，了解国际动物福利通行标准和各国或地区的特殊要求，建立并完善我国的畜牧产品质量认证与检测体系，与国际标准体系接轨。

（三）加快动物福利立法

我国动物福利立法不能盲目跟从西方国家的做法，但亦不能不顾别国的做法而闭门造车。动物福利立法应当遵循两个基本原则，一是坚持人与动物在法律地位上不能平等的原则，即人是法律关系的主体，动物只能是客体。二是坚持分类处理的原则，即对于出口型的动物和动物产品营销企业以及为这些企业提供饲料、医药、医疗等服务的企业，应该让其充分了解国外的动物福利保护标准，鼓励其参照执行进口国严格的动物福利保护标准。利用WTO 中关于发展中国家的特殊和差别待遇条款，要求发达国家考虑发展中国家在实施动物福利方面存在的困难，从而抵制某些发达国家滥用动物福利壁垒。

（四）及时诉诸世界贸易组织的争端解决机制

中国作为世界第三贸易大国，又是 WTO 的正式成员，我国经济贸易的发展对世贸组织其他成员的影响正日益增加。对于那些滥用动物福利壁垒而通过政府间的斡旋又不能奏效的案件，应及时地向世贸组织争端解决机构提出申诉，维护我国合法的经济权益。

（五）加大宣传力度，倡导积极健康的消费理念

我们必须加大动物福利知识的普及宣传力度，特别是对从事动物源产品生产加工的企业，引导他们树立动物福利意识。他们应充分了解国家在动物福利上的相关法律法规。长期以来，国内的消费者普遍持有现杀的活鸡、活鱼才是最新鲜、最有营养的消费理念，导致对动物福利的忽视。殊不知，动物在极度痛苦、恐惧状态下死亡，肾上腺激素会大量分泌，影响肉的质量，并且这些激素有可能产生对人体有害的影响。关心动物福利，就是关心人类自己，因此，倡导健康科学的消费理念，不但可以提高动物福利，提高人类健康水平，而且可提高动物产品的出口竞争能力。

（六）发挥企业的主体作用

一方面，企业应将"动物福利"列入重要议事日程，加强企业生产标准建设，尽快参照生产标准，把动物福利贯穿于动物饲养、运输、屠宰等过程中，加快科技进步的步伐，以提高企业自身的技术和管理水平。另一方面，企业应优化出口商品结构，树立自己的品牌战略，以增强企业突破动物福利壁垒的能力，提高畜、禽产品的出口竞争力。

（七）充分利用行业协会的特殊作用

可以在行业协会的主导下组建专门的研究机构，从事国际上动物福利壁垒方面的研究工作，对国际上动物福利的现状及其发展趋势进行研究和预测，为职能部门制定有关政策和标准以及企业采取相应的对策和措施提供技术支持。

（八）加大政府支持力度

政府应在 WTO 框架下，建立农业保险体系，农业保险的补贴属于世贸组织规则允许的"绿箱政策"，因而是各国政府支持和保护农业发展的有效工具之一。政府也要扶持一些畜牧、养殖和肉类加工的龙头企业，把分散的、产供销脱节的养殖业、畜牧业和肉类加工业转向综合化生产，统一进行科学的加工和管理，从而实现产品的标准化。

（九）拓展国际市场，分散出口流向

我国主要出口目的国是美国、欧盟、日本等发达国家，这些国家动物保

护意识强，动物福利法规健全，标准较高。我国应在改进生产方式的同时调整出口的目的国，积极开拓新市场，增加对发展中国家的出口。

（十）坚持可持续发展战略，建立绿色税收制度

使用荷尔蒙来提高产量，使用抗生素促进动物更快地生长并控制动物疾病，这可直接或间接地对生态环境造成侵害。因此，可对其造成的污染征收污染税。从长远看，绿色税收制将会促进资源的合理利用，可以解决政府的收支问题，也可促进贸易与环境协调发展，对国家对企业都有利。

第四节　实验动物替代

实验动物替代是指使用没有知觉的实验材料代替活体动物或使用低等动物代替高等动物进行实验，并获得相同实验结果的科学方法。实验动物替代通常都遵循减少（Reduction）、替代（Replacement）和优化（Refinement）的 3R 原则。

要实行实验动物使用过程中的 3R 原则，必须有管理制度上的保障和实验替代方法的研究。考虑到对 3R 原则操作的可行性，应该将实验动物福利的保护纳入实验动物的管理范围之内，制定相关的法律条文，把实验动物福利的监督落在实处，从而有力地倡导在使用实验动物时坚持 3R 原则。动物替代实验方法的科学性和有效性验证是一个较长期的研究过程，我国对体外实验方法的研究也刚刚起步。

减少实验动物的使用并对实验动物使用进行严格的管理有利于减少动物的痛苦，更有利于减少攻毒实验中有毒生物菌株对环境的释放和污染，保障人类和动物共同生存环境的卫生安全。

一、"3R" 原则

随着科学技术的发展和人类文明的进步以及环保意识的增强，动物保护运动和福利组织呈全球化趋势，实验动物的保护、使用、管理和福利制度问题已引起了国际社会的普遍关注。这些年来，国际爱护动物基金、动物福利组织、动物解放阵线等动物保护组织出现在发达国家，他们奔走呼号，宣传保护动物、善待动物的主张，起到了保护自然、保护环境、提高文化道德修

养和普及科学知识等积极作用。而另一些动物保护的"极端分子"对实验动物科学的态度失之偏激。为了使动物实验更加准确，更加人道，近年来，欧美等国越来越多的人提倡 3R 原则，该原则最早由英国动物学家 William Russell 和微生物学家 RexBursh 于 1959 年提出，主要内容为：减少、替代和优化原则。

（一）减少原则

指如果某一研究方案中必须使用实验动物，同时又没有可行的替代方法，则应把使用动物的数量降低到实现科研目的所需的最小量。

（二）替代原则

指使用低等级动物代替高等级动物，或不使用活着的脊椎动物进行实验，利用各种体外技术和方法来达到与动物实验相同的目的。

（三）优化原则

指通过改善动物设施、饲养管理和实验条件，精选实验动物、技术路线和实验手段，优化实验操作技术，尽量减少实验过程对动物机体的损伤，减轻动物痛苦和应激反应，使动物实验得出科学的结果。

随着世界各地民间保护运动的兴起，西方各国相继制定了相关动物保护的法律法规，并逐渐进行修订和完善。英国 1986 年通过了《动物法》。美国在 20 世纪 80 年代初期也修订了《动物福利法》和《人道主义饲养和使用实验动物的公共卫生方针》，通过这两个法规文件，使 3R 在动物实验方面的应用更加具体化。此外，德国、日本等也在相继制定的动物保护法或动物实验条例中着重反映 3R 精神。

从医学、卫生学角度看，只要人类存在，就要进行医学、卫生学的科学实验，就要应用实验动物，后者不可能为其他东西（电脑或 3R）所完全取代，世界上某些地方出现的"动物保护主义"对实验动物科技的态度，失之偏激。如要完全禁止动物实验，许多生命科学研究就无法进行下去，尽管有些科研人员在科研、教学和测试工作方面也曾研制了一系列非动物性模型，然而，这类模型毕竟不可能完全模拟复杂的人类或动物的机体，在人类与动物的保健和福利的持续发展过程中，仍然需要使用活体动物，与此同时，世界各国实验动物和动物实验的科技工作者仍需不懈努力，寻求动物实验方法的优化和替代，科学、有效、合理地使用动物，尽量减少实验过程中对动物造成不必要的痛苦和伤害，这些要求是科学的、合理的，它既是动物实验3R 发展的方向，也是实验动物科学发展的趋势。

二、实现动物替代的措施

20 世纪 90 年代以后，3R 理论，即减少、替代、优化受到各国政府和科学界的高度重视，以替代为中心的 3R 研究成为 20 世纪末实验动物科学发展的方向。能够替代动物实验，或能减少实验动物的用量，以及能通过优化动物实验程序，从而使动物免受痛苦的任何一种方法或程序，都是一种替代方法。

现今，替代方法正在生物医学和兽医学中被应用。发展替代方法的原动力在很大程度上是道德伦理方面的原因。当然也有其他方面的原因。动物价格贵，动物实验耗时，且难以标准化。替代整体动物的替代方法通常并不复杂，实验条件也易达到标准化的要求。不过应该指出的是，替代方法的简单化可能是它的一个优点，特别是在研究器官、组织、细胞水平上的机制时；但也可能成为它的一个弱点，这是由于在一个简单系统中发生的反应有可能不同于整体动物中某一组织器官的反应性。正是由于这一点，我们从动物实验中获得的数据外推到人类可能就有一个很大的障碍。

在实际中，已有能够使动物使用得到替代、减少和优化的数种方法得到应用。

（一）体外技术

体外方法包括细胞、组织和器官的研究。"组织培养"包含着许多技术，这一技术要能使细胞、组织、器官或器官的部分在体外富有营养的培养基中存活至少 24 小时，只要有可能或有这种需要，人类就可以创造出与体内正常生理条件一致的环境，满足活的细胞或组织（部分）的生长。

组织培养可以区分为两大类，器官培养和细胞培养。器官培养包括组织和器官，有时是一个完整的器官放置在培养液中进行培养，器官培养的目的是要维持所要研究器官中组织和细胞间的结构和功能之间的关系。细胞培养不同于器官培养，这是因为细胞之间的连接可以通过酶或机械的方法破坏掉。当分散的细胞放入培养液中，这就称之为原代细胞培养。细胞是一种均质的可靠的基质,它们的应用降低了对动物作为细胞供体的依赖。

在皮肤科领域,各种接触皮肤的外用药物及各类化妆品除了对皮肤起到治疗和美化作用以外,是否会给皮肤造成伤害也成了人们十分关注的问题。传统的检测皮肤致敏性的方法主要是以豚鼠为研究对象的最大值实验、封闭型斑贴实验和开放型斑贴实验,以及人体斑贴实验。减少和优化动物实验的方法有鼠耳郭肿胀试验法(Mouse ear swelling test,MEST)、非侵入性鼠耳郭肿胀分析法(Noninvasive mouse ear swelling assay,MESA)和小鼠局部淋巴结分析法(Local lymph node assay,LLNA)。

利用 SPF 鸡胚肝细胞培养禽腺病毒,用于制备诊断抗原和病毒研究,取代用 SPF 鸡肾细胞培养禽腺病毒,通过观察细胞病变和测定抗原滴度分析比较,前者完全可以替代后者制备禽腺病毒诊断抗原,是利用 3R 原则的具体实践。尽可能利用可替代实验动物的替代物,通过细胞组织培养的方法取代活体动物进行实验,将动物的痛苦减至最低。

在疫苗生产中,也经常用到细胞培养,例如,利用猴肾细胞来生产脊髓灰质炎疫苗,体外生产技术的改进使对猴子的需要量大大减少。

体外研究具有几个优点,一般来讲,体外研究比体内研究更为敏感,这是因为分离的细胞和器官与机体其他部位不存在任何的关联,且这个模型可以在已知条件下进行,不需要应用无痛法和麻醉,而这些在体内实验中可能会影响实验结果。

(二)低等物种的使用

在某些情况下,使用低等有机体,如细菌、真菌、昆虫或软体动物,可以减少对脊椎动物的需要量。

像酵母这样的微生物,已被广泛用做特异性基因表达的载体,这个特异性基因具有抗体片段或疫苗抗原编码,通过转基因的方法,植物也可以用于疫苗的生产。

另外一个利用低等生物作为替代方法的例子是 LAL 试验。这一试验用来检测致热物质的存在与否。到目前为止,这一试验全部使用家兔。这一试验对那些经非肠道途径服用的药物来讲都是需要的。如果经静脉注入受试物后造成体温一定程度的升高,这就被认为存在有热原物质。在 LAL 试验中,若阿米巴样细胞凝固酶(从大眼水蚤属 horse-shoe 蟹状鲎血细胞提取出来的)遇内毒素转变成凝胶,则表示内毒素是最主要的致热物质。这项技术的发展已经使动物的使用量大大降低。

（三）免疫学技术

免疫学技术是许多体外技术的基础，在诊断性检验、疫苗质量检查和基础免疫学研究方面应用广泛。在这一领域里，大家所熟知的技术包括ELISA、HA 和 RIA。这些体外实验方法都很敏感，但在某些情况下，缺乏特异性即辨别相关抗原或抗体的能力，所以仍需要动物实验。

最近，很多动物（特别是小鼠）被用来生产单克隆抗体。通过腹腔注射杂交瘤细胞，10～14 天后，收集富含单克隆抗体的腹水。这一技术造成动物极度的痛苦。目前，这种体内生产的方法可以被数种体外技术所取代，例如，在体外发酵系统和/或中空纤维系统中培养杂交瘤细胞。通过体外系统的改进，现在可以大批量生产单克隆抗体，而且价格也比体内法生产的单克隆抗体有优势。所以，大多数欧洲国家（如荷兰、瑞典、英国）已经发布了有关单克隆抗体生产指南，规定除极个别情况外，限制使用动物进行单克隆抗体的生产。

（四）其他替代方法

其他的一些替代措施还有物理—化学方法、数学模型和计算机模拟、人体模型、遥测技术等。

第三篇

动物生产与环境卫生

第七章
动物生产与生态环境平衡

第一节　生态系统和生态平衡

一、生态系统

为了生存和繁衍，每一种生物都要从周围的环境中吸取空气、水分、阳光、热量和营养物质；生物生长、繁育和活动过程中又不断向周围的环境释放和排泄各种物质，死亡后的残体也复归环境。对任何一种生物来说，周围的环境也包括其他生物。例如，绿色植物利用微生物活动从土壤中释放出来的氮、磷、钾等营养元素，食草动物以绿色植物为食物，肉食性动物又以食草动物为食物，各种动植物的残体则既是昆虫等小动物的食物，又是微生物的营养来源。微生物活动的结果又释放出植物生长所需要的营养物质。经过长期的自然演化，每个区域的生物和环境之间、生物与生物之间，都形成了一种相对稳定的结构，具有相应的功能，这就是人们常说的生态系统。

(一) 生态系统的概念

一个物种在一定空间范围内的所有个体的总和在生态学里称为种群（Population），所有不同种的生物的总和为群落（Community），生物群落连同其所在的物理环境共同构成生态系统（Ecosystem）。生态系统就是生命系统和环境系统在特定空间的组合，其特征是系统内部以及系统与系统外部之间存在着能量的流动和由此推动的物质的循环。例如，森林、草原、河流、湖泊、山脉或其一部分都是生态系统；农田、水库、城市则是人工生态系统。生态系统具有等级结构，即较小的生态系统组成较大的生态系统，简单的生态系统组成复杂的生态系统，最大的生态系统是生物圈。

(二) 生态系统的结构

任何一个生态系统都由生物群落和物理环境两大部分组成。阳光、氧气、二氧化碳、水、植物营养素（无机盐）是物理环境的最主要要素，生物残体（如落叶、秸秆、动物和微生物尸体）及其分解产生的有机质也是物理环境的重要因素。物理环境除了给活的生物提供能量和养分之外，还为生物提供其生命活动需要的媒质，如水、空气和土壤。而活的生物群落则是构成生态系统精密有序结构和使其充满活力的关键因素，各种生物在生态系统的生命舞台上各有角色。

生态系统的生命角色有三种，即生产者、消费者和分解者，分别由不同种类的生物充当。

生产者吸收太阳能并利用无机营养元素（C、H、O、N 等）合成有机物，将吸收的一部分太阳能以化学能的形式储存在有机物中。生产者的主体是绿色植物，以及一些能够进行光合作用的菌类。由于这些生物能够直接吸收太阳能和利用无机营养成分合成构成自身有机体的各种有机物，我们称它们是自养生物。

消费者是直接或间接地利用生产者所制造的有机物作为食物和能源，而不能直接利用太阳能和无机态的营养元素的生物，包括草食动物、肉食动物、寄生生物和腐食动物。消费者以动物为主。消费者按其取食的对象可以分为几个等级：草食动物为一级消费者，肉食动物为次级消费者（二级消费者或三级消费者）等等。杂食动物既是一级消费者，又是次级消费者。

分解者是指所有能够把有机物分解为简单无机物的生物，它们主要是各种细菌和部分真菌。分解者以动植物的残体或排泄物中的有机物作为食物和能量来源，通过它们的新陈代谢作用，有机物被分解为无机物并最终还原为植物可以利用的营养物。消费者和分解者都不能够直接利用太阳能和物理环境中的无机营养元素，我们称它们为异养生物。

值得特别指出的是，物理环境（太阳能、水、空气、无机营养元素）、生产者和分解者是生态系统缺一不可的组成部分，而消费者是可有可无的。

（三）生态系统的物质循环

在生态系统中，物质从物理环境开始，经生产者、消费者和分解者，又回到物理环境，完成一个由简单无机物到各种高能有机化合物，最终又还原为简单无机物的生态循环。通过该循环，生物得以生存和繁衍，物理环境得到更新并变得越来越适合生物生存的需要。在这个物质的生态循环过程中，太阳能以化学能的形式被固定在有机物中，供食物链上的各级生物利用。

生物维持生命所必需的化学元素虽然为数众多，但有机体的 97% 以上是由氧、碳、氢、氮和磷五种元素组成的。作为物质循环的例子，下面分别介绍碳、氮和磷的生态循环过程。

1. 碳循环　碳是构成生物原生质的基本元素，虽然它在自然界中的蕴藏量极为丰富，但绿色植物能够直接利用的仅仅限于空气中的二氧化碳（CO_2）。生物圈中的碳循环主要表现在绿色植物从空气中吸收二氧化碳，经光合作用转化为葡萄糖，并放出氧气（O_2）。在这个过程中少不了水的参与。有机体再利用葡萄糖合成其他有机化合物。碳水化合物经食物链传递，又成为动物和细菌等其他生物体的一部分。生物体内的碳水化合物一部分作为有机体代谢的能源，经呼吸作用被氧化为二氧化碳和水，并释放出其中储存的能量。由于这个碳循环，大气中的 CO_2 大约 20 年就完全更新一次。

2. 氮循环　在自然界，氮元素以分子态（氮气）、无机结合氮和有机结合氮三种形式存在。大气中含有大量的分子态氮。但是绝大多数生物都不能够利用分子态的氮，只有像豆科植物的根瘤菌一类的细菌和某些蓝绿藻，能够将大气中的氮气转变为硝态氮（硝酸盐）加以利用。植物只能从土壤中吸收无机态的铵态氮（铵盐）和硝态氮（硝酸盐），用来合成氨基酸，再进一步合成各种蛋白质。动物则只能直接或间接利用植物合成的有机氮（蛋白质），经分解为氨基酸后再合成自身的蛋白质。在动物的代谢过程中，一部分蛋白质被分解为氨、尿酸和尿素等排出体外，最终进入土壤。动植物的残体中的有机氮则被微生物转化为无机氮（铵态氮和硝态氮），从而完成生态系统的氮循环。

3. 磷循环　磷是有机体不可缺少的元素。生物的细胞内发生的一切生物化学反应中的能量转移都是通过高能磷酸键在二磷酸腺苷（ADP）和三磷酸腺苷（ATP）之间的可逆转化实现的。磷还是构成核酸的重要元素。磷在生物圈中的循环过程不同于碳和氮，属于典型的沉积型循环。生态系统中的磷的来源是磷酸盐岩石和沉积物以及鸟粪层和动物化石。这些磷酸盐矿床经过天然侵蚀或人工开采，磷酸盐进入水体和土壤，供植物吸收利用，然后进入食物链。经短期循环后，这些磷的大部分随水流失到海洋的沉积层中。因此，在生物圈内，磷的大部分只是单向流动，形不成循环。磷酸盐资源也因而成为一种不能再生的资源。

（四）生态系统的类型

地球表面的生态系统多种多样，人们可以从不同角度把生态系统分成若干类型。

按生态系统形成的原动力和影响力，可分为自然生态系统、半自然生态系统和人工生态系统三类。凡是未受人类干预和扶持，在一定空间和时间范围内，依靠生物和环境本身的自我调节能力来维持相对稳定的生态系统，均属自然生态系统。如原始森林、冻原、海洋等生态系统；按人类的需求建立起来，受人类活动强烈干预的生态系统为人工生态系统，如城市、农田、人工林、人工气候室等；经过了人为干预，但仍保持了一定自然状态的生态系统为半自然生态系统，如天然放牧的草原、人类经营和管理的天然林等。

根据生态系统的环境性质和形态特征来划分，把生态系统分为水生生态系统和陆地生态系统。水生生态系统又根据水体的理化性质不同分为淡水生态系统（包括：流水水生生态系统、静水水生生态系统）和海洋生态系统（包括：海岸生态系统、浅海生态系统、珊瑚礁生态系统、远洋生态系统）；陆地生态系统根据纬度地带和光照、水分、热量等环境因素，分为森林生态系统（包括：温带针叶林生态系统、温带落叶林生态系统、热带森林生态系统）、草原生态系统（包括：干草原生态系统、湿草原生态系统、稀树干草原生态系统）、荒漠生态系统、冻原生态系统（包括：极地冻原生态系统、高山冻原生态系统）、农田生态系统、城市生态系统等。

二、生态平衡

(一) 生态平衡的概念

在长期的进化过程中，生态系统各因素之间建立起了相互协调、相互制约与相互补偿的关系，使整个自然界保持一定限度的稳定状态。如果一个生态系统的各个因素或成分在较长时间内保持相对协调的稳定状态，这时，该生态系统就处于稳定状态，也就是说该系统中的生产者（绿色植物）、消费者（动物）和分解者（微生物）之间，或物质和能量的输入和输出之间，存在着相对平衡的关系。该生态系统各部分的结构与功能均处于相互适应与协调的动态平衡之中，此即通常我们所说的生态平衡。上述定义表明：

1. 生态平衡状态是自然生态系统由简单到复杂的长期演替的结果。当系统中的物质和能量的输入输出接近相等时，能量流动和物质循环能在较长时间内保持平衡状态，系统中的有机体将所有有效的空间填满，环境资源能被最合理有效利用。如热带雨林就是一种发展到成熟阶段的群落，其垂直分层现象明显，结构复杂，单位面积里的物种多，各自占据着有利的环境条件，彼此在一起协调生活，其自然生产力也高。

2. 生态系统具有一定的内部调节能力，在受到外来干涉时能通过自我调节（或人为控制）恢复到原初的稳定状态。但一旦外来干扰超越生态系统的自我控制能力而不能恢复到原初状态时，生态平衡就会遭到破坏。

3. 生态平衡是动态的。在生物进化和群落演替过程中包含着不断打破旧的平衡，建立新的平衡的过程。生态系统可以在人为有益的影响下建立新的平衡，达到更合理的结构、更高效的功能和更好的生态效益。

（二）生态平衡的系统特征

衡量一个生态系统是否处于生态平衡，要考虑三个方面，即结构上的协调、功能上的和谐以及输出和输入物质数量上的平衡。一个生态系统具有这三方面的平衡状态，就应认为该系统处于生态平衡阶段。当然，这种平衡是动态的，不是静态的。生态系统内部成分的改变或外部因素的不合理干扰，都会对生态系统发生影响，引起系统的改变。但生态系统有一种自我调节能力，当这种改变不大时，系统中的能量流动和物质循环仍可以恢复正常；但一旦外界因素的干扰超过这种自我调节能力时，调节即不起作用，生态平衡就会遭到破坏。

当生态系统处于平衡状态时，是最有利于能量的流动与物质的循环。在较长时期保持平衡状态，这个系统中的物种才会最多，生物总量也最大。一个复杂的生态系统被破坏后，必须经过相当长的时间才能恢复。例如当向江河湖海里排放污水不多时，水中的微生物可以把排入的废物分解成简单的化合物或化学元素，使水质恢复清洁。一旦排入污水超过微生物分解能力，水质就会变坏发臭，鱼、虾类也就生长不好，严重时甚至被毒死。

（三）生态系统的反馈调节和生态平衡

自然生态系统几乎都属于开放系统，只有人工建立的、完全封闭的宇宙舱生态系统才可归属于封闭系统。开放系统必须依赖于由外界环境的输入，如果输入一旦停止，系统也就失去了功能。开放系统如果具有调节其功能的反馈机制，该系统就成为控制系统。所谓反馈，就是系统的输出变成了决定系统未来功能的输入；一个系统，如果其状态能够决定输入，就说明它有反馈机制的存在。要使反馈系统能起控制作用，系统应具有某个理想的状态或位置点，系统就能围绕位置点而进行调节。表示具有一个位置点的可控制系统。

反馈分为正反馈和负反馈。负反馈控制可使系统保持稳定，正反馈使偏离加剧。例如，在生物生长过程中个体越来越大，在种群持续增长过程中，种群数量不断上升，这都属于正反馈。正反馈也是有机体生长和存活所必需的。但是，正反馈不能维持稳态，要使系统维持稳态，只有通过负反馈控制。因为地球和生物圈是一个有限的系统，其空间、资源都是有限的，所以应该考虑用负反馈来管理生物圈及其资源，使其成为能持久地为人类谋福利的系统。

由于生态系统具有负反馈的自我调节机制，因此，在通常情况下，生态系统会保持自身的生态平衡。生态平衡是指生态系统通过发育和调节所达到的一种稳定状况，它包括结构上的稳定、功能上的稳定和能量输入、输出上的稳定。生态平衡是一种动态平衡，因为能量流动和物质循环总在不间断地进行，生物个体也在不断地进行更新。在自然条件下，生态系统总是朝着种类多样化、结构复杂化和功能完善化的方向发展，直到使生态系统达到成熟的最稳定状态为止。

当生态系统达到动态平衡的最稳定状态时，它能够自我调节和维持自己的正常功能，并能在很大程度上克服和消除外来的干扰，保持自身的稳定性。有人把生态系统比喻为弹簧，它能忍受一定的外来压力，压力一旦解除就又恢复原初的稳定状态，这实质上就是生态系统的反馈调节。但是，生态系统的这种自我调节功能是有一定限度的，当外来干扰因素（如火山爆发、地震、泥石流、雷击火烧、人类修建大型工程、排放有毒物质、喷洒大量农药、人为引入或消灭某些生物等）超过一定限度的时候，生态系统自我调节功能本身就会受到损害，从而引起生态失调，甚至导致发生生态危机。生态危机是指由于人类盲目活动而导致局部地区甚至整个生物圈结构和功能的失衡，从而威胁到人类的生存。生态平衡失调的初期往往不容易被人类所觉察，如果一旦发展到出现生态危机，就很难在短期内恢复平衡。为了正确处理人和自然的关系，我们必须认识到整个人类赖以生存的自然界和生物圈是一个高度复杂的具有自我调节功能的生态系统，保持这个生态系统结构和功能的稳定是人类生存和发展的基础。因此，人类的活动除了要讲究经济效益和社会效益外，还必须特别注意生态效益和生态后果，以便在改造自然的同时能基本保持生物圈的稳定和平衡。

三、草地生态系统

草地生态系统是地球生物圈内主要的陆地生态系统之一，以收获饲用植物和动物及动物产品为主要生产方式，但同时还兼有景观效益和产品加工流通的社会功能。它是草原地区的人口、生物和非生物环境构成的，进行物质循环与能量交换的基本机能单位，人类的生产活动在一定程度上可以改变其他要素的数量和质量，从而对草原的生态及其可持续发展产生重要的影响。

全球的草地生态系统主要分布于亚洲草原地区、北美沙漠地区、非洲的稀树草原、澳大利亚的灌木地带、南美潘帕斯草原以及其他许多地区，有超过 10 亿人生活在草原生态系统中。

（一）草地生态系统及基本特征

草地是中国陆地最大的生态系统，全国草地总面积 392 832 633 公顷，占国土总面积的 41.41%，是森林面积的 2.5 倍，耕地面积的 3.2 倍。草地可利用面积 330 995 458 公顷（不含港、澳、台），占天然草地资源总量的 84.27%。中国草原的分布十分广泛，西北部是天然草原集中分布区，以山地、高原为主，处于中亚干旱地带，草原面积约 3.2 亿公顷，占中国草原总面积的 80%；东南部则以草山草坡为主，草原多分布在丘陵和山地，面积约 0.8 亿公顷，占全国草原总面积的 20%。中国草原被划分为 18 个类，其中，高寒草甸类面积最大，为 6 372.1 万公顷，占全国草原面积的 16.2%。按照行政区划，西藏、内蒙古、新疆、青海、甘肃、四川、宁夏、辽宁、吉林、黑龙江被称为草地面积连片分布的十大牧区，草地面积占全国草地总面积的 49.17%，其中内蒙古、西藏、甘肃、青海、宁夏和新疆 6 省区的草地面积比重和人均可利用草地面积均高于全国平均水平，是中国的主要草原区。

中国草原饲用植物资源也十分丰富。据草原资源调查结果，中国共有草原饲用植物 6 704 种。根据农业部监测，2007 年中国天然草原平均年干草产量约为 760 千克/公顷，载畜能力平均为 0.59 羊单位/公顷（注：一只体重 50 千克、日耗 1.8 千克标准干草的成年母羊为一个羊单位）。

因此，草地生态系统是一种资源，就具有农业和牧业的性质，系统中的动物生产是整个草地农业生态系统中重要的生产环节。家畜将牧草资源转化为人们可以直接利用的畜产品，如奶、肉、毛皮、役力和活的家畜等。由于有动物生产，草地农业生态系统的生产流程才实现完整。牧草和家畜共同构成草地农业生物群落，草地，尤其是天然草地的植物成分为动物提供了生态学基础。在生产经营条件下，为了管理方便，动物群落的复杂性被大大简化了，家畜的种类逐步更加单一化，进而逐步从草地生产系统中分离出来，成为完全由农业生产系统支持的畜牧业生产系统。

（二）草地生态系统的经济和生态功能

草原生态系统主要被用于生产草食动物，为市场提供肉类、奶、皮和毛等产品。草地的重要性不仅表现在其经济功能上，而且还体现在其生态功能上。草原生态系统具有四五种相互作用的生态功能：生产功能、气候调节功能、文化服务、支持性服务（水循环、营养循环等）。

Robert Costanza 等 13 位学者将由生态系统提供的商品和服务统称为生态系统服务，并对全球生态系统服务与自然资本进行了价值估算。据 Costanza 的估算，1 公顷 草地为 232 美元/年。全球草地（草原）的总值为 9 060 亿美元。这里的草地包含自然植被中的草原、稀疏草原、草甸、灌草丛、小半灌木荒漠和草本沼泽等。按照 Costanza 等提出的方法，陈仲新等（2000）对我国天然草地进行的价值评估，总面积 4 349 844 千米^2，其价值达到 697.68 亿元人民币，即 1 公顷约折合人民币 2 000 元。又据蒋延玲等测算，我国森林生态系统服务的总价值为 11 714 亿美元。由此，梁存柱等人研究得出：我国现有天然草地的生态系统服务功能是森林生态系统的 12.8 倍，草地生态系统服务远大于森林生态系统的结论。

（三）草地生态系统中的元素循环

在草地农业生态系统中，主要元素在土壤、植物、微生物和动物体中存在，包括构成生物体中蛋白质的四种元素（碳、氢、氧、氮，占生物题组分的 95%～97%）以及大量的无机元素（包括磷、钾、钙、镁、硫、钠、氯、铁等）、微量元素（铜、锌等）和超微量元素。生命所必需的元素或生物体中存在的营养元素首先是以矿物的形式被植物从周围的环境中吸收后，结合到植物组织的有机分子中、或贮存在细胞汁液里，然后以离子形式或复杂化合物的形式在生态系统内循环，元素在细胞的结构和功能中具有生物化学的活化作用。

在草地农业生态系统中，因为各种元素作用不同，而且被各种不同的化学键牵制，因而每种营养元素都沿着各自特殊的途径前进和循环。草地农业生态系统中家畜的放牧、饲养，草产品、畜产品或家畜的出售，这些特殊情况都能改变元素的循环途径。但是牲畜从草地和饲料中获得的营养元素有

80%～95%是通过排泄物归还到土壤中，因此，在人为饲养的情况下，牲畜排泄物的量和分布不能实现普遍和均衡的话，将会对环境造成影响。第一，生态系统中，某种元素的不足或过多，影响元素的正常循环；第二，不同家畜的粪尿产生的影响不同；第三，集中饲养地区牲畜粪尿的排放过量造成污染，降低元素的循环速度。

从草地元素的循环角度出发，家畜的放牧对维持草地生产、提高生产力具有重要的意义。因为混合草地牧草中元素的循环是通过家畜完成的，牧食、咀嚼和消化加速有机物的分解；排泄物使元素易为植物吸收，并支配着一定数量的元素再循环途径。在放牧管理中，可采用以下措施减少排泄有机物的堆积：根据牧草营养物质含量的季节动态和生产状况进行放牧；适当增加放牧频率；适当重牧；提高放牧家畜的密度；实行轮牧；使家畜在草地小区轮流露宿等。

(四) 草原生态经济阈

草原生态经济阈即草原生态经济系统的阈值或阈限，主要是指草原生态经济系统总体的承载能力、吸纳能力、净化能力以及系统资源的利用限度等，是草原生态经济系统承纳及其资源使用的最高界限。如系统的适度人口规模、适宜载畜数量与系统对生态破坏的承受能力、环境污染的净化能力以及牧草资源、药用食用植物动物资源、草原地区矿产资源利用程度的界限等。

若草原生态经济系统承纳水平及其主要资源的使用强度等不超过阈限，系统总体状态保持良好；如果草原生态经济系统的承纳水平及其主要资源的使用强度等超过了阈限，系统生态经济稳态被打破，生态经济结构失调，自恢复、自更新、自净化等机制被破坏并不能正常地发挥作用，系统结构走向无序、功能不断下降，出现恶性循环、逆行演替。

草场载畜量阈值。如新疆 37 个牧业与半牧业县近年来的适宜载畜量是 1 392 万个羊单位左右，内蒙古草原载畜能力 20 世纪 80 年代为 5 800 万个羊单位、21 世纪初期为 3 500 万个羊单位。

草原牧区人口密度阈值。据联合国有关组织拟定的标准，干旱地区人口密度的临界线为 7 人/千米^2，半干旱地区的人口密度总体不超过 20 人/千米^2，而我国北方草原牧区就属于干旱、半干旱地带；据国内有关专家的估计，我国森林草原能容纳 10～13 人/千米^2，典型草原可容纳 5～7 人/千米^2，荒漠草原可容纳2～2.5人/千米^2。

合理利用草原资源的基本目标，是实行永续利用和获取持续最大的产量。永续利用就是根据草原资源的再生特性，通过使用和保护相结合以及资源的不断增殖，使之源源地永无止境地供应经济社会扩大再生产的需要。而最大持续产量就是在永续利用草原资源的基础上，在一定社会经济和自然生态条件下，获得最大的、持续的草原生物有机体的生产量和以畜产品为主的经济产品的提供量，而又不损害资源的更新能力、不减弱其生态效能。

合理利用草原资源的生态目标，使草原总体的绿色植被最大，生物总量最多，生物群落稳定有序。对生态环境的维持和改良作用最强，草原生态经济系统的生态功能最强。

合理利用草原资源的效益目标，是在草原生态经济系统经济与自然的再生产过程特别是草原畜牧业生产经营中，要以生态效益为基础，经济效益为主导，社会效益为归宿，投入劳动不仅要使单独的某一种效益良好，更要使生态、经济、社会综合效益达到最佳协调值。

草原资源利用的适合度。草原资源量是有限的，质量也可以升降，资源利用需要有度。过度利用草原资源主要是牧草资源，我国北方草原资源已呈现由优变劣、退化到衰竭的逆行演替过程。由于草场植被资源的数量、质量以及再生能力的有限性，即自然的生态环境阈限的存在（属于自然规律），决定了对其开发利用应有一个适合度。达不到适合度，是资源利用的不充分；达到这个适合度，利用效率就最高；超过这个适合度，就超出了草原生态系统的承载能力，严重的就会引起系统崩溃。而这个适合度正是草原资源合理利用的生态阈限和经济阈限。

一般来说，草原资源的利用速度，不应低于因环境拥挤效应带来的死亡率，即牧草因自生自灭而形成的资源浪费。但不能高于资源的更新速率，即妨碍牧草再生而形成的资源退化，这可以作为草原利用的生态上限与下限。适度利用资源，就是要使资源的利用量限定在生态阈限和经济阈限范围之内，使资源的破坏以及闲置和浪费降低到最低限度，使草原生态经济的效益极大化。适度利用草原资源，就要准确地清查资源，科学确定载畜量等，切实做到因草配畜、以草定畜、草畜平衡，不仅使畜群结构与草群结构相协调，而且使畜群数量与草群产量的年、季变化序列相一致，杜绝超载过牧、乱垦滥采、污染草原等不良现象的发生。

（五）适宜天然草场的传统畜牧生产

传统的草原畜牧业从根本上来说是对环境不确定性的一种适应。因为草原生态系统是干旱地，以资源的斑块状分布为特征，大多数的草原生态系统的功能原理是：牲畜采食（常常集约强度很大），然后迁移到其他地方，给植被提供一段恢复时间。牲畜流动性对于实现资源的高效利用非常关键。比如，在非洲的撒哈拉的部分地区，最干旱的地区常拥有质量最好的植被（以植物蛋白的含量而言），但是进入这些地区常受到饮用水可获得性的限制。牲畜通常在情况允许的条件下利用这些草场，然后再回到附近有永久水源的固定场所。因此，长期以来形成了适应不同天然草场生态系统的畜牧业生产方式。

1. 通过游牧获取天然牧草和水资源 游牧业是草原畜牧业的重要生产方式，也是其最重要的部分。游牧业的生产方式赋予了草原畜牧业很多独特而重要的特点，使得草原畜牧业能够极好地适应草原生态系统平衡，也更有利于草原的可持续发展。游牧或者流动性是干旱和半干旱牧区以牧业为基础的生计得到可持续发展的重要战略。牧民与其他人一样拥有经济和社会发展的各种机会，要维持流动性或者游牧业，面临的最大挑战是要建立维持游牧业发展体制，为牧民提供服务。

在世界很多地区，草原畜牧业正在逐步萎缩或者是正在消失，尤其在干旱和冰雪的天气状况下，草原畜牧业可能会遭遇困难和饲料短缺。但是世界上技术最为先进、产业化程度最高的经济中，草原畜牧业依然存在。世界上最为富有的国家，游牧民的迁徙正在兴起，因为政府认识到了游牧的环境效益。

2. 动物多样化和本地品种 草原大多数是边缘土地，包括过于干旱、寒冷、海拔过高或者土壤太浅不适合农作物耕作，他们通常具有很高的生物多样性。使用这些多样化资源的牲畜也需要多样化。

动物品种的多样性包含两层含义：一是畜种多样性；二是同一畜种内不同品种的多样性。草原上最常见的家畜为牛和羊，也有牧民根据各种不同的生态条件下养马等。有些物种具有区域重要性，如骆驼能很好地适应高地的生态条件、牦牛最能适应高海拔条件等。牧民对饲养家畜物种的偏好和家畜不同畜种的组合，也取决于当地的植被结构，例如牛和绵羊更喜欢草地，而山羊和骆驼更喜爱吃乔灌木的树叶和果实。传统的饲养方式则是养殖几种家畜来满足他们对不同功能的需要：饲养大型的家畜，如牛、马和骆驼等用于产奶、负重和交通工具、出售和获得一定的地位；而饲养羊等是为了满足家庭肉食或者皮毛等动物纤维需求，因为羊等小型家畜的繁殖更快。

对草地生态系统来说，家畜的简单化和单一化对于草地生态系统的生产和稳定性不利，即使是在成分简单的人工草地的条件下也是如此。由于不同的家畜采食的牧草、采食的行为和对草地的影响方面有所不同，草地饲养不同种的家畜并进行混牧有利于采食均匀，牧后的草层高度一致，使家畜的营养需要量和牧草的生长速度更为协调。

3. 动物生产对于草原生态平衡的重要性 动物生产对于草原生态平衡的维持之所以重要，其原因主要包括：放牧过程本身可以用来维持生态系统——因为生态系统就是在放牧、控制入侵、扶持本土植物以及减少火灾等过程中演变和发展的。例如，在有些生态系统中，我们要保护植物群落以利于放牧来维持其物种性和结构性特征，同时需要通过放牧来控制易燃干草的积累和灌木入侵。

在草原上放牧牲畜，要计算承载能力，也就是在特定面积的土地所能支持的最大数量的牲畜。承载能否要根据可利用植被、植被类型、养殖牲畜的目的来计算。

4. 草原牧民管理草场资源的知识 草原牧民拥有丰富的草原环境管理知识，还发展出了复杂的制度，使他们能够将这些知识用于草原资源的可持续管理。如果草原已经出现退化，通常是由多种原因造成的，如传统管理体制虚弱化、失去了草原的关键资源地块和对草原流动的限制。人们往往为了追求更高的经济效益，尝试进行着各种"改进"草原系统的努力，主要通过提供打井灌溉等基础设施，以及建立人工草地、围栏舍饲等措施使牲畜能够在一个地方放牧更长时间。这种放牧形式在一个地方可以持续地利用草场，它替代了原来的间断性。但同时，由于人为因素的影响，常常会破坏了草原的生态环境，造成草地退化。

（六）草畜结合及农牧结合

在社会投入增加的情况下，草地生态系统中动物生产层的生态可以实现扩大化，更便于向外延发展，系统实现开放。草地生态系统经过人类对它的农业化加工，使之成为具有农业生产特性的草地农业生态系统。畜牧业生产系统从草地生态系统中逐步分离出来，随着猪、鸡等非草食性动物饲养量的增多，家畜生产逐步摆脱了对草地生态系统的依赖。畜牧业生产仍然主要集中在农村地区，更多地依赖农业生产系统。

草畜结合即农牧结合，可以采取就地结合和异地结合两种形式。前者是在同地方既种草种粮，又同步发展畜牧养殖业，可以实现粮草多-家畜多-肥料多-粮草更多的良性循环。后者是牧区与农区结合，如牧区放牧，农区育肥，既能充分利用农区饲料资源，又能减轻牧区草场的放牧压力。近年来，政府对草原的投资持续增加，这是为了促进草原生态系统的环境正外部性。草原畜牧业也在经历着重要的方式转变，在草原的可持续管理中起着重要的作用。

（七）草原牧区为实现草原生态平衡所做的努力

目前，西部草原畜牧业面临着严峻的挑战。围绕草原建设以及实现畜牧业发展的可持续性，各大牧区都在因地制宜积极探索有效的对策，逐步摆脱草场退化的困境，真正确立牧区草畜的优势与主导地位。如果不能实现草地生态平衡，不可能创造出稳定、优质、高产的草原畜牧业。从西部牧区实际出发，只有通过草地生态建设才能有效遏制草场退化趋势、实现草畜平衡，才能跳出草场生产力下降-单位牲畜生产能力下降-增加牲畜饲养量-超载过牧-草场退化-低生产力的恶性循环中，也才是草原畜牧业发展的最现实的选择。

1. 禁牧舍饲　禁牧舍饲是指全年彻底禁牧，牲畜完全在固定的棚圈条件下实行圈养。季节性禁牧是在禁（休）牧期间内牲畜实行圈养，其余时间采用放养，即舍饲与放养相结合的方式。

2000 年，通辽市奈曼旗首先开始推行禁牧和舍饲政策。奈曼旗地处科尔沁草原腹地，总土地面积 1 224 万亩[①]。多年来由于严重超载过牧，落后的经营方式影响，以及连续多年的气候干旱，全旗的草牧场沙化、退化尤为严重。由于草场退化的制约影响，全旗 8 万多农牧户中 5 万多农牧户只能维持耕畜饲养。奈曼旗禁牧政策实施两年来，在以下几个方面取得明显成效：①全旗沙区沙地草场全部实现禁牧，禁牧后草场植被的覆盖率提高 30％～50％；②牲畜出栏周转加快，减轻了冬春季饲料短缺的压力及动物疫病流行；③牲畜在不同牧户之间调配，保证了草场的均衡有效使用；④促进草场

---

① 亩为我国非法定许用单位，1 亩＝666.6 米^2。

流转；⑤禁牧政策的实施推动了牲畜放养向舍饲转变，实施禁牧政策后，部分养殖大户开始采用集约化的饲养方式；⑥促进草业的发展，促进草场的改良。如种植青贮玉米，效果明显；⑦促进玉米秸秆等农业资源的再利用。

内蒙古的山羊绒产量占全国的 2/3，一直以来关于山羊与草场保护之间的争论在继续，因为普遍接受了山羊在恶劣自然条件下加速草场退化程度的结论，因此，山羊成为大多数地区首先禁牧的品种。从奈曼旗进行舍饲山羊实践情况看，舍饲条件下山羊除了减轻对草场的严重影响外，产绒量也有所提高，原因主要有以下三点：①运动量减少，维持量增加转化为生产量；②舍饲后采用新的饲养程序，营养平衡容易实现，因此，与放牧相比，产绒量会有所增加。因此，一些牧户的山羊饲养数量不断增加，而且经济收入也随之增加。

2002 年，通辽开始在全市农牧区范围内实行舍饲禁牧。为顺利推进舍饲禁牧、引导农牧民接受科学的饲养方式，各旗县根据"统筹规划、分类指导、稳步推进"的原则制定符合实际的发展规划。奈曼旗把《禁牧公告》印发到每个农户，并通过扶持典型、组织学习等方法，把科技进步、转变饲养方式、实现养牧的可持续发展等观念传输给农牧民。扎鲁特旗通过家庭生态牧场的建设形式，从根本上解决乱牧和滥耕问题，带动农牧民进行建场养畜，实现经营方式的逐步改变。2001—2002 年，扎鲁特旗道老杜苏木共建设家庭生态牧场 100 处。家庭生态牧场是以一家一户为单位，承包的草场全部围封。划出部分草场，种灌种草，平均每头牛有人工草地 4 亩、青贮田 1 亩，平均每只羊有人工草地 0.6 亩、青贮田 0.1 亩。凡是围封超过 100 亩的草地要划出 60 亩以下的若干网格，划区轮作：建设牲畜棚舍，保证牲畜顺利过冬；以草定畜，每年根据承包草场的具体情况制定具体养畜规划；牲畜逐步实现良种化等等。除此之外，通辽市政府还制定了适应不同类型区畜种、畜群结构调整的政策，出台了鼓励提高母畜比重、加快繁殖、加快出栏周转的激励政策。

2. 围封转移 2002 年 2 月，内蒙锡林郭勒盟颁布了《关于实施"围封转移"战略若干政策的暂行规定》。"围封转移"就是逐步把沙化、退化的草原围封起来实行禁牧，将围封区内的牧民有计划地迁徙转移到交通便利、有水有电、生存条件好的地方集中安置，开辟新的生产、生活渠道。"围封转移"推行的根本目的是引导牧民改变传统的粗放经营的畜牧业生产方式，以舍饲半舍饲为主，走少养、精养、高效的现代化畜牧业的发展路子。为了扭转生态恶化态势，锡林郭勒盟 11 个旗县市在去年开始建设草原生态移民新村示范点的基础上，又提出"围封禁牧、收缩转移、集约经营"的发展战略，其中苏尼特右旗实施的"围封转移"战略具有代表性，有很强的借鉴价值。

苏尼特右旗位于内蒙古自治区中部。全旗总面积 2.67 万千米²，管辖 10 个苏木、4 个镇，总人口 7.83 万人；可利用草场面积 2.37 万千米²，占土地总面积的 88.8%；该旗地处浑善达克沙地源头、沙地自东南向西北穿本旗中部。畜牧业是苏尼特右旗的基础产业和优势产业，全国闻名的"苏尼特羊"的主要产地。但长期以来，畜牧业仍以（自然）散养放牧为主，还有部分游牧，靠天养畜。由于草畜双承包落实和牧民强烈的致富要求，养畜规模急剧膨胀，全旗年末牲畜存栏头数由 1978 年的 39.68 万头（只）增加到 1999 年的 109.5 万头（只），草场超载率为 38.9%（按 1985 年草原普查测算的理论载畜量为标准，若按 1999 年草原实际产草量为标准超载率要远远高于这个水平）；同时，在草原利用过程中，掠夺式放牧，草原保护建设严重不足，致使全旗草场退化、沙化尤为严重，畜牧业承载能力急剧下降。1999 年以来的连续三年的特大干旱、蝗灾、雪灾、沙尘暴等自然灾害，导致牲畜大量死亡，年末牲畜存栏数由 1999 年以来的 109.5 万头（只）下降到 2000 年的 86.6 万头（只），2001 年又降到 47.7 万头（只），仅仅 3 年时间，牲畜存栏量锐减 56.4%，主要畜产品产量下降，其中，绵羊毛较上一年减产 23.3%，山羊绒减产 16.5%。2000 年农牧民人均纯收入为 2 880 元，2001 年牧民收入骤降为 607 元，贫困人口增加。因此，调整发展思路，转变生产经营方式，恢复、保护和建设草原生态环境成为政府与牧民们的共识。

苏尼特右旗实施"围封转移"战略的具体做法是：根据各个苏木或嘎查草原生态环境的实际，分别采用生态移民、围封禁牧、季节性休牧、划区轮作等措施。围封禁牧区，就是在生态环境极度恶化的中北部地区的 5 个苏木对所有草场进行全部围封，有计划、有步骤地实行禁牧，对具备水源条件和饲料种植条件的牧户，可以实行就地舍饲圈养；对布局被水源和种植条件的地方实行生态移民，搬迁到其他地区的生态移民区，发展规模化养殖业或从事第二、三产业。在封禁期内，被围的草场严禁放牧，待草场恢复后，牧户根据草场承载能力适度放牧。在浑善达克沙地涉及的 6 个苏木，主要采取扩大围栏面积，实行春季休牧；在有条件的地方以户为单位建设高产饲料地和棚圈设施，发展舍饲和半舍饲养殖。在生态条件较好的中南部地区推行草场围栏，实行划区轮牧或春季休牧。在农区结合的新民镇，通过实施退耕还林还草工程，调整种植结构，发展饲草种植，坚持"为养而种、为牧而农"，为牧区牲畜舍饲提供草料。总体项目规划于 2001—2010 年间完成，项目建设总投资预计 4 662.6 万元，由国家投入和群众投工投劳解决，其中国家投资 4 154 万元，是将沙源治理、生态移民、千村扶贫开发、农业综合开发、人畜饮水、禁牧舍饲等项目投资捆绑起来集中使用，群众投工投劳投资 508.6 万元。

3. 北繁南育—— 农区与牧区联营 新的饲养方式以及控制草场过牧的禁牧政策，是实现畜牧业可持续的重要途径。减轻牧区冬季饲料储备不足和春季草场压力过大的其他解决途径之一，还包括在入冬前牲畜出栏，即在牧区进入冬季时，架子牛和羔羊出栏，输往到农区育肥，这样既能提高草原畜牧业的生产效率和效益，又能有效的保护草原生态环境。目前，牧区一般由于市场价格不稳定，牧民习惯于把牛、羊喂养得很大时才出售。这项工程是1997 年内蒙古自治区政府根据草原牧区的情况，为适应农牧业生产结构的需要提出来的。因为我国牧区与农区的畜牧业联营体制远未普及和完善，所以真正把这种联合方式完全付诸行动还需要政府政策的推动。通辽市推行的"北繁南育"具有典型意义。

通辽市属于典型的农牧交错带，现有耕地 1 300 万亩，草牧场 4 346 万亩，年产粮食 35 亿千克、饲养 1 730 万个羊单位牲畜，素有"内蒙古粮仓"和"黄牛之乡"之称。前几年，在农区提出结构调整，有三个旗县被列为国家秸秆养牛示范县，项目的实施带动起了农区畜牧业的发展。农区利用其饲料资源、技术和市场区位的优势，使畜牧业逐渐趋向于集约化和规模化。根据目前牧区、半农半牧区牲畜多、冬春季饲草料不足，而农区牲畜相对较少、粮食过剩以及秸秆转化率低的实际，通辽市政府出台一系列扶持政策，推动农区、牧区互补，如"北繁南育"政策，即牧区繁育、农区育肥。据测算，此项工程每年可以为草原减轻载畜量 200 万羊单位以上。为了能保证项目的实施，政府主要着力以下两项工程：一是重点在母牛扩繁区建设，在原有 12 个繁殖母牛基地乡建设的基础上，2001 年开始实施牧区、半农半牧区的 30 个苏木乡镇、90 个嘎查村、3 000 个农牧户组成的母牛扩繁区建设工程，基地母牛繁育水平大幅度提高。据粗略统计，30 个母牛扩繁乡牛存栏达到 44.1 万头，比建设前增加 5.5%，其中能繁母牛存栏 20.7 万头，比建设前增加 9.4%；二是在南部旗县实施了百户十万头育肥牛工程和小规模大群体育肥牛专业村工程，如在农区重点扶持了年出栏育肥牛 1 000 头以上的育肥牛专业户。肉牛育肥场可以接受来自草原区的约 9 个月龄、体重为 200 千克的幼龄犊牛，放在育肥牛场中进行中长期育肥。农牧区的联合推动了全市肉牛业的发展，同时拉动了牧区架子牛的出栏，达到了减轻草场压力的目的。"北繁南育"与农区、牧区互补的政策，不仅给牧区牧民带来新的机遇，而且给农区的农民、育肥专业户、育肥商和加工企业带来新的机遇，使得农区经营肉牛育肥的农户着重于活牛的经营，而牧区的牧民可以通过扩大能繁母畜量和提高繁育水平来集中发展母牛—犊牛的生产模式，在冬季到来前把犊牛出栏，这样就能达到充分利用农区饲料资源、又减轻冬春草场的压力目的。

4. 母羊补饲与羔羊当年育成出栏　锡林郭勒草原和呼伦贝尔草原是中国最好的两大优质草原。但是至今那里一直保持着最古老的散户放牧的经营方式，因此，在生产与屠宰中缺乏高效统一的经营管理和明确统一的标准，加上牧民仍然坚持传统的饲养观念，单纯追求羊的"群大"。"群大"属于典型的粗放型经营和数量型经营，这种传统经营方式不仅影响了农牧民的经济收入，而且往往会错过肉羊屠宰的最佳时机，在国内外市场上均缺乏竞争力。因此，引导农牧民由粗放经营向集约经营转变，由数量型牧业向质量效益型牧业转变，就成了改变传统畜牧业经营方式的根本出路。

草原兴发结合内蒙古牧区的实际情况，通过肉羊基地建设带动牧民参与到草原牧业产业化链条过程中，引导牧民进行饲养方式改革，它们是"母羊补饲"、"羔羊当年育成出栏"和"品种改良"。其中草原兴发推行的"羔羊当年育成出栏"，即改靠天养畜的作法，在母羊补饲的基础上，通过建设暖棚、对羔羊科学补饲等措施，大幅度提高初生小羔羊的生命力，使其能够迅速适应草原环境，并抓住夏季草原水草丰盛的最佳时机，科学放养，使羔羊能够茁壮成长，当年育成出栏。根据调查显示，一只当年育成羔羊的出肉量，一般相当于一岁半大的羊产肉量的 72%左右，而一只成年羊的饲草消耗相当于羔羊的 3 倍之多。特别是成年羊要越冬保膘，不仅生长缓慢，还因在枯草季节放牧，对草原植被的破坏十分严重。而"羔羊当年出栏"不仅使超载的草原有了休养生息的机会。企业也找到了一个绝好的市场定位。根据调查显示，按照这种机制运行，不仅实现了经济、生态、社会效益的有机结合，而且抓住了整个牧区发展的根本，使广大牧民进一步认同与接受了"羔

羊当年出栏更经济高效"这一事实，使全县牧区实现了从饲养成年羊向生产
羔羊的快速转变，从而使草原兴发生产羔羊肉的整体战略得以全面实施，并
通过这一举措实现了缓解草畜矛盾、保护草原生态环境的目的。

内蒙古牧区在推行转变畜牧业生产经营方式方面已经取得了明显效果。
退出传统的畜牧业生产方式，实行舍饲、半舍饲以及牲畜转移，利于畜牧业
生产的集约化，这些变革虽然和蒙古文化中的游牧历史有冲突，但从可持续
发展的角度考虑是有益的。另外舍饲后可以采用新增产技术（如全价饲料、
改良品种、疫病防疫等），这些新技术在放牧状态时是难以推行的，对促进
畜牧业结构调整产生积极作用。草原退化牧区实现禁牧舍饲等方式的变革，
需要一个较长的过程，不仅需要制度约束、政策引导，还需要大量的投入。
多年来牧民依靠天然牧场饲养牲畜，其生产成本相对较低。而实施禁牧、舍
饲和半舍饲的生产成本会大幅度提高，短期内牧业效益会有所降低，对农牧
民收入会有直接影响。因此政府应该出台一些优惠政策，如税费减免、棚圈
建设、饲草饲料、牲畜人水工程等方面给予适当补贴。

四、水生态系统

水生态系统包括淡水生态系统和海洋生态系统，它们的结构及能流、物
流状况都与陆地生态系统不同。水的密度大于空气，许多生物可悬浮在水
中，借助水的浮力生活。水的比热大，所以水的温度比较稳定。水的密度在
4℃时最大，低于4℃则密度小，因此水面结的冰不会下沉，冰层下的水温
则始终保持在冰点以上，水生生物仍可在冰层下生活。水是一种溶剂，并含
有多种物质，以保证水生生物得到营养而正常生长发育。但水域光照较弱，
水中溶解氧有限，所以限制了水生生物的发展。

（一）水生生态系统的概念

水生态系统为地球生态系的一个组成部分。海洋面积占地球表面积的
2/3 以上，除海洋以外，陆地上布满了江、河、湖、沼等自然水体及人工建
造的湖、库等水体。不论咸水或淡水，不论面积或大或小，水体中生活着种
类繁多、数量众多的生物。这些生物群落与其生存环境之间，以及生物种群
相互之间密切联系、相互作用，通过不停地进行物质交换、能量转换和信息
传递，不停地进行竞争，形成占据一定空间、具有一定结构、执行一定功能

的动态平衡整体，形成各种不同的水生生态系统。在大的水生生态系统内又包含着层次众多、重叠的次生态系统。根据水化学性质不同，可分为海洋生态系统和淡水生态系统。

1. 淡水生态系统　淡水生态系统通常都具有明显的边界，可根据水的运动分为流水与静水两个类型。

(1) **流水生态系统**　流水生态系统主要指陆地上的河流与溪流等，不论是平原的、还是山间的河川与溪流，由于地势自然落差，水具有流动性，人们常说的"水往低处流"。在流动性很大的河流还具有很强的输导能力，输送着各种陆生及水生资源、物质。同时将陆地生态系统与海洋生态系统相联系，并将自然生态系统与人工生态系统（农田、城市等）联为一体。

(2) **静水生态系统**　静水生态系统是指陆地上的湖泊、沼泽、池塘和水库等的生态系统。所谓静水只是相对而言。以湖泊为例，静水生态系统大都在盆状洼地中积水而成。由边缘向中心，水深逐渐增大，形成生态特点不同的两个部分或亚系统。

2. 海洋生态系统　在广阔而浩瀚的海洋中生活着 25 万种以上的生物，包括各种藻类（植物）、动物。各种生物间构成了错综复杂的食物网链，形成独特的海洋生态系统。根据海洋各部分的深度、光照、盐分和生物种群结构不同，可进一步划分为海岸带生态系统、浅海带生态系统和远洋带生态系统等，它们之中又包括了许多次级生态系统。

海岸带位于陆地和海洋交界处，其水深从几米到几十米。海岸带生态系统包括了两个具有独特的次级生态系统：河口湾生态系统与红树林生态系统。浅海带指海岸带与远洋带之间水深不超过 200 米的大陆架部分。浅海带往外的大洋区，水面开阔，水深超过 200 米，最深达 10 000 米以上的区域称之为远洋带。远洋带是生物圈内厚度最大、层次最多的生态系统，其中包括上涌带、珊瑚礁和水深最大的洋区等次级生态系统。

(二) 水生生态系统的特点

与陆地生态系统相比，水生生态系统的环境因水具有流动性，广大水域比较均一而变化较小，并且很少出现极端情况，使许多水生生物具有广泛的地理分布，系统的类型也因此而比陆地少。

各种水体以及同一水体的不同部分，条件也不完全一致，形成不同的生境，生活着各种不同的水生生物。一般将水体沿垂直方向分成深水层、中水层和表水层三部分，生物也被相应地分为几个生态类群：底栖生物、自游生物、浮游生物与漂浮生物。

水生生态系统的大多数初级生物生产者是各种浮游藻类，它们的体积小而表面积大，适于浮游。由于个体小，新陈代谢能力强，大部分能量用于维持生命和进行繁殖，因此，海洋等水生生态系统的总生产量虽然较高，但初级生物生产量较低，以及浮游植物寿命短，一部分个体死亡后很快被微生物分解，另一部分被植食动物所滤食，因此，积累的现存生物量很少，常出现颠倒的生物量金字塔，即较高营养级（如鱼类）的生物量大于生产者的生物量，这是陆地生态系统不曾出现的特征。

1. 淡水生态系统 流水生态系统。不同自然区域的河流或同一河流的不同段落，环境不同，生物种群和生产力也都不一样。河流的上游多湍流于山区，比降大，流速急，曝气充分，水中溶氧量高，河床多以石砾垫底，水流清澈。在这样的水域环境里，初级生产者以刚毛藻、丝藻和大量硅藻等固着性藻类为主，消费者以水生蚊虫、蜻蜓、蜉蝣和小型鱼类为主，有些动物具有吸盘附着于水流急速的岩石表面上。上游一般受污染少，有机物含量不高，多系贫养型水体。生物生产力为 1～3 克/（米²·天）。下游河段水量大，比降小，水流平缓，水温较高而含氧量低，河床宽展多为泥质或沙质底。初级生产者除多为浮游性的绿藻、蓝藻和某些硅藻外，在河汊与岸滩平广的浅水处常有高等植物成片分布，还通过级级支流与渠道输入较多的有机碎屑，所有这些都使下游河段中有机质含量多，食物丰富。消费者中有浮游动物甲壳类和底栖穴居的水蚯蚓、蚊类幼虫等，有的地方还有螺、蚌等软体动物。自游生物以鲤、鲶、鲫等为常见。食物链（网）比上游复杂。初级生物生产力为 3～5 克（米²·天）。下游地区一般人口密集、工农业比较发达，排入河流中的污水量大，水中含 N、P 等元素丰富，出现富营养化现象。被有毒物质严重污染的河流，不仅可以改变水生生物的种群结构、有机体的生理、形态和繁殖，还通过破坏鱼、虾、蟹的产卵场和切断其洄游路线，使水产资源减少，甚至影响人类健康。

静水生态系统。湖泊、沼泽、池塘和水库等滨岸带水层较浅，光照充足，营养物质丰富，生物种类多，尤以水生维管束植物和藻类最为繁盛，它们是有机物质的主要生产者。充足的食物资源养育着丰富的消费者动物种群。除浮游甲壳类外，还有螺、蚌以及大量脊椎动物如蛇、蛙、鱼、水鸟等。湖泊、沼泽、池塘和水库等水域由滨岸带向内，在深水处没有根生的高等植物，初级生产者均为浮游藻类。消费者以桡足类、枝角类、鱼类为主，水底淤泥中常有蚊类幼虫和水蚯蚓等。滨岸带或浅湖区初级生物生产力平均约为3～10克（米^2·天），某些草本沼泽的生产力更高，可达25克（米^2·天），是生产力最高的生态系统之一。

2. 海洋生态系统

（1）**海岸带生态系统**　海岸带位于陆地和海洋交界处，其水深从几米到几十米。海岸带光照充足，含盐量、水温和地形变化较大。生物呈多样性，初级生产者以浮游植物和大型固着生长的绿藻、褐藻与红树类植物为主；动物以近岸性浮游动物、鱼类和贝类（螺、蚌、牡蛎、蚶、贝）、沙蚕等底栖生物为多。生物生产力较高，平均为3～10克（米^2·天）。

①河口湾生态系统　河口湾是河流入海的地方，为淡水与咸水交汇混合的过渡地带，环境变化复杂。河流带来大量营养元素使这里的浮游植物繁盛发育，其中以硅藻最多，金藻、甲藻等次之。大量淤泥和有机碎屑沉淀在河口区，又为许多底栖生物如毛蚶、织纹螺、寄足蟹、沙蚕等提供良好的生息地。此外，还有很多桡足类和鱼类。众多的生物种类构成了复杂的食物链网结构。生物生产力达10～20克（米^2·天）。河口湾附近也是人类活动频繁的地方，捕捞、水陆交通、建筑物、船泊等都是影响其生态平衡的因素。

②红树林生态系统　红树林分布于热带和亚热带沿海的河口附近或风平浪静的海湾中。它是由一些常绿灌木和小乔木组成的一种浓密的灌木丛林。由于构成植物主要是红树科植物，故名红树林。落潮后红树林暴露于淤泥质海滩上，涨潮时又被海水淹没，因而又有海底森林之称。组成红树林的植物区系主要是红树、红茄冬、木榄、白骨壤、海桑等。红树林的生产力一般较高，有的可达20克（米^2·天）。

（2）**浅海带生态系统**　浅海带生态系统为水深不超过200米的大陆架部分。水中的光照仍然比较充足，来自陆地的有机物质也较丰富，有利于生物的生存。主要生产者植物为浮游硅藻、裸甲藻等。消费者除桡足类外，大都为滤食性鱼类，如鳕、鲱等。生物生产力在0.5～3克（米^2·天）。由于水中营养物质丰富，藻类繁盛，鱼虾产量高，为世界上主要捕鱼区。

（3）**远洋带生态系统**　远洋带指浅海带往外的大洋区。其水面开阔，水深超过200米，最深达10 000米以上。远洋带生态区域内生物圈内厚度最大、层次最多，包括上涌带生态系统、珊瑚礁生态系统和大洋区生态系统等次级生态系统。

①上涌带生态系统　上涌带或称上升流区域，位于大陆架外缘，海水的上升把丰富的营养盐类带至光照充足的表层，引起浮游植物大量繁殖，使初级生产量有所提高。大西洋东部上升流区域的初级生物生产力一般为 0.1～1 克（米^2·天），高的可达 2.4 克（米^2·天），约为外海远洋的 5 倍，是远洋带生物生产力较高的海域。因此，这里有大量消费者动物，并且肉食性动物的现存量竟与植食动物的现存量大致相等，甚至更大，出现生物量金字塔的颠倒图形。

②珊瑚礁生态系统　珊瑚礁生态系统在热带和亚热带海洋中分布最广。它主要是由腔肠动物中的一些珊瑚与其体内的藻类共生而成为生长速度很快的所谓造礁珊瑚的群体死亡后层层叠置形成的。生物生产力可超过 20 克（米^2·天）。与河口湾和某些沼泽生态系统一样，属生产力最高的生态系统。在珊瑚礁区域内可以看到五光十色的鱼群，以及鲨鱼和海蛇等。

③远洋区生态系统　远洋区海水深度很大，从上往下又可划分出几个水层。水深大约为 100 米的表层，光照充足，为浮游植物集中分布的水层，生物生产力大都小于 1 克（米^2·天）。消费者动物有乌贼、箭鱼、金枪鱼、飞鱼、鲨鱼和哺乳动物鲸类。往下，光照逐渐减弱，到达海底几乎是黑暗的，水温低且比较恒定。这样的环境使植物几乎不能存在，消费者以吃食有机碎屑的植食动物和以其他动物为食的肉食动物为主。食物链较长，可达 5～6 级。生物生产力小于 0.5 克（米^2·天），可谓海洋中的"荒漠"。

（三）水生生态系统的经济与生态功能

1. 湿地功能　不论是淡水水域、还是海水水域，不论是天然的河流、湖泊，还是人工建造的湖库，都具有湿地功能。湿地具有强大的物质生产功能。水生动植物不仅具有很高的经济价值，还能起到防风抗洪、改善环境、改良土壤、净化水质、防治污染、调节生态平衡的作用。

2. 养殖功能　俗话说："无水不成渔"。有了水，人类可以捕捞水域中的生物资源，解决食物来源问题，当水域自然生物缺乏时，利用水资源和生物资源，就地或异地开展养殖，增加水产品总量。我国养殖规模大、品种多，养殖方式多、门类齐全，年养殖产量超过 3 200 万吨，占世界水产养殖总产量的 70% 以上。通过养殖带动了加工业、流通业，形成具有活力的产业，也是农民致富的主要途径。

3. 运输功能　俗话说："水可以载舟"，这是对水功能的高度概括。在远古时代，人们充分利用水进行物资运输。通过水的流动将其中的生物资源输送到各处，为人类提供了水源和舟楫渔虾之利，发展农业、发展渔业。有水的地方是人类最宜居住的地方，许多城镇都是傍水而建，成为社会经济文化发展的中心地带。

（四）危害水生生态系统的因素

在人为干扰和其他因素的影响下，有大量的生态系统处于不良状态，承载着超负荷的人口和环境负担、水资源枯竭、荒漠化和水土流失等，脆弱、低效和衰退已成为这一类生态系统的明显特征。破坏水生生态系统的因素很多，有人为的，也有自然界的因素，所造成的危害也各不相同。有的可以自行调节、自我修复，达到动态平衡；有些则是不可逆转的。过量捕捞与养殖、建造水利工程设施、围湖造田及人类活动等，直接或间接破坏着水生生态系统，最有潜在性威胁的是污染与生物入侵。

1. 污染　水污染使水生生物遭受危害，影响渔业生产，危害水生态系统。

（1）**石油污染**　水体受到轻度石油污染时，鱼所分泌的黏液可将身上的油除去，但重污染时就无法除去。石油污染严重时，油膜覆盖水面，阻碍水体的复氧作用，造成水体严重缺氧，影响浮游植物的光合作用，降低水生态系统的初级生物生产力；水生动物也不能顺利地从水中吸进氧气和排出二氧化碳；水体底部有机物的生物分解作用也会受到影响。另外，石油污染还能导致洄游鱼类无法溯河产卵，破坏鱼类资源。

（2）**化学物质污染**　人工合成的化合物种类繁多，数量巨大，污染范围日益扩大，已从局部污染扩展到全球性污染。人们从南极洲的企鹅、北极的白熊和苔原地带的驯鹿的体内检出农药，DDT 和多氯联苯等曾使爱尔兰海区近 10 万只海鸟死亡。

近几十年来，生活污水、工业废水和农田排水把大量氮、磷化合物等带入水体，使我国的许多湖泊、水库受有机物污染严重，蓝藻、绿藻等植物大量繁殖，出现"水华"现象。我国东部平原地区的湖泊大都系富营养型；西部高山地区的湖泊和水温较低的深水湖多为贫营养型。现代湖泊的富营养化现象已成为一个重要的环境问题。

（3）**重金属污染**　重金属污染对水生生物也会造成很大危害。如汞和汞的化合物在水生态系统中可随食物链而转移和积累。镉可在鱼体内大量积累，损害鳃组织、肠道黏液和肾管细胞，并影响肝酶活性和血液功能。

（4）**放射性物质污染**　放射性物质 90 锶、137 铯等污染水体，鱼的鳞片和骨骼以及水草等均能吸收。其他如 32 磷也能被鱼吸收并积累于鳞片和骨骼中，使鱼体所受辐射剂量增加。饲养鱼类受 X 射线照射，其性腺会受破坏，造成生殖力减退。在 238 铀的慢性作用下，有的雌鱼卵巢退化，呈中性现象。

（5）**热污染**　向水体排放废热水或其他"废热"，使水温升高，溶解氧减少，影响水生生物的生活和生存。一般淡水水温超过 32℃时，水生生物的种群、群落结构就要发生剧烈变化，很多种类消失。20℃的河流中硅藻为优势种，30℃时绿藻就成为优势种，35℃～40℃时蓝藻就大量繁殖起来。一般水温增加 5℃左右，鱼类的生存即受到威胁，甚至使鱼死亡。

2. 水生生物的入侵　全世界濒危物种名录中植物的退行性变化，有35％～46％是由外来生物入侵引起的。生物入侵是世界难题。据统计，美国、印度、南非外来生物入侵造成的损失每年分别高达 1 500 亿美元、1 300亿美元和 800 亿美元。最新的研究表明，生物入侵已成为导致物种濒危和灭绝的第二位因素，仅次于生境的丧失。尼罗河鲈鱼引进非洲维多利亚湖后，导致 200 多种地方鱼种的灭绝，是有记录以来最大的一次脊椎动物的灭绝。在国家公告的第一批外来 16 种入侵物种名单中，列有互花米草、水葫芦（俗称凤眼莲）、非洲大蜗牛、福寿螺、牛蛙等 5 种水生生物，其中水葫芦已列为世界性十大害草之一。此外，克氏原螯虾、水花生等严重危害着水生生态系统，危及公共安全、危及生产生活。

生物自然移动所造成危害的过程缓慢，在漫长的形成过程中，由于原产地物种的抵御、竞争，甚至外来物种无法形成危害。所谓的"外来"不是以国界定义的，而是以生物栖息范围界定的。太湖银鱼之所以称之为太湖银鱼，一方面是产自太湖，并以太湖种类多、品质佳，另一方面是以太湖为自然栖息地、原产地命名的。

（1）**引种**　我国为水生物种移动不受限制的国家，国家并为跨水域、跨国界引种进行资助。

青鱼、草鱼、鲢、鳙。青鱼、草鱼、鲢、鳙被称为我国的"四大家鱼"。在很多地区是当地的土著物种，被引入云南、青海、新疆等高海拔地区的水域中，就成了外来种。云南是我国鱼类种类最为丰富的省份，自 20 世纪 60

年代起，人们出于产业经济的目的，两次大规模地移植和引进外地鱼类。第一次是在 1963—1970 年引进"四大家鱼"等经济性鱼类，并带进麦穗鱼和鰕虎鱼等非经济性鱼类；第二次较大规模的引进是在 1982—1983 年，把太湖新银鱼和鲦鱼等引进滇池、星云湖等湖泊。现在云南原有的 432 种土著鱼类中，近 5 年来一直未采集到标本的约有 130 种，约占总种数的 30%；另外，约有 150 种鱼类在 20 世纪 60 年代是常见种，现在已是偶见种，约占总种数的 34.7%；余下的 152 种鱼类，其种群数量也均比 60 年代明显减少。云南鱼类濒危的因素中，外来鱼类是导致土著鱼类种群数量急剧下降的最大因素。滇池蝾螈的灭绝也与滇池引入外来种有密切的关系。新中国成立以来，从境外引进水生生物物种达 140 种（其中鱼类 89 种，虾类 10 种，贝类 12 种，藻类 17 种），其中 70% 以上是 20 世纪 90 年代后引进的，存在潜在入侵危害水生外来鱼、虾、螺等物种近 100 种。青鱼、草鱼在中国只不过是一种普通的食用鱼类，进入美国后成为美国渔业大害，成为美国的入侵物种，地方政府甚至出价 100 美元一条悬赏捕捉青鱼。

1969 年福建从美国大举引进具有固沙促淤作用的互米花草，由于缺少天敌，互花米草霸占了福建 2/3 沿海滩涂，破坏原生态环境，导致海岸带大片红树林的死亡。水葫芦原产南美洲巴西东北部，喜高温、多湿，现分布于全世界温暖地区。我国于 20 世纪 50 年代作为猪饲料引进后进行推广，由于没有天敌的制约，又缺乏生态平衡机制的调节。在南方许多地方大量滋生蔓延，破坏生态环境，每年造成直接经济损失近 80 亿～100 亿元。

克氏原螯虾（俗称"小龙虾"），20 世纪 20～30 年代经日本进入我国南京地区，随后在江浙一带迅速繁衍，对当地的鱼类、甲壳类、水生植物极具威胁。小龙虾在稻田堤坝上挖洞筑穴，现在小龙虾已经在洞庭湖大量繁殖，威胁到堤坝设施。

（2）微生物入侵　微生物可分为病原微生物和非病原微生物。

①病原微生物入侵　随着大规模、大批量从境外引进水生生物物种，30 多种病原微生物被携带入境。其中，危害性种类有：白斑病毒（WSSV）、托拉病毒（TSV）、鲤春病毒（SVCV）、虹彩病毒（RSIV）、传染性造血器官坏死症病毒（IHNV）、病毒性出血性败血症病毒（VHSV）、流行性造血器官坏死病毒（EHNV）、斑点叉尾鮰病毒（CCV）、病毒性神经坏死病毒（SJNNV、TPNNV、BFNNV、RGNNV）、传染性皮下和造血器官坏死病毒（IHHNV），等等。在众多的病原微生物中，WSSV 给中国明对虾

（*Penaeus chinensis*）的养殖造成了重创。1993 年，白斑病在中国养殖的对虾中全面暴发流行，70％对虾养殖面积受害，中国明对虾的养殖产量由 1992 年的 23 万吨下降到 8.3 万吨、1994 年的 6.4 万吨、2006 年的 5 万吨，中国明对虾的资源量激剧下降，成为一种病毁灭一个产业的典型案例。1998 年北京出口至英国的观赏鱼，被设在英国的 OIE SVC 参考实验室检测出 SVCV（阳性），造成直接经济损失 1.23 亿美元。

②非病原微生物入侵　长期养殖单一品种，使原由的微生物的生长受到抑制，破坏了原由的微生态系统，因此，人们考虑使用微生态剂进行调节，但在添加之前应对本底的自由微生物种类、数量、活力等进行生物学调查，应该根据调查结果采取激活、保活、修复等措施，在未果时再添加，并非盲目添加。目前，微生态制剂的滥用完全是微生物入侵的表现。

（五）防控危害水生生态系统的措施

1. 加强基础性研究　从现代生态学的视角加强水生生态系统的基础性研究。应积极参与国际生物学研究计划（IBP），其中心研究内容包括陆地、淡水、海洋的结构、功能和生物生产力等在内的全球生态系统研究；参与人与生物圈计划（MAB），其研究重点是人类活动与生物圈的关系；参与国际生态系统保持协作组（ECG）制定的计划，重点研究水生生态系统的自然形成和发展过程、合理性机制，以及人类活动对自然生态系统的影响，在保护自然生态系统下合理、有效利用其资源；开展我国水生生态系统调控机制的研究，着重研究自然、半自然和人工等不同类型生态系统自我调控的阈值；开展水生生态系统退化的机制、恢复及其修复研究；开展水生生态系统可持续发展的研究，其研究的内容主要是：生态系统资源的分类、配置、替代及其自我维持模型，发展生态工程和高新技术的农业工厂化；探索自然资源的利用途径，不断增加水生物质的现存量；研究生态系统科学管理的原理和方法，把生态设计和生态规划结合起来；加强生态系统管理（Ecosystem management）、保持生态系统健康（Ecosystem health）和维持生态系统服务功能（Ecosystem service）。

2. 合理进行水产养殖和捕捞　近 20 年来，我国水产养殖业呈迅猛发展的态势，2009 年水产养殖产量超过了 3 500 万吨，占水产品总产量的 75％以上，成为渔业的支柱型产业。为了发展水产养殖业，消耗了大量水资源、饲料等投入品资源，此外，还大量引进养殖用、观赏用人工培育或自然水域野生的水生生物，在引种的同时将其特异性病原携带进来。因此，要控制养殖规模，限定养殖模式与产量，合理引进养殖用品种，合理进行水产养殖和捕捞。

3. 防止水域污染　防止水域污染，能最大限度地避免水体富营养化。有效抑制有害藻类（蓝藻）、植物（水生花、水葫芦、水浮莲、鸭草）的暴发性生长。

4. 限制引种行为　我国在履行《生物多样性公约》方面做了许多工作，也出台了《水生野生动物保护法》、《渔业法》、《水产种苗管理办法》、《动物防疫法》、《出入境检疫法》等涉及外来有害生物的相关法规与管理条例，为全面防御生物入侵奠定了法律基础。各部门、各单位应履行法律赋予的职责，履行监督与管理职能，建立统一有效的协调机制和引种许可证制度，建立外来物种引进的风险评估机制，将生物引种风险降低到最小限度。

第二节　养殖生产的环境污染及控制

　　畜牧业养殖活动依赖于自然资源和生态环境。动物与环境之间的关系主要表现在以下三方面：提供牲畜饲料、提供良好的生活环境以及提供废物消纳和净化的环境空间。

　　生态系统中，大气、植物和土地都给动物生产和繁衍提供了必要的生活条件。动物作为初级生产者，通过呼吸与大气发生联系，反过来，大气因素如热、光照对动物产生一定的影响。动物通过植物而取得营养，也通过粪便排泄物对水体、土地及空气造成影响。社会投入可以通过繁育、饲料栽培、加工、运输、饲喂，也包括棚舍和改善风、暖、光等动物管理措施，来实现畜牧业生产增长与环境的可持续发展。

　　全球气候变化问题事关各国的生态安全和能源发展。近年来，"畜牧业造成全球暖化"的问题引起了人们的很大争议，从更宏观的环境角度来看，畜牧业生产对环境的影响问题也日益受到国际社会和各国政府的重视。因此，我国也开始在一些地区大力提倡推广健康养殖方式，以降低畜牧业生产过程中温室气体的排放量，实现畜牧业生产的"低碳化"目标，进而为可持续的能源管理作出贡献。

一、资源环境与家畜的饲养管理

（一）草原畜牧业

在草原上进行的草食家畜生产，常被称之为草原畜牧业，是草原生态系统中最重要的经济活动，使生活在广大草原地区的人们能够在非农耕的草原地区生存下来。因此，人们最为关注的问题就是如何使牲畜的养殖方式适合草原生态系统的特点和规律，也就是草原生态系统对畜牧业生产系统的挑战和制约。

世界各地都有草原畜牧业，如亚洲草原、南美的安地斯地区、欧洲的山区或者非洲，草原畜牧业大概覆盖了世界上 25％ 的土地面积，提供了世界上 10％ 的肉类产品，支撑着大约 2 亿户草原牧民和半农半牧区农户家庭。草原牧民经营着近 10 亿头（只）骆驼、牛和羊，除此以外，还有牦牛、马、驯鹿和其他有蹄类动物（FAO，2001）。

中国的草原区是草食家畜产品的主要生产基地。据统计，内蒙古、新疆、青海、西藏、甘肃 5 个主要草原省区 2002 年的肉、蛋、奶、羊毛产量分别达到了 356.08 万吨、77.3 万吨、329.79 万吨、18.5 万吨。中国 35％ 以上的牛、羊肉和 80％ 的羊毛绒来源于草原牧区。

草原畜牧业生产方式的形成主要是对环境不确定性进行适应，这是世界上大多数草原畜牧业的一个共同点。由于草原生态系统降雨的不确定性和稀缺性，草原牧民逐步适应环境的不确定性，因此，在传统的粗放型畜牧业生产中，人们采取灵活的养殖战略（包括游牧），根据难以预测的水资源状况调整畜群的数量，利用高度的社会组织和控制措施分散风险和结合资源，养殖多种家畜种类，以及生产多种畜牧业产品和服务等。

经济学家和政府政策部门认为粗放式的畜牧业生产战略从经济上而言是不经济的、无效率的和不合理的，应大力提倡畜牧业生产集约化经营，促进畜牧业生产集约化经营的措施包括提高牲畜出栏率、开发畜牧业产品市场、使用兽药、从外引进优良品种、增加投资改善基础设施。我国农村地区实现土地的家庭联产承包制以后，畜牧业集约化经营使牧民增加经济收入、减少牲畜和缓解草原退化。牧民逐步定居，转变成为畜牧业生产者。

（二）集约化的畜牧生产

集约化养殖是指在较小的场地内，投入较多的生产资料和劳动，采用新的工艺与技术措施，进行精心管理的饲养，在有限的土地范围内生产更多的牲畜。根据国家标准《畜禽养殖业污染物排放标准》（GB18596—2001），100头奶牛单位（其他种类照比例换算，例如猪为500头）以上可算作集约化养殖场，按规模大小又分为Ⅰ级和Ⅱ级。由此可以看出，集约化畜牧业生产方式与粗放畜牧养殖业之间的不同主要体现在经济（投入）、人口（劳动）和空间（集中和分散可移动）等各种畜牧业因素的依赖程度上。单一化的畜群结构也是集约化畜牧生产的重要特征。

在全球范围内，各国都在利用这种畜牧业集约化经营的方式来促进畜牧业生产方式的转变。从中国畜牧业发展状况看，改革开放以前，除少数牧业省的畜牧业以粗放养殖为主以外，中国畜牧业生产方式是以千家万户分散饲养的散养为主，规模相对小，而且基本实现了农牧结合。进入80年代，随着国民经济发展、人民生活水平提高和膳食结构的改变，居民肉、蛋、奶的消费需求逐年增加。在政府积极的政策推动下，中国的畜牧业生产主要呈现以下三个特点：一是畜牧业生产系统从草地生态系统中逐步分离出来。随着猪、鸡等非草食性动物饲养量的增多，家畜生产逐步摆脱了对草地生态系统的依赖，更多地依赖农业生产系统。但是畜牧业生产仍然主要集中在农村地区。二是逐步从分散趋于集约化。截止2002年，全国已有集约化畜禽养殖场近10 000个，占有了全国养猪总量的90%，奶牛存栏总量的45%和养鸡总量的15%，全行业产值的60%为集约化养殖场创造。三是集约化养殖场在空间分布上日益向消费地，即城郊集中。为满足减少销售成本及便于加工的需要，养殖场大多建在人口稠密、交通方便的地方。

二、动物生产对生态环境的影响

改革开放以来，我国的畜牧业持续发展的同时，草原区的草地生态环境恶化的趋势及农村集约化养殖造成的污染也成为众所关注的问题。

（一）草原退化

草原畜牧业的发展是牧草生产和草食牲畜生产的能量转换过程，它体现了草原生态系统、畜牧业技术系统和畜牧业经济系统之间的物质、能量、产品和价值的变换关系，其转换的形态、性质、数量、时间、空间等要素存在着一定的比例和平衡。而草原生态系统受水热条件、市场因素的制约，生态平衡非常脆弱，因此，在自然和人为因素影响下，在其背离顶级的逆向演替过程中，表现为草场的植物生产力下降、质量降级、土壤理化和生物性状恶化，以及动物产品的下降等现象。

1. 草原退化现状 目前，中国 90％的天然草原出现不同程度的退化，其中严重退化草原近 1.8 亿公顷，全国退化草原的面积每年以 200 万公顷的速度扩张，天然草原面积每年减少 65 万～70 万公顷。据统计，我国草地退化面积在 20 世纪 70 年代以前大约占总面积的 10％，80 年代达 30％，90 年代已扩大到 60％以上。退化是加速度的，并由此产生了一系列严重的环境问题。

草原退化导致草原质量不断下降。20 世纪 80 年代以来，北方主要草原分布区产草量平均下降幅度为 17.6％，下降幅度最大的荒漠草原达 40％左右，典型草原的下降幅度在 20％左右。产草量下降幅度较大的省区主要是内蒙古、宁夏、新疆、青海和甘肃，分别达 27.6％、25.3％、24.4％、24.6％和 20.2％。

草地沙化情况严重。全国具有明显沙化趋势的土地面积为 31.86 万千米^2，其中以草地为主，占 68％，其次为耕地，占 23％，其他利用类型土地占 9％。沙化草地主要分布在内蒙古、新疆、青海、甘肃 4 省、自治区。

草原火灾、雪灾、鼠害、虫害。2004 年全国共发生草原火灾 489 起，受害草原面积 2.51 万公顷，当年雪灾直接经济损失上亿元。2004 年全国草原鼠害、虫害危害总面积为 6 887 万公顷，全年草原鼠害、虫害危害造成的直接经济损失 61.98 亿元。

自 20 世纪 70 年代，锡林郭勒盟草原生态环境急剧恶化。2006 年，全盟牧草覆盖度由 20 世纪 60 年代的 35.5％降为 27.2％，平均高度由 40.9 厘米降为 26.1 厘米，平均亩产量由 32.9 千克减少到 21.24 千克；退化、沙化草场面积已达到 18 446 万亩，占可利用草场面积由 1984 年的 48.6％扩展到 64％；特别是西部荒漠化草原和部分典型草原约有 5 万千米^2 寸草不生。浑善达克沙地流动沙丘面积由 1960 年的 172 千米^2 增加到 2 970 千米^2，平均每年增加 70 千米^2。尤其是进入上世纪 90 年代至 2002 年间，沙化趋势加剧，流动沙丘的面积每年增加 143 千米^2。总之，锡林郭勒盟草原生态屏障的作用明显削弱，成为威胁首都和华北地区生态安全的重要沙源地。

目前，大草原也已经从"风吹草低现牛羊"的美景转变为"浅草才能没马蹄"的窘境。10 多年间，许多牧场牧草高度由 40 多厘米降低到现在的 15

厘米左右。据 2005 年草原生态调查结果显示，呼伦贝尔市陈巴尔虎旗草原退化、沙化、盐渍化总面积占全旗草原总面积的 47%，其中退化面积占草场总面积的 38%。

2. 草原退化的影响　草原退化不仅造成草地面积的锐减、生产力下降，而且还造成草地沙漠化、水土流失、生物多样性丧失的环境问题。

3. 草地生产力下降　草原退化致使草地第一生产力大幅度降低，草群质量下降，不可食的杂草、毒草数量不断增加。青海省 20 世纪 80 年代与 50 年代相比，草地单位面积产量下降 30%～50%，可食鲜草减少约，折合载畜量减少 820 万。甘肃省天祝县 1997 年与 20 世纪 50 年代相比，产草量下降 30.4%。新疆已有 80% 的草地出现退化，产草量下降 30%～50%；其中 37% 属产草严重退化草地，产草量下降 60%～80%，草地载畜量下降为 1.49 万公顷/羊单位。

4. 水土流失严重　退化草地植被覆盖脆弱，土壤储水能力差，水土流失严重。全国水土流失已由 1950 年的 11 600 万公顷，扩展到现在的 36 700 万公顷，年流失土壤 50 亿吨，西部地区水土流失尤为严重。青海省水土流失面积达 3 340 万公顷，占全省总面积的 46%，其中长江流域水土流失面积 1 067 万公顷，黄河为 733 万公顷，每年输入黄河的泥沙量为 8 818 万吨，输入长江的为 1 232 万吨，全省水土流失的面积以 21 万公顷/年的速度增加。

5. 自然灾害频繁　沙尘暴频发是草地生态环境恶化的最显著的特征之一。据统计，实际全国造成重大经济损失的沙尘暴达，70 年代 13 次，80 年代 14 次，90 年代 20 次以上。2001 年出现了 32 次扬沙和沙尘暴天气。草地鼠虫害亦加重了湿草地退化。近年来，草地鼠虫害呈严重上升趋势，发生面积大、受害范围广、危害程度重，连续暴发成灾。仅 1996—2000 年期间鼠害、虫害发生面积 2.04 亿公顷，成灾面积 1.28 亿公顷，年平均鼠害、虫害发生面积比 1991—1995 年间增长了 0.09 亿公顷。

6. 生物多样性丧失　草地生态环境的恶化，造成草地生物多样性的丧失严重。近年来，草原生产的甘草、贝母、锁阳、肉苁蓉，以及内蒙黄芪等草地药用植物的产量明显下降，许多名贵草地药用植物已经濒临消失。由于生态环境的恶化及食物的减少，大量草地野生动物被迫迁徙或者消亡，旱獭、狐狸和狼的数量大为减少，野牦牛等珍稀物种濒临灭绝。

从生态系统多样性看，草地物种多样性的丧失会导致生态系统严重失衡。20世纪中叶平均6千米² 草地有一只鹰、雕或者猫头鹰，这种密度基本上可以控制鼠害的发生。但现在，即使是在100千米² 的区域范围内也见不到一只鹰、雕或者猫头鹰，这使草地鼠类泛滥成灾、啃食牧草、毁坏草皮，造成草地减产退化。

7. 草原退化对畜牧养殖的影响

（1）**草场生产力导致牲畜整体生产性能下降**　天然草原是牧区畜牧养殖业的基础。没有稳定的草地生产力就没有稳定优质的家畜生产。由于草地产量和质量下降，依靠天然放牧的家畜大多数时间都吃不饱、吃不好，尤其是冬春季节，天寒草枯，牲畜饥寒交迫，生产性能明显下降。据1999年的调查，部分草原牧区牦牛繁殖率由原来的2年1胎衰退为3～5年1胎，羊由1年1胎衰退为2～3年1胎；每头牦牛的净肉产量100多千克，羊的净肉产量为13千克，奶牦牛的产奶量50多千克，奶羊的产奶量3.76千克，比以前大约都下降了30％左右。草地与家畜两败俱伤，生产和生态都受到影响。

（2）**草地生产力季节性不平衡加大了牛、羊生产经营的风险**　据专家调查，锡林郭勒草原70％的草地不宜用于打草场，只能用于放牧，其中暖季牧草的草地面积约占牧草地面积的45％，适宜冷季放牧利用的草地约占放牧草地面积的24％。一般冷季放牧的草场利用时间为6～8个月，即只占24％面积的冷季草地将被家畜采食利用的时间为全年的50％～67％。而冷季牧场的天然草地饲草贮藏量仅是暖季牧场饲草贮藏量的65％，经过一个冬季的放牧，牛羊的掉膘率达30％，冬季草场严重不足，导致家畜"夏饱、秋肥、冬瘦、春乏"。据统计，我国北方牧区草原放牧成年家畜的死亡率高达4％～5％，遇到雪灾之年可能高达10％以上；每年牲畜的掉膘损失和死亡损失相当于每年提供商品肉的2～3倍。这种利用期和草地季节性生产力之间的不平衡，是限制草原畜牧业发展肉牛肉羊产业的主要因素。

（3）**草地营养物质不平衡导致家畜生产极不稳定**　除季节性产草量变化之外，牧草的季节性营养变化也十分不平衡。冬春季节，牧草产量降低，营养价值也大大降低。粗蛋白质损失80％，胡萝卜素损失90％以上，粗纤维增加23％，这些主要营养成分的损失率高达40％～50％。冷季草场上枯草微量元素的含量几乎全部损失掉。冷季饲草供给的质和量远不够家畜本身维持基本代谢所需要的营养物质的一半。饲草料营养不足严重影响母畜的再生能力。例如，锡林郭勒草原乌珠穆沁羊繁殖成活率应该是105%，但实际只达到90%；内蒙古细毛羊繁殖成活率应该是115%，但实际只达到85%；蒙古牛繁殖成活率应该是65%～80%，但实际只达到51%～55%。饲草产量与营养物质的季节性不平衡加上家畜生产性能的变化，导致畜体冬春季节营养失调。

（4）草地退化导致难以形成合理的畜群结构　最佳的畜群周转模式应当是与草原牧草的消长规律相一致，在牧草生长旺季多繁殖、多饲养，在枯草期应留下基础畜和后备畜，其余全部出栏，减少草地压力，增加畜牧业产出。根据专家分析，在内蒙古，绵羊的合理结构为繁殖母羊占整个畜群的76%，仔畜繁殖成活率100%，出栏率应达到76%。由于草场退化，饲草不足，实际繁殖母羊只能占整个畜群的56%，仔畜繁殖成活率91%，出栏率只有46%。

目前，学者和政府部门对加剧草原退化的主要原因归纳为三点：一是草原放牧的趋势没有根本改变；二是不合理开垦、工业污染、鼠害和虫害等对草原的破坏；三是乱采滥挖等破坏草原的现象。

（二）集约化养殖的污染物排放

我国已成为世界最大的肉、蛋生产国，家畜的生产规模愈来愈大，现代化、集约化程度愈来愈高，饲养密度及饲养量急剧增加，畜牧养殖业也逐步从农牧业结合的模式中逐渐分离出来。家畜饲养及活体加工过程中产生的排泄物和废弃物，呈现出两大特点：①排污量大。据统计，2005年，猪、牛、鸡三大类畜禽粪便总排放量达30.87亿吨，粪便中的COD（化学需氧量）含量为7 741万吨。②污染物超标严重。根据监测结果，养殖场排放污水COD（有机污染物指标）平均超标53倍，SS（悬浮物）超标14倍，氨氮、总磷等指标超标20倍以上。污染物未经处理集中排放，超过了养殖场周边土壤和水体生态系统的自净能力，对居民生活、其他生物以及家畜自身生活环境的污染愈来愈严重，已经成为农村一个重要的污染源。

1. 畜禽养殖业污染排放强度　养殖业污染的主要来源是畜禽排泄的污染物，包括从畜禽体内排出的有害气体、粪便及其分解产生的臭气，以及体表掉落的毛屑、绒毛（羽毛）等。下面（表3-1、表3-2、表3-3）是关于畜禽污染的一些数据，我们从中可以看出畜禽养殖的污染物排放强度。

表3-1　畜禽粪尿排泄指数

项　目	牛	猪	羊	鸡	鸭
粪（千克/天）	20.0	2.0	2.6	0.12	0.13
粪（千克/年）	7 300.0	398.0	950.0	25.2	27.3
尿（千克/天）	10.0	3.3	未计	—	—
尿（千克/年）	3 650	656.7	未计	—	—
饲养周期（天）	365	199	365	210	210

表3-2　畜禽粪尿中污染物平均含量

单位：千克/吨

项　目		COD（化学需氧量）	BOD（生物需氧量）	NH$_4$-N（氨氮）	TP（总磷）	TN（总氮）
牛	粪	31.0	24.53	1.71	1.18	4.37
	尿	6.0	4.0	3.47	0.40	8.0
猪	粪	52.0	57.03	3.08	3.41	5.88
	尿	9.0	5.0	1.43	0.52	3.3
羊	粪	4.63	4.10	0.80	2.60	7.5
	尿	未计	未计	未计	1.96	14.0
鸡粪		45.0	47.87	4.78	5.37	9.84
鸭粪		46.3	30.0	0.80	6.20	11.00

表3-3　每头（只）畜禽每年排泄粪尿中污染物含量

项　目	牛（千克/年） 粪	尿	猪（千克/年） 粪	尿	羊粪（千克/年）	家禽粪（千克/年）
COD（化学需氧量）	226.3	21.9	20.7	5.91	4.4	1.165
BOD（生物需氧量）	179.07	14.60	22.70	3.28	2.7	1.015
NH$_4$-N（氨氮）	12.48	12.67	1.23	0.84	0.57	0.125
TP（总磷）	8.61	1.46	1.36	0.34	0.45	0.115
TN（总氮）	31.90	29.20	2.34	2.17	2.28	0.275

注：家禽粪为鸡、鸭量的平均值。

这里设定 1 头猪为标准畜禽单位，则根据产生粪尿中所含全氮水平折合，1 头牛约合 10 个标准畜禽单位，15 只家禽约合 1 个标准畜禽单位。畜禽的粪尿排泄物和废水含有大量的有机物、N、P、K、SS 及致病菌等。根据国外研究资料，一头 450 千克的肉牛每年总共排泄氮量为 430 千克；以一个规模 3 200 头肉牛的养殖场为例，每年排放的氮总计约 1 400 吨，相当于 26 万人当量（一个人每年排泄的氮量约为 5.4 千克）。

北京市 1991 年对畜禽业排放污染状况进行了调查，畜禽粪尿和其中的主要污染物年排放量折算结果见表 3-4。

表 3-4　北京市畜禽粪尿及主要污染物年排放量（1991 年）

单位：10 万吨/年

项　目	猪	牛	蛋鸡	合　计
粪尿	708	72.3	123.1	1 047.8
BOD	21.2	1.5	8.0	30.7*
N	4.35	0.67	2.0	7.02*
P_2O_5	6.7	0.26	1.9	8.86*
K_2O	1.65	0.32	1.05	3.02*

注：* 表示合计数系未完全统计数。

1996—1997 年以来，广州市农业环境监测站对全市的畜牧业废水进行了多点监测，广州市畜牧业废水中有机质浓度为 1 500～10 552 毫克/升，平均为 4 144 毫克/升，与《广州市污水排放标准》三级水质标准比较，广州市畜牧业废水各污染物的污染指数分别为：COD-cr 55.9，超标 54.9 倍；BOD（生物需氧量，表示水污染程度）48.0，超标 47 倍；SS 28.8，超标 27.8 倍；NH4-N（氨氮）15.1，超标 14.1，综合污染指数高达 47.4。与《农田灌溉水质标准》比较，广州市畜牧业废水各类污染物的污染指数分别为 COD-cr 50.3，超标 49.3 倍；BOD 48.0，超标 47 倍；SS38.4，超标 37.8 倍；TN（总氮）71.7，超标 70.7 倍；TP（总磷）29.4，超标 28.4 倍；综合污染指数高达 60.8。全年流失的有机养分总量高达 4.32 万吨，流失的 N、P、K 总量相当于 4.7 万吨化肥。

2. 畜禽业造成的污染负荷　随着畜禽养殖业废弃物排放量的增加，所造成的非点源污染已经成为许多地区区域环境最大的污染源。中国畜禽粪便的总体土地负荷警戒值已经达到 0.49（＜0.4 为宜），北京、上海、山东、河南、湖南和广东等地已经超过 0.49，达到较严重的环境压力水平。

据广州市环保局《1996 年广州市环境状况公报》，1996 年全市工业及生活废水排放总量为 10.35 亿吨，其中排放的 COD-cr 总量为 15.6 万吨。而由畜牧业排放的 COD-cr 仅为总量的 1.01%，但由于其污染物浓度高，污染负荷大，畜牧业废水中 COD-cr 排放量与全市工业及生活废水 COD-cr 排放总量比例指数高达 0.67，对广州的农业生态环境和水体环境影响重大，并造成农业资源（有机养分）的严重流失与浪费。据不完全统计，1991 年北京畜禽业排出的 BOD 为 30.7 万吨，约为当年排放的工业废水和生活污水中 BOD 的 2 倍。实际资料也可以证明，我国一些大城市畜禽养殖业粪、尿排污量的人口当量已经超过 3 000 万～4 000 万人口。对北京市若干典型县区的污染调查结果显示，畜牧业的 BOD 负荷是这些区县的主要污染负荷，普遍达到 61%～74%，见表 3-5。

表 3-5 北京市若干区县及乡 BOD 负荷分担率（%）

调查的区、县、乡	畜牧	工业	生活
朝阳区	61.5	4.9	33.6
朝阳区金盏乡	61.3	0.6	38.1
顺义县	62.1	12.3	25.6
平谷县	74.0	0.6	25.4

据统计，年产 1 万头肥猪的生产线的猪场（按 6 个月出栏）每天排污量，相当于 5 万人的粪尿的 BOD 值。据中国农业环境保护协会牧业生态环境考察组报告资料，上海郊区畜年粪便已突破 1 200×10⁴ 吨，远远超过工业废渣的排放量（663.11×10⁴ 吨），超过全市居民生活废弃物的排放量（663.44×10⁴ 吨）。

（三）集约化养殖对周边环境的影响

1. 对水环境造成的污染　牲畜产生的粪尿一般通过两个途径进入环境：一是在饲养过程中直接进入水环境；二是在堆放储存过程中因降雨和其他原因进入水体。当然，不同地区和不同的养殖场因为设施和管理状况的差异，畜禽生产过程中排放的粪尿的流失率也不同。

通常情况下，如果家畜粪尿、畜产加工业污水不经处理、任意排放到水流缓慢的水体，如水库、湖泊、稻田、内海等水域，水中的水生生物，特别是藻类，获得氮、磷、钾等丰富的营养后立即大量繁殖，消耗水中的氧，在池塘威胁鱼类生存；在稻田使禾苗徒长、倒伏、稻谷晚熟或不熟，使水稻绝收；在内海由于藻类大量繁殖，水变浅，影响捕捞业。由于水生生物大量发育生长，溶解氧耗尽，植物根系腐烂，鱼虾死亡，在水底层行厌氧分解，产生 H_2S、NH_3、硫醇等恶臭物质，使水呈黑色。这种现象称水体的"富营养化"，水体富营养化是家畜粪尿污染水体的一个重要标志。腐败有机物的污水，排入水体，人们使用此水，易引起过敏反应，例如，福建泉州马甲村某一水库被鸭粪污染，水库鸭粪沉积达数尺之高，水质恶化，昆虫滋生，人的皮肤被这种昆虫接触，皮肤出现腐烂性炎症反应。

根据有关研究表明，广州市约有80%的畜牧场的废水未经过有效净化处理便直接排放。上海市郊松江、金山和青蒲的牛粪尿的流失率在30%～40%，见表3-6显示这些地区牛养殖过程污染物的年流失量。

表3-6　上海市郊区牛粪尿年排放量和流失量

	牛饲养量（万头）	牛污染物粪尿排泄量（万吨）	牛污染物流失量（万吨）
上海松、金、青地区	1.02	17.87	6.41

由此造成的上海市郊松江、金山和青蒲的有机污染尤为严重。以氨氮量为例，同年松金青地区工业污染源排放氨氮量为734.3吨，生活污染源产生的为2 853.6吨。而畜禽粪尿流失的则高达 8 430 吨，占氨氮总流失量的70%左右。畜牧业已经成为这几个地区最重要的有机污染源。同时，就一个地区而言，牲畜粪便淋溶性极强，可通过径流污染地表水，也可通过渗路污染地下水。有机污染物进入江河湖泊中，消耗大量溶解氧而使水体变黑发臭，水体中N、P等营养物促使水体富营养化或地下水中 $NO_2 - N$ 和 $NO_3 - N$ 的浓度增高。由于水质不断恶化，对有机污染物敏感的水生物种群将逐渐消失，而对污染适应性强的种群数量增加。畜禽污水中高浓度的N、P是造成地面水域富营养化的主要原因之一。

2. 对土壤造成的污染　畜禽粪便主要的消耗途径是作为有机肥料直接还田。根据上海农业科学院测定，如果用于还田，1个标准畜禽单位的年存栏至少应有1亩耕地来消纳粪尿废弃物，否则会产生土地环境负担过重或者无法消纳的现象，从而产生环境影响。

畜禽粪便中含有的 N、P、K 是作物生长必不可少的营养元素。但畜禽粪便中含有大量的钠盐和钾盐，如果直接用于农田，过量的钠和钾通过反聚作用而造成某些土壤的微孔减少，使土壤的通透性降低，破坏土壤结构，危害植物。排泄物中含有铜和砷等微量元素，如果不对其进行必要的处理，还田后累积过量的砷对土壤造成的污染危害将显现出来，造成农产品中的含量升高，对人体造成危害。

对环境影响较大的大中型畜禽养殖场 80% 集中在人口比较集中、水系较发达的东部沿海地区和诸多大城市周围，由于牲畜粪尿的排放，北京、上海、山东、河南、广东、广西等地区土地的污染负荷已超过警戒值。

3. 对饲养环境的污染　研究表明，畜禽养殖场中检测出的有害气体有近 200 种。奶牛、猪、鸡饲料中的 70% 左右的含氮物质被排泄出来。大量的畜禽粪便如果不及时处理，在高温下，发酵和分解产生的氨气和硫化氢等臭味气体，排放到大气中，将会使臭味成倍增加。同时，产生的甲基硫醇、二甲基二硫醚、甲硫醚、二甲胺及多种低级脂肪酸等有毒有害气体，污染空气，造成空气中含氧量相对下降，使动物及人的免疫力下降，呼吸道疾病频发，影响畜禽产品质量。许多地区，规模化牲畜养殖场排出的粪便和粪水，由于处理不当、不及时而发酵，产生大量的氨气，连同粪中的含硫蛋白分解，产生硫化氢等臭味气体，形成恶臭。畜牧场挥发出的有害臭气对周围环境造成的空气污染，首先影响牲畜本身的生长发育；其次其中的含硫气体的扩散，对人的呼吸道有致病作用而影响周围居民的健康，成为许多地区人们关注的环境问题。

4. 对畜产品的污染　据世界卫生组织和联合国粮农组织的资料（1958），由动物传染给人的人畜共患的传染病至少有 90 余种，其中包括由猪、禽类、牛、羊、马等动物传染的疾病，这些人畜共患疾病的载体主要是家畜粪便及排泄物。目前，国内很多地区，农村小规模的饲养户仍然沿用在池塘边修建猪舍、猪圈上架设鸡笼的模式，没有实际依据，片面提倡鸡粪喂猪、猪粪喂鱼，并被冠以"良性循环"、"立体养殖"的模式被加以推广。据张淮（1988）在科技日报上提出，中国南方农村地区推广的立体养殖的模式是容易产生新的流感病毒的场所。据 1997 年 3 月我国台湾报道，发生猪口蹄疫暴发性流行，主要原因是病猪的尸体随意扔入河道引起疾病的流行。因此，粪便未经无害化处理排入水中易造成传染病的介水流行，最常见的有猪丹毒、猪瘟、副伤寒、布鲁氏菌病、钩端螺旋体病、炭疽等。

滥用抗生素添加剂及饲喂霉变饲料，造成畜产品的污染。抗生素饲料添加剂的广泛应用，如果不控制用量以及畜禽在屠宰前或其产品（蛋、乳）上市前未能按规定停止用药，可使抗生素在畜禽产品中残留，从而通过食物链使人体产生一定的毒性反应和过敏反应。此外，长期使用某种抗生素，可使细菌对该种抗生素产生适应或遗传物质发生突变而形成耐药细菌。耐药性的出现，使这类抗生素的疗效大大降低，或完全失效，对人、畜某些疾病的预防与治疗上造成困难。发霉饲料中的霉菌毒素如黄曲霉毒素及其代谢产物也能通过食物链，即饲料-畜、禽体-产品（奶、肉、蛋）对人体健康发生影响。经检测，动物食用黄曲霉毒素污染的饲料后，在肝、肾、肌肉、血、奶及蛋，可测出极微量的黄曲霉毒素 B_1 或其代谢产物，对人致癌的危险性很大。

集约化畜禽养殖场的污染问题未引起足够重视，污染物排放在相当程度上处于放任自"流"的状态。目前，我国集约化养殖场污染治理设施的建成率不到 30%，其中绝大多数还是不可能达标的简易设施。超过 60% 的集约化养殖场未采取干湿分离（粪便与尿、冲洗水分开）的清洁工艺，未经发酵处理的畜禽粪含水量大、恶臭、不卫生，处理、运输、施用既不方便也不安全；加之，在禽畜养殖业集约化水平不断提高的同时，果菜种植行业的产业化水平也在不断提高，养则不种植、种则不养殖成为普遍趋势，因此，畜禽粪很难通过还田消纳，造成大量的畜禽粪便及冲洗混合污水直接排入自然环境，甚至经过渗透污染地下水，畜禽粪由宝变害。1970 年代，全国 34 个重点湖泊中富营养化的湖泊仅占 5%；2002 年，除偏远且流态特殊的洱海和博斯腾湖外，全部处于富营养化状态。在我国农村居民中高发的钩虫病、类丹毒病等均与养殖场污染物处理不当有关；最近暴发的主要通过畜禽粪便和分泌物传播的禽流感更是预告了养殖场污染的巨大隐患。

三、集约化养殖中减轻对环境压力的措施

集约化养殖业污染治理应当遵循资源化、无害化、减量化的原则，其治理措施着眼于养殖业的各个环节。首先，提高饲料的利用率，在饲料中添加有益成分等，减少饲料投放量，从而可以减少粪便的产生量。其次，在动物圈舍的清理过程中，改变以往水冲圈的粗放型的清理方法，采取干清粪的措

施，减少污水的产生。再者，在粪便的处理过程中，采取资源化、循环化的思路，对粪便进行综合利用，如生产沼气、有机肥等产品，提高污染治理的收益，弥补污染治理的成本。

目前，养殖业污染治理的方法和技术已经比较成熟，技术设备也进展很快，能够满足污染治理的要求。我国集约化养殖粪便污水处理主要有三种方式。

一是自然堆沤处理。即通过简单的沉淀、人工分离，将粪便中干物质进行自然堆沤，发酵后作有机肥返田，分离后的污水集中储存，经自然耗氧处理后，部分用作农田肥料，其余外排。目前，全国90%以上的集约化养殖场畜禽粪便是通过这种方式进行处理的。

二是好氧生物处理。即利用好氧微生物活动将有机物分解成二氧化碳和水。这种方式一般只适用于处理有机物含量为300毫克/升左右的低浓度污水（如城市生活污水），而且处理费用平均为1元/吨左右，要处理超标数十倍的畜禽粪便污水，需要更高的成本，实现达标排放的难度也非常大。

三是厌氧生物处理（大中型厌氧沼气工程）。即利用厌氧微生物活动将有机物分解为甲烷、二氧化碳和水。一般通过建设厌氧消化工艺的大中型沼气工程，对高浓度污水进行集中处理。这种处理方式一般不需消耗能源，处理后废水也可达排放标准，更重要的是可实现废弃物的综合利用，变废为宝、化害为利。利用沼气工程处理畜禽粪便污水，每去除1千克有机物可获得一定的清洁沼气燃料（可发0.16度电）；沼液是可用于生产绿色食品的优质农田有机肥；沼渣经处理后可制成商品化的有机肥料，部分还可作为饲料用于养鱼等。大中型沼气工程是实现集约化养殖粪便污染防治、对畜禽粪便污水进行工程化治理的一条主要途径。

北京市顺义区是京郊畜牧业大区，其畜牧养殖业的综合生产水平一直居北京市领先地位。但同时养殖业污染物给顺义区的环境带来了巨大的压力。在北京市政府的支持下，从2002年起，顺义区政府开始通过合理发展养殖规模、调整养殖结构与布局，以及加大对污染物的处理力度等方式解决畜禽污染问题，取得明显的效果。顺义区北郎中村养殖业污染治理中所取得的经验值得借鉴。北郎中村畜牧业发展具有较长的历史，曾一度是顺义区乃至北京市著名的养猪村。初期，北郎中村的养殖业以村民散养为主，规模化程度不高。1989—1990年开始建设北郎中村种猪场，1995年达到年出栏万头规模商品猪的规模。自2000年以来，种猪场的养殖规模基本保持稳定，共养殖 2 000 头母猪，8 000 头商品猪，年末存栏量 1 万头，年出栏 2 万头，其中种猪、商品猪各 1 万头。但随着畜牧业生产的发展，畜禽养殖的污染问题也越来越突出，为解决牲畜粪便问题，村委会开始进行对粪便水污染进行全面治理。

（一）建立养殖小区，农户散养生猪实现种养结合

1999 年，北郎中村为解决村民散养生猪污染环境的问题，建设了专门的生猪养殖小区。养殖小区内规划了 300 个养殖单元，每个单元平均占地 3 亩左右。每个单元都规划为两部分，即分为蔬菜地和养殖区。根据其耕地的畜禽粪便的消纳能力确定生猪的饲养量，耕地能最大限度的利用猪粪便，实现了农牧结合，基本能做到污染物不出院，经济效益和社会效益明显。目前，养殖小区的每个生产单元年出栏商品猪 150 头左右，农户能从种植业和养殖业中增收，而且基本实现粪便的资源化利用。

（二）强制推行干清粪的清粪方式，减少废水和粪便污染物的排放

2000 年开始，北郎中村在种猪场中强制推行产生污水较少的干清粪技术，除了可以节约用水外，在短期内明显减少废水和污染物排放量，起到了事半功倍的效果。据估算，由于采取干清粪的方式，种猪场可以削减各项污染物排放量 70% 以上。种猪场平均每天产生干粪 3 吨，均销售给周边的有机肥加工厂，全部实现了资源化利用。

（三）建设厌氧沼气工程实现粪便污染物的综合利用

建设大中型沼气工程是实现集约化养殖粪便污染防治、对畜禽粪便污水进行工程化治理的一条主要途径。通过建设厌氧消化工艺的大中型沼气工程，对高浓度污水进行集中处理，处理后废水也可达标排放，更重要的是可实现废弃物的综合利用，变废为宝、化害为利。

2002 年，在北京市政府相关机构的支持下，北郎中村农工贸集团（北郎中村委会下设机构）开始了以处理种猪场粪污为主兼顾生产沼气的"能源环保工程"，建成了日处理 150 米³ 粪便污水的处理场，可以处理种猪场废水日排放量的一半。2003 年初该项目投入运行使用，采用了常温发酵技术，日处理粪污水 150～200 米³，生产沼气 120～150 米³，供村民使用；生产沼渣 5 米³，主要供给村有机肥厂生产有机肥；沼液 100 米³，主要供村民灌溉

果园和菜地。2004 年开始筹扩建了第二期沼气工程项目,主要建设 700 米³ 的厌氧发生器及其配套设施,包括固液分离机、搅拌器、沼气净化装置和 8 000多米管网,污水处理能力达到 500 米³/天。目前,全村 528 户全部通上沼气。为了彻底改善全村的环境,提升村民的生活条件,北郎中村还计划投资 300 万元建设三期工程,使污水日处理能力达到 1 000 米³,准备将养殖小区及生态种养园的养殖污水(预计每天 800 米³)及猪粪全部充分利用起来,集中到现建成的沼气处理中心,使沼气生产量达 1 500 米³/天,这样将彻底解决全村村民生活用能,能满足村民常年生活用气,实现能源优质化,并计划将剩余沼气用来发电。

北郎中村的养殖业污染治理取得了良好的效果,处理后排出的水可用于灌溉果树和菜地,符合养殖业排放标准。

四、推广农村户用沼气池,实现甲烷减排

由于人类活动引起的向大气中排放具有温室效应的"温室气体"而导致全球气候不断变暖的问题越来越严重,已引起各国政府的高度重视。近年,在国际组织的支持下,我国在湖南和湖北推广户用沼气池 CDM 建设项目,来改变农村猪粪便及污水管理方式,减少农户猪粪便及污水的甲烷排放,同时利用沼气池产生的沼气替代农户炊事用燃煤,实现减少 CO_2 排放。除此之外,农村户用沼气池 CDM 项目还包括如下环境效益:①将降低非甲烷易挥发有机物向大气中的排放和动物粪便产生的臭味;②通过厌氧处理动物粪便,改善家居和社区的环境质量,项目将减少水污染和人畜共患疾病的发生。由于采用了改进的三位一体设计,项目将改善户内外的环境和卫生条件,降低传染病暴发的几率;③由于沼气替代了煤炭、秸秆和薪柴,室内空气质量将明显改善,呼吸道疾病患者将减少,特别是妇女、儿童和体弱多病者。因为生物质燃烧将排放大量的有害物质,长期暴露在这些有害污染物之中,特别是悬浮颗粒物,是引发急性呼吸道感染(ARI)、慢性肺部紊乱(COPD)等的危险因素之一;④与动物粪便直接施用相比,沼气池处理后的粪便将有效地减少对土壤和水体的污染,在产生沼气过程中,将杀死大量的可以引起疾病的病菌;⑤产生的沼气用于生活用能替代薪柴,将减少附近山区的土地退化。

第三节　健康养殖

　　健康养殖技术相对于传统的养殖技术与管理，包含了更广泛的内容，它不但要求有健康的养殖产品，以保证人类食品安全，而且养殖生态环境应符合养殖品种的生态学要求，养殖品种应保持相对稳定的种品质性。为大力推动动物的健康养殖方式，政府可以采取直接的、间接补贴和对养殖业的基础设施的投资来保护和刺激养殖业的健康发展，并可以提高养殖业的生产标准，在生产场所、品种选择、饲料供给、疾病预防、运输和销售渠道方面达到或符合发达国家地区的质量体系标准，这样不仅对我国的畜产品的出口贸易将有非常大的促进作用，同时也为我们国家的食品安全工作做出了一定的贡献，让我们自己的国民也能吃上绿色健康环保的畜产品，也为我国国民经济的健康发展做出了一定的贡献。

　　我国在《国家中长期科学和技术发展规划纲要（2006—2020 年）》中第一次将健康养殖列为规划纲要的重点领域中的优先主题，国家"十一五"科技支撑重点项目中也将"畜禽健康养殖与新型工业化生产模式研究及示范"正式立项。可见，国家对发展健康养殖已非常重视，首先以相关的科技研究和创新为切入点，在此基础上再进一步实施健康养殖。

一、概　　念

　　本书认为，畜禽健康养殖是通过一系列工程、技术措施，实现圈舍环境良好、饲料营养充足、粪污资源化利用、疫病防治及时有效，达到畜禽本身健康、畜产品安全和环境友好的目的。从定义中看出，首先保持畜禽本身的健康是健康养殖的基础环节，因而疫病防治是实施健康养殖的基础。畜禽健康养殖是一个不断追求的过程，需要分阶段、分步骤、分区域、分不同品种、分轻重缓急逐步实现。

　　不同的学者，由于关注的侧重点不同，健康养殖的定义和含义也有很大的区别，主要包括以下观点：

　　一种认为，健康养殖是对于可进行养殖的生物种，在较长的养殖时间内，不患病害。健康养殖的种类不应仅仅只限于某一种，而应包括可进行产业化养殖的所有各种水产动物；生产过程的病害也不能仅仅局限于某一种病害如某种病毒病，而应该包括影响产业化生产的多种病害；对于是否发生病害的养殖生产时间，不应只看一年两年或三年五年，而应该有一段较长的时间范畴。

另一种认为，健康养殖是指根据养殖对象的生物学特性，运用生态学营养学原理来指导养殖生产，也就是说要为养殖对象营造一个良好的、有利于快速生长的生态环境，提供充足的全营养饲料，使其在生长发育期间最大限度地减少疾病的发生，使生产的食用产品无污染、个体健康、肉质鲜嫩、营养丰富与天然鲜品相当。

二、健康养殖与动物福利、转变畜牧业增长方式和现代畜牧业的关系

（一）健康养殖与动物福利的关系

所谓动物福利（Animal welfare）就是使动物在无任何痛苦、无任何疾病、无行为异常、无心理紧张压抑的安适、康乐状态下生活和生长发育，保证动物享有免受饥渴，免受环境不适，免受痛苦、伤害，免受惊吓和恐惧，能够表现绝大多数正常行为的自由。夏良宙（1990）从对待动物的角度，概括了动物福利的基本含义："善待活着的动物，减少动物死亡的痛苦"。

研究证明，动物若长期生活在痛苦、恐惧之中，体内会分泌出一种毒素，对食用者身体健康造成危害。动物福利的提出是基于保护动物的尊严及其内在价值的考虑，体现了人类的情感，是人类进步的表现。同时，它也是基于人类健康的考虑，在饲养、运输、屠宰等过程中注重动物福利能提高动物的生产性能、提升其自然品质，保证人类的食肉安全。从这一点来看，动物福利与健康养殖有着紧密的联系，都能达到畜禽健康、畜产品安全和养殖环境改善的目的。不同之处在于，健康养殖所追求的是通过健康养殖达到畜产品质量安全和环境友好，而动物福利更多是追求动物本身的健康和养殖环境的舒适。

（二）健康养殖与转变畜牧业增长方式的关系

转变畜牧业经济增长方式就是将原有的和现存的忽视质量和效益，片面追求数量扩张的粗放型经济增长方式，从根本上转变到高质量、高效益的集

约型经济增长方式上来，从而发展优质、高效、生态与安全的畜牧业。

转变畜牧业增长方式，除了要求改善养殖条件和环境，实施集约经营外，更加关注依靠科技进步；从结果来看，除了要实现优质、生态和安全的目标外，更加关注实现较高的经济效益。可见，转变畜牧业增长方式所包括的内容要比实施健康养殖更广阔。当然，实施健康养殖也需要相关科技的强大支撑。

（三）健康养殖与现代畜牧业的关系

所谓现代畜牧业，是指在传统农业基础上发展起来的，立足于当今世界先进的畜牧兽医与饲料科技，基础设施完善，营销体系健全，管理科学，资源节约，环境友好的高效产业。现代畜牧业主要包括完整创新的良种繁育体系、优质安全的生产体系、规范标准的管理体系、健全高效的疫病防控体系、先进快捷的加工流通体系等，最终达到大幅度提高畜牧业劳动生产率和综合生产能力的目的，成为在国民经济中有较强竞争力的现代产业。

畜牧业现代化的过程实际上就是用现代工业装备畜牧业，用现代科学技术改造畜牧业，用现代管理方式管理畜牧业，用现代科学文化知识提高农民素质，从而使畜牧业生产技术、生产手段和生产组织向当今世界先进水平靠拢，逐步发展为劳动生产率、资源利用率、运行质量和效益较高，可持续发展的强势产业。

现代畜牧业建设是一个内涵更为丰富的概念，包括畜牧产业中每一个环节的现代化和各个支撑体系力量的强大，当然也包括养殖基础设施的改进、养殖环境的改善、疫病防控体系和质量安全检测体系的完善以及环保与治理设施的健全等健康养殖的内容。现代畜牧业具有布局区域化、生产标准化、发展专业化、经营产业化和服务社会化的显著特点。

三、实施畜禽健康养殖的条件

（一）当前实施畜禽健康养殖的有利条件

1. 经济发展为健康养殖奠定了坚实基础　经过改革开放以来三十多年的快速发展，我国国民经济实力显著增强。2006 年我国 GDP 总量已达210 871亿元，全国财政收入 38 760.2 亿元。从经济总量和经济结构的变化来看，我国总体上进入工业化中期阶段。在这个重要时期，国家适时提出新的经济发展战略方针。十六届五中全会在科学把握我国经济社会发展规律、发展阶段和发展任务的基础上，进一步深化、发展和升华了新阶段"三农"工作的指导思想，作出了建设社会主义新农村的重大决策和相关部署，并确定了"十一五"时期解决"三农"问题的战略方向，即统筹城乡经济社会发展，推进现代农业建设，全面深化农村改革，大力发展农村公共事业，千方百计增加农民收入。今后，随着国民经济的高速增长以及国家财政收入的持续增加，国家对"三农"问题的支持力度将会不断增加，城市对农村的带动作用也将进一步增强，公共财政覆盖农业、农村的范围和领域将进一步扩大，这将给作为农业重要组成部分和解决"三农"问题重要突破口的畜牧业带来新的良好机遇。

2. 畜牧业生产的持续发展为发展健康养殖创造了部分条件　改革开放以来，我国畜牧业一直呈现较快的发展势头，特别是自 20 世纪 90 年代以来，畜牧业更是得到迅猛发展，目前已经成为农业和农村经济中最具活力的支柱产业，在推动农业产业结构调整、满足市场需求、改善人民生活、增加农民收入、推动国民经济增长等方面起到了不可替代的作用。到 2005 年我国畜牧业年产值已超过万亿大关，达到 1.33 万亿元，吸纳农村劳动力达1.3 亿，带动相关产业产值 8 000 亿元。

3. 社会主义新农村建设客观上要求必须实施畜禽健康养殖　新农村建设要求实现"生产发展、生活宽裕、乡风文明、村容整洁、管理民主"。畜牧业发展与社会主义新农村建设中的"生产发展、生活宽裕和村容整洁"密切相关。新农村建设对畜牧业发展提出新的要求。首先，新农村建设的首要任务是建设现代农业。建设现代农业，畜牧业要走在前列，起到示范和先导作用。其次，新农村建设要求达到村容整洁，现代畜牧业建设对集约化、规模化和标准化养殖提出新要求，对畜禽粪污处理和改变人畜混居的散养方式都有相应要求。因此，建设社会主义新农村要求畜牧业必须转变传统的增长方式，走集约化、规模化、标准化的发展道路，实现人畜适度分离，实现粪污的无害化、资源化利用，从根本上改善农村生活环境。这些都为畜牧业的全面升级和可持续发展创造了有利的政策环境。

4. 消费者对动物产品的质量安全要求增强，需要健康养殖予以保障随着居民生活条件的不断改善和畜产品总量供求矛盾的逐步解决，居民对畜产品的需求出现了多样化、专用化、方便化、优质化、健康化的发展趋势，人们更加关注畜产品的质量安全。生产优质、安全、绿色无污染的畜产品已成为顺应市场消费倾向的迫切任务。由于畜产品是不同于其他商品的一种特殊商品，畜产品的安全问题，直接关系到人们的身体健康，关系到农民收入的增加，关系到农业产业结构调整和农村经济发展。若畜禽产品的质量安全不过关，除可能出现一般的质量问题外，还可能出现病毒传播，导致公共卫生突发事件。目前，我国的畜禽产品质量安全水平还不高，相关事件频发，对消费者的消费信心影响很大。市场需求的有力拉动将对实施畜禽健康养殖提供强大的市场空间。

5. 健康养殖是畜牧业实现可持续发展的必然选择 我国畜牧业经过改革开放三十多年的发展，特别是经过 20 世纪 90 年代的快速发展，产业的总体规模已很庞大，但产业总体素质不高，国际竞争力不强。同时，也出现了许多不容忽视的突出问题，如畜禽粪污处理不及时、合理，部分养殖密集区环境污染严重；畜禽常见病发病种类增加，突发病发病频率提高；部分养殖户对兽药和添加剂使用不合理，市场检出违禁药物和添加剂事件还时有发生，严重影响着畜产品的质量安全和消费者的信心。这些问题都对我国未来畜牧业的健康发展形成巨大的挑战，必须转变畜牧业经济增长方式，全面改善养殖环境，加强疫病防控和养殖各环节的质量安全监管，逐步推行健康养殖。

（二）制约畜禽健康养殖的因素

1. 畜牧业生产方式仍然落后，基础比较薄弱 畜牧业生产仍以千家万户的小规模、分散饲养为主。小规模农户生产不规范，生产设施差，应对疫病和市场风险能力弱，质量安全隐患严重。畜禽养殖生产水平低下。目前，我国牛胴体重只相当于世界平均水平的 2/3，发达国家的 53%，美国的 41%；每头产奶母牛的年产奶量只相当于世界平均水平的 94%，发达国家的 45%，美国的 25%，以色列的 20%；其他猪肉、羊肉、禽肉和禽蛋等畜产品的单产水平也仅大体相当于世界平均水平，而与世界先进国家畜产品的单产水平相比，仍有着较大的差距。畜牧业基础设施薄弱；畜禽良种、饲料和畜产品质量监测、疫病防控、草原防火和鼠虫害防治等方面投入不足；科技等支持体系建设滞后，原有的推广体系已不能适应现代畜牧业发展的需要，新的推广体系尚未健全，农户得不到及时有效的技术服务。这些都直接影响到畜牧业综合生产能力的提高。

2. 科技创新与技术推广较弱，对畜牧业的支撑能力不强 与快速发展的畜牧业相比，我国的畜牧科技创新与技术推广服务体系严重滞后，难以对产业发展起到应有的支撑作用。一方面，畜牧科研力量分散，缺乏高层次人才和创新性成果，导致科技进步对畜牧业增长的贡献率偏低。另一方面，目前我国的畜禽良种繁育体系和推广服务体系建设还很落后，无法满足畜牧业生产发展的需求。从畜禽良种繁育体系来看，目前我国种畜禽场的结构仍不够合理、规模较小、基础条件较差、经营比较混乱，难以维持持续运营，严重影响到种畜禽的生产和质量，并进而影响到整个畜牧业科技水平的提高。从推广服务体系的建设来看，目前我国基层专业技术人员仍然较为匮乏。

3. 畜禽产品质量安全问题比较突出，对畜牧业的持续发展影响较大　随着人们生活水平的提高，畜产品的质量安全引起全社会的广泛关注。同时，我国加入 WTO 后，畜产品国际贸易的绿色壁垒、技术壁垒不断增加。生产优质、安全、绿色无污染的畜产品已成为我国畜牧业持续健康发展的必由之路。但当前生产、流通及加工等环节质量安全隐患还很多。动物疫病已成为制约我国畜牧业生产发展和畜产品质量安全的重大障碍；饲养过程中各类药物、化学物质、生物激素残留和污染对畜产品的质量和安全危害也日益加重，影响了食物安全及消费者健康，影响了畜产品的信誉。目前，我国每年由于动物疫病造成的直接经济损失高达 260 亿～300 亿元。畜产品在生产、加工、流通和销售中缺乏严格的质量、安全和卫生标准，因而难以保证畜产品的安全和质量；畜产品检疫手段落后，检验设备不完善，致使一些疫病无法确诊，违禁兽药和添加剂不能及时有效检测；还没有建立市场主体的准入和退出机制，缺乏与国际接轨的畜产品质量追溯制度；由于运输冷链系统不完善，使畜产品在加工和流通环节中存在二次污染的可能，这些都在很大程度上影响到畜产品的安全卫生和质量。

4. 动物疫病防控形势依然严峻，畜牧业遭受疫病重大打击的隐患依然存在　目前，我国及周边国家和地区的动物疫情比较复杂，虽然烈性动物传染病的大面积流行已基本得到控制，但禽流感等一些重大疫情发生的隐患依然存在。突发的猪蓝耳病疫情已对我国生猪产业形成巨大打击，动物疫病的防控任务依然艰巨。据统计，目前我国生猪常见病发生率呈增长态势，种类由 20 世纪末的 4～5 种已增加到目前的 12 种，不仅加大了养猪成本，而且影响到生猪生产能力。加上当前兽医管理体制尚未完全理顺，基层防疫体系十分脆弱，防疫队伍不稳定，防疫人员业务素质低、防疫设备缺乏、防疫经费短缺，为突发疫病的再次发生留下隐患。

四、推进健康养殖的措施

1. 强化健康养殖方面的科技推广和相关的支撑体系建设　一是加强畜禽良种工程的实施。建立健全良种繁育体系，增强畜禽制种供种能力。在继续扩大奶牛良种冻精补贴范围的同时，加强肉牛良种冻精补贴，加强生猪良种补贴，加快良种的推广应用。二是加强人工授精站点建设，促进生猪、奶牛和肉牛等人工授精技术的推广。

2. 建立身份识别和追溯体系，加强畜产品质量安全监管　尽快研究适合我国国情的主要畜种身份识别和追溯管理系统，真正实行动物标识，建立追溯体系，完善畜产品生产全过程监管，为健康养殖提供保障。同时，加强畜禽产品质量安全的市场监管，确保不合格的畜禽产品不能进入市场，确保畜禽产品的优质优价，为实施健康养殖提供良好的市场环境。

3. 加强最基层的动物防疫体系建设　加强防疫队伍建设，建立健全预警和应急体系，落实资金、技术、物资"三项储备"，建立快速反应机制，提高重大动物疫病的预防控制能力。强制推行职业兽医师资格认证制度，特别是在乡镇一级应全面普及，强化乡镇和村级畜牧兽医科技推广队伍建设和必要仪器设备的配套力度，不断充实基层畜牧兽医专业技术队伍。

4. 推进农村畜牧兽医实用技术的培训工作　通过"科技入户工程"等载体，强化培训养殖户，不断提高养殖户综合素质。实施健康养殖，要有较高素质的从业人员从事科学养殖，以保障动物健康和人类健康。强化培训基层畜牧兽医系统的工作人员，特别是乡镇畜牧兽医站的专业技术人员和村级动物卫生防疫员，通过定期轮训，以先进适用的养殖技术和动物防疫技术，向更多养殖户扩散。

第八章
动物饲养环境与流通环节的生物安全

第一节　概　　述

从养殖业角度，生物安全（Biosafety）是指防止把病原引入畜禽群体的一切饲养和管理措施，涵盖养殖场、屠宰加工厂的选址建设以及动物引种、饲养管理、污染物无害化处理、卫生防疫、屠宰加工、病原清除、动物与动物产品质量与安全监测和公共卫生等多个方面。动物养殖环境生物安全强调对病原的控制和工程的系统性，基点是对疫病的预防而不是治疗。

当前，生物安全问题由于涉及人与动物的生存与健康，已经成为全人类共同关注的问题，而养殖业的生物安全是全球生物安全链中的一个关键环节。从动物饲养过程来说，生物安全是预防传染因子进入生产的每个阶段或动物养殖场点或养殖舍内所执行的规定和措施，包括控制疾病在养殖场中的传播，减少和消除疾病的发生等。

动物饲养环境包括大环境和小环境。动物饲养大环境按照由大到小级别的区分，可以指某个大洲（如亚洲、欧洲、非洲等）、某个国家、某个区域（如华北地区、华南地区、华东地区等）、某个地方（如省、市、县、乡镇）范围内的环境。动物饲养小环境，从我国的国情来讲，是指某一规模养殖场、养殖小区、隔离场和村屯养殖户范围内的环境。

随着我国畜禽养殖由广大农村散养方式逐步向规模化、集约化方式的改变，动物规模养殖场环境生物学安全这一新概念已越来越受到养殖业生产者的高度重视。为此，本章仅就动物饲养小环境的生物安全问题进行简述。

一、动物饲养环境的生物安全

（一）动物饲养环境生物安全的含义

动物饲养环境的生物安全是指防止病原微生物进入动物饲养小环境内致动物发生疫病而采取的一系列预防、控制措施的总称。包括外环境生物安全和内环境生物安全。

外环境生物安全是指将病原微生物进入某一规模养殖场、养殖小区和农村散养户的可能降至最低而采取的相关防控措施。

内环境生物安全是指降低病原微生物从患病动物向易感动物传播的可能而采取的相关防控措施。

（二）饲养环境与动物健康的关系

根据动物疫病流行病学原理，动物疫病的发生，需要三个主要条件：一是具有一定数量和毒力的病原体及适宜的侵入门户；二是具有对该疫病有易感染性的动物；三是具有促使病原体侵入易感动物机体的外界环境。其中，动物所处的外界环境状况与动物健康密切相关。

许多动物疫病的发生，在于动物生活环境中病原微生物有效感染数量的多少，及其当前生活环境中存在不同疫病类型的数量和特定疫病的不同毒株数量。病原体的致病作用和机体的防御机能，是在一定的外界环境条件下，不断相互作用的过程。外界环境对动物疫病的发生至关重要，过热、过冷或气候剧烈变化、风、潮湿等均会使动物抵抗力下降。另外，气候寒冷，有利于病毒的生存；气候温暖，有利于细菌生长繁殖和各种昆虫的大量生长繁殖而易于传播疫病。

动物所处的外界环境洁净卫生，无污水、粪便堆积，则接触病原体的机会就会大大减少；畜舍卫生状况差，其他动物随便出入，蚊蝇孳生，媒介昆虫活跃，则接触病原微生物的机会增加，容易造成感染。外界环境既可以影响动物机体的防御功能，也可以影响病原体的生命活动及毒力，还可以影响病原体与动物机体接触的可能性及程度，从而改善病原体的生存条件，引起它们遗传性状的变异，使之丧失或获得新的对动物机体的致病能力。

综上所述，控制好动物饲养环境的清洁卫生，是控制动物饲养环境生物安全的重要措施之一，对于控制和消灭疫病具有重要意义。

(三) 动物饲养环境生物安全的内容

一般认为，动物养殖场生物安全措施可以看作是传统的综合防治或兽医卫生措施在集约化生产条件下的发展，也就是通过采取封闭管理、消毒、防虫、鼠、鸟及无害化处理等各种管理手段排除动物疫病的威胁，保证养殖业持续健康的发展，其总的目标是让畜群保持最高的生产性能，发挥最大的经济效益。

针对动物疫病发生流行的三个基本要素即病原体、易感动物和传播途径之间的复杂联系和相互作用，通过科学设计养殖场舍建筑工艺，创造对动物健康有利的生态环境，结合完善舍内防疫基础设施、设备，落实动物防疫安全制度，提高动物饲养管理水平，增强动物机体抵御病原微生物侵袭能力等在整个生产系统和生产过程中的生物安全措施，从而最大限度地防止动物疫病在集约化饲养条件下的发生和流行。因此，动物养殖场生物安全的建设内容，必须根据动物疫病发生、流行的规律来科学地制定。

从本章所述的动物小环境来说，其生物安全内容主要包括：动物养殖场的选址与设计、健全的管理制度、健全的疾病控制体系、完善的用药体制、严格的消毒制度、安全的种群管理体系、健全的粪便及污水处理机制等。

动物养殖环境生物安全是集约化养殖的一项系统工程，是动物群体的管理策略和动物与人类健康的保障措施，除养殖场的选址建设外，还包括引种、检疫、饲养管理、污染物无害化处理、防疫卫生、病原清除、动物与动物产品安全监控及公共卫生等全过程。生物安全的基点是疫病控制和动物与动物产品安全。生物安全更加强调工程的系统性和不同部分间的相互性，以及强化病原的控制、消灭及动物产品的安全性。

(四) 影响动物饲养环境生物安全的因素

1. 养殖场场主及管理人员素质低 近年来，随着畜禽及其产品价格的上升和国家对养殖业扶持力度的加大，吸引了大批外出务工农民返乡投资养殖业，但这些投资者大多数为非专业人士，其聘请的养殖场主及从业人员文化程度很低，从业前又没有接受过专业技术培训，没有动物防疫基本知识，不懂科学饲养管理，更缺乏生物安全防范意识和措施，以致养殖场的饲养管理、疫病防控条件差，影响到整体养殖大环境的生物安全。

2. 养殖场动物防疫条件不合格　主要体现在以下几个方面：一是选址不科学，不规范，布局不合理。养殖场在建立前没有经过科学论证，未按规定向动物防疫有权管理机构申报并获得批准，在养殖场选址上随易性很大，有些甚至将养殖场建立在居民区，出现人、畜、禽混居现象，存在公共卫生安全隐患。二是不落实动物防疫安全措施，养殖场没有建立围墙等隔离设施，人员和车辆随便与外界来往，没有制定严格的消毒制度，消毒设施缺乏等。三是动物排泄物及养殖污水未经生物安全处理而随意排放，影响养殖环境周围的公共卫生。四是养殖场没有设立染病动物隔离区和病死动物无害化处理场，存在随意向外界丢弃病死动物尸体现象。

3. 新引进动物检疫把关不严　随意跨区域调运动物是造成动物疫病远距离传播的最危险因子，极易引发输入性疫情。我国对跨省引进种用、乳用动物作出严格的规定，要求引进前要经省级动物卫生监督机构检疫审批。但实际上，养殖户并没有严格遵守，引进时没有向当地动物卫生监督机构报告和备案，有的甚至没有经输出地动物卫生监督机构检疫，引进后也不采取隔离观察措施，直接混群饲养。异地引进动物检疫把关不严格，极容易造成疫病扩散，引发生物安全事故，对养殖业危害很大。

4. 动物防疫档案不健全　据调查，有的动物规模养殖场没有按照规定建立养殖档案和防疫档案。在动物引进、饲养、繁殖、防疫、诊疗、出售等生产管理过程中，都没有按要求建立档案。特别对动物投入品如饲料、兽药、添加剂等的使用以及免疫病种、免疫日期和使用疫苗生产厂家、批号等重要事项都不作记录，极易造成管理混乱，产生动物源性产品质量安全风险。

5. 动物免疫操作不当　有的养殖场主没有经过任何技术培训，未掌握兽医防疫技术，又没有聘请专职兽医技术人员，不能结合本场的实际情况制定相应的免疫程序，生搬硬套，针对性不强，防疫管理水平低。疫苗没有到合法机构购买，来源复杂，保存方法、用法、用量不当，导致免疫效果不理想，甚至免疫失败。

6. 滥用兽药等投入品　一些养殖场主的药品知识匮乏，使用兽药只凭感觉，经常胡乱配伍或大剂量用药，影响疗效或造成药物中毒。有的怀疑兽药质量差，滥用人用药品对畜禽进行治疗，造成药品残留等动物源性质量安全问题。有的为了预防动物疫病而长期在动物饲料中添加药物，没有严格执行停（休）药期制度，严重危害到人的身体健康。

7. 出栏动物不申报产地检疫　对出栏动物实施产地检疫是及时发现动物疫病、防止疫病随动物进入流通领域的有效生物安全措施之一。但当前，大多数的规模养殖场还没有树立申报检疫的意识，相反，还存在逃（躲）避检疫的现象，甚至有些不法商贩还伪造或者变造检疫证明，造成未经检疫的动物流入市场，留下疫病扩散隐患。

二、动物流通环节的范畴

动物流通环节主要包括动物运输环节、动物市场交易环节、动物屠宰环节等。

从我国目前现状看，动物运输工具有汽车、农用三轮车、火车、飞机、轮船等几种，但省际动物运输以汽车居多，县际和乡镇动物运输以农用三轮车居多，在国内采用火车和飞机运输的主要是宠物、演艺动物、大型动物，而较少使用轮船运输动物，即使进入海南省这样需要轮船摆渡的特殊区域，也大多数是通过摆渡装载有动物的汽车来实现的。

动物运输是流通环节中传播动物疫病的重要途径和方式，因其会引起动物疫病远距离、跳跃式传播，造成动物疫病蔓延，因此，加强对运输环节的监管，切断传播途径，对控制、扑灭动物疫病十分必要。就控制动物疫病而言，运输环节生物安全措施落实的好坏，是控制动物疫病传播、蔓延的重要保证。

经营动物、动物产品的集贸市场也是流通领域控制动物疫病的一个重要环节。集贸市场与市民生活消费行为密切相关，其生物安全措施如何，事关重大人畜共患疫病的防控和人体健康的保护。因此，加强集贸市场特别是活禽交易市场的生物安全监管，整顿、治理经营秩序，对控制动物疫病、保护人体健康、维护社会公共卫生安全等具有重要的意义。

公路动物卫生监督检查站是省、自治区、直辖市人民政府为了控制、扑灭动物疫病，批准在公路要道、港口码头、机场、火车站等设立的、承担对过往运输动物、动物产品车辆实施监督检查任务的一个主要场所。其主要任务是：查验检疫证明、检疫标志、畜禽标识；验物，即动物、动物产品与检疫证明的记载是否一致；对运输的动物、动物产品进行监督性抽查；发现动物疫情，按有关规定报告并采取相应处理措施；依法处罚违法行为人，依法处理有关动物和动物产品；对动物、动物产品的运载工具实施消毒；对监督检查情况进行登记。由于公路动物卫生监督检查站的性质，及其在动物防疫中的重要作用，亦将其归入动物流通领域的生物安全监管范畴。

三、动物流通环节生物安全的内容

动物流通环节生物安全是指为预防、控制动物疫病在流通环节发生、传播而采取的一系列防控措施的总称。

针对动物流通环节实施的生物安全内容：一是制定完善的动物流通法规、规章；二是建立动物流通监管机制；三是建立动物流通市场准入制度；四是严格执行消毒灭源措施；五是实行严格的流通环节生物安全事故责任追究体系。通过加强防控基础设施建设、保障运行经费、规范执法行为等一系列举措，促进动物流通秩序的规范和生物安全的实现。

四、动物流通环节常见生物安全问题

（一）动物运输工具在装前卸后未消毒或消毒不彻底

对运载工具实施严格的消毒，是切断传播途径、防止动物疫病扩散、蔓延的重要手段和有效措施。《中华人民共和国动物防疫法》第四十四条第二款中规定："运载工具在装载前和卸载后应当及时清洗消毒"。但在实际运输过程中，大部分承运人只是做了简单的清扫、洗刷工作，并没有执行严格的消毒程序，特别是可疑被病毒、细菌污染的车辆。

（二）运输动物途中随意丢弃病死或者死因不明的动物尸体

《中华人民共和国动物防疫法》第二十一条第二款中规定："运载工具中的动物排泄物以及垫料、包装物、容器等污染物，应当按照国务院兽医主管部门的规定处理，不得随意处置"。但事实上，这种随意丢弃动物尸体、排泄物等行为时有发生。

（三）动物经营集贸市场不符合规定的动物防疫条件

体现在市场建筑选址与布局不符合要求、缺乏动物防疫硬件设施设备、未执行休市消毒制度等，存在生物安全隐患。

（四）集贸市场业主不执行凭检疫证明进场经营的制度

《中华人民共和国动物防疫法》第四十三条规定："经营、运输的动物，应当附有检疫证明，经营和运输的动物产品，应当附有检疫证明、检疫标志。即检疫证明是经营、运输的动物经检疫合格的唯一法律凭证，凡没有检疫证明的动物和没有检疫证明、检疫标志的动物产品，均不得经营和运输"。实际上，集贸市场业主并没有严格执行这项法律制度。

（五）公路动物卫生监督检查站的生物安全隐患大

主要体现在：一是防疫设施、消毒设备简陋；二是供停车消毒的场地面积不足，不能给过往运载动物车辆实施有效消毒；三是缺乏无害化处理场地和设备，对在检查站环节发现的病害动物不能实施有效的无害化处理。

五、屠宰场环节生物安全

动物屠宰环节是动物源食品进入市场流通的关键环节，加强生猪定点屠宰场（场）病害猪无害化处理监督管理，防止病害生猪产品流入市场，是保证人民群众吃上"放心肉"的有效措施，因而其良好生物安全水平是确保社会公共安全的关键。从我国目前动物屠宰场发展现状看，主流是生猪定点屠宰场，除县级以上都具有数量不等的屠宰场外，每个乡镇基本上都达到"一乡（镇）一场"。

生猪定点屠宰场的生物安全措施主要包括定点屠宰场的设置规划、场内布局与硬件设施建设、生猪进场检查检验制度和肉品销售台账管理制度、病害肉无害化处理制度、定点屠宰场生物安全处理措施、环节防疫消毒制度、屠宰环节动物卫生监督执法等。

近年来，国家高度重视屠宰场环节生物安全问题，在《生猪屠宰管理条例》及《生猪屠宰管理条例实施办法》中，对生猪定点屠宰厂（场）明确规定"应当配备符合标准的无害化处理设施"。另外，国家对生猪无害化处理的财政补贴制度规定"对屠宰前确认为病害活猪、病死或死因不明的生猪、屠宰检疫确认为不可食用的生猪产品，经按规定程序作无害化处理后，可以申领财政补贴资金"。这项制度，对屠宰场生物安全措施的彻底落实、提升其生物安全水平起到很大的促进作用。

第二节　动物养殖场的生物安全

动物养殖场的生物安全措施，应当包括硬件措施和软件措施。硬件措施通常指建筑物、生产设备、消毒设施等的建设与使用。软件措施通常指饲养管理、卫生防疫、岗位职责、生产经营等制度的制定与执行。无论硬件措施，还是软件措施，最终目的是要使得在规模化、集约化环境条件下饲养的动物保持健康、防止受到病原微生物的侵害而导致疫病发生和流行。

一、动物养殖场选址

（一）选址总体要求

为了在一定程度上预防传染性致病因子通过简易环节入侵到动物养殖场，必须对养殖场的建设选址提出基本的要求。根据动物疫病防控规律，动物饲养场的选址要与相关场所保持一定距离。至于保持距离多少，因不同国家的动物防疫制度、理念、国情不同而不同。我国要求兴办的养殖场必须距离生活饮用水源地、动物屠宰加工场所、动物和动物产品集贸市场 500 米以上；距离种畜禽场 1 000 米以上；距离动物诊疗场所 200 米以上；动物饲养场（养殖小区）之间距离不少于 500 米；距离动物隔离场所、无害化处理场所 3 000 米以上；距离城镇居民区、文化教育科研等人口集中区域以及公路、铁路等主要交通干线 500 米以上。

对于种畜禽场的选址，又有较一般养殖场更为严格的要求，即要求距离生活饮用水源地、动物饲养场、养殖小区和城镇居民区、文化教育科研等人口集中区域及公路、铁路等主要交通干线 1 000 米以上；距离动物隔离场所、无害化处理场所、动物屠宰加工场所、动物和动物产品集贸市场、动物诊疗场所 3 000 米以上。

国外，对养殖场的距离没有刻意要求。例如，丹麦、新西兰、澳大利亚等，有的动物养殖场就建设在交通要道附近。由于这些国家的动物防疫体系和制度不同，可能不将养殖场选址与相关场所的距离作为生物安全硬性条件来以法律形式确定。

(二) 选址的原则

在生产实践中，动物养殖场场址的选择，除要符合国家规定的基本硬性距离条件外，在具体建设养殖场时，还应当遵循以下原则：

1. 自身不受污染原则 养殖场的位置到底距离公路、铁路、屠宰场、化工厂、动物隔离场所、无害化处理场所等多少米，不能简单地以 500 米、1 000 米或者 3 000 米来衡量，而应在考虑符合法定距离的基础上，选择远离城市、空气和水源都没有污染、确保自身不受污染的位置。

2. 高燥向阳的原则 养殖场应建在高燥、排水良好、背风向阳、空气流通良好的地方，不宜选在低洼潮湿的地方；建造动物栏舍时，最好按坐北朝南或坐西北朝东南方位安放。

3. 水电充足，交通便利原则 动物养殖场对水的需求量是很大的，例如，一个万头猪场的日用水量为 100～150 吨，没有充足的水源根本不能确保其基本生活。因此，养殖场建设选址必须考虑水和电力充足、水质好、污水排放方便、交通也方便的地方。

4. 避免污染环节原则 近年来，养殖场污染环境问题越来越受到政府的关注，因此，选址要远离河流，建场前要了解当地政府 30 年内的土地规划及环保规划、相关政策，因地制宜配套建设排污系统工程，特别应注意沼气配套工程的建设，严禁向河流排放污水，最好配套有渔塘、果林或耕地，同时需考虑动物养殖场的污水量应与附近的田地及果园对污物的处理能力相匹配。

二、动物养殖场的布局

(一) 养殖场总体布局理念

作为动物养殖业主应当认识到，养殖场在建设之初的布局状况，直接影响到今后养殖小环境内部生物安全措施的执行和整个动物疫病防控目标的实现。因此，在整体布局上，要树立以下理念：

1. 推行经营区、生活区与生产区异地建设的布局。将办公区、生活区设在远离养殖场的城镇中，将养殖场建在城郊外，变成一个独立的生产单位。这样有利于信息交流、生活便利和养殖场生物安全。

2. 对生产区要改变大、全、齐的观念。生产区要采用"分点式"生产，将繁殖区、培育区和育成区异地建设，最好利用天然防疫屏障提高养殖场生物安全水平。

3. 逐步淘汰现行的养殖小区布局模式，推进标准化生物养殖场建设，实现规范的、科学的养殖场生物学安全布局。

（二）法定的养殖场布局要求

我国要求动物饲养场的布局要符合下列条件：

1. 场区周围建有围墙。

2. 场区出入口处设置与门同宽，长 4 米、深 0.3 米以上的消毒池。

3. 生产区与生活办公区分开，并有隔离设施。

4. 生产区入口处设置更衣消毒室，各养殖栋舍出入口设置消毒池或者消毒垫。

5. 生产区内清洁道、污染道分设。

6. 生产区内各养殖栋舍之间距离在 5 米以上或者有隔离设施。

禽类饲养场、养殖小区内的孵化间与养殖区之间应当设置隔离设施，并配备种蛋熏蒸消毒设施，孵化间的流程应当单向，不得交叉或者回流。

对于种畜禽场的布局，又有较一般养殖场更为严格的要求，即：有必要的防鼠、防鸟、防虫设施或者措施；有国家规定的动物疫病的净化制度；根据需要，种畜场还应当设置单独的动物精液、卵、胚胎采集等区域。

对动物饲养场的布局提出上述要求，目的还是最大限度地做好防疫工作，防范动物受到传染因子的入侵。而国外，例如丹麦，其一些大型养殖场根本没有围墙，这与其养殖规范程度极高、养殖场与场之间的密度不大、防疫制度体系健全等良好软环境有很大关系。

（三）养殖场内部的布局要求

从生物安全角度考虑，在对养殖场内部布局的过程中，还应当考虑几个要素：一是保持养殖场内部各生产区之间要有一定距离的缓冲防疫隔离带；二是在四周需砌围墙或绿色隔离带与外界隔离，有条件的做一个防疫沟；三是在动物主生产区外，应配有检疫隔离间和解剖室；四是生产区应在位于生活区、居民区 100 米以外的下风向处；五是场内道路布局合理，净道和污道严格分开，防止交叉感染；六是各个区的动物必须彻底做到全进全出等。另外，生产区可以按各个生产环节的需要，进一步细分，这样可以在某个环节出现防疫问题后，及时阻止下一个环节出现类似问题。

(四) 养殖场范围内的辅助性生物安全控制措施

1. 养殖场严禁饲养其他异类动物。
2. 定期杀灭舍内外的病原携带者如昆虫和鼠类。
3. 对舍外的房子周围定期进行平整和清理，以减少一些传播疾病的病原携带者如昆虫、鼠类等的孳生。
4. 根据各地气候条件和有害昆虫的种类，选择适当的植物品种搞好场内防虫和绿化美化工作。

(五) 动物饲养栏舍内的生物安全控制措施

1. 具备控温和通风设备。
2. 舍内饲养密度适宜。
3. 舍内湿度适宜。
4. 房舍应具备一定的密闭性，防止飞鸟等进入猪舍内传播疾病。

三、动物养殖场的生物安全设施设备

我国对动物饲养场、养殖小区需要具备的生物安全设施设备提出了具体要求。

(一) 场区入口处配置消毒设备

1. 设置人行消毒通道　一般人行通道宽 1～1.2 米，长大于 6 米，高度视现有建筑而定。先进的消毒通道内配置的消毒设备为自动感应式，其配置有主机、红外线感应开关一对、气泵、水泵、PE 管、喷头等，要求具有雾化好、省水、省电、工作安全可靠、冬季防冻等优点，人走在通道上它自动工作，人走出通道它自动停止。

2. 设置汽车消毒通道　一般汽车通道宽 3～5 米，长 8～15 米，高 3～5 米。通道内配置的消毒设备亦为自动感应式，包括配置主机、红外线感应开关一对、气泵、水泵、铝塑管、26～32 个铜喷头等。要求具有雾化好、省水、省电、工作安全可靠、冬季防冻等优点，汽车进入到通道上它自动工作，具有识别大、小车能力，汽车开出通道后延时 15～25 秒自动停止。

3. 其他感应消毒设备　适用于卫生条件要求较高的种用动物养殖场所的人行通道和车辆通道的感应和遥控喷雾消毒，可以同时保证两个通道独立消毒互不干扰，互不影响。其主要性能和优点有：采用全自动智能化控制，无需专人看管。智能感应器可以对进入养殖场的人、车及动物进行 24 小时监控，避免过去消毒的随意性，容易长期进行；雾化效果好，雾流多方位交叉，覆盖全面、附着力强；消毒时间仅 5～15 秒，对人体健康没有危害，使用安全、快捷方便，效率高；消毒范围全面，全身彻底消毒（落于地面的消毒液对脚底和车轮也彻底消毒），能有效隔断传染源，减少病毒、病菌对养殖场的危害，不留消毒隐患；灵敏耐用、安装方便、超抗干扰、工作稳定，进消毒出不消毒或出消毒进不消毒可随意切换，智能化更高；喷头、管道根据消毒通道和消毒液的特性专门设计生产，安装方便、美观大方、即插即用、耐腐蚀、不漏水、不回水、雾化效果好、覆盖能力强；具有自动加水、加药功能，只要把加水口连接自来水管道，药箱加消毒液，就可实现自动加水，自动按设定剂量加药；同时，还具有缺药报警功能，在药箱消毒液缺少情况下，会发出警报声和缺药指示灯亮起。

（二）生产区有良好的采光、通风设施设备

对养殖场生产区，良好的采光效果有助于调控动物生存环境，减少蚊蝇、微生物滋生。要保持动物养殖场生产区有良好的采光效果，可以使用玻璃钢采光棚建设动物舍，因其具有外观光洁、轻质高强、透光率高、耐腐蚀、耐老化、阻燃、断面尺寸准确、不渗水、切割长度随意、易安装、使用寿命长达 15～20 年等特点，一直是大型规模养殖场建设时的首选材料。

为进一步提高养殖效率，降低养殖的死亡率，大多数养殖户都积极采取了通风降温措施。为了排除动物舍内的有害气体，降低舍内的温度和局部调节温度，一定要进行通风换气。换气量应根据舍内的二氧化碳或水汽含量来计算。是否采用机械通风，可依据养殖场具体情况来确定。养殖场通风设备常规的一般是安装风机来实现通风，通风机配置的方案较多，其中常用的有以下几种：一是侧进（机械），上排（自然）通风；二是上进（自然），下排（机械）通风；三是机械进风（舍内进），地下排风和自然排风；四是纵向通风，一端进风（自然）一端排风（机械）。

无论采用哪种通风方案，都应注意以下几点：第一，要避免风机通风短路，必要时用导流板引导流向，切不可把轴流风机设置在墙上，下边即是通门，使气流形成短路，这样既空耗电能，又无助于舍内换气。第二，如果采用单侧排风，应将两侧相临动物舍的排风口设在相对的一侧，以避免一个动物舍排出的浊气被另一个动物舍立即吸入。第三，尽量使气流在动物舍内大部空间通过，特别是粪沟上不要造成死角，以达到换气的目的。

适合养殖场使用的通风机多为大直径、低速、小功率的通风机，这种风机通风量大、噪音小、耗电少、可靠耐用，适于长期使用。理想的风机是负压抽风机，一般具有百叶自动开启、关闭系统，可达到防尘、防水、美观等效果。通过负压抽风，将场内污浊空气排出，由于负压作用，自然流入新鲜空气，实现室内与室外空气进行交换，使室内温度降低至与室外温度相同。

先进的养殖场通常使用负压通风降温系统，利用风机与水帘的配合，人为地再现自然界通风、加湿、降温这一物理过程。在选用通风系统时，应当考虑高效节能、通风透气，并能够解决闷热和含氧量不足问题，此外，还要考虑健康环保、运行维护简单便捷、坚固耐用等因素。

（三）圈舍地面和墙壁选用适宜清洗消毒的材料

国家要求动物圈舍地面和墙壁选用适宜材料的目的，主要是为了方便清洗消毒，至于什么材料才算"适宜"，是不可一概而论的。不同动物养殖场对圈舍地面的要求不尽相同。以羊舍建造为例，地面是羊运动、采食和排泄的地方，按建筑材料不同有土、砖、水泥和木质地面等。土地面造价低廉，但遇水易变烂，羊易得腐蹄病，只适合于干燥地区；砖地面和水泥地面较硬，对羊蹄发育不利，但便于清扫和消毒，应用最普遍；木质地面最好，但成本较高。羊床是羊躺卧和休息的地方，要求洁净、干燥、不残留粪便和便于清扫，可用木条或竹片制作，缝隙宽要略小于羊蹄的宽度，以免羊蹄漏下折断羊腿。漏缝地板是一种新型动物床板材料，在国外已普遍采用，但目前价格较贵。

墙体对动物舍的保温与隔热起着重要作用，一般多采用土、砖和石等材料。近年来，建筑材料科学发展很快，许多新型建筑材料如金属铝板、钢构件和隔热材料等，已经用于各类动物舍建筑中。用这些材料建造的动物舍，不仅外形美观，性能好，而且造价也不比传统的砖瓦结构建筑高多少，是未来大型集约化养殖场建筑的发展方向。

从消毒角度考虑，在动物圈舍内设置场地消毒降温机是目前行业中的一种先进做法。这种设备对场地消毒及降温具有一机双用，即可消毒又可降温之功效。设备为全自动感应式，主要配置温控主机、柱塞泵、排温水阀、减压阀及 PPR 管、人造雾喷头等。只要在系统中加入消毒液就可做场地消毒用，省时、省力、雾化好、消毒无死角。连接入凉水即可进入温控降温状态，例如，设定 30℃，超过 30℃系统开始喷雾，低于 30℃系统停止喷雾，具有明显的降温效果。

（四）配备防疫工作所需的兽医室

作为承担养殖场内动物防疫工作的兽医室，国家规定养殖场兴办者要求其兽医室内必须配备疫苗冷冻（冷藏）设备、消毒和诊疗等防疫设备。如果自身不具有配备兽医室条件，必须落实或签约有兽医机构为其提供相应服务。

配备兽医室，是为了养殖场控制生物安全的需要。一般来说，疫苗冷冻（冷藏）设备主要指冰箱、冰柜。对于资金雄厚、动物饲养量大、疫苗使用量多的大型养殖企业，可以建设独立的冷藏库。简单的消毒设备有喷雾器、火焰消毒器、电动高压消毒器等；复杂的消毒设备如手推式电瓶车自动消毒机，其专为方便圈舍内和环境喷雾消毒设计，同时具有消毒通道自动感应喷雾消毒功能、喷雾接种疫苗功能、呼吸道喷雾给药功能，这种机器主要由自动保护充电器、高储量 12 伏电瓶、12 伏高压隔膜泵、消毒通道感应控制器等组成，灵活轻便、超耐酸碱腐蚀，有高压泵自带压力开关，关开自如，操作方便。

作为养殖场内部的兽医室，要求配备的应当是简单的消毒设备，而不是大型消毒设备。

对养殖场内设兽医室所需的诊疗设备没有硬性规定，常规应当有：诊断台、药品柜、手术台、器械柜、无影灯、高压灭菌器、医用净化工作台、紫外灯、普通显微镜、变倍体视显微镜、酶标仪、恒温培养箱、干燥箱、血球计数仪、酸度计、电子天平、输液架、手术器械等，当然也不能一概而论，视具体使用需要而定。

（五）配备有无害化处理设施设备

国家规定养殖场必须具有与生产规模相适应的无害化处理、污水污物处理设施设备。

　　规模养殖场的禽畜粪便随意排放，会严重污染周围环境，也极大地威胁着规模化禽畜饲养业自身的持续、健康发展。同时，也直接影响着养殖场本身的卫生防疫，降低了畜产品的质量。因此，规模养殖场要建立完善的粪便处理和污水处理机制，进行无废物、无污染的畜牧生产，通过遵循现代生态学、生态经济学的原理和规律，运用系统工程方法来组织和指导畜牧业生产，并将通过经济与生态的良性循环来实现畜牧业的快速、优质、高效和持续发展。

　　无害化处理是指对带有或疑似带有病原体的动物尸体、病害肉及屠宰场其他废弃物，经过物理、化学或生物学方法处理后，使其失去传染性、毒性而不对环境产生危害，保障人畜健康安全的一种技术措施。

　　无害化处理的目的是消灭传染源，切断传染病流行的传播途径，阻止传染病病原体的扩散。

　　规模动物养殖场常用的无害化处理设施有焚烧炉、湿化机、高温杀菌锅、高温高压灭菌处理罐、沼气池等。焚烧炉的建设成本虽然低廉，但由于排放的气体不够环保，使用推广受到限制。理想的无害化处理设施是高温高压灭菌处理罐，其长度为 250～730 厘米，内径规格 160 厘米、180 厘米，温度≤190℃、压力≤1 200千帕，罐体采用特殊钢材制造，配置 1 000 千克蒸汽锅炉（压力 1 600 千帕），在 3 分钟内能达到 81～95 千帕的真空能力，电脑中央控制系统，安全门采用机械、电子、液压三重保护，安全可靠，能完全杀灭重大动物疫病的致病微生物，可对炭疽、口蹄疫、猪瘟等动物疫病的肉尸病变部位及修割废弃物、腺体等进行无害化处理。

　　湿化机通过将病害动物及病害动物产品在高温、高压下进行蒸煮化制，彻底杀灭携带的病原体，并可以从中提取油脂、骨粉等副产品。该机配有安全阀、压力控制器等安全装置，可连接蒸汽锅炉设备使用，受热面积大，升温升压快，无其他能源消耗，极大缩短无害化处理时间。立式湿化机可配二级油水分离设备。

　　规模养殖场的污水污物处理设施设备属于大型设备，建设施工复杂、专业性要求高，目前，都由专业环保设备公司设计承建。从集约化大型养殖企业来讲，应当建立畜粪污水综合利用处理装置；小型养殖场可以使用地上式一体化污水处理设备，这种设备采用了除磷脱氮、螺旋磁化、引气气浮等多项技术和改良型接触氧化法工艺，具有容积负荷高、体积小、节能高效、便于操作等特点。经这种设备处理过的养殖场污水污物，能够达到无害化处理的要求。

（六）有相对独立的动物隔离舍

建立相对独立的引入动物隔离舍和患病动物隔离舍，是养殖场业主必须配备的又一个生物安全设施，在动物疫病防控实践中具有重要的生物安全意义，是确保问题动物个体不危害正常动物群体的有效措施之一。

对于种畜禽场的生物安全设施，又有较一般养殖场更为严格的要求，即要求有必要的防鼠、防鸟、防虫设施或者措施；有国家规定的动物疫病的净化制度。目前，国内一些大型原种猪场的种公猪站采用了高效空气过滤系统，过滤 0.3 微米微粒的效率达 99.5％以上，能有效阻止猪繁殖与呼吸障碍综合征、猪瘟、伪狂犬病、喘气病等传染病通过空气传染公猪，保证公猪的健康水平；采用水帘降温系统，通过人工智能控制器调控风机运转台数及水帘的自动启闭，夏季控制舍内温度在 28℃以下，避免公猪的热应激；人工授精实验室和办公室采用高效过滤器正压通风，实验室空气与公猪舍空气相互独立，不相通；公猪通过双层互锁门进入猪舍，工作人员经过两次更衣、洗澡，由双层互锁门进入办公区，确保室内外空气不流通。实验室配置进口精子密度仪等各种先进的仪器设备。

需要说明的是，养殖小区是我国目前养殖业发展过程中一个特殊的生产单元，是引导农村地区的散养畜禽向集中规模养殖转变的过渡产物，其经营模式也不尽相同，有多个主体或个人投资兴建的，有当地政府示范投资兴建的，还有农户共同出资兴建、共同使用的，前两者由投资方提出申请，最后一种形式可由出资农户共同推举一人申请但要共同承担相应责任。另外，由于养殖小区是多个生产经营者共用的养殖场所，且人员防疫意识和防疫管理水平与规模养殖场存在差距，因此，需要兽医主管部门进行特别的指导、监督与服务，规范其防疫行为。

第三节　动物流通环节的生物安全

根据本章绪论中界定的动物流通环节的范畴，本节讨论的动物流通环节生物安全即主要指动物运输环节、动物市场交易环节、动物屠宰环节及公路动物卫生监督检查站环节的生物安全。

一、动物运输环节的生物安全

动物运输环节的生物安全主要涉及两个环节，即运载动物、动物产品工具在装前卸后的清洗消毒和动物、动物产品运输过程中对相关防疫法律法规的遵守。

（一）运载工具的清洗消毒

与运载动物有关的各种车辆，为疾病传播提供了一个理想的媒介，因此，要严格遵守以下生物安全清洗消毒规程。

1. 做好防护　在执行运载工具生物安全计划前，先确认工作人员已穿戴干净且经消毒的防护衣。

2. 认真清扫　将车辆内部及外部有机物除去的步骤是很必要的，因为粪便排泄物及垫料垃圾中含有大量的污染源，是传播疾病的主要来源。使用刷子、铲子、耙或机械式刮刀，除去车辆内部、车辆外部的有机物。由车厢内顶部开始往下清扫，首先刮拭掉所有污染的垫料及垃圾，然后刷扫车厢内地面、内壁及分隔板，确定没有任何的有机物质残留于饲料及饮水运输管线中。利用刮及刷的方式打扫，确定卡车尾部的货物升降架、上下坡斜坡及栅门，无任何有机物质残留。特别注意要清除沉积于车辆底部的有机物质。使用坚硬的刷子〔必要时，使用压力冲洗器〕清扫，确定车轮、轮箍、轮框、挡泥板及无遮蔽的车身无任何淤泥及稻草等污物残留。所有污染垫料及垃圾的处理皆应符合当地主管机关的规范。

图 3-1　车厢内地面清扫

图 3-2　清　洁

3. 全面清洁 虽然清扫除去了污染的垫料及垃圾，但是仍然有大量感染源残留。使用高效全清清洁剂，可减少高达 60% 的清洁时间，并减少洗涤水中疾病的传播。制备正确稀释浓度的全清溶液后，利用背负式喷洒器或压力冲洗器，以 500 毫升/米² 的比例进行喷洒，或以 250 毫升/米² 的比例进行泡沫喷洒。若使用低压设备，喷枪需呈 45°喷洒。使用有连结刷子的压力喷洒器，由车顶开始，然后依序往车厢四边清洁，让清洁

图 3-3 车厢内地面消毒

溶液能作用于表面及孔洞中。使用低压喷枪，并以全清溶液清洁车轮、轮框、轮箍、挡泥板及车辆的内部。对车辆内部，由车厢顶开始往下清洁，需彻底清洁车厢顶部、内壁、分隔板及地面。要特别注意动物上下经过的斜坡、货物升降架及栅门的清洁。确定车辆腹侧置物箱中的所有设备，例如铲子、刷子等皆已经过清洗后移除，并以全清溶液清洁置物箱的内部。使用高压冲洗前，至少先让清洁剂与表面保有 10 分钟的接触时间，使清洁剂能深入污物，并瓦解污物。

4. 彻底消毒 进行消毒步骤前，一定要除去所有的有机物质。虽然经过了清洁的步骤，但是致病微生物（尤其是病毒）的数量仍然很高，足以引起疾病。因此，需使用广效性消毒剂，来有效对抗细菌、酵母菌、霉菌及其他病原菌。消毒顺序车辆外部由车顶开始，然后依序往车厢四边消毒，要特别注意车辆的轮框、车箍、挡泥板及底部的消毒。车辆内部由车厢顶开始往下消毒，需彻底消毒车厢顶部、内壁、分隔板及地面，要特别注意动物上下

图 3-4 轮胎冲洗消毒

经过的斜坡、货物升降架及栅门的消毒。确定车辆腹侧置物箱中所有已清洗的设备，例如铲子、刷子等都已经喷洒过消毒溶液或浸泡在消毒溶液中。由于消毒剂可能会影响没有加工处理过的金属，损害镀锌的金属，因此，在消毒后，至少先让消毒剂与表面保持5分钟的接触时间，然后再用清水冲洗这些区域。

图3-5　车厢内部清洁

图3-6　车厢内壁冲洗消毒

5. 清洁并消毒驾驶室　搬出卡车驾驶室中所有可移动的物品，如脚踏垫、衣物及靴子等，接着，使用畚箕及刷子除去驾驶室内的碎屑并将废弃物丢入垃圾袋中。此外，亦需确定踏板上已无任何有机物质残留。在水桶中装入稀释好的消毒溶液，并使用刷子清洁驾驶室地面、脚踏垫、踏板。在冲洗前，至少先让清洁剂与表面保持10分钟的接触时间，使清洁剂能深入污物，并瓦解污物。将干净的布浸泡于稀释好的消毒溶液中，并以此布擦拭消毒驾驶室地面、脚踏垫

图3-7　车厢外壁冲洗消毒

及踏板。最后，确定放入车内的所有物品皆为清洁的。

6. 清理消毒现场　将车辆停放在斜坡上，方便液体流出并干燥。将车辆移开清洗的区域后，清洁停放车辆的场地，并确定无任何的淤泥及碎屑残留。冲洗并消毒防护衣及靴子。为了保护环境，请尽量避免让溶液流入排水管或水路中。若需要排放大量的消毒溶液至污水处理厂中，就应遵照政府的污水排放协议。

图 3-8　驾驶室消毒

图 3-9　现场消毒

（二）运输过程中遵守法律规定

运载动物、动物产品的承运人在运输过程中，必须遵守国家法律规定，即不得沿途随意丢弃染疫动物及其排泄物、染疫动物产品，病死或者死因不明的动物尸体，运载工具中的动物排泄物以及垫料、包装物、容器等污染物。另外，运载工具在装载前和卸载后应当及时清洗消毒。

《中华人民共和国动物防疫法》第四十四条规定，"运载工具在装载前和卸载后应当及时清洗消毒"。不按照规定清洗消毒的，执行第七十三条规定，"由动物卫生监督机构责令改正，给予警告；拒不改正的，由动物卫生监督机构代作处理，所需处理费用由违法行为人承担，可以处一千元以下罚款"。

第二十一条规定"动物、动物产品的运载工具、垫料、包装物、容器等应当符合国务院兽医主管部门规定的动物防疫要求。染疫动物及其排泄物、染疫动物产品，病死或者死因不明的动物尸体，运载工具中的动物排泄物以及垫料、包装物、容器等污染物，应当按照国务院兽医主管部门的规定处理，不得随意处置"。否则，执行第七十五条规定，"由动物卫生监督机构责令无害化处理，所需处理费用由违法行为人承担，可以处三千元以下罚款"。

运输过程中不遵守规定随意丢弃动物尸体、排泄物等行为，会对沿途环境造成极大的污染，极易导致动物疫病传播，危害公共卫生安全。因此，国家法律作出这样的强制规定，就是要确保动物运输环节的生物安全。

二、公路动物卫生监督检查站的生物安全

公路动物卫生监督检查站是对过往运输动物、动物产品车辆实施监督检

查的一个场所。来自不同地方的运输动物、动物产品车辆经过这里均要停留消毒、接受检查，因此，其受污染、散播传染病源微生物的风险程度高，是动物流通生物安全监管的重要环节。要做好公路动物卫生监督检查站的生物安全防范，应注意以下三个方面：一是配备齐全的防疫基础设施；二是建立完善的管理规章制度；三是严格按照规程实施监督检查。

（一）公路动物卫生监督检查站的基础设施

为了能够正常开展监督检查任务，公路动物卫生监督检查站必须具备一定条件。要求有固定的办公场所，房屋面积不少于 60 米^2；有与工作相适应的检查和车辆消毒场地；有与工作相适应的动物隔离场所或具备转移隔离条件；有反光背心、口罩、皮手套、胶鞋、防护服等人员防护设备；有车辆消毒设备和消毒药品，有条件的可建立全自动消毒通道；有与工作相适应的照明设施，有的地方需要配备应急发电机，确保断电时应急所需。另外，要有与开展工作相适应的仪器设备，具体仪器设备配备标准推荐如下：冰柜（冰箱）1 台，数码摄像机 1 台，数码照相机 1 台，录音笔 1 个，普通光学显微镜 1 台，机动消毒喷雾器 2 台，手动消毒喷雾器 2 台，执法监督面包车 1 辆，执法监督摩托车 1 辆，应急灯 2 台，计算机 1 台，打印机 1 台，固定电话机 1 台，传真机 1 台，冷藏包 2 套，采样检疫箱 2 套。

（二）公路动物卫生监督检查站相关管理规章制度

要做好公路动物卫生监督检查站的生物安全监督工作，必须要建立一系列完善的管理规章制度。主要制度如下：

1. 检查站的职责规定　必须明确其主要职责：查验相关证明，检查运输的动物及动物产品；根据防控重大动物疫病的需要，对动物、动物产品的运载工具实施消毒；对不符合动物防疫有关法律、法规和国家规定的，按有关规定处理；发现动物疫情，按有关规定报告并采取相应处理措施；对动物防疫监督检查的有关情况进行登记等。

2. 检查站工作人员基本守则　基本守则内容有：佩戴执法证件上岗；着装整洁，风纪严明，坚守岗位；严格执法、廉洁奉公，不徇私枉法；树立动物防疫全局观念，团结协作，密切配合，不推诿，不扯皮；严格按规定的程序实施监督检查，不乱检滥查；尊重当事人的合法权益，不乱收费；认真填写监督检查日志，及时报告疫情和业务工作；文明执法，礼貌待人，热情服务，自觉接受监督等。

3. 执法人员行为规范 禁止公路检查站执法人员有下列行为：擅自扩大检查范围；擅自脱离工作岗位；工作期间饮酒；乱罚款、乱收费；敷衍推诿，故意刁难畜（货）主；利用职权吃、拿、卡要被检查单位和个人；徇私枉法；其他滥用职权、失职和渎职行为。

4. 检查站执法责任追究制度 规定检查站工作人员的以下行为应当追究责任：未按规定程序查证验物；未按规定程序进行补检和消毒；未按规定程序处理染疫或疑似染疫动物和动物产品；对检疫合格的动物、动物产品不按规定及时出具检疫证明；瞒报、谎报、延误报告动物疫情或阻碍他人报告动物疫情；买卖或者交付他人使用检疫证、章、标志；发现违反有关法规的行为不及时报告动物防疫监督机构，导致无法处理，造成不良影响和后果；违反有关行风建设工作制度并造成不良影响和后果以及其他违反有关法律法规规定的行为。

5. 检查站工作评议制度 评议的内容主要有：一是队伍素质，即对检查站工作人员熟悉法律法规、精通动物防疫监督检查业务以及思想、纪律、作风、公德等方面进行评议。二是设施装备，即对检查站是否配备有固定站房、水电等设施、检疫工具，消毒设施、停车检查的场地、疑似染疫动物隔离留验的场所等方面进行评议。三是窗口建设，即对检查站是否悬挂统一样式的站牌和前方停车检查提示牌，有无举报电话、批准设站文号，以及有关规章制度、收费标准、收费许可证、工作人员是否上墙公示等进行评议。四是效能建设，即对检查站工作人员履行岗位职责、业务熟练程度、办事效率、严格按程序规定操作、维护管理相对人的权利、接受群众和社会的监督、及时妥善处理违法违规行为和投诉事件等情况方面进行评议。五是依法行政，即对检查站工作人员是否严格依法履行职责，有无滥用职权和行政不作为现象等进行评议。六是责任落实，即对有关管理制度在检查站得到落实的情况进行评议。

6. 检查站人员培训制度、工作程序规定、防疫消毒制度等 亦应作出严谨的规定。

建立健全完善的规章管理制度，可以确保公路动物卫生监督检查站各项工作的落实，防止人为因素引发公路检查站环节的生物安全事故。因此，公路动物卫生监督检查站的规章管理制度是动物流通环节的一个重要的生物安全措施。

（三）公路动物卫生监督检查站的检查程序

严格按照规程实施监督检查，是实现公路动物卫生监督检查站无生物安全事故的重要保障。因此，执法人员必须严格按照下列程序实施监督检查。

1. 执法人员在检查时，使用停车指示牌，引导运输动物和动物产品的车辆进入公路动物防疫监督检查站。

2. 执法人员向畜（货）主出示执法证件，由两名执法人员实施检查。查验是否具有检疫合格证明、运载工具消毒证明、检疫验讫标识和畜禽标识；了解和观察动物在运输途中有无死亡和其他异常现象；核对动物或动物产品数量与检疫合格证明、车辆与运载工具消毒证明是否相符；查验动物及动物产品是否符合检疫合格条件；对运载动物及动物产品的车辆实施消毒。

3. 经检查合格的，由执法人员在检疫证明上加盖公路动物卫生监督检查站监督专用签章。

4. 经检查不合格的，视不同情况由执法人员按照如下规定进行处理：对违反动物防疫有关法律法规的，依法进行处理处罚；对没有检疫证明的，要严格实施处罚后按规定补检；对依法应当加施畜禽标识而没有畜禽标识的，依法进行处理处罚；对检疫证明填写不规范，但其他方面均符合要求的，签章注明后予以放行，并由所在地动物卫生监督机构将相关情况通报给输出地动物卫生监督机构，不得将检疫证明填写不规范的责任转嫁给持证人；对持伪造或涂改检疫证明的，留验动物及动物产品，由检查站所在地动物卫生监督机构对畜主或承运人进行立案查处；对疑似染疫的动物及动物产品，由所在地动物卫生监督机构采取隔离、留验等措施，经确认无疫后，方可放行；对查获的病死动物及染疫动物产品，按规定作无害化处理，对中途卸下作无害化处理的，在检疫证明上注明有关情况，加盖公路检查站签证专用章；发现可疑重大动物疫情时，按有关规定进行处理。

三、动物交易市场环节的生物安全

根据不同的标准，动物交易市场有不同的分类。按照经营的专业性程度来分，可以分为专营性动物集贸市场和兼营性动物、动物产品集贸市场。按照经营动物种类来分，可以分活禽交易市场、生猪交易市场、活牛羊交易市场等，这些都可以划归为专营性动物集贸市场。不管是哪种性质的动物交易市场，其建设选址都要符合规定的动物防疫条件，都要执行防疫所需的生物安全措施。

（一）动物交易市场的防疫条件要求

1. 专营性动物集贸市场的动物防疫条件 要求距离文化教育科研等人口集中区域、生活饮用水源地、动物饲养场和养殖小区、动物屠宰加工场所500米以上，距离种畜禽场、动物隔离场所、无害化处理场所3 000米以上，距离动物诊疗场所200米以上；市场周围有围墙，场区出入口处设置与门同宽、长4米、深0.3米以上的消毒池；场内设管理区、交易区、废弃物处理区，各区相对独立；交易区内不同种类动物交易场所相对独立；有清洗消毒和污水污物处理设施设备；有定期休市和消毒制度；有专门的兽医工作室。

2. 兼营动物、动物产品集贸市场的动物防疫条件 要求距离动物饲养场和养殖小区500米以上，距离种畜禽场、动物隔离场所、无害化处理场所3 000米以上，距离动物诊疗场所200米以上；动物和动物产品交易区与市场其他区域相对隔离；动物交易区与动物产品交易区相对隔离；不同种类动物交易区相对隔离；交易区地面、墙面（裙）和台面防水、易清洗；有消毒制度。

3. 活禽交易市场的动物防疫条件 根据防控高致病性禽流感工作的需要，对活禽交易市场除要求符合专营性动物集贸市场和兼营性动物、动物产品集贸市场规定的条件外，还要求市场内的水禽与其他家禽应当分开，宰杀间与活禽存放间应当隔离，宰杀间与出售场地应当分开，并有定期休市制度。

（二）动物交易市场的生物安全措施

不管是哪种性质的动物交易市场，除建设选址要符合规定的动物防疫条件外，还要执行以下生物安全措施。

1. 严格动物经营市场的开办条件 动物经营市场建设要符合国家有关动物防疫、公共卫生、城市建设等方面的法规和政策规定。严格执行动物经营市场开办条件，严格控制动物交易市场的数量，不得在城市人口密集区新建动物经营市场，并逐步将已有动物经营市场迁出大中城市人口密集区。新建的动物经营市场必须远离人口密集区，并符合国家有关动物防疫条件，修建配置污水、污物、粪便无害化处理设施和消毒设备。

2. 切实规范动物特别是活禽的经营行为　首先是提出要求，对城市兼营农贸市场经营动物的，其动物特别是活禽经营区域要与其他农产品经营区域严格分开，并有独立的出入口；对农村集贸市场经营动物的，动物经营区域也要与其他农产品经营区域严格分开，设立相对独立的经营区域。对所有活禽经营市场内的水禽经营区与其他家禽经营区要相对隔离。其次是加强检查，各级人民政府每年都应当组织兽医管理、工商行政管理、卫生行政管理等部门开展一次专项整顿动物经营市场秩序的监督检查活动，对不具备市场开办条件的，要责令其暂停经营，限期整改；整改后仍不符合要求的，要予以关闭。

3. 执行严格的动物市场准入制度　首先是推行动物检疫标识制度，在全国范围内实行检验有效检疫合格证明和检疫标识流通制度，凡无检疫标识的动物，不得出栏和进入流通领域销售、加工。其次是加强检疫监管，动物卫生监督机构对出栏及运离市场的动物要严格检疫，出具检疫证明前认真查验有关档案，保证上市动物及动物产品的卫生安全，严禁没有检疫证明的动物及动物产品上市。第三是严格市场监管，各级市场监管主体必须加强市场监管，规范市场交易，责令市场开办方执行动物防疫市场准入制度，强调动物必须具有合法有效的动物检疫合格证明和检疫标志方可进入交易市场，否则，一律不允许进入，并对违反者依法给予相应的处罚。

4. 建立并严格执行卫生消毒和定期休市制度　对动物经营市场所有笼具、场地、宰杀器具等要坚持每日清扫、清洗消毒；对动物粪便、污物、污水和废弃物要每日清理并集中进行无害化处理。对动物经营市场要建立定期休市制度，在保证市场供应的同时，妥善安排动物经营市场轮流休市或在市场内实行区域轮休。休市期间，市场开办单位要组织对经营市场进行全面彻底地清洗消毒。在市场经营过程中，对非疫病原因致死的动物要集中进行无害化处理；对不明原因致死的动物，要向市场动物检疫员报告，由现场动物检疫员进行检疫后，确认非重大疫病，由业主进行无害化处理。

5. 加强动物经营市场监测工作　监测工作分两个方面开展：一是兽医部门对动物特别是活禽经营市场高致病性禽流感疫情的监测，大型活禽经营市场要每周监测一次，对活禽经营市场出现的死亡禽只，要及时采样进行检测，对疫情监测结果要进行分析，及时作出风险预警。二是卫生部门对动物经营市场职业人群和密切接触人群的监测，重点监测人群中SARS、高致病性禽流感、结核病、布鲁氏菌病、高致病性猪链球菌病等人畜共患疫病，并定期进行风险分析，及时作出风险预警。

四、动物屠宰环节的生物安全

动物屠宰环节是防控重大动物疫病、确保畜产品卫生安全的重要环节，也是动物从饲养到餐桌卫生安全的最后一关，其生物安全意义重大。随着市场经济的不断发展，动物屠宰加工企业实力不断壮大，如南京雨润集团、北京千喜鹤集团、河南双汇集团、辽宁皓月集团等，成为市场冷鲜肉的主要供给者，与市民消费息息相关，如何确保动物屠宰加工企业动物产品卫生安全十分重要。国家对屠宰加工厂动物防疫、公共卫生以及从业规范等提出有明确要求。

（一）屠宰场的动物防疫条件

动物屠宰场的建设要符合国家动物防疫、公共卫生的相关要求，实行封闭管理。屠宰场动物防疫条件包括选址、工程设计、工艺流程、防疫制度和人员等。具体条件如下：

1. 选址符合规定。屠宰场建设的位置与居民生活区、生活饮用水源地、学校、医院等公共场所的距离符合国务院兽医主管部门规定的标准。即选址必须距离生活饮用水源地、动物饲养场、养殖小区、动物集贸市场 500 米以上；距离种畜禽场 3 000 米以上；距离动物诊疗场所 200 米以上；距离动物隔离场所、无害化处理场所 3 000 米以上。

通过对动物屠宰场选址条件的规定，使其与居民生活区、生活饮用水源地、学校、医院等公共场所保持一定的距离和必要的物理隔离空间，避免或减少相互之间的影响和生物安全风险。

2. 屠宰加工区封闭隔离，工程设计和工艺流程符合动物防疫要求。即场区周围建有围墙；运输动物车辆出入口设置与门同宽，长 4 米、深 0.3 米以上的消毒池；加工区与生活办公区分开，并有隔离设施；入场动物卸载区域有固定的车辆消毒场地，并配有车辆清洗消毒设备；动物入场口和动物产品出场口应当分别设置；屠宰加工间入口设置人员更衣消毒室；有与屠宰规模相适应的独立检疫室、办公室和休息室；有待宰圈、患病动物隔离观察圈、急宰间；加工原毛、生皮、绒、骨、角的，还应当设置封闭式熏蒸消毒间等。

通过对生产区封闭隔离、工程设计、工艺流程的规定，使各类场所涉及生物风险的区域形成相对独立的生物安全控制单元，这是最重要的防疫屏障。首先，要建立区域性物理隔离条件，即通过围墙、房舍、门禁设施，使生产区与其他区域相隔离；其次，要建立人流、物流控制条件，即所有人员、物品进出有严格的准入、消毒、通道等流程控制。

3. 有相应的污水、污物、病死动物、染疫动物产品的无害化处理设施设备和清洗消毒设施设备，以实现废弃物无害化处理和安全排放，防止对其他区域以及公共环节造成危害。

4. 动物屠宰加工场所还应当依法建立完善的动物防疫制度，并符合国务院兽医主管部门规定的其他动物防疫条件。比如，动物屠宰加工场内从事活畜禽屠宰人员要经过培训，并取得从业资格证和个人健康合格证后，方可从事活畜禽屠宰工作等。

就生猪屠宰场而言，根据《生猪屠宰管理条例》的规定，要取得定点屠宰证书，必须达到法定条件。即有与屠宰规模相适应、水质符合国家规定标准的水源条件；有符合国家规定要求的待宰间、屠宰间、急宰间以及生猪屠宰设备和运载工具；有依法取得健康证明的屠宰技术人员；有经考核合格的肉品质检验人员；有符合国家规定要求的检验设备、消毒设施以及符合环节保护要求的污染防治设施；有病害生猪及生猪产品无害化处理设施；依法取得动物防疫条件合格证。

对活禽屠宰方面，国家要求规范市场活禽宰杀行为，逐步推行活禽定点屠宰制度；活禽宰杀区域布局、设施等要符合动物防疫、卫生等相关要求，实行封闭管理，并与销售区域实行物理隔离。

（二）动物屠宰检疫所需的工作条件

在动物屠宰环节实施严格的检疫是控制动物疫病的有效手段，而具备一定的检疫工作条件是保障生物安全的重要措施之一。屠宰检疫工作条件包括：

1. 检疫工作室、检疫工作台、屠宰车间必须设有官方兽医检验设施，包括同步检验、对号检验、旋毛虫检验、内脏检验、化验室等。

2. 检疫工作室内应配备更衣柜、检疫工具存放柜和检验工作台，配备刀、钩、锉、剪刀、镊子、瓷盘、放大镜、体温表、显微镜、载玻片、冰箱、电筒、快速检疫箱等检疫工具、消毒器具及消毒药物，配备检疫合格验讫印章和高温、化制、销毁印章。

3. 检疫区配备检疫废弃物存放容器，宰后检疫区光照度不低于 300 勒克斯，检疫点光照度不低于 500 勒克斯。

4. 设有健畜圈、病畜圈和观察圈，供验证查物后的入场畜禽分流。在待宰车间，还应设有健畜圈、疑似病畜圈、病畜隔离圈、急宰间和兽医工作室，圈舍容量一般应为日屠宰量的 1 倍，圈舍内应防寒、隔热、通风，并应设有饲喂、宰前淋浴等设施。在入场处应当配备畜装卸台和车辆清洗消毒设施等，并应设有良好的污水排放系统及有与屠宰规模相适应的待宰间、急宰间和患病动物隔离间。

5. 动物装卸台配备照度不小于 300 勒克斯的照明设备；生产区有良好的采光设备，地面、操作台、墙壁、天棚应当耐腐蚀、不吸潮、易清洗；屠宰间配备检疫操作台和照度不小于 500 勒克斯的照明设备等。

另外，还应当配备对运载工具、圈舍、车间、容器、污水、污物、粪便、病死动物、染疫动物产品进行清洗消毒和无害化处理的专门动物防疫技术人员。

（三）屠宰场的生物安全措施

动物屠宰场除基本建设要符合动物防疫条件外，还要执行以下生物安全措施。

1. 驻场官方兽医严格查证验物 官方兽医要在生猪入场前查验数量、免疫标识，并按规程要求对动物群体和个体进行临床检查，检疫合格准予入场，确保进场屠宰的动物来源清楚，临床健康。检疫过程中，要对检疫证明逾期或证物不符的动物进行重检；对无产地检疫证明，但有免疫标识，并在免疫有效期内的进行补检；对无检疫证明、无免疫标识的生猪，经隔离观察 24 小时后，按国家规定的方法进行补检；对入场检疫出的病猪或疑似病猪应采取隔离措施，以做进一步检查。

通过查验动物检疫合格证明、检疫或免疫标志，可以判断动物是否来自非疫区；通过临床对动物实施检查，可以弄清楚动物现实的健康状况。只有经入场前检查判断为健康的动物，才准予屠宰，才能保证出厂动物产品卫生安全。

2. 做好屠宰环境消毒工作 做好消毒是屠宰场的法定义务，消毒的环节主要有：①运载动物工具消毒。要求在装载前和卸载后必须及时清洗消毒，在屠宰场入口处设置消毒通道，即时对出入屠宰场的车辆进行消毒。②动物待宰间的消毒。要在动物屠宰、清理完毕后，及时对动物待宰间进行彻底清扫、清洁、消毒，有条件的实行动物待宰间轮休消毒制度。③生产车间消毒。对生产车间内的设备、工器具、操作台应经常清洗和进行必要的消毒。设备、工器具、操作台用洗涤剂或消毒剂处理后，必须再饮用水彻底冲洗干净，除去残留物后方可接触肉品。每班工作结束后或在必要时，必须彻底清洗加工场地的地面、墙壁、排水沟，必要时进行消毒。④相关场地消毒。对屠宰场内的更衣室、淋浴室、厕所、工间休息室等公共场所，以及车库、车棚、病畜隔离间、急宰间、化制车间等配套区域，应经常清扫、清洗消毒，保持清洁。⑤宰杀器具消毒。宰杀器具包括屠宰生产线上的整套设备和检疫用的刀钩等都必须进行彻底的清洗、消毒。

3. 对病害动物产品或者污染物做无害化处理 动物屠宰环节出现下列情况之一的，必须做无害化处理：①屠宰前确认为国家规定的病害活猪、病死或死因不明的生猪；②屠宰过程中经检疫或肉品品质检验确认为不可食用的生猪产品；③国家规定的其他应当进行无害化处理的生猪及生猪产品。无害化处理的方法按国家标准《病害动物和病害动物产品生物安全处理规程》（GB16548—2006）和农业部的《病死及死因不明动物处置办法（试行）》进行。

4. 落实防疫制度和完善台账登记制度 动物屠宰场要建立和完善屠宰和检疫证章标志及台账管理制度，如实记录生猪来源、猪肉销售对象、时间、规格、数量、检疫证明、检验证明编号、联系方式等内容。切实落实各项防疫制度、完善台账登记制度，对确保各项生物安全措施的落实、实现生物安全事故的可追溯，具有非常重要的意义。

第四节 动物饲养、流通、屠宰环节的生物安全评估

动物在饲养、流通和屠宰环节的生物安全措施实际上是一个不断调整、循环改进的连续过程。先通过风险评估、确定风险源、按风险系数高低列出措施的优先顺序，然后根据不同时期防控目标的需要进行生物安全实施方案成本核算，适时评估这些生物安全措施的效果，再根据关键风险领域的变化，不断对生物安全措施进行删减、修改或增加新的措施，以适应新的

需要。

动物在饲养、流通和屠宰环节的生物安全措施是为保证畜禽等动物健康安全，以及预防、控制动物疫病感染到人而采取的一系列疫病综合防治措施。动物疫病预防、控制措施是一系列行政性和技术性措施的统称，主要包括：动物疫病防治规划和计划、预防控制技术规范、应急预案及其实施方案等。由于动物从饲养、流通到屠宰各环节所处的环节条件不同，因此，要采取的措施亦有不同，其有共性的措施，也有个性的措施。即使同一措施，因其针对的环节、对象、范围不同，也会产生不同的效果，这需要评估和评价。

仅就动物疫病状况来讲，国家对动物疫病状况的风险评估是一个定期或为应对突发情况而不断进行的过程，因而相关预防、控制措施也应根据评估结果不断进行调整。进行风险评估后，还要根据评估结果制定相应的动物疫病预防、控制措施。动物疫病的发生或流行要具备一定的内、外因条件，内因是指养殖场内存在或侵入病原体，外因是指养殖各环节和日常生产操作给病原体带来的得以生存和蔓延的物质条件。因此，养殖场的防疫工作不能依靠单一的措施来保证，必须从消灭控制病原体、切断传播途径和降低畜群易感性三个方面同时推进，采取综合性、有效性、持之以恒的防疫措施，才可能收到良好的效果。

按照世界动物卫生组织（OIE）的有关规定，动物疫病状况风险包含两层意思：一是动物疫病"发生"的风险；二是动物疫病"发展"的风险。前者是指人们在进行动物及动物产品生产或经营活动过程中，由于一些不确定因素使动物或动物产品受到致病微生物感染的可能性；后者是指受到感染的动物或动物产品中致病性微生物"扩散和增加"的可能性。所谓风险评估，是指对人们在进行动物及动物产品生产和其他相关经营活动过程中，动物或动物产品感染致病微生物及其扩散增加的可能性进行评价和估计（分析、估计、界定）。因此，风险评估是对未来形势可能发展方向和程度的判断。

目前，世界范围内已发现的动物疫病种类很多，不同动物疫病的发生发展状况、传播流行趋势及其对养殖业生产和人类健康的影响差异很大，即使是同一疫病在不同的时期和地域范围内其影响也会有很大不同，因此，各个国家或者地区面临的动物疫病风险皆不相同且处于不断变化的过程中。

在动物饲养、流通、屠宰环节对动物疫病状况进行风险评估，要按照风险识别、分析风险和风险管理三个步骤，利用适当的风险评估工具或模型，包括定性和定量的方法，确定各种动物疫病的风险等级和优先风险控制顺序。实行动物疫病状况风险评估，其目的在于根据风险评估的结果，确定与我国适当保护水平相一致的预防控制（风险管理）措施，以便分清"轻、重、缓、急"，统筹利用人员、财政和物质资源，有计划、有重点地实施动物疫病预、防控制措施，保证动物防疫工作的科学性、合理性、经济性和有效性。

对某项生物安全措施进行风险评估，必须先找出具体的各个风险因素？然后再评价各个风险因素的相关程度，即哪个因素至关重要，哪个因素一般重要。各个风险因素的相关程度可以采取随机调查的方式，邀请有关专家作出评判。例如，动物疫病风险因素相关程度调查，先列出疫病发生风险的主要因素即致病因子（A）、易感畜群（B）、传播方式（C）；接着确定相关程度的等级，假如分为9个等级（由低到高）：1级为同等重要，2级为同等重要与稍微重要之间，3级为稍微重要，4级为稍微重要与明显重要之间，5级为明显重要，6级为明显重要与强烈重要之间，7级为强烈重要，8级为强烈重要极端重要之间，9级为极端重要；然后，邀请专家凭借个人专业实践经验和专业知识，在两个因素比较相对应的等级方格内填写重要程度的字母（每两个因素比较时只在9个等级方格中填写1个格），填写时要求认真思考、理性判断，可以讨论，但要独立完成。

本例子中，某专家作如下判断：A 与 B 比较，B 比 A 重要，重要程度为4级；A 与 C 比较，A 比 C 重要，重要程度为2级；B 与 C 比较，B 比 C 重要，重要程度为3级；B 与 D 比较，D 比 B 重要，重要程度为6级；C 与 D 比较，D 比 C 重要，重要程度为8级；A 与 D 比较，D 比 A 重要，重要程度为7级，见表3-8。

表3-8 动物疫病风险因素相关程度调查表

等级	相关程度	A与B	A与C	B与C	B与D	C与D A与D
1级	同等重要					
2级	1级与3级之间		A			
3级	稍微重要			B		
4级	3级与5级之间	B				
5级	明显重要					

（续）

等级	相关程度	A与B	A与C	B与C	B与D	C与D	A与D
6级	5级与7级之间				D		
7级	强烈重要						D
8级	7级与9级之间				D		
9级	极端重要						

　　根据专家的意见，最后得到动物疫病的风险等级和优先风险控制顺序，为宏观管理部门决策提供科学依据。其他措施及事项的风险因素程度调查，以此类推。

一、动物养殖场的生物安全风险评估

　　动物养殖场生物安全这门科学目前发展尚处于萌芽阶段，不同的动物养殖场在地理位置、设施设备、宿主易感性、所面临的疾病威胁等方面都各不相同，因而不存在一套适用于所有动物养殖场并放之四海皆准的生物安全方案。因此，要对动物养殖场生物安全风险适时进行评估，只能在所有养殖场共性存在的几大风险要素中进行。其个性、细节性的风险要素，只能由个案养殖场根据实际情况，尽可能地以科学为基础提出自身新的改进措施，此处不赘述。

（一）动物养殖场生物安全的风险因素

　　1. 外周环境疫病存在状况　　如果周边常年存在某几种地方性动物疫病或者正在发生某种重大动物疫病，那么疫病因素就会比选址布局、免疫密度、卫生消毒等其他因素的风险系数级别要高。此时，在采取生物安全措施时，就要考虑动物疫病相关的流行情况、发病率、死亡率，以及测算预防、治疗、控制的生产成本等事宜。通过对外周环境疫病存在状况的调查和了解，可根据疫病病原的特性来制定对该种病原特别有效的防范措施，也可以测量特定病原的存在多寡，对原执行的生物安全措施的效果作出评估，从而制定、改善控制风险的优选方案，避免把成本浪费在不必要的或不切实际的措施上。

　　2. 养殖场选址的科学性　　动物传染病传播的天然屏障就是距离，在养殖密集的地区，要防止某些高度接触性的传染病不传入邻近养殖场是很困难的事，但科学选择场址、尽可能地远离传染病原是保障养殖场生物安全的基础条件，因此，养殖场的选址是生物安全中的关键风险因素之一。动物养殖场的选址应符合动物的防病规则，应选在远离其他养殖场、屠宰加工厂和交通要道的隔离区内，避免交叉感染。养殖场建筑物地势要高、背风向阳、干燥、通风和水源良好，使动物生活在干燥和良好的卫生环境中，有助于降低生物安全风险。

3. 建筑分区与布局　建筑分区与布局之所以作为养殖场生物安全的一个重要风险因素，主要是因为其分区与布局是否合理，对控制传染因子在养殖场内部产生与传播具有重要的生物安全意义。一个功能齐全的养殖场应有四个独立区域：①生活区，包括职工宿舍、文化娱乐、食堂等；②生产管理区，包括办公室、接待室、饲料加工调制车间、饲料仓储库、水电供应设施等；③生产区，包括动物舍和生产设施，是养殖场的主要建筑；④隔离区，包括兽医室和生病动物隔离舍、尸体剖检和尸体处理设施、粪污处理等。如果养殖场严格做到四区独立，生活区、生产区与生产管理区严格分开，基础设施布局错落有致，比如，生产区入口处设浴室、更衣室、消毒间，饲料贮存库、保育舍应建在养殖场的上风向，发病动物隔离舍、粪便堆积池设在养殖场的下风处，净道与污道分开在场内不交叉等，那么养殖场的生物安全风险系数就比较小。反之，如果兽医室、隔离舍、病死动物无害化处理间、剖检室设在养殖场的上风处，场内道路布局不合理，净道与污道不分，那么病原微生物有可能随风吹到生产舍区使动物感染，饲料车、工作人员、粪车、病死畜禽、出场动物等走污道，就会发生交叉感染，发生疫病的隐患和风险就非常大。

4. 有关制度的建立与执行　主要是指养殖场的防疫与管理制度的完善程度与执行力度。建立制度与执行制度是相辅相成的，二者互为作用，缺一不可。没有制度，执行就无从谈起；有了制度而且很完善，但得不到有力地执行，同样不会发挥应有的作用。制度的建立与执行，是养殖场生物安全中最重要的风险因素。具体制度包括：

（1）**自繁自养与引种制度**　坚持自繁自养是建立养殖场生物安全体系的重要环节，引进新动物是迄今为止最重要的动物疫病传入途径之一。细菌、病毒、真菌、支原体、寄生虫都会随新引进动物一起进入养殖场，特别是购进无临床症状的带毒种用动物，其造成的损失更严重。在目前的技术条件下，由于引进种用动物缺乏有效的监测手段，因此，要严格遵守引种制度，在新引进之前，必须切实了解拟引进种群的健康状况以及当地的疫病流行情况，实施严格的检疫，严格禁止到疫区引进未经检疫的动物。任何动物在引进时都必须隔离观察30～45天，经隔离观察认定确已安全，体表消毒后方可转群饲养，这是控制外源传染因子进入养殖场的有效措施。

（2）**全进全出饲养制度** 采用全进全出的饲养方式可阻断疾病在动物与动物之间的横向传播。养殖场要坚持遵守这项制度，尽量做到同日龄范围内的动物全进全出，只要不重新引进动物，在一定时间内陆续出栏完，也算全出。全进全出并不强调一场一地的大规模全进全出，一栏或一舍也可算全进全出。

（3）**控制人员进出场制度** 人员随意进出养殖场，有可能会造成病原的传入。当人员接触了患病动物或被病原污染的设施之后再进入养殖场，就会发生机械性传播。对于感染了人畜共患病原的人员，则可能通过人员将这种病原传给动物造成生物性传播。对人员进出养殖场的管理，是最容易被忽视的生物安全管理环节，也是一个重要风险因素之一，原则上养殖场谢绝参观，对外来人员要求换穿工作服、鞋、帽，并经消毒后可进入生产区，且只能外观，不可入内。只有严格加强养殖场进出人员的管理，才能有效降低生物安全风险系数。

（4）**车辆进出场管理制度** 养殖场的车辆或外来的车辆接触的东西很多，车身就可能成为传染因子的携带者，是导致养殖场内动物发病的一大隐患。因此，对于车辆，应尽可能停在养殖场外，必须进入的，车轮和车身要彻底消毒。

（5）**人员不串舍与工具不交叉使用制度** 该制度要求非生产人员不得进入生产区，生产人员要在场内宿舍居住，进入生产区时都要经过洗澡或淋浴，更换已消毒的工作服和胶靴，工作服在场内清洗并定期消毒。不同动物群的饲养人员不能串舍，饲养工具不能借用，以防动物疫病的传播或交叉感染。技术员需检查动物群时，必须穿工作服、戴帽、换鞋。检查应该从健康群到发病群，从幼小动物到成年动物等。这是一项细致的生物安全防范措施，实际生产中很难做到这一点。这项措施的风险系数到底有多大，其在风险因素中起多大的作用，应视具体情况确定，不可一概而论。但至少，人员在患病动物舍或附近工作过或接触过死亡动物之后，如果不先将身体上暴露部位的可视污染物洗净，换上干净的外套和靴子，就串到健康动物的区域活动，肯定会带来疫病传播的极大风险。

（6）**消毒与无害化处理制度**　消毒可以极大地减少养殖场内外环境中的病原微生物，降低疫病的发生率。而坚持对养殖场内病死动物、排泄物、污染物的无害化处理，可以及时消灭传染源，防止传播。消毒与无害化处理制度能否得到坚决执行，对养殖场的生物安全控制至关重要。

养殖场的消毒制度应包括：养殖场的大门入口处设立消毒池进行初步消毒；生产区入口处设立紫外线消毒室、洗澡更衣室进行严格消毒；每栋舍门口设立消毒池确保日常消毒；对入场车辆进行额外消毒；每月全场大环境彻底消毒一次；走道每周至少消毒两次；动物出栏后对舍内进行彻底清洗消毒，空舍一段时间后须经再次消毒方可使用；定期在舍内进行喷雾消毒；每个消毒池要经常更换消毒液，保持有效浓度；不要长期使用同一种消毒药，应定期换用几种不同的消毒药；饮水、饲料应定期检测，饮水槽、饮水器、料槽应定期清洗消毒；如有疫情发生，应另外采取紧急消毒措施，发生过大面积流行病的动物舍应反复消毒，至少空置 2 周并经再次消毒后方可重新引进动物饲养。

动物的粪便、废弃物、污物污染有许多病原，是重要的污染源。对它们的妥善处理是十分重要的，特别是在发生疾病时更是如此。对垫料、废弃物、污物的处理，应做到：对废弃物、排泄物做生物发酵处理后方可用作肥料；病死动物尸体不可随意抛弃，可置于专用的尸体处理坑内，并用消毒液进行消毒。

5. 易感动物的免疫保护水平　易感动物免疫保护水平的高低，直接影响动物抵御该种病原侵害的能力，是衡量、评估动物疫病发生风险的重要指标。养殖场对动物实施免疫接种是常规的生物安全基本措施。免疫接种的目的可分为预防和控制两种。对于大多数流行病来说，免疫接种旨在预防动物免受感染。在本地区不存在某些传染病时，是否要接种应该视被传播的危险性而定。选择适合的疫苗和科学的免疫程序，是提高易感动物免疫保护水平的重要保证，因而是此项风险因素中重要的评价因子。

6. 动物饲养管理水平　采用科学的饲养管理技术，可提高动物的非特异性抗病能力。比如，全面满足动物的营养需要，防止营养缺乏而引起抵抗力下降；良好的通风可大大降低疾病尤其是呼吸道疾病的发病率等。如果饲养管理差，比如通风不良、潮湿、拥挤、炎热、寒冷以及动物生活环境肮脏等，容易引起应激反应，可损害动物的免疫系统，从而降低其对病原的抵抗力，诱发疫病风险。

以上是各类动物养殖场较共性的生物安全风险因素，至于其中的哪一项风险因素更重要、更优先，需要根据实际效果、执行情况及经济效益来进行具体的风险评估和分析比较。相同的措施用于不同的养殖场或者由不同的人员采用不同的设施来实施，会收到不同的效果，在实施过程中要充分认识到这一点。任何一项生物安全措施一旦付诸执行，应定期对其遵守情况以及效果进行监控。随着时间推移和生产发展，原有的人员、设备、工具、饲养动物种类和环境中的病原都在不断发生变化，因此，以前有效的措施现在未必有效，应该定期对生物安全措施的效果进行评估，既包括新的措施，也包括老措施。当出现新研究成果或出现新的病原时，应对现有措施进行相应修改，对无效的或成本效益差的措施加以删减。

（二）动物养殖场生物安全风险评估方法

对动物养殖进行风险评估，涉及太多的生物安全问题，并且各个养殖场都提出有许多自己的建议措施，因而需要参与评估的风险因素有的场多、有的场少，而且参与评估的风险项目不同。显然，有些措施并非适用于所有的养殖场。这就需要给管理者提供一套通用的评估参考办法，给出评估项目即风险因素的清单样本，作为一种工具，用来帮助养殖场管理者了解生物安全方面的风险，让其在养殖场运作过程中自觉进行检查，以便确定都有哪些生物安全措施尚存在病原入侵的风险，尽可能对自己养殖场的生物安全措施进行改善。

通过下列通用的评估参考办法，动物饲养生产者可对自己养殖场的生物安全系统进行评估，了解哪些环节做得不错，哪些环节存在不足。对存在不足的地方，再制订方案加以改善。

1. 确定本养殖场存在哪些主要动物疫病的病原　列出一个清单后作为基准，用来衡量即将采取的生物安全措施在防范新增病原进入养殖场的实际效果。

2. 确定目前最需要防止传入的病原的优先级别　不同养殖场其优先序列级别也不同，如果某种病原感染造成的发病率和死亡率都很低，而且治疗措施有效、治疗成本便宜，那么这种病原的优先级就可以排得比较低。因此，继续延伸下去就要考虑动物的感染几率、动物对病原的易感性、感染造成的经济损失，以及动物品种、生产用途等更多需要进一步进行比较的风险因素，以确定是重要还是不重要的级别序列。例如，种用动物肯定比商品用动物重要，因此，种用动物的级别就要优先。其他项目的比较以此类推。

3. 确定养殖场目标病原的外部来源　将养殖场目标病原的优先级别确定之后，接下来可对病原的传染来源进行评估，即分析确定这些目标病原是通过什么途径或媒介传入本养殖场的。常见的潜在传染源有：气雾、动物种群、精液、胚胎、饲料、饮水、人员、粪便、车辆、其他非生物传染源、家养动物、野生动物、啮齿类动物、昆虫、飞鸟等。除在天然环境下存在的传染源外，对于其他传染源，可通过试验的方式，查出其是否为可能的传染源，即在这个传染源上接种病原，如果之后还能在该传染源上检出，那么就确定其是一种传染源。

4. 找出对养殖场生产威胁最大的传染源　根据对本养殖场动物群构成威胁的大小，将各种外部传染源按优先级排序，找出威胁最大的传染源。确定威胁最大的传染源时，应考虑本养殖场接触该传染源的频率、传染源的污染水平，以及病原在该传染源中存活的时间长度（关于病原特性及其存活时间，可查阅科研资料得知）。据加利福尼亚州的报道，大于 2 000 头的猪场每月接触到过其他畜牧单位的人员和车辆的次数在 374.9～1 239.5 次，每月发生间接接触的平均次数为 807 次。另外，还需要考虑，这些威胁最大的传染源中有哪些是人为能够实际控制的。比如，有报道，周围 2 千米以内有 4 家以上的其他畜禽场的养殖场，每年发生呼吸道病的次数比 2 千米内有少于或等于 4 家其他畜禽场的养殖场多 2～3 次。尽管大家都知道养殖场集中的地方容易发病，但除非是新建场，否则仅依靠养殖场的场址是无法控制外来传染源侵入的。因此，所谓威胁最大的传染源也是不能一概而论的，在不同养殖场其风险的排序不同。

5. 列出常见的降低风险的生物安全措施

（1）本养殖场的场址与其他养殖场或隔离场、无害化处理场等的距离，符合所要控制的目标病原的距离要求。

（2）动物舍远离公共道路。

（3）相对湿度控制在 60％以内，并对通风系统进行优化。

（4）通过疫苗接种来加强动物群对疫病的免疫力。

（5）引进健康供体动物的精液而非种用动物；限制种用动物来源的数量；种用动物群采用封闭式饲养。

（6）种用动物（精液）供应方和接受方的兽医应共同严格检疫检测动物

群的健康状况，最大限度降低疾病引入的风险。

（7）引进种用动物时要进行仔细的挑选、观察和化验，还要实施设立隔离、驯化规程；隔离设施应安置在本养殖场区之外。必须要为隔离区安排专门的饲养人员。隔离区的饲养人员必须经淋浴、更换干净的外套和靴子后才能进入主场区。隔离期长短应根据目标病原已知的最长排毒期来确定，想要控制的目标病原不同，隔离期长短的要求也会有变化。

（8）除必要的人员外，限制人员进入养殖场；为人员提供专门外套，在指定场区穿。

（9）设置围墙和大门，阻止外来车辆进入养殖场；只允许干净车辆进入；使用本场的专门车辆运动物；在场区外临近的位置安置车辆清洗设施，来访车辆及运动物车的停车场距离动物舍至少 300 米。

（10）料仓应安置在场区内挨着围墙的地方，这样料车不必进入围墙就可以卸料；仔细安排车辆的行程，让车辆只能从健康水平高的场区开到健康水平低的场区，而不能从健康水平低的场区开到健康水平高的场区。

（11）尽可能采用一次性的器具；尽可能减少或杜绝不同养殖场共用器具的情况；有可见污染物的器具不应进入养殖区；应把器具上的可见污染物洗净，然后再消毒；选择消毒剂时，应根据消毒剂对目标病原的效果进行选择。

（12）确保全价饲料以及饲料原料不被病原污染。

（13）不要让其他的养殖场把粪便施撒或排放在本场 3.2 千米范围以内的区域。

6. 评估各项措施的效果　这是养殖场生物安全风险评估的最后一个步骤，主要是对以上列出的各项降低风险的生物安全措施按照优先次后进行排序，经一段时间的实施，然后对这些生物安全措施进行评估，了解其效果。对出现的问题进行分析，到底是生物安全措施本身效果不好，还是因为贯彻实施不力而导致生物安全措施的效果没有发挥出来。根据生物安全措施的效果，来决定是继续实施这些措施，还是考虑到实施这些措施的成本比效益高而停止实施。

二、动物屠宰场生物安全措施风险评估

对动物屠宰环节的生物安全措施实施严格的评估具有重要意义，该环节

的风险要素不仅仅涉及动物防疫问题，更重要的是从业人员卫生防护、生命健康、动物产品消费质量安全等问题。在具体的评估实践中，先列出本屠宰场的所有生物安全措施目录，每个目录都对应有"不可接受"、"成问题"、"符合"或"优秀"等评价等级供评估者进行选择。生物安全系统的整体效果是由最薄弱的环节决定的。也就是说，如果本屠宰场有一个"不可接受"或者"成问题"的存在缺陷项目，那么即便所有其他选项都达到了"优秀"，本屠宰场仍然会面临很大的生物安全风险，即该缺陷项目相当于"木桶效应"中最短的桶片。当前的生物安全评价是基于现有的知识水平作出的，随着这方面知识的积累，评价可能会改变，某些屠宰场生物安全措施现在被评为"优秀"，但随着客观情况的改变，将来可能仍不足以防范新风险因子的侵入。

（一）屠宰场外部的生物安全措施风险评估

1. 选址　按照要求进行评价等级选择：①不可接受。根据现有的知识，本屠宰场风险很高，极易造成危害，即极有可能影响居民生活、污染生活饮用水源、危及学校学生、动物饲养场特别是种畜禽场或者本身受到动物诊疗场所隔离场所、无害化处理场所的污染，必须采取避险措施。②成问题。根据现有的知识，本屠宰场风险比较高，特定情况下易遭受侵害，诱发生物安全事故，建议就某方面的生物安全措施进行调整。③符合。根据现有的知识，本屠宰场在这方面的生物安全措施已经到位，能有效保护自身免受侵害或危害其他方，然而仍有改进的余地，可以考虑就这方面的生物安全措施做进一步改进。④优秀。根据现有的知识，本屠宰场在这方面的生物安全措施已经很完善，生物安全风险很低。

2. 屠宰加工区布局与工艺流程　从围墙、消毒池、隔离设施、车辆消毒场地、待宰圈、患病动物隔离观察圈、急宰间等涉及生物风险的细则，对应选择"不可接受"、"成问题"、"符合"或"优秀"等评价等级，确定是否维持现状或者创造条件进行改进。

屠宰场其他外部生物安全措施的风险评估以此类推，不再重复列举。

（二）动物屠宰场内部的生物安全措施风险评估

1. 屠宰检疫工作条件不具备。例如，宰后检疫区光照度低于 300 勒克斯、检疫点光照度低于 500 勒克斯，评估结果为"不可接受"或"成问题"，将直接影响动物疫病的检疫质量（检出率）。

2. 针对驻场官方兽医实施查证验物、屠宰环境消毒、对检出病害动物产品无害化处理、防疫制度的遵守等项目，逐一对应选择"不可接受"、"成问题"、"符合"或"优秀"等评价等级，确定是否维持现状或者创造条件进行改进。

屠宰场其他内部生物安全措施的风险评估以此类推，不再重复列举。

（三）屠宰场常规生物安全措施评价目录

1. 屠宰场防疫消毒评价目录

（1）屠宰场开办方是否制定有防疫消毒制度？

（2）平时按照规定要求做好消毒工作？

（3）屠宰场出入口是否设置车辆进出消毒池？消毒池是否定期清洗，并保持消毒药液有效浓度？

（4）运载车辆卸载动物后是否在指定位置清洗、消毒？

（5）屠宰车间、屠宰设备和工具是否每班清洗、消毒一次？

（6）待宰栏动物清栏和急宰间、无害化处理间每次使用后，是否立即清洗、消毒？

（7）每月是否至少安排一次全面彻底清洗、消毒？

（8）运载车辆装载动物产品前是否在指定位置清洗、消毒？

（9）屠宰场开办方是否认真做好消毒记录？如实记录消毒时间、消毒药物名称、浓度以及消毒人员等情况？

2. 屠宰场动物进场查验评价目录

（1）是否制定有屠宰动物进场查验工作制度？

（2）驻场检疫人员是否在动物入场前准时到岗？

（3）对进场动物是否索证、收缴检疫合格证明并做到没有检疫证明动物不准入场？

（4）是否认真核对动物种类数量、检疫证明是否在有效期内、出证机关是否合法、是否有官方兽医签证？

（5）是否核对猪、牛、羊佩带的标识并对没有标识的动物严格按规定处理？

（6）是否对进场动物严格按照产地检疫规范逐头进行临床检查，无异常情况后方可进场？

（7）发现疑似染疫动物是否进行隔离观察并及时报告？

（8）是否监督运载工具进行清洗、消毒后方可离场？

（9）驻场检疫人员是否及时准确填写进场记录并将当日检疫证明整理归档？

3. 待宰动物巡查评价目录

（1）是否制定有待宰动物巡查工作制度？

（2）动物入场后是否定时期巡查？并在屠宰前再做一次检查？

（3）待宰动物巡查是否由值班检疫人员逐圈逐头进行检查？

（4）值班检疫人员是否对照动物进场登记台账认真检查待宰动物健康状态？

（5）对疑似染疫动物是否立即采取隔离措施？

（6）对染疫动物是否紧急隔离、及时报告并按规定进行处理？

（7）对巡查中发现非病理因素造成的濒死动物是否进行急宰并督促屠宰场采取相应的无害化处理措施？

（8）值班检疫员是否及时填写好巡查记录以及其他相关记录？

4. 屠宰动物同步检疫评价目录

（1）动物屠宰检疫是否实施同步检疫制度？

（2）是否根据屠宰规模和岗位需要合理配备屠宰检疫人员？

（3）是否按头部检疫、内脏检疫、胴体检疫和实验室检疫等有关要求或者实际需要设置检疫岗位？配备足够的检疫工作人员？

（4）手工屠宰定点场，是否按同步检疫要求对屠宰后的动物进行集中吊挂、统一编号、由检疫人员逐头实施检疫？

（5）检疫人员检疫时是否严格按照屠宰检疫规范进行操作，对应检部位没有遗漏？

（6）对检出疑似染疫的动物产品是否进行实验室确诊？

（7）对检出染疫动物产品是否立即采取措施按规定进行处理？

（8）检疫人员是否及时填写好检疫记录以及其他相关记录？

5. 屠宰场病害动物、动物产品无害化处理评价目录

（1）是否制定有病害动物、病害动物产品无害化处理制度？

（2）屠宰场是否配备焚烧炉、污水处理等无害化处理设施？

（3）无害化处理的方法是否按照国家《病害动物、病害动物产品生物安全处理规程》（GB16548—2006）的规定执行？

（4）无害化处理结束后是否对病害产品污染的场地和器具进行彻底

消毒？

（5）动物排泄物、生产污水等是否经无害化处理，达到生物安全标准和其他标准后才排放？

（6）是否认真做好病害动物、动物产品无害化处理档案和记录？

6. 屠宰场化验室检验评价目录

（1）是否制定有屠宰场化验室检验工作制度？

（2）屠宰场检疫化验室是否配备显微镜、染色、取样、样品保存等仪器设备？

（3）是否建立仪器设备使用操作规程及检验规程，配备专职或兼职化验员？

（4）屠宰检疫化验室是否根据不同的检验目的，采取相应的受检样品？

（5）样品采集时是否按照采样规定采集，样品采集部位、数量是否符合要求？

（6）检验过程中是否遵循安全、卫生原则，做好人身防护，严防感染？

（7）化验时是否严格按规定程序检验、应检项目没有漏检？

（8）检验后的有毒、有害试剂及废弃物等是否严格按有关规定进行处理？

（9）使用后的试管、器皿、器械等是否做好清洗消毒及化验室的清扫消毒工作？

（10）检验的项目、内容和结果是否及时填好检验记录？是否对检出的病害产品按规定进行无害化处理？

针对以上评价目录，根据现实情况，对应选择"不可接受"、"成问题"、"符合"或"优秀"等评价等级，确定是否维持现状或者创造条件进行改进，从而得出风险结论。

三、集贸市场的生物安全措施风险评估

从我国目前情况来看，集贸市场分为专营和兼营两种形式，其采取的措施不同，则需要进行风险评估的因素亦不同。

（一）专营集贸市场的生物安全措施风险评估

1. 距离文化教育科研等人口集中区域、生活饮用水源地、动物饲养场和养殖小区、动物屠宰加工场所：小于 200 米（不可接受）；小于 500 米（成问题）；等于 500 米（符合）；在 1 000 米以上（优秀）。

2. 距离种畜禽场、动物隔离场所、无害化处理场所：小于 1 000 米（不可接受）；小于 3 000 米（成问题）；等于 3 000 米（符合）；在 4 000 米以上（优秀）。

3. 距离动物诊疗场所：小于 100 米（不可接受）；小于 200 米（成问题）；等于 200 米（符合）；在 500 米以上（优秀）。

4. 市场周围没有围墙，场区出入口处没有设置与门同宽，长 4 米、深 0.3 米以上的消毒池（成问题）。

5. 场内未设管理区、交易区、废弃物处理区，各区没有保持相对独立（不可接受）。

6. 交易区内不同种类动物交易场所没有相对独立（成问题）。

7. 没有清洗消毒和污水污物处理设施设备（不可接受）。

8. 未有或者执行定期休市和消毒制度（不可接受）。

9. 没有专门的兽医工作室（成问题）。

(二) 兼营集贸市场的生物安全措施风险评估

1. 距离动物饲养场和养殖小区：小于 200 米（不可接受）；小于 500 米（成问题）；等于 500 米（符合）；在 1 000 米以上（优秀）。

2. 距离种畜禽场、动物隔离场所、无害化处理场所：小于 1 000 米（不可接受）；小于 3 000 米（成问题）；等于 3 000 米（符合）；在 4 000 米以上（优秀）。

3. 距离动物诊疗场所：小于 100 米（不可接受）；小于 200 米（成问题）；等于 200 米（符合）；在 500 米以上（优秀）。

4. 动物和动物产品交易区与市场其他区域没有相对隔离（不可接受）。

5. 动物交易区与动物产品交易区没有相对隔离（成问题）。

6. 不同种类动物交易区没有相对隔离（不可接受）。

7. 交易区地面、墙面（裙）和台面不防水、不易清洗（成问题）。

8. 没有执行消毒制度（不可接受）。

9. 活禽交易市场内的水禽与其他家禽没有分开（不可接受）；宰杀间与活禽存放间没有隔离（不可接受）；宰杀间与出售场地没有分开（不可接受）；没有执行定期休市制度（成问题）。

（三）动物批发市场防疫消毒风险评价目录

1. 动物批发市场是否制定防疫消毒制度？
2. 市场开办方是否做好场地、无害化处理间的清洗消毒工作？
3. 市场出入口是否设置车辆进出消毒池？消毒池是否定期清洗并保持消毒药液有效浓度？
4. 运载车辆卸载动物后是否在指定位置清洗消毒？
5. 动物清栏后，经营户是否对栏舍进行全面清洗消毒？
6. 交易场地是否每天进行全面清洗消毒？
7. 无害化处理间使用后是否立即进行清洗消毒？
8. 市场是否定期休市并进行全面清洗消毒？
9. 运载车辆装载动物前是否在指定位置清洗消毒？
10. 市场开办方是否做好消毒记录，如实记录消毒时间、消毒药物名称、浓度以及消毒人员等？

（四）动物批发市场无害化处理评价目录

1. 是否制定有动物批发市场病害动物无害化处理规章制度？
2. 批发市场开办方是否按要求配备无害化处理设施设备？
3. 批发市场内的单位和个人是否有随意处置及出售、转运、加工病死或死因不明动物行为？
4. 批发市场开办方是否对病害动物和病害动物产品做无害化处理？
5. 进出动物批发市场的运载车辆是否经过清洗消毒？
6. 批发市场开办方是否有建立无害化处理档案，如实记录畜（货）主名称、处理动物及动物产品名称和数量、处理原因、处理方式等内容？

四、动物诊疗机构的生物安全措施风险评估

从事动物诊疗活动的机构是患病动物较为集中的场所，若防疫管理不善，很容易造成疫病在动物间传播，或者由动物传向人，危害公共卫生安全。从事动物诊疗活动的机构，应当具备下列条件：有与动物诊疗活动相适应并符合动物防疫条件的场所；有与动物诊疗活动相适应的执业兽医；有与动物诊疗活动相适应的兽医器械和设备；有完善的管理制度等。

从事动物诊疗活动的机构，应取得动物诊疗许可证，动物诊疗许可证向县级以上地方人民政府兽医主管部门申请办理。许可对象主要包括：一是从事宠物疫病诊疗的动物医院、动物诊所等；二是从事畜禽疫病诊疗的兽医院、门诊部等；三是动物养殖场内设的动物疫病诊疗部门和动物园等单位内设的动物疫病诊疗部门对外提供诊疗服务的；四是科研、教学、检验等单位对外提供动物诊疗服务的。国家之所以对动物诊疗活动实行行政许可制度，目的是通过对从事动物诊疗活动机构的规范管理，来实现对动物诊疗环节生物安全的控制。

（一）动物诊疗场所的生物安全要求

1. 场所与动物诊疗活动相适应 要求有固定的动物诊疗场所，且动物诊疗场所使用面积符合省级兽医主管部门的规定。例如，从事畜禽疫病诊疗活动，应设有布局合理的诊断室、手术室、药房等；从事宠物疫病诊疗活动，应设有布局合理的诊疗室、手术室、病房、药房、化验室、隔离室等。

2. 场所符合动物防疫条件 即动物诊疗场所应距离学校、幼儿园等公共场所和动物养殖、屠宰、动物交易场所不少于 200 米，或与以上区域建立有效隔离屏障；动物诊疗场所应当设有独立对外的出入口，出入口不得设在居民住宅楼内或院内，不得与同一建筑物的其他用户共用通道；动物诊疗场所的地面应当平整并适合清洗、消毒。但是动物诊疗机构不需要申领动物防疫条件合格证。

（二）动物诊疗从业人员的生物安全要求

1. 对动物诊疗活动从业人员的资格要求 从事诊疗活动的人员必须是在当地县级兽医主管部门注册的执业兽医。由于动物诊疗工作的专业技术性非常强，因此，我国对从事动物诊疗活动的人员实行执业资格和注册管理，未取得国务院兽医主管部门颁发的执业兽医资格证书和未经当地兽医主管部门注册的不得从事动物诊疗活动。但对乡村兽医服务人员在乡村从事动物诊疗服务活动作了另行规定。

2. 对动物诊疗活动从业人员的数量要求 从事犬、猫等宠物疫病诊疗活动的和从事畜禽疫病诊疗活动的，按照国务院兽医主管部门的规定必须具有 1 名以上取得执业兽医师资格证书的人员；从事动物颅腔、胸腔和腹腔手术的，要求具有 3 名以上取得执业兽医师资格证书的人员。

（三）动物诊疗设施设备的生物安全要求

设施设备是从事动物诊疗活动的基本条件，因此，只有具备相应的设施设备，才能开展相应的动物诊疗活动。常规来说，一般要求具有布局合理的诊疗室、手术室、药房等设施，具有诊断、手术、消毒、冷藏、常规化验、污水处理等器械设备，但是根据从事诊疗活动项目不同，又有不同要求。例如，对于从事犬、猫等宠物疫病诊疗活动的，具备诊断台、保定器、听诊器、体重秤、体温计、显微镜、输液架、手术台、无影灯、手术器械、器械柜、电冰箱、患病动物隔离箱、药品柜、喷雾消毒器等设施设备及暂存污水、污物、病死动物及其他医疗废弃物的用具；对于从事畜禽疫病诊疗活动的，也应具备相应的诊断、手术、消毒、冷藏、常规化验、污水处理等设施设备；从事动物颅腔、胸腔和腹腔手术的，还要求具有手术台、X 光机或者 B 超仪等器械设备。

（四）诊疗活动的生物安全管理制度

完善的管理制度是动物诊疗活动运行良好的基础保障。因此，要求具有完善的诊疗服务、疫情报告、卫生消毒、兽药处方、药物和无害化处理等管理制度。从动物卫生安全方面考虑，主要应当建立、完善动物疫情报告制度、环境及器械卫生消毒制度、病例处方管理制度、生物制品使用管理制度、化验检验管理制度、公示制度、无害化处理制度和毒、麻、精神药品使用管理制度等。

（五）诊疗活动过程中的生物安全措施评价

为有效预防、控制动物疫病的扩散，避免动物诊疗过程中的医源性感染，必须对动物诊疗活动中的生物安全措施进行风险评价。主要评价从业者是否按规定做好卫生安全防护、消毒、隔离、诊疗废弃物处置等工作事项，然后作出风险级别大小的判断。

1. 是否做好卫生安全防护？卫生安全防护的对象应当包括动物诊疗机构工作人员、畜主、就诊动物、住院动物等，动物诊疗机构应当采取措施，减少就诊动物间、住院动物间、住院动物和就诊动物间、畜主和患病动物间的接触，防止动物咬伤动物和人员，同时做好诊疗机构工作人员的防护，避免医院感染和医源性感染。

2. 是否做好消毒工作？消毒是杀灭病原微生物的有效手段。动物诊疗机构应当制定科学的消毒制度，定期定时对诊疗场所、设施设备、器械及环节进行消毒，有效切断疫病传播途径，确保畜主、就诊动物和诊疗机构工作人员健康安全。

3. 是否做好隔离工作？这里的隔离主要指的是两方面的隔离：一是区域之间的隔离，如：诊疗区、病房、手术区、化验区等均应做到相对隔离，这样既可降低疫病横向传播风险，还能确保手术的安全和检验结果的准确；二是对染疫动物的隔离，动物诊疗单位应当设置染疫和疑似染疫动物的隔离设施，一旦发现染疫动物，应当立即采取隔离措施，如果是法定报告传染病，要及时向相关兽医部门报告，防止动物疫病的扩散和传播。

4. 是否妥善处置诊疗废弃物？诊疗废弃物是指动物诊疗机构在诊断、治疗以及其他相关活动中产生的具有直接或者间接感染性、毒性以及其他危害性的废物，包括动物尸体、动物组织及其分泌物、使用过的针头与纱布等，这些物品如果处理不当，极有可能成为传染源，导致人或动物被感染。因此，动物诊疗单位应当建立诊疗废弃物管理责任制，及时收集本单位产生的诊疗废弃物，并按照类别分置于防渗漏、防锐器穿透的专用包装物或者密闭的容器内，送专门的诊疗废弃物处置单位统一进行处理。对于诊疗过程中产生的污水，也应消毒后再行排放。动物诊疗机构不得随意抛弃病死动物、动物病理组织和医疗废弃物，不得排放未经无害化处理或者处理不达标的诊疗废水。

5. 是否按照技术规范操作？这是对从事动物诊疗活动的执业兽医提出技术操作方面的要求。不按照有关技术操作规范从事动物诊疗活动，极易引起动物诊疗事故，甚至引发动物疫情等危害公共安全的事件。通过对从事动物诊疗活动的执业兽医提出技术操作方面的严格要求，提高动物诊疗质量，减少动物诊疗事故。

6. 是否正确使用兽药和兽医器械？这是对从事动物诊疗活动的执业兽医提出的使用兽药和兽医器械方面要求。使用不符合国家规定的兽药和兽药器械从事动物诊疗活动，极易引起动物诊疗事故、引发动物疫情。国家规定执业兽医在动物诊疗活动中不得使用假劣兽药、违禁兽药和假劣兽医器械等，目的都是为了提高动物诊疗质量，减少动物诊疗事故。

另外，动物诊疗机构应当使用规范的名称。不具备从事动物颅腔、胸腔和腹腔手术能力的，不得使用"动物医院"的名称。应当说这也是一项保护生物安全的措施，试想，不具备条件的，如果也悬挂"动物医院"名称对外行医的话，势必造成大的生物安全隐患。

7. 是否按照规定报告疫情？动物诊疗机构发现动物染疫或者疑似染疫的，应当按照国家规定立即向当地兽医主管部门、动物卫生监督机构或者动物疫病预防控制机构报告，并采取隔离等控制措施，防止动物疫情扩散。动物诊疗机构发现动物患有或者疑似患有国家规定应当扑杀的疫病时，不得擅自进行治疗。

同样，针对以上动物诊疗活动过程中的生物安全措施要求，根据现实情况，逐一对应选择"不可接受"、"成问题"、"符合"或"优秀"等评价等级，确定是否维持现状或者创造条件进行改进，从而得出风险结论，做好防范处理。

总之，动物在饲养、流通和屠宰环节的任何生物安全措施都不是一劳永逸的，应当适时对各生物安全措施的效果进行评估，就措施本身的效果、员工或从业人员遵守情况以及经济效益等进行全面评估。当相关领域的生产、设施设备研究取得新成果或有新病原、新风险因子出现时，应对现有措施进行相应的修改，删减无效的或成本效益差的措施，以实现生物安全效益、效果的最大化。

五、动物隔离场所生物安全措施风险评估

（一）动物隔离场所要符合规定的防疫条件

动物隔离场所要符合规定的动物防疫条件，并取得《动物防疫条件合格证》，设置此项行政许可，目的在于使其在投入使用之前达到国家规定的标准，不至于发生生物安全风险事故。

1. 动物隔离场所选址应当符合下列条件

（1）距离动物饲养场、养殖小区、种畜禽场、动物屠宰加工场所、无害化处理场所、动物诊疗场所、动物和动物产品集贸市场以及其他动物隔离场3 000 米以上。

（2）距离城镇居民区、文化教育科研等人口集中区域及公路、铁路等主要交通干线、生活饮用水源地 500 米以上。

2. 动物隔离场所布局应当符合下列条件

（1）场区周围有围墙。

（2）场区出入口处设置与门同宽，长 4 米、深 0.3 米以上的消毒池。

（3）饲养区与生活办公区分开，并有隔离设施。

（4）有配备消毒、诊疗和检测等防疫设备的兽医室。

（5）饲养区内清洁道、污染道分设。

（6）饲养区入口设置人员更衣消毒室。

3. 动物隔离场所应当具有下列设施设备

（1）场区出入口处配置消毒设备。

（2）有无害化处理、污水污物处理设施设备。

《动物防疫条件合格证》作为一项行政许可，应当遵守行政许可法有关程序的规定。首先，由开办者向当地县级地方人民政府兽医主管部门提出申请。受理机关应当按照规定程序和时限进行审查和办理，审查内容包括材料审查和现场审验，根据审查结果提出行政许可意见，对合格的发放《动物防疫条件合格证》，对不合格的，应当告知申请人，并说明理由。《动物防疫条件合格证》是具有独立法人主体资格的单位办理工商注册的前置性审批，即工商行政部门对未取得《动物防疫条件合格证》的相关单位不予进行注册。

（二）动物隔离场所应当配备相关工作人员

1. 配备执业兽医　按照规定，动物隔离场所应当配备与其规模相适应的执业兽医。因为，进入动物隔离场所的动物一般是存在异常状况或某些疑似症状或缺乏检疫证明等而无法确认健康状况的，需要做进一步饲养、观察、检查、监测，经常要做必要的防疫消毒工作，而这些工作带有很强的专业性，需要具有一定资质的专业工作人员来实施。无疑，执业兽医是合适人选。因此，农业部规定"动物隔离场所应当配备与其规模相适应的执业兽医"是非常必要的。

2. 配备身体健康的养殖工　《动物防疫法》第十九条规定："动物隔离场所应当有为其服务的动物防疫技术人员"。这里讲的动物防疫技术人员可以是专职的，也可以是兼职的。通过防疫人员和制度的规定，使这些场所有为其服务的专业技术力量，有利于提高其防疫工作水平，健全和完善内部防疫管理机制。《动物防疫法》第二十三条规定："患有人畜共患传染病的人员不得直接从事动物诊疗以及易感染动物的饲养、屠宰、经营、隔离、运输等活动"；农业部《动物防疫条件审查办法》第十八条第二款规定："患有相关人畜共患传染病的人员不得从事动物饲养工作"。患有人畜共患传染病的人员直接从事动物诊疗以及动物饲养、经营和动物产品生产、经营活动，容易导致将传染病传染给动物、动物产品，造成人与动物间交叉传染。为此，农业部和卫生部共同制定和公布了人畜共患传染病名录。同时，需要建立对特定职业人群的定期健康检查制度，实行行业从业准入，并落实职业卫生保障措施。对于因职业活动而感染人畜共患病的人员，其医疗救治及福利保障应按照有关法律规范执行。

（三）建立并落实有关生物安全制度

《动物防疫法》第十九条第（五）项规定："动物隔离场所应当有完善的动物防疫制度"。按照这项法律规定，隔离场所应当依照法律和兽医主管部门的规定，建立完善的动物防疫制度，并符合国务院兽医主管部门规定的其他动物防疫条件。为此，农业部于 2010 年 1 月 21 日发布了《动物防疫条件审查办法》，第十九条规定："动物隔离场所应当建立动物和动物产品进出登记、免疫、用药、消毒、疫情报告、无害化处理等制度"。因此，隔离场所至少要建立以下制度：

1. 动物和动物产品进出登记制度 其登记项目应当有：畜（货）主基本情况、进场时间、动物种类（品名）、数量、重量、规格、性状、隔离简要事由、隔离圈舍（仓库）编号、隔离移送人和接受人签名等，确保需要隔离的动物和动物产品来源清楚、去向明确、手续齐全，防止纠纷产生。

2. 动物免疫制度 规定进入隔离场所需要对动物实施免疫的，必须遵守一些规定。例如对免疫病种、免疫时间、使用疫苗名称、疫苗生产厂家、批号、生产日期、免疫接种人员、免疫护理、免疫状况观察、免疫效果监测等事项进行规定。

3. 隔离动物用药管理制度 包括用药申请、用药记录、合理用药、禁止用药、休药期控制等方面的具体规定。

4. 动物隔离场所消毒制度 消毒是各类相关场所均须采取的防疫措施，应建立消毒制度，对实施消毒的人员、消毒范围、消毒次数、消毒药配制、消毒操作步骤、消毒监督检查等作出具体规定，并安排专人负责，药品、器具要常备且充足。

5. 动物隔离场所疫情报告制度 对报告的时限、程序、事项、临时性处置措施等作出具体规定。

6. 动物隔离场所无害化处理制度 对处理记录、处理程序、遵循的标准、处理的方法、参与处理人员的防护、有关文书制作、档案建立等作出原则规定。

为规范病死及死因不明动物的处理，防止动物疫病传播，杜绝屠宰、加工、食用病死动物，保护畜牧业发展和公共卫生安全，农业部于 2005 年 10 月制定了《病死及死因不明动物处置办法（试行）》。该办法适用于饲养、运输、屠宰、加工、贮存、销售及诊疗等环节发现的病死及死因不明动物的报告、诊断及处置工作。任何单位和个人发现病死或死因不明动物时，应当立即报告当地动物卫生监督机构，并做好临时看管工作。任何单位和个人不得随意处置及出售、转运、加工和食用病死或死因不明动物。当地动物卫生监督机构接到报告后，应立即派员到现场作初步诊断分析，能确定死亡病因的，应按照国家相应动物疫病防治技术规范的规定进行处理。对非动物疫病引起死亡的动物，当地动物卫生监督机构指导下进行处理。对病死但不能确定死亡病因的，必要时，当地动物疫病预防控制机构应立即采样送上级动物疫病预防控制机构确诊。对尸体，要在动物卫生监督机构的监督下进行深埋、化制、焚烧等无害化处理。

（四）做好隔离场所运输工具无害化处理

动物防疫工作的实践证明，运输工具被染疫动物或消毒不彻底的运载工具、垫料、包装物再装载，或再接触动物，常常引起动物疫病的发生。运载动物进出隔离场所的车辆具有更大的危险性，对其做彻底无害化处理具有重要的意义。因此，对运载动物进出隔离场所的车辆的无害化处理要求更严格，管理人员必须严格遵守。

对进出动物隔离场所的动物、动物产品的运载工具在装载前和卸载后进行及时的清洗消毒，是防止动物疫病随运输而传播的重要措施。运输工具有可能携带一些对动物和人体有害的致病微生物或其他有毒有害物质，如果这些有害的致病微生物不及时清洗消毒，有可能造成疫病的传播，危害动物和人体健康；如果这些有毒有害物质不及时清洗消毒，还有可能直接危害动物和人体健康和生命安全。因此，要对运输工具在装载前和卸载后应当及时清洗消毒。这里对运输工具清洗和消毒的实施主体是承运人，而不是动物卫生监督机构。承运人是否履行了这一义务，应当接受动物卫生监督机构的监督。如果承运人不履行这种义务，将要承担相应的法律责任。通过行政处罚，实现各项生物安全措施的落实。

针对以上隔离场所生物安全措施要求，根据现实情况，逐一对应选择"不可接受"、"成问题"、"符合"或"优秀"等评价等级，确定是否维持本隔离场所现状或者创造条件进行改进，从而得出风险结论。

六、无害化处理场所的生物安全措施风险评估

无害化处理场所的生物安全措施是指该场所符合动物防疫条件的各项要求，包括选址、工程设计、工艺流程、防疫制度和人员等。

（一）选址上的要求

1. 距离动物养殖场、养殖小区、种畜禽场、动物屠宰加工场所、动物隔离场所、动物诊疗场所、动物和动物产品集贸市场、生活饮用水源地3 000米以上；

2. 距离城镇居民区、文化教育科研等人口集中区域及公路、铁路等主要交通干线500米以上。

通过对选址条件的规定，使其与居民生活区、生活饮用水源地、学校、医院等公共场所的距离保持必要的物理隔离空间，避免或减少相互之间的环节和生物安全风险影响。

（二）布局上的要求

动物和动物产品无害化处理场所布局应当符合下列条件：

1. 场区周围建有围墙。

2. 场区出入口处设置与门同宽，长4米、深0.3米以上的消毒池，并设有单独的人员消毒通道。

3. 无害化处理区与生活办公区分开，并有隔离设施。

4. 无害化处理区内设置染疫动物扑杀间、无害化处理间、冷库等。

5. 动物扑杀间、无害化处理间入口处设置人员更衣室，出口处设置消毒室。

通过对生产区封闭隔离、工程设计、工艺流程的规定，使动物和动物产品无害化处理场所涉及生物风险的区域形成相对独立的生物安全控制单元，这是最重要的防疫屏障。首先，要建立区域性物理隔离条件，即通过围墙、房舍、门禁设施，使生产区与其他区域相隔离；其次，要建立人流、物流控

制条件，即所有人员、物品进出有严格的准入、消毒、通道等流程控制。

（三）设施设备上的要求

动物和动物产品无害化处理场所应当具有下列设施设备：

1. 配置机动消毒设备。

2. 动物扑杀间、无害化处理间等配备相应规模的无害化处理、污水污物处理设施设备。

3. 有运输动物和动物产品的专用密闭车辆。

通过要求有相应的污水、污物、病死动物、染疫动物产品的无害化处理设施设备和清洗消毒设施设备，可以实现废弃物无害化处理和安全排放，并实现生产过程中产生的废弃物都经严格处理，防止对其他区域以及公共卫生造成危害。

（四）防疫管理制度上的要求

动物和动物产品无害化处理场所应当建立病害动物和动物产品入场登记、消毒、无害化处理后的物品流向登记、人员防护等制度。通过建立、落实这些制度，并按照《病害动物及病害动物产品生物安全处理规程》（GB16548—2006）的规定，对染疫动物及其产品进行及时、有效地生物安全处理。

针对以上无害化处理场所生物安全措施要求，根据现实情况，逐一对应选择"不可接受"、"成问题"、"符合"或"优秀"等评价等级，确定是否维持本场所现状或者创造条件进行改进，从而得出风险结论。

第九章
养殖生产废弃物与病死动物
对环境的污染及控制

第一节 概 述

养殖生产废弃物主要有病死动物、动物排泄物及其垫料、废水等，它们与环境卫生的关系一直是社会各界关注的热点问题。同时，传播疾病、危害食品安全、破坏生态环境、冲击经济秩序是养殖生产废弃物的四大危害。

纵观近年来动物疫病频频袭击人类的事件，从传染病传播的传染源、传播途径、易感动物三个环节考察可发现，随意抛弃动物尸体及其排泄物具有潜在的疾病传播危险。一旦将携带人畜共患病病原体的动物尸体抛弃在垃圾桶、河道甚至居民区，将会严重危害人类的健康。即便是正常死亡的动物尸体，也会对环境造成污染。如果抛弃染疫的动物尸体更容易诱发重大动物疫情，给养殖业生产和人体健康带来危害。

疯牛病的传播告诫全世界，千万不要再简单化地把"动物尸体"废物利用、变废为宝了，也提示人们千万不要小瞧"动物尸体"的危害和潜在的影响。实践证明，用含反刍动物尸体的肉骨粉喂牛、羊才导致了疯牛病。用牛、羊肉骨粉来代替植物蛋白作饲料，一代又一代，周而复始，使疯牛病病毒潜伏越来越多。为了降低成本，从 20 世纪 70 年代末以来，英国饲料加工业还有意降低了本来有规定的加工温度，从而促进了朊病毒的存活与扩展。据有关资料显示，英国累计已有 140 多人死于新型克-雅氏病，包括美国等国家也先后发现过 10 多起与该病相关的死亡病例。

我国每年都有一些畜禽因各种原因而死亡。据不完全统计，全国猪的死亡率为 8%～12%，家禽死亡率为 20%，牛死亡率约为 5%，羊死亡率为 7%～9%。这些病死动物尸体对我国公共卫生安全和环境卫生造成了巨大的危害。

同时，动物排泄物中含有大量的氮、磷、微生物、药物以及饲料添加剂的残留物，它们是污染土壤、水源的主要有害成分。如 1 头育肥猪平均每天产生的废物为 5.46 升，1 年排泄的总氮量达 9.534 千克，磷达 6.5 千克。1 个万头猪场年可排放 100～161 吨的氮和 20～33 吨的磷，并且每 1 克猪粪便中还含有 83 万个大肠杆菌、69 万个肠球菌以及一定量的寄生虫虫卵等。大量有机物的排放使猪场污物中的 BOD（生化需氧量）和 COD（化学需氧量）值急剧上升。据报道，某些地区猪场的 BOD 高达 1 000～3 000（毫克/升），COD 高达 2 000～3 000（毫克/升），严重超出国家规定的污水排放标准（BOD6～80，COD150～200）。此外，在生产中用于治疗和预防疾病的药物的残留、为提高动物生长速度而使用的微量元素添加剂的超量部分，也随粪尿排出体外；规模化养殖场用于清洗消毒的化学消毒剂则直接进入污水。上述各种有害物质，如果得不到有效处理，便会对土壤和水源构成严重的污染。

养殖场所产生的有害气体主要有氨气、硫化氢、二氧化碳、酚、吲哚、粪臭素、甲烷和硫酸类等，也是对养殖场自身环境和周围空气造成污染的主要成分。

第二节 动物养殖生产废弃物对环境的污染及控制

由动物养殖生产废弃物带来的环境污染问题日益突出，已成为世界性公害，不少国家已采取立法措施，限制动物养殖生产废弃物对环境的污染。为了从根本上治理动物养殖生产废弃物的污染问题，保证公共卫生安全和畜牧业的可持续发展，许多国家和地区在这方面已进行了大量的基础研究，取得了阶段性成果。本节对动物养殖生产废弃物污染危害进行评估，通过借鉴国内外经验与先进治理模式，对动物养殖生产废弃物从产生前的饲料配方与饲料加工调制、产生中的饲喂管理、产生后的生态利用与无害化处理等各个方面作一简述。

一、动物养殖生产废弃物的危害

(一) 对水体的污染

在谷物饲料、谷物副产品和油饼中有 $60\%\sim75\%$ 的磷以植酸磷形式存在。由于动物体内缺乏有效利用磷的植酸酶，以及对饲料中蛋白质的利用率有限，导致饲料中大部分的氮和磷由粪尿排出体外。试验表明，猪对饲料中氮的消化率为 $75\%\sim80\%$，沉积率为 $20\%\sim50\%$；对磷的消化率为 $20\%\sim70\%$，沉积率为 $20\%\sim60\%$。未经处理的粪尿，一小部分氮挥发到大气中，增加了大气中的氮含量，严重时构成酸雨，危害农作物；其余的大部分则被氧化成硝酸盐渗入地下或随地表水流入江河，造成更为广泛的污染。

动物养殖生产废弃物对水体的污染主要为有机物污染、微生物污染、有毒有害物污染。动物养殖生产废弃物中大量需氧腐败有机物不经处理流入水体，由于其中含有的碳氢化合物、含氮、含磷有机物和未被消化的营养物质，进入自然水体后，可使水体固体悬浮物、化学需氧量、生化需氧量以及水中硝酸根离子浓度升高，从而产生不良后果。当超量的有机物进入水体后，超过其通过稀释、沉淀、吸附、分解、降解等作用的自净能力时，水质便会恶化。有机物被水中的微生物降解，为水生生物提供了丰富的营养。水生生物大量孳生，产生一些毒素，并消耗水中大量的溶氧。最后，溶氧耗尽，水中生物大量死亡。此时因缺氧，水中的有机物（包括水生生物尸体）降解转为厌氧腐解，使水变黑、变臭，水体"富营养化"。这种水体很难再净化和恢复生机。

（二）对大气的污染

集约化养殖密度高，畜禽舍内潮湿，粪尿及呼出的二氧化碳等在垫料、废水内积聚，从而激发出恶臭气体。这些有害气体不但对动物的生长发育造成危害，而且排放到大气中会危害人类的健康，加剧空气污染，以及与地球温室效应都有密切关系。

养殖场产生的有毒有害气体、粉尘、病原微生物等排入大气后，可随大气扩散和传播。当这些物质的排出量超过大气环境的承受力时，将对人和动物造成危害。据测，一个年出栏 10 万头的猪场，每小时可向大气排出近148 千克氨气、13.5 千克硫化氢、24 千克粉尘和 14 亿个菌体。这些物质的污染半径可达 5 千米，而尘埃和病原微生物可随风传播 30 千米以上。大量的粪便和垫料残留养分经细菌分解产生的臭味化合物有 168 种，包括挥发性脂肪酸、酚类物质、吲哚类物质和硫化物、氨气、二氧化硫、二氧化氮、胺及氨基酸衍生物、硫醇等有害物质的恶臭气体。排泄物恶臭主要来源于饲料中蛋白质的代谢终产物。一般来说，散发的臭气浓度与粪便的磷酸盐及氮的含量成正比。对人畜健康影响最大的主要有氨气和硫化氢。CH_4、CO_2 和 N_2O 都是地球温室效应的主要气体。据研究，CH_4 对全球气候变暖的增温贡献大约为 15%，在这 15%的贡献率中，养殖业对 CH_4 的排放量最大。根据测验，1990 年我国动物粪便 CH_4 排放总量为 1.249 吨，占全球畜禽粪便 CH_4 排放量的 5%左右。

（三）对土壤的污染

粪污（包括垫料、废水等）不经无害化处理直接进（施）入土壤。粪污中的有机物被土壤中的微生物分解:一部分被植物利用;一部分被微生物降解为二氧化碳和水,使土壤得到净化或改良。如果粪污进(施)入量超过了土壤的承受力,便会出现不完全降解或厌氧腐解,产生恶臭物质和亚硝酸盐等有害物质,引起土壤成分和性状发生改变,破坏了土壤的基本功能。另外,粪污中的一些高浓度物质会随同粪污一同进入土壤,如畜禽粪便中的重金属、饲料中添加的抗生素在肠道中未被完全吸收的部分,引起土壤中相应的物质含量异常之高,不但对土壤本身结构造成破坏或改变,而且还会影响人和动物的健康。

(四)传播病原

已患病或隐性带病的畜禽会随粪便排出多种病菌、病毒和寄生虫虫卵,如沙门氏菌和金黄色葡萄球菌、大肠杆菌,传染性支气管炎病毒、禽流感病毒、马立克氏病病毒、蛔虫卵、球虫卵等。据世界卫生组织(WTO)和联合国粮农组织(FAO)的有关资料报道,已有80多种危害严重的人畜共患病,其主要的传播载体就是畜禽粪尿排泄物。

二、国外处理养殖生产废弃物的现状

粪水处理也是欧洲养殖场最头疼的问题,主要被运送到农田作肥料,实现种植业与养殖业之间的良性循环。在丹麦和比利时,主要采用的模式有:①粪水-发酵-还田。目前,丹麦和比利时90%以上的粪水都是直接在养殖场四周的大型蓄污池中厌氧发酵6~9个月后,使用施粪机械运送到农田作肥料,该模式操作简单,投资少。②粪水-沼气发电-沼液还田。丹麦优兰岛RIBE地区的沼气工厂由几十个农场股份合作,主要原料是工业和屠宰场的有机垃圾和猪粪,有机物通过中温(该地冬天最低温度为$-18℃$)发酵产生沼气发电,沼液、沼渣再回到田间的中转池储存,再用施粪机械还田。该技术在丹麦很成熟,又是新生绿色能源的一种,越来越被重视。③粪水-固液分离-有机肥和电极分解-还田。比利时动物生产规模大,大部分粪便除直接还田外,若有过剩,必须出口到其他国家。为了便于运输,粪便固液分离后,固体部分制造成有机复合肥,液体部分通过电极分解 $NH_4 - NO - N_2$,最终将氮肥转化成氮气进入空气,大大减少废水中的氮含量,每公顷的沼液还田量扩大到400吨,为原粪水还田量的20倍。

其他，如以色列用牛粪发电，据介绍，每 600 吨牛粪就可以产生 0.2 万度的电力；美国也把奶牛排泄物视为一种新能源，致力于奶牛场排泄物转变成电能；日本进行了微生物固体发酵技术研究；美国、欧洲各国、伊朗等利用蚯蚓处理畜禽排泄物。

三、养殖生产废弃物的控制

（一）养殖生产废弃物产前治理与饲料配方及饲喂管理

要解决动物排泄物对环境的污染问题，首先就要考虑饲料的安全问题。动物排泄物中氮、磷、钾及其他养分含量均较高，其中的氮和磷是对环境的主要污染源。此外，饲料中使用药物添加剂、高铜及有机砷制剂等，都会使动物排泄物中这些物质含量增加，破坏生态环境，严重影响畜牧业的可持续发展。因此，提高饲料中营养物质利用率及饲料安全性，减少动物排泄物对环境的污染，在现代饲料工业中显得尤为重要。从饲料因素减少畜禽排泄物对环境的污染是首要的。

1. 饲料配方管理

（1）**饲料原料的选取**　选用蛋白质含量比小麦高 7 倍的、产量高 4.7 倍的苜蓿；赖氨酸比普通玉米高 88% 的高赖氨酸含量的杂交和转基因玉米；高蛋氨酸含量的羽扇豆等优质原料。对小麦、棉粕、菜粕、羽毛粉、肉骨粉、血粉等非常规饲料原料，首先要限制其用量，并与常规原料搭配使用。对畜禽难以消化的原料，通过必要的处理手段，如高热、高压、膨化、热喷、酸水解、碱水解或微生物发酵，再选入饲料配方，就会减少排泄物的氮含量，减轻对环境污染的程度。

（2）**消除或减少饲料中的抗营养因子**　大多数植物性饲料作物子实及其加工副产品均存在抗营养因子（ANF）。ANF 的存在降低营养物质消化率。植酸是常用植物性饲料中普遍存在的一种抗营养因子，植酸中磷的利用率很低，于是大量未被消化利用的磷随粪尿排出体外。通过添加植酸酶、加酸、加水、发酵等手段，均可有效提高饲料中磷的利用率，从而减少磷的排泄。

（3）**减少药物添加剂、高铜及有机砷制剂的应用**　饲料中药物添加剂的使用，对预防疾病、提高饲料利用率和畜禽生长速度起着巨大的作用。但若不严格遵守使用原则和控制使用对象、安全用量及停药时间，就会造成抗生素耐药性的产生和转移、药物残留、细菌致病性的突变及环境污染等问题。

猪对铜的需要量并不高，在各国的饲养标准中仅为 3～8 毫克/千克。但饲料中添加 125～250 毫克/千克的铜对猪有很好的促生长作用。目前，主要是利用无机形式的铜源，它在消化道内吸收率低，一般成年动物对日粮铜的吸收率不高于 5％～10％，幼龄动物不高于 15％～30％，从而大量铜排出体外，一方面造成资源大量浪费，一方面污染土壤、水源等。

有机砷制剂的抗菌和促生长作用，已为许多研究所证明。但此类化合物具有毒性，且促生长的适宜需要量和中毒量之间的范围相当窄，从而限制了有机砷制剂在饲料中的运用。砷与饲料一起进入动物体内，24 小时后有 95％以上将随血液带到全身各主要器官，大部分在 24～48 小时之内随尿排出。土壤和农作物中砷的含量由此升高，造成环境污染，影响动物及人类健康。

(4) 添加各类有益物质 在饲料中添加某些中草药、酶制剂、合成氨基酸、有机微量元素、微生物饲料添加剂、单糖、小肽、饲料酸化剂等物质，有助于增强动物的抗病能力、提高营养物质利用率和减少有害物质排放。现重点介绍以下几种：

① 添加合成氨基酸，减少氮的排泄量 按"理想蛋白质"模式，以可消化氨基酸为基础，采用合成赖氨酸、蛋氨酸、色氨酸和苏氨酸来进行氨基酸营养上的平衡，代替一定量的天然蛋白质，可使排泄物中氮的排出减少 50％左右。有试验证明，猪饲料的利用率提高 0.1％，养分的排泄量可下降 3.3％；选择消化率高的日粮可减少营养物质排泄 5％；猪日粮中的粗蛋白每降低 1％，氮和氨气的排泄量分别降低 9％和 8.6％，如果将日粮粗蛋白质含量由 18％降低到 15％，即可将氮的排泄量降低 25％。欧洲饲料添加剂基金会指出，降低饲料中粗蛋白质含量而添加合成氨基酸可使氮的排出量减少 20％～25％。除此之外，也可添加一定量的益生素，通过调节胃肠道内的微生物群落，促进有益自身生长繁殖，对提高饲料的利用率作用明显，可降低氮的排泄量 29％～25％。

② 添加植酸酶，减少磷的排泄量 动物排出磷，主要是因为植物来源的饲料中 2/3 的磷是以植酸磷和磷酸盐的形式存在的，而动物体内缺乏能有效利用植酸磷的各种酶，因此，植酸磷在体内几乎完全不被吸收。必须添加大量的无机磷，以满足动物生长所需。未被消化利用的磷则通过粪尿排出体外，严重污染环境。而当饲料中添加植酸酶时，植酸磷可被水解为游离的正磷酸和肌醇，从而被吸收。以有效磷为基础配置日粮或者选择有效磷含量高

的原料，可以降低磷的排出，动物日粮中每降低 0.05% 的有效磷，磷的排泄量可降低 8%。通过添加植酸酶等酶制剂提高谷物和油料作物饼粕中植酸磷的利用效率，也可减少磷的排泄量。有试验表明，在猪日粮中使用 200～1 000 单位的植酸酶，可以减少磷的排出量 25%～50%，这被看作是降低磷排泄量的最有效的方法。

③添加除臭剂，控制氨气水平　可通过使用除臭剂来减少源自畜禽舍的氨气量；降低猪场粪池污水中的尿素和氨的浓度；降低粪池污水温度和挥发表面积；降低粪池污水 pH。目前，控制动物排泄物中氨气水平的产品有丝兰提取物、沸石、钙化物等。

2. 合理的饲料加工调制　正确的饲料加工调制能提高其消化率，每提高 1% 的消化率，每千克肉产品的氮损耗就要减少 1.4%。Wondra 等报道，制粒提高了干物质、氮和总能的消化率。Jenson 和 Becker（1965）认为，制粒使淀粉糊化，从而更易被酶分解。Vanschoubroeck 等（1971）报道了手捏成团的湿拌料对生产性能的影响，结果显示，动物更喜欢采食手捏成团的饲料而不是稀泥状料，这样不仅饲料效率提高 8.5%，蛋白质的消化率也提高了 3.7%。

3. 加强饲喂管理，减少废弃物的排放

（1）**控制饮水**　水的摄入量越多，粪便的排出量也越大，这就增加了粪便处理难度，于是应在自由饮水的同时对水量加以限制。Jongbloed（1997）研究了日粮的粗蛋白水平及水的给量对猪生长的影响，研究表明，日粮粗蛋白下降 3%，对水的摄入没有显著影响。但是尿中总氮降低 1.7 克/升。当饲料与水的比例由 4∶1 降至 2∶1，而环境温度在 18～20℃ 时，可以降低日排尿量 3.6 升，并且对妊娠母猪的健康没有影响。同时，也要选择适当的供水方式，采用乳头式饮水，尽量减少长流水及饮水槽供水，防止水的浪费。

（2）**实行阶段饲养**　随着营养科学的发展，有关畜禽饲料营养需要量的原有数据和标准大部分已不能适应当前的生产需要，必须准确测定畜禽营养需要量和饲料原料的营养价值，更准确地配制出符合不同生产阶段和目的的畜禽饲料，减少养分的过分供给，降低畜禽养分的排泄量，减少畜禽排泄物对环境造成的污染。肉用畜禽各个阶段的营养要求是不相同的，提高管理水平实行阶段饲养，可以满足动物不同生长阶段的不同营养需要。阶段饲养可以精确满足动物不同生长阶段的不同营养需要，避免出现营养过剩或不足。有试验表明，多阶段饲养可提高饲料转化率 7%，尿氮可降低 14.2%，氨气排出量可降低16.8%。同时要切实加强饲养管理，提高技术水平。目前，发达国家肉猪的料肉比为2.4∶1，而我国只有少数达到3.5∶1，肉鸡的料重比发达国家为1.6∶1，而我国是2.2～2.5∶1。由此可见，我国饲养的畜禽食入大量的食物未经消化吸收排出体外，既浪费了饲料又污染了环境。因此，提高饲养管理科技水平，也是进行营养调控、治理污染的一项重要措施。

（二）养殖生产废弃物的利用与无害化处理

本着"减量化、无害化、资源化"的原则，对畜禽排泄物进行合理处理利用，是将畜禽污物变废为宝和减轻养殖场对环境污染的重要措施。主要通过畜禽排泄物的肥料化、能源化、饲料化三大途径对其进行处理和利用。

1. 堆肥处理　目前常用的堆肥技术有：无发酵仓堆肥系统和发酵仓堆肥系统。在反应槽内，添加木屑等作为载体供高温好氧微生物附着生长，这些微生物可以将原料中的有机物分解为二氧化碳和水。有机物几乎完全矿化，污泥产生量极低。有机物分解过程中产生的热量可以将水分完全蒸发。

2. 沼气发酵　沼气发酵是微生物在厌氧条件下，将有机质通过复杂的分解代谢，最终产生沼气和污泥的过程。由于沼气发酵要求厌氧、一定的有机质含量、温度和酸碱度等条件的相对稳定，发酵时间也较长。因此，要求发酵装置的容量为日污水排放量的2～4倍，一次性投资较大。沼气发酵菌群因适宜温度不同，可分为高温、中温和常温发酵。温度不同，沼气的产气率和有机质的消化率也不同。有机质含量在1 000毫克/升以下的污水沼气发酵效率不高。即使高温发酵，污水中有机质的去除率也不可能达到100%。因此，对沼气发酵后的污水，应再进行处理。沼气发酵可以杀死猪粪中的有害微生物，发酵后的沼渣含有大量的有机质，废渣还可以返田增加肥力，改良土壤，防止土地板结，减少化肥的用量。

3. 杀菌处理后饲喂　禽粪中含有丰富的营养物质，因此，对禽粪进行去杂、杀菌、干燥等处理后，可作为质优价廉的饲料。加工处理方法大致有干燥处理、化学处理、发酵处理、青贮、热喷处理、膨化处理等。

（三）推行绿色生态养殖，加强废弃物的生态管理

绿色生态养殖是动物排泄物实现生态持续管理的必由之路。绿色生态养殖就是农牧结合，利用生物共生和物质循环再生原理，采用系统工程方法，

因地制宜地规划、组织和合理调整养殖的规模、层次，以尽可能少的输入，获得尽可能多的输出，实现生态效益、经济效益和社会效益统一的养殖体系。具体表现就在于，能够通过局部的生态体系，在提供优质畜产品的同时，还及时消纳所产生的畜禽排泄物等，而不会对周围养殖环境产生不利影响。对于集约化养殖而言，如奶牛场必须拥有相配套的农场来消耗其所产生的排泄物，减少污染，改善养殖环境。只有对排泄物多层次地分级利用，进行无废弃物、无污染生产，才能实现动物排泄物的生态与持续管理，亦是实现畜牧业可持续发展的必经之路。

（四）健全相关法规，保证资金投入

制定相应的有关防治养殖场废弃物对环境污染的法律法规。我国环保总局已相继出台了《畜禽养殖防治管理方法》、《畜禽养殖业污染物排放标准》；国务院下发了《中华人民共和国饲料添加剂管理条例》；农业部发布了《新饲料和新饲料添加剂管理方法》等。这还不够全面，需要有关部门尽快制定、完善这方面的法律、法规，同时对出台的法律法规必须坚决执行，对违反有关规定的畜禽养殖场要加大查处力度，使制污工作真正做到有法可依、有法必依、执法必严、违法必究。只有这样才能真正做到依法制污，畜牧生产带来的环境污染问题才能得到彻底的解决。

对养殖生产废弃物处理设施的建设，由于投资较大，一时无法为养殖企业带来经济上的利益，因此，必须由政府加大对该方面建设的投入，才能真正实现对畜禽排泄物的有效处理。

（五）合理规划，科学选址，按照可持续发展战略确定养殖规模与布局

1. 合理规划，科学选址 集约化规模化养殖场对环境污染的核心问题有两个：一是粪尿的污染，二是空气的污染。合理规划，科学选址是保证养殖场安全生产和控制污染的重要条件。在规划上，养殖场应当建到远离城市、工业区、游览区和人口密集区的远郊农业生产腹地。在选址上，养殖场要远离村庄并与主要交通干道保持一定距离。有些国家明确规定，养殖场应距居民区2千米以上；避开地下生活水源及主要河道；场址要保持一定的坡度，排水良好；距离农田、果园、菜地、林地或鱼池较近，便于排泄物及时利用。

2. 根据周围农田对污水的消纳能力，确定养殖规模 发展畜牧业生产

一定要符合客观实际，在考虑近期经济利益的同时，还要着眼于长远利益。要根据当地环境容量和载畜量，按可持步发展战略确定适宜的生产规模，切忌盲目追求规模，贪大求洋，造成先污染再治理的劳民伤财的被动局面。目前，养殖场粪污直接用于农田，实现农业良性循环是一种符合我国国情的最为经济有效的途径。这就要求养殖场的建设规模要与周围农田的排泄物消纳能力相适应，按一般施肥量（每 667 米² 每茬 10 千克氮和磷）计算，一个万头猪场年排出的氮和磷，需至少 333.33 公顷年种两茬作物的农田进行消纳。如果是种植牧草和蔬菜，多次刈割，消纳的排泄物量可成倍增加。因此，养殖场之间的距离，要按照消纳排泄物的土地面积和种植的品种来确定和布局。此外，养殖场粪水与养鱼生产结合，综合利用，也可收到良好效果。农牧结合、种养结合和牧渔结合，可以实现良性循环。

3. 增强环保意识，科学设计，减少污水的排放 在现代化养殖场建设中，一定要把环保工作放在重要的位置，既要考虑先进的生产工艺，又要按照环保要求，建立排泄物处理设施。国内外对于大中型养殖场粪污处理的方法，基本有二：一是综合利用，二是污水达标排放。对于有种植业和养殖业的农场、村庄和广阔土地的单位，采用综合利用的方法是可行的，也是生物能多层次利用、建设生态农业和保证农业可持续发展的好途径。否则，只有采用污水达标排放的方法、才能确保养殖业长期稳定的生存与发展。

大中型养殖场一定要把污水处理系统纳入设计规划，在建场时一并实施，保证一定量的粪污存放能力，并且有防渗设施。在生产工艺上，既要采用世界上先进的饲养管理技术，又要根据国情因地制宜。比如，在我国，劳动力资源比较丰富，而水资源相对匮乏，在规模养殖场建设上可按照排泄物分离工艺进行设计，将排泄物单独收集，不采用水冲式生产工艺，尽量减少冲洗用水，继而减少污水的排放总量。

（六）病死动物排泄物、污染物消毒处理技术

病死的动物排泄物、污染物可能含有各种病原微生物，如果不将这些病原根除，一旦通过污染工具、车辆等散布，势必造成病原的传播扩散，同时可能危害消费者的健康。

为了保证消费者的身体健康和使疫病得到有效控制，必须对病死动物排泄物、污染物做多次反复的消毒。

在综合性防疫措施中，消毒具有重要的作用。消毒的目的在于及时消灭

病死动物排出的病原。消毒可以减少传染物质的数量和限制传染病的蔓延。凡与病死动物接触过的和能使传染病蔓延的器物、各种排泄物和其所在畜舍，都应进行消毒。

1. 消毒的方法

（1）**机械清除法** 利用机械方法如清扫、洗刷、通风等，清除污染病原体。如把病死动物尸体、畜舍地面的粪便、垫草、饲料残渣清除干净，对污染地面铲去一厚层表土，对车辆、工具上的污染物用水冲洗掉等，再将大量病原体污染的粪土污物，集中在一起，进行堆积发酵、掩埋、焚烧、消毒，然后对清除过的畜体地面、工具等进行物理的、化学的消毒，把残余的病原体消灭掉。通过开窗、换气、机械通风，将畜舍内污浊、低湿空气排出，也可减少病原体繁殖和存在机会。

（2）**物理消毒法** 阳光、紫外线和干燥有较强的杀菌作用。阳光暴晒对一般病毒和非芽孢病原菌几分钟或几小时可以杀死。应用人工紫外线灯（水银紫外线、水银石英灯）对实验室、更衣消毒室进行消毒，可以杀死一般病原菌和病毒。高温消毒对污染的可燃物质和畜禽尸体都可焚毁灭菌。对污染的金属、玻璃物体进行烧烤或用干烤箱、远红外烤箱处理，都可达到消毒目的。畜舍墙壁、围栏、地面和畜禽铁丝、竹木笼箱，都可应用火焰喷灯（汽油、煤油或酒精的工业喷灯）进行火焰消毒。

煮沸消毒可做金属、木质、玻璃、衣物等的消毒。非芽孢病原菌、病毒、虫卵、卵囊在100℃沸水中迅速死亡。大多数芽孢在煮沸30分钟也能致死，煮沸1～2小时可以消灭所有病原体。如果消毒时水中加入1％苏打（碳酸钠），可使蛋白、脂肪溶解，增强灭菌作用。

蒸汽消毒是利用80％～100％湿热空气消毒，与煮沸消毒相似，一般可用蒸笼消毒。利用蒸汽机车、轮船、蒸气锅炉可以进行装运畜禽及其产品的车皮、船舱等的蒸汽或热水消毒。肉联厂应用高压蒸汽的湿化机对有害肉尸、内脏进行化制。畜牧兽医机构、农牧场、实验室用高压蒸汽消毒器，在121.3℃温度下消毒15～20分钟，可将一切芽孢、细菌、病毒杀死。

（3）**化学消毒法** 应用化学药物的液体或气体，使细菌、病毒发生繁殖障碍或引起死亡，从而达到消毒的目的。化学消毒效果常决定于很多因素，如果消毒不考虑这些因素，消毒效果就不可靠。

①**浓度和数量** 消毒药必须有一定的有效浓度。一般说来，消毒药液浓度越高抗菌作用越强，低于有效浓度就起不到杀菌作用。有了适当的浓度，

还需要一定的数量，如对地面消毒每平方米需要 1 升消毒液，若是只用喷雾器喷洒一遍，就达不到消毒目的。

②作用时间　消毒药与微生物接触时间越长，灭菌效果越好。接触时间太短，往往得不到灭菌效果。消毒物上微生物数量多，灭菌所需时间就要增加。

③温度　药液温度越高杀菌力越强，一般温度增加 10℃，消毒效果可增强1～2 倍。如用热苛性钠溶液、热草木灰水消毒效果好，就是这个原因。

④有机物存在　在消毒环境中只要有有机物存在，必然会与消毒药结合成为不溶解的化合物，而降低其杀菌作用，或成为菌体的保护膜。因此，消毒前要先清除消毒物表面的粪尿、分泌物、垫草等，以便充分消毒。

⑤微生物特点　不同种微生物对药物的易感性差异很大，如芽孢和繁殖型细菌、革兰氏阳性菌和阴性菌、病毒和细菌之间所呈现的易感性和耐药性都不相同。病毒和病毒，细菌和细菌之间的差异也很大。因此，消毒某种微生物，要选择适合这种微生物的药物。

⑥颉颃作用　药物与药物配合使用，有些会产生颉颃作用而降低消毒效果。

消毒药的选择，要考虑有充分消毒效果、不损坏被消毒物品、对人畜无害、不易散发恶臭、易溶于水、价格低廉和使用方便等条件。消毒使用器械有喷雾器、高压喷雾器和壶。

（4）**生物热消毒法**　利用动物排泄物、尸体中微生物的生命活动引起发酵，同时产生热量（开始非嗜热菌先发育，使温度升高到 30～35℃，然后由嗜热菌发育，使温度升高到 60～75℃），在几天到 2 个月内杀死非芽孢菌、病毒、寄生虫卵等。但是处理不当就不能生效。除去炭疽、气肿疽等病畜的粪便外，大部传染病粪便可以利用生物热消毒。

排泄物生物热消毒：根据粪便多少，决定采用圆锥形粪堆，还是梯形的长形粪堆。将地面整平，挖一圆形或长方形浅坑（深 25 厘米），或在地上打一圆形或长方形土埂，在浅坑或土埂内铺一层铡碎的麦秸、稻草或杂草，然后把要消毒的粪便堆积起来。如果是牛粪就要掺入 1/4 的碎草（或马粪）；如果是带土猪粪就要掺入碎草或马粪 1/2 以上；如果是鸡、羊、兔粪可不要掺草；如果是干粪每堆一层，要加水浸湿。粪堆要疏松，不要打实，圆形坑堆成上小下大的圆锥形，长方形坑堆成上窄下宽的梯形。然后，在粪堆上覆盖健畜粪便或碎草 10 厘米（冬季加厚到 40 厘米），上面用厚泥抹好封严，夏季堆封 1 个月，冬季堆封 3 个月，可以腐熟利用。北方严寒地区冬季堆封的要在解冻后，再堆封 3 个月方可启封利用。

2. 消毒对象

（1）**畜舍消毒**　应先进行清扫（清扫物用生物热消毒法堆积泥封发酵），再用喷雾器或喷壶喷洒药液。有些药液可以涂刷。有条件的也可用喷灯进行火焰消毒。消毒时，对地面、墙壁、天棚、饲槽、草架，以及畜舍的其他设备、工具、畜舍周围的场地、运动场等，都应一一喷药消毒，不能有任何遗漏。常用于畜舍的消毒液有：10％～20％新石灰乳，用于猪丹毒、猪肺疫、疥癣、布鲁氏菌病、结核病（20％）、猪支原体体肺炎、禽霍乱等疫病的消毒；10％漂白粉溶液，用于结核病、布鲁氏菌病、猪瘟、牛瘟等疫病的消毒；20％漂白粉溶液，用于气肿疽、炭疽等疫病的消毒；2％苛性钠溶液，用于猪瘟、鸡新城疫、鼻疽、口蹄疫、牛瘟、牛肺疫、马传染性贫血等疫病的消毒，10％苛性钠溶液，用于炭疽、气肿疽等疫病的消毒；5％～10％臭药水，用于腺疫、鼻疽、牛瘟、布鲁氏菌病、结核病、牛肺疫、山羊传染胸膜肺炎、疥癣、寄生虫病等疫病的消毒；30％热草木灰水溶液，用于猪瘟、口蹄疫、牛瘟、布鲁氏菌病等疫病的消毒；2％～5％福尔马林溶液，用于口蹄疫、牛瘟、马传染性贫血等疫病的消毒。用上述溶液对地面消毒时，均须按 1 升/米^2 喷洒。

（2）**畜舍空气消毒**　一般每 100 米^3，用乳酸 12 毫升，加水 20 毫升加热蒸发，消毒 30 分钟。或每立方米用福尔马林 15 毫升，加水 20 毫升加热蒸发，消毒 4 小时。或每立方米用 1～3 克过氧乙酸，配成 5％～8％溶液加热熏蒸，密闭 1～2 小时（相对湿度 60％～80％）。

（3）**畜舍内驱虫**　蜱、虱、蝇、螨等，可用除虫菊脂、敌敌畏、马拉硫磷等驱除，但喷撒后，须放净气味，才能放入家畜。

（4）**粪便消毒**　对畜舍、栏圈、家畜停留和集中场所清理的粪便和垃圾，要集中处理。常用消毒方法有：

①焚烧法　被炭疽、气肿疽污染的粪便，因有芽孢，应进行焚烧消毒。

②掩埋法　一般传染病的粪便、污物，若数量不多时，可挖深 1 米以上的土坑掩埋。如果属炭疽、气肿疽等芽孢菌的病畜粪便，须挖 2 米以上土坑深埋，并长期不能挖动。

③化学消毒法　少量被污染的粪便，可用 10％～20％漂白粉溶液或20％石灰乳等，搅拌均匀，进行消毒。

④**生物热消毒法** 处理大多数由无芽孢的微生物（包括病毒等）所引起的传染病和寄生虫病病畜的排泄物，均可用此法进行消毒。即堆积泥封发酵法。

（5）**污水消毒** 少量污水，可挖一个深1米左右的土坑，将污水倾入，待渗去后进行掩埋。也可按污水容量的10％～20％加入生石灰，搅拌消毒（限于细菌性非芽孢传染病），或按污水容量的1％～2％加入苛性钠，搅拌消毒（限于病毒性传染病）。此外，屠宰场、兽医院等单位，均应有污水无害处理设备（污水流入沉淀池，沉淀澄清）。沉淀物在缺氧条件下由于厌氧微生物生命活动，分解了污水中有机物质，并使需氧性微生物无法生存，澄清的污水通过管道流入另一池中，加入漂白粉（按含25％有效氯计算）每立方米6～10克，或通入液体氯（钢瓶装）1.5～2.5克。

（6）**加工车间、车辆、工具消毒** 对加工、运输过无芽孢微生物（包括病毒）感染的病畜、尸体、畜产品、粪便等的车间、车辆、工具，先进行机械清除，再用含有2％～5％活性氯的漂白粉溶液或0.05％～0.5％或0.5％以上的过氧乙酸溶液或2％苛性钠热溶液喷洒洗涤。对加工、运输过芽孢菌感染的病畜、尸体、畜产品、粪便等的车间、车辆、工具，要先用消毒液喷洒，再行清扫，清扫后再用含量4％以上的活性氯的漂白粉溶液或4％福尔马林溶液（均按0.5升/米^2）消毒，经半小时后，再用热水喷刷，之后，再用上述消毒液消毒一次。清扫下来的粪便，按粪便消毒法处理。

（7）**畜体消毒** 应根据所患疫病决定措施。例如，对口蹄疫病愈牲畜，在解除封锁时，须将牲畜体表、四肢洗刷消毒；解除封锁后，经过1年，再经体表消毒和修理四蹄后，才能到未发生过口蹄疫的地方使用；消毒可用1％苛性钠溶液或30％热草木灰水溶液进行喷雾，要特别注意四肢蹄冠、蹄叉等部分的消毒。再如，对马、牛血孢子虫病，除隔离治疗外，还要对畜体附着的蜱类应用药水喷雾消毒，一般用1％的敌百虫溶液即可。

（8）**皮张、毛类消毒** 对传染病患畜的皮张和被排泄物污染的毛类，可应用化学药物进行消毒。例如，对猪瘟患畜皮张，可置于5％的苛性钠（烧碱）食盐饱和溶液内，温度在17～20℃，浸泡24小时；对猪丹毒、猪肺疫患畜的皮张，可置于含1％盐酸和25％食盐溶液内，温度在15～20℃，浸泡8小时；对疥癣、牛肺疫患畜的皮张，可置于5％新鲜熟石灰乳内，浸泡12小时，用清水洗净、晾干；对口蹄疫患畜的皮张，数量少时，可置于1％苛性钠溶液或30％草木灰水中，浸泡24小时，数量多时，可置于加上

0.2%苛性钠的食盐饱和溶液中，温度在 15～20℃，浸泡 12 小时，或在添加 0.1%苛性钠的食盐饱和溶液中，浸泡 24 小时；对在皮张检验中发现的炭疽皮张，可置于含 2.5%盐酸溶液的 15%食盐溶液内，温度在 30℃左右，浸泡 40 小时，或用环氧乙烷消毒（将整捆皮张放置于特制的消毒袋或消毒箱中，通入环氧乙烷，利用其强有力的杀菌力进行消毒）。对患口蹄疫病畜的毛或有污染可能的毛，可按仓库容积，每立方米用硫黄 40 克，将烧红的木炭放入硫黄内，使其燃烧，形成二氧化硫气体，密封门窗 24 小时；或按每立方米用福尔马林 25 毫升，加水 12.5 毫升，放入盛 25 克高锰酸钾的容器内，密闭门窗 16～24 小时，均可达到消毒目的。但放置畜毛时，每平方米不得超过 25 千克，并要散放在架子上，以利消毒；有蒸汽设备地方，也可用 100～110℃的蒸汽密闭消毒 30 分钟。用硫黄、福尔马林熏蒸消毒时，要离开易燃物品（如羊毛）等，防止发生火灾。

毛、绒、鬃、羽毛受非芽孢菌、病毒污染，消毒可在流动蒸汽室用 105～111℃流动蒸汽处理（每袋毛 50 千克重，松装于袋中）30 分钟（芽孢菌污染的须在 111℃下处理 105 分钟）。或在流动蒸汽室放入 62～65℃的流动蒸汽，再按 160 厘米³/米³ 放入福尔马林蒸汽，消毒 90 分钟，可消毒细菌、芽孢、病毒污染的毛、绒、鬃、羽毛。用消毒口蹄疫污染毛的福尔马林熏蒸消毒法也可作细菌、病毒污染毛类的消毒。鬃、羽毛也可在水中煮沸 1 小时消毒，芽孢污染要煮沸 2 小时。

（9）**衣服消毒**　凡接触病死动物、排泄物的人员，所穿的衣服、鞋子都应消毒。可用 1%苛性钠溶液或 1%的福尔马林溶液喷雾，也可用 0.5%的苛性钠溶液或 20%热草木灰水溶液浸泡 2～4 小时，而后清洗。一般污染细菌的衣物，用 5%～8%来苏儿（或臭药水）浸泡 2～4 小时，而后清洗，也可将污染衣物放入专用锅内加水煮沸消毒。

（10）**手的消毒**　接触过病死动物及排泄物的人员，应用 0.5%的苛性钠溶液或 0.5%福尔马林溶液或 20%草木灰水或 0.2%过氧乙酸溶液洗手消毒（病毒病、细菌病）；或用 3%来苏儿（或臭药水）溶液或 0.1%新洁尔灭溶液洗手消毒（细菌病）。

（11）**防治器械消毒**　接触过病畜的注射器械、刀、剪、镊子等，应进行煮沸消毒；体温表可用 1%苛性钠溶液浸泡，再用清水冲洗；保定器械等可用 2%苛性钠浸泡消毒。

（12）**冷库消毒**　将库房出空、扫霜并测量容积，按每立方米容积使用过氧乙酸（纯含量）1 克计算，高锰酸钾（克）按过氧乙酸溶液（毫升）1/3量准备。熏蒸时，将过氧乙酸溶液盛入盆中，放置库房中心（库房大时按每 160～200 米³ 设一个点），再将高锰酸钾迅速倾入过氧乙酸盆中（设点多时需几人同时倾倒），高锰酸钾与过氧乙酸接触后，立即产生浓厚气雾，充满库房，各处 pH 达 2.6～3.0，消毒应密闭库门 6 小时。

（13）**角、蹄、骨消毒** 自芽孢菌（如炭疽）病死动物取得的，销毁处理；取自口蹄疫病死动物的，高温消毒；一般细菌、病毒污染的，用 1% 福尔马林溶液消毒或用开水浇 15 分钟。

（14）**牛乳消毒** 巴氏灭菌法就是利用比较低的温度杀死物质中的致病菌，减少细菌总数，而不致严重损害物质的一种消毒法。

巴氏灭菌法最常用于牛乳的消毒。一种是高温短时间的灭菌法，即把牛乳加热到 85℃ 而不持续；另一种是低温长时间的灭菌法，即把牛乳加热到 60℃，并在此温度下维持 30 分钟。这样处理的牛乳，可以杀死结核杆菌和其他致病菌，如布鲁氏菌、链球菌等，并使非致病菌减少约 99%。一般的病毒，在此温度下也可被杀死。

第三节 病死动物尸体对环境的污染及控制

一、动物尸体的概念

动物尸体是指死亡动物的完整或部分躯体，应包括动物内脏及其报废肉类。广义上，动物尸体应包括所有的死亡动物的完整或部分躯体，不仅是饲养的畜禽、特种养殖动物，还有野生动物，甚至各种昆虫；狭义上，动物尸体仅指畜禽和人工饲养、合法捕获的其他动物死亡后的完整或部分躯体，即《中华人民共和国动物防疫法》所指的动物范围。顾名思义，病死动物尸体就是特指因病死亡的动物尸体。

二、病死动物尸体的危害

（一）危害人类及动物的健康

动物尸体尤其是不明死亡原因的动物尸体存在着极大的危险，烈性传染病、毒物极有可能潜在于这些尸体中，不予处理或处理不当都会引发扩散、传播。这些危害可能是直接的，也可能是间接的。直接接触，甚至食用而被感染，或二次中毒、三次中毒，以及间接接触被尸体污染的车辆、工具、水源、场地、衣物、空气等都可以受到伤害。目前，全世界已证实的人畜共患传染病和寄生性动物病有 250 多种，其中较为重要的有 89 种，我国已证实的人畜共患病约有 90 种，几乎都可以经过动物尸体传播。

（二）危害食品安全

不可食用的动物尸体经过加工成为食品，进入人们几乎不设防的日常生活。由于其价格低廉，光凭感官无法辨别好坏，加工成熟食更有欺骗性，这些所谓"食品"在农村、集市和低档的商店、商场颇受欢迎。应该承认动物尸体加工已经成为一个地下"黑"产业。食品安全问题是个大的概念，动物尸体只是其源头之一。

（三）危害环境安全

未经处理的动物尸体腐烂变质，污染空气，产生恶臭，令人生厌。动物尸体还可以富集重金属、毒物，污染其接触的土壤、水等，再经农作物进入食物链，产生循环往复的生态危害。例如，广东省清远市斜塘村大多数人死亡时还不到 40 岁！经过仔细研究、检测发现，水井里的亚硝酸盐是罪魁祸首，在斜塘村存在着一个微妙的循环过程，人、畜的粪便和动物腐败的尸体这些有机物质会在微生物的作用下分解成胺氮，而胺氮被分解成亚硝酸盐，水井中的亚硝酸盐越聚越多，对人的机体造成损害，使人抵抗力、免疫力低下，它们便成了"短命村"看不见的杀手。

（四）危害畜牧业经济的健康发展

据统计，每年因动物死亡造成的经济损失有 200 亿～300 亿元，近年已达千亿元。如果这些死亡动物的尸体以动物性产品的形式进入生产、加工、消费领域的话，将会产生不可想象的后果。非法的、不可食用的动物尸体的产业规模不止千亿元，它如果成为宏大的暗流汇入市场，就会冲击正常的经济秩序，扰乱安全的畜禽产品供求关系，妨碍畜牧业可持续发展。危害打击消费者的消费心理，使对动物产品的正常消费发生转移。

三、建立和完善无害化处理的长效机制

解决各环节病死动物、排泄物无害化处理问题，必须健全和完善各项制度，建立防患于未然的长效机制，才能确实有效地预防动物疫情传播，保障人民身体健康和畜牧业的健康发展。

（一）养殖场（户）病死动物、排泄物处理制度

1. 认真加强饲养管理，改变传统饲养方式，全面落实隔离、消毒、免疫等综合防治措施。

2. 发现可疑疫情要及时报告。要了解高致病性禽流感、口蹄疫等重大动物疫病的有关症状，一旦发现可疑疫情要及时报告，不能自行随意处理或出卖病死畜禽。

3. 不可随意丢弃和食用病死畜禽。病死畜禽要严格按照规定进行深埋无害化处理，避免和杜绝危害人体健康及污染周围环境的事件发生。

4. 应按照有关法律法规，建造无害化处理设施，从自己做起，对病死畜禽进行无害化处理，从源头上把好关。

5. 建立病死动物报告和处置档案制度，对病死动物的去向和处理及时做好记录。

6. 依法严厉打击丢弃病死动物行为。对发现随意丢弃病死动物的行为，严格按照《中华人民共和国动物防疫法》、农业部《病死及死因不明动物处置办法（试行）》等法律法规查处。一经查明，对有关责任人依法进行处理，并在有关新闻媒体上予以曝光，严重的追究刑事责任。同时，不得享受政府的有关财政救济和补助。

（二）动物产品交易市场动物尸体、排泄物处理制度

1. 无害化处理设立专职人员负责管理，并配备专门无害化处理人员。管理人员及无害化处理人员必须接受专门培训，持证上岗，并认真履行岗位职责、规范操作。

2. 病死动物尸体需及时处理，严禁随意丢弃、堆放和出售，并与其排泄物、垫料等进行焚烧、化制或定点深埋等无害化处理。

3. 动物舍粪便、垫料、污物及场内垃圾、污物等必须经发酵、消毒后

出场。

4. 无害化处理必须建立登记制度，并按要求详细记载有关项目。

5. 无害化处理人员应配备专用工作服、手套、口罩、胶鞋等，加强自身防护，保证人身安全。

6. 无害化处理人员应及时向驻场动物卫生监督机构工作人员报告动物发病或死亡情况，并在其监督指导下进行无害化处理。

7. 严格执行《重大动物疫情应急条例》有关疫情报告、公布的规定，不得迟报、瞒报和谎报，不得擅自公布、传播疫情信息。

（三）屠宰场病害动物、动物产品无害化处理制度

1. 屠宰场应配备焚烧炉、污水处理等无害化处理设施，对病害动物、动物产品进行无害化处理。

2. 屠宰场应与货主建立无害化处理协作关系，由屠宰场承诺实施无害化处理工作，无害化处理责任方应在动物卫生监督机构检疫员的监督下，严格按照有关规定对病害动物、动物产品实行无害化处理，处理费用由货主承担。

3. 无害化处理的方法和要求，按照国家《病害动物、病害动物产品生物安全处理规程》（GB 16548—2006）的规定执行。

4. 驻场检疫人员出具无害化处理通知书，监督屠宰场实施无害化处理。

5. 无害化处理结束后，对病害产品污染的地方进行彻底消毒。

6. 动物排泄物、生产污水等须经污水处理设施进行无害化处理，达到生物安全标准和其他标准后方可排放，未经处理不得擅自排放。

7. 认真做好病害动物、动物产品无害化处理档案和记录，档案记录保存两年。

四、病死动物尸体的无害化处理技术

对动物尸体的有效处理是成功应对动物公共卫生的关键环节。处理动物尸体的方法包括掩埋、焚烧、空气幕焚烧、垃圾掩埋法、化制和碱解法。

（一）掩埋

1. 选择掩埋地点应注意事项

（1）准备好挖坑和运输尸体的工具。

（2）确定掩埋地点及其周围的工作场所需要面积的大小。

（3）从计划掩埋地点到人类活动地方的距离（例如：住所、道路或者其他公共场所）。

（4）盛行风（在气味控制和管理方面很重要）。

（5）避免地点扰乱或侵蚀。洪水泛滥的平原或者角度大于5％的斜坡应该避免使用。

（6）避开岩石地带。在岩石地带挖掘，需要特殊的工具，而且可能会增加挖掘时间和劳力费用。

（7）避开地下和空中的设施。

（8）用篱笆把掩埋地点、动物或者闲人隔离开。如果可能的话，篱笆要能在尸体处置后维持至少1年的时间。

（9）环境因素。比如掩埋地点的位置以及相关的深坑排水系统、水道、水库、水井、地下水位。应该建好分流堤岸或沟渠，以防地面水流入掩埋坑，并防止液体从掩埋的地点流出。

（10）准备好石灰（氧化钙或氢氧化钙），以有益于尸体的快速分解和有机物的快速破坏。

2. 掩埋设备　最好使用打洞机，它的好处是：可高效地挖掘又深又长且边缘整齐的坑；将地面表层土和下层的土分开；将动物尸体和其他污染物放进坑内并埋葬而不会遭破坏；对地点打扰相对较小。

当然，装料器、推土机、筑路机都可以使用。

3. 掩埋坑的要求

（1）坑的边缘应垂直，并在考虑土壤、地下水层和设备的能力等因素的前提下尽量的深。

（2）使用推土机时，坑的宽度应超过推土机的推土叶片的宽度（约3米）。否则，操作人员就很难将尸体从一边推进坑里。

（3）坑的长度取决于动物尸体及需要处置的其他污染物的大小和数量，要尽量避免将尸体放进坑内又进行搬动的情况。

（4）坑的容积应为2.1米宽乘以2.7米深。如果设备和土壤状况允许，则最好挖更深（4～6米）。每头牛尸体需要约1米的长度。坑的底部应避开季节性地下水层。坑被填满后要覆盖1.5米以上厚的土，且埋葬地点地面以上有约1米的土堆。

（5）掩埋5头成年猪或羊与牛尸体相当。至于家禽的埋葬，每只家禽约需要 930 厘米^2。0.03 米^3 坑可埋葬约 20 千克的家禽。被污染的产品和物品可以与动物尸体一起埋葬。填土不要太实,以免尸腐产气造成气泡冒出和液体渗漏。

4. 地点的管理 掩埋地点在封起来后,必须定期检测渗液等问题。一旦发现问题,必须采取适当行动(如建造分流堤岸或沟渠)。总体目标就是使葬地点尽量恢复其原来的外观和状态。

埋葬第一年由于尸体的腐败,造成土层凹陷时,应定期修补。

在养殖场重新饲养动物之前,应该再次检测是否存在对人或动物的生物或物理风险。因为埋葬点是一个污染地区,其周围需建造一个防御墙以免人或动物的进入,此防御墙需维持一年之久。

(二)焚烧

焚烧方法包括开放焚烧和空气幕焚烧。

1. 开放焚烧 开放焚烧的目的是通过有效的燃烧——用最高的火焰温度和最短的燃烧时间,完成动物尸体的处置。焚烧时,尸体应该放在足够的易燃材料上,燃料和尸体应该被合理安放,以使充足的空气从尸体下的易燃材料进入燃料堆(如柴堆)。

(1)**焚烧地点的选择** 焚烧地点应是一个平坦、远离公众视野,但重型车辆又易进入的区域。选择焚烧地点应注意事项:

①**可进入性** 重型车辆拖拉物资或其他用于建立火床和保持火焰的设备应容易进入该地点。

②**美观性** 应该考虑盛行风的风向,以防止不必要的烟和不良气味吹向建筑物或公共道路。

③**环境考虑** 如设计一个围绕燃烧堆的防火道等。

④**有效的燃烧** 如果燃烧床根据盛行风建立在一个合适的角度的话,火焰会燃烧得更好。

⑤**附近建筑物的保护** 火焰应远离房子、其他建筑物、易燃物品(如干草,稻草,饲料堆)、公路和公用设施(如高架电线、电话电缆、地下管道及煤气总管道)。

(2)**燃料** 燃料类型的选择应以其燃烧时对环境的影响很小为准。例如,有些形式的压力处置过的木材禁用,因为它燃烧时会散发出有毒的环境污染物。

（3）**燃烧床**　据每个成年牛尸体，划出1米的长度。然后，沿燃烧床的路线纵向放3排稻草或干草捆。每头成年牛尸体占约1米的长度，这时将草捆按约30厘米的间距摆放成一排，将散稻草填充在草捆之间。将大的木材纵向摆放在每排稻草的上面，剩下的大型和中型木材以15～30厘米的间距分散在燃烧床上。用来引火的小型点燃性木材应摆放在燃烧床上，散稻草散布其上。

用机械举重装备（前端装料器、牵引绳索、挖沟设备）和铁链把尸体四肢朝天放在燃烧床上，头尾交替摆放。散稻草应放在尸体上面及填充于尸体之间的空隙。

动物尸体摆放在燃烧床上后，用桶或喷壶将液体燃料倒或喷在燃烧床上。如果有泵，燃料可以喷雾在草堆上。可以每间隔10米放上浸渍在煤油或液体燃料里的碎屑或其他材料，作为燃火点。

当确定其他无关人员、设备及辅助材料都安放在远离火堆的地方时，用火把点燃。偶尔翻动火堆及迅速重放掉落在火堆下面的动物尸体碎片。

如果天气状况好，则动物尸体块会在48小时内燃完。当所有的动物尸体燃烧完全，火焰熄灭后，应该埋藏灰烬，将该区域清理干净并尽可能恢复原状。

（4）**燃料要求**　为了有效燃烧，固体燃料应尽可能干。推荐的燃料材料包括稻草或干草、未经处置的大块木料、引火性木材、煤及液体燃料。燃烧床对每种材料需要的数量如下：

①稻草或干草　每头牛尸体需要3捆。

②未经处置的大块木料　每头牛尸体需要3块，长约2.5米，横截面0.3米²。

③引火性木材　每个牛尸体约需要23千克。

④煤　煤的质量要好且要大块，最好直径为15～20厘米。幼小动物要相应地减少煤的用量。山羊、绵羊或猪的尸体与牛的尸体一起焚烧时，要置于牛的尸体上面，且以两个动物尸体相当于一头牛的尸体的比率无需另加燃料。如果单独燃烧山羊、绵羊、猪尸体，每个动物需要145千克煤。

⑤液体燃料　一头牛尸体至少需要4升液体燃料。应该保留有备用燃料油以应对燃烧困难的情况。

（5）**估算资源**

①第一步　估算牛尸体当量。先将被焚烧的尸体的数量和种类列表（表

3-9）。再将这些数字转换成代表牛尸体当量的数字。

表3-9 估算牛尸体当量

动　　物	牛尸体当量
1头成年奶牛或公牛	1头牛尸体当量
5头成年猪	1头牛尸体当量
5头成年绵羊	1头牛尸体当量

②第二步　估算燃烧床长度。每头牛尸体当量仅需1米燃烧床长度。注意：两头猪或两只羊可以放在一头牛尸体的上面。

③第三步　估算燃烧床材料。即估算每头牛尸体当量需要的燃烧床材料数量（表3-10）。

表3-10 每头牛尸体当量需要的燃烧床材料数量

燃烧床材料	每头牛尸体当量需要的数量
稻草	3捆
大块木料（20厘米×6.5厘米²）	3块
引火性木材	22.7千克
煤	227千克
燃料油	3.8升

材料估算案例：如需要处置500头牛、1 000头猪和700只绵羊。根据表3-9，牛尸体当量的计算如下：

$$500 头牛 = 500 头牛尸体当量$$
$$1\ 000 头猪 = 200 头牛尸体当量$$
$$700 只羊 = 140 头牛尸体当量$$
$$总数 = 840 牛尸体当量$$

因为两头猪（或两只羊）尸体可以放在每头牛尸体的上面而不需要另外的空间或燃料，所以840头牛尸体当量可以减少200头牛尸体当量，达到总数为640头牛尸体当量。因此，燃烧床需要640米长。这个总长度可以分割为两个或三个成排的单独的燃烧床。

最后，计算出640头牛尸体当量需要的燃烧床材料数量如下所示：

①稻草 3 捆/牛尸体当量×640＝1 920 捆

②大块木料 3 块/牛尸体当量（如果用小块木料则增加数量）×640＝1 920块

③引火性木材 22.7 千克/牛尸体当量×640＝14.5 吨

④煤 227 千克/牛尸体当量×640＝145 吨

⑤液体燃料 3.78 升/牛尸体当量×640＝2 419.2 升

2. 病理性焚烧 在病理性焚烧炉里焚烧效率很高，而且处置安全、彻底。常适用于处置少量材料。

3. 空气幕焚烧 空气幕焚烧时，在强力风扇的帮助下，材料在燃烧坑或耐高温的盒子里焚烧。但需要大量的干性燃料，焚化炉装有过多尸体而超载时，会减慢燃烧速度且导致不可控制的烟雾。空气幕焚烧是燃烧少量尸体时首选的方法，因为它造成的空气污染小，焚烧炉搭建方便，不可控性燃烧的危险与开放焚烧相比相对较小，且燃烧效力较高，与燃柴相比燃烧温度更高。

空气幕燃烧设备包括一个大能量的风扇、导气管、复合管及在某些情况下需要的耐高温钢盒。复合管在燃烧坑或耐高温的盒子里形成一道空气幕。对焚烧炉来说，空气幕充当盖子，从燃烧坑边缘弯向火焰，提供超耗氧以增加火焰温度。

空气幕燃烧的优势之一是高效及对环境的影响小。尽管需要一些燃料点火，但燃烧一旦开始，对燃料的需要就会减少，燃烧取决于正在焚烧尸体的状态及品种。实验证明，1.814 千克的动物尸体可以在 11 米的坑里，1 小时内完全燃烧，并对大气质量的影响较小。

空气幕焚化炉适用于连续性操作且可在处置地点之间移动。

空气幕焚化炉与挖燃烧坑结合使用优于使用耐高温盒子，因为燃烧坑使灰烬的处置一步到位。另外，燃烧坑可以容纳较多尸体。燃烧坑的结构可与掩埋坑相似，燃烧坑的长度由焚化炉的空气复合管决定。燃烧坑不能位于高水位地区或沙质土壤。垂直的坑壁有利于维持较高的燃烧温度。为了安全，应认真估测盛行风向。要严格遵照空气幕焚尸炉制造厂家提供的最佳坑尺寸。

（三）化制

化制主要包括炼油法和碱裂解法。

1. 炼油法　炼油法是处理病死动物尸体较经济的方法。但化制时，微量的水蒸气和材料（主要是脂肪颗粒）会随空气传播并存留在附近设备上。这些脂肪颗粒使从养殖场开出车辆的清洁和消毒复杂化，同时也使炼油设施的最后清洁和消毒复杂化。因此，只有达到最低程度传播病原体标准的炼油设施才能使用。这些标准包括以下七点。

（1）用来炼油的颗粒材料不能大于 2.5 厘米。

（2）在炼油管中，必须连续监测材料的温度在规定的 127℃。

（3）材料必须保持在 127℃至少 15 分钟。

（4）非专业人员不得进入。

（5）材料输入区必须与产物（炼油）输出区完全分开，而且：①在没有实施清洁和消毒时，不能从输入区到输出区；②可能带有污染物的设备禁止从输入区到输出区；③可能污染到产物或者货车的输入区的排水道不得托运产物。

（6）工厂的空气流向必须是从产物区到材料输入区。

（7）已知感染传染性海绵状脑病（TSE）病原体的材料不得进行炼油。

2. 碱裂解法　在碱裂法中，氢氧化钠或氢氧化钾在高温高压下成为催化剂，水解尸体组织，只留下骨头和牙齿的废液和矿物成分。废液的 pH 在11.4～11.7。如果用氢氧化钾，废液经脱水后可成为肥料。而骨头和牙齿易被压碎成细粉送往垃圾堆。尽管碱解法费用较便宜，但是这种设备的价格却非常昂贵。因此，疫病暴发时这种尸体处置方法有其局限性。商业上所用的碱裂解法的设备是为控制在一定温度环境下的永久装置。目前，便携式碱裂解设备正在研制中。

实验证明，加碱水解可以有效地降低牛海绵样脑病朊病毒的感染力，同时可以破坏细菌和病毒的传染性。

第四篇

兽医公共卫生管理

第十章
兽医公共卫生管理概论

第一节 概 述

一、兽医公共卫生管理概念

兽医公共卫生管理是研究兽医公共卫生事业发展规律及其影响因素，用管理科学的理论和方法探索如何通过最佳的动物卫生服务把兽医资源和科学技术合理分配并及时提供，最大限度地保障人类及动物健康。

兽医公共卫生管理是兽医事业中的新兴事物，它的产生与当代管理科学的进步、动物疫病防疫体系及兽医公共卫生事业的发展紧密相关。管理科学为兽医公共卫生的管理提供理论和方法支撑。西方的管理科学理论多来自企业管理，而在将管理理论应用到兽医公共卫生管理的过程中，有一些特殊性需要加以注意：

1. 兽医公共卫生是服务，不是产品。服务质量的评价非常困难，很难找出一个统一的指标体系来加以衡量。

2. 兽医公共卫生服务是必需品，不能完全由市场调节。政府作为公共卫生事业的主题，必须加以管理和调控，而不能完全按市场经济规律办事。

3. 兽医公共卫生的经济分析需要专门研究。它是公益事业，它的社会效益远远大于经济效益，不能以营利为目的，但也需要进行经济核算与管理，做经济分析研究。

4. 兽医公共卫生管理一定要符合社会、经济发展以及动物疫病防控本身的规律。

从以上几点我们可以看出，虽然管理科学是社会科学，但由于这项工作的归化、组织结构的实施、所达到的目标、评估等管理的各个重要环节都必须遵守动物卫生工作本身的规律，因而，兽医公共卫生管理既是社会科学，又是自然科学。

二、兽医公共卫生管理性质

认识兽医公共卫生管理的性质，有助于我们深刻理解内容实质，全面把握体系结构。要想搞好这项工作，既要懂得兽医学的相关知识，也要懂得管理学和社会学的相关知识。兽医公共卫生管理具有综合性和交叉性，与许多学科有紧密的联系，其中与管理学、社会学、经济学、法学、流行病学等学科关系更为密切。

（一）与管理学的关系

管理学是兽医公共卫生管理的基础，而兽医公共卫生管理是管理学在兽医领域中的具体应用。管理学中的管理原则以及管理职能所包括的计划、组织、智慧、协调和控制等五个方面都可以在兽医公共卫生管理中得到具体的应用。

（二）与社会学的关系

兽医公共卫生管理要遵从社会经济发展，要结合各种社会因素和自然因素。

（三）与经济学的关系

动物卫生经济学是研究资源如何向动物卫生行业分配以及动物卫生行业内部资源配置问题的一门学科，是兽医公共卫生管理的重要组成部分，是政府管理公共卫生事业的重要手段。

（四）与法学的关系

与兽医公共卫生有关的法律就是指由国家制定或认可，并由国家强制力保证实施，旨在调整保护动物与人类健康。活动中形成的各种社会关系的法律规范总和。通过动物卫生法学研究，有助于兽医公共卫生管理借助法律手段，为保护和增进动物与人类健康服务。法制管理作为兽医公共卫生管理的手段之一，对搞好兽医公共卫生管理具有重要作用。

（五）与流行病学的关系

流行病学是研究疾病与健康状况的分布及其影响因素，并研究防治疾病及促进健康的策略和措施的科学，也是兽医公共卫生管理常用的调查研究方法之一。兽医公共卫生管理运用流行病学方法评价、分析动物卫生领域中某些问题和现象，从而制定相应的对策和建议，如人畜共患病防控、突发性兽医公共卫生事件的处理等。

三、兽医公共卫生管理内容

简单地讲，兽医公共卫生管理的目的就是在有限的动物卫生资源条件下创造出最大的效益，即通过最佳服务把动物卫生资源和科学技术进行合理分配并及时提供给被服务方，最大限度地保障动物和人类健康。

从管理工作的目的来看，我国兽医公共卫生管理的主要任务是：认真贯彻执行国家的方针、政策，增强动物卫生事业的活力，充分调动兽医机构和人员的积极性，不断提高服务质量和效率，更好地为动物健康和人类健康服务。兽医公共卫生管理包括的内容主要包括以下几个方面。

（一）动物卫生政策

兽医公共卫生管理首先涉及的是动物卫生政策研究。动物卫生政策是国家和社会为保障动物及人类健康而制定的一系列方针、政策和法律等，对动物卫生事业发展的影响是非常大的。一个国家和地区动物卫生的发展水平，在很大程度上取决于有关政策。因此，制定适合的动物卫生政策，研究政策实施对动物卫生事业的影响等是兽医公共卫生管理涉及的重要内容。

（二）动物卫生组织

组织机构是指一个组织内部各构成部分及各部分之间所确定的关系形式，即为了实现既定目标，按照一定的规则程序而设置的多层次岗位及其相应人员配备和权责隶属关系的权责角色结构。动物卫生组织机构的设置不同，其管理模式也不一样。研究信息畅通、层次合理的组织管理体制、现行组织管理的特点等是兽医公共卫生管理的主要内容。

（三）动物卫生计划与评价

计划与评价是动物卫生管理的重要内容，计划是对未来行动的一种筹划设计，评价是对一种状态作出客观判断。从管理的角度来看，计划与评价是管理的基本职能，在整个兽医公共卫生管理的过程中，任何工作都离不开计划与评价，它是兽医公共卫生管理中最基本的方法。计划与评价主要研究计划的制订、实施以及运用各种方法对计划实施结果进行客观评价。

（四）动物卫生资源

动物卫生资源指提供各种动物卫生服务所使用的投入要素的总和，包括人力、财力、物力、信息等资源。人力资源作为动物卫生资源的主要内容，其特点、构成均影响兽医公共卫生的发展，包括人力资源规划、考核、配置等；信息是管理的基础，如何将实际数据资料转化为信息，信息的应用和收集等是信息管理的主要内容。

（五）动物卫生服务体系

动物卫生服务体系由各类不同的动物卫生服务机构构成，提供各种动物卫生服务的资源基础和前提条件。动物卫生服务体系研究动物卫生服务体系的特征及其对动物卫生服务的影响。中国动物卫生服务体系包括疫病控制机构、监督机构、兽医科研机构、兽医教育机构、医疗服务机构、兽药管理机构。

第二节　兽医公共卫生政策

一、政策问题的特征与界定

兽医公共卫生政策问题是指应该由以政府为代表的公共权威机构负责解决的，且已经纳入政府工作程序或宣布即将纳入政府工作程序，开始实际解决的兽医公共卫生问题。

（一）特征

1. 政策问题的相互依存性　某一领域的政策问题经常影响到其他领域的问题。

2. 政策问题的主观性　产生问题的外部条件是被有所选择地确定、分类、揭示和评估的。在政策分析中特别重要的是，切忌将问题情势与政策问题混在一起，因为后者是精神的产物，是人类通过判断根据经验转化而来的。

3. 政策问题的人为性　只有当人类对改变某些问题情势的希望作出判断时，才可能产生政策问题。政策问题是主观判断的产物，同时也作为客观社会条件的合法定义而被人们接受。

4. 政策问题的动态性 一个特定问题有多少种定义，就有多少种解决方法。

（二）界定

政策问题具有动态性、关联性、人为性、主观性等特征，所以，政策问题的界定是一个复杂的过程。美国学者帕顿和沙维奇概括出政策问题界定过程的基本步骤：

1. 思考问题 认真思考问题，在头脑中构建问题的框架，并据此收集材料，分门别类地整理数据，尽可能对问题形成准确和完整的描述。

2. 勾勒问题的边界 详尽说明问题产生的地点、存在了多长时间以及对该问题形成有影响的历史性事件。

3. 寻求事实依据 界定政策问题需要一些基本的信息，简捷的计算有助于得到相关信息。

4. 列举目的和目标。

5. 明确政策范围 政策范围是指一个问题中所要考虑的变量的范围，它将影响那些最终受到检查的备选方案。

6. 显示潜在的损益 利用报告、图标等形式来表示相关参与者和利益集团在某些政策问题上潜在的损益情况。

二、政策议程建立的途径

政策议程就是将政策问题提上政府议事日程，纳入决策领域的过程。在任何政治系统中都存在若干政策议程，其中公众议程和政府议程是两种最基本的形式。公众议程是指某个社会问题已经引起社会公众和社会团体的普遍关注，他们向政府部门提出政策诉求，要求采取措施加以解决的一种政策议程。政府议程是指某些社会问题已经引起决策者的深切关注，他们感到有必要对其采取一定的行动，并把这些社会问题列入政策范围的一种政策议程。

（一）建立政策议程的主要因素

1. 政治领袖 政治领袖是决定政策议程的一个重要因素，而且是经常起着关键性和决定性作用的因素。

2. 政治组织　政治组织是形成政策议程的基本条件。在通常情况下，政策议程单靠个人的力量是难以实现的，必须借助一定的组织形式（如政治团体和社会组织等）。

3. 专家学者　专家学者将他们的研究所得以论著、报告、建议等形式向社会公开，以引起社会和政府的重视，推动一些社会问题进入政策议程。

4. 行政人员　国家公务员常常能在无意中发现与原有政策相关的新问题，认识到如果不解决这些问题，就将妨碍原有政策的执行，或者对整个国家和社会公共利益产生不良影响，因而将之列入政策议程。

5. 政府体制　政府体制涉及组织机构、工作程序、代表制度、选举制度等多种因素，这些因素对政策议程的建立都有很大的影响。

6. 公众　公众在生产和日常生活中，对于某些影响或损害其权益的社会问题不满，一般通过各种渠道向政府反映，一起得到解决。

7. 大众传播媒介　大众传媒在推动政策议程建立的过程中起着非常关键的作用。

8. 危机和突发事件　突发事件会让相关问题的解决变得迫切，促使这一问题被提上政策议程。

（二）建立政策议程的意愿

1. 政府积极　政府作为国家的管理机构，掌握着国家的重要资源，建立了遍布全国的信息网络，因而有能力及时发现一些重要的社会问题，并推动一些社会问题进入政策议程。

2. 社会积极　社会积极指社会上的个人和团体在自身或团体的利益受到影响或威胁的时候，积极行动，要求政府将社会问题提上政府议程，加以解决。

3. 政府与社会均积极　对于一些社会问题，政府与社会都有较为清醒的认识，因而双方都表现出了尽快解决问题的积极性和主动性，这种情况对于推动政策议程的建立有积极的意义。

三、政策方案规划

（一）概念与基本特征

政策规划从词义上来说有两层含义，作为名词的政策规划是指未解决政策问题所涉及制定的行动目标、步骤和行动要求，即政策方案的内容。作为动词的政策规划是指行动目标、步骤和行动要求的设计制定过程，即政策方案的制订过程。

政策规划是一种研究活动，有时是一种政治行为。基本特征表现为其目的是解决既定的政策问题，基本内容是方案设计和方案优化。

（二）方案规划的原则

1. 信息完备原则　信息是政策规划的基础材料，从某种意义上讲，政策规划的过程就是信息的搜集、整理、加工和处理的过程，政策规划的成效很大程度上依赖于信息的全面、具体、准确、及时。

2. 系统原则　从系统论的角度看，任何政策问题都不是孤立存在的，都是社会大系统的有机组成部分。在这个大系统内，不同范围、领域、层次的社会问题存在着相互联系、相互制约的辩证统一关系。

3. 科学预测原则　预测是方案规划的前提，也是方案规划过程中一个必不可少的环节。方案规划是面向未来的，是在事情发生之前的一种预告分析和选择，具有明显的预测性。

4. 效益原则　决策的目的在于提高效益。效益是管理的永恒主题，效益的高低直接影响着决策的质量。

5. 可行原则　可行原则是政策制定者必须遵循的基本原则。它是指政策制定者对某项要制定的政策方案在社会中是否切实实行和是否行之有效所作出的各种分析论证，以确认政策方案是否符合客观实际，是否具备实施的现实可行性。

6. 创新原则　这是积极发展原则，即政策规划必须有新意，不能简单重复和模仿，也不能因循守旧和消极保守。

（三）方案规划的程序

1. 政策目标确立

（1）含义　政策制定首先必须确定目标，政策目标是政策制定者希望政策实施后解决政策问题达到的某种效果或状态。

（2）困难　政策目标确定在政策分析中占据着重要地位，但实际操作的难度却很大。这些困难源于目标的价值因素、政治因素和目标多重性的冲突三方面。

（3）**途径与方法** 主要包括价值分析、政治分析、目标最优化的方法及技术。

2. 政策方案的设计 政策方案设计是政策规划的核心环节，也是实现目标的手段。通常政策方案设计由以下三个环节构成。

（1）**有限方案的搜集** 在设计政策方案时，应该全面、充分考虑解决问题的途径，尽可能使可能的政策方案都进入政策制定者的视线，但不要过分追求理想化，方案既不要搞得过多，也不能过少。

（2）**内容的初步设计** 这一程序要解决方案内容的框架问题。在进行方案内容的初步设计时，要注意方案内容不雷同，也就是说各方案之间要有互斥性，不能使一个方案包含另一个方案。

（3）**重要方案的精细设计** 在几套方案中，肯定有一套或两套方案是政策制定者比较满意的，在经过初步比较和筛选后，方案设计者要从中选出比较满意的方案，对其进行重点设计。

3. 政策后果预评估

（1）**预测性评估** 由于预测对于政策方案的选择具有重大意义，预测的准确性就成为重中之重。现在比较常用的有回归预测分析、德尔菲法、专家会商法、趋势外推法、投入-产出分析法、时间序列法、决策树分析法等。

（2）**可行性评估** 政策方案的可行性评估一般包括以下几个方面的内容：一是技术可行性评估，二是经济可行性评估，三是政治可行性评估，四是文化可行性评估。

四、政策执行

（一）概念与特征

政策执行是一种动态的实现政策目标的过程，这一过程通常要经历一系列的阶段，包括政策宣传、政策分析、物质准备、政策实验、全面实施等。

政策执行的特征表现为：对象的适用性、执行的有序性和灵活性、执行过程的动态性、执行的协调性、执行的时效性。

（二）政策执行的过程

1. 政策理解 所谓动物卫生政策理解，就是对动物卫生政策本意的认识，包括动物卫生政策的目标、精神、含义、内容等，主要包括政策执行者的理解和相关人员的理解两方面。

2. 实施准备　动物卫生政策是一种有组织的活动。因此，在一定政策方案执行之前有必要做好一系列的准备工作。

3. 政策实施　动物卫生实施是由一个由抽象到具体的过程，动物卫生政策往往以抽象的形式表现出来，而它的实施，则是一种具体化的措施或行为。

4. 信息反馈　动物卫生信息的反馈是指在政策执行过程中，不断将其贯彻执行的具体情况，通过各种渠道反映到制定和实施政策的部门。

（三）政策执行的基本手段

1. 行政手段　这是比较普遍使用的一种手段。所谓行政手段，就是通过各级政府的兽医行政部门，依靠兽医行政组织的权威，采用行政管理的方式，按系统、层次、区划来实施政策的方法。

2. 法律手段　法律手段是指通过各种法律、法令、法规、司法、仲裁工作，特别是通过行政立法和司法方式来调整动物卫生政策执行活动中各种关系的方法。

3. 经济手段　经济手段是根据客观经济规律和物质利益原则，利用各种经济杠杆，调节动物卫生政策执行过程中各种不同经济利益之间的关系，以促进动物卫生政策顺利实施的方法。

4. 思想教育手段　思想教育手段是一种以人为中心的人本主义管理方法，它通过运用非强制手段，说服并促使动物卫生政策执行者和政策对象自觉自愿地去贯彻执行动物卫生政策，而不从事与动物卫生政策相违背的活动。

（四）影响政策有效执行的因素

1. 动物卫生问题的特性

（1）**目标取向的公共性**　动物卫生政策的制定一般是针对特定的社会问题。但是其利益目标的社会价值指向仍旧是公共的。

（2）**目标价值的普遍性**　动物卫生政策目标的公共性决定了目标实现范围的普遍性，社会指向性决定了动物卫生政策执行结果作用于社会全体成员。

（3）**目标价值的非营利性**　对作为动物卫生政策的制定者和实施者的政

府而言，动物卫生政策的非营利性是一个最重要的保证。

（4）**目标实现的强制性** 公共权力是社会秩序的维持力量，因此必然具有强制性。社会公共利益的维护，只有在社会公共权威充分有效时，才能得到有效的保证。

2. 动物卫生本身的因素

（1）政策的合理性。

（2）政策的稳定性和连贯性。

（3）政策的明确性和具体性。

（4）政策资源的充足性。

五、政策评估与终结

（一）动物卫生政策评估

1. 概念和内涵 动物卫生政策评估是在动物卫生政策执行的过程中依据一定的标准和程序，对动物卫生政策的效益、效率以及价值适时进行判断，及时总结经验和发现不足，并以此作为改变、修补、完善卫生政策以及制定新卫生政策的依据。它具有以下内涵：

（1）评估对象是影响国家和社会发展的卫生政策或计划。

（2）动物卫生政策评估应由一定的评估主体进行，包括官方和非官方的。

（3）动物卫生政策评估的内容包括政策执行、效果与价值。

（4）动物卫生政策评估必须采用多元的社会科学和自然科学。

（5）动物卫生政策评估具有目的性，即主要是为政策的修订、补充、完善以及新政策的制定提供依据。

2. 类型

（1）**效果评估和效率评估** 效果评估也叫成果评估、影响评估等，是对动物卫生政策执行后对客体所产生的影响或结果进行的评估。

（2）**内部评估和外部评估** 内部评估是由动物卫生行政机构内部的工作人员进行的评估。外部评估是由动物卫生行政机关外的评估者实施的评估，其承担者通常为受行政机构委托的营利性或非盈利性的研究机构、学术团体、专业性的咨询公司以及高等院校的专家学者。

（3）**正式评估和非正式评估** 正式评估是指事前制定出完整的评估方

案,并由确定的评估者严格按照规定方案的程序和内容进行的评估。非正式评估是指对评估者、评估程序、评估形式、评估内容等不做严格规定,对评估结论也没有严格的要求,由评估者根据自己所掌握的资料自由进行的评估。

(4) **事前评估、执行评估和事后评估**　事前评估又称预评估,是在动物卫生政策执行之前进行的一种带有预测性质的评估,主要是针对动物卫生政策方案来预测动物卫生政策实施对象的发展趋势、可行性以及实施的效果。执行评估也称过程评估,是对正在执行中的计划或政策所实施的评估。事后评估是在动物卫生政策完成后对效果的评估,是最主要的一种评估方式。

3. 动物卫生政策评估的程序

(1) **评估的准备**　作为一项复杂、系统的工作,动物卫生政策评估前必须进行周密的准备工作,这是评估工作的基础和起点,也是评估工作得以顺利进行和卓有成效的前提条件。评估前的准备工作主要围绕三方面进行:精选评估对象、制定评估方案、挑选和培训评估人员。

(2) **评估的实施**　是整个动物卫生政策活动中最为重要的阶段,是评估的实质阶段,其实施的好坏与评估活动的成败密切相关。该阶段主要要做以下两个方面的工作:一是利用各种调查手段,广泛收集政策信息;二是综合分析政策信息。

(3) **评估的总结**　结束阶段便是处理评估结果,还必须妥善处理,即进行评估的总结。这个阶段主要做以下三个方面的工作:一是自我检验评估分析过程,以确定评估结论的可信度;二是撰写评估报告;三是妥善处理决策者与评估者之间的分歧,实现决策者与评估者之间对评估报告的最大限度的协调。

(二) 动物卫生政策终结

动物卫生政策终结是动物卫生政策过程的最后一个环节,任何政策都有终止的时候,如果没有政策终结,政策将失去严肃性。

1. 概述

(1) **含义**　政策终结是一个专门的政策科学术语,是指在政策领域里发生的终结现象。它不是一种自然形成的现象,而是一种人们的主动性行为,是人们在政策执行过程中发现问题并予以纠正,旨在提高政策绩效的政策行为。

（2）**内容** 一般来说，政策终结的内容包括以下五类：一是权利与责任的终结；二是功能的终结；三是组织的终结；四是政策本身的终结；五是计划的终结。

（3）**形式** 政策终结的形式包括以下五类：一是政策替代；二是政策合并；三是政策分解；四是政策缩减；五是政策废止。

2. 策略 在动物卫生政策终结的过程中，存在着推动政策终结的驱动力和组织政策终结的抑制力，要顺利实现政策终结，必须使驱动力大于抑制力。

（1）重视宣传工作，消除抵触情绪。

（2）公开评估结果，争取支持力量。

（3）废旧立新并举，缓解终结压力。

（4）传播试探性信息，减轻舆论造成的影响。

3. 正确处理动物卫生政策终结与稳定、发展的关系

（1）政策是一个动态过程，政策问题与政策环境是处于复杂的发展变化中的。同时，政策又具有稳定性，政策的稳定性是与一个国家政治、经济和社会稳定联系在一起的。但稳定是相对的，稳定并不意味着停止和僵化，没有也不可能存在一劳永逸的政策，即使是法制化的政策，随着社会的发展和环境的变化，也会有修改、完善乃至废止、重新立法的过程。

（2）大多数政策都是在原有政策及其后果的基础上产生的，因此，决策是渐进的。在一个相对稳定的社会里，制定全新的、与原有政策毫不相干的政策的可能性相对减少，政策的发展变化更多是政策内部和不同政策之间的协调。即使制定一项涉及全新领域的政策，也往往是从相关的领域和相关的政策出发来进行政策方面的规划，新政策所要解决的问题往往也是从现行政策中衍生出来的。

第三节　我国兽医公共卫生管理的思考

兽医公共卫生管理的目的是在有限的动物卫生资源条件下创造出最大的效益，从而更好地为保护动物健康和人类健康事业服务，其宗旨是以兽医领域技术和资源直接为人类健康服务。搞好兽医公共卫生管理，必须按照科学发展观的要求，牢固树立以人为本理念，借鉴国外兽医公共卫生管理经验，以加强基础建设促持续、以完善体制机制促协调，推动兽医公共卫生管理工作又好又快发展。

一、国外兽医公共卫生管理特点

主要以法国、荷兰和丹麦等国家的兽医管理体制为基础，国外兽医公共卫生管理的基本特点为：一是垂直管理（国家或省以下）；二是全过程监控（从农场到餐桌）；三是技术体系支持（执法与技术分离）；四是个人负责（官方兽医个人为执法主体，并对外承担责任）。

（一）全过程一体化的管理体制

1. 统一管理　主要表现在两个层面上，在农业部这一层面，各国都将农业看作一个独立的经济部门，把农业各产业以及产业内部的各个环节及农业的职能基本上都划到农业部，在农业部内部的层面上，与实现同一目标相关的职能全部交由一个机构来管理。充分体现了"一件事情，一个部门管"的原则，这一原则在兽医管理体制上显得尤为突出。

2. 职能配置合理　与我国分段管理的体制不同，这些国家的兽医管理机构，都是从促进畜牧业经济发展、保障动物卫生和食品安全的角度来配置职能，尽可能地符合动物疫病和食品安全管理的内在规律，避免出现职能交叉和管理空白。欧盟新一轮食品安全改革后，这一特点更加突出。这种既符合兽医管理客观科学规律，又遵循行政管理基本原则的机构设置，有力地保证了行政效能最大化的实现。例如：1997 年之前，丹麦兽医工作虽然实行单一部门管理，但食品管理工作一直分散在农业、渔业、卫生和工贸 4 个部。为了强化食品安全管理，1997 年之后，丹麦政府先将渔业部与农业部合并，后将分散在卫生部和工贸部的食品安全管理职能划归农业部。2000 年，又在农业部组建了丹麦兽医与食品总局，统一负责执行兽医监管与食品安全事务，实现了从农场到餐桌全过程管理的调整与改革。2002 年，又完成了食品安全的行业规定。

（二）决策、执行与评估适当分离的管理机制

法国、荷兰、丹麦三个国家尽管兽医管理体制不完全相同，但都表现出统一、协调和高效的特征。主要原因是法国、荷兰、丹麦三个国家都在不同程度上将政府部门（农业部）的决策职能、执行职能和风险评估职能进行了

适当的分离。这种一个部门统一管理下的适当分离，既有利于提高决策的水平、加强对执行机构和评估机构的监督，又能切断政策制定与执行的利益关联。同时，执行机构的独立设置、垂直管理，为动物卫生法规、政策的执行提供了强大的支撑体系。

（三）官方兽医与执业兽医相分离的运行模式

1. 实行官方兽医制度　与我国兽医人员行政执法与经营服务不分的管理模式不同，三国在兽医管理工作中都实行国际通行的官方兽医，并与执业兽医（私人兽医）相分离的管理制度。

2. 执法主体明确　由国家兽医行政管理部门任命的官方兽医和授权的兽医技术人员作为兽医管理和执法主体，对动物及动物产品生产、加工、销售和出入境检验检疫，实施全过程的独立、公正、权威的管理和监控。

3. 义务法定　执业兽医除与兽医管理部门签约有偿承担特定防疫和检疫工作外（丹麦由于官方兽医数量充足，不实行签约制度），专门从事新动物疫病诊疗和动物保健工作，并负有向政府兽医管理部门报告疫情的法定义务。这种制度从根本上保证了动物及动物产品符合卫生要求，降低疫病传播风险，确保了食品安全，维护了人及动物的健康。

4. 自律机制完善　法国有十分健全的兽医协会、联盟、合作社等非政府组织或半官方组织，充分发挥着联系政府、执业兽医和农户的桥梁纽带作用。协助政府进行管理，对执业兽医和农户进行组织培训、自律和维权。荷兰的兽医协会也是政府资助的由执业兽医组成的社团组织，主要负责全国执业兽医管理、资格准入和行业自律工作。

法国的全国畜禽及肉品联合会（类似于事业单位）受财政部和农业部双重领导，负责畜牧产业的市场监督、项目投资、畜产品出口业务等工作。法国畜牧业联合会（类似于技术推广机构）是法国畜牧业各行业协会的联合体，开展动物标识、品种鉴定、谱系登记、产品标识、技术咨询等多种工作，并协助政府对动物疫病和食品安全进行跟踪与追溯。荷兰的动物卫生服务社从政府机构转化而来，实行公司化运作，通过为政府、农场、屠宰和加工企业、私人兽医等提供有偿服务获取经营利润。

（四）稳定的财政投入机制

1. 国家财政保证官方兽医稳定的收入和足额的工作经费。

2. 扑灭疫情采取强制措施给企业造成损失的，国家财政给予足额补助。

3. 需要大规模动用人力时，通过签订合约的方式购买执业兽医劳务。

4. 开展对企业和饲养者带来经济效益的相关工作，获益者按照获益比例缴纳费用。例如，在荷兰和丹麦，都建立了重大动物疫病扑杀赔偿制度。当疫情发生时，扑杀健康动物由政府赔偿100％的损失。同时，国家还负担20％的空场补贴。消毒费用由国家支付，但清洗费用由农户负担。动物疫病监测费用由政府、农户各负担一半，阳性动物扑杀和处理费用则完全由政府支付。近年来，法国、荷兰、丹麦三国对兽医管理工作的财政投入十分稳定、充足。

（五）健全的法律体系

1. 实行一级立法，只有中央据有立法权。

2. 重视根本法和技术法令的结合，保证法律既具有连续性，又能根据工作需要进行及时的调整。

3. 普遍采取欧盟技术法规作为行为的准则，防止欧盟成员国内的流通障碍。例如，法国、荷兰、丹麦三国对兽医工作、组织机构、职能配置、监督管理、检测实验、执业兽医、许可认证、标识登记等均有完善的法律规定。

二、我国兽医公共卫生管理基本思路

（一）转变观念认识，准确把握定位

面对严峻的公共卫生形势，必须转变观念，进一步提高对兽医公共卫生管理工作的认识。一是树立"一个健康"的观念，实现以保护动物健康为核心向以保护人类健康为核心的转变。兽医公共卫生工作的最高目标和最终目标是保护人类健康与安全，并以此为准则确定其地位、目标、指导思想、重点和措施，真正实现为人畜健康服务。二是树立全程控制的观念，实现以防病为重点向全程监管转变。突出兽医在动物及动物产品生产过程的统一、全程的监管，保证动物产品质量安全。三是树立"一个医学"的观念，实现疫病防控关口前移的转变。把预防动物疫病与预防人类疾病放到同等重要位置，从源头上预防和控制人畜共患病的发生。四是树立公共卫生无小事的观念，实现由传统服务型向社会职能型转变。准确把握兽医公共卫生工作的社会性和公益性，发挥其政府社会管理和公共服务的职能。五是树立国际性的

全局观念，实现兽医公共卫生工作从国内型向全球型转变，在动物产品国际贸易和人畜共患病防控方面体现国际性和开放性。

（二）加强基础建设，突破短板弱项

中央一号文件多次提到夯实农业农村发展基础，兽医公共卫生的基础亟待加强。一是以加强队伍建设来保障兽医公共卫生工作。重点加强基层兽医队伍的建设，加快官方兽医和执业兽医管理步伐，充分发挥兽医协会作用，搞好专业技能和法律法规培训，提高兽医队伍整体素质，提高兽医公共卫生工作水平。二是以加快法制进程来规范兽医公共卫生工作。建立以兽医法为核心的兽医公共卫生法律体系，逐步完善规范在动物诊疗、防疫、检疫，兽药生产、使用、销售，动物进出口检疫，实验动物安全检疫，畜禽生产环境卫生监控，人畜共患病防控等方面的法律法规。三是以提高科技水平来推动兽医公共卫生工作。加强兽医实验室建设，提高科技硬件支撑能力；加强疫病监测预警和诊断、疫苗研发，提高科技软件支撑能力；加强兽医公共卫生政策研究，积极探索体制机制模式，提高决策能力。

（三）完善体制机制，增强内在活力

理顺和完善兽医公共卫生发展的体制机制，增强内在活力，把部门间的顺畅有效衔接作为重点，确保兽医公共卫生管理工作有序推进。一是建立以官方兽医为核心的全程统一管理体制。进一步深化兽医体制改革，逐步把分散在畜牧、商业、农垦、海关等部门有行政职能的兽医人员统一起来，实行兽医行政"垂直"管理；积极推行官方兽医制度，实行兽医资格认证制度和准入机制。二是建立以人畜共患病防控为重点的多部门合作机制。借鉴一些发达国家经验，结合当前公共卫生体制改革，以人畜共患病防控为重点建立多部门合作机制，实现人医和兽医一体化的多部门合作。同时，建立与OIE、WHO等国际组织之间的水平合作机制。三是建立突发公共卫生事件应急反应机制。以建立健全应急管理制度为核心，以制定完善相关预案为关键，重点建立突发公共卫生事件预防机制、应对机制和修复机制，提高我国应对突发公共卫生事件风险的能力。

（四）发挥政府主导，促进社会支持

兽医公共卫生作为社会公益事业，离不开保障措施的支撑，必须得到各

级政府和社会的广泛支持。一是加大政府投入。政府作为公共政策的制定机构，保障兽医公共卫生功能的实现，在体系建设、财政投入和人员培训等方面，应积极发挥主导作用。尤其要加大政府对兽医公共卫生的投入，调整财政支出结构，实现政府公共卫生投入向兽医倾斜、向基层倾斜。二是调动社会力量。现代公共卫生特别强调全社会的责任，兽医部门在兽医公共卫生中应充分发挥组织者和协调者作用。逐步把免疫、检疫等服务性工作市场化，使兽医公共卫生事业由单纯的政府供给转变为社会和个人共同参与，使兽医部门的职能由以服务为主转变为对行业的管理。

三、兽医公共卫生管理措施

（一）加强服务体系建设

1. 健全机构，理顺关系　2004 年 7 月农业部兽医局正式成立，标志着我国兽医管理体制改革拉开了帷幕。在全面引入官方兽医制度的基础上，还应实现适度垂直管理，实现地区间动物防疫和畜产品安全工作的协调统一，实行更高层级的兽医垂直管理制度，从而有效消除地方保护主义影响，为公共卫生安全提供组织保障。

2. 加强管理，优化队伍　《执业兽医管理办法》的实施是我国兽医管理体制改革又一进步，应逐步规范对执业兽医资格认证，实行执业兽医准入制度，建立考试制度、注册制度、监管制度和培训制度等，实现经营性技术服务市场化。提高兽医从业人员业务素质、技术服务和职业道德水平，为公共卫生安全提供人才保障。

3. 深入研究，提高能力　加强兽医科学研究，完善动物疫病控制手段，建立健全风险评估机制，提高科学防治水平。加强对外交流与合作，积极参与国际兽医事务，跟踪研究国际动物卫生规则，及时调整和完善国内相关政策，为公共卫生安全提供能力保障。

（二）建立完善的法律体系

1. 确立我国的兽医法律框架　一个完整的兽医法律体系应包括兽医组织法、兽医行为法和兽医工具法三个组成部分。法律框架的制定应全面系统，长短结合，考虑到公共卫生安全发展和兽医事业的发展要求，在规划的制定上要考虑到人畜共患疫病防治、动物性食品安全、兽医管理、兽医器械管理、动物福利管理等内容；也应考虑到野生动物、宠物、观赏和竞赛性动物等疫病防治的内容，使兽医卫生法律框架更具前瞻性和系统性。

2. 加快法制化进程 基于兽医立法的三个基本架构，全面推进动物卫生的立法进程，及早启动兽医法和兽医机构法的立法工作。目前应早日着手制定《中华人民共和国兽医法》，使之与《中华人民共和国动物防疫法》共同构成兽医工作的基本法律框架。同时跟踪研究国际动物卫生规则，及时调整和完善国内现行政策以及兽医法律，完善强制性标准和推荐性标准，对于动物烈性疫病的监管和动物性食品安全的监测要制定强制性标准，并将其纳入技术法规范畴；对于其他动物疫病的监管，政府只制定推荐性标准指导企业生产，引导市场供求。

3. 加大规范执法力度 在加快立法工作的同时，要做好这些法律法规的贯彻执行工作，建立"有法必依、执法必严、违法必究"的法制环境，将过程监管和区域监管相结合，实现为公共卫生安全服务。

（三）建立高效的技术支持体系

1. 建立符合国际规范、高效的兽医实验室体系 明确现有实验室的职能，合理分布、按需建设实验室，提高利用率，建立完善的诊断标准体系。

2. 完善动物疫病控制、扑灭和认证体系 加大疫情监测力度、改革疫情报告体系；制定科学、详细、可操作性强的动物疫病扑灭计划、建立多方参与的动物疫病扑灭机制；建立评估和无病认证体系；加强对兽医经济学的研究、强化疫病控制扑灭中的经济意识；在国家级水平上建立兽医与医学监测为一体的人畜共患病病原监测预警体系，使一些新出现病原或具有人和动物共感染潜力的病原能够及早发现，并作出及时的预警。

3. 建立动物产品质量安全监控体系 这个体系应包括完备的饲料、兽药生产、使用监控系统，完善的动物产品质量检验、监测、控制系统和动物标识及疫病可追溯系统。必须授予国家兽医部门全过程质量监督权、检验权、控制权，建立统一、权威、高效的监控体系，改变目前多部门、分段、低效的监管状况；同时建立针对国内不同地区及国外产品的市场准入制度，实行区域化管理。

4. 加强突发公共卫生事件应急反应体系建设 成立突发公共事件应急反应中心；完善疫情监测和预警预报系统；制订科学详细的应急反应预案，实施统一高效的应急反应；建立必要的应急技术储备和物资储备；重视对公众的宣传教育，建立在更广泛的社会基础上。总之，要完善三个机制，即预防机制（信息收集、预警监测、培训演习、制订预案）、应对机制（灾害识别、决策指挥、沟通协调、技术咨询）和修复机制（消除恐惧、善后恢复、审计评估、政策调整）。

（四）建立稳定的投入保障机制

1. 政策支持 党的十六届五中全会明确提出要加大各级政府对农业和农村增加投入的力度，扩大公共财政覆盖的范围，强化政府对农村的公共服务，国务院也要求"各级财政要将兽医工作经费纳入预算"。保障兽医公共财政支出已经不是理论层面上的问题，也不是地方经济和畜牧业发展条件的问题，而是必须从制度上保障兽医工作的正常需要。

2. 资金支持 应明确国家对兽医工作财政支持的重点，中央财政主要支持兽医、兽药的立法和重大疫病的扑灭计划、药物残留监控、国内动物流行病学分析、动物产品的进口风险分析和兽医实验室建设以及与之配套的技术支撑体系的建立和完善；地方财政重点支持兽医执法和执业兽医的从业准入以及兽医诊疗和服务体系的建立和完善，保障有效运行。

3. 机制支持 建立稳定增长的长效投入机制，切实解决兽医工作财政专项经费资金来源，保证公共卫生事业稳步健康发展。

第十一章
兽医公共卫生服务体系

第一节　概　　述

一、概　　念

兽医公共卫生服务体系是所有以促进、维护和恢复动物健康为基本目标的组织，主要由各级兽医行政组织和动物卫生服务组织构成，常常被描述为具有不同作用、相互关联和相互作用的网络，为动物健康服务的各种组织机构。

二、兽医公共卫生服务体系构成

兽医公共卫生服务体系包括各种兽医行政组织和服务组织。其中，动物卫生服务组织是直接或间接向被服务者提供动物卫生服务的组织，兽医行政组织作为一个重要的制度来源，与动物卫生服务体系的发展有着最为紧密的联系。

1. 兽医行政组织　兽医行政组织是指那些对动物健康及兽医公共卫生事务实施管理的组织。一般意义上的兽医行政组织主要指狭义的政府兽医行政组织。

2. 动物卫生服务组织　以保障动物健康为主要目标，直接或间接向被服务者提供动物疫病预防、诊疗，动物健康教育、促进等服务的组织。

三、兽医公共卫生服务体系的组织与工作

1. 组织　组织可以简单地理解为人群的集合体，从管理学的角度则可以理解为是按照一定目标形成的权利和责任角色结构，也可认为是能够合理地协调一群人活动的单位。它应当包括以下四个方面的重要概念，即职权、职责、责任和组织系统机构。各种兽医公共卫生服务组织的共同目标都必须符合宪法的规定，把保障动物健康和最终保障人类健康作为组织的最高目标。

2. 组织工作　任何组织或单位为了实现自己的目标，都必须进行组织工作。组织工作是指由主管人员设计某种组织结构状态的活动。因此，组织

工作的内容应当包括：①制定组织的目标；②分解总目标并拟定派生目标，即分目标；③确定和分类为实现目标所必须做的业务工作，并设计出最佳组织结构；④根据组织的资源状况，制定出最好的方案去完成各项业务工作；⑤给各项工作主管人员及各类人员授予合适的权利和责任；⑥通过职权关系及信息交流系统，将各部分人员上下左右的关系联系在一起，并形成有机的整体。

第二节　国外兽医公共卫生服务体系

国外兽医公共卫生服务管理包括三种类型：一是国家垂直管理制度（全世界 80% 多的国家实行垂直管理，欧洲和非洲国家多属这种典型的类型）；二是联邦垂直管理和各州垂直共管的制度（美洲国家大多实施的是这种制度）；三是州垂直管理制度（澳大利亚、新西兰等）。

一、以色列兽医服务体系

以色列政府关系到兽医公共卫生管理工作的部门包括农业与乡村发展部、卫生部、发展与基础设施部和工业与贸易部，其中以农业与乡村发展部为主。在以色列农业与乡村发展部下面又分几个层次，依次为：农业与乡村发展部、以色列国家兽医与动物卫生局、相关业务处和技术支持部门、地方兽医服务队（含官方认可兽医）。

1. 以色列国家兽医与动物卫生局　以色列国家兽医与动物卫生局（IVSAH）隶属于以色列农业与乡村发展部，按照有关法律规定负责对全国的动物饲养场、屠宰场、肉品加工厂、进出口动物和动物产品及野生动物等实施兽医防疫和检验检疫管理，其主要职责有：①预防、控制和扑灭动物传染病和人畜共患病；②负责动物传染病和人畜共患病的诊断、监测和监控；③负责进出口动物和动物产品的检验检疫管理；④负责兽用疫苗、杀虫剂和消毒剂的测试和生产许可，以及与卫生部联合审核兽药许可证的发放；⑤对涉及动物和动物产品卫生的社团组织，如各地方机构的兽医部门、禽蛋协会等，进行管理和指导，以及对营业许可证的发放进行管理；⑥在屠宰场对供应本地市场和出口用的肉产品以及对食用动物产品的加工进行集中管理；⑦研究、开发兽用药品；⑧在全国范围内开展动物源性食品的农、兽药残留监测；⑨确保动物福利；⑩实施宠物、家禽家畜和野生动物狂犬病控制程序的集中管理；⑪颁发兽医执照；⑫代表以色列政府与国际动物卫生组织联络；⑬就有关事务向公众和兽医专家通报、传递信息。

IVSAH（包括 Kimron 兽医研究所）现有员工 281 人，其中兽医 100人，微生物学专家 54 人，非兽医类的科学家 2 人，行政管理人员 52 人，技师和检查员 35 人，工程技术人员 5 人，其他工作人员 14 人。IVSAH 内设10 个处室，分别为流行病处、动物保护处、家禽卫生服务处、进出口兽医处、小反刍动物疾病处、蜂病处、田间兽医服务处、动物产品控制处、Kimron 兽医研究所和行政管理处。其中，进出口兽医处现有工作人员 7 名，该处在国境口岸机场下设检疫站，负责进出口动物及动物产品的检验检疫工作。动物产品控制处下设有屠宰场兽医科，负责对全国各地屠宰场驻场官方兽医和认可兽医的管理。IVSAH 的全年预算为 1 500 万美元，其中一半来自政府财政预算，一半来自强制免疫、许可证（执照）管理费以及门诊服务。

2. Kimron 兽医研究所　Kimron 兽医研究所创建于 1957 年，是以色列全国唯一的兽医研究所，也是 IVSAH 的最大内设机构，主要负责兽用疫苗的研制、有关科研工作以及送检样品的检测。该所在狂犬病、布鲁氏菌病、肉毒梭菌中毒、药物残留、奶牛乳房炎和奶品质量检测等方面的研究目前居于世界领先地位。

Kimron 兽医研究所内设 18 个专业实验室和 1 个分支实验室（位于北部的 Afula），分别为：流行病学实验室、病毒实验室、兽医微生物实验室、寄生虫病实验室、病理学实验室、食品实验室、兽医药理实验室、药物残留实验室、疯牛病实验室、狂犬病实验室、布鲁氏菌病实验室、家禽与禽病实验室、鱼病实验室、蜂病实验室、分子生物学实验室、野生动物实验室、节肢动物实验室和临床诊断实验室，另有一个专门的清洗供给室。Kimron 兽医研究所有正式员工 92 名（包括技术专家和实验员），合同制技术人员 50人，另聘有检测人员达 500 多人。该所每年完成 5 000 多份的尸体剖检、660 000 份的样品检测和 100 多项科研工作。

3. 官方认可兽医　在以色列，除了 100 余名官方兽医外，全国各地还有大约 1 150 名官方认可的执业兽医。他们中有 400 多人开办私人诊所，有300 多人担任地方政府和各种协会（如禽蛋协会、奶牛协会）的兽医，其他人分布在全国各地的屠宰场、肉品加工厂和奶品加工厂等。官方认可兽医在

IVSAH 田间兽医服务处的具体指导下，参与每年的口蹄疫、布鲁氏菌病、结核病的检测和免疫接种以及国家狂犬病扑灭计划，对 455 个奶牛场（1 482 群奶牛）、288 个肉牛场（618 个肉牛群）、1 540 个绵羊场（4 827 个绵羊群）、347 个山羊场（1 866 个山羊群）实施具体的兽医防疫与日常管理工作。

二、加拿大兽医服务体系

为应对频发的动物和食品安全危机事件，重建消费者对食品安全的信心，适应中央财政紧缩的困境，加拿大议会于 1996 年决定组建加拿大食品检验署（CFIA），统一管理分散于加拿大农业和农产品部、卫生部、工业部、渔业和海洋部的动物卫生、食品检验和动物、动物产品检验检疫工作。

CFIA 内设动物卫生局、植物保护局、食品安全与消费者保护局、政策计划和协调局、实验室管理局等机构。动物卫生局具体负责兽医卫生工作，局长为国家首席兽医官，动物卫生局分设动物卫生和生产处、动物源性食品处、渔业和海产品生产处、生物安全协调处、动植物卫生技术处、兽医技术处、政策和流行病学中心 7 个部门。

动物卫生局还负责管理 4 个区域局、18 个地区局、185 个田间办公室和 408 个驻厂办公室的动物卫生工作，实施垂直管理。此外，加拿大还设有 21 个国家级实验室，包括 14 个世界动物卫生组织（OIE）参考实验室和 1 个国际协作中心，开展动物疫病检测和防控技术研究工作。据统计，加拿大兽医总数为 9 065 人，官方兽医 670 人，执业兽医 6 938 人，管理模式和美国相似。

三、澳大利亚兽医服务体系

1. 澳大利亚政府兽医 澳大利亚政府兽医是指联邦政府、州/行政区政府及地方政府的兽医官员。这三个层次的政府兽医通过一个咨询委员会体系的协调共同为澳大利亚的整体利益服务。

2. 澳大利亚动物卫生协会 该协会是一个为促进澳大利亚经济和贸易发展而建立的公共协会，协调政府和行业的利益。其作用在于向政府提供促进动物卫生服务方面的技术决策和建议。该协会成员包括联邦、州和行政区的农业部长，澳大利亚畜牧业最高国家委员会主席，以及各主要研究所、兽医教育机构的成员。

3. 联邦农业部 联邦农业部主要负责出入境检疫和国际动物卫生，包括疫病报告、出口证明和贸易谈判。它还给予联邦政府政策上的建议和协调，还对国家疫病控制计划给予经济援助。

四、法国、荷兰、丹麦三国兽医服务体系

（一）三国兽医服务体系概况

法国、荷兰、丹麦的畜牧业都十分发达，养殖业规模化程度高，在欧盟和世界畜牧业经济中占有重要地位，三国的动物疫病控制状况良好。法国、荷兰、丹麦都是欧盟成员国，由于地理、历史、文化、经济、政治的相似性，兽医管理体制的形成、发展也具有很多共性。目前，三国的管理体制都是在疯牛病、口蹄疫席卷欧洲，动物性食品安全问题不断激化的大背景下，在欧盟倡导的新一轮食品安全管理体制改革中发展形成的。改革后，体制的最大变化是实行从农场到餐桌的全过程一体化管理。其兽医机构设置的共同特性主要包括：一是农业部为全国兽医管理唯一的最高机构；二是均设有首席兽医官；三是决策机构、执行机构和技术支持（风险评估）机构分设；四是兽医执行机构实行中央垂直管理。

（二）兽医管理机构设置及主要职能

1. 法国 法国农业部的全称为农业、食品、渔业与乡村事务部，农业部内设食品总局。食品总局负责统一管理动植物和食品安全工作，食品总局实行垂直管理，内设动物卫生、食品安全和国际卫生合作等机构。食品总局负责决策和立法，总局副局长为国家首席兽医官。农业部还设有专门的国家兽医调查队。国家兽医调查队负责重大事件的调查及跨省的工作协调。全国每个省份都设有地区兽医局。从2002年起，开始在大区层级（不是每个大区，一般包括几个或十几个省）增设一级兽医管理机构，省以下行政区域不再设置兽医机构。

法国在24个省设置了隶属于地区兽医局的口岸检验检疫机构，主要负责动物防疫、食品安全、兽药饲料监管，进出境检验检疫、畜牧业的环境保护以及动物福利等管理工作。地区兽医局长除对食品总局负责外，还有义务

向所在省的省长报告相关工作。一旦在动物防疫和食品安全方面出现重大问题，由省长出面负责调动军队、警察和其他部门共同处理。

法国食品卫生安全管理局（部管国家局）是基于欧盟的风险管理与风险评估相分离原则成立的独立技术评估咨询机构。其隶属于农业、卫生和消费者3个部，局长由3个部的部长联席会议任命。主要职责是负责开展与食品安全和人类健康相关的风险评估工作，对3个部门提供以咨询服务方式为主的技术支援。该局下设10个专家委员会，专家从全国相关研究领域遴选。食品卫生安全管理局直接领导着13个全国性实验室，涉及动物营养、动物卫生和传染病诊断等各个研究领域。

2. 荷兰 荷兰农业、自然管理和渔业部内设食品与兽医事务司、食品与消费品安全管理局、监察总局3个机构，分别负责与食品和兽医工作相关的立法、行政执法和监察三方面的管理工作。

食品与兽医事务司（VVA）负责制定动物疫病控制和食品安全管理的法律、政策，并对食品与消费品安全管理局的工作进行监督，司长为国家首席兽医官，在地方不设分支机构。

食品与消费品安全管理局（VWA）是执行机构，内设食品监督、兽医事务、非食品监督和战略性发展4个部门，职能包括动物性饲料卫生监督、疫病和兽药残留监测、屠宰加工厂许可，屠宰及进出口检验、动物福利以及重大动物疫病的扑灭，其工作范围还包括超市和餐馆卫生条件的监督。VWA按地域下设5个大区局，每大区局设3～4个分局，分局设若干工作队。

监察总局（AID）负责违法案件的跟踪处理，依法具有查处权。从工作性质上讲，食品与消费品安全管理局工作重点是技术执法，重在发现违法行为，而监察总局则重在处理违法行为。

荷兰农业部下属的中央动物疫病控制研究所（CIDC）负责技术支持和风险评估工作。该研究所实行理事会管理，通过与农业部签订合约的方式，开展动物疫病诊断和监测，兽药和饲料添加剂质量评估，私人兽医实验室监督认证，以及诊断试剂和疫苗质量控制工作，为农业部提供风险评估和技术咨询。

3. 丹麦 丹麦农业部内设食品政策司。食品政策司为决策机构，负责兽医、食品方面政策、法规的制定及其监督工作。农业部下设丹麦兽医与食品总局作为独立的执行机构，实行从农场到餐桌全过程跟踪管理。兽医与食品总局内设兽医司、食品司和行政司（在兽医、食品司各设置1名首席兽医官）。丹麦在11个区设置了地区兽医与食品管理局。兽医与食品总局和地区分支机构的主要职责是：负责兽医应急能力建设，包括消灭动物疫病和人畜共患病，管理动物和动物源性产品的进出口，负责动物福利和畜牧业生产过程中兽药的使用及家畜贸易，负责食品安全、销售、标签和成分方面的管理工作，负责食品添加剂、转基因食品、有机食品等方面的管理工作。丹麦食品与兽医研究所是兽医和食品安全方面的技术支持机构，其职能和运行方式与荷兰的中央动物疫病控制研究所基本相同。

（三）官方兽医及执业兽医队伍情况

法国、荷兰、丹麦实行了官方兽医与执业兽医相分离的管理制度。整个兽医队伍一般由4部分组成：①兽医行政官员。兽医行政官员负责立法、组织、协调、管理和监督，人员经费和工作经费均由国家财政供给。②官方兽医技术人员。官方兽医技术人员协助兽医行政官员开展监测、检验等相关技术工作，经费一般也由国家财政供给。③签约执业兽医（私人兽医）。签约执业兽医（私人兽医）在自行开业的同时，与官方兽医在屠宰检验、疫病监测及控制等特定项目上进行合作，政府支付一定酬劳。④执业兽医（私人兽医）。执业兽医（私人兽医）独立开业从事动物诊疗活动（包括家庭宠物等非经济类动物）。

第三节　我国兽医公共卫生服务体系

一、我国兽医公共卫生服务体系构成

（一）动物卫生行政组织

1. 农业部兽医局　2004年7月30日宣布成立农业部兽医局。新成立的农业部兽医局依法履行国家兽医行政管理职责，主要工作任务是：组织拟定兽医及兽药、兽医医疗器械行业发展战略、规划和计划，起草兽医、兽药管理和动物检疫有关法律、法规、规章，拟定有关政策，并组织实施；负责提出兽医及兽药行业投资计划建议、初选项目、组织本行业项目实施、监督检查及竣工验收等工作；拟定兽医、兽药管理体系和队伍建设发展规划并组织实施；负责兽医医政和兽药药政管理工作；负责拟定重大动物疫病防治政策，依法监督管理动物疫病防治工作，研究拟定重大动物疫病国家扑灭计划，组织实施、定期评估并监督执行；负责动物疫情管理工作，组织动物疫情监测、报告、调查、分析、评估与发布工作；负责动物卫生有关工作，组织动物及动物产品检验检疫、兽药残留监控、动物及动物产品卫生质量安全监督管理工作，研究拟定动物医疗、动物实验的技术标准并组织实施；负责兽药、兽医医疗器械监督管理和进出口管理工作；组织制定、修订药物饲料添加剂品种名录和禁止使用的药品及其他化合物目录；负责兽医科学和技术发展、兽医微生物参考实验室的管理工作；负责兽医微生物菌毒种管理工作；组织拟定动物卫生标准，负责制定、发布兽药国家标准、兽药残留限量标准和残留检测标准，并组织实施；承办兽医、兽药和动物检疫多边、双边合作协议、协定的谈判和签署工作；承办我国与世界动物卫生组织等国际组织的交流与合作工作，承办《禁止生物武器公约》履约的相关工作；分析评估国（境）外有关动物卫生信息，负责发布动物疫区名单，拟定禁止进境的动物及动物产品名录，承办发布禁令和解禁令工作；负责有关单位的业务归口管理工作，指导有关社团组织的业务工作等。兽医局内设综合处、医政处、防疫处、检疫监督处、药政药械处等五个职能机构。农业部兽医局的成立，是中国加强动物防疫工作和公共卫生建设的迫切需要；是增加农民收入、促进中国畜牧业健康发展和畜产品贸易的重要举措；是树立科学发展观、坚持以人为本、统筹城乡发展的具体体现。

同时，在农业部设立国家首席兽医师，国际活动中称"国家首席兽医官"。中国首席兽医师的设立，是兽医管理体制的一项重要突破，标志着中国兽医管理体制逐步与国际接轨，也表明随着综合国力的增强，中国将在国际兽医事务中发挥日益重要的作用。

2. 省（地、县）级兽医行政机构 在整合畜牧兽医相关机构职能的基础上，成立兽医行政管理机构，归口本级农业行政部门管理，主要职责是：贯彻执行有关畜牧、兽医、饲料方面的法律法规、方针政策、规划计划、标准规范；指导畜牧业产业化经营，实施科技兴牧；负责全市种畜禽、畜产资源、草地资源保护和监督管理工作；负责饲料和饲料添加剂、兽医医政和药政管理工作；拟定重大动物疫病控制和扑灭计划；监督管理本地区的动物防疫、检疫和动物产品的安全工作；负责官方兽医和执业兽医的管理以及兽医实验室生物安全管理，承办本级政府及上级主管部门交办的其他事项。

目前，全国 31 个省、333 地（市）、2 862 县均设有兽医行政主管部门，共有人员 2.7 万人，主要负责辖区内的动物防疫、检疫、兽药管理、残留控制等兽医行政管理工作。

（二）动物卫生服务组织

1. 兽医技术支持机构　兽医技术支持机构主要承担动物疫病防控、诊断、监测、流行病学调查、兽医科学研究等兽医技术支持、服务工作。

（1）**中央级兽医技术支持机构**　中央级兽医技术支持机构主要包括：中国动物疫病预防控制中心、中国动物卫生与流行病学中心和中国兽医药品监察所等 3 个农业部直属机构；禽流感、口蹄疫、牛传染性海绵状脑病等 3 个国家兽医参考实验室，以及猪瘟、新城疫、牛瘟和牛肺疫等重点诊断实验室。

中国动物疫病预防控制中心：2006 年 3 月正式成立，主要职责是协助兽医行政主管部门拟定有关法律、法规和政策建议，协助开展重大动物卫生违法案件的调查；研究提出重大动物疫病（包括人畜共患病）预防控制规划、扑灭计划、应急预案建议，指导、监督重大动物疫病预防、控制和扑灭工作，指导人畜共患病防治工作；研究提出动物疫病防治技术规范建议，经批准后组织实施；负责全国动物疫情收集、汇总、分析及重大动物疫情预报预警工作，指导全国动物疫情监测体系建设，组织实施动物疫病监测工作，指导国家级动物疫情测报站和边境动物疫情监测站的业务工作；负责国家动物防疫网络信息系统、网络溯源及应急指挥平台的建立及管理；承担全国动物卫生监督的业务指导工作，组织实施动物及动物产品检疫；承担全国高致病性动物病原微生物实验室资格认定及相关活动的技术、条件审核等有关工作；承担全国动物病原微生物实验室生物安全监督检查工作，协调各级诊断实验室的疫情诊断工作；承担动物及动物源性产品质量安全检测及其有关标准、标物研制工作，承担动物标识管理、动物和动物产品溯源工作；承担动物诊疗机构和执业兽医的相关工作，承担兽医执法人员的培训工作；负责兽医行业职业技能鉴定工作；组织开展动物防疫技术研究、国际交流与合作等。

中国动物卫生与流行病学中心：2006 年 6 月正式运行，主要承担重大动物疫病流行病学调查、兽医卫生评估、动物卫生法规标准和外来动物疫病防控技术研究储备等工作；协调中国动物卫生与流行病学中心北京、哈尔滨、兰州和上海分中心开展流行病学调查分析等工作。

中国兽医药品监察所（农业部兽药评审中心）：1952年成立，2006年加挂农业部兽药评审中心的牌子。主要承担兽药评审，兽药、兽医器械质量监督、检验和兽药残留监控，菌（毒、虫）种保藏，以及兽药国家标准的制定和修订、标准品和对照品制备标定等工作。

（2）**省（地、县）动物疫病预防控制机构** 为进一步加强和完善畜牧兽医技术支持体系建设，在整合畜牧兽医技术支持机构和资源的基础上，设立动物疫病预防控制中心，归口本级畜牧兽医行政管理部门管理。主要职责是：负责实施动物疫病监测、预警、预报及实验室诊断、流行病学调查、疫情报告；提出重要畜牧兽医技术推广和重大动物疫病防控技术方案；组织畜牧兽医技术推广、技术指导、技术培训、科普宣传等。目前，全国有省级动物疫病预防机构32个，地市级动物疫病预防机构375个，县级动物疫病预防机构2 876个。

（3）**基层兽医服务机构** 由县级畜牧兽医行政主管部门按乡镇（街办、场、所）或区域设立畜牧兽医（动物防检）站，作为县级畜牧兽医行政主管部门派出机构，人员、业务、经费等由县级畜牧兽医行政主管部门统一管理。乡镇畜牧兽医（动物防检）站根据乡镇大小核定全额拨款事业编制。乡镇动物防疫机构主要职责是：承担动物防疫、动物及其产品检疫、公益性技术推广服务、畜牧生产和疫情调查统计等职能，并协助乡镇做好动物免疫和疫情扑灭等组织工作。动物诊疗服务等经营性业务要与公益性职能分开，走向市场。目前全国设立了35 445个乡镇畜牧兽医站，承担动物防疫、检疫和公益性技术推广服务职能，共有工作人员17.8万人。全国共有村级防疫员64.5万人，承担免疫接种、疫情报告等工作。

（4）**动物疫情测报站和边境动物疫情监测站** 动物疫病监测预警队伍是动物防疫体系的基础，由国家动物疫情监测中心、国外动物疫情信息中心、省级动物疫情监测中心、地县级动物疫情测报站、边境动物疫情监测站和野生动物疫源疫病监测站等组成，构成完整的国家动物疫情监测预警网络，承担对重大动物疫病的动态监测、信息分析及疫情早期预警预报的任务。农业部设立了304个动物疫情测报站，在边境地区设立了146个边境动物疫情监测站，开展动物疫病的常规监测工作。

（5）**教学科研机构** 中国近40所高等农业院校设有兽医学院，每年为我国动物卫生行业培养近4 000名高素质的兽医专业人才。中央、省、地（市）三级的农业科研机构内多数都设有兽医科研部门。目前全国共有270

多个兽医实验室。其中，中国农业科学院下属的哈尔滨兽医研究所、兰州兽医研究所等科研机构，在世界动物卫生领域有重要影响。

2. 省（地、县）动物卫生监督服务组织　对现有兽医卫生监督所等各类动物防疫、检疫、监督机构及其行政执法职能进行整合，组建动物卫生监督所，归口本级畜牧兽医行政管理部门管理。主要职责是：依法负责动物防疫、检疫与动物产品安全监管的行政执法工作，负责对本辖区内省际动物防疫监督检查站的管理与监督。建立职责明确、行为规范、执法有力、保障到位的动物卫生监督体系。目前，全国有省级动物卫生监督机构 32 个，地市级动物卫生监督机构 352 个，县级动物疫病预防机构 3 238 个。

3. 其他动物卫生服务组织　兽医科研机构及教育机构、群众性动物卫生组织（包括中国兽医协会、中国畜牧兽医学会等）、动物诊疗服务组织等。

随着这些部属兽医单位的机构和职能调整的完成，在农业部系统形成了以农业部兽医局、中国动物疫病预防控制中心、中国兽医药品监察所（农业部兽药评审中心）、中国动物卫生与流行病学中心及四个分中心为主体的国家级动物疫病防控管理和技术支持体系。中央一级兽医工作机构改革的完成，使我国兽医体系建设进一步完善，分工更加明确，行政管理和技术支撑力量得到进一步加强，有利于提高我国重大动物疫病防控的能力，提升畜牧业在国民经济发展中的战略地位，加大畜牧业对农民增收的贡献率，保障公共卫生安全。

二、我国兽医公共卫生服务体系展望

2005 年 5 月国务院下发了《关于推进兽医管理体制改革的若干意见》，全面启动了我国兽医管理体制改革工作。党中央、国务院高度重视，农业部积极推动，各级兽医部门共同努力，改革取得了显著进展。一是机构基本健全，初步建立了以兽医行政管理机构为主体、兽医执法监督机构与兽医技术支持体系相配套的"一体两翼"式兽医工作体系。疫病控制和监督机构的设置基本覆盖了全国范围内的各级行政区划。二是主体职能得以明确，各级动物疫控机构和动物卫生监督机构职责得到了较明确的界定。三是运行机制初步建立，通过改革，整个体系运转基本做到了协调有序。四是人、物保障得到加强，总体上尤其是县级以上队伍初步实现了人员专业化、队伍正规化、操作规范化、设备现代化。下一步将以深化兽医体制改革为契机，加快服务体系建设，培育高水平的兽医服务队伍，主要把握好以下五个方面：

（一）进一步深化兽医体制改革

继续强化"一体两翼"式的兽医服务体制，逐步建立一支高效精干、权责统一的官方兽医队伍。将兽医行政部门和事业单位的职能分开，把分散在畜牧、商业、农垦、企业、海关等部门有行政职能的兽医人员统一在一个机构——国家兽医局内进行管理。同时，严格区分官方兽医行政监管职能与从业兽医服务职能，发挥从业兽医的辅助作用。将动物防疫监督执法与诊疗服务相分离，除官方兽医由国家聘用代表国家行使职权外，其他从业人员可一律实现市场化，管理部门只对其进行资格认证，促使其充分参与市场竞争。将重大动物疫病的诊断、疫情评估报告、疫情扑灭控制、动物及动物产品检疫、兽医资格认定等工作，纳入官方兽医体系；与此相应，动物疫病免疫预防工作等则属于从业兽医的市场行为，应发挥市场的效应，政府一般不予干涉，而是加强对市场的监督管理。这样可做到职责明确，将不属于官方职责的部分分离出去，达到精简、高效的目的。

（二）加强基层兽医队伍建设

基层力量薄弱是我们体系建设的瓶颈问题，按照目前的工作模式，基层队伍和设施远远不能满足兽医公共卫生工作的需要，要大幅度提高工作人员数量，财政必将不堪重负。要走出目前的困境，一方面是要积极争取资源，稳定队伍，加强培训，提高现有队伍的工作能力；同时要转变工作机制，借鉴发达国家的管理经验，并结合我国现阶段的工作实际，探索中国特色的兽医管理之路，创造性地解决基层机构队伍组建难、基层工作开展难的突出问题。针对我国国情，必须深入研究我国现阶段的工作背景和工作需要，综合考虑生产力发展水平的阶段性、生产模式的阶段性、诊疗兽医发展的阶段性和社会认知状态的阶段性，明确改革的阶段性目标，探索阶段性的管理模式。

（三）推进执业兽医队伍建设

以推行兽医资格认证制度为抓手，大力推进执业兽医队伍建设，规范从业人员行为，提高从业人员水平，构建多层次、多种所有制方式并存的兽医体制。

（四）逐步推行官方兽医管理

借鉴国外垂直兽医管理的经验，结合我国国情，积极推行官方兽医垂直管理，当前要重点推行县级以下的垂直管理。结合中国国情，吸取国外先进经验，建立国家首席兽医官和地方兽医官制度，逐步实现垂直管理的官方兽医体制。在农业部下设立国家兽医局，在各省建立国家兽医局分局，省以下地方政府由兽医局分局派出垂直管理机构。上级兽医行政管理部门对下级兽医行政管理部门实行直接领导，下级行政管理部门对上级兽医行政管理部门完全负责，而不受当地政府领导，从而规范兽医职业从业行为，代表国家行使兽医管理职能。通过官方兽医统一组织，实现兽医管理工作协调运转，从而避免地方主义，达到高效工作。动物防疫是政府职责，国家应考虑将它承担起来，实行免费防疫，作为农民发展畜牧业的补贴。

（五）建立兽医与人医一体化服务机构

借鉴一些发达国家的经验，成立由卫生、农业、公安、检验检疫、药监等部门组成大公共卫生协调小组，统筹指挥、明确部门责权、实现政令畅通，达到部门之间、地区之间的全方位协调。建设统一协调的人和动物健康公共卫生体系。其中最重要的是兽医公共卫生、公共卫生机构和人员之间的紧密合作，包括加强人和动物疫情监测的合作、加强动物和人类卫生应急队伍建设和人员培训的合作、加强基础设施建设和利用方面的合作、制定整合的人畜共患病总体研究计划、建立人畜共患病多学科研究中心以及加强协调工作等。

第十二章
兽医公共卫生法律体系

第一节 概 述

一、国际动物卫生法律法规概况

随着重大动物疫病导致的经济社会问题日益严重，国际社会对动物疫病防控工作的重视程度日益加大。联合国粮食及农业组织（FAO）、世界动物卫生组织（OIE）和世界贸易组织（WTO）已经制定了一系列法规、导则、标准、建议、战略、计划、协议等，以规划和规范全球重大动物疫病防控工作。这些文件是各成员（国）一致意见的体现，也是各成员（国）动物疫病防控需实施的最低卫生要求，它们共同构成了全球动物疫病防控战略框架。

国外的动物卫生立法起步比我国要早，发展速度也比较快，并且已经按照 WTO 的《卫生与植物卫生措施实施协议》（Agreement on the Application of Sanitary and Phytosanitary Measures，简称 SPS 协议）的规则形成了秩序。特别是一些畜牧业发达国家，基本上都是 WTO 的成员，他们在动物饲养、经营和动物产品的生产、经营和贸易中，严格按照 WTO-SPS 协议的规则，将从农场到餐桌（From Farm to Table）的全过程监控作为动物卫生管理的主要手段和措施；并依据 WTO-SPS 协议的规则，通过动物卫生立法来提高本国的动物产品卫生质量，从而确保他们在国际市场上的竞争力。同时，他们也充分利用 WTO-SPS 协议的实施机制，通过动物卫生立法和建立技术壁垒来确定动物卫生的保护水平，从而达到保护本国畜牧业生产的目的。国外在这方面的工作中具有层次较高的理论研究并积累了相当丰富的实践经验。

在动物卫生领域，FAO、OIE、WTO 三个国际组织制定的法规、导则、标准、建议、战略、计划、协议等规范性文件共同构成了全球动物疫病防控战略框架。在全球动物疫病防控战略框架体系中，FAO 侧重于推动全球重大动物疫病控制工作有计划地规范开展，OIE 侧重于技术标准和手段的提交，是全球动物卫生状况的评估机构，也是 FAO 的技术咨询机构；WTO 侧重于促进全球动物及动物产品自由安全贸易，OIE 是 WTO-SPS 协议框架下的标准技术支撑机构。

（一）FAO 组织及其规则

FAO（Food and Agriculture Organization）是联合国系统内最早的常

设专门机构。1943 年 5 月根据美国总统 F. D. 罗斯福的倡议，在美国召开有 44 个国家参加的粮农会议，决定成立粮农组织筹委会，拟订粮农组织章程。1945 年 10 月 16 日粮农组织在加拿大魁北克正式成立，1946 年 12 月 14 日成为联合国专门机构。总部设在意大利罗马。其宗旨是提高人民的营养水平和生活标准，改进农产品的生产和分配，改善农村和农民的经济状况，促进世界经济的发展并保证人类免于饥饿。

FAO 目前共有 189 个成员国和 1 个成员组织（欧盟）。FAO 设有动物卫生及生产司和首席兽医官，负责动物疫病防治方面的项目及政策工作。动物卫生及生产司由办公室（AGAD）、动物卫生处（AGAH）、动物生产处（AGAP）、畜牧行业信息分析和政策处（AGAL）组成，同时还设有亚太区家畜生产及卫生理事会（APHCA）、欧洲口蹄疫防治理事会（EUFMD），以及拉丁美洲和加勒比畜牧发展理事会等三个法定机构。

FAO 在动物卫生领域的工作大多以项目形式开展，目标是推动全球畜牧业快速发展，提供清洁安全的动物产品。FAO 项目主要解决动物生产、动物卫生和动物福利等方面的技术、信息、政策、国际战略和制度等问题，比较而言，以政策、国际战略和制度制定为主。跨界动植物病虫害紧急预防系统（EMPRES）于 1994 年启动，是 FAO 动物卫生工作的核心，也是 FAO 动物疫病防控战略的具体体现。2004 年 8 月，FAO 发布《2006—2011 年中期规划》，该规划主要内容包括建立全球动物疫病早期预警系统、跨界动物疫病信息系统、跨界动物疫病应急中心，实施全球牛瘟消灭计划、东南亚口蹄疫控制计划、拉丁美洲古典猪瘟消灭计划、非洲重大动物疫病调查监测计划，以及全球重大动物疫病渐进性控制计划等，提高全球重大动物疫病早期预警和应急反应能力。

表 4-1　FAO/OIE/WHO 禽流感防控计划一览

规划/规则名称	制定时间	核心内容
亚洲高致病性禽流感诊断与监测网络导则	2004 年 7 月	规定了免疫国/非免疫国、有疫国/无疫国不同饲养模式禽群的诊断和监测技术规范
H5N1 高致病性禽流感全球预防与控制战略	2005 年 5 月	分析了全球疫情发展趋势，规划了全球禽流感预防与控制策略（流行病学调查、信息收集、免疫接种、人员防护、灾后重建、能力建设、科学研究等）和防控经费预算

（续）

规划/规则名称	制定时间	核心内容
全球高致病性禽流感渐进控制计划	2005 年 11 月	对《H5N1 高致病性禽流感全球预防与控制战略》进行了细化，系统分析了有疫国、新发病国家和无疫国家的预防与控制区策略
FAO 禽流感控制和消灭计划建议	2006 年 1 月	在系统分析了有疫国、新发病国家和风险国家控制消灭规划的基础上，提出了新的三年预算
禽流感风险国家防范工作手册	2007 年 3 月	规定了减轻人/禽流感发生和流行的政策和技术措施
人和家禽预防禽流感基本建议	2007 年 1 月	规定了宠物饲养人员、家禽饲养人员、兽医人员、屠宰人员、公众防范禽流感的措施

（二）OIE 组织及其规则

OIE（Office International Des Epizooties）又称为国际兽疫局（International Office of Epizootics，IOE），成立于 1924 年 1 月 25 日，由 28 个国家签署的一项国际协议产生的，是处理国际动物卫生协作事务的政府间组织，总部设在法国巴黎，主要负责动物疫病通报、动物/动物产品国际贸易规则制定和动物疫病无疫国家认证等工作。截至 2007 年 5 月，OIE 共有 169 个成员国，我国于 2005 年加入 OIE 组织。世界动物卫生组织的职能主要包括以下 3 方面：向各国政府通告全世界范围内发生的动物疫情以及疫情的起因，并通告控制这些疾病的方法；在全球范围内，就动物疾病的监测和控制进行国际研究；协调各成员国在动物和动物产品贸易方面的法规和标准。

OIE 共设国际委员会、行政委员会、地区委员会、专业委员会和中央局五个职能执行机构。为配合 OIE 在世界各地区的疫病扑灭计划，OIE 在非洲、美洲、东欧、中东和亚太地区设立了五个代表处。另外，为了保证 OIE 各项工作和决策的科学公正性，OIE 还成立了数个专门工作组，以及 223 个参考实验室和 20 个协作中心。专业委员会设立国际动物卫生法典委员会、生物标准委员会、水生动物疾病委员会、动物疫病科学委员会。

1. OIE 的主要任务 OIE 管理着一个庞大的动物疫情信息系统，负责制定有关动物和动物产品贸易的卫生标准。收集并向各国通报全世界动物疫病的发生发展情况，以及相应的控制措施；促进并协调各成员国加强对动物疫病监测和控制的研究；协调各成员国之间的动物及动物产品贸易规定。

2. OIE 的主要目标

(1) **实现动物疫情的透明化** 各成员国应及时向 OIE 上报本国检测到的动物疫病，OIE 将向其他国家通报，以便采取必要的防控措施。这些信息还应包括一些人兽共患病及其相应病原，而疫病是否立即或定期向各国发布取决于疫病的危害程度。这一目的主要是了解疫病自然和人为发生的情况。有关信息可以查阅 OIE 的网站，或每周出版的《疫情信息》，或每年出版的《世界动物卫生状况》。

(2) **收集、分析和发布兽医科学信息** OIE 负责收集和分析最新有关动物疫病控制的科学信息，从中筛选有用信息向各成员国发布，帮助他们提高控制和消灭疫病的方法。这些方针由遍布世界的 20 个 OIE 协作中心和223 个参考实验室负责编排。这些科学信息也会通过 OIE 的多种期刊发布，如《科学技术评论》（一年出版 3 期）。

(3) **提供专家援助，鼓励开展国际协作防控动物疫病** OIE 会应成员国的要求提供动物疫病控制和消灭计划的技术援助，一旦出现引起家畜严重损失、存在公共健康风险和威胁其他国家的疫病时，OIE 会派遣专家帮助成员国控制疫病。OIE 会与国际组织和各国金融机构保持密切联系，并说服他们对动物疫病和人畜共患病的防控投入更多经费。

(4) **卫生安全** 在世界贸易组织卫生与植物卫生措施实施协议（WTO - SPS 协议）范围内，通过发布动物及动物产品国际贸易的健康标准而保护世界贸易，OIE 制定了相关的标准法规，其成员国可以使用这些法规保护自己，避免疫病和病原传入，从而避免设立一些不必要的卫生技术壁垒。OIE 出版的标准法规主要有：《陆生动物健康法典》、《陆生动物疾病诊断和疫苗标准手册》、《水生动物健康法典》、《水生动物疾病诊断和疫苗标准手册》等。

OIE 的标准作为国际卫生准则的参考得到了 WTO 的认可，这些标准由OIE 下属的 223 个国际协作中心或 20 个参考实验室的专家们组成的专业委员会或工作组共同制定，已被国际委员会采用。

(5) **改善各国兽医部门的法定机构和资源** 一些发展中国家的兽医部门和实验室强烈呼吁提高他们必要的组织机构、资源和能力，帮助他们从 SPS协议中获益，同时可以更好地保护动物和人类健康，降低疫病向其他无疫国家传播的风险。OIE 认为兽医部门是全球性的公益部门，所以把促进这些国家与国际标准（结构、组织、能力、作用等）接轨作为优先的公共投入。

(6) **提供更好更有保证的动物源性仪器，通过科学方法提高动物福利**

各成员国通过与 OIE 和一些国际食品委员会建立更广泛的协作，确保动物源性食品的安全。OIE 在这些领域建立的标准行为旨在消除潜在的风险，如动物屠宰前和动物产品（肉、蛋、奶等）初加工前都可能成为感染消费者的风险源。

自 OIE 成立以来，OIE 作为唯一的动物健康国际组织，发挥了极其重要的作用，得到了 OIE 成员国和众多与动物卫生相关的国际和区域性组织的认可，作为动物健康和动物福利联系日益密切的标志，应成员国的要求，OIE 已经成为最重要的动物福利相关的国际组织。

表 4 - 2　OIE 主要职责任务一览

职 责 任 务	实 现 方 式
收集并通报全世界动物疫病发生发展情况，实现动物疫情透明化	建立国际动物卫生信息系统
制定 WTO 认可的国际动物卫生规则，推动重大动物疫病无疫国际认证，促进世界贸易卫生安全	制定《国际动物卫生法典》和《动物疾病诊断试验和疫苗标准手册》
收集、分析和发布动物疫病防控科学信息，为动物疫病控制扑灭提供专家和专业支持，提高全球动物卫生工作水平	建立 OIE 参考实验室和协作中心
促进国际合作，促进全球重大动物疫病扑灭目标实现	与 FAO、WHO、WTO 及其成员国加强合作
制定食品安全规则，促进全球食品安全水平提高	制定食品微生物检测、抗生素抗药性检测规范等

OIE 是动物疫病防控技术标准（规则）的制定主体，主要体现在《国际陆生动物卫生法典》和《动物疾病诊断诊断和疫苗标准手册》等标准出版物中。OIE 动物疫病防控技术规则见表 4 - 3。

表 4 - 3　OIE 动物疫病防控技术规则一览

序号	工作规则名称	主要内容	规则来源
1	动物疫情通报基本规则	疫情快报、周报、月报告内容及方式	《国际陆生动物卫生法典》1.1 章
2	外来病风险防范措施/兽医检疫证书	兽医机构评估、区划、运输控制、边境检疫等进口风险分析基本要求，以及防范口蹄疫等 84 种动物疫病的特定要求	《国际陆生动物卫生法典》1.2、1.3、1.4 章，第 2 部分，第 4 部分

（续）

序号	工作规则名称	主要内容	规则来源
3	特定动物疫病监测技术规范及无疫国家/区域认证要求	牛瘟、牛肺疫、疯牛病、痒病、口蹄疫6种动物疫病的流行病学监测技术规范，以及国家/区域疫病状况评估标准	《国际陆生动物卫生法典》3.8章
4	动物福利/动物卫生条件	动物饲养防疫条件/精液、胚胎、卵采集卫生条件/动物疫病病原体采集方法	《国际陆生动物卫生法典》3.2、3.3、3.4、3.6、3.7、3.8章
5	动物疫病诊断方法和疫苗标准	口蹄疫等51种动物疫病诊断方法和疫苗标准	《陆生动物疫病诊断实验和疫苗标准》
6	兽医（动物疫病）实验室质量控制	针对特定动物疫病检测设立的ISO/IEC 17025—2000标准	《兽医（动物疫病）实验室质量标准和指南》

（三）WTO/SPS 协议及其规则

WTO（World Trade Organization）即世界贸易组织，是世界上最大的多边贸易组织，具有法人地位，1995年1月1日正式开始运作，其前身是关税和贸易总协定（GATT）。基本职能是制订和规范国际多边贸易规则，组织多边贸易谈判，解决成员之间的贸易争端。

为了规范动植物产品国际贸易活动，既认可各成员采取适度的动植物卫生检疫措施，又把动植物卫生措施对贸易的影响降低到最低程度，乌拉圭回合多边贸易谈判签订了《卫生与植物卫生措施实施协议（The WTO Agreement on the Application of Sanitary and Phytosanitary Measures，SPS Agreement)》，简称《SPS协定》。就动物疫病防控工作而言，该协议的核心内容包括：承认各成员有权采取为保护人类和动植物健康所必需的检疫措施，但这些措施应限制在保护人类、动植物的健康所必要限度之内，不应在成员之间有歧视；各成员国的检疫措施应根据现有的国际标准、准则或建议规定，世界动物卫生组织（OIE）的标准视为WTO框架下的国际标准。

1. 《SPS协定》确定了动物卫生工作的国际规则

(1)《SPS协定》涵盖了一个国家动物卫生工作的全部 《SPS协定》中的动物卫生措施包括所有有关的法律、法令、规定、要求和程序等，具体形式多种多样，如要求产品来自非疫区、监督产品的生产过程、对产品采取特殊的加工处理措施等。同时适合用于进口和国内生产的动物及动物产品。SPS措施包括以下所述用途的任何一种措施：①保护成员境内动物的生命或健康免受虫害、病害及病原有机体的传入、定植或传播所带来的危害；②保护成员境内动物的生命或健康免受饲料中的添加剂、污染物、毒素或致病有机体所带来的危害；③保护成员境内人类的生命或健康免受动物或动物产品携带的病害或虫害的传入、定植或蔓延所带来的危害；④防止或限制成员境内因虫害的传入、定植或蔓延所产生的其他损害。

WTO和OIE于1995年签署合作协定，确定OIE为《SPS协定》动物卫生方面的规则、标准和建议制定的权威机构。《SPS协定》承认的国际动物卫生规则具体体现在OIE制定的《国际动物卫生法典》和《哺乳动物、禽和蜜蜂A和B类疾病诊断试验和疫苗标准手册》之中。因此，可以说《SPS协定》规定的内容实际上几乎已涵盖了一个国家动物卫生工作的全部。

(2)《SPS协定》确定了实施动物卫生措施的基本原则 《SPS协定》确定了各成员在实施动物卫生措施时必须遵循的基本原则，这些规则同时也是WTO基本原则的具体体现。主要包括以下几方面：

①协调一致原则 各成员实施的动物卫生措施应以OIE、国际营养标准委员会等国际组织制定的国际标准、准则或建议为依据，以保护人类和动物的健康为限。各成员可以维持或实施高于国际标准、准则或建议规定水平的动物卫生措施，但要有科学依据。

②同等对待原则 各成员实施的动物卫生措施不能在情形相同的成员之间构成差异。

③风险评估原则 各成员实施的动物卫生措施应建立在对人类和动物健康影响的风险评估基础之上。也就是说，各成员在确定动物卫生保护水平时，必须以科学的风险评估为依据，以避免在不同的情况下任意或不合理地实施不同的保护水平，在国际贸易中产生歧视或变相限制。风险评估的目的在于减少疫病传播风险，同时将对贸易产生的不利影响降低到最低程度。

④地区适应性原则 各成员实施的动物卫生措施应考虑到动物及动物产品原产地的疫病流行情况。各成员应承认无动物疫病区和动物疫病低度流行区的概念，并根据疫病流行程度实施不同的动物卫生措施。

⑤透明度原则 各成员应确保将其所有已经通过的动物卫生法规及时公布，并应在该法规生效前留出合理的时间供其他成员熟悉和了解这一法规。

为确保其他成员能够详细了解这些规定，对其他成员提出的问题进行答复，每个成员应确保设立一个咨询点。

另外，《SPS 协定》还规定了发展中国家可以享受一些技术援助和某些特殊性待遇，对发展中国家和最不发达国家保留了某些优惠性政策。

2. 发展中国家和发达国家在实施《SPS 协定》上存在明显差异，发展中国家将长期处于不利地位 从《SPS 协定》的起草过程和实际执行情况来看，发展中国家和发达国家在实施《SPS 协定》上存在明显差异，发展中国家将长期处于不利地位。

（1）**《SPS 协定》确定的国际动物卫生规则主要代表了发达国家的意愿和动物卫生水平** 因为《SPS 协定》是（1986—1994 年）乌拉圭回合 8 年谈判的成果，于 1995 年 1 月 1 日正式生效。参与《SPS 协定》起草和谈判的主要是一些动物卫生工作比较发达的国家和组织，如美国、澳大利亚、新西兰和欧盟等。

（2）**发展中国家和发达国家对卫生安全风险的认识和判断存在差距** 这种差距与各成员的社会和科技发展水平息息相关。一般而言，当人们尚处于温饱的阶段时，对动物卫生和食品安全很少关心，随着收入水平和知识素质的提高，人们对上述风险才愈加关注。

（3）**发展中国家和发达国家对动物卫生与食品安全的管理水平存在差异** 发达国家在高度重视动物卫生与食品安全的同时，对动物卫生与食品安全的管理能力也较强。以澳大利亚和新西兰为例，两国均将动物卫生工作提高到生物安全的高度，将 ISO 9002 系列和危害分析与关键控制点（HACCP）等质量管理模式用于动物卫生实践，将兽医监督执法与疫病防治，饲养生产、屠宰加工与食品安全有机地结合在一起，从根本上保证了动物卫生与食品安全，满足国内外市场对动物卫生与食品安全的要求。而对于发展中国家，由于其科学技术水平低下，难以实施发达国家规定的动物卫生政策、标准和规则，加之疫病控制水平较低，很难与发达国家形成一个稳定的"情形相同的条件"，产品常常难以符合发达国家的要求，因而被拒之门外。另外，技术知识和能力的缺陷也使得发展中国家难以利用 WTO 的贸易争端机制来对发达国家的技术性贸易壁垒提出挑战。在此条件下，《SPS 协定》规定的一系列动物卫生措施就很有可能成为发达国家设置的种种技术壁垒，而对发展中国家的动物产品构成基于科学技术水平之上的种种限制。

实践表明，尽管《SPS 协定》在防止将动物卫生措施用于限制贸易方面取得了一些成效，但并未能完全扭转发达国家与发展中国家在能力和信息等方面存在的差距，发展中国家对风险常难以做出"客观评估"，或在争议中提供"充分的科学依据"，这使发展中国家在实施《SPS协定》的过程中将长期处于不利地位。

归纳评价FAO、OIE、WTO在动物疫病防控领域的职责任务及其规范性文件，可以发现，三者的工作关系非常紧密，且相互补充。按照三者在动物疫病防控中的作用来看，基本上可以认为：FAO侧重于推动全球重大动物疫病控制工作按计划规范开展；OIE是全球动物卫生状况的评估机构，也是FAO的技术咨询机构和WTO-SPS协议框架下的标准技术支撑机构；WTO侧重于促进全球动物及动物产品自由安全贸易。尽管WTO和FAO之间联系并不密切，但OIE和WTO、FAO之间均具有密切的合作关系。

新形势下，WTO、FAO、OIE、CAC、WVA（世界兽医协会）等越来越多的国际组织正在不断对兽医工作提出新要求。WTO在《卫生与植物卫生措施实施协议》中指出，为保障动植物及人类生命健康，允许各国在国际贸易中实施必要的动植物卫生措施。FAO在《发展中国家动物卫生工作指南》中指出，一个国家的兽医工作应当涵盖动物、兽医公共卫生和环境保护三方面内容，实现对动物及动物产品的全过程管理；OIE在《国际动物卫生法典》中规定，各国兽医机构应该通过立法全面监控所有动物卫生事项，包括动物健康、兽医公共卫生、动物福利三个方面。WVA在其21世纪发展方向中指出，兽医工作应涉及公共卫生、食品安全、动物疫病和人畜共患病控制、动物福利、生物安全和环境卫生六个方面。概括起来说，兽医工作已从过去诊疗动物疫病的单一目标发展到保护动物健康、保障食品安全和人类健康、提高动物福利和保护环境等多个方面，并实现对动物及动物产品的全过程管理。

二、我国动物卫生法律法规概况

我国的动物防疫立法始于19世纪后期，迄今已有100多年历史。当时由于进出口贸易的需要，开始出现动物检疫的萌芽。中华人民共和国建立后，国家开始加强动物疫病防疫工作，迅速建立了畜牧兽医行政管理机构。国家在防制动物疫病的过程中形成了一些防制规程和办法，如1959年农业部、外交部、商业部、卫生部联合颁发的《肉品卫生检验试行规程》，外贸部制定的《输出输入农畜产品检验暂行标准》等。这些规程、标准、检验方法和处理原则，是建国后相当长时期动物防疫工作的依据。

党的十一届三中全会以后，党和国家高度重视动物防疫的法制化建设。国务院先后于 1982 年 6 月和 1985 年 2 月发布了《中华人民共和国进出口动植物检疫条例》和《中华人民共和国家畜家禽防疫条例》，以国家行政法规的形式确定了动物防疫工作的法律地位。家畜家禽防疫条例结束了相当长时间在动物防疫工作中政出多门，各行其事及无统一主管行政部门的历史。《家畜家禽防疫条例》的颁布实施，使我国动物检疫和监督管理工作步入了法制管理的轨道，初步实现了检疫工作由单纯的技术行为向面向社会的行政执法职能的转变。农业部根据这两个条例制定了《家畜家禽防疫条例实施细则》等一系列配套的规章制度，成为当时动物防疫检疫执法工作的主要依据和规范兽医活动的准则。我国动物疫病防控工作开始从主要依靠行政业务管理向法制管理过渡，拉开了动物防疫法制化建设的序幕。1990 年 11 月农业部 3 号令发布《中国兽医卫生监督实施办法》，明确兽医卫生监督管理工作由"县以上各级农牧部门兽医卫生监督检验机构"具体负责。

随着改革开放的深入，社会主义市场经济逐步建立和完善，在总结《中华人民共和国家畜家禽防疫条例》的实行经验基础上，全国人民代表大会常务委员会于 1991 年和 1997 年先后审议通过了《中华人民共和国进出境动植物检疫法》和《中华人民共和国动物防疫法》，以中华人民共和国主席令颁布。这两部法律的颁布实施，标志着我国动物防疫工作进入了法制管理的新阶段。《中华人民共和国动物防疫法》的颁布实施，使我国动物检疫管理体制从根本上理顺，开创了全国动物检疫及整个动物卫生监督管理工作的新局面。2005 年我国面对高致病性禽流感疫情的严峻形势时，国务院制定并公布了《重大动物疫情应急条例》，对于依法动员各方面的力量，严格防控高致病性禽流感，保障养殖业生产的健康发展，保护人民群众的健康安全，维护正常的社会秩序，发挥了极其重要的作用。为贯彻《中华人民共和国动物防疫法》，农业部先后出台了《动物检疫管理办法》，《动物防疫条件审核管理办法》，《动物免疫标识管理办法》，《动物疫情报告管理办法》等配套规章和规范性文件。地方有 24 省（自治区、直辖市）制定了《动物防疫条例或实施办法》，有的地方还制定了《无规定动物疫病区管理办法》、《血吸虫病防治条例》、《狂犬病防治条例》等地方性法规。这些法律法规对于加强动物防疫工作，预防、控制和扑灭动物疫病，促进养殖业发展，保护人类健康，发挥了主要作用。但是，尽管我国在动物防疫法规建设、管理机构、组织实施等多方面，取得了显著成效，但随着我国养殖业快速发展，动物疫病仍然是困扰我国养殖业生产的大问题，动物疫病的防控难度越来越大。

重大的动物疫情，会对公共卫生安全造成严重影响。而 1997 年颁布的《中华人民共和国动物防疫法》由于存在动物疫病防控制度不完善、可操作性不强等问题，难以适应我国加入 WTO 以后新形势下的防控动物疫病的要求。为此，我国进一步加快了动物防疫法律制度建设步伐，农业部配合全国人大于 2004 年开始在广泛调研的基础上，对《中华人民共和国动物防疫法》进行了修订。2007 年 8 月 30 日十届全国人大第二十九次会议审议通过了新修订的《中华人民共和国动物防疫法》。十届全国人大常委会第十九次会议通过的《中华人民共和国畜牧法》，是我国首部全面调整畜牧生产过程的法律，在严格保障畜产品质量安全方面作出了规定。根据新修订的《中华人民共和国动物防疫法》规定，农业部 2008 年 12 月 15 日颁布了《执业兽医管理办法》、《动物诊疗机构管理办法》、《乡村兽医管理办法》和《动物病原微生物菌（毒）种保藏管理办法》等一系列配套规章。动物防疫法及其配套规章的出台，是推进兽医工作体制机制创新的重要举措，标志着我国动物防疫法制化建设迈开了新步伐，动物防疫法治化建设迈上了一个新台阶。

一个完善的动物卫生法规体系，必须从动物卫生的各个方面加以考虑，首先是疫病的监测、诊断和通报，而后是疫病的控制和扑灭，这是动物防疫工作的根本。为保护动物和公共卫生，还需考虑到动物饲养、屠宰加工、运输和兽药残留监测等各个环节，这都属于动物防疫工作的范畴，也应予以规范。我国的动物卫生立法起步较晚，动物卫生法律制度尚不健全，动物卫生法学理论研究刚刚开始，对国际动物卫生法律制度的比较研究还未全面展开。特别是对在动物产品生产、经营、贸易中如何具体实施 WTO - SPS 协议和国际动物卫生法律规范等方面尚未进行系统地研究。国内在动物产品生产、经营、服务、贸易中对如何具体执行 WTO - SPS 协议书，以及 WTO - SPS 协议书的实施机制和相关的国际动物卫生法律、标准了解甚少，在与国际惯例对接的过程中，既担心我们的动物产品不能顺利进入国际市场，又担心我国的畜牧业得不到切实保护。因此，借鉴动物卫生领域的国际规则和国际惯例显得尤为重要。

第二节　国际动物卫生法律体系

一、国际动物卫生法律体系的基本特点

（一）法律体系类型

通常我们所说的法系主要有两种，一种是大陆法系，另一种为英美法系。大陆法系，又称为民法法系，法典法系、罗马法系、罗马—日耳曼法系，它是以古罗马法为基础而发展起来的法律的总称。对后世的影响主要体现在观念上。它首先产生在欧洲大陆，后扩大到拉丁族和日耳曼族各国。历史上的罗马法以民法为主要内容，法国和德国是该法系的两个典型代表。此外，还包括过去曾是法国、西班牙、荷兰、葡萄牙四国殖民地的国家和地区，以及日本、泰国、土耳其、意大利等国。大陆法系以 1804 年的《法国民法典》和 1896 年的《德国民法典》为代表形成了两个支流。英美法系，又称普通法法系，是指以英国普通法为基础发展起来的法律的总称。它首先产生于英国，后扩大到曾经是英国殖民地、附属国的许多国家和地区，包括美国、加拿大、印度、巴基斯坦、孟加拉、马来西亚、新加坡、澳大利亚、新西兰以及非洲的个别国家和地区。到 18—19 世纪时，随着英国殖民地的扩张，英国法传入这些国家和地区，英美法系终于发展成为世界主要法系之一。英美法系中也存在两大支流，这就是英国法和美国法。

1. 大陆法系　①强调成文法典的权威性，体现在立法与司法的分工上。强调立法是议会的权限，法官只能使用法律，决案必须援引制定法，不能以判例作为依据。②强调国家的干预和法制的统一，尤其体现在程序法上。例如，许多法律行为需要国家的鉴证、登记，检察机关垄断公诉权，庭审时采取审问制，以及法院的体系统一等。③强调法典总则部分的作用，体现在法律的理论概括上，这是罗马法的一种传统。④法典的体系排列，强调讲求规定的逻辑性、概念的明确性和语言的精练性。当然，这些特点都只是相对而言的。

2. 英美法系　在法律渊源方面，普通法法系国家的制定法和判例法都是正式的法律的渊源，上级法院，特别是最高法院的判决对下级法院有约束力，法官自由裁量的余地较大。在庭审中，采取当事人主义、法官居中裁判的方式，判案时多采用归纳法。另外，普通法系一般不倾向法典形式，制定

法往往是单行法律、法规。

（二）国际动物卫生法律体系的基本特点

由于动物卫生法律法规体系对国家动物防疫行为起着基本的保障作用，所以，每个国家和国际组织都非常重视兽医卫生法规的建设工作。OIE 还专门组织成员国专家编著了《国际动物卫生法典》，以向世界各国推荐动物防疫过程尤其是动物及动物产品贸易过程中应该遵循的基本原则。从发达国家动物卫生法规状况看，美国和欧盟的动物卫生法规最为完善，美国仅《联邦法典》第 9 部"动物及动物产品"部分，就收集了近 100 个方面的动物卫生法规，法规条款可达 500 余条，文字上百万，非常详细具体；欧盟动物卫生法规主要通过指令（Directive）或决议（Decision）的形式予以执行，仅指令、决议的目录就有近 200 页（A4 纸），内容达数千页，文字上千万，可谓涉及方方面面。详细研究其内容，可以发现以下基本特点：

1. 法规体系完善，配套性强　美国和欧盟的法规体系非常庞大，这也表明了其配套性强的特点。通过分析可以看出，其法规体系几乎涉及了动物生产及流通的每一个环节。从大的方面讲，其法规至少涉及：①动物饲养场、屠宰加工厂及动物产品流通场所的认证与审批条件；②特定动物疫病的监测、控制与扑灭计划；③动物运输控制与疫病追踪系统；④动物疫病的紧急扑灭；⑤动物产品的进出口条件；⑥动物保护及动物福利法规；⑦兽医师认证及处罚措施等动物及动物产品生产与流通的每一个环节。从小的方面讲，这些法规又涉及每一个动物生产过程的每一个细节，如动物防疫体系中各个人员的具体职责以及动物饲养场和屠宰加工厂的墙面和窗户设计等，非常详细，从而保证了动物卫生法规的配套性。我国目前制定的动物卫生标准与其基本一致。

2. 法规的制定多由企业提出并推动，可操作性强　美国和澳大利亚动物卫生法规的起草时，兽医官员大都认为其法律法规的制定首先是企业联合特别是企业联合会要求制定才提出的。这就意味着，其法规的制定首先是为了维护企业的利益才制定的。既然公众法规是为了维护企业的利益，其执行过程，即其可操作性必然是良好的。

3. 法规由专家制定，科学性强　在探讨美国、澳大利亚和欧盟动物卫生法规起草过程时，兽医官员表示其法律大都由相关领域的科学家负责法规的首先起草工作。就美国而言，几乎所有的法规都由 Ames 和 Plum Island

的专家首先起草，而后经过律师修正，并经国会批准才形成法律，这就说明了其法规的科学性。

4. 法规的执行人为官方兽医，执法过程中为垂直管理，强制性强 由于这些国家实施的都是垂直领导体制下的官方兽医制度，故官方兽医在执法过程中可以避免各地方政府和企业的各种干扰，从而保证了法律的公正性和强制性。

5. 法规条款可以在短期内修正，即时性强 在当前市场经济条件下，国家政策应随国家发展形势的变化而相应做出调整，动物卫生法规同样应随国家动物防疫形势的变化而变化。美国和欧盟在这些方面就做得非常好。如美国《联邦法典》每年都修订一次，以对各个条款因形势变化而应做出的调整做出反应。欧盟指令在这些方面则更为灵活，在众多法规中，绝大多数法规都做出一些调整或修正，有些指令如 71/118EEC 指令"新鲜禽肉的贸易卫生问题"至今已做出了 20 余次修正，从而保证其即时性。但需要指出的是，法规的修正绝不是全盘修正，而只是对其部分条款进行适当的调整，但这种调整却是必须的。

发达国家在动物卫生法规体系的系统性、可操作性、科学性、强制性和即时性方面都做得很好，从而有效地为国家动物防疫体系提供了有力保障。

二、官方兽医制度的基本类型和特征

OIE 在《国际动物卫生法典》1.1.0.1 条中明确规定，官方兽医（Official Veterinarian）是指由国家兽医行政管理部门（指在全国范围内有绝对权威，执行、监督或审查动物卫生措施和出证过程的国家兽医机关）授权的兽医。官方兽医行使商品（指动物、动物产品、精液、胚胎/卵、生物制品和病料）的动物健康或公共卫生监督，并在适当条件下，对符合条件的商品签发卫生证书。

官方兽医制度是指由国家兽医行政管理部门授权的官方兽医，对动物及动物产品生产全过程行使监督、控制的一种管理制度。其主要特征是由国家兽医行政管理部门授权的官方兽医为动物卫生执法主体，对动物及动物产品生产实施动物卫生措施进行全过程的、独立的、公正的、权威的卫生监控，保证动物及动物产品符合卫生要求，并在此基础上签发动物卫生证书，切实降低疫病传播风险，确保食品安全，维护人类及动物健康。

据 OIE 对 143 个成员国兽医机构的调查，76％的国家实行的是这种兽医管理制度，即世界各国普遍实行这种通过官方兽医直接监控动物饲养、屠宰加工、市场销售和出入境检疫全过程的动物卫生工作的兽医管理制度。

(一) 官方兽医制度的主要类型

尽管世界多数国家普遍实行官方兽医制度，但由于各个国家政权体制、法律体系类型、文化习俗、畜牧业发展水平及地理环境等方面存在差异，故其具体做法也不尽相同，官方兽医的称呼也不完全一致。从世界各国的总体情况看，官方兽医制度大致分为三种类型：欧洲和非洲的多数国家特别是欧盟成员国属于一种类型，其官方兽医制度和 OIE 规定的完全一致，属于典型的国家垂直管理的官方兽医制度，亚洲一些国家如以色列实施的也是国家垂直管理的官方兽医制度；美洲国家如美国和加拿大属于第二种类型，采取的是联邦垂直管理和各州共管的兽医官 (Veterinary Medical Officer, VMO) 制度；澳大利亚和新西兰等大洋洲国家属于第三种类型，采用的则是州垂直管理的政策兽医 (Government Veterinarian) 制度。

(二) 官方兽医制度的基本特征

在市场经济条件下，商品的流通是相对自由的，动物及动物产品作为一种能够传播疫病的特殊商品，也不例外。因此，如何确保动物及动物产品卫生安全，降低动物疫病通过商品流通进行传播的风险，保护人类和动物健康，是世界各国和相关国际组织普遍关注的热点问题。一些发达国家，经过长期的实践和摸索，逐步认识到兽医管理工作在保证动物及动物产品的卫生安全上起着至关重要的作用。官方兽医作为动物卫生的管理者，只要其能够对动物饲养、动物屠宰、产品流通三个环节进行科学、公正、系统的监督，就可较好地解决这一问题。官方兽医制度就是在这种历史发展过程中逐步形成的，并具有如下明显特征：

1. 官方兽医制度在管理体制上属于一种垂直管理制度，官方兽医由国家兽医行政管理部门任命，对国家兽医行政管理部门负责，从而确保兽医卫生执法的公正性。

2. 在垂直管理制度下，官方兽医实施的是动物卫生工作的全过程监督，从而确保兽医卫生的系统性和完整性。动物和动物产品生产涉及三个必要环节，即动物饲养场防疫、动物屠宰卫生监督和动物流通（包括国际进出口）

过程的卫生安全。

3. 官方兽医制度以动物防疫技术和行政支持体系为后盾，确保官方兽医融技术和行政于一体，维护兽医卫生执法的公正性和科学性。

4. 官方兽医权力与责任共存，确保并促使其公正执法。

在这种管理制度之下，自然可以最大限度地降低动物疫病传播风险，确保动物及动物产品卫生安全，维护人类和动物健康。

由此可以认为，官方兽医制度是市场经济条件下一种有效的兽医管理制度。发达国家在动物疫病控制方面的重大成就也足以说明了这一点。如美国在过去 80 年里已消灭了包括 OIEA 类动物疫病在内 40 余种动物疫病；澳大利亚已消灭了 60 余种动物疫病，甚至消灭了世界上最难控制的结核病和布鲁氏菌病，可谓成就巨大；欧盟尽管国家众多，但已基本控制了 OIE A 类动物疫病。

三、大陆法系代表——德国动物卫生法律体系

德国的法律法规比较健全，法律基础坚实，能有力地贯彻落实动物卫生法律法规的措施。德国的兽医法律包括《动物疫病法》、《动物保护法》、《动物饲养法》等一些基本法律外，还包括若干相关部门所制定的条例，内容广泛，立项及条款详细具体，保证各个方面的法律规定到位。

（一）疫病控制

德国在疫病控制领域的法律规定非常详细具体，目前，共收集了包括《动物疫病法》在内的 5 部法律法规，这些法律法规从不同的方面对疫病防控进行了规定。其中《动物疫病法》是德国近 60 年来动物疫病防治工作的法律基础，各项法律法规的制定均以该法作为依据。《动物疫病法》前身是 1909 年颁布的《牲畜疫病法》，在历经七次修订后，最终形成了目前被广泛使用的版本。整理、分析这些法律法规发现，德国的动物疫病控制大体分为四项法律制度，即：疫病的预防和控制；病原管理；疫情报告；动物疫病应急管理、运输和出入境管理。《动物疫病法》分别从出入境动物疫病控制、国内动物疫病控制和监督、违法行为的处罚和法律的执行等几个方面对动物疫病的防治进行了规定。在国内疫病控制部分又对疫病的报告、重大疫病应急反应做了专门的规定。

1. 动物疫病的预防和控制 《家禽疫病条例》发布于 2004 年 11 月 3 日，是家禽类疫病防控方面的规定；《鱼类疫病条例》是有关鱼类疫病防控方面的规定；《蜂群疫病条例》发布于 2004 年 11 月 3 日，是蜂类疫病控制方面的规定；《狂犬病条例》涉及狂犬病防护措施的规定，目前使用的是 2001 年 4 月 11 日的版本；《口蹄疫条例》涉及口蹄疫防护措施的规定，目前使用的是 2004 年 7 月 5 日的版本。

2. 疫情报告及动物疫病应急管理 《须申报动物疾病条例》目前使用的是 2001 年 4 月 11 日的版本。《（必须报告）重大动物疫病》是 2004 年 11 月 3 日发布的。《发生重大动物疫情时针对感染所采取消毒措施和所需药物的规定》是 1997 年 2 月发布的。《报道动物传染病的一般行政管理规定》，目前使用的是 1994 年 11 月 24 日的版本。

3. 病原管理

（1）《动物疫病病原体条例》公布于 1991 年 11 月 25 日，是和动物疫病病原体研究工作有关的规定。

（2）《动物疫病病原体进出境条例》是有关共同体内部动物疫病病原体的运输和进出境方面的规定，目前使用的是 1982 年 12 月 13 日的版本。

4. 运输和出入境管理

（1）《动物运输法》是防止动物运输过程中动物疫情的蔓延的有关规定，目前使用的是该规定 2003 年 3 月 24 日的版本。

（2）《动物防疫法》是关于欧共体内部动物及货物的运输和进口部分的应用规定。

（3）《内部市场动物疫病法》是关于欧共体内部动物及货物的运输、进口及过境转运的规定，目前使用的是 2005 年 4 月 6 日的版本。

（4）《第三国的某种宠物进口和过境转运的规定》，目前使用的是 2003 年 7 月的版本。

（5）《联邦消费者保护、食品和农业部针对旅客出入境时携带的狗、猫及雪貂的规定》，目前使用的是 2005 年 3 月 1 日的版本。

（6）动物和动物产品运输、进口和过境转运中的过渡性的禁令及限制。

（7）针对欧共体委员会 2000 年 1 月 27 日发布的关于进口货物检测的决议的实施条例。

（8）《北—波运河动物疫病条例》是关于通过北海—波罗的海运河的动物、动物产品和动物原材料以及其他所有可能成为传染病菌载体的货物的规定（1983 年 7 月 19 日版）。

（9）公布于 1978 年 6 月 1 日的《动物疫病病原体进出境条例》。

德国动物疫病控制最显著的特点就是技术法规的大量运用，这点特别值得学习和借鉴。众所周知，新的疫病和新的技术不断出现，法律法规往往不能很快做出相应的修改，正是基于以上原因，法律法规和技术的结合是一个很好的解决方式。

（二）动物源性食品安全

德国食品安全的法律基础是《食品、日用品和饲料法典》，这一法典是 2005 年 9 月 1 日颁布的 12 618 法案的第一章，获得了联邦议会的多数票及联邦参议会的批准，根据本法第九章规定，于 2005 年 9 月 7 日起实行。该法典共分为十一章 73 条。分别对食品、饲料、化妆品和其他日用品的流通、监管等进行了规定。

另外，德国还在此法典的基础上颁布了一系列法规和标准，对食品安全的各个方面进行了规范。具体而言，德国的动物源性食品安全可以分为六个方面，即饲料管理、标识管理、卫生管理、乳和肉食品的管理、屠宰过程管理和废弃物的销毁。

1. 饲料管理

（1）《饲料法》公布于 2000 年 8 月 25 日，共分为 25 条，规范的内容涉及饲料、饲料添加剂、混合饲料的管理。

（2）《饲料条例》分为十章 38 条，还带有 12 个附件，内容涉及饲料、饲料添加剂、混合饲料及其有关方面的规定。

（3）《饲料生产条例》颁布于 1993 年 5 月 27 日，全文共 8 条。

（4）《饲料检测和分析条例》公布于 2000 年 5 月 15 日，全文共 13 条，1 个附件，规定了对饲料采样采用实验及分析方法。

（5）《禁止进口饲料条例》共有 5 条。

（6）《禁止使用、在欧共体内部运输及出口特定饲料的规定》，目前使用的是 2001 年 3 月 29 日的版本。

（7）公布于 2001 年 7 月 16 日的禁止使用饲料的二号规定。

2. 标识管理

（1）《牛登记管理实施法》是在对肉牛标识和登记工作所得的数据进行整理后制定的法律，目前使用的是 2001 年 7 月 14 日的版本。

(2)《牛标识法》公布于 1998 年 3 月 4 日，全文由 13 条组成。

(3)《牛标识条例》公布于 1998 年 3 月 14 日，全文分为五章 11 条和 1 个附件，规定了包括标识、标识系统和私人控制等方面的内容。

(4)《鱼标签法》公布于 2002 年 8 月 1 日，全文共 10 条。

(5)《鱼标签条例》公布于 2002 年 8 月 15 日，全文共 10 条。

(6)《食品标识条例》共 10 条，4 个附件。

3. 卫生管理

(1)《动物饲养法》公布于 1990 年 1 月 1 日，全文共分为八章 24 条。目前使用的是 1998 年 1 月 22 日的版本。

(2)《肉品卫生法》共 32 条，目前使用的是 1993 年 7 月 8 日的版本。

(3)《禽肉卫生法》公布于 1996 年 7 月 17 日，全文共分为六章 34 条，内容涉及禽肉的生产、流通和销售过程中的卫生管理和监督。

(4)《禽肉卫生条例》公布于 1998 年 1 月 1 日，全文共 21 条，4 个附件。该条例是《禽肉卫生法》的细化，规定的内容比《禽肉卫生法》更详细，操作性更强。

(5)《肉品卫生条例》公布于 1987 年 2 月 1 日，该条例由 20 条及 6 个附件组成。

(6)《猪饲养卫生条例》公布于 1999 年 6 月 7 日，主要内容是有关养猪所需的卫生条件的规定。

(7)《蛋类和蛋白制品条例》公布于 1993 年 12 月 29 日，全文共四章 22 条，5 个附件。

(8)《鱼卫生条例》公布于 1994 年，全文共八章 28 条，5 个附件。

(9)《乳卫生条例》公布于 1995 年 4 月 24 日，主要是针对牛奶和奶制品的卫生和质量要求的规定。

4. 乳、肉等食品管理

(1)《家畜肉品法》公布于 1977 年 3 月 21 日，共有五章 25 条。规定的内容涉及畜肉生产、销售各个方面的卫生管理。

(2)《食品卫生管理条例》是《食品和日用品法》的配套法规和细则。公布于 1997 年 8 月 5 日，详尽规范了涉及食品安全的方方面面，具有很强的针对性和可操作性。

(3)《乳制品条例》公布于 1970 年 8 月 5 日，全文共 8 条，4 个附件。

（4）《乳品条例》公布于 2000 年 7 月 31 日，全文共 30 条，12 个附件。

（5）《乳品质量条例》公布于 1980 年 7 月 9 日，全文共 8 条。

（6）《肉品条例》公布于 1987 年 2 月 1 日，全文共 20 条，7 个附件。

5. 屠宰过程管理　《动物屠宰条例》公布于 1997 年 2 月 17 日，全文共五章 18 条，3 个附件。该条例主要是对屠宰过程各个环节的规范操作予以了详细的规定。

6. 废弃物的销毁

（1）《动物类副产品销毁法》公布于 2004 年 1 月 29 日，全文共 16 条，规定的内容从疑似物的挖取开始至确定到销毁的全过程。

（2）公布于 2004 年 1 月 25 日，关于执行欧共体处理或销毁不能食用的动物副产品的规定。

（3）《特殊废品法》、《可持续经济和废品回收法》和《特殊废品利用条例》里均涉及了动物产品销毁的相关规定。

德国食品安全延续了欧盟在食品安全方面的政策，法律法规的规定涉及了各个环节，充分体现了"从农场到餐桌"的理念。

（三）兽医及相关人员管理

1. 兽医管理

（1）《联邦兽医条例》公布于 1981 年 5 月 21 日，全文由 16 条和 1 个附件组成，主要对兽医人员的责任义务、资格等方面的内容予以了规定。

（2）《兽医考核条例》全文共五章 65 条，16 个附件。这部条例规定的内容比较详细，分别就兽医教育、考试、实习和考核等和兽医素质密切相关的方面进行了规定。

（3）《兽医收费条例》公布于 1999 年 8 月 1 日，由 11 条和 1 个附件组成，该条例主要就兽医在执业过程中诊疗收费和药品收费予以规范，杜绝了行医过程中的乱收费现象。

2. 检验员的管理

（1）《禽肉检验员条例》分为 8 条，内容主要涉及检验员素质的规定。

（2）《肉品检疫员条例》共分为 8 条，主要是对检验员的要求、必修课程和工作后进修等与检验员素质密切相关的规定。

（3）《食品检验员条例》共分为 7 条，主要包括行业的要求、必修课程、进修等有关检验员素质的规定。

（4）《饲料检验员条例》共由 7 条组成，是跟人员素质密切相关的规定。

3. 其他 1992 年 10 月 15 日公布了以《动物饲养法》为依据而设立的教学课程。

德国在兽医法领域对兽医的管理还是比较完善的。为了保证兽医从业人员的素质，目前的法规规范的范围一直从进入兽医学校到从业之后。这种规范自然在一定程度上确保了兽医从业人员的素质。

（四）动物保护和动物福利

德国在动物保护和动物福利领域的法律依据是《动物保护法》。该法公布于 1987 年 1 月 1 日，共由 13 章 22 条组成，分别就虐待动物、屠杀动物、动物表演，移交、出售和买卖某些动物，动物试验，动物运输等内容，以及和动物密切有关的内容（如人员的资格、受伤动物的看护、动物居所的布置、动物屠宰的方式等）予以了规定，内容详细、具体，具有很强的可操作性。

1. 屠宰过程的保护和福利 《屠宰动物保护条例》公布于 1997 年 4 月 1 日，共分为五章 18 条，2 个附件，规定的内容涉及屠宰中各个环节动物的保护。

2. 运输过程的保护和福利 《运输中动物保护条例》公布于 1997 年 3 月 1 日，共分为七章 45 条，7 个附件，主要是关于运输中对动物进行保护规定。

3. 各类型动物的保护和福利

（1）《动物保护法——有关狗的规定》公布于 2001 年 5 月 2 日，共14 条。

（2）《野生动植物保护条例》规定的涉及野生动物保护的内容。

（3）《家养畜禽的保护条例》公布于 2001 年 10 月 25 日，全文分为四章18 条。

德国《动物保护法》出台较早，而且相关的配套法规也比较完善，虽然这样做有一部分是基于贸易的需要，但是也体现了人与自然和谐相处的理念。

（五）兽药管理

《药品法》公布于 1978 年 1 月 1 日，法律涉及兽药的有关规定，且明确将兽药分为处方药和非处方，另并对药物残留也做了规定。此法可作为兽药管理的法律依据。

1. 生物制品管理

（1）《动物疫苗条例》公布于 1978 年 1 月 4 日，分为 9 章 42 条，主要对血清、疫苗和抗原进行了规定。

（2）《动物疫苗价格条例》公布于 1998 年 5 月 15 日，包括 6 条和 1 个附件。

2. 其他

（1）《制造动物药品禁止使用某些材料的规定》。

（2）《兽医药店条例》公布于 2001 年 8 月 10 日，分为 17 条，并带有 2 个附件。

（3）《出具动物药品处方条例》共有 6 条和 1 个附件，规定了可以出具药品处方的人员，以及这些人员应遵守的相关规定。

德国针对兽药的法规并不是很多，其原因在于欧盟在兽药领域制定了大量的兽药法规，规定的内容涉及了兽药管理的各个方面。目前，出版发行的《欧盟医药产品管理规则》共分 9 卷，其中的第 4～9 卷均涉及兽药的有关规定，且这些规定涉及大量的技术法规，如有关良好生产质量管理规范的规定、兽药产品的最大残留限量及药物警戒性的规定等。

（六）组织管理

德国组织法方面的法律法规，除单独有几部外，多数在制定相关的法律法规时同时予以了规定，所以在对德国组织法进行分类时，将其大体分为两类：一是散见于各部法律法规的组织法方面的规定；二是单独的关于组织法方面的法律规定。

1. 分布于各项法律法规中的规定 由于在做体系的框架，故对这部分不能穷尽，只举例说明。《联邦关于动物疫病防治措施目录》的第 1 部分规定的是有关建立"动物疫病控制中心"模型及控制中心的职能，该部分分别对乡镇动物疫病控制中心、行政区动物疫病控制中心和州一级动物疫病控制中心建设均予以了规定。

2. 单独的规定

（1）《卫生机构改革法》公布于 1994 年 6 月 24 日，其中有涉及卫生部门中央机构改革的内容。

（2）《动物保护委员会条例》公布于 1987 年 7 月 1 日，全文共由 10 条组成，分别就准入形式、代表和程序规定等几个方面进行了规定。

（3）《牛和绵羊保险费条例》公布于 2000 年 1 月 1 日，该条例由九章 35 条和 2 个附件组成。

（七）标准和技术法规

目前世界各国在制定法规时直接写入或引入标准的现象非常普遍，并已成为制定技术法规时惯用的一种模式，德国也不例外。标准凝聚了科学技术和经验的综合成果，反映了最新技术水平，对于解决技术问题具有先进性和合理性；同时，标准的应用也使得法律条文可以避免复杂和过于详尽，使得制定出的法规更加简单明了。例如，针对疫病防治，德国专门制定了《联邦关于动物疫病防治措施目录》，每种疫病的防治措施都带有相应附件，附件内容均为相应疫病控制的标准，德国的技术法规多采取夹带附件的方式，将标准与法律法规有机结合。

（八）德国动物卫生法律体系特点

1. 从法律角度的特点

（1）德国法律法规在草案拟定阶段，需要广泛征求政府以外组织的意见，特别是相关利益集团的意见。就动物卫生法律体系而言，这些利益集团包括各类型协会、企业和大的利益团体。这种做法的优势显而易见，一方面立法者可以咨询相关的立法信息，另一方面还可以侧面了解法案公布后大众的接受力，因为这些相关的利益集团从一定程度上代表了绝大多数人的利益。

（2）法律、法规大都以总则开始，格外强调总则的作用。

（3）比较注重法典形式排列，在适当的条件下，会组织法典的编纂工作，譬如在食品安全领域，目前已经编纂的有《食品、日用品和饲料法典》。

（4）德国几乎每部法律法规的最后都有对违法行为进行处罚的相关规定，这些规定详细、具体，具有很强的可操作性。

（5）技术法规和标准结合紧密，标准对技术法规起到了技术支撑的作用。在法规中引用标准既减轻了法规起草者的负担，使他们不用再去考虑各技术细节，也避免了法规制定中因重复工作而造成技术、时间和费用上的浪费。同时，法律条文可以避免复杂和过于详尽的规定，使得制定出的法规更加简单明了。再者，由于技术法规对标准的引用，也可以省去发布的技术法规随新技术的发展而需进行不断修改的麻烦。

（6）在划分出的每个部门，几乎都有一部法律作为其他法律法规的基础，譬如在动物疫病的预防和控制方面，《动物疫病法》是其他法律法规的基础；在食品安全领域，《食品、日用品和饲料法典》是该领域其他法律法规的依据；在动物保护和动物福利方面，《动物保护法》也起到了同样的作用。

2. 从体系角度的特点

（1）动物卫生法律体系完善，划分出的六大部门几乎涵盖了卫生工作的各个方面，为动物卫生工作搭建了良好的法律基础。

（2）法律法规对动物饲养、生产、屠宰、加工及流通等各个环节的规定，充分体现了对动物卫生的全过程监控理念。

（3）在动物疫病控制方面，由于德国已经扑灭了 OIE 规定的大部分疫病，所以他们在疫病控制领域着重强调的是疫病的预防。德国和疫病预防控制有关的法律规定大约有 28 项之多，占到了疫病控制法律法规总量的 62%，这也从一个侧面反映了德国疫病控制的主导思想。

（4）德国在食品安全方面强调以预防为主，贯彻风险分析为基础的原则，对"从农田到餐桌"食品链的全过程进行控制。建立在风险评估基础上的食品安全体系，强调对食品安全的控制不在于最终产品检测即"事后检测"，而必须从源头开始，强调以预防为主的"事先控制"和对食品生产全过程进行控制。

（5）在食品安全领域，德国还格外强调了对废弃物的销毁，而且专门制定了几项法律对其予以了规定，这在一定程度上确保了食品安全所取得的成果，切断了不合格产品流入市场的渠道，保障了公众食用产品的安全。

（6）动物保护和动物福利的法律规定完善是德国的又一显著特点，德国除了制定有《动物保护法》之外，还制定了《运输中动物保护条例》、《屠宰过程动物保护条例》、《野生动植物保护条例》和《家养畜禽保护条例》。这些相关条例的发布细化了《动物保护法》，从而使动物保护工作细致、具体。针对本国饲养宠物以犬类居多的特点，德国还相应地出台了《犬保护条例》。可以说德国的动物保护工作非常详细、具体，值得借鉴。

（7）德国在兽医法领域主要对兽医资格、兽医执业资格以及兽医人员在执业收费标准都做了统一的规定，这些方面的规定翔实、具体，具有很强的可操作性，值得借鉴和推广。德国实施的是垂直管理体制下的官方兽医制度，兽医工作的执法主体为官方兽医，故官方兽医在执法过程中可以避免地方和企业的各种不正当干扰，从而保证了法律的公正性、权威性和强制性。

（8）德国还专门出台了一系列针对肉品、食品、饲料检验员的规定，确保了这些人员的执业规范。

（9）德国有关兽药的规定不是太多，究其主要原因在于欧盟在这方面已经做了大量的规定。

（10）在兽药管理领域，德国将兽药分为处方药和非处方药，处方药必须有兽医出具的处方才可以买到，该举措很好地规范了兽药市场的秩序。

四、英美法系代表——美国动物卫生法律法规体系

在英美法系中，美国法占有特别重要的地位，这不仅是因为美国在政治影响、经济、军事力量方面是世界最强大的国家之一，而且主要是因为美国自独立战争以来的 200 多年里，法律经历了独特的发展过程，具有许多自己的特征，并通过其强大的实力影响着其他英美法系国家乃至全世界的立法。

（一）当代美国法律体系概况

1. 联邦法和州法　美国是个联邦制国家，其法律体系是由联邦法和各州法组成的。联邦和州可分别在各自的立法权限范围进行立法。联邦法包括联邦宪法、联邦法律、联邦行政规章、联邦普通法，州法包括州宪法、州法律、州行政规章、州普通法。动物卫生方面的规定主要体现在联邦法律、联邦行政规章、州法律和州行政规章等制定法中。

2. 法律效力的等级　根据法律效力的高低，美国的法律法规可以分为八个层次或八个级别。第一层次或最高级别的法律是联邦宪法；第二层次是联邦法律；第三层次是联邦行政规章；第四层次是联邦普通法；第五层次是州的宪法；第六层次是州的法律；第七层次是州的行政规章；第八层次即最低级别的法律，是州的普通法。这些不同层次的法律共同构成了当代美国法律的体系。虽然就法律效力而言，联邦法高于州法，但是联邦法并不能随意推翻或改变州的法，而只能在联邦宪法授权的范围内规范各州的法律事务。

3. 制定法的"法典化"　随着美国制定法的不断增加，为了便于对法律、行政规章的管理，联邦和州都对议会立法和政府部门颁布的行政规章进行了"法典化"。联邦把每年颁布的联邦议会立法都收录于《美国法典》（United States Code，U. S. Code），每六年修订一次，把六年内新颁布和修正过的法律都整理收录其内，现行最新版本为 2000 年版。而联邦政府部门颁布的行政规章都收录于《联邦法典》（Code of Federal Regulations，CFR），每年修订一次，现行最新版本为 2005 年版。据统计，《联邦法典》

每年都要新增加 8 万多页。同时，各州也会把州法律收录于州的《法律汇编》，把州政府公布的行政规章收录于州的《规章汇编》。

（二）美国动物卫生法律体系组成

美国涉及动物卫生的联邦法律大部分都收录于《美国法典》第七卷的农业卷和第二十一卷的食品与药品卷，如《动物健康保护法》和《联邦食品、药品与化妆品法》；联邦行政规章大部分都收录于《联邦法典》第七卷的农业卷、第九卷的动物及其产品卷和第二十一卷的食品与药品卷。美国动物卫生法律体系初步统计表明，美国联邦现行动物卫生法律 15 部，行政规章 134 部，内容主要涉及兽医机构组织、动物疫病防控、动物源性食品安全、兽药与饲料管理、动物福利、兽医管理等六方面。其中，涉及兽医机构组织法律 2 部、行政规章 5 部；动物疫病防控法律 1 部、行政规章 26 部；动物源性食品安全法律 4 部、行政规章 39 部；兽药和饲料管理法律 2 部、行政规章 42 部；动物福利法律 5 部、行政规章 6 部；兽医管理法律 1 部、行政规章 5 部。其动物卫生法律法规体系构架图如图 4-1 至图 4-5。

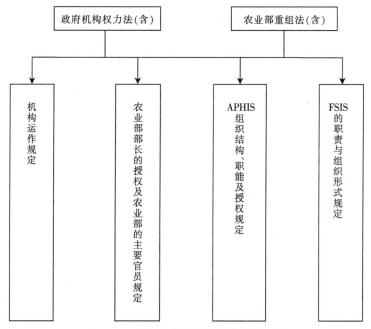

图 4-1　兽医机构组织法律体系框架图

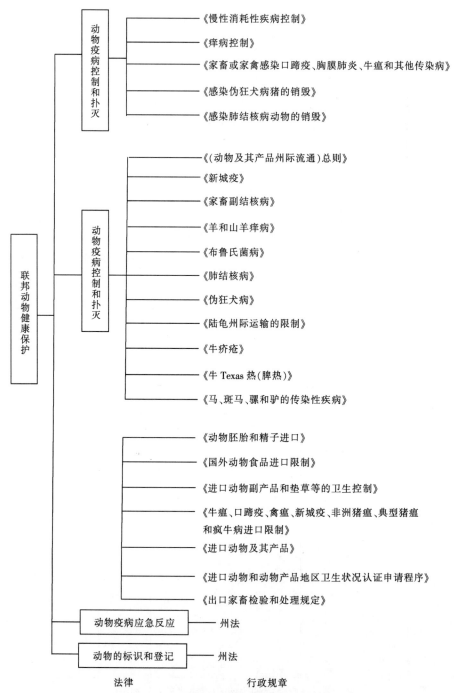

图 4-2 美国动物疫病防控法律体系框架图

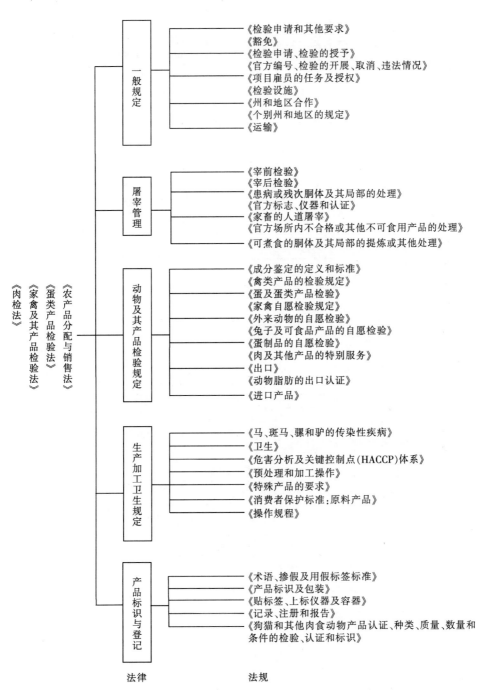

图 4-3　美国动物源性食品安全法律体系框架图

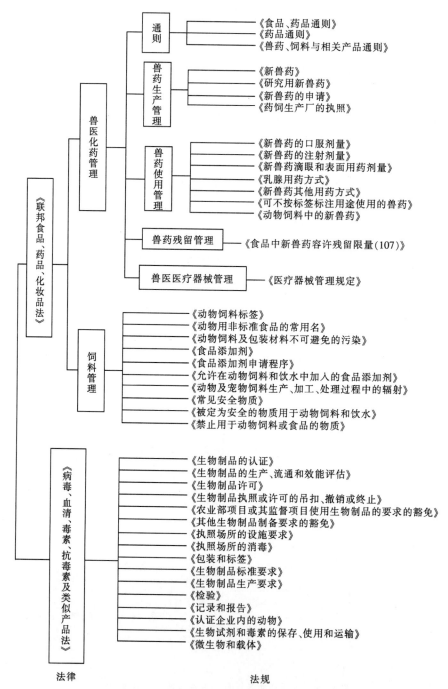

图4-4 美国兽药与饲料管理法律体系框架图

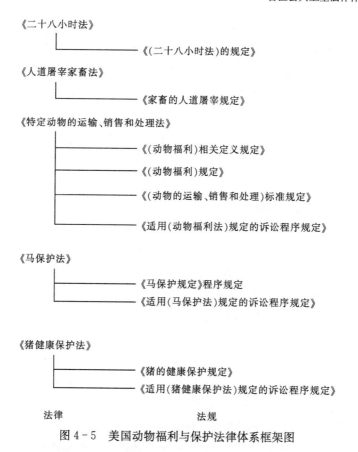

图 4-5 美国动物福利与保护法律体系框架图

（三）美国动物卫生法律体系的特点

归纳美国兽医机构组织、动物疫病防控、动物源性食品安全、兽药和饲料管理、动物福利与保护、兽医管理等六方面的立法特点，并在此基础上总结出美国动物卫生立法的一般特点。

1. 兽医机构组织 美国兽医机构组织法律体系框架主要特点有：一是层级分明、衔接有序。既有国会立法又有行政规章，从部门大小逐级规定。国会立法《政府机构权力法》、《农业部重组法》规定了各部长的权力以及规定农业部部长可把法律法规授予的权力转移给各个分支机构及机构主管。行政规章《机构运作规定》则规定了农业部各机构的办公室地点等基础性事项，《农业部部长的授权及农业部的主要官员规定》规定了农业部主要官员组成和各机构主管的职责，在此基础上，最后《APHIS（Animal and Plant

Health Inspection Service，动植物卫生检验局）组织结构、职能及授权规定》规定了各机构下设部门的组成及部门主管的职责及部门具体负责执行的法律。二是授权明确。行政规章会针对各局级以上的部门（如 VS、APHIS、农业部等）设定独立的章节，详细列明部门及其主管的组成和职责。如根据《农业部部长的授权及农业部的主要官员规定》，APHIS承担着56 部法律授权农业部的职能。主要包括保护美国的农业卫生、向其他国家证明美国的这种卫生状况、支持以科学为基础的国际卫生标准的制定。根据《APHIS 组织结构、职能及授权规定》规定，APHIS 由 6 个项目管理部门和 3 个管理支持部门组成。其中项目管理部门包括兽医局、动物保健局、野生动物局、植物保护和检疫局、国际事务局、生物技术管理局，管理支持部门包括立法和公共事务局、政策和项目发展局、市场和管理项目事务局。APHIS 内设署长一名；副署长一名；署长帮办九名，作为 6 个项目管理部门和 3 个管理支持部门的主管。因此，上至农业部及其部长，下至最小行政部门及其主管的组成和职责都有法律法规明确授权，最终达到各司其职，依法行政。

2. 动物疫病防控　美国动物疫病防控法律体系特点主要为：一是没有单独针对动物及其产品进出口管理的国会立法；二是针对个病立法；三是"严进宽出"的进出口管理立法；四是以国家动物卫生状况为出发点立法。没有单独针对动物及其产品进出口管理的议会立法。

（1）**只在《联邦动物健康保护法》中对动物及其产品进出口管理原则作规定**　《联邦动物健康保护法》在"总则"、"进口和进入限制"及"出口"三章中规定了动物及其产品的进出口原则性规定。规定部长可发布指令和条例禁止有害动物及其产品进入美国境内，并可命令对已进入美国境内的动物及其产品进行销毁或清除；还规定部长可禁止或限制特定动物及其产品的进出口，并在行为发生后采取补救措施等。

（2）**针对个病立法**　无论是动物疫病控制和扑灭的立法，或是动物疫病应急反应立法，还是动物及其产品流通管理立法，都是针对个病而制定的。如动物疫病控制和扑灭的立法针对肺结核病、布鲁氏菌病、伪狂犬病、口蹄疫、胸膜肺炎、牛瘟、新城疫、高致病性禽流感、鲑鱼传染性贫血、鲤鱼春季病毒败血症、痒病、慢性消耗性疾病等 12 种动物疫病制定了六部法规。

（3）**"严进宽出"的动物及其产品进出口管理立法**　主要体现在以下两方面：首先，从标题上看，涉及动物及其产品进出口的共有八部，只有《出口家畜检验和处理规定》是关于出口的规定，剩下的七部都是关于进口的规定。由此，可看出美国的"严进宽出"措施。其次，从内容上看，《出口家畜检验和处理规定》从"一般规定"、"诊断实验和治疗"、"出境口岸和卫生证书"、"船只及其饲养环境的检验"以及"飞机的清洁和消毒"五方面作出规定。只有"一般规定"对动物及其产品出口的产地卫生证书、检验、测试、运输、移动等方面作出了规定，"诊断实验和治疗"分别对猪、牛、羊、鹿等动物可能患有的特定疫病的诊断和治疗作出了规定，其他方面的内容仅是对动物在各场所内存养的环境作出规定，并未过多涉及限制出口的规定。对于动物及其产品的进口，先规定了必须来自无疫区，而无疫区的认证由APHIS进行。因此，在《进口动物和动物产品：地区卫生状况认证申请程序规定》规定了地区卫生状况认证申请程序，然后对动物、动物产品分门别类地进行规定。《进口动物、鸟和家禽及其产品规定》以动物种类不同进行分类，分别对鸟类、家禽、马、反刍动物、猪、狗、大象等动物的进口作出规定，内容涉及以下几个方面：①相关定义；②一般禁令；③运输工具的检验、卸货、清洁及消毒；④进口许可，进口特定动物的指定港口，动物的认证，相关文件等；⑤到检疫站卸载，检疫要求，检疫设施，检疫站规定，被检动物的乳、被检动物的粪便及检出疫病的处理等方面，基本涵盖了动物及其产品进口的方方面面。另外5部相关法规则对各种动物产品的进口作规定，这里的动物产品主要是动物副产品、胚胎和精子等非供人类食用的产品。对于肉类等供人类食用的动物产品的规定，在动物源性食品安全方面的法规中有更详尽的规定。

（4）以实际情况为出发点立法　动物可能患有的疫病多达200多种，但美国只针对12种动物疫病制定了控制、扑灭及流通管理的法律、行政规章。结合法律条文内容和美国动物疫病状况，可初步得出美国在这方面的立法背景。首先，美国境内不存在或已扑灭了小反刍兽疫、裂谷热、猪瘟、非洲马瘟、非洲猪瘟、禽流感、蓝舌病和流行性出血病、速发型新城疫、鼻疽、心水病、口蹄疫、日本脑炎、牛瘟、牛传染性胸膜肺炎、牛流行热、牛海绵状脑病、猪水泡病、猪水泡疹、水泡性口炎、马媾疫、马传染性子宫炎、马麻疹病毒性肺炎、委内瑞拉马脑脊髓炎、绵羊和山羊传染性无乳症、绵羊痘和山羊痘、山羊传染性胸膜肺炎、羊风毒癞、绵羊内罗毕病、赤羽病、东岸热、流行性淋巴管炎、出血性败血病、结节性皮肤病、恶性卡他热、兔出血病、非洲动物锥虫病、巴贝斯虫病、外来虫媒病、牛多乳头副丝虫病、螺旋

蝇疽病、猪传染性脑脊髓炎、欧洲鸡瘟等 40 多种动物疫病，基本消灭了
OIE 规定的 A 类病，现存的动物疫病的危害性都不大，可通过联邦疫病扑
灭计划分阶段逐步消除，如美国兽医局现阶段正在实行结核杆菌病、布鲁氏
菌病、伪狂犬病和痒病的扑灭计划，相应的，行政规章只规定了几个动物疫
病的控制和扑灭。这一点非常值得我们借鉴。

　　另外，美国联邦政府与州政府签署了协议，跨州事项及进出口事项
由联邦政府管理，并对根据《联邦法典》规定而扑杀的动物进行补偿。
具体疫病控制和扑灭工作，由州政府负责，州可立法规定动物疫病的控
制和扑灭工作。如佛罗里达州的法律对疥疮和蜱病、牛结核病、牛布鲁
氏菌病、猪病等的控制和扑灭作了原则性规定，分别对各疫病相关定
义、一般措施、检测、疫区划定、发病动物的扑杀、动物的移动等作规
定，对于可接种的疫病，法律还对其疫苗及免疫接种方面作出规定；而
州的行政规章则对牛布鲁氏菌病、禽流感、亚洲型新城疫、禽白痢、禽
伤寒、猪瘟、猪伪狂犬病、牛毛滴虫病等动物疫病的控制和扑灭作了详
细规定。

　　3. 动物源性食品安全　　美国非常注重动物源性食品的安全，从其对动
物源性食品安全立法的细致程度就可体现出来。其立法的细致主要表现在：
第一，针对红肉、白肉和蛋类制定了 3 套不同的法律、行政规章。针对红
肉、白肉和蛋类，国会分别制定和颁布了《肉检法》、《家禽及其产品检验
法》、《蛋类产品检验法》。FSIS（Food Safety and Inspection Service，食品
安全检验局）针对红肉动物的屠宰、红肉的检验、生产等制定了一系列的法
规；针对产白肉动物制定了《禽类产品的检验规定》，对禽类屠宰、肉品检
验等作了规定；针对蛋类产品制定了《蛋及蛋类产品检验规定》和《蛋制品
的自愿检验规定》。第二，重点突出。由于美国人饮食习惯以红肉为主，因
此，美国法律法规对红肉的安全检验非常重视，此方面的立法最为详细，所
涉及的方面多单列为一部行政法规，针对红肉安全所制定和颁布的法规接近
20 部。

　　此外，美国针对动物源性产品的进出口制定了《农产品分配与销售法》，
对部分进出口产品的安全检验及兔子、家禽等自愿检验作了规定。FSIS 还
制定了《家禽自愿检验规定》、《外来动物的自愿检验规定》、《兔子及可食产
品的自愿检验规定》、《蛋制品的自愿检验规定》。先以自愿检验的原则对特
定动物及动物产品施行检验措施，一旦此种自愿检验措施普及后，势必发展

为强制性检验措施，在全国施行。此种由自愿到强制执行的法规推广方式也是值得我们借鉴的。

4. 兽药与饲料管理　美国兽药管理立法有两大特点：一是兽医化药与兽医生物制品的立法各自独立，各成体系；二是人药、兽医化药、食品、饲料同在一部国会立法中规定，但在行政规章层次则分开规定。

兽医化药与兽医生物制品的立法各自独立，各成体系。国会立法层次，涉及兽医化药管理的由《联邦食品、药品和化妆品法》规定，涉及兽医生物制品管理的由《病毒、血清、毒素、抗毒素及类似产品法》规定。行政规章层次，涉及兽医化药管理的法规共有 16 项，均由卫生部下设 FDA（Food and Drug Administration，食品和药品管理局）制定和颁布；涉及兽医生物制品管理的法规 16 部，均由 APHIS 制定与颁布。涉及两者的国会立法和行政规章互不交叉，互不干涉，各自独立，各成体系。

在立法分离的基础上，两者的行政执法也是分离的，人用生物制品归 FDA 管理，兽医生物制品归农业部 APHIS 下设的兽医局管理。人药、兽医化药、食品、饲料同在一部国会立法中规定，但在行政规章层次则分开规定。美国《联邦食品、药品和化妆品法》把所有人用药物、兽医化药、食品、饲料、医疗器械（人用和兽用）等都作为其调控对象而作出规定，但在行政规章层次，则分开规定形成了五套法律体系。其中，涉及兽医化药的行政规章 16 项，囊括了通则、兽医化药生产管理、兽医化药使用管理、兽医化药残留限量管理等规定；涉及兽医医疗器械的管理，与人用医疗器械管理共同作出规定，初步统计有 40 多部法规，内容涵盖器械的标识、记录的保存、各医科对医疗器械的要求、器械中各部件的规格等；涉及饲料管理的行政规章 10 部，内容包括饲料生产、添加剂的应用管理等。把兽药、动物饲料与人用药品、食品合并在一部法律里规定，说明美国对兽药和动物饲料生产、使用安全的重视，但这对兽医从业人员的法律知识水平要求较高，需要能辨别具体适用于动物的规定，从而依法行医。

5. 动物保护与福利　美国十分重视动物的福利和保护，其在这方面的立法历史悠久，于 1873 年便颁布实施第一部动物福利法——《二十八小时法》。发展至今，美国动物福利与保护立法已相当健全。首先，立法层次分明。美国现行涉及动物福利与保护的法律 5 部，行政规章 7 部，每部法对应着至少有 1 部法规作为其实施细则，从而实现了动物福利的可操作性。其次，立法内容广泛，涉及动物饲养、运输、屠宰等环节，囊括猪、马、牛、羊、猫、狗、仓鼠、兔、非人类灵长动物等动物。第三，重点突出。美国除了注重在日常环节对动物福利的保护，还会针对一些特别重要事项立法，如针对使用剩饭等"垃圾"食品来饲喂猪的情况，美国就特意颁布了 1 部法律和 1 部行政规章来明文禁止。

6. 兽医管理　美国没有单独针对兽医行政的法律，一些普遍性规定的法律都适用于兽医行政。同时，涉及动物卫生的所有法律，都针对行政、侵权请求、处罚等事项作了原则性的规定，各法规更细化了这方面的规定。此外，美国非常重视行政救济。针对动物福利、生物制品、动物及其产品进出口等事项都制定了诉讼程序法规，共 7 部。在美国，兽医从业管理属于州的事务。因此，联邦层面上没有专门针对兽医从业的法律，但各州基本都会有一部"兽医执业法"和一部"兽医管理规定"，对兽医执业范围、执照管理、继续教育、从业管理等事项作规定。另外，美国为了让执业兽医能够合法地协助联邦政府完成动物疫病的控制工作，《动物健康保护法》中规定要实行认证兽医制度，APHIS 颁布了 3 部行政规章以具体实施该制度。

7. 美国动物卫生立法的一般特点　在研究美国动物疫病防控等六方面法律体系框架特点的同时，发现美国动物卫生法律体系框架还有下列五项特点：第一，有权制定动物卫生行政规章的机关较多，主要包括农业部及其下设的 APHIS、FSIS，卫生部及其下设的 FDA。农业部主要针对兽医机构组织管理立法，APHIS 主要针对动物疫病防控、动物福利和保护、兽医管理、兽医生物制品等方面立法，FSIS 主要针对动物源性食品安全方面立法，卫生部主要针对兽医化药管理机构组织管理立法，FDA 主要针对兽医化药和饲料管理立法。在立法机关"众多"的情况下，如何实现各机关立法间的衔接和协调，实现全过程管理，是值得进一步研究的。第二，结合国情立法，重点突出。美国在针对动物疫病防控立法时，根据国内动物卫生情况只对肺结核病等 12 种动物疫病制定了六部行政规章，而没有囊括所有动物疫病；在针对动物源性食品安全立法时，由于国人饮食以红肉为主，故以控制红肉动物屠宰、红肉生产等为重点制定的行政规章多而细致；此外，美国为了突出对兽医生物制品管理和重点管制使用剩饭等"垃圾"食品来饲喂猪的情况，还单独就这两方面的事项各制定一套法律法规体系。第三，一个领域出现多个平行立法。美国在针对动物疫病防控管理等六方面立法时，每方面都会制定一到多部法律，然后会根据每部法律分别制定行政规章，从而形成一个领域内出现多个平行立法。如美国针对动物福利的立法出现了几个平行的立法：①人道屠宰家畜法：家畜的人道屠宰；②特定动物的运输、销售和处理法：（动物福利）相关定义、（动物福利）规定、（动物的运输、销售和处理）标准、适用（动物福利法）规定的诉讼程序；③马保护法：马保护条例、适用（马保护法）规定的诉讼程序；④猪健康保护法：猪的健康保护条例、适用（猪健康保护法）规定的诉讼程序。

第三节　我国动物卫生法律体系

一、我国动物卫生法律体系分类

2008 年 1 月 1 日起施行的《中华人民共和国动物防疫法》是我国动物卫生管理的一部基本法，也是我国动物卫生管理的母法。此法令于 1997 年 7 月 3 日第八届全国人民代表大会常务委员会第二十六次会议通过，2007 年 8 月 30 日第十届全国人民代表大会常务委员会第二十九次会议修订通过。法律涉及动物疫病的预防、动物疫情的报告、通报和公布、动物疫病的控制和扑灭、动物和动物产品的检疫、动物诊疗、动物防疫监督管理、保障措施和法律责任等十章内容，涵盖了动物卫生监督和管理的所有范围。虽然我国对《中华人民共和国动物防疫法》进行了及时有效的修订，扩大和加强了法律对动物卫生监管的范围，但是目前配套规章还有待完善。

为了清晰地了解我国目前动物卫生法律体系的现状，依据法律的调整对象（即法律调整的社会关系）和调整方法的不同，将动物卫生方面的法律法规大体划分为七大法律体系，分别是：疫病防控、动物源性食品安全、兽药管理、动物保护和福利、兽医人员管理、兽医组织机构和动物卫生标准及规范。

二、我国动物卫生法律体系组成

（一）动物疫病防控

我国有关动物疫病防控方面主要的法律法规和规章有：《中华人民共和

国动物防疫法》、《重大动物疫情应急条例》、《病原微生物实验室生物安全管理条例》、《国家突发重大动物疫情应急预案》、《全国高致病性禽流感应急预案》、《小反刍兽疫防控应急预案》、《动物病原微生物分类名录》、《动物疫情报告管理办法》、《高致病性动物病原微生物实验室生物安全管理审批办法》、《国家动物疫情测报体系管理规范（试行）》、《兽医微生物菌种保藏管理试行办法》、《国家进境动物隔离检疫场管理办法》、《农业部重点开放实验室管理办法》、《农业系统实验动物管理办法（修正）》、《种畜禽管理条例》、《种畜禽管理条例实施细则》、《（种畜禽生产经营许可证）管理办法》、《实验动物管理条例》、《实验动物许可证管理办法（试行）》、《防治布氏杆菌病暂行办法》、《动物检疫管理办法》、《动物防疫条件审核管理办法》等。

我国动物疫病防控的法律制度基本上可以分为五类，它们是动物疫病的预防和检疫监督、应急反应、疫情报告、实验室及病原微生物的管理和实验动物管理。

1. 动物检疫监督　涉及动物检疫监督工作法律依据的法律法规和规章主要有 5 部，分别是《中华人民共和国动物防疫法》、《动物防疫条件审查办法》、《动物检疫管理办法》、《国家进境动物隔离检疫场管理办法》和《防治布氏杆菌病暂行办法》。

（1）《中华人民共和国动物防疫法》在 2007 年 8 月 30 日中华人民共和国第十届全国人民代表大会常务委员会第二十九次会议修订通过，并于 2008 年 1 月 1 日起施行。这部法共分为十章，分别从动物疫病的预防、动物疫情的报告、通报和公布、动物疫病的控制和扑灭、动物和动物产品的检疫、动物诊疗、动物防疫监督管理、保障措施和法律责任等方面予以规定。

（2）《动物防疫条件审查办法》于 2010 年 1 月 21 日以第 7 号部长令发布，并于 2010 年 5 月 1 日施行。办法包括总则、饲养场和养殖小区动物防疫条件、屠宰加工场所动物防疫条件、隔离场所动物防疫条件、无害化处理场所动物防疫条件、集贸市场动物防疫条件、审查发证、监督管理、罚则及附则等，共十章 41 条。

（3）《动物检疫管理办法》是根据 1997 年颁布的《中华人民共和国动物防疫法》的有关规定，于 2002 年 5 月 24 日经农业部第十一次常务会议审议通过，并于 2002 年 7 月 1 日正式实施的。2010 年 1 月 21 日以第 6 号部长令发布了新修订的《动物检疫管理办法》，并于 2010 年 3 月 1 日施行。办法包括总则、检疫申报、产地检疫、屠宰检疫、水产苗种产地检疫、无规定动物疫病区动物检疫、乳用种用动物检疫审批、检疫监督、罚则及附则等，共十章53条。

(4)《国家进境动物隔离检疫场管理办法》是农业部根据《中华人民共和国进出境动植物检疫法》及其他动植物检疫法规的有关规定，于1996年12月2日起实施。

(5)《防治布氏杆菌病暂行办法》是卫生部和农业部联合发布的一项规定，自1980年3月1日起实施，本办法共八章20条。

2. 进出境检疫规定 出入境检疫的法律依据主要是《中华人民共和国进出境动植物检疫法》和以《中华人民共和国进出境动植物检疫法》为依据先后颁布的7部法规和规章，分别是《中华人民共和国进出境动植物检疫法实施条例》、《进境动物检疫管理办法》、《出境动物检疫管理办法》、《进境动物遗传物质检疫管理办法》、《过境动物和动物产品检疫管理办法》、《国家进境动物隔离检疫场管理办法》和《进境水生动物检验检疫管理办法》。

(1)《中华人民共和国进出境动植物检疫法》是在第七届全国人民代表大会常务委员会第二十二次会议上通过的，并于1992年4月1日起生效。这部法律共分为八章50条，分别从进境检疫、出境检疫、过境检疫、携带、邮寄物检疫、运输工具检疫等方面对防止病虫害的传入、传出进行了全面的规定。

(2)《中华人民共和国进出境动植物检疫法实施条例》由国务院根据《中华人民共和国进出境动植物检疫法》的规定制定，于1997年1月1日起生效。本条例共分为十章86条，规定的内容涉及检疫的审批；进境、出境和过境检疫；携带、邮寄物检疫；运输工具检疫；检疫监督和法律责任等方面。

(3)《进境动物检疫管理办法》、《出境动物检疫管理办法》、《过境动物和动物产品检疫管理办法》均由原国家商检局依据《中华人民共和国进出境动植物检疫法》的有关规定制定。

(4)《进境动物遗传物质检疫管理办法》由国家质量监督检验检疫总局依据《中华人民共和国进出境动植物检疫法》的有关规定制定，于2003年7月1日起施行。

(5)《国家进境动物隔离检疫场管理办法》由农业部依据《中华人民共和国进出境动植物检疫法》的有关规定制定，于1996年12月6日起施行。

(6)《进境水生动物检验检疫管理办法》由国家质量监督检验检疫总局

局务会议审议通过，自 2003 年 11 月 1 日起施行。

3. 应急反应规定　为完善突发重大动物疫情应急处理机制，提高快速反应能力，国务院已经制定了《重大动物疫情应急条例》、《国家突发重大动物疫情应急预案》和《全国高致病性禽流感应急预案》来加强动物疫病预防控制体系建设。

(1) 依据 1997 年颁布的《中华人民共和国动物防疫法》的有关规定，经国务院第 113 次常务会通过了《重大动物疫情应急条例》，并于 2005 年 11 月 16 日起施行。该条例共分为六章 49 条，分别就应急准备、疫病监测、报告和应急处理等方面进行了规定。

(2) 为及时、有效地预防、控制和扑灭高致病性禽流感，确保养殖业持续发展和人民健康安全，依据 1997 年颁布的《中华人民共和国动物防疫法》的有关规定，国务院于 2004 年 2 月 3 日公布了《全国高致病性禽流感应急预案》。这项预案就禽流感疫情的报告、确认、疫情等级、疫情暴发时各部门分工和包括物资、资金在内的各项保障措施都予以了详细的规定。

(3) 为了最大限度地减轻突发重大动物疫情对畜牧业及公众健康造成的危害，保持经济持续、稳定、健康发展，保障人民身体健康，依据 1997 年颁布的《中华人民共和国动物防疫法》的有关规定，国务院于 2006 年 2 月 27 日颁布了《国家突发重大动物疫情应急预案》。这项预案对应急组织体系及职责、突发重大动物疫情的监测、预警与报告突发、重大动物疫情的应急响应和终止、善后处理、突发重大动物疫情应急处置的保障都予以了详细的规定。

4. 疫情报告规定　疫情报告制度是指发生动物疫病后及时向国际、国内社会公布的制度。同时参照国际通行做法，采取限制疫区内动物及其产品流动的措施，避免疫情在地区间的传播蔓延。我国疫情报告制度目前主要由两部法规作为其法律依据，即《动物疫情报告管理办法》和《国家动物疫情测报体系管理规范（试行）》。

(1)《动物疫情报告管理办法》是农业部根据《中华人民共和国动物防疫法》的有关规定制定，并于 1999 年 2 月 19 日起生效，全文共 14 条。

(2)《国家动物疫情测报体系管理规范（试行）》也是由农业部制定颁布的，并于 2002 年 6 月 10 日起效，全文共五章 32 条。

5. 病原微生物和实验室管理规定　实验室管理的法律依据主要见于《病原微生物实验室生物安全管理条例》、《高致病性动物病原微生物实验室生物安全管理审批办法》、《农业部重点开放实验室管理办法》。

(1)《病原微生物实验室生物安全管理条例》经国务院第 69 次常务会议通过，并于 2004 年 11 月 12 日起施行。该条例分为七章 72 条，规定的内容涉及病原微生物的分类、管理，实验室的设立与管理、实验室的感染控制，监督管理等方面。

(2)《高致病性动物病原微生物实验室生物安全管理审批办法》经农业部第 10 次常务会议审议通过，自 2005 年 5 月 20 日起施行。

(3)《农业部重点开放实验室管理办法》自 1996 年 4 月 15 日起施行，该办法规定了申报部级重点实验室的条件和程序及其管理等方面的内容。病原微生物管理的法律依据主要见于《病原微生物实验室生物安全管理条例》、《兽医微生物菌种保藏管理试行办法》和《动物病原微生物分类名录》。

(4)《兽医微生物菌种保藏管理试行办法》于 1980 年 11 月 25 日起实施，全文共八条 21 款。

(5)《动物病原微生物分类名录》是农业部依据《病原微生物实验室生物安全管理条例》的有关条款制定，并经农业部第 10 次常务会议审议通过，自 2005 年 5 月 24 日起施行。

6. 种畜和实验动物管理规定 实验动物管理的法律依据主要见于《实验动物管理条例》、《农业系统实验动物管理办法（修正)》和《实验动物许可证管理办法》。

(1)《实验动物管理条例》是国家科学技术委员会于 1988 年 11 月 14 日发布实施的，全文共 35 条，分别从实验动物的饲养管理、传染病的检疫和控制、应用及进出口、人员的管理等方面进行了规定。

(2)《农业系统实验动物管理办法（修正)》是农业部对 1995 年 4 月 21 日发布的《农业系统实验动物管理办法》予以修订，并于 1997 年 12 月 25 日起实施。

(3)《实验动物许可证管理办法》由科学技术部依据《实验动物管理条例》的有关条款制定，于 2002 年 1 月 1 日起实施。全文对许可证的审批、发放、管理、监督和人员的管理进行了规定。

种畜禽管理的法律依据主要见于《种畜禽管理条例》、《种畜禽管理条例实施细则》和《（种畜禽生产经营许可证）管理办法》。

(4)《种畜禽管理条例》经国务院令第 153 号发布，于 1994 年 7 月 11 日起施行。全文共六章 27 条，包括畜禽品种资源保护、畜禽品种培育和审定、种畜禽的生产经营等几个方面。

（5）《种畜禽管理条例实施细则》和《（种畜禽生产经营许可证）管理办法》分别由农业部制定实施。

以 1997 年颁布的《中华人民共和国动物防疫法》为依据相继出台的一系列的法律法规，对加强动物疫病防控能力，促进畜牧业发展起到了积极的作用。但是，我国的疫病防控形势还很不乐观，一些重大动物疫病还时有发生，如 SARS 和禽流感疫情的暴发，严重影响和制约了我国畜牧业的正常发展，也暴露出了现有动物疫病防控体系的一些问题：①一些地方政府和部门对动物防疫的重要性及动物疫病给人类健康、社会安定等带来的危害认识不足。动物防疫涉及食品安全的源头、公共卫生和人类健康，涉及经济发展和广大农民利益，属社会公益事业，但从政策体现不出，投入严重不足。动物卫生防疫行政及其动物卫生工作者待遇低。②必要的动物疫病防控制度尚未建立。动物疫病监测、预警和财政保障机制缺乏相应的规定，政府及其部门职责不明确，动物疫病不能及时发现，防控措施不能及时有效落实。特别是动物扑杀没有补偿或者补偿不到位、不及时，使养殖者的合法权益得不到保障，动物疫病防控难度加大。③已有的动物疫病防控制度尚待完善。动物强制免疫和疫病控制、扑灭措施实施主体的职责规定不够具体，尤其是对社会有关单位和个人在动物疫病防控中的义务不明确，养殖者对动物防疫工作消极，甚至逃避，动物防疫工作缺乏广泛的社会基础，特别是缺乏养殖者的积极参与。④与国际通行做法不接轨。OIE 有关动物疫病区域化的管理制度，以及国外普遍实行的官方兽医和执业兽医制度在我国没有法律确认，难以在实践中推行，不利于提高我国的兽医管理水平和动物卫生保护水平。⑤对违法行为规定的处罚不够，对一些违法行为没有规定相应的处罚措施，或者处罚力度偏轻。

对此，新修订的《中华人民共和国动物防疫法》做出了调整和增加，与1997 年的《中华人民共和国动物防疫法》相比，新增了动物疫情报告、通报和公布、动物诊疗和执业兽医管理、保障措施等内容，修改了绝大部分条款，增加了风险评估制、追溯管理、疫情预警、区域化管理、疫情认定、国际通报、官方兽医、执业兽医、官方兽医签字、保障措施和补偿制度等 11个法律制度。《中华人民共和国动物防疫法》修订之后对我国动物疫病预防、控制和扑灭、维护社会公共卫生安全起到了重要作用。

（二）动物源食品安全相关法律法规

随着我国经济的快速发展、国际贸易额的稳步攀升，我国在动物源性食品安全方面也取得了一些成就。这些成就的取得和我国政府重视法制建设密切相关。目前，我国在动物源性食品安全方面已经制定的法律有 3 部，法规 21 部。主要有《中华人民共和国农产品质量安全法》、《中华人民共和国食品卫生法》、《中华人民共和国进出境动植物检疫法》、《中华人民共和国进出境动植物检疫法实施条例》、《饲料和饲料添加剂管理条例》、《国务院关于加强食品等产品安全监督管理的特别规定》、《畜禽标识和养殖档案管理办法》、《生猪屠宰管理条例》、《生猪屠宰管理条例实施办法》、《进口饲料和饲料添加剂登记管理办法》、《新饲料和新饲料添加剂管理办法》、《允许使用的饲料添加剂品种目录》、《饲料添加剂和添加剂预混合饲料产品批准文号管理办法》、《饲料添加剂和添加剂预混合饲料生产许可证管理办法》、《禁止在饲料和动物饮用水中使用的药物品种目录》、《饲料产品认证管理办法》、《饲料产品认证实施规则》、《动物源性饲料产品安全卫生管理办法》、《进境动物产品检疫管理办法》、《出口食用动物饲用饲料检验检疫管理办法》、《出境动物产品检疫管理办法（试行）》、《进出境肉类产品检验检疫管理办法》、《进境肉类产品检验检疫管理规定》、《进境动物和动物产品风险分析管理规定》等。

我国动物源性食品安全这一部法律包含的法律制度有五项：饲料和饲料添加剂管理、屠宰检疫、畜禽标识和养殖档案管理、进出境动物产品的检疫和食品及食品包装的管理。

1. 饲料及饲料添加剂管理规定 已经收集到的作为饲料和饲料添加剂管理法律依据的法律法规主要有 9 部，分别是《饲料和饲料添加剂管理条例》、《进口饲料和饲料添加剂登记管理办法》、《新饲料和新饲料添加剂管理办法》、《允许使用的饲料添加剂品种目录》、《饲料添加剂和添加剂预混合饲料产品批准文号管理办法》、《饲料添加剂和添加剂预混合饲料生产许可证管理办法》、《禁止在饲料和动物饮用水中使用的药物品种目录》、《动物源性饲料产品安全卫生管理办法》、《饲料产品认证管理办法》。

（1）《饲料和饲料添加剂管理条例》由国务院制定颁布，并于 2001 年 11 月 29 日起实施。本条例共分为五章 35 条，主要从饲料和饲料添加剂审定与进口管理，生产、经营和使用管理方面进行了规定。

（2）《进口饲料和饲料添加剂登记管理办法》、《新饲料和新饲料添加剂管理办法》、《允许使用的饲料添加剂品种目录》、《饲料添加剂和添加剂预混合饲料产品批准文号管理办法》、《饲料添加剂和添加剂预混合饲料生产许可证管理办法》、《动物源性饲料产品安全卫生管理办法》均是农业部根据《饲料和饲料添加剂管理条例》的有关规定制定而成，这几部法律分别从不同的角度对《饲料和饲料添加剂管理条例》进行了细化，从而具有更强的可操作性。

（3）《禁止在饲料和动物饮用水中使用的药物品种目录》是农业部、卫生部、国家药品监督管理局根据《饲料和饲料添加剂管理条例》、《兽药管理条例》、《药品管理法》的规定联合发布的公告，该公告公布了《禁止在饲料和动物饮用水中使用的药物品种目录》，目录收载了五类 40 种禁止在饲料和动物饮用水中使用的药物品种。

（4）《饲料产品认证管理办法》由国家认证认可监督委员会、农业部根据《中华人民共和国认证认可条例》及《饲料和饲料添加剂管理条例》的有关规定制定和联合发布。

（5）《饲料产品认证实施规则》由国家认证认可监督委员会制定，并于2004 年 4 月 25 日起实施。全文对饲料认证的模式、程序和实施等方面的内容进行了规定。

（6）《出口食用动物饲用饲料检验检疫管理办法》是国家出入境检验检疫局为加强出口食用动物饲用饲料的检验检疫管理，确保出口食用动物的卫生质量，根据《中华人民共和国进出境动植物检疫法》、《中华人民共和国进出口商品检验法》、《中华人民共和国食品卫生法》、《兽药管理条例》、《饲料和饲料添加剂管理条例》等法律法规的相关条款制定的，自 2000 年 1 月 1日起实施。

2. 屠宰检疫规定　目前，我国关于屠宰检疫制定的法律法规较少，仅有《生猪屠宰管理条例》和《生猪屠宰管理条例实施办法》作为其执法依据。

（1）《生猪屠宰管理条例》经国务院第六十四次常务会议通过，且自1998 年 1 月 1 日起施行。本条例共由 24 条组成，就生猪定点屠宰的相关内容予以规范。2008 年 5 月 25 日，温家宝总理签署国务院令，公布了修订后的《生猪屠宰管理条例》（以下简称条例），2008 年 8 月 1 日起施行。实践证明，生猪定点屠宰是一项行之有效的重要制度。修订后的条例继续维持了这一制度，从四个方面对生猪定点屠宰制度作了进一步完善：一是完善了生猪定点屠宰厂（场）设置规划制度。同时，将"适当集中"补充规定为制订生猪定点屠宰厂（场）设置规划应当遵循的原则之一，以体现生猪定点屠宰厂（场）向规模化、集约化发展的方向；二是适当上收了审查确定生猪定点屠宰厂（场）的权限，将生猪定点屠宰厂（场）由原条例规定的"市、县人民政府"组织有关部门审查确定，修改为由"设区的市级人民政府"组织有关部门审查确定；三是为加强监督，增加了生猪定点屠宰厂（场）名单公布和备案制度，规定凡设区的市级人民政府应当将其确定的生猪定点屠宰厂（场）名单及时向社会公布，并报省、自治区、直辖市人民政府备案；四是明确了生猪定点屠宰厂（场）的退出机制，规定商务主管部门在监督检查中发现生猪定点屠宰厂（场）不再具备本条例规定条件的，应当责令其限期整改，逾期仍达不到规定条件的，由设区的市级人民政府取消其生猪定点屠宰厂（场）资格。

为了进一步加大对违法行为的惩处力度，有效制止违法行为，条例从三个方面完善了有关法律责任的规定。此外，条例还明确规定，地方人民政府及其有关部门不得限制外地生猪定点屠宰厂（场）经检疫和肉品品质检验合格的生猪产品进入本地市场。补充、增加生猪定点屠宰厂（场）及有关单位和个人的行为规范，是这次修订条例的重点内容之一。

（2）《生猪屠宰管理条例实施办法》由商务部根据修订的《生猪屠宰管理条例》和国家有关法律、法规的规定制定，分别对行业主管部门的职责、定点屠宰厂（场）的确定、屠宰和检验及监督进行了规定。

3. 出入境动物及动物产品的检疫规定 出入境检疫的法律依据主要是《中华人民共和国进出境动植物检疫法》和以《中华人民共和国进出境动植物检疫法》为依据先后颁布的3部法规。这3部法规分别是《中华人民共和国进出境动植物检疫法实施条例》、《进境动物产品检疫管理办法》和《出境动物产品检疫管理办法（试行）》。另外，《进出境肉类产品检验检疫管理办法》、《进境肉类产品检验检疫管理规定》和《进境动物和动物产品风险分析管理规定》对相关问题也做了规定。

（1）《进境动物产品检疫管理办法》和《出境动物产品检疫管理办法（试行）》由原国家商检局根据《中华人民共和国进出境动植物检疫法》的有关规定制定。

（2）《进出境肉类产品检验检疫管理办法》、《进境肉类产品检验检疫管理规定》和《进境动物和动物产品风险分析管理规定》由国家质检总局依据相关法律的规定制定。

4. 畜禽标识和养殖档案管理规定　为了规范畜牧业生产经营行为，加强畜禽标识和养殖档案管理，建立畜禽及畜禽产品可追溯制度，有效防控重大动物疫病，保障畜禽产品质量安全，制定了《畜禽标识和养殖档案管理办法》，并于 2006 年 7 月 1 日起实施。本办法由六章 35 条组成，分别就畜禽标识管理、养殖档案管理、信息管理和监督管理的内容进行了规定。

5. 食品及食品包装的管理规定　食品及食品包装管理的法律依据主要是与《中华人民共和国食品卫生法》和《中华人民共和国农产品质量安全法》相关的 7 部法规，分别是《中华人民共和国出口食品卫生管理办法》、《国务院关于加强食品等产品安全监督管理的特别规定》、《食品包装用原纸卫生管理办法》、《食品用塑料制品及原材料卫生管理办法》、《食品添加剂卫生管理办法》、《蛋与蛋制品卫生管理办法》、《肉与肉制品卫生管理办法》。另外，《食品生产加工企业质量安全监督管理实施细则（试行）》对食品及食品包装的管理问题也作了规定。

随着经济全球化和动物性食品贸易的国际化，动物性食品安全成为世界性的挑战和全球重要的公共卫生问题。法律法规作为国家开展食品安全执法监督的基础和依据，已备受各国的重视。而我国在动物源性食品安全立法体制方面还存在不少的问题：

一是法律、法规未能涵盖动物及其产品生产的全过程，因此，在这样的法律体系之下很难确保我国动物源性食品的安全性。

二是动物的饲养、屠宰加工、产品流通、进出境检疫等方面虽然都有法律法规对其进行了规定，但其监管职能却分属于不同的部门，难以形成全过程管理，从而在一定程度上减弱了法律的实施效果。

三是相关的现行法律原则性条款过多，而具体的操作性条款不足，给执法工作带来难度。

针对目前我国法律法规在动物性食品安全监管方面存在的诸多问题，我们应通过立法明确政府与行业管理部门职能，遵循 WTO 规则，借鉴发达国家的立法经验，结合我国实际情况，进一步完善我国动物性食品市场准入制度的法律法规体系，从而全面提高我国的食品安全控制能力和质量安全监管能力。

（三）兽用药品的相关法律法规

2004 年，国家颁布实施了新《兽药管理条例》，内容涵盖新兽药研制、兽药生产、兽药经营、兽药进出口、兽药使用、兽药监督管理等兽药管理环节，并且相继出台了《兽药注册管理办法》、《新兽药研制管理办法》、《兽药生产质量管理规范》、《兽药产品批准文号管理办法》、《兽药标签和说明书管理办法》、《进口兽药管理办法》、《兽用生物制品经营管理办法》等配套规章。

我国的兽药法方面已经制定的法律法规基本上可以分为以下三类：兽药生产管理、经营管理和使用管理。

1. 兽药生产、经营管理规定

（1）《兽药管理条例》由国务院修订，并于 2004 年 11 月 1 日起实施。本条例共分为九章 75 条，分别从兽药生产企业的管理、兽药经营企业的管理、兽医医疗单位的药剂管理、新兽药审批、进出口兽药管理、兽药监督及兽药的商标和广告管理等几个方面进行了规定。

（2）《兽药注册办法》是农业部为保证兽药安全、有效和质量可控，规范兽药注册行为，根据《兽药管理条例》而制定的，于 2005 年 1 月 1 日起实施。全文共分为九章 45 条，内容包括新药、进口药注册，注册变更，兽药复核检验和兽药标准物质的管理。

（3）《兽药生产质量管理规范》经农业部常务会议审议通过，于 2002 年 6 月 19 日起实施。本规范依据《兽药管理条例》的有关条款制定，全文共分为十四章 95 条。

（4）《兽药生产质量管理规范检查验收办法》是农业部为贯彻落实《兽药生产质量管理规范》，进一步推动兽药生产质量管理实施进程而制定的，于 2003 年 6 月 1 日起实施。

（5）《新兽药研制管理办法》是农业部为了保证兽药的安全、有效和质量，规范兽药研制活动，根据《兽药管理条例》和《病原微生物实验室生物安全管理条例》而制定的，并于 2005 年 11 月 1 日起实施。全文共六章 30 条。

（6）《兽药进口管理办法》是农业部依据《兽药管理条例》的有关规定制定的，于 2008 年 1 月 1 日起实施。

（7）《兽用生物制品管理办法》是农业部为进一步加强兽用生物制品管

理工作，根据《兽药管理条例》、《兽药管理条例实施细则》制定的，于2002年1月1日起实施。本办法共分为八章45条，从兽用生物制品的生产、经营、使用和进出口管理和监督等方面进行了规定。

2. 兽药使用管理规定

（1）《兽药标签和说明书管理办法》由农业部根据《兽药管理条例》制定，共分为五章26条，内容涉及兽药标签、兽药说明书基本要求，兽药标签和说明书的管理等。

（2）《兽药产品批准文号管理办法》是农业部为加强兽药产品批准文号的管理，在废止了1998年3月10日发布的《兽药批准文号管理规定》，根据《兽药管理条例》而制定的，并于2005年1月1日起实施。本办法共四章24条，就兽药产品批准文号的申请和核发、监督管理予以了规定。

（3）《兽药质量监督抽样规定》是农业部为加强和规范兽药质量监督抽样工作，保证抽样工作的科学性和公正性，根据《兽药管理条例》的有关规定而制定的，并于2001年12月10日起实施。同时废止《进口兽药抽样规定》和《兽药监督检验抽样规定》。

我国兽药立法从20世纪80年代就已经开始，1987年国家制定了《兽药管理条例》。经过十几年的不断修改和补充，基本建立起了我国的兽药生产、经营和使用管理秩序，为全国的兽药生产、使用和管理积累了丰富的经验，其中我国的兽药生产许可制度和兽药产品的批准文号制度较为成功。但是随着市场经济的不断深入，兽药管理出现了许多新问题：

①兽药生产企业管理水平低　目前我国兽药企业已接近1 400家，总产能远远超过国内兽药市场需求，但兽药生产企业低水平重复建设现象仍较为严重，兽药产业仍处于小规模、低层次过度竞争阶段。虽然兽药生产企业通过了GMP验收，技术条件明显提升，但在企业管理、规范化生产以及产品质量方面，与现实需要和国际水平存在较大差距，必须加快推进兽药行业规划和布局调整。

②兽药行业自主经营创新能力弱　虽然近年来在禽流感等重大动物疫病疫苗技术创新和研发方面取得了很大成效，但目前多数兽药企业规模小、资金少、技术薄弱，企业创新能力较弱，难以开发出拥有自主知识产权的兽药新产品。大部分企业只能按现有国家标准申报兽药产品，兽药产品同质化较为严重，企业缺乏竞争力。

③兽药使用环节监管较为薄弱　我国目前批准的兽药企业和产品数量较

大，在经营和使用环节，执法人员和广大农民对兽药产品的合法性、真实性难以识别，给假劣兽药提供了生存空间。养殖环节盲目用药、滥用兽药，甚至违法使用禁用药物和"自家苗"的问题，在一些地方还相当严重。饲料生产企业非法添加兽药问题、宠物诊疗机构滥用药品问题在一些地方依然存在。兽药经营管理、处方药使用管理以及宠物用药管理制度也需要进一步完善，管理工作存在一定漏洞和薄弱环节。

④新兽药的开发、研究、生产方面的政策问题 新兽药尤其是中兽药新产品的研发方面，在审批管理方面不适合。中医药、中兽医药本身就是中国的瑰宝，是中华民族优秀的文化，是我国医学科学的重要组成部分，因此，对中兽医药的管理，应当有中国自己的特色。我们的有关法规、政策、标准、规范、办法都不应向谁去"看齐"，不能以"现代化"的名义去"西化"，只要其安全无害，效果确实，质量可控，就应当让它们在社会实践中对动物和人类健康发挥作用，为经济和社会发展进步出力。应当鼓励企业、科研院校、科技推广单位积极研发，政府和有关部门（包括主管部门）在审批、资金、科技立项等方面应予以支持。

鉴于此，我国在兽药管理法律体系建设方面需要尽快完善兽药体系建设，建立完善的兽药管理体制，加快与国际接轨的速度。

（四）动物福利和保护相关法律法规

动物福利问题在西方国家已经有较长的发展历史，而国内在近几年才开始关注该问题。在我国动物福利领域的立法也相对滞后，目前我国在这方面制定的法律法规主要有《中华人民共和国畜牧法》和《中华人民共和国野生动物保护法》。

（1）《中华人民共和国畜牧法》于2005年12月29日通过，全文共八章74条。本法在总则、畜禽养殖和畜禽交易与运输等方面都对动物福利作出了规定，要求畜牧业生产经营者要改善畜禽繁育、饲养、运输的条件和环境，提供适当的繁殖条件和生存、生长环境，运输中应采取措施保护畜禽安全，并为运输的畜禽提供必要的空间和饲喂饮水条件。

（2）《中华人民共和国野生动物保护法》于第七届全国人民代表大会常务委员会第四次会议通过，自1989年3月1日起实施，并于2004年进行了修改。该法共分为五章42条，分别从野生动物的保护和野生动物的管理方面进行了规定。

动物福利在国际上一般包括五个标准：动物免受饥饿的权利；免受痛苦、伤害和疾病的权利；免受恐惧和不安的权利；免受身体热度不适的权利；表达所有自然行为的权利。保护动物权利，特别是防止虐待动物，加强动物福利，是人类社会进步文明的标志，是生产力发展到一定程度的必然要求。截至目前已有100多个国家出台了有关反虐待动物的法案。然而，我国动物福利现状却不容乐观，此领域立法也相对滞后。主要表现在以下几点：①我国现行的有关动物保护的法律法规数量较少，仅凭《中华人民共和国畜牧法》和《中华人民共和国野生动物保护法》显然不足以满足动物福利和保护的要求，法律尚未形成一个完整的体系。相对于外国的专门性立法，我国应尽早对动物福利和保护进行单独立法。②我国目前的法律将动物分为三六九等，给予不同级别的保护，受保护的动物范围相当有限。国际上根据惯例可将动物分为农场动物、实验动物、伴侣动物、工作动物、娱乐动物和野生动物。不论何种动物其地位应当是平等的，应受到同等的对待。欠缺了任何一类动物的保护都不能算是完整的动物保护。③现有法律法规对残害动物的行为的法律制裁不足。现有法律的处罚力度显然还不能满足动物保护的需求。根据现行法律的规定，只有非法捕杀国家重点保护野生动物的，才追究刑事责任，而虐杀普通动物的行为受到的处罚几乎没有进行规定。

（五）兽医人员管理相关法律法规

按照国务院15号文件和农业部19号文件及新修订的《中华人民共和国动物防疫法》的要求，我国将逐步实行官方兽医制度和执业兽医制度，给予官方兽医和执业兽医明确的定义，并对其职责和义务予以要求。2009年1月1日开始施行《执业兽医管理办法》、《乡村兽医管理办法》。

1. 执业兽医管理 按照农业部第19号文件的要求，从事动物疾病诊断、治疗、免疫和动物保健等经营性活动的兽医人员，必须达到规定的专业知识水平和条件，并经过省级兽医行政管理部门培训、考试合格，取得执业兽医资格。《中华人民共和国动物防疫法》第54条规定：国家实行执业兽医资格考试制度。具有兽医相关专业大学专科以上学历的，可以申请参加执业兽医资格考试；考试合格的，由国务院兽医主管部门颁发执业兽医资格证书；从事动物诊疗的，还应当向当地县级人民政府兽医主管部门申请注册。第55条和57条规定执业兽医、乡村兽医服务人员应当按照当地人民政府或者兽医主管部门的要求，参加预防、控制和扑灭动物疫病的活动。乡村兽医服务人员可以在乡村从事动物诊疗服务活动，具体管理办法由国务院兽医主管部门制定。《执业兽医管理办法》对执业兽医的管理做出了明确规定。

2. 官方兽医管理 农业部第 19 号文件规定各级兽医行政管理、兽医行政执法、动物疫病预防控制等机构的国家兽医工作人员，经资格认可、法律授权或政府任命，逐步进入官方兽医队伍。

《中华人民共和国动物防疫法》对官方兽医的定义是指具备规定的资格条件并经兽医主管部门任命的，负责出具检疫等证明的国家兽医工作人员，并符合官方兽医应当具备规定的资格条件，取得国务院兽医主管部门颁发的资格证书后具体实施动物、动物产品检疫工作。

实行官方兽医制度和执业兽医制度，是当今世界动物卫生管理的成功做法。建立官方兽医与执业兽医并行的兽医管理体制，使公益性的防疫执法行为与经营性的诊疗服务相分离，将动物卫生工作中的政府行为与市场行为分开，可以确保动物卫生执法工作的独立性和公正性。

（六）兽医机构组织相关法律法规

新修订的《中华人民共和国动物防疫法》、国务院 15 号文件和农业部 19 号文件都对我国各级政府和兽医主管部门、动物卫生监督机构和动物疫病预防控制机构的职责进行了规定和要求。

（1）《中华人民共和国动物防疫法》的总则对我国各级政府、兽医主管部门、动物卫生监督机构和动物疫病预防控制机构的职责进行规定，内容包括：

①县级以上人民政府应当加强对动物防疫工作的统一领导，加强基层动物防疫队伍建设，建立健全动物防疫体系，制定并组织实施动物疫病防治规划。乡级人民政府、城市街道办事处应当组织群众协助做好本管辖区域内的动物疫病预防与控制工作。

②国务院兽医主管部门主管全国的动物防疫工作。县级以上地方人民政府兽医主管部门主管本行政区域内的动物防疫工作。县级以上人民政府其他部门在各自的职责范围内做好动物防疫工作。军队和武装警察部队动物卫生监督职能部门分别负责军队和武装警察部队现役动物及饲养自用动物的防疫工作。

③县级以上地方人民政府设立的动物卫生监督机构依照本法规定，负责动物、动物产品的检疫工作和其他有关动物防疫的监督管理执法工作。

④县级以上人民政府按照国务院的规定，根据统筹规划、合理布局、综合设置的原则建立动物疫病预防控制机构，承担动物疫病的监测、检测、诊断、流行病学调查、疫情报告以及其他预防、控制等技术工作。

（2）按照农业部第 19 号文件的要求，各级兽医行政管理部门的主要职责是：贯彻执行动物卫生方面的法律法规、方针政策、规划和计划；拟定本地区重大动物疫病控制和扑灭计划；监督和管理本地区的动物防疫、检疫工作；负责兽医医政和药政管理工作；动物产品安全监督管理；官方兽医和执业兽医的管理；兽医实验室生物安全管理；依法对下级兽医行政管理机构进行监督指导。动物卫生监督机构为兽医行政执法机构，归同级兽医行政管理部门管理。主要职责是：依法实施动物防疫、动物及动物产品检疫、动物产品安全和兽药监管等行政执法工作。动物疫病预防控制中心，归同级兽医行政管理部门管理，其主要职责是负责实施动物疫病的监测、预警、预报、实验室诊断、流行病学调查、疫情报告；提出重大动物疫病防控技术方案；动物疫病预防的技术指导、技术培训、科普宣传；承担动物产品安全相关技术检测工作。基层动物防疫机构的主要职责是负责辖区内动物强制免疫的监督实施；依法承担动物和动物产品检疫、动物疫情调查、监测、兽药监督管理等工作，同时承担畜牧、饲料、草原等公益性职能。

根据我国当前兽医机构改革的要求，我国首先要健全兽医工作机构，即兽医行政主管部门、动物卫生监督机构和动物疫病控制机构，《中华人民共和国动物防疫法》等法律文件也明确了三类机构的职责和权限。但是，我国兽医组织机构仍然存在以下的问题：

（1）**内外检机构分设**　《国际动物卫生法典》的基本要求是国家保持一个声音对外，确保国家兽医行政管理部门的绝对权威。而我国的内外检分设的做法与国际通行规则不符，也不同于其他发达国家的做法。一是容易造成监管工作缺位，职责交叉，兽医工作难以形成合力，不利于防范外来动物疫病；二是存在重复检疫、重复基本建设和重复研究的现象，导致资源浪费，行政成本和企业运行成本增加；三是不利于统一对外口径，削弱了国家兽医行政主管部门的权威性，两个体系运作，形成两套法规、两套标准，有设置技术壁垒之嫌，有损我国国际形象。

（2）**动物卫生分段管理**　CFIA（Canadian Food Inspection Agency 加拿大食品检验署）对动物及动物产品生产和消费全过程进行统一监管，是加拿大的现行做法。《国际动物卫生法典》也规定，兽医机构应对动物卫生、兽医公共卫生诸方面实行统一管理。而我国现行兽医和食品安全管理体制为"分段管理"模式。农业、质检、工商、卫生、食品药品等部门将动物饲养、屠宰、流通、动物产品加工等工作环节分割管理，这种"分段管理"模式，容易导致各自为政、争权夺利和互相扯皮，不利于形成统一有效的管理机制，难以保障动物源性食品安全。

（3）**兽医管理不垂直** 垂直管理可以有效防止地方保护主义，有效控制和扑灭重大动物疫病，加拿大实行的就是联邦垂直管理与各州共管的管理模式。而我国现行兽医管理体制为"块块管理"模式，容易滋生地方保护主义，难以有效控制和扑灭重大动物疫病。

（4）**没有对决策制定和执行进行评估的机构** 为提高兽医工作质量，保证兽医管理工作的科学性和有效性，有关国际组织积极倡导兽医管理工作实行决策、执行与评估相分离的运行机制。CFIA顾问委员会的主要工作就是对政策的执行进行评估，及时反馈修改意见。而我国还没有专门的机构开展评估工作，未能对动物卫生法规、政策、措施和工作方案的实施情况和效果进行科学的评估。

（七）我国动物防疫技术标准及规范

动物疫病的预防、控制、扑灭必须采取综合性的防治措施，必须采用法律的、行政的、经济的、技术的手段。《中华人民共和国动物防疫法》的颁布实施和一些部门规章、技术规范和标准的制定，形成了我国动物防疫法律法规和技术标准的体系框架。农业部出台的一系列的技术支撑文件和国家标准及各地出台的地方标准，为全面贯彻动物防疫法律法规，提供了有力的技术支撑。为动物疫病防控的科学化、规范化和执法的公正化提供了技术保证。按照《中华人民共和国标准化法实施条例》规定，畜牧兽医标准实施的监督管理机构包括各级标准化行政主管部门和各级畜牧兽医行政主管部门。

1. GB、GB/T、GB/Z 规范标准含义 GB即"国标"的汉语拼音缩写，为中华人民共和国国家标准的意思。GB是强制性标准，不管引用的标准是什么时候的，都必须采用最新版本的国标。GB/T指推荐性国家标准（GB/T），"T"在此读"推"，推荐性国标是指生产、交换、使用等方面，通过经济手段或市场调节而自愿采用的国家标准。但推荐性国标一经接受并采用，或各方商定同意纳入经济合同中，就成为各方必须共同遵守的技术依据，具有法律上的约束性。GB/T是推荐性的，如果引用的标准标注有日期，那么应采用注日期的版本，若没注日期，则采用最新版本。GB/Z 则是指导性标准。

2. 国家动物防疫有关标准 由国家发布的标准，如：《中华人民共和国兽药药典》（国家标准）、《中华人民共和国兽药规范》（国家标准）、《中华人民共和国兽用生物制品质量标准》（国家标准）。

3. 行业标准 由农业部发布的标准，如畜禽场环境质量标准（NY/T 388—1999）、绿色食品动物卫生准则（NY/T 473—2001）、发布的标准畜禽产地检疫规范（GB 16549—1996）、新城疫检疫技术规范（GB 16550—1996）、猪瘟检疫技术规范（GB 16551—1996）、种畜禽调运检疫技术规范（GB 16567—1996）、动物防疫耳标规范（NY/T 938—2005）等。

4. 疫病防控工作技术规范 由农业部发布的技术规范，如《猪链球菌病应急防治技术规范》（2005 年 7 月 28 日印发）、《动物防疫检查站管理办法》配套技术规范（2006 年 9 月 5 日农业部印发）、《动物防疫监督检查站口蹄疫疫情认定和处置办法（试行）》（2005 年 7 月 6 日农业部印发）、《高致病性禽流感防治技术规范》等 14 个动物疫病防治技术规范（农业部 2007 年 4 月下发高致病性禽流感防治技术规范、口蹄疫防治技术规范、马传染性贫血防治技术规范、马鼻疽防治技术规范、布鲁氏菌病防治技术规范、牛结核病防治技术规范、猪伪狂犬病防治技术规范、猪瘟防治技术规范、新城疫防治技术规范、传染性法氏囊病防治技术规范、马立克氏病防治技术规范、绵羊痘防治技术规范、炭疽防治技术规范、J 亚群禽白血病防治技术规范）、《高致病性猪蓝耳病免疫技术规范（试行）》（2007 年 6 月 19 号农业部印发）、《狂犬病防治技术规范》（2006 年 10 月 29 日农业部下发）和《小反刍兽疫防控技术规范》（2007 年 8 月 3 日农业部印发）。

第十三章
兽医公共卫生技术体系

兽医公共卫生技术体系是否完善，直接影响动物卫生工作的效果和响应速度，关系到国家的畜牧业的健康发展和公共卫生安全。2005年，国务院发布《关于推进兽医管理体制改革的若干意见》，进一步改革和完善了兽医管理体制，推动了我国兽医公共卫生技术体系的进一步完善，对于从根本上控制和扑灭重大动物疫病，保障人民群众的身体健康，提高动物产品的质量安全水平和国际竞争力具有十分重要的意义。目前，《全国动物防疫体系建设规划》已经开始实施，建成了中央、省、地（市）、县、乡五级动物防疫体系和检疫、兽药质量及残留监控基础设施。成功研制出国际上先进、技术含量高的禽流感和口蹄疫等疫苗以及一大批成熟的疫病诊断技术，为重大动物疫病防控工作提供了坚实的技术、物质保障。同时，动物疫病致病机理、疫病检测、外来病诊断及综合防治技术等方面的研究也取得重要进展。随着各种诊断、检测技术的逐步提高，我国兽医公共卫生技术支撑体系中的动物疫病诊断、监测、兽药残留监测等技术措施、手段也日渐科学化、标准化。按照党中央和国务院的整体布局，我国兽医公共卫生技术体系包括兽医诊断室体系、动物疫病应急反应系统、动物疫病监测系统和兽药残留检测系统四部分。

第一节　兽医诊断室体系

国家兽医行政机关的首要任务是设定和实施预防、控制动物疫病的有效方法，兽医诊断室（兽医实验室）在此活动中起着十分重要的作用。

一、国外兽医诊断室体系概况

（一）发达国家的兽医诊断室分类

1. 第一类诊断室　即兽医疫病诊断实验室，包括中央或国家兽医实验室、国家和国际参考实验室、高安全度实验室，省（州）、地区和地方区域兽医诊断实验室，它们都和国家兽医行政机构的活动有着密切的联系。这类实验室的首要任务是帮助国家兽医官员确定某一 OIE A 类或 B 类传染病的发生，这是动物及其产品进行国际贸易的基本前提。这类实验室对那些可对当地或国家畜牧业造成破坏的，新出现或外来动物疫病诊断起着关键性作用，可对这些疫病如口蹄疫等尽快予以确认，并制定相应的扑灭计划。

2. 第二类诊断室 即兽医诊断试剂盒和疫苗生产实验室，它们与国家兽医行政机构也存在着一定的联系。这类实验室在扑灭和控制动物疫病方面也起着一定作用：如口蹄疫和猪瘟疫苗在相应流行国家均允许生产和应用；牛瘟疫苗目前已可达到消灭该病的水平；伪狂犬病疫苗的生产也为扑灭与控制该病提供了有利条件，同时还可用于鉴定那些对已免疫动物发生侵袭的新出现强毒株，从而对控制方案提供有力帮助。第一、二两类实验室的专业水平在很大程度上取决于它们在以下几方面的研究水平：微生物学、病毒学和生物工程学。

3. 第三类诊断室 即兽医研究实验室，主要从事基础研究，其特征在于获取新的研究成果。第一、二两类实验室则主要从事第三类实验室研究成果的消化吸收工作。兽医研究实验室通常并不直接和国家兽医行政机构打交道，如他们不直接参与动物疫病的诊断和控制，也不直接从事对兽医工作者的持续教育工作。但它们可为第一、二两类实验提供必要的基础信息。由于篇幅所限，本书主要介绍中央或国家兽医实验室（第一类）和兽医研究实验室（第三类）的相关内容。

（二）中央或国家兽医实验室的任务

1. 统领全国兽医实验室，直接参与疫病的扑灭和控制工作 中央或国家兽医实验室通常在全国实验室诊断方法改进、生物制品生产技术和动物疫病扑灭与控制计划设定方面起带头作用，可提供某一疫病发生时引起国内或国际关注程度的参考信息。除此之外，其专家还与国家、部、省（州）、地区及地方各级兽医行政官员密切合作，共同参与某一疫病的扑灭和控制工作。

2. 向国家兽医行政机构和各级实验室传递国内外最新科研成果 中央或国家兽医实验室还向国家兽医行政机构传递国内外最新科研成果，制定出某种疫病实验室诊断、预防、控制和扑灭的指令和规程，协助各级兽医实验室的诊断工作。另外，这些指令和规程还包含着疫苗、免疫血清和诊断试剂盒的标准化程序和质量控制技术，这些规程则传递给第二类实验室。

3. 中央或国家兽医实验室的其他任务 中央或国家兽医实验室还担负着国家兽医行政机构和私营疫苗及其他生物制品生产厂家的咨询工作。重要的经济决策，包括动物及其产品的国际调运，都需以此咨询为基础。另外，中央或国家兽医实验室还要向参与疫病扑灭与控制工作的兽医和省（州）、地区及地方兽医诊断实验室相关人员提供持续性教育。一些国家，中央或国家兽医实验室可对省（州）、地区及地方兽医诊断实验室起监督作用，并提供实施诊断实验的必要标准。通常情况下，国家和国际参考实验室和/或高安全度实验室是在中央或国家兽医实验室统领下工作的。北美、西欧和其他地方的一些实验室如：美国艾奥瓦州艾姆斯国家兽医实验室，英国剑桥中央兽医实验室，法国国家兽医与食品研究中心（CNEVA），荷兰 Lelystad 国家兽医研究所，瑞士 Uppsala 国家兽医研究所，丹麦 Copenhagen 国家兽医实验室和波兰普瓦维国家兽医研究所等都属于这种情况。

（三）兽医研究实验室的作用

兽医研究实验室在动物疫病防、控工作中同样十分重要。如果没有兽医研究实验室（第三类）的成果，第一、二两类实验室的应用研究水平毫无疑问将会削弱。以英国动物卫生研究所为例，该研究所在康普顿、爱丁堡和帕布赖特均设有实验室，并受康普顿实验室管理。该研究所的任务是研究疫病发生过程，改进疫病控制方法，不断增强自身竞争性和生存质量。该实验室通过对疫病病原的基础和系统研究，深入阐述生命科学的某一重要领域；对已存在或可能流行于英国的疫病进行深入研究；改进疫病控制措施，增加农业效率，从而增强产品竞争质量，同时还可保护和促进环境发展，维护食物链完整性，促进家畜福利事业；提高食物产品质量和安全性，尤其注重对人畜共患病方面的研究。英国爱丁堡 Moredun 研究所、日本国家动物卫生研究所、德国 Tubingen 联邦动物病毒病研究所和法国国家农业研究所（IN-RA）动物病理学分部也从事基础研究，也属于第三类，即科学研究所一类。其研究领域涉及分子、细胞和整体生物学、流行病学、病原学、免疫学和动物疫病控制等多方面。

二、我国兽医诊断室体系建设取得的成绩

（一）兽医诊断室基础建设力度不断加强

我国政府投入了大量资金用于各级兽医生物安全诊断室建设，提高生物安全水平。尤其是 1998 年中央实行积极财政政策以来，投入显著增加，建

设了一批重点项目，对重大动物疫病防控发挥了积极作用。2004 年以来，中央和地方共投资建设了 3 个国家兽医参考实验室，1 个国家动物病原微生物菌（毒）种保藏中心，1 个国家动物疫病预防控制中心和 25 个省（区、市）动物疫病预防控制中心，1 951 个县级动物防疫站，304 个动物疫情测报站，146 个边境动物疫情监测站。

（二）兽医诊断室体系逐步健全

根据国内外动物防疫新形势的要求，我国建立了国家和省级动物疫病预防控制中心，以及重大动物疫病国家参考实验室、区域动物疫病诊断实验室等高级别生物安全实验室。目前我国兽医系统实验室网络已基本实现全国覆盖、重点突出、功能健全、布局合理，设施设备等实验条件有了很大改善，基本能满足当前动物疫病防控需要。通过加快构建符合中国实际的、与国际接轨的、满足生物安全要求的兽医生物安全实验室体系，重大动物疫情应急反应能力不断增强，动物疫病防控整体技术水平不断提高。2004 年以来，中国部分地区发生的禽流感疫情，以及 2006 年以来部分地区发生的高致病性猪蓝耳病疫情，由于各级实验室诊断及时准确，运行安全可靠，每次疫情都被有效控制在疫点上，没有造成扩散和蔓延，并且疫情发生几率明显下降。每次疫情发生后，中国政府都及时对外公布，并向 FAO、OIE 等国际组织进行通报，积极与国际有关实验室开展交流合作。

（三）生物安全管理法规、标准不断完善

近年来，中国政府加强了生物安全管理法规和标准体系建设：《中华人民共和国动物防疫法》对保存、使用、运输动物病原微生物作了明确规定；《重大动物疫情应急条例》对病料采集提出了具体要求；《病原微生物实验室生物安全管理条例》对实验室管理作出了全面规范。为加强动物病原微生物实验室管理，规范实验室活动，农业部先后发布实施了《高致病性动物病原微生物实验室生物安全管理审批办法》、《动物病原微生物分类名录》、《高致病性动物病原微生物菌（毒）种或者样本运输包装规范》等配套法规，使这项工作逐渐步入了法制化、科学化、规范化的轨道。

为加强兽医实验室管理，提高兽医实验室技术水平和工作能力，实现实验室建设标准化、管理规范化、队伍专业化、业务科学化，促进我国兽医实验室工作与国际接轨，提升我国动物疫病预防控制能力，农业部制定了《兽

医系统实验室考核管理办法》，实行兽医实验室考核制度。按照《兽医系统实验室考核管理办法》要求，省级兽医实验室经考核合格并取得兽医实验室考核合格证的方可承担动物疫病诊断、监测和检测等任务。

三、我国兽医诊断室体系发展方向

(一) 继续加强法制建设

加强对省级以上兽医实验室、国家兽医参考实验室、菌（毒）种保藏机构、高致病性动物病原微生物实验室的管理，对实验室负责人和生物安全负责人组织统一培训和考核。规范兽医实验室的生物安全报告、实验档案管理、安全操作、生物安全管理体系建立、应急处置预案等行为，做到有章可循，有标准可依，稳步推进生物安全管理工作。

(二) 进一步加强生物安全监督管理

逐级建立生物安全责任制，通过明确责任，层层抓落实，把各项监管工作落到实处。各级各类兽医实验室要明确专门组织和专职人员负责生物安全管理工作，牢固树立生物安全意识，自觉遵守法律法规，主动接受和配合兽医部门的监督，加强实验室内部管理，制订并落实生物安全管理制度，确保实验室的生物安全。定期组织全国范围的生物安全监管检查和专项整治活动，依法严厉打击非法行为，查处有关责任事故。

(三) 加强国际技术交流与合作

借鉴和学习世界高级别兽医生物安全实验室设计、建造和管理等方面的经验，尽快把我国的实验室建设和管理标准与国际接轨。通过开展国际兽医实验室的技术交流与合作，切实提高各级兽医实验室的建设水平和管理水平，使有条件的实验室尽快加入国际兽医参考实验室网络，争取我国国家参考实验室承担国际区域性参考实验室的任务，为区域性重大动物疫病防控作更大贡献。

第二节　动物疫病应急反应系统

近些年来，随着 SARS 等人畜共患病疫情频频发生，公共卫生应急管理越来越受到社会各界关注，如何建立快速有力的动物疫病应急系统是各国政府都必须认真对待的重大问题。我国 2004 年以来发生的高致病性禽流感、猪链球菌感染人等公共卫生事件更是给我们敲醒了警钟。构建动物疫病应急反应系统，提高迅速处置突发重大动物疫情的能力，不仅是促进现代畜牧业健康发展的客观要求，而且是关系国家经济社会发展和人民群众生命财产安全的大事。

一、动物疫病应急反应系统的内容与特征

根据国务院《重大动物疫情应急条例》的规定，所谓重大动物疫情是指：高致病性禽流感等发病率或者死亡率高的动物疫病突然发生，迅速传播，给养殖业生产安全造成严重威胁、危害，以及可能对公众身体健康与生命安全造成危害的情形，包括特别重大的动物疫情。重大动物疫情应急管理是指在应对重大动物疫情的过程中，为了降低重大动物疫情的危害，达到决策优化的目的，基于对重大动物疫情的原因、过程及后果进行分析，有效集成社会各方面的相关资源，对重大动物疫情进行有效预防、预警、处理和恢复的过程等管理活动。

（一）动物疫病应急反应过程

动物疫病应急反应过程可概括为应急准备、监测与报告、应急处理、应急恢复四个阶段。其中，应急准备阶段是应急管理的重要环节，包括思想准备、组织准备、制度准备、技术准备、物质准备、经费准备等。监测与报告阶段是应急管理的预先环节，包括监测分析、流行病学调查、风险评估、疫情报告、疫情认定、公布与通报。应急处理阶段是应急管理的实战环节，包括启动预案、划定区域、封锁疫区、现场处置、解除封锁。应急恢复阶段是疫情控制扑灭后的恢复秩序和消除影响的工作，包括损失评估补偿、重建、心理干预、奖励和问责、总结经验教训等。

（二）动物疫病应急反应系统组成

动物疫病应急反应系统由 5 大部分构成，分别是中央指挥系统、快速处置系统、后勤保障系统、信息处理系统和决策辅助系统。其中中央指挥系统是应急管理的大脑，是体系中的最高决策机构，负责应急管理的统一指挥，

给各支持系统下达命令，提出要求、通报情况、组织协调；快速处置系统是进行具体实施的系统，负责执行指挥调度系统下达的命令，启动预案、处置疫情和疫情后处理、及时向其他系统反馈处置信息；后勤保障系统负责应急处理过程中的物资资源和人力资源保障，进行资源快速调配、运输、补充、管理；信息处理系统负责应急信息的监视、收集、发布、实时共享，为其他系统提供信息支持；决策辅助系统是在信息处理系统传递的信息基础上，进行资源的优化配置和布局，预案的评估和选择、疫情评估、预警分析，对应急管理中的决策问题提出建议或方案，为中央指挥系统提供方法支持和决策建议。

（三）动物疫病应急反应的特征

新修订的《中华人民共和国动物防疫法》以及《国家突发公共事件总体应急预案》、《国家救灾防病与突发公共卫生事件信息报告管理规范》中都将动物疫情纳入公共卫生事件的范围。动物疫病应急反应除了具有突发公共卫生事件应急管理的共同特征外，同时具有自己的特征，具体体现在四个方面：

1. 紧急性　动物疫情发生往往是突如其来，出乎人们的预料，或者只有短时的、难以捕捉和难以识别的预兆，如果不能及时采取应对措施，疫情就会迅速扩大和升级，会造成更大的危害和损害。但并不意味着疫情是空穴来风，是不可防范、不可解释、没有原因的。相反，重大动物疫情的暴发从本质上来说有一个从量变到质变的过程，如果这一过程事先未被人们发现，或没有引起重视，积累到一定程度后，就会引起质变，引起危机暴发。

2. 复杂性　动物疫情具有极易扩散、强传染性、长潜伏期、肉眼看不见，难以诊断、难以消灭的特点。因此，动物疫情应急是一项复杂的系统工程，具体体现在疫情起因、疫情预防、疫情预警、疫情确认、疫情控制和扑灭、应急指挥、评估、补偿、心理干预、恢复生产等方面的复杂性，甚至有人形容开展一场重大动物疫情的应急管理不亚于指挥一场战役。

3. 可防范性　动物疫情应急的主要思路从被动应对转到了主动防范，在疫情暴发前做好充分的准备，及时开展动物疫情的预警预报，通过平时采取的预防措施消除疫情的隐患，树立全民的疫情预防意识，建立应急预案和疫情应急管理体系，为可能发生的疫情设置层层"屏障"，建立各种"防火墙"，提高整个社会抵抗疫情的"免疫力"。

4. 政府主导性 首先，从行政管理职能来看，动物疫情应急管理是政府行政职能的一部分。由于重大动物疫情来势凶猛，给社会造成强大冲击力，个人的力量无法与重大疫情相抗衡，因此，对重大动物疫情应急管理的主体只能是政府。其次，政府拥有大量行政资源，具有强大的动员力，这是任何非政府组织无法与其相比的巨大优势，因此，重大动物疫情应急管理只能是政府来主导。再次，由于重大动物疫情往往成为社会舆论关注的焦点，动物疫情应急管理是否成功，对政府的公共管理能力形成巨大挑战。

二、国外建立动物疫病应急反应系统的经验

（一）健全动物疫病应急反应组织

许多国家都非常重视重大动物疫情应急管理组织机构的建立和完善，保障应急方案得以实施。美国设有负责紧急动物疫病反应的专门组织，在动植物卫生检疫局（APHIS）内专设了紧急动物疫病反应指挥部（EPS），具体负责紧急反应方案的制订和执行工作。此外，动植物卫生检疫局在美国动物卫生和流行病学中心设立了紧急疫情中心（CEI），专门负责紧急疫情的分析工作。澳大利亚联邦议会和内阁负责国家重大动物疫情的应急反应，国家管理小组、突发动物疫情咨询委员会、国家应急管理部门、联邦-州政策研究机构等多个部门根据自身职能，组织开展动物疫情控制、后勤保障、信息交流、社会经济恢复等应急处置工作。另外，各州（区）也有相应的应急管理机构，并设置了州动物疫病指挥部和地区动物疫病控制中心，负责执行具体的疫情控制任务。

（二）设立动物疫病应急反应预案

随着重大动物疫情的不断发生和对应急管理的认识不断加深，许多国家应急预案的制定不断发展和完善。美国早在 20 年前就开始了紧急反应方案的制订工作，如《美国国家动物健康应急管理系统纲要》、《疑似外来动物疫病或突发疫情的调查程序》、《高致病性禽流感疫情控制和扑灭行动人员安全措施》，规定了新城疫、禽流感、古典猪瘟、非洲猪瘟、牛传染性胸膜肺炎、口蹄疫、牛瘟、猪水泡病等多种动物疫病发生后的反应措施。澳大利亚政府在 1991 年由动物卫生部门和应急管理部门共同拟定了突发动物疫情的应急预案（AUSVETPLAN），包括疫情应急培训、兽医认证、紧急疫情报告热

线等。该预案由《概述文件》、《动物疫病控制策略》、《操作程序手册》、《企业手册》、《管理手册》、《机构支持方案》、《培训资源》、《诊断资源》等8部分组成。

（三）建立动物疫病扑杀赔偿制度

处理紧急动物疫情时，扑杀政策是必不可少的，而扑杀政策顺利实施的前提便是给畜主以合理的赔偿。美国《紧急动物疫病反应指南》法规中都规定了赔偿制度，赔偿数量的多少应由独立的评估师对饲养场的损失进行专门评估。依据评估师评估的数量对畜主进行赔偿，从而确保畜主配合官方兽医实施清群、扑杀和销毁。澳大利亚根据突发动物疫情反应协议，农渔林业部将动物疫病分为4类，依据动物疫情对公众利益的危害程度大小，政府分别承担应对突发动物疫情所需费用的100％、80％、50％和20％，剩余部分均由畜牧行业承担。在疫情发生时，先由政府和业界共同承担应急资金。这种在疫情发生时资金分配、培训和风险消除等方面的磋商机制，目前在世界上尚属首例。

三、我国动物疫病应急反应系统建设情况

（一）动物疫病应急反应制度逐步完备

目前我国已出台了一系列涉及重大动物疫情应急处理的法律法规及预案，如《中华人民共和国突发事件应对法》的出台为我国重大动物疫情应急管理法律制度的建立奠定了基础，《中华人民共和国动物防疫法》、《重大动物疫情应急条例》、《中华人民共和国进出境动植物检疫法》、《中华人民共和国进出境动植物检疫法实施条例》等法律法规构成了我国重大动物疫情应急管理的法律体系。同时，我国也建立了高致病性禽流感等重大动物疫病的患病动物扑杀补助制度，为促进养殖者配合开展重大动物疫病扑灭提供了有力保障。

全国已制定一个重大动物疫情应急总体预案（《国家突发重大动物疫情应急预案》）及《全国高致病性禽流感应急预案》、《农业部门应对人感染高致病性禽流感应急预案》、《猪链球菌病应急工作预案》、《小反刍兽疫应急工作预案》、《农业部门应对人感染甲型H1N1流感病例应急预案》,《猪感染甲型H1N1流感应急预案（试行）》等专项预案和部门

实施方案，初步构建了国家重大动物疫情应急预案体系。

（二）动物疫病应急反应系统基本建立

随着一系列重大动物疫情应急处理法律法规及预案的出台，我国从国家到地方的动物疫病应急反应系统逐步建立，应急管理制度逐步完善。特别是口蹄疫、高致病性禽流感等疫情的有效控制，为重大动物疫病应急管理积累了丰富的实践经验。我国动物疫病应急反应水平逐步提高，已经初步建立了预防与应急并重，常态与非常态相结合的动物疫病应急反应系统。

目前，农业部成立突发重大动物疫病应急指挥中心，成立由资深专家组成的农业部应急预备队；省市县各级政府也成立相应指挥机构和应急预备队，当地政府负责人作为该省指挥机构负责人。此外，国家重视动物防疫机构和队伍建设，特别是2005年以来，根据《国务院关于推进兽医管理体制改革的若干意见》，各地兽医管理体制改革工作全面展开。目前从中央、省、市、县均设有动物疫病预防控制机构，大多乡镇也有动物防疫组织，全国共聘有村级防疫员和疫情报告观察员60余万人，全国上下协调、管理有序、运转高效、指挥有力的动物疫病预防控制体系已经基本形成，在突发动物疫情应急时充分发挥这支队伍的作用，为动物防疫及重大动物疫情应急管理工作提供坚强的组织保障。

（三）动物疫病应急反应实践经验丰富

由于近年来我国的口蹄疫、高致病性禽流感、布鲁氏菌病、结核杆菌病、高致病性猪蓝耳病、猪链球菌病、猪瘟、新城疫等疫情事件不断发生，这些疫情均得到及时、有效控制，已积累了较为丰富的应对经验。经过多年的重大动物疫情应急管理实践，已经初步建立了成熟的工作机制，实现了组织管理和指挥体系从无到有，管理职能从分散到集中，管理方式从经验管理到依法科学管理，工作重点从重处置到预防与处置并重，协调机制从单一部门应对到跨部门协调联动的应急管理"五大"转变，积累了大量宝贵的实践经验。

我国在重大动物疫情应急管理体系建设和应急管理工作等方面进行了积极探索及应用，已在应对口蹄疫、禽流感、猪链球菌病等重大动物疫情事件中取得了显著成效，得到了社会各界的充分肯定，也赢得了国际组织和有关国家的高度评价。

第三节　动物疫病监测系统

动物疫病监测是《中华人民共和国动物防疫法》赋予各级动物疫病预防控制机构的法定职责，是社会公益事业和公共卫生的重要组成部分，是政府社会管理和公共服务的一项重要体现。动物疫病监测是动物疫病防控工作的重要基础，是评估重大动物疫病强制免疫及防控效果的基本手段。动物疫病监测是进行流行病学调查，分析流行趋势，尽早发现疫情的关键环节，是申请国际动物疫病无病认证的前提。通过动物疫病监测可以分析动物病原的多样性、变异和动态分布，进行动物疫病流行规律的研究，为制定和改进动物疫病防治对策和措施提供科学的依据，为实现动物防疫目标，控制、消灭和根除动物疫病提供重要保证。

一、国外动物疫病监测系统简介

1. 美国　法律、法规完善、健全。所有兽医工作都能有法可依，顺利进行。此外，在这些法令的基础上，还通过一些程序性法规制定一系列规章，以实施国家样本检验及监测计划。动物疫病诊断和监测体系都很完善，除有农业部下属几个联邦兽医诊断实验室外，几乎每个州都有一个兽医诊断实验室。每年都有大量的样品或病料被送到各州进行检测，根据检测结果可以清楚地看到各州各种动物疫病的控制情况、发生与流行的分布图示。当发现可疑病例（美国已扑灭的疫病）时，要求在24小时内将样品送到农业部梅岛外来病诊断实验室或爱姆斯的病毒学诊断实验室进行确诊。这种严密的诊断和监测网可以及早发现某种病的发生，这样就有足够的时间将其消灭在起始阶段。特别是对口蹄疫、猪瘟、非洲猪瘟、高致病性禽流感、新城疫、猪水泡病等的监测预报，更是如此。计算机技术和网络传输已广泛应用于动物防疫工作的各个环节，尤其是动物疫病的传输、统计、分析、预警、预测、预报、风险控制等工作领域，使动物疫病风险评估和预警预报工作更加科学。

2. 欧盟　有较健全的疫病报告系统。欧盟现有的动物疫病测报系统连接欧盟总部以及各成员国相关防疫机构，并设置了统一代码报告各种动物疾病。当某成员国某地出现严重动物传染病时，农场主必须立即向当地兽医部门报告，该国必须在确定疫病后 24 小时内通过通报系统向欧盟委员会和其他成员国报告。系统的自动程序会把信息立即传到欧盟及各成员国的相关机构，这些部门会迅速评估疫病，共同拟定应对方案。此外，欧盟防疫机构还将对疫病信息进行分析整理，每周向成员国统一传送整理过的信息。当传染性很强的重大疫病首次暴发时，通报系统将全天候运作，欧盟各成员国会不间断跟踪传来的疫病信息，并及时做出必要反应。这一通报机制不仅保证欧盟及各成员国迅速得到详细的疫病信息，而且由于信息透明，其他地方的动物及其制品的交易可以免受个别疫病的不必要影响。欧盟各国 2 500 多个兽医防疫机构通过电脑系统已形成一个严密网络，以对境内的动物及其制品的交易进行监控。防疫机构会通过这个网络对产品的交易和跨境流动向相关机构事先进行报告，以保证在出现问题时可以迅速回收产品并采取恰当的控制措施。各成员国还设有针对各种家禽家畜疫病的专门实验室并形成了网络，保证对疫病进行准确的检测和诊断。

二、我国动物疫病监测系统建设情况

通过开展动物疫病监测工作，根据动物疫情报告和监测资料，对某种动物疫病或者不明原因疫病进行分析评估，对可能引起动物疫病的发生、暴发、流行发出的警示信息，逐步实现动物疫情预警和预报，及时采取应对措施，将动物疫情发生的各种风险降到最小，将各项损失降到最低。随着我国畜牧业经济的发展和社会对公共卫生安全状况的重视程度越来越高，各级政府和兽医机构对疫情测报工作越来越重视，我国动物疫情测报体系的建设速度越来越快，建设标准质量也越来越高，在农业部和各级政府部门与兽医机构的共同努力下，动物疫病监测工作取得了巨大成绩。

（一）动物疫病监测网络范围覆盖广泛

我国现行动物疫病监测管理与工作体系主要包括各级兽医行政主管部门、各级动物疫病预防控制和动物卫生监督机构等。

农业部兽医局主管全国动物疫病监测工作，并负责制订、调整年度动物疫病监测方案。必要时，组织中国动物疫病预防控制中心、中国动物卫生与流行病学中心和相关动物疫病国家参考实验室或专业实验室直接对禽流感、口蹄疫、外来病等重大动物疫病开展抽检。中国动物疫病预防控制中心具体负责组织实施全国动物疫病监测工作，及时汇总、分析全国疫病和疫情监测的结果，并根据形势的发展，做好预警预报工作，提出防控政策与措施建议。各省（区、市）兽医主管部门依据国家监测方案，结合当地实际情况，制定本辖区内具体监测实施方案，由省级动物疫病预防控制机构负责组织实施。

国家、省、市、县四级动物疫病预防控制机构均设有专门部门和兽医实验室负责疫情监测和疫病检测工作，在乡镇兽医站设置有监测站点，在乡村设立村级动物疫情观察报告员，并根据我国国土面积广、边境线长、各地饲养流通差异大等特点，农业部在养殖生产密集区（县）设立了304个国家动物疫情测报站和在边境地区设立了146个边境动物疫情监测站。国家动物疫情测报站和边境动物疫情监测站根据国家有关要求和规范的要求，做好区域内动物疫情监测工作和流行病学调查工作，同时按照上级部门的工作部署开展相关疫情和疫病监测工作，并做好预警预报工作，提出防控政策与措施建议。经过多年的不断努力，我国逐渐形成了纵到底、横到边、覆盖全国的动物疫情监测网络。

（二）动物疫病监测制度建设基本完善

《中华人民共和国动物防疫法》、《国家动物疫病测报体系管理规范（试行）》、《国家突发重大动物疫情应急预案》、《疫情报告管理办法》等法律法规使我国动物疫病监测工作做到了有法可依、有章可循，为监测工作提供了有效的法律保证。农业部每年年初都要下发当年的《国家动物疫病监测计划》，对全国的重要动物疫病监测和疫情监测进行统一安排，提出监测要求，初步建立了按月度开展定期监测与在春秋两季实施集中免疫后集中重点监测相结合，常规监测与突发重大动物疫情应急监测相结合的工作机制。针对我国对重大动物疫病实行强制免疫的政策，实行免疫抗体监测与病原监测相结合的监测方式。同时，根据各地疫病流行特点，设立了固定监测点，开展定点、定期和持续监测。

在动物疫病监测信息报告方面，我国已经基本建立了覆盖全国的报告体系，并初步实现了电子网络报告。通过动物保护工程、无规定动物疫病区等基础设施建设项目及一些国际合作项目的建设，依靠各级动物疫病预防控制机构，逐步建立了乡、县、市、省、国家五级动物疫情逐级报告系统，承担全国动物疫情和疫病信息的调查、收集、统计、分析、汇总、报告工作，按期完成各种疫情信息的分析和报告任务，为有效预防和控制动物疫病发挥了重要作用。

另外，为推动高致病性禽流感或新发传染病等主要动物疫病定点流行病学调查工作的规范、有序开展，提高重大动物疫病流行病学调查分析能力，科学评价疫病发生风险，增强疫病防控工作针对性，我国组织开展了全国主要动物疫病流行病学调查监测，由中国动物卫生和流行病学中心负责组织实施，开展一些主动监测、定点监测和疫病调查活动，承担着动物流行病学信息和样品采集工作，为全国重大动物疫病风险分析和预警提供基础数据支持。

（三）动物疫病监测技术水平逐步提高

近年来，国家加大了兽医实验室和监测体系的基础设施建设力度，将动物疫病监测预警列入《全国动物防疫体系建设总体规划》中，进一步充实、完善了各级动物疫病预防控制机构和测报站的设备与装备条件。省级实验室着眼于预警分析和技术研究，建成集疫情监测预警、重大动物疫病诊断和技术培训为一体的技术平台；市级实验室着眼于疫情监测，建成集免疫效果评估、疫情预警、诊断技术推广为一体的技术平台，县级实验室及测报站着眼于免疫效果监测能力建设，建成紧密联系广大养殖场户和基层动物防疫工作者的服务阵地。

各级动物疫控机构加大各种监测的培训与应用，通过各种形式的技术培训，目前的监测工作已从单一的抗体监测技术提升到能采用多种技术开展动物疫病监测工作。一是运用血清学方法开展免疫效果评估监测，了解、掌握主要动物疫病免疫后体内的抗体消长规律，评价免疫效果，指导养殖场（户）进行科学免疫；二是运用病原学方法开展病原学监测，了解、掌握本区域疫病病原分布和动物疫情流行趋势；三是采用分子生物学技术初步开展疫病病原的分子流行病学跟踪监测与分析；四是开展流行病学调查，主要是了解畜禽饲养的基本情况、特定疫病以往和当前一个时期的发生状况、特定动物疫病的防控政策和防控措施的落实情况等。

第四节 兽药残留检测系统

兽药是预防、治疗和诊断动物疾病的特殊商品。兽药的安全合理使用，可以有效降低动物发病率、死亡率，提高畜牧业和水产养殖业效益，增加农民收入。但若违规使用，则有可能造成兽药残留，给动物性食品安全造成隐患。兽药残留是动物性食品中最重要的污染源之一，与动物性食品安全息息相关。

一、我国兽药残留检测系统发展状况

我国政府高度重视兽药残留的监管工作，有关部门加大了管理力度，开展了兽药残留的基础研究和实际监控工作，初步建立起适合我国国情并与国际接轨的兽药残留监控体系。

（一）完善法规，建立生产准入制度

解决药残问题必须从源头抓起，从兽药生产、经营、使用环节入手，狠抓兽药质量，建立兽药市场秩序，严格兽药使用管理，对残留超标的违法行为实施监督、处罚。

国务院于2004年4月发布的新的《兽药管理条例》将残留标准制定、检测一并纳入兽药管理范畴，为我国实施残留监控计划奠定了法律基础。《兽药管理条例》对兽药残留监控作出明确规定，要求研制用于食用动物的新兽药，必须进行兽药残留试验并提供休药期、最高残留限量标准、残留检测方法及其制定依据等资料。兽药使用单位必须遵守国务院兽医行政管理部门制定的兽药安全使用规定，并建立用药记录，严格执行休药期规定。禁止使用假、劣兽药以及国务院兽医行政管理部门禁止使用的药品和其他化合物目录范围内的药品和其他化合物。禁止在饲料和动物饮用水中添加激素类药品和国务院兽医行政管理部门规定的其他禁用药品。对违反《兽药管理条例》规定，销售含有违禁药物和兽药残留超标的动物产品用于食品消费的，给予严厉处罚。

近年来，农业部通过狠抓兽药GMP制度推行工作，采取措施引导企业进行改造，制定兽药GMP认证工作标准和工作程序，组织兽药GMP认证工作，使国内从事兽药生产的企业全部取得兽药GMP证书。到2008年6月底，我国通过兽药GMP认证的企业达到1 464家，初步实现了兽药生产行业优胜劣汰，提升了行业的整体水平，提高了兽药质量。

（二）加强监控体系软、硬件建设

国家残留监控体系建设是一项庞大的系统工程，既包括相关法律法规体系建设，也包括残留检测所需的硬件工程和软件工程建设。

1999年3月，农业部与国家质检总局共同制定了《中华人民共和国动物及动物源食品中残留物质监控计划》，实行养殖用药到动物产品加工各环节的全程监管，该计划已得到欧盟、美国、日本等贸易国的认可。根据《兽药管理条例》和《残留物质监控计划》，二十年来，农业部不断完善兽药法规、提高残留检测能力建设、建立兽药残留标准体系、强化兽药使用监管、组织实施残留年度监测计划等，整体推进我国兽药残留监控工作，取得明显成效。目前，农业部已发布《饲料药物添加剂使用规范》、《食品动物禁用的兽药及其他化合物清单》、《动物性食品中兽药最高残留限量》和《兽药休药期规定》。已发布的食品动物禁用的兽药及其他化合物共计42个品种，涉及β-兴奋剂类、性激素类、具有雌激素样作用的物质、硝基呋喃类、硝基咪唑类、硝基化合物、催眠、镇静类、氯霉素、氨苯砜及制剂、各种汞制剂以及一些同时用作兽药的农药制品和化工染料等。同时，通过《中国兽药典》，依法规定了畜禽用抗微生物、抗寄生虫、消毒防腐等15类756种兽药、36种水产养殖用药及14种养蜂业、养蚕业用药的作用与用途、用法与用量、注意事项、不良反应、残留限量、休药期等内容。自1999年起，农业部每年制定年度残留监测计划。安排专项经费，对重点检测产品、重点检测药物和重点监测地区开展残留监测，建立了残留超标样品追溯制度，对超标样品组织后续跟踪抽样检测，对造成残留超标责任人依法采取处罚措施，并发布了年度《中国兽药残留监控状况报告》。

为完善兽药残留标准体系，农业部自1997年起，先后4次制定发布动物性产品中兽药残留最高限量标准。现行的2003年版《动物性食品中兽药最高残留限量》收载了250余种药物限量标准。目前，农业部共制定发布了140个兽药残留检测方法标准，对29种残留快速检测试剂盒实施审议、备案。

农业部还积极争取国家财政支持，重点建设了4个国家残留基准实验室和20余个省级兽药残留实验室，完成了残留检测实验室改造、仪器设备和设施更新；发布了《兽药残留试验技术规范》、《兽药监察所实验室管理规范》，规范残留试验和兽药检验检测活动。中国兽医药品监察所、各省级兽药监察所及其相关检测单位在完善硬件的同时，努力提高业务水平，推动了我国动物性产品中残留监控工作的深入开展。

(三) 健全兽药使用监管制度

强化兽药使用监管就要做好动物性产品中兽药残留监控工作。一是完善禁用兽药清单。农业部于 2002 年、2005 年分别以 202 号、560 号公告公布了氯霉素、硝基呋喃等 35 种（类）禁用兽药，及时注销禁用兽药产品批准文号，严厉处罚违反规定的行为。二是建立停药期制度。2003 年 5 月，农业部发布《兽药停药期规定》，对临床常用的 202 种（类）兽药和饲料药物添加剂规定了停药期，要求兽药厂生产的所有产品的标签上须按要求标明停药期，养殖场须遵守停药期规定。三是规范药物添加剂管理。农业部 2002 年制定发布了饲料药物添加剂使用规定，将 57 种药物添加剂划分两类：防治动物疫病类的，实行兽医处方管理，饲料厂不得擅自将其添加到饲料产品中；促进动物生长类的，允许添加到饲料中，但必须在饲料标签上标明药物成分、含量、休药期等信息。四是开展兽药市场专项整治。自 2002 年起，农业部每年组织兽药市场专项整治，重点查处禁用药、假劣兽药，将养殖场用药列为检查重点，对其不规范行为进行指导，对非法行为依法实施处罚。

近年来我国兽药残留监控体系不断健全，动物性产品兽药残留监控工作取得积极进展。农业部不断强化养殖环节用药管理，加大兽药残留监控力度。一是积极组织开展兽用疫苗、抗生素再评价工作，加强细菌耐药性监测，强化兽药不良反应报告收集、评价及控制工作。二是监督指导养殖企业和农户建立用药记录制度，完善兽药使用档案，监督养殖企业和个人严格执行休药期规定。三是加快执业兽医队伍建设，推行兽用处方药管理制度，明确用药责任主体，规范兽医用药行为。四是加大兽药法律法规和科普知识宣传力度，普及安全用药知识，提高企业和农户识别假兽药的能力，科学合理用药。五是继续加大兽药残留监控力度，按照国家兽药残留监控计划，制定辖区兽药残留监控方案，扩大兽药残留抽检范围和批次，建立残留超标产品追溯制度，定期发布兽药残留状况报告。六是加强兽药残留技术和监测方法研究工作，不断提高兽药残留监控技术水平。

(四) 控制兽药残留需多管齐下

虽然近年来我国残留监控工作取得长足进展，但与发达国家相比，与解决残留问题、加强监控工作需要相比，尚存在较大差距。

1. 要进一步加强兽药立法工作　在已有规定和已界定职能工作的基础

上，完善并制定符合国情的兽药管理、兽药残留等相关法规，对违法行为予以重罚。

2. 加强兽药残留标准体系建设 应抓紧制定与国际接轨的、适合我国国情的兽药残留检验方法和残留限量标准，力争经过5～10年的努力，使我国限量标准和残留检测方法标准接近发达国家水平。同时，积极参与国际标准制定，促进我国动物性产品出口。

3. 不断强化兽药使用监管 推行兽医处方制度，督促养殖者建立用药记录，执行休药期规定；加强饲料生产用药监管，控制药物滥用。加强标准化规模小区示范建设，推广健康养殖方式，提高规范化管理程度和安全用药水平。

4. 加大兽药残留监控力度 增加资金投入，进一步整合残留检测项目，扩大检测范围，增加抽检数量，提高监控覆盖率，特别要加大对超标样品跟踪追溯和查处力度。

5. 加快兽医体制改革进程 建立官方兽医和执业兽医制度，保证养殖动物在兽医指导下安全用药；加强兽药行政管理以及兽药安全评价、兽药质量控制技术支持体系建设；强化政府部门的兽药、饲料安全使用监督、残留监控抽样、阳性结果后续调查和违规企业处罚等职责。

6. 建立兽药残留监控长效监管机制 加大相关政策宣传和知识普及力度，增强残留防范意识；跟踪和研究美国、日本、欧盟等发达国家和地区出台的新法规、新标准，完善兽药残留技术措施体系的建设；以风险分析结果为依据，科学制定残留年度抽样计划，确定残留标准制定修订工作，开展耐药性监测与分析；加强兽药残留检测实验室的建设；加强国际信息交流与合作以及国内兽药管理部门、外经贸部门、检验检疫机构与养殖、畜产品加工、兽药生产企业间的沟通。

二、国际兽药残留检测发展趋势

（一）兽药使用禁令越来越多

近几年来，禁止使用的兽药特别是在动物饲料中添加的药物品种越来越多。到2000年，国际食品法典委员会已经制定了185种农、兽药评价和3 724个农、兽药残留限量标准。仅食品农、兽药残留一项就对176种药物在375种食品中规定了2 439个农、兽药残留最高限量标准。美国于1975

年即开始实施国家药物残留计划（NRP），要求动物在屠宰前必须检查杀虫剂、重金属、激素和抗生素的残留，1982 年建立了《避免动物源性食品药物残留数据库》，明确规定了动物源性食品药物残留限量标准。欧盟于 1971年 11 月发布了《饲料添加剂导则》，首次提出控制药物残留的问题。1990年 6 月又颁布了动物源性食品中兽药的最高残留限量（MRL）标准。2002年 7 月，欧盟委员会公布了部分水果、蔬菜、谷物以及某些动物源性食品中农、兽药残留限量的最高水平。2002 年 8 月 22 日，日本决定进一步加强对食品中的农、兽药残留物和食品添加剂的安全管理，加快对农、兽药的毒性测试和对食品添加剂的安全评估。

（二）农、兽药残留要求越来越严

近几年来，欧盟、日本、美国等发达国家对农、兽药残留限量的要求越来越严格。以氯霉素残留限量为例，残留限量标准要求不断提高，已经从以前的 10 微克/千克提高到目前的 0.1 微克/千克，提高了 100 倍。到 2003年，欧盟共发布了 37 个有关食品中农、兽药最高残留限量（MRL）的指令，制定出了 194 种农、兽药活性物质在 190 种食品中（包括水果、蔬菜、谷物、食用菌、茶叶、肉、蛋、乳等）共 28 689 项农、兽药 MRL 标准，其中有 3/4 以上的 MRL 标准设定在检测限上。

（三）农、兽药残留检测水平越来越高

由于农畜产品中农、兽药残留的限量越来越低，常常需要进行微量或超微量甚至是痕量或超痕量分析，而且涉及的农、兽药种类繁多，化学结构各不相同，待测组分十分复杂，有的还要检测其有毒代谢物、降解物、转化物、中间产物等。这种情况对农、兽药残留检测水平提出了越来越高的要求，推动了农、兽药残留检测技术的发展。近几年来，为了提高对农、兽药残留的检出能力，越来越多的国家使用高灵敏度的检测仪器，研制高精确度的检测方法，并设立高水平的国家基准实验室。在仪器设备上，广泛使用高效液相色谱仪、高效气相色谱仪、原子吸收光谱仪、紫外分光光度仪、质谱仪、氨基酸分析仪等；在检测方法上，普遍使用酶联免疫法、原子吸收光谱法、薄层色谱法、高效液相色谱法、高效气相色谱法、质谱法、光谱法、同位素标记法、核磁共振波谱法等。检测技术手段越来越趋向于高技术化、系列化（多种残留物同时进行检测）、速测化、便携化。随着科学技术的进步，

将会不断开发出新的分析检测技术，农、兽药残留检测技术和水平还将会不断地提高。

（四）允许使用的农、兽药越来越少

为了减少农畜产品中农、兽药残留对人类健康的危害，保护环境安全和生态平衡，国际组织和欧美等发达国家不断减少允许使用的农、兽药，允许使用的农、兽药数量越来越少。1994 年，联合国粮农组织（FAO）决定禁止使用氯霉素。1973 年，欧共体决定禁用青霉素、氨苄青霉素、四环素类抗生素、头孢菌素、磺胺类药物、喹诺酮类药物、三甲氧苄胺嘧啶、氨基糖苷类药物（新霉素、链霉素）和氯霉素等作饲料添加剂。1996 年 4 月 29日，欧盟禁止销售用于动物的反二苯代乙烯及其衍生物、盐和酯以及用于其肉和制品供人类使用的动物的 β-兴奋剂（盐酸克伦特罗）。从 1997 年 4 月起，全面禁止使用阿伏霉素。1998 年，欧盟立法禁止使用盐酸克伦特罗（瘦肉精）。1998 年 12 月 14 日，欧盟决定从 1999 年 1 月 1 日起禁止使用 β-促生长剂、喹乙醇、卡巴氧、磷酸泰乐菌素、维吉尼亚霉素、杆菌肽锌和螺旋霉素。还决定从 2006 年 1 月起，将目前尚允许在饲料中使用的最后 4 种抗生素也予以禁止使用，这意味着欧盟将全面禁止在饲料中投放任何抗生素。

第十四章
兽医公共卫生事件的管理

第一节 概 述

近年来，兽医公共卫生安全事件不断发生，人们对其关注程度也在不断提高。信息网络化的普及，要求我们要不断提高和深化管理水平，以提高公共卫生事件应变和管理能力。本章分别从突发兽医公共卫生事件的处置原则、内容以及处置程序等几方面进行简要的阐述，并对近年一些突发兽医公共卫生案例进行分析。

一、突发公共卫生事件的特征

（一）突发公共卫生事件的概念

突发公共卫生事件是指突然发生的，严重危害或可能严重危害社会公众健康的重大传染病疫情、群体性不明原因疾病、重大食物和职业中毒性疾病以及其他严重影响公众健康的事件。判断一个已发生的事件是否为突发公共卫生事件，除了要看其是否具备突发性、群体性等两个特征外，还要看该事件是不是属于已经，或者从发展的趋势看，可能对公众健康造成严重影响的事件。

兽医公共卫生事件是指突然发生的，对社会公共健康，公共安全造成或者可能造成严重危害的重大动物疫情、影响较为广泛的人畜共患病疫情、动物源食品等安全问题。

目前判断兽医公共卫生事件的主要参考依据如下：高致病性禽流感在21日内，1个县级行政区域发生疫情、疫点数在3个以下；口蹄疫在14日内，在1个县级行政区域内发生疫情、疫点数在5个以下；在1个平均潜伏期内，在1个县级行政区域内发生猪瘟、猪蓝耳病、新城疫疫情、疫点数在10个以下；布鲁氏菌病、结核病、狂犬病、炭疽、猪2型链球菌病等二类或三类动物疫病在1个县级行政区域内呈暴发流行；县级兽医行政管理部门认定的其他一般突发动物疫情；外来重大人畜共患病；兽药、抗生素残留超标等引起的人畜重大疫病，以及其他严重危害人类健康的公共卫生事件。

（二）突发兽医公共卫生事件的特征

1. 人、畜群发病特征 人、畜群发病是人和多种动物在某一时间段同时发生的疾病，其发生和流行是一个持续过程。易感对象容易出现群发感染，群发性是其一个重要特征。根据群发性的程度，将疫情确定为低度流行、暴发流行和大流行。低度流行是疾病被控制在局部，疫情稳定，又称为地方病；暴发流行是疾病的疫源地扩大，人畜发病数量在短时间内快速增加，影响到社会稳定；大流行是疾病的发生和流行跨越多个大洲（如流感从亚洲扩散到欧洲）。另外，人、畜群发病的分布，体现出一定的职业特征。如从事动物饲养、动物产品加工、疾病诊断等的兽医人员是人畜共患病（如炭疽、布鲁氏菌病等）高发人群。

2. 突发性强 突发兽医公共卫生事件的发生往往出乎人们的意料，其发生的时间、地点、影响面、涉及的程度均有很强的隐蔽性，相关信息也很难做到准确、全面、及时。当突发公共卫生事件全面表现出来，并不断造成破坏时，往往控制起来较为困难。一般而言，在危险尚未完全显露时，公众往往会忽视危险的存在，而当处于突发事件暴发期，危险已经逼近时，又往往会夸大危险。突发公共卫生事件的发生非常突然，发病急骤，短时间内就使很多人受到传染甚至有丧失生命的危险。

3. 死亡率高 突发公共卫生事件发生突然、发病急骤，加之群体性发病、病因复杂，如得不到及时有效的预防控制和医疗救助，往往会造成发病人员的死亡。如 2003 年上半年，我国内地 24 个省、自治区、直辖市先后发生 SARS 疫情，涉及了 266 个县（市）和市（区），累计报告 SARS 病例 5 327 例，死亡 349 例，死亡率高达 6.55%。

4. 社会影响巨大 传染病、中毒病、放射性事故等公共卫生事件，如得不到有效控制，将迅速蔓延或播散，尤其是在当今全球联系日益紧密的形势下，发生在一国的恶性传染病，将迅速地向世界各地传播，给这些地区甚至全球带来巨大的灾难。例如，1918 年在西班牙暴发的世界性流感造成了至少 2 000 万人死亡，1957 年的亚洲流感和 1968 年的香港流感共造成全世界 150 万人死亡。2003 年我国发生的 SARS 疫情，由于发源地位于中国的华南和香港地区，是全球经济最活跃的地区之一，人口密度高，流动性大，加上病毒本身的高度传染性、变异性，因此，在不到半年的时间里，全国有 26 个省份（占 83.87%）有疫情报告，32 个国家和地区有病例报道，成为全球公共卫生危机。2008 年下半年发生在我国大陆的"三鹿奶粉"事件危害到数万名婴儿的生命健康，其中少数病例死亡，并波及世界多个国家和地区。它暴露了我国乳品行业乃至整个食品行业存在的严重安全隐患，也向我国的食品安全保障工作提出了严峻的挑战。

二、突发兽医公共卫生事件的危害性

突发兽医公共卫生事件严重威胁到了人民群众的身体健康和生命安全，尤其人畜共患病事件的每次发生和流行都给人类社会造成极大的灾难和浩劫，其毁灭性甚至超过一场战争，危害极大。此类事件在现今世界中屡见不鲜，严重影响了一个国家或地区的经济发展、社会稳定，以及对外交往和国家形象等。

（一）社会危害性

1. 人畜共患病的暴发直接影响到正常的社会生活和秩序，也影响人们的思维和行为方式   历史上三次著名世界鼠疫大流行，造成数以亿计的人口丧命，一些国家由于鼠疫的流行而走向衰亡。尤其 2 400 多年前雅典暴发的鼠疫，在当时的医疗技术下，人们完全猝不及防，也无法防范，导致成批的居民在痛苦和恐惧中死去。2003 年，SARS 以突如其来的方式迅速在我国传播开来，由于我国应对这种公共卫生紧急事件的准备尚不够充分，加上人们的恐慌心理，纷纷抢购有关商品，口罩、消毒液、药材等市场供应短缺。更有些不法商人乘机制售假冒伪劣商品牟取暴利，趁机哄抬物价。这些做法不仅违背了经商的基本道德准则，扰乱了市场秩序，更严重的是销售假冒伪劣的物品和药品，给人民群众的生命和健康带来潜在的威胁。SARS 疫情引发民众的心理恐慌，国内生产生活秩序被严重扰乱，给人民群众的生命和健康带来潜在的威胁，严重影响社会稳定。历史上，人畜共患病的暴发往往会把一个社会推入混乱无序的状态之中。

1985 年 4 月，英国首次发现疯牛病，10 年间，该病迅速蔓延，并波及世界其他国家和地区，如法国、爱尔兰、加拿大、丹麦、葡萄牙、瑞士、阿曼和德国等。20 世纪 90 年代，疯牛病在欧洲暴发时曾导致数百万头牛被宰杀，至少 137 人因食用受感染的牛肉而丧生。2001 年 9 月 22 日，日本确认了亚洲首例疯牛病。2003 年圣诞节前夕，美国发现了首例疯牛病，并且从美国四通八达的食品经济中传播出去，造成了全球经济社会的大震荡，美国政府部门迅速果断的处理方案将这场震荡波平息。2004 年 6 月，美国佛罗里达州一名妇女因感染新型克雅氏症去世，成为死于"人类疯牛病"的第一名美国人。

2. 兽药残留事件严重威胁公共卫生安全 近年来，公共卫生安全问题已经成为国内外社会关注的焦点问题，而瘦肉精、苏丹红、孔雀石绿等一系列兽药名词更是牵动着人们的神经。兽药残留事件不断地引起人们的恐慌，动物源性食品安全信任面临严重的危机。如我国使用最多、损失最大、最受各级政府关注的违禁药物是瘦肉精（盐酸克伦特罗），添加瘦肉精是养猪业的潜规则，然而引起的危害也是惊人的。2001年11月，浙江省杭州、金华、嘉兴等地，相继发生6起食物中毒事件，在送检的食物样品中，检测出不同浓度的瘦肉精；2001年11月，广东河源市48人因食含"瘦肉精"的猪肉（内脏）中毒；2003年10月，辽阳市也发生30余人中毒；2006年9月上海也连续发生中毒事故，共300多人中毒。据不完全统计，1998年以来，全国相继发生18起瘦肉精中毒事件，中毒人数1 700多例，死亡17例。

2004年的安徽阜阳"大头娃娃"事件刚平息，2008年又发生"三鹿奶粉"事件，引起国内外各界的高度关注。饲料中添加的三聚氰胺来自于化工厂废渣，饲料中广泛添加的三聚氰胺已经危及各种畜产品的安全。政府及企业相关工作人员应把畜产品安全放在更加突出的位置，依法重点治乱，抓好从田地到餐桌每一环节的监管，保障人民生命健康。

（二）危害人体健康

1. 人畜共患病也是人类健康的最大杀手 科学技术高度发达的今天，人类仍然无法完全控制人畜共患病的发生和流行。人畜共患病不仅造成大批人类残疾、丧失劳动能力甚至死亡，带来生物灾难，而且给很多家庭带来经济困难，严重影响社会稳定。

据统计，全世界每年1 700万人死于传染病，95%集中在发展中国家，其中大部分是人畜共患病引起，如仅结核病每年造成310万人死亡，1万多人死于狂犬病，而许多国家25%的人感染弓形虫病。近年来，世界上发生很多新的人畜共患病，引起了全世界对生物安全和人畜共患病防控的高度重视。多年来，我国每年因狂犬病死亡的人数高居各类法定报告传染病的首位；近年人间布鲁氏菌病发病数持续上升，已经超过历史最高发病水平，部分地区布鲁氏菌病慢性化比例高达60%，给患者健康造成长期危害；血吸虫病在我国南方12个省流行，疫区受威胁人口6 000万，新中国成立以来发病 1 100 万人。全球共有 15 个国家报告发生人感染高致病性禽流感病例 407 例，死亡 254 例，病死率 62%；疯牛病自 1985 年在英国发现以来，全世界已有超过 100 人死于该病。世界上食源性病原微生物的危害也不断引起人们的广泛关注。1996 年日本大肠杆菌 O_{157} 导致出血性肠炎，10 天内有 6 200 名学生感染，死亡多人。

2. 兽药残留对人体危害　药物残留是指给食品动物食用药物后，蓄积或贮存在动物细胞、组织和器官内的药物或化合物的原型、代谢产物和杂质。兽药残留对人体的危害在以下几个方面。

(1) **一般毒性作用**　长期食用含有药物残留的食品，药物会在人体蓄积，从而产生急性或慢性毒性作用。如盐酸克仑特罗（瘦肉精）残留引起的急性中毒；氯霉素会导致血液系统疾病；链霉素会对儿童的听力造成损害；青霉素、磺胺类药物的过敏反应，可导致敏感体质人的过敏性死亡。

(2) **特殊毒性作用（致畸、致癌、致突变）**　如呋喃唑酮、呋喃西林、硝呋西腙、喹乙醇、乙酰甲喹、喹烯酮、甲硝唑、地美硝唑偶氮类化合物有潜在的"三致"作用，是多种遗传性疾病和癌变的诱因。

(3) **激素作用**　性激素以及有激素样作用的物质，因具有促进动物生长、降低饲养成本的作用，国外曾批准使用，后因发现对人体的健康危害严重被明令禁止。人若食用被激素污染的食品，将会破坏人体正常的激素平衡，甚至引起胎儿的畸形和儿童性早熟。

(4) **耐药性**　动物长期低剂量摄入抗菌药物，可产生耐药性或耐药菌株，并通过动物性食品进入人体，对人类细菌性疾病的防治造成不利影响，甚至有病无药可医。此外，由于耐药菌株的存在，抗生素在治疗动物疾病的用药量越来越大，导致饲养成本增加，养殖效益下降。

(三) 严重危害畜牧业的发展

人畜共患病给畜牧业带来的危害和损失难以估量。主要包括因发病造成大批畜禽废弃、畜禽产量减少和质量下降而造成的直接损失，以及采取控制、消灭和贸易限制措施而带来的巨大的间接损失。对畜牧业危害最为严重的人畜共患病有海绵状脑病（疯牛病）、口蹄疫、流感（特别是高致病性禽流感）、布鲁氏菌病、结核病等。英国近年来因发生疯牛病造成的经济损失达到 300 亿美元以上，因口蹄疫暴发造成的直接损失近 100 亿美元。全世界养牛业因布鲁氏菌病和结核病等每天损失牛奶的经济价值达 3 000 万美元。2004 年发生 H5N1 禽流感，鸡群死亡率高达 100%，导致十几个国家约 8 000 万只鸡死亡或被宰杀，并且还在继续威胁世界各国的畜牧业发展，给各地区经济造成了毁灭性打击。

人畜共患病使动物生长、肉类质量、皮毛的质量、乳品生产等生产性能下降 20%～60%，给畜牧业造成严重损失。据统计，布鲁氏菌病可造成奶和肉减产约 15%～20%，并造成大量牛、羊、猪等牲畜流产。1996 年 3 月，英国发现 20 余名克雅氏病患者与疯牛病传染有关，英国政府将疯牛病疫区的 1 100 多万头同群牛屠宰处理，造成了约 300 亿美元的损失，并引起了全球对英国牛肉的恐慌。2003 年的 SARS 疫情导致林业部门几十年开发出来的果子狸养殖业遭到毁灭性打击，且生态平衡还遭到严重破坏。据统计，我国每年仅动物疾病给畜牧业造成的损失超过 200 亿元。2005 年四川省发生猪链球菌病，死亡 600 多头猪，230 多人发病，造成全国人民"恐肉风波"，全国生猪价格下跌 30%，农民养猪损失 1 000 亿元。动物疫病是限制畜产品国际贸易的唯一决定因素，由于人畜共患病问题，我国畜产品在国际市场上出口份额不断萎缩，甚至香港地区也减少从国内调运生猪、活禽，反而从巴西等国进口猪肉。

（四）成为生物战剂与生物恐怖的威胁

有多种人畜共患传染病病原体可以作为生物恐怖袭击武器，扰乱社会秩序、震撼社会，从而达到某种平常方式达不到的目的。因为少量生物战剂即可造成某些烈性传染病或中毒，导致人畜的突发疾病或死亡，经济财产损失严重，具有强大的惊恐效应。常见的生物战剂有鼠疫杆菌、炭疽杆菌和布鲁氏菌病等。在抗日战争中，日本"731 部队"就曾经利用鼠疫菌作为生物战剂；美国 2001 年"9.11"之后发生的"白色粉末事件"就是恐怖分子利用炭疽芽孢杆菌制造的生物恐怖事件。

（五）严重影响国际旅游业和国家声誉

跨地区、国际的动物及动物制品交易日益频繁，使得动物源疾病可以在很短时间内迅速在全世界不同国家和地区间传播。非疫源地区人群到疫源地区旅游，也会导致感染人畜共患传染病甚至造成远距离传播。巨大的人口流动和动物交易量给人畜共患传染病防控带来很大困难，非疫源地区有可能由于外来染疫动物的进入而逐渐发展为疫源地，非疫源地区的人口也有可能因为在疫源地区活动而感染人畜共患传染病。例如，SARS 是一种新的传染性疾病，具有突发性和不可预测性，SARS 疫情发生后，最多时有 127 个国家对我国往返团组和人员不同程度地采取停发签证、不准入境、关闭口岸、入境隔离、跟踪观察等限制措施。中国政府为严防 SARS 疫情的传播，也对出国团组进行了严格管理。一段时间我国对外交往大幅度减少。在世界卫生组织宣布北京"双解除"后，在外交部和中国驻外使馆积极推动下，有关国家才陆续解除了限制措施，对外交往开始逐渐恢复正常。

三、突发兽医公共卫生事件发生的条件及原因

在已知的人类传染性疾病中，有 60％来源于动物，75％新出现的人类传染病是人畜共患病。人畜共患病已成为人类健康的第一大杀手，公共卫生安全问题日渐突出。目前，一是原有人畜共患病发病率和致死率上升，某些曾得到有效控制的人畜共患传染病又死灰复燃，再度暴发流行，如我国布鲁氏菌病疫情出现反弹，病例不断增加。二是跨物种感染性疾病的频发是当前兽医公共卫生面临的新挑战，以高致病性禽流感 H5N1 为代表，还有 SARS、疯牛病、尼帕病毒等新病原体出现或感染新的宿主，给人类健康带来了严重的威胁。三是鼠疫、流感、狂犬病等传统的野生动物源疫病，曾经给人类健康和社会发展带来过巨大的灾难，如 14 世纪的欧洲鼠疫和 19 世纪的"西班牙流感"，曾经造成数千万人的死亡，这些危害巨大的传统人畜共患病，至今仍在一些国家和地区流行，甚至有回升趋势。

（一）自然生态环境恶化，野生动物源性疫病病原生态学不断发生变化

野生动物源性疫病病原生态学的变化直接导致了其在人类或家养动物中的传播。生态学变化原因包括人口数量的急剧增长、人工造林和野生动物栖息地的改变、环境污染、气候变化和病原自身变异等多个因素。病原体、储毒宿主和人类的活动是影响野生动物疫病病原生态学的关键因素。人类的旅行和贸易、包括候鸟在内的野生动物自然活动或在人类迫使下的迁移直接影响了病原生态学变化。人类的包氏螺旋体病的病原是博氏疏螺旋体菌，其主

要来源为带菌的小啮齿动物、鹿和硬蜱属生物。包氏螺旋体病于 1975 年在美国康涅狄格州莱姆镇首次被发现，随后在北美洲、欧洲、亚洲也相继发现，并且感染率不断上升。最近几年，由于人工造林，致使白尾鹿和硬蜱的数目增多，从而导致美国北部包氏螺旋体病的发生率又有上升趋势。高致病性禽流感病毒就是在寄生过程中发生了变异并获得了跨物种向人类传播的能力，使得人类也能感染到禽流感且有暴发成灾的趋势。另外，野生动物及其副产品的过度利用与频繁贸易也增加了人类感染的机会，促使一些病原体因交叉传染而发生快速变异、蔓延。有关专家指出，这些重大的传染性疾病不仅对野生动物自身健康和生存产生了极大的挑战，还严重威胁着人类的健康，破坏生态环境，危害社会稳定，影响国民经济持续快速发展。

　　SARS、狂犬病和流感等野生动物源疫病已经引起了人们的充分重视，但实际上这些只是众多疫病中很小的一部分。目前，许多新的疫病和致病因子不断地出现，使得野生动物源疫病的发生流行情况更加复杂。许多证据表明，侵入家畜、家禽的新病原体主要来自于野生动物，这无疑将增加防控野生动物源性疫病的困难。

（二）生活方式和生活习惯不易改变

　　个别传染病具有自然疫源性，由于当地的自然、社会、生态环境不变性，经济条件差，生产生活方式落后，生活习惯难以改变，导致人畜共患病在当地长久流行，如包虫病等。

（三）市场监管不到位

　　畜产品质量安全监管和动物疫病防控任务艰巨。从监管对象和防控环境看，畜牧生产分散，饲养环境差异较大，管理水平参差不齐，质量安全管理环节多，国内外动物疫情复杂，发生重大动物疫情的重大隐患依然存在。

（四）健康教育重视不够

　　健康教育就是向人民群众宣传预防疾病的知识和健康保健技能，使之增强防病保健意识。健康教育依靠行为干预、改变生活行为等手段避免或推迟疾病的发生，其服务成本低、收效好、普及广、可行性高，是预防传染病等突发公共卫生事件的主要策略。但目前我国健康教育工作的发展是不平衡的、东西部地区、城乡之间存在着较大差异。人群的健康知识水平和健康行为形成率较低，特别是在贫困、边远农村地区，农民自我保健意识淡薄，存在许多落后的生活习俗，容易导致突发公共卫生事件的发生。因此，普及基本卫生知识，倡导健康生活方式仍是新时期长期而艰巨的任务。而城乡健康教育专业机构和服务网络不健全，健康教育人员素质与能力相对较弱，以及健康教育机构组织体系、定位、职能与职责等都不够明晰，这些都影响到健康教育服务的效果。

四、突发公共卫生事件的确认识别和分级

为了保障公众身体健康与生命安全，有效预防、及时控制和消除突发公共卫生事件的危害，从容有序地应对突发公共卫生事件，并将其造成的公众危害损失和影响降低到最低限度，有必要对突发公共卫生事件进行科学的确认识别和分类分级，以便实行分类分级管理。

国内外有关文献资料表明，突发公共卫生事件的分类框架及分级指标，在分类上尽可能明确，以求达到排他性、专一性和特殊性；在分级上主要根据突发公共卫生事件的影响、严重性、可控性、紧迫性和易管理性等，尽可能细地评定其级别。

（一）突发公共卫生事件的确认识别

突发公共卫生事件发生后，当地政府、兽医及其卫生行政部门应根据《国家突发公共卫生事件应急预案》、《国家突发重大动物疫情应急预案》等国家有关法律法规，立即组织流行病学调查人员和实验室检验人员到达现场调查核实。必要时，经省级兽医、卫生专家咨询评估小组的科学分析、检验检测、评估预警和确认识别，初步判断该事件的性质、规模和分类分级（市、县应进行一般和较大突发公共卫生事件的确认识别和初步判断）。然后，当地决定是否启动应急预案和实行相应级别的医疗卫生应急救援救治；并根据需要组织公共卫生和临床医疗应急抢救队伍奔赴现场实施应急救援救治。省级兽医、卫生行政部门依据省级专家咨询评估小组和突发公共卫生事件的预警预测、初步判断和确认识别，对重大和特别重大的突发公共卫生事件进行确认；对群体性不明原因的传染病流行和中毒事件、生活饮用水或环境污染等进行确认识别与认定。

（二）突发兽医公共卫生事件的分级

根据突发公共卫生事件的性能、危害程度、涉及范围、政治和社会影响程度，将突发公共卫生事件分为：一般突发事件、重大突发事件、特别重大突发事件。为了能更合理地对突发公共卫生事件进行分级管理，大多数学者认为有必要在一般突发事件与重大突发事件两者之间加入"较大突发事件"这一级别。

1. 特别重大突发公共卫生事件（Ⅰ级）　指在很大的区域内，已经发生很大范围扩散或传播，或者可能发生大范围扩散或传播，原因不清或原因虽然清楚但影响人数巨大且已影响社会稳定，甚至发生大量死亡的突发公共卫生事件。

2. 重大突发公共卫生事件（Ⅱ级）　指在较大区域内，已经发生大范围扩散或传播，或者可能发生大范围扩散或传播，原因不清或原因虽然清楚但影响人数很多，甚至发生较多死亡的突发公共卫生事件。

3. 较大突发公共卫生事件（Ⅲ级）　指在较大区域内，已经发生较大范围扩散或传播，或者有可能发生较大范围扩散或传播，原因不清或原因虽然清楚但影响人数较多，甚至发生少数死亡的突发公共卫生事件。

4. 一般突发展公共卫生事件（Ⅳ级）　指在局部地区，尚未发生大范围扩散或传播，或者不可能发生大范围扩散或传播，原因清楚且未发生死亡的突发公共卫生事件。

五、不同级别突发公共卫生事件的应急处理工作

1. 特别重大突发公共卫生事件应急处理工作　需要同时报请国务院或国务院卫生行政部门和有关部门予以指导和督办，具体由省级人民政府组织实施应急医疗救治和现场预防控制。

2. 重大突发公共卫生事件应急处理工作　由省级人民政府组织实施应急医疗救治和现场预防控制。省级人民政府根据省级卫生行政部门的建议和突发事件应急处理的需要，成立省级突发公共卫生事件应急指挥部，开展突发公共卫生事件的医疗卫生应急、信息发布、宣传教育、科研攻关、国际交流与合作、应急物资与设备的调集、后勤保障，以及应急医疗救治和现场预防控制工作的督导检查等。突发事件发生地人民政府要按照省级人民政府或省级人民政府有关部门的统一部署，组织协调当地有关力量开展突发公共卫

生事件应急医疗救治和现场预防控制工作。

3. 较大和一般突发公共卫生事件应急医疗救治和现场预防控制工作　由省级以下各级人民政府负责组织实施，如果突发事件超出本级应急处置能力的，地方各级人民政府需报请上级人民政府提供技术指导和支持。

4. 应急救援救治的处置措施　突发化学中毒事件发生后，当地政府及其卫生局应根据《国家突发公共卫生事件应急预案》、《国家突发重大动物疫情应急预案》等国家有关法律法规，立即组织流行病学调查人员和实验室检验人员到达现场调查核实。必要时，经省级专家咨询评估小组的科学分析、评估预警、确认识别和初步判断该事件的性质、规模和分类分级后，由当地政府及卫生行政部门决定是否启动应急预案和实行相应级别的医疗卫生应急救援救治，并根据需要组织公共卫生和临床医疗应急抢救队伍，奔赴化学中毒现场实施应急救援救治。

六、突发兽医公共卫生事件的趋势和管理现状

我国面临的人畜共患病形势严峻，目前在我国范围内，传统的人畜共患病呈上升趋势，世界上的新发人畜共患病在我国已有发生，部分还未传入我国的新发人畜共患病已经在我国周边国家流行。2009 年 4 月中旬，席卷全球的甲型 H1N1 流感从墨西哥迅速蔓延至欧美地区乃至世界 188 个国家，并传入我国，目前仍在全球肆虐，再次敲响了人畜共患病危害人类健康的警钟。近年来不断发生的 SARS、禽流感、猪链球菌病等重大人畜共患病，引起全社会乃至全世界的高度关注和重视。世界动物疫情不断，一些重大动物传染病可给一个国家或地区的国民经济带来致命性的打击。

重大动物疫情的发生和控制，越来越受到我国各级政府的重视和支持，重大动物疫情发生和流行已被国家正式纳入了灾害系列，也纳入减灾规划和计划。重大动物疫情应急管理，是国家突发公共事件管理体系的重要组成部分。近年，国务院颁布了《重大动物疫情应急条例》、《国家突发公共事件总体应急预案》、《国家重大动物疫情应急预案》、《高致病性猪蓝耳病应急预案》、《高致病性禽流感应急预案》、《高致病性禽流感防治技术规范》和《鸡新城疫防治技术规范》等法律法规。中央提出"加强领导、密切配合，依靠科学、依法防治，群防群控、果断处置"防控禽流感的重大方针，为加强重大动物疫情应急管理，提高应急处置能力，提供了有力的法律和制度保障。

在 2004 年 1 月我国广西发生禽流感疫情后，农业部迅速制定和完善应急处
置指挥体系，健全应急处置机制，成立了突发重大动物疫病应急指挥中心，
各省、市、县也设立了相应工作机构，为防控禽流感等重大动物疫病提供具
体的技术指导。

　　加强应急管理工作，提高预防和处置突发公共事件的能力，是关系国家
经济社会发展全局和人民群众生命财产安全的大事，是构建社会主义和谐社
会的重要内容。开展突发重大动物疫情应急演练，规范突发重大动物疫情应
急处置工作，对于迅速控制、扑灭重大动物疫情，保障养殖业生产安全，保
护公众身体健康与生命安全，维护正常的社会秩序具有非常重要的意义。一
是开展应急演练，加强应急管理工作，提高预防和处置突发重大动物疫情的
能力，是坚持以人为本、关注民生、构建和谐社会的内在要求；二是开展应
急演练，是政府加强应急管理，提高预防和处置突发公共事件的能力，是全
面履行政职能，进一步提高行政能力的重要方面；三是开展应急演练是检验
应急预案可行性、完善预案可操作性的重要环节；四是开展应急演练是在社
会普及应急知识，提高公共应急能力的重要途径；五是开展应急演练是健全
应急机制，培训锻炼应急队伍、规范应急处理工作、提高防控水平的重要举
措。目前，突发重大动物疫情的应急工作已拓展到突发人畜共患病的发生及
突发兽医公共卫生事件的管理，延伸到动物卫生安全领域的各个环节，也成
为检验部门能力建设的重要组成部分。

第二节　突发兽医公共卫生事件的
处置原则和内容

一、突发兽医公共卫生事件应急管理的基本原则

（一）坚持依法防治原则

　　处置突发兽医公共卫生事件，应严格按照《中华人民共和国动物防疫法》、
《中华人民共和国传染病防治法》、《中华人民共和国食品安全法》、《突发公共卫
生事件应急条例》、《重大动物疫情应急条例》，同时参考《国际卫生条例》、《国
际陆生动物卫生法典》等法律法规和相应防治技术标准、规范的规定执行，建
立和完善突发重大动物疫情应急体系、应急反应机制和应急处置制度，提高突
发重大动物疫情应急处理能力；发生突发重大动物疫情时，各级人民政府要迅

速作出反应，采取果断措施，及时控制和扑灭突发重大动物疫情。

（二）坚持统一领导的原则

各级人民政府统一领导和指挥突发重大动物疫情应急处理工作；疫情应急处理工作实行属地管理；地方各级人民政府负责扑灭本行政区域内的突发重大动物疫情，各有关部门按照预案规定，在各自的职责范围内做好疫情应急处理的有关工作。根据突发重大动物疫情的范围、性质和危害程度，对突发重大动物疫情实行分级管理。

（三）依靠科学的原则

突发公共卫生事件应急工作要充分尊重和依靠科学，要重视开展防范和处理突发公共卫生事件的科研和培训，为突发公共卫生事件应急处理奠定科学基础。各有关部门和单位要通力合作、资源共享，有效应对突发公共卫生事件，广泛组织、动员公众参与突发公共卫生事件的应急处理。

（四）坚持人畜同步的原则

建立联防机制，加强疫情通报，发生突发重大人畜共患传染病疫情时，兽医和卫生部门要密切协作，共同完成流行病学调查、动物和人间疫情的处置、疫情预测预警和扑灭工作。同时，要加强财政、公安、商业、口岸检疫等相关部门的通力合作，动员全社会的力量参与、支持防控工作。此外，还要加强国际合作，才能有效控制人畜共患传染病。

（五）坚持预防为主的原则

加强防疫知识的宣传，提高全社会防范突发重大动物疫情的意识；落实各项防范措施，做好人员、技术、物资和设备的应急储备工作，并根据需要定期开展技术培训和应急演练；开展疫情监测和预警预报，对各类可能引发突发重大动物疫情的情况要及时分析、预警，做到疫情早发现、快行动、严处理。突发重大动物疫情应急处理工作要依靠群众，全民防疫，动员一切资源，做到群防群控。

（六）"早、快、严"的处置原则

在监测、根除和预防重大人畜共患病疫情的基础上，一旦发生疫情，要迅速作出反应，采取封锁疫区和扑杀染疫动物、消毒环境等果断措施，及时控制和扑灭疫情，实施早、快、严的处置原则。

二、突发兽医公共卫生事件应急管理的内容

(一) 预防和准备

预防和准备在突发公共卫生事件管理重最为重要，预防和准备阶段的工作，主要包括根据制订的应急预案和防控方案落实应急防范的组织措施和技术措施，从组织队伍、人员培训、应急演练、通讯装备、物资、检测仪器、交通工具等方面加以落实，做到有备不乱。一旦发生各类有可能危及公众，造成社会影响的突发公共卫生事件即能迅速地组织力量，有效地处置，最大限度地快速处理、控制和减少危害。

(二) 监测和预警

县级以上人民政府应当建立健全动物疫情监测网络，加强动物疫情监测。国务院兽医主管部门应当制定国家动物疫病监测计划，省级兽医主管部门应当根据国家动物疫病监测计划，制定本行政区域内的动物疫病监测计划。动物疫病预防控制机构应当按照国务院兽医主管部门的规定，对动物疫病的发生、流行等情况进行监测；从事动物饲养、经营、屠宰、加工、贮藏、运输以及动物产品生产、经营、加工、贮藏等活动的单位和个人不得拒绝和阻碍。动物疫情监测是动物疫病防治工作中最重要的技术手段，是预防、控制直至根除动物疫病的基础工作，只有通过长期、连续、可靠地监测，才能及时准确地掌握动物疫病的发生状况和流行趋势，才能有效实施国家动物疫病控制、消灭计划。

国务院兽医主管部门和省级政府兽医主管部门应当根据对动物疫病发生、流行趋势的预测，及时发出动物疫情预警。地方各级人民政府接到动物疫情预警后，应当采取相应的预防、控制措施。

(三) 信息报告

任何单位和个人都有义务向国务院兽医行政部门和地方各级人民政府及其有关部门报告突发公共卫生事件及其隐患，也有义务向上级政府部门举报不履行或者不按照规定履行突发公共卫生事件应急处理职责的部门、单位及

个人。

1. 责任报告单位和责任报告人　动物疫情监测、检验检疫、疫病研究与诊疗机构，从事动物饲养、经营及动物产品生产、经营和从事动物防疫科研、科学、诊疗及进出境动物检疫等单位和个人都是责任报告人。这是法定义务。责任报告人以外的其他单位和个人发现动物染疫或者疑似染疫也有报告的义务。

2. 报告程序和时限　县（市）动物防疫监督机构接到报告后，应当立即赶赴现场调查核实。初步认为属于重大动物疫情的，应当在 2 小时内将情况逐级报省、自治区、直辖市动物防疫监督机构，并同时报所在地人民政府兽医主管部门；兽医主管部门应当及时通报同级卫生主管部门。省、自治区、直辖市动物防疫监督机构应当在接到报告后 1 小时内，向省、自治区、直辖市人民政府兽医主管部门和国务院兽医主管部门所属的动物防疫监督机构报告。省、自治区、直辖市人民政府兽医主管部门应当在接到报告后 1 小时内报本级人民政府和国务院兽医主管部门。重大动物疫情发生后，省、自治区、直辖市人民政府和国务院兽医主管部门应当在 4 小时内向国务院报告。

3. 报告内容　应包括：①时间、地点；②染疫动物的种类、同群动物数量、免疫情况、死亡情况、临床症状、病理变化、诊断情况；③流行病学和疫源追踪情况；④已采取的控制措施。

（四）应急处置

一旦发现疫情，要按照防治技术规范的要求和处置原则严格隔离，彻底消毒，强制免疫，坚决扑杀、扑灭和根除疫情，严防扩散。

1. 进行流行病学调查　要充分发挥动物疫情测报体系的作用，调查疫情侵入的途径，传播扩散的原因，根据流行病学调查的结果，分析疫情的范围、流行情况。

2. 划定疫点、疫区、受威胁区　一是将病人或患病动物所在的村划为疫点；二是将病人、病畜禽所在的县划为疫区；三是将毗邻疫区的县划为受威胁区。

3. 疫点内应采取的措施　首先是扑杀所有患病、同群或暴露动物，被扑杀动物及动物产品按国家规定的规范和标准进行无害化处理；其次是对患病动物排泄物、被污染饲料、垫料、污水等进行无害化处理；再次是对被污染的交通工具、用具、畜舍、场地进行严格彻底消毒，并消灭病原。

4. 疫区内应采取的措施 一是根据需要，由县级人民政府决定对疫区实行封锁；二是在疫区周围设置警示标志，在出入疫区的交通路口设置动物检疫消毒站，对出入车辆和有关物品进行消毒；三是关闭动物及动物产品交易市场，禁止易感动物及动物产品运出；四是根据风险分析情况和专家意见，采取扑杀易感动物、强制免疫和其他管理措施；五是对需要补偿的动物及动物产品进行登记；六是对被污染的交通工具、用具、畜舍、场地进行严格彻底消毒、消灭病原。

5. 受威胁区应采取的措施 首先进行疫情监测，掌握疫情动态；其次是净化阳性动物，或使用疫区进行紧急免疫接种，并建立免疫档案。

6. 解除封锁 疫点、疫区内所有动物及动物产品按规定处理后，经过一个潜伏期的监测，没有发现新的感染动物和新发现人间感染，动物疫情由动物防疫监督机构人员审验合格后，由县级兽医行政管理部门向原发布封锁令的人民政府申请解除封锁。

7. 处理记录 各级人民政府兽医行政管理部门应当完整详细地记录疫情应急处理过程。

8. 非疫区应采取的措施 非疫区要做好防疫的各项工作，完善应急预案，加强疫情监测，防止疫情发生。

（五）善后处理

1. 后期评估 突发重大动物疫情扑灭后，各级兽医行政管理部门应在本级政府的领导下，组织有关人员对突发重大动物疫情的处理情况进行评估。评估的内容应包括：疫情基本情况、疫情发生的经过、现场调查及实验室检测的结果；疫情发生的主要原因分析、结论；疫情处理经过、采取的防治措施及效果；应急过程中存在的问题与困难，以及针对本次疫情的暴发流行原因、防治工作中存在的问题与困难等，提出改进建议和应对措施。评估报告上报本级人民政府，同时抄报上一级人民政府兽医行政管理部门。

2. 奖励 市、县（区）人民政府对参加突发重大动物疫情应急处理工作中成绩显著或作出贡献的先进集体和个人进行表彰，给予精神和物质奖励；对在突发重大动物疫情应急处理工作中英勇献身的人员，按有关规定追认为烈士。

3. 责任 市、县（区）人民政府对在突发重大动物疫情的预防、报告、调查、控制和处理过程中违反操作规定或工作不到位，玩忽职守、失职、渎职等行为，将依据有关法律法规追究当事人的责任。

4. 灾害补偿 市、县（区）人民政府按照国家各种重大动物疫病灾害补偿的规定，确定数额等级标准，按程序进行补偿。补偿的对象是为扑灭或防止重大动物疫病传播，其牲畜或财产受损失的单位和个人；补偿标准由财政局会同农业局按国家有关规定核定。

5. 抚恤和补助 市、县（区）人民政府要组织有关部门对因参与应急处理工作致病、致残、死亡的人员，按照国家有关规定，给予相应的补助和抚恤。对从事防、扑疫工作的一线人员要按有关规定给予适当的经济补助和津贴，所需经费纳入同级财政预算。

6. 恢复生产 突发重大动物疫情扑灭后，动物防疫监督机构要根据各种重大动物疫病的特点，对疫点和疫区进行持续监测，督促指导动物饲养及动物产品的生产、加工、经营等相关单位和个人严格做好消毒灭源工作，并经动物防疫监督机构验收合格，方可取消贸易限制及流通控制等限制性措施、重新引进动物，恢复畜牧业生产、经营活动。

7. 社会救助 发生重大动物疫情后，各级人民政府民政主管部门应按《中华人民共和国公益事业捐赠法》和《救灾救济捐赠管理暂行办法》及国家有关政策规定，做好社会各界向疫区提供的救援物资及资金的接收、分配和使用工作。商务部门要立即启用储备畜禽产品，以保证疫区市场供应。宣传部门以及新闻媒体必须严格遵守国家有关动物防疫工作宣传的方针政策，密切配合兽医行政管理部门、动物防疫监督机构以及出入境检验检疫机构，做好疫情发生期间的对内对外动物防疫宣传工作，为地方经济的稳定发展营造良好的环境。

第三节　突发兽医公共事件处置程序

一、应急准备

（一）成立应急处理的组织指挥机构

《突发公共卫生事件应急条例》规定，除国务院设立全国突发公共卫生事件应急处理指挥部外，还要求"各省、自治区、直辖市人民政府成立地方突发事件应急处理指挥部，省、自治区、直辖市人民政府主要领导人担任总指挥，负责领导、指挥本行政区域内突发事件应急处理工作。县级以上地方人民政府有关部门，在各自的职责范围内做好突发事件应急处理的有关工作"；在突发兽医公共卫生事件上，按照《突发公共卫生事件应急条例》规定，成立全国突发兽医公共卫生事件应急处理指挥部等相应机构。因此，在突发事件发生后，必须立即成立一个横向到边、纵向到底的统一的指挥系统，形成指挥有力、便于协调、有利于应急工作顺利开展的工作网络。

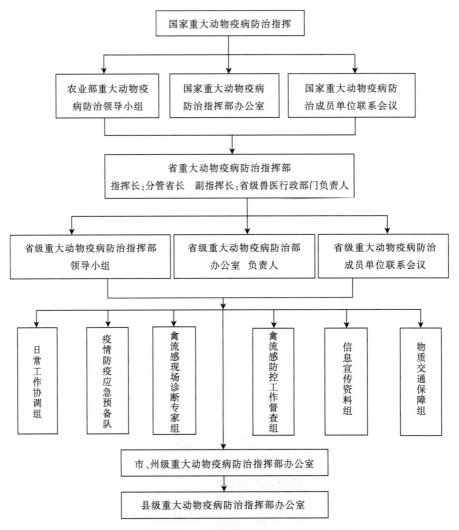

图 4-6　国家突发公共卫生事件应急处置机构示意图

（二）突发兽医公共卫生事件应急预案体系

1. 突发事件应急预案的编制　一个完整的应急预案框架通常应该主要包括如下六大要素：

（1）**总则**　规定应急预案的指导思想、编制目的、工作原则、编制依据、适用范围。

（2）**组织指挥体系及职责**　组织指挥体系具体规定了应急反应组织机构、参加单位、人员及其作用；应急反应总负责人，以及每一具体行动的负责人；本区域以外能提供援助的有关机构；政府和其他相关组织在事件应急中各自的职责。对组织指挥体系及其职责进行规定的基本原则，要在统一的应急管理体系下，对分散的部门资源进行重新组合和优化，把体制建设与激励机制、责任机制相结合，为政府应急管理提供组织保证。从组织层次来看，可以把应急管理的机构分为领导机构、执行机构、办事机构三大类，它们共同构成一个科学的组织指挥体系。从组织网络看，应急管理的组织指挥体系涉及纵向机构和横向机构的设置。

（3）**管理流程**　突发事件通常遵循一个特定的生命周期。每一个级别的突发事件，都有发生、发展和减缓的阶段，需要采取不同的应急措施。因此，需要按照社会危害的发生过程将每一个等级的突发事件进行阶段性分期，以此作为政府采取应急措施的重要依据（若有必要，可再将每一个阶段分期划分为若干等级）。应急管理流程设计正是基于突发事件的生命周期而对突发事件进行分期管理，旨在建立一个全面整合的政府应急管理模式。

根据突发事件对社会可能造成的危害和威胁、实际危害已经发生、危害逐步减弱和恢复三个阶段，可将突发事件总体上划分为预防预警、应急响应和后期处置三个阶段。

①预防预警　主要措施包括信息监测与报告、预警预防行动、预警支持系统、预警级别及发布等，旨在防范和阻止突发事件的发生，或把突发事件控制在特定类型或特定区域内。

②应急响应　主要措施包括分级响应程序、信息共享与处理、通讯、指挥和协调、紧急处理、应急人员与公众安全防护、社会参与、事件调查分析、检测与后果评估、新闻报道、应急结果等，旨在通过快速反应及时控制突发事件并防止其蔓延。

③后期处置　主要措施包括善后恢复、社会救助、保险、事件调查报告

与总结改进，旨在尽快减低应急措施的强度，尽快恢复正常秩序并从事件中学习。政府应急管理的目的，是通过提高政府对突发事件的预见能力、救治能力以及学习能力，及时有效地化解危急状态，尽快恢复正常的生活秩序。

（4）**保障措施**　随着突发事件的综合性、跨地域属性日趋明显，应急管理涉及交通、通讯、消防、信息、医疗卫生、救援、安全、环境、军事、能源等部门。这就要求相关部门协同运作，快速、有序采取措施，尽快控制事态发展，从而对财务支持、物资保障、人力资源保障、法制保障、科研保障和社会动员与舆论支持方面提出了要求。明确各参与部门的职责，每项职能由一个主要机构领导牵头负责，这就形成了有法可依、有章可循的部门协同运作的整体制度框架。

（5）**附则**　包括专业术语、预案管理与更新、跨区域沟通与协作、奖励与责任、制定与解释权、实施或生效时间等。

（6）**附录**　主要包括各种规范化格式文本、相关机构和人员通讯录等。

以上六个方面共同构成了政府应急预案的要件，它们之间相互联系、互为支撑，共同构成了一个完整的应急预案框架。其中，组织指挥体系及职责、管理流程设计、保障措施规划是应急预案的重点内容，也是整个预案编制和管理的难点所在。

2. 突发事件应急预案的编制程序　应急预案的编制程序主要包括以下内容。

（1）成立应急预案编制小组。编制小组应尽可能囊括与突发事件应对相关的利益关系人，同时必须包括应急工作人员、管理人员和技术等3类人员。小组成员应具备较强的工作能力、具备一定的突发事件应急管理专业知识。此外，为保证编制小组高效工作，小组成员规模不宜过大。涉及相关人员较多时，可在保证公正性和代表性的前提下选择部分人员参加编制小组。明确规定编制小组的任务、工作程序和期限。在编制小组内部，还要根据相关人员的特点，指定小组负责人，明确小组成员分工。

（2）明确应急预案的目的、适用对象、适用范围和编制的前提条件。

（3）查阅与突发事件相关的法律、条例、管理办法和上一级预案。

（4）对突发事件的现有预案和既往应对工作进行分析，获取有用信息。

（5）编制应急预案。预案的编制可采用4种编写结构：①树型结构；②条文式结构；③分部式结构；④顺序式结构。

（6）预案的审核和发布。应急预案编制工作完成后，编制小组应组织内部审核，确保语句畅通、应急计划的完整性、准确性。内部审核完成后，应修订预案并组织外部审核。外部审核可分为上级主管部门审核、专家审核和实际工作人员审核。外部审核侧重预案的科学性、可行性、权威性等。此阶段还可采用实地演习的手段对应急预案进行评估。编制小组应制定获取外部评审意见及对其回复的管理程序。将通过内、外部审核的应急预案上报当地政府部门，由当地政府最高行政官员签署发布，并报送上级政府部门备案。

（7）应急预案的维护、演练、更新和变更。一方面，只有通过演练才能有条不紊地做出应急响应。另一方面，可以通过演练验证预案的有效性。

3. 突发事件应急预案的落实与完善

（1）**应急预案之间的相互衔接**　随着应急预案框架体系的初步建立，由于我国原来所制定和发布的各项应急预案是由各部门制定的，不同预案之间势必存在一些不协调甚至相互矛盾的地方。一方面，已经制订修订的各部门应急预案之间、各专项预案之间、部门应急预案和专项预案之间都需要进行协调，特别是要加强主管部门与配合部门之间的协调和衔接。另一方面，相关法律需要修改，一些新法律急需出台。在应急预案编制中，出现了现有法律不完善或没有法律的问题，一些预案暂时代替了法律的空白。

（2）**预案的执行和管理**　应急预案不是万能的，应急管理也不能以不变的预案应万变的突发事件。因此，需要加强应急预案的指导性、科学性和可操作性。首先，应急规划及预案只能适用特定的情境，不能随意普适化。其次，规划及预案本身并不能自动发挥作用，要受其制定水平和执行能力高低的影响。为此，应急预案需要在实践中落实，在实践中检验，并在实践中不断完善。第三，要在平时做好培训、演练、队伍建设、宣传教育和应急信息平台、指挥平台建设等准备工作，不断提高指挥和救援人员应急管理水平和专业技能，提高预案的执行力。最后，抓好以预防、避险、自救、互救、减灾等为主要内容的面向全社会的宣传、教育和培训工作，不断增强公众的突发事件防范意识和应急管理技能。

4. 突发兽医公共卫生事件应急预案内容　不同突发公共卫生事件应急措施不同，预案的框架结构也不一样。以《国家突发重大动物疫情应急预案》为例，共分7部分，其框架结构如下：

（1）**总则**　编制目的，编制依据，突发重大动物疫情分级，适用范围，工作原则。

（2）**应急组织机构及职责**　应急指挥机构，日常管理机构，专家委员会，应急处理机构，组织体系框架。

（3）**突发重大动物疫情的监测、预警与报告**　监测，预警，报告。

（4）**突发重大动物疫情的应急响应和终止**　应急响应的原则，应急响应，应急处理人员的安全防护，突发重大动物疫情应急响应的终止。

（5）**善后处理**　后期评估，奖励，责任，灾害补偿，抚恤和补助，恢复生产，社会救助。

（6）**突发重大动物疫情应急处置的保障**　通信与信息保障，应急资源与装备保障，技术储备与保障，宣传、培训和演习。

（7）**附则**　名词术语和缩写语的定义与说明，预案管理与更新，预案解释部门，预案实施时间。

预案修订：应急预案应当根据突发事件的变化和实施中发现的问题及时进行修订、补充。

5. 应急预案启动与终止

（1）**应急预案启动**　根据《突发公共卫生事件应急条例》，应急预案必须经过以下步骤才能启动。

①**评估**　突发事件发生后，由卫生行政部门组织专家对突发事件进行综合评估，初步判断突发事件的类型，提出是否启动突发事件应急预案的建议。

②**报批**　根据专家评估结果，由卫生行政主管部门向人民政府提出是否启动预案的建议。

③**决定**　卫生行政主管部门根据事件的性质和影响大小呈报相应政府审批，在全国范围内或者跨省、自治区、直辖市范围内启动全国突发事件应急预案，由国务院卫生行政主管部门报国务院批准后实施。省、自治区、直辖市启动突发事件应急预案，由省、自治区、直辖市人民政府决定，并向国务院报告。

④**启动**　应急预案经批准后，即进入启动实施阶段，突发事件发生地的人民政府有关部门，根据预案规定的职责要求，服从突发事件应急处理指挥部的统一指挥，立即到达规定岗位，采取有关的控制措施。医疗卫生机构、监测机构和科学研究机构，应当服从突发事件应急处理指挥部的统一指挥，相互配合、协作，集中力量开展相关科学研究工作。

（2）**应急预案终止**

①**终止的条件**　突发公共卫生事件隐患或相关危险因素消除，或最后一例传染病发生后经过最长潜伏期无新的病例出现。

②终止的程序与权限

特别重大突发公共卫生事件：由国务院卫生行政部门组织有关专家进行分析论证，提出终止应急反应的建议，报国务院或全国突发公共卫生事件应急指挥部批准后实施。

特别重大以下突发公共卫生事件：由地方各级人民政府卫生行政部门组织专家进行分析论证，提出终止应急反应的建议，报本级人民政府批准后实施，并向上一级人民政府卫生行政部门报告。

上级人民政府卫生行政部门要根据下级人民政府卫生行政部门的请求，及时组织专家对突发公共卫生事件应急反应终止的分析论证提供技术指导和支持。

（三）突发兽医公共卫生事件应急队伍建设

按照规定，县级以上地方人民政府根据重大动物疫情应急需要，可以成立应急预备队，在重大动物疫情应急指挥部的指挥下，具体承担疫情的控制和扑灭任务。应急预备队由当地兽医行政管理人员、动物防疫工作人员、有关专家、执业兽医等组成；必要时，可以组织动员社会上有一定专业知识的人员参加。公安机关、中国人民武装警察部队应当依法协助其执行任务。应急预备队应当定期进行技术培训和应急演练。

1. 农业部和省级兽医行政管理部门组建突发重大兽医公共卫生事件应急处理专家委员会，市（地）级和县级人民政府兽医行政管理部门可根据需要，组建突发重大兽医公共卫生事件应急处理专家委员会。

2. 省级（市级）应成立突发重大兽医公共卫生事件应急处理预备队，下设四个工作组，即应急防控组、专家组、实验室诊断组和物资保障组，按照"密切追踪、积极应对、联防联控、依法科学处置"的原则，指挥突发重大兽医公共卫生事件应急处置工作。

3. 县级动物疫情处理预备队组成　一是兽医专业人员，包括畜牧兽医行政管理人员、临床诊断技术人员、动物免疫人员、动物检疫人员、动物防疫监督人员、动物疫病检验化验人员；二是消毒、扑杀处理辅助人员；三是公安人员；四是卫生防疫人员；五是其他方面人员。

（四）突发兽医公共卫生事件应急预案处置演练

1. 演练的目的和作用

（1）目的　突发兽医公共卫生事件应急处置演习，是根据突发公共卫生事件应急处置预案规定的应急响应方案、处置程序、从实战需要出发进行的演绎和训练，是突发公共卫生事件应急准备的一个重要环节。演习是检验、评价和保持应急能力的一个重要手段，最主要的目的是使应急系统及人员熟悉所编制的预案和发现预案存在的缺陷。一是可在事件真正发生前暴露预案和程序的缺陷；二是发现应急资源的不足（人力、设备、物资等的不足）；三是提高应急人员掌握操作技能的熟练程度和水平；四是进一步明确各自岗位与职责；五是改善各应急部门、机构、人员之间的协调性，提高整体反应、协同作战能力；六是增强应对突发重大突发事件救援救治信心和社会应急意识；七是提高社会管理者应对突发公共卫生事件的指挥协调能力。

（2）**作用** 一是评估组织应急准备状态，发现并及时修改应急预案、执行程序、行动核查表中的缺陷和不足；二是评估组织重大事故应急能力，识别资源需求，澄清相关机构、组织和人员的职责，改善不同机构、组织和人员之间的协调问题；三是检验应急响应人员对应急预案、执行程序的了解程度和实际操作技能，评估应急培训效果，分析培训需求；同时，作为一种培训手段，通过调整演练难度，进一步提高应急响应人员的业务素质和能力；四是促进公众、媒体对应急预案的理解，争取他们对应急工作的支持。通过演练，可以具体检验如下项目：在紧急事件期间通讯是否正常，人员是否安全撤离，应急服务机构能否及时参与事故救援，配置的器材和人员数目是否与紧急事件规模匹配，救援装备能否满足要求，一旦有意外情况时是否具有灵活性，现实情况是否与预案制订时相符。

2. 演习原则 为了保证突发公共卫生事件应急处置演习达到预定的目标，保证演习成功，演习组织者和演习人员应遵循如下原则。

（1）**遵守法规、执行预案的原则** 应急处置演习必须遵守相关法律法规、标准及应急处置预案的规定。

（2）**领导重视、科学策划的原则** 举行演习工作必须得到有关领导的重视，给予必要的财政支持。必要时有关领导应参与演习过程，并扮演与其职务职责相当的角色。应急处置演习必须事先确定演习目标，策划人员应该对演习内容、情景等事项进行精心设计策划。

（3）**结合实际、突出重点的原则** 应急处置演习应当结合当地可能发生的突发公共卫生事件特点，潜在事件的类型，事件地点和气象条件及应急准备工作实际情况进行，演习应把重点放在指挥和协同配合，解决应急准备工作的不足和资源配置不协调等问题，努力提高应急处置行动整体效能。

（4）**周密组织、统一指挥的原则** 演习策划人员必须认真制定并落实保证演习达到目标的具体措施和参演人员行为规则，各项演习活动应在统一指挥下实施，参演人员要严格遵守行为规则，确保演习过程的安全，演习不得干扰和影响生产经营单位的安全和医疗卫生单位的正常诊疗活动，演习的场景不得使各类参演人员承受不必要的风险。

（5）**由浅入深、分步实施的原则** 应急处置演习应当遵循由下而上，由简单到复杂，由易到难，先分头单练、再集中合练，分步实施的原则。综合性的应急演习应以若干次分练为基础，切忌为演习而演习，不经过演练突然发动目的目标不明确、参演单位功能职责不明确的"演习"。

（6）**注重质量，讲究实效的原则** 演习的指导机构（导演部）应精干，工作程序要简明，各类演习文件要实用，避免形式主义。对参演内容的考核评价标准要明确。以取得实效作为检验演习质量的唯一标准。

（7）**避免惊扰公众的原则** 应急演习如必须卷入有限数量的公众，则应让相关群众有所知晓、条件比较成熟时方可进行。

3. 应急培训 公共管理组织应让所有相关的应急人员接受应急救援知识的培训，掌握必要的防灾和应急知识，以减少事故的损失。通过培训，可以发现应急救援预案的不足和缺陷，并在实践中加以补充和改进；通过培训，可以使事故涉及的人员（包括应急队员、事故当事人等）能了解一旦发生事故，他们应该做什么，如何去做以及如何协调各应急部门人员的工作等。应急管理小组在培训之前应充分分析应急培训需求、制定培训方案、建立培训程序以及评价培训效果。

4. 演练实施的基本过程与任务 应急演习过程可划分为演习准备、演习实施和演习总结三个阶段。应急演习是由多个机构共同参与的一系列行为和活动。按照应急演习的三个阶段，可将演习前后要完成的内容和活动分解成若干项单独的基本任务。这些单独的任务包括确定演习日期、演习目标和演习范围、编写演习方案、确定演习现场规则、指定评价人员、安排后勤工作、准备和分发评价人员工作文件、培训评价人员、讲解演习方案与演习活动、记录应急组织演习表现、评价人员访谈演习参与人员、汇报与协商、编写书面评价报告、评价和报告不足项补救措施、追踪整改项的纠正、追踪演习目标演示情况，这些任务将在介绍演习过程中加以说明。

（1）**任务** 由于应急演练是由许多机构和组织共同参与的一系列行为和活动，因此，应急演练的组织与实施是一项非常复杂的任务。应急演练过程可以划分为演练准备、演练实施和演练总结三个阶段。各阶段基本任务如图 4-7。

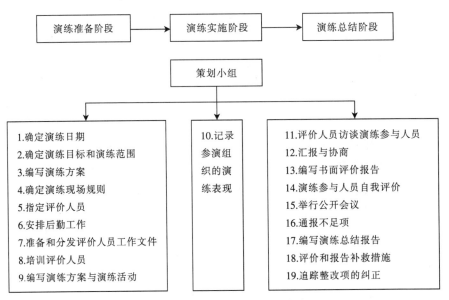

图 4-7　突发兽医公共卫生事件应急演练各阶段基本任务图

组织应建立应急演练策划小组，由其完成应急准备阶段，包括编写演练方案、制定现场规则等在内的各项任务。

（2）参演人员　按照演习过程中扮演的角色和承担的任务，可将参演人员分为五类：

①演习人员　根据模拟突发的公共卫生事件情景场景和紧急情况作出的反应，确定执行具体应急任务的人员，包括发现事件、报告、指挥决策人员、现场、诊断、免疫、扑杀、无害化处理、消毒人员控制事态，维护公众健康秩序人员，获取资源或管理资源人员等，尽可能跟实战一样决策或响应。演习人员应该熟悉所在响应体系和所承担的任务及行动程序。

②控制人员　确保演习按计划进行的人员。根据演习的影响，控制演习的进展，确保应急演习的任务得到充分的演练，使演习活动既有一定的工作量，又具有一定的挑战性，确保演习按计划进展，解答演习人员疑问，解决演习过程中出现的问题，保障演习进程安全，相当于军队的参谋部或智囊团。

③模拟人员　负责模拟事件的发生过程，保障突发事件发生场所的逼

真，相当于演戏的美工、场景。

④评价人员 负责观察重点演习要素，收集演习资料、记录事件的时间、地点、详细演习经过、参演各部门人员的表现，在不影响参演人员工作的情况下，协助控制人员确保演练按计划进行，根据观察，总结演习结果，出具客观的演习评价报告。

⑤观摩人员 指需要了解演习过程的有关部门、外部机构或者旁观演练过程的观众，参观学习人员也可以作观摩人员到现场观看。

（3）**演习准备** 成立演习策划小组：应急演习是一项非常复杂的工作，为确保演习成功，应建立应急演习策划小组，或称协调中心。策划小组由多种专业人员组成，具体职责包括：确定演习的目的、类型、规模、场地；制订演习计划，设计演习情景；全面检查、指导和协调演习准备工作；演习结束后，组织各单位总结。

（4）**应急演习** 应急演习实施阶段，是指从宣布应急事件起到演习结束的整个过程。演习过程中参演应急组织和人员应遵守当地相关的法律法规和演习现场规则，确保演习安全进行，如果演习偏离预定方向，控制人员可以采取措施加以纠正。为充分发挥演习在检验和评价应急系统应急能力方面的作用，演习策划人员、参演应急组织和人员针对不同应急功能的演习时，应注意如下演习实施要点。

①早期通报 通知所有应急响应单位和个人，在演习过程中演习人员应如实拨打电话，通知所有相关应急响应机构和人员。与模拟拨打相比，如实拨打电话可检验完成紧急情况实效通知任务所需时间，判断演习人员是否能在合理的期限内通知所有应急响应单位和人员。对于难以用固定电话通知的移动人员，可使用其他通知方式，如移动电话、对讲机等，并使用检查表，以确保所有关键人员都能及时得到通知。

②指挥与控制 启动现场指挥所与应急运行中心，明确事件发生地政府官员在应急响应过程中的职责。

实施应急处置指挥系统：应急处置指挥系统主要人员以有效完成与控制事发现场为目标，根据相关政策和工作程序，负责管理所分配的应急资源，确保相关官员在承担应急演习过程中努力工作。

③通讯 启用通讯系统及备用通讯系统。

保存所有通讯信息：演习策划者及组织者应要求所有人员保存所有与信息交流有关的文件，包括各类消息和无线电通讯日志，以便事后总结经验时确定不足之处。

发布公告：演习时，公告内容应包括所有确保相关现场的保护措施，公告应包括实施这些措施所需的种类信息，如避难所、疏散须知、风级和风向、疏散路线和人员集结区域等。

④公共信息与新闻发布　演习时应按实践要求确保发布公共信息或举办新闻发布会，以便及时、准确反映演习情景以及有关演习进展情况。新闻发言人应确保新闻消息内容全面，含义明确。新闻发布过程应予以录像，作为演习后总结工作的重要参考资料。

5. 演练结果的评价

（1）**演习总结**　应急演习结束后，应对演习的效果做出评价，并提交演练报告，详细说明演练过程中发现的问题，包括不足项、整改项和改进项。通过对演习进行评价和总结，找出演习中的不足，以利于在以后的学习中提高演习人员的水平。

（2）**演习报告**　在演习结束规定期限内，策划小组负责人应编写演习报告并提交给有关部门。演习报告是对演习情况的详细说明和对该次演习的评价，包括：演习背景信息（事件、地点、时间）；演习任务；参与演习的应急组织；演习情景与演习方案；应急情况的全面评价，含对前次演习不足项在本次演习中表现的描述；对应急预案和有关程序的改进建议；对应急设施、设备维护与更新方面的建议；对应急组织、应急响应人员能力与培训方面的建议等内容。策划小组在演习总结报告结束后，应安排人员督促相关应急组织继续解决其中尚待解决的问题或事项，为下一步演习做准备。

二、应急处置

（一）应急组织协调机制的构成

1. 中央和地方的组织协调　突发兽医公共卫生事件应急管理是中央统一指挥、地方分组负责，因此，中央和地方在突发公共卫生事件管理中的组织协调是非常必要的。

2. 政府部门间的组织协调　突发兽医公共卫生事件涉及面广，应急管理涉及农业、卫生、交通、公安、财政、宣传等不同部门、组织和机构。畅通政府部门间的信息沟通、协调机制，有利于政府将各种力量、资源结合起来，对突发公共卫生事件作出高效、快速的反应。

实践表明，职能划分不清楚，部门封锁，会严重阻碍突发公共卫生事件信息的横向交流。应对突发公共卫生事件需要政府各部门密切配合，需要社会团体和人民群众的广泛参与和共同努力。各级政府应急管理部门应协调各部门的应急资源，做好各部门的应急组织协调工作。卫生应急部门要主动争取农业、公安、财政等其他有关部门的理解和支持，加强部门间突发公共卫生事件应急管理的组织协调工作。

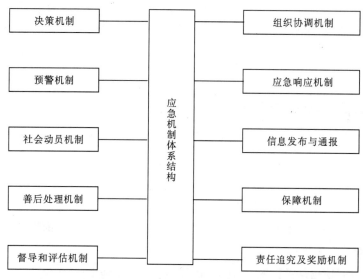

图 4-8 突发兽医公共卫生事件应急管理的应急机制体系图

（1）**部门间联防、联控**　农业部与卫生部建立了防控人感高致病性禽流感、人畜共患疾病联防、联控协调工作机制，与质检总局建立口岸突发公共卫生事件联防、联控协调机制。同时，也与多部门建立实施《国际卫生条例（2005）》的部门沟通、协调机制，与国家环保总局建立环境与健康工作协作机制。全国性部门配合、协调应对突发公共卫生事件的机制已初步形成。

（2）**国际合作**　我国积极参与突发公共卫生事件应对的双边、多边及国际合作，加强国际信息沟通和技术合作，推动突发公共卫生事件国家间联防联控的建立。吸收、借鉴其他国家应对人感染高致病性禽流感疫情和流感大流行的经验，提高了我国禽流感防控和处置突发公共卫生事件的能力，促进了国际突发公共卫生事件应急合作机制的形成。

3. 组织协调机制的主要工作内容　突发兽医公共卫生事件的信息报告、发布、通报是应急管理的关键环节，是突发公共卫生事件应急组织协调的重要内容之一。迅速、通畅、准确的信息报告、发布、通报能使突发公共卫生事件损失降低到最低程度。

突发公共卫生事件的应急措施是政府应对危机行为的有机整体。应急措施的全面贯彻需要兽医、卫生部门内部的行政部门与医疗、预防控制、监督机构的有效沟通和协作，同时也需要与教育、交通、民政、宣传等部门的信息沟通和交流，更需要中央和地方的密切配合。要建立统一指挥、统一部署、统一行动的多部门共同参与的垂直指挥机制。

多部门、多地区的垂直指挥机制可以通过定期或不定期举行的协作会议实现，还可以通过举办突发公共卫生事件联合培训、应急演练、交流等途径来实现。

(二) 突发兽医公共卫生事件监测预警机制

按照《中华人民共和国动物防疫法》的要求，对重大人畜共患病疫情采取预防为主的方针，实施动物疫情监测和预警制度。

1. 做好动物疫情监测 进一步完善国家参考实验室、区域性专业实验室和省级诊断试验室三级检测体系，严格执行监测方案，为防控人畜共患病提供科学的预测预警。同时，要加强对重大动物疫情和外来动物疫病早期预警和监测体系的建设。

2. 做好动物疫情预警 中国动物疫病预防控制中心和各省动物疫情测报中心根据动物防疫监督机构提供的监测信息，按照重大动物疫情的发生、发展规律和特点，对重大人畜共患病疫情进行风险分析，根据监测结果进行汇总、分析后实施疫情预警，并及时向有关部门和各地通报，提高生物安全和公共卫生水平。

①预警信息 包括各级兽医、卫生机构等的监测信息，以及农、林、气象等部门的监测信息。媒体报道、公众举报也是信息来源之一。

②预警级别 根据突发事件可能造成的危害程度、紧急程度及发展态势，可进行分级预警。

③预警信息的发布 兽医、卫生机构根据对重大人畜共患传染病等突发公共卫生事件信息报告等多种监测资料的分析，对可能发生的事件做出预测判断，提出预警建议。

预警信息发布前，由农业部、卫生部专家咨询委员会对预警建议进行评估和审核，农业部、卫生部按照《中华人民共和国动物防疫法》第十九条和

《突发公共卫生事件应急条例》、《重大动物疫病应急条例》相关内容进行预警信息的发布。

（三）应急响应机制

1. 应急响应机制的构成 目前，我国应急响应处置的能力和水平正在迅速提升，初步形成了"统一指挥、协调有序、部门联动、快速高效"的应急响应机制。

（1）**建立分级管理、逐级响应的突发公共卫生事件应急响应机制** 根据突发公共卫生事件的四级响应机制，由国务院、省级、市级、县级政府及其有关部门按照分级响应的原则，分别作出应急响应。除了跨区域的特别重大和特大突发公共卫生事件以外，一般区域性的突发公共卫生事件由所在地政府负责处置。发生特别重大（Ⅰ级响应）突发公共卫生事件，应启动国家响应；发生重大（Ⅱ级响应）突发公共卫生事件，应启动省级响应；发生较大（Ⅲ级响应）突发公共卫生事件，应启动市级响应；发生一般（Ⅳ级响应）突发公共卫生事件，应启动县级响应。

发生突发重大动物疫情时，事发地的县级、市（地）级、省级人民政府及其有关部门按照分级响应的原则作出应急响应。同时，要遵循突发重大动物疫情发生发展的客观规律，结合实际情况和预防控制工作的需要，及时调整预警和响应级别。要根据不同动物疫病的性质和特点，注重分析疫情的发展趋势，对势态和影响不断扩大的疫情，应及时升级预警和响应级别；对范围局限、不会进一步扩散的疫情，应相应降低响应级别，及时撤销预警。突发重大动物疫情应急处理要采取边调查、边处理、边核实的方式，有效控制疫情发展。未发生突发重大动物疫情的地方，当地人民政府兽医行政管理部门接到疫情通报后，要组织做好人员、物资等应急准备工作，采取必要的预防控制措施，防止突发重大动物疫情在本行政区域内发生，并服从上一级人民政府兽医行政管理部门的统一指挥，支援突发重大动物疫情发生地的应急处理工作。

（2）**建立以政府为主导、以国务院兽医行政部门为核心并牵头负责的、其他部门配合和社会参与的应急联运机制** 突发公共卫生事件发生后，在各级政府和应急指挥机构的统一领导和指挥下，各级兽医行政部门负责组织、协调应急处理工作，与发改委、公安、卫生、工商等有关部门紧密配合、协同行动，在各自的职责范围内做好应急处理的有关工作。同时，积极调动全社会的力量，形成全社会处理突发公共卫生事件协调、互动的良好氛围。

2. 应急响应机制的运行　应急响应机制的运行主要包括响应过程、响应分级、响应程度及相应措施等几方面。

（1）应急响应的分级

①特别重大突发动物疫情（Ⅰ级）的应急响应　确认特别重大突发动物疫情后，按程序启动预案。

县级以上地方各级人民政府：组织协调有关部门参与突发重大动物疫情的处理；根据突发重大动物疫情处理需要，调集本行政区域内各类人员、物资、交通工具和相关设施、设备参加应急处理工作；发布封锁令，对疫区实施封锁；在本行政区域内采取限制或者停止动物及动物产品交易、扑杀染疫或相关动物，临时征用房屋、场所、交通工具，封闭被动物疫病病原体污染的公共饮用水源等紧急措施；组织铁路、交通、民航、质检等部门依法在交通站点设置临时动物防疫监督检查站，对进出疫区、出入境的交通工具进行检查和消毒；按国家规定做好信息发布工作。组织乡镇、街道、社区以及居委会、村委会，开展群防群控；组织有关部门保障商品供应，平抑物价，严厉打击造谣传谣、制假售假等违法犯罪和扰乱社会治安的行为，维护社会稳定；必要时，可请求中央予以支持，保证应急处理工作顺利进行。

兽医行政管理部门：组织动物防疫监督机构开展突发重大动物疫情的调查与处理，划定疫点、疫区、受威胁区；组织突发重大动物疫情专家委员会对突发重大动物疫情进行评估，提出启动突发重大动物疫情应急响应的级别；根据需要组织开展紧急免疫和预防用药；县级以上人民政府兽医行政管理部门负责对本行政区域内应急处理工作的督导和检查，对新发现的动物疫病，及时按照国家规定，开展有关技术标准和规范的培训工作；有针对性地开展动物防疫知识宣教，提高群众防控意识和自我防护能力；组织专家对突发重大动物疫情的处理情况进行综合评估。

动物防疫监督机构：县级以上动物防疫监督机构做好突发重大动物疫情的信息收集、报告与分析工作；组织疫病诊断和流行病学调查，按规定采集病料，送省级实验室或国家参考实验室确诊；承担突发重大动物疫情应急处理人员的技术培训。

出入境检验检疫机构：境外发生重大动物疫情时，会同有关部门停止从疫区国家或地区输入相关动物及其产品；加强对来自疫区运输工具的检疫和防疫消毒；参与打击非法走私入境动物或动物产品等违法活动。境内发生重大动物疫情时，加强出口货物的查验，会同有关部门停止疫区和受威胁区的相关动物及其产品的出口；暂停使用位于疫区内的依法设立的出入境相关动物临时隔离检疫场。出入境检验检疫工作中发现重大动物疫情或者疑似重大动物疫情时，立即向当地兽医行政管理部门报告，并协助当地动物防疫监督机构做好疫情控制和扑灭工作。

②重大突发动物疫情（Ⅱ级）的应急响应　确认重大突发动物疫情后，按程序启动省级疫情应急响应机制。

省级人民政府：省级人民政府根据省级人民政府兽医行政管理部门的建议，启动应急预案，统一领导和指挥本行政区域内突发重大动物疫情应急处理工作：组织有关部门和人员扑疫；紧急调集各种应急处理物资、交通工具和相关设施设备；发布或督导发布封锁令，对疫区实施封锁；依法设置临时动物防疫监督检查站查堵疫源；限制或停止动物及动物产品交易、扑杀染疫或相关动物；封锁被动物疫源污染的公共饮用水源等；按国家规定做好信息发布工作；组织乡镇、街道、社区及居委会、村委会，开展群防群控；组织有关部门保障商品供应，平抑物价，维护社会稳定；必要时，可请求中央予以支持，保证应急处理工作顺利进行。

省级人民政府兽医行政管理部门：重大突发动物疫情确认后，向农业部报告疫情；必要时，提出省级人民政府启动应急预案的建议。同时，迅速组织有关单位开展疫情应急处置工作：组织开展突发重大动物疫情的调查与处理；划定疫点、疫区、受威胁区；组织对突发重大动物疫情应急处理的评估；负责对本行政区域内应急处理工作的督导和检查；开展有关技术培训工作；有针对性地开展动物防疫知识宣教，提高群众防控意识和自我防护能力。

省级以下地方人民政府：疫情发生地人民政府及有关部门在省级人民政府或省级突发重大动物疫情应急指挥部的统一指挥下，按照要求认真履行职责，落实有关控制措施，具体组织实施突发重大动物疫情应急处理工作。

农业部：加强对省级兽医行政管理部门应急处理突发重大动物疫情工作的督导，根据需要组织有关专家协助疫情应急处置，并及时向有关省份通报情况；必要时，建议国务院协调有关部门给予必要的技术和物资支持。

③较大突发动物疫情（Ⅲ级）的应急响应

市（地）级人民政府：市（地）级人民政府根据本级人民政府兽医行政管理部门的建议，启动应急预案，采取相应的综合应急措施。必要时，可向上级人民政府申请资金、物资和技术援助。

市（地）级人民政府兽医行政管理部门：对较大突发动物疫情进行确认，并按照规定向当地人民政府、省级兽医行政管理部门和农业部报告调查处理情况。

省级人民政府兽医行政管理部门：省级兽医行政管理部门要加强对疫情发生地疫情应急处理工作的督导，及时组织专家对地方疫情应急处理工作提供技术指导和支持，并向本省有关地区发出通报，及时采取预防控制措施，防止疫情扩散蔓延。

④一般突发动物疫情（Ⅳ级）的应急响应　县级地方人民政府根据本级人民政府兽医行政管理部门的建议，启动应急预案，组织有关部门开展疫情应急处置工作。

县级人民政府兽医行政管理部门对一般突发重大动物疫情进行确认，并按照规定向本级人民政府和上一级兽医行政管理部门报告。

市（地）级人民政府兽医行政管理部门应组织专家对疫情应急处理进行技术指导。

省级人民政府兽医行政管理部门应根据需要提供技术支持。

⑤非突发重大动物疫情发生地区的应急响应　应根据发生疫情地区的疫情性质、特点、发生区域和发展趋势，分析本地区受波及的可能性和程度，重点做好以下工作：密切保持与疫情发生地的联系，及时获取相关信息；组织做好本区域应急处理所需的人员与物资准备；开展对养殖、运输、屠宰和市场环节的动物疫情监测和防控工作，防止疫病的发生、传入和扩散；开展动物防疫知识宣传，提高公众防护能力和意识；按规定做好公路、铁路、航空、水运交通的检疫监督工作。

（2）**应急处理人员的安全防护**　要确保参与疫情应急处理人员的安全。针对不同的重大动物疫病，特别是一些重大人畜共患病，应急处理人员还应采取特殊的防护措施。

（3）**突发重大动物疫情应急响应的终止**　突发重大动物疫情应急响应的终止需符合以下条件：疫区内所有的动物及其产品按规定处理后，经过该疫病的至少一个最长潜伏期无新的病例出现。

特别重大突发动物疫情由农业部对疫情控制情况进行评估，提出终止应急措施的建议，按程序报批宣布。

重大突发动物疫情由省级人民政府兽医行政管理部门对疫情控制情况进

行评估，提出终止应急措施的建议，按程序报批宣布，并向农业部报告。

较大突发动物疫情由市（地）级人民政府兽医行政管理部门对疫情控制情况进行评估，提出终止应急措施的建议，按程序报批宣布，并向省级人民政府兽医行政管理部门报告。

一般突发动物疫情，由县级人民政府兽医行政管理部门对疫情控制情况进行评估，提出终止应急措施的建议，按程序报批宣布，并向上一级和省级人民政府兽医行政管理部门报告。

上级人民政府兽医行政管理部门及时组织专家对突发重大动物疫情应急措施终止的评估提供技术指导和支持。

3. 相应措施

（1）**各级人民政府的职责** 组织协调有关部门参与突发公共卫生事件的处理；根据突发兽医公共卫生事件处理需要，调集本行政区域内各类人员、物资、交通工具和相关设施、设备参加应急处理工作；划定控制区域范围；采取限制或者停止集市贸易等紧急控制措施；管理流动人口；实施交通卫生检疫；开展群防、群治；严厉打击违法犯罪和扰乱社会治安的行为，维护社会稳定。

（2）**兽医行政部门的职责** 组织医疗机构、疾病预防控制机构和卫生监督机构开展突发兽医公共卫生事件的调查与处理；组织突发兽医公共卫生事件专家咨询委员会对突发公共卫生事件进行评估，提出启动应急响应的级别；应急控制措施的督导、检查；发布信息与通报；制定技术标准和规范；普及卫生知识、健康教育；事件及事件处置的评估。

（3）**动物疫病预防控制机构的职责** 突发公共卫生事件信息报告；流行病学调查；实验室检测；制定技术标准和规范；开展技术培训；科研和国际交流。

（4）**出入境检验检疫机构的职责** 在突发公共卫生事件发生时，调动出入境检验、检疫机构技术力量，配合当地兽医行政部门做好口岸的应急处置工作，及时上报口岸突发公共卫生事件信息。

（5）**非事件发生地区的应急响应措施** 密切保持与事件发生地区的联系，及时获取相关信息；组织做好本行政区域应急处理所需的人员与物资准备；加强相关疾病监测（信息收集、分析、报告）工作；开展重点动物疫情、人群、重点场所、重点环节的监测和预防控制工作；开展防治知识宣传和健康教育。

(四) 突发公共卫生事件信息发布与通报机制

近年来，党中央、国务院高度重视突发事件中的新闻发布、舆论引导和媒体管理工作，我国构建突发事件应急处理机制的工作逐步加快，2006 的《国家突发公共事件总体应急预案》、2007 年的《中华人民共和国突发事件应对法》和《中华人民共和国政府信息公开条例》都对突发事件中的新闻发布、舆论引导和媒体管理工作进行了不同程度的规范。"推进信息公开透明"、"提高政府公共危机管理能力"、"增强媒体社会责任感"等观念逐渐在全社会形成共识。各地方、各部门也纷纷建立突发事件应急机构和出台应急预案，开展新闻发言人培训，对突发事件的处理方式日渐成熟，日趋专业，积累了不少经验。在对"禽流感"等很多突发事件的处置上较以往取得了很大进步，特别是"5.12"四川汶川大地震体现出来的新闻报道和新闻发布，更是赢得了国内外媒体和公众前所未有的肯定和信任。

突发公共事件的新闻发布与舆论引导工作是一项系统工程。突发公共卫生事件信息发布与通报机制是保证信息渠道的畅通、健全我国突发公共卫生事件应急机制的重要内容，应贯穿突发公共卫生事件应急准备、指挥决策与应急响应实施过程的始终。

1. 信息发布与通报的原则　突发公共卫生事件进展迅速，因此，首先应保证信息传递的及时性，同时，信息报告应根据事件类别及其严重程度进行分级、分类，还需要多部门协作，职责明确、落实到位。突发公共卫生事件相关信息应遵循"依法报告、统一规范、属地管理、准确及时、分级分类"的原则，"及时主动、准确把握、实事求是、注重效果"，保证信息渠道的畅通。

信息发布还应注意：一是考虑对不同的发布对象，采取不同的沟通方式；二是第一时间发布、不间断发布，使公众、媒体即时掌握最新动态消息；三是用最简单的评议告诉公众相关的核心信息；四是可适当采取非正式的信息发布方式，尽量避免公众对事件的恐慌心理。

2. 信息发布与通报的机制　突发公共事件新闻发布机制应该包括几个核心的支撑结构，即应急信息处置机制、境内外舆情收集研判机制、重要信息通报核实机制、信息发布协调机制、发布材料准备机制和媒体管理机制。这些机制形成一个系统，有效地支撑突发事件新闻发布工作顺利开展，也保证了其他应急工作的有序进行。

（1）**应急信息处置机制**　应急信息处置是指突发公共事件发生后，相关负责部门需要迅速做出反应，协调好各方力量以应对突发公共事件所带来的一切负面后果，并遵循"第一时间原则"立即启动相关新闻处置应急预案，向媒体和公众发出权威的声音，控制舆论制高点。

特别重大或者重大突发公共事件发生后，要至少做到3个层级上的"迅速反应"：一是各地区、各部门要立即报告，最迟不得超过4小时，同时通报有关地区和部门。应急处置过程中，要及时持续报告有关情况。二是事发地的省级人民政府或者国务院有关部门在报告特别重大、重大突发公共事件信息的同时，要根据职责和规定的权限启动相关应急预案，及时、有效地进行处置，控制事态。三是政府的权威新闻发布机构要立即拟定新闻发布方案，根据突发事件的性质与类别展开有针对性的新闻发布工作。与此同时，还要确立好全面负责信息发布工作的"新闻官"，让其介入事件处理的全过程，第一时间进入现场，掌握第一手材料，参与事件的决策与处置，并能做到心中有数，趋利避害，使新闻发布工作更好地为突发公共事件的处置服务。

另外，突发事件发生后，政府应立即就这一事件设立临时新闻中心，加强政府各个部门协调配合，统一事实口径，发布权威消息，避免记者到各个部门分别核实信息，让各部门将精力集中到事件的处理上来，提高工作效率。

（2）**境内外舆情收集研判机制**　境内外舆情收集研判是突发事件新闻发布工作的雷达，可准确地掌握当前媒体和公众最关注的问题，以及对政府处理此事件的满意度。政府部门则可据此调整政策、发布新闻、与媒体公众沟通，达到改善政府执政形象的目的。危机时期知己知彼十分重要，要健全事件信息的收集机制、公众情绪和心理监测机制等，并组织专人负责国内舆情的跟踪、分析、研判，定时提出分析报告，供决策之用。对境内外舆情收集和研判要伴随突发公共事件新闻发布的始终，根据舆情制定新闻发布策略，通过新闻发布引导舆论，进而改变舆情。

（3）**重要信息通报核实机制**　信息通报核实机制主要是包括规定信息通报、核实的责任人；从制度上确保通报、反馈上来的信息是真实的；确保信息通报、核实的工作流程是合理有效的；规定信息通报、核实的时效性要求。同时，还要遵循两条原则：一是畅通准确无误信息的来源渠道。较多地掌握正确信息，是做好突发事件信息控制的重要环节，也是做好突发公共事件新闻报道的前提条件。二是严格控制信息输出。要保证对外发布的所有信息都要经过仔细核实，在精心策划、精心安排、精心组织下，确定出谁来说、什么时候说、说什么、说到什么程度。

（4）**信息发布协调机制** 应对突发公共事件是一项十分复杂的系统工程，仅凭一个地方、一个部门的努力不可能有效遏制事态的发展，并得以妥善处理。突发事件发生后，应由应急机制中枢决策系统统一指挥和协调，其他职能部门通力配合，做到统一领导、分级负责、综合协调。突发公共事件的复杂性和综合性，要求信息发布必须突出一个"合"字。

（5）**发布材料准确机制** 对于突发公共事件的新闻发布，一定要建立在对信息的及时、全面、准确掌握的基础上。这种掌握具有时间的相对性，突发事件往往是动态发展的，对材料的收集和整理也呈现动态的样式，不可苛求马上还原事件的全貌，但一定要保证第一次信息的公布都是全面而有效的。突发事件的新闻发布要把握4个"有利于"：即有利于党和国家的工作大局，有利于维护人民群众的切身利益，有利于社会稳定和人心安定，有利于事件的妥善处理。信息发布的材料也是围绕这4个"有利于"而准备的。既保证内容，又要从形式上下些功夫，保证信息传播的最佳状态。

（6）**媒体管理机制** 突发事件中的媒体管理机制主要分为在事发地附近设立新闻中心和主动提供材料及新闻通稿两部分。在事发地附近设立临时新闻中心，可兼做信息发布场地，随时发布信息，既满足媒体需要，又能使信息发布更加有序，实现"隐性管理"。对于不在新闻中心的记者，要主动接受记者的书面或者电话问询，并向其提供事件的进展材料及新闻通稿，全方位把握新闻发布的口径统一。

3. 信息发布与通报机制的运行 信息发布与通报机制的运行涉及与信息发布、通报相关的一系列程序，包括信息收集、举报、鉴别、分析、报告、发布与通报等。

（1）**信息收集与举报** 准确的信息是作出正确决策的基础。因此，对突发公共卫生事件作出应急响应的关键在于所收集的事件应准确、及时。突发公共卫生事件信息的收集是多渠道的。除了收集已发生的疾病信息外，更应加强相关症状信息的监测、环境监测和实验室监测等，变被动监测为主动监测，对突发事件进行预警。

突发兽医公共卫生事件涉及社会公众的身心健康。根据规定，任何单位和个人有权向人民政府及其有关部门报告突发公共卫生事件隐患。同时，各卫生应急机构应设置专门的举报、咨询热线电话，接受公众的报告、咨询和监督。对举报有功的单位和个人予以奖励等。

（2）**信息分析**　各级兽医行政部门负责组织人员对突发兽医公共卫生事件报告进行核实、确认和分级，各级疾病预防控制机构、卫生监督机构或其他专业防治机构负责其职责范围内的各类突发兽医公共卫生事件相关信息的审核、鉴别。通过这种各部门、各机构之间的协作，进行信息分析、鉴别是切实可行、行之有效的。

（3）**信息报告**　任何单位和个人有权向各级人民政府及其有关部门报告突发重大动物疫情及其隐患，有权向上级政府部门举报不履行或者不按照规定履行突发重大动物疫情应急处理职责的部门、单位及个人。

①责任报告单位　县级以上地方人民政府所属动物防疫监督机构；各动物疫病国家参考实验室和相关科研院校；出入境检验检疫机构；兽医行政管理部门；县级以上地方人民政府；有关动物饲养、经营和动物产品生产、经营的单位，各类动物诊疗机构等相关单位。

②责任报告人　执行职务的各级动物防疫监督机构、出入境检验检疫机构的兽医人员；各类动物诊疗机构的兽医；饲养、经营动物和生产、经营动物产品的人员。

③报告形式　各级动物防疫监督机构应按国家有关规定报告疫情；其他责任报告单位和个人以电话或书面形式报告。

④报告时限和程序　发现可疑动物疫情时，必须立即向当地县（市）动物防疫监督机构报告。县（市）动物防疫监督机构接到报告后，应当立即赶赴现场诊断，必要时可请省级动物防疫监督机构派人协助进行诊断，认定为疑似重大动物疫情的，应当在2小时内将疫情逐级报至省级动物防疫监督机构，并同时报所在地人民政府兽医行政管理部门。省级动物防疫监督机构应当在接到报告后1小时内，向省级兽医行政管理部门和农业部报告。省级兽医行政管理部门应当在接到报告后的1小时内报省级人民政府。特别重大、重大动物疫情发生后，省级人民政府、农业部应当在4小时内向国务院报告。

认定为疑似重大动物疫情的应立即按要求采集病料样品送省级动物疫病预防控制中心确诊，不能确诊的，送国家参考实验室确诊。确诊结果应立即报农业部，并抄送省级兽医行政管理部门。

⑤报告内容　包括疫情发生的时间、地点、发病的动物种类和品种、动

物来源、临床症状、发病数量、死亡数量、是否有人员感染、已采取的控制措施、疫情报告的单位和个人、联系方式等。

（4）**信息发布与通报** 突发公共卫生事件信息发布的内容包括个案信息和总体信息。农业部、卫生部及各省、自治区、直辖市兽医、卫生行政部门以月报、年报的方式对突发公共卫生事件总体信息进行发布，必要时可授权主要新闻媒体发布或召开新闻发布会发布有关情况。

突发公共卫生事件信息通报是指掌握突发公共卫生事件信息的有关行政机关向其他行政机关及时通报相关信息。目前，我国采取的通报形式包括国务院兽医、卫生行政主管部门的通报，省、自治区、直辖市政府兽医、卫生行政主管部门的通报，县级以上地方人民政府有关部门的通报，对涉及跨境的疫情线索还应向有关国家、地区通报。

这是一种纵横协调的信息通报系统，既有兽医行政主管部门之间的纵向通报，又有其他行政主管部门对卫生行政主管部门的横向通报；既有自上而下的国务院兽医行政主管部门的通报，又有毗邻省际、地区际、国际之间的通报。

做好突发兽医公共事件的新闻发布与舆论引导工作必须提高政府工作、媒体和公众的媒体素养和危机应对素养。媒体素养主要是指主体获取、分析、评价和传播各种媒体信息的能力。在媒体化的社会中，政府、媒体和公众媒介素养水平的高低在很大程度上决定了一场突发公共事件能否得到成功处置。

（五）突发公共卫生事件的社会动员机制

突发兽医公共卫生事件应急社会动员是在政府的统一领导下，社会各阶层、各部门之间建立突发公共卫生事件信息交流、对话机制及伙伴式合作共事的过程。

1. 政府职责 各级政府和领导的动员是创造支持性环境的原动力，基于我国国情和突发兽医公共卫生事件应急实践，开展突发兽医公共卫生事件应急工作若没有强有力的领导支持是难以实现的。还要创造各种机会、利用各种手段，如广播、会议、电视等，让各级领导从政府决策者的角度宣讲突发公共卫生事件应急工作在社会、经济发展中的重要地位和作用。

2. 社区和居民的职责 突发兽医公共卫生事件与社会成员密不可分，社会和居民在增强突发公共卫生事件应急意识，提高社会应对突发公共卫生事件的能力中，都发挥了重要作用。

应大力宣传和动员社区决策者，使他们充分了解突发兽医公共卫生事件应急方针、政策、法规，掌握科学的应急技能，切实负起社区突发公共卫生事件应对的组织动员责任，为社区居民提供有关知识和技术。

要使社区的每个社会成员了解他们自身在突发事件应急中的责任，树立健康的生活方式和行为，积极、正确地参加社区的各种突发公共卫生事件应急或演练活动，把政府决策和群众力量密切结合起来，增强社区应对突发公共卫生事件的意识和能力。

3. 非政府组织的职责　非政府组织在社会发展中的地位日益重要，宗教团体、其他社会团体、基层组织的作用也愈显突出。在突发兽医公共卫生事件应急社会动员中，要充分发挥工会、共青团、妇联、红十字和宗教团体等组织的作用和影响。

在少数民族地区，尤其要注意提高关键人物，如宗教领袖，对突发公共卫生事件应急工作的认识，通过他们用适当的方式和途径向广大群众开展宣传、动员，可能会比政府官员的动员更有效。

4. 专业人员的职责　相关业务人员是突发公共卫生事件应急社会动员服务的提供者，是获得技术支持的保障。尤其是与突发公共卫生事件应急工作相关的市、县级基层业务人员，他们具备相应的专业知识和技能，有良好的群众基础，其工作态度和行为直接影响居民的保健意识和行为，做好他们的社会动员工作是十分必要的。要加强对专业人员的培训，提高其业务水平，落实他们在突发公共卫生事件应急社会动员中的职责和权力。

准确、有序地开展突发公共卫生事件的社会动员工作，应从多方面着手，应用各种社会动员策略加以实现。首先，应做好各部门之间职责的协调工作，通过各部门的积极主动配合及全社会的广泛参与，营造一种积极向上的工作氛围。单纯依靠政府、卫生部门或社区、个人的努力是无法完成这项工作的。其次，健全法律、法规是使社会动员工作有条不紊地开展的根本保证。有法可依、有法必依，才能创造一个健康的社会动员环境，各有关部门在法律、法规的约束和保障下能更好地开展各项突发公共卫生事件的应急工作。第三，加强社会动员的国际合作也是必不可少的。国外突发公共卫生事件的社会动员较成熟，通过国际合作，不仅能达到资源共享，还能吸取国外的成功经验和失败教训，更有效地开展此项工作。

（六）应急保障机制

1. 技术保障 首先组织开展重大人畜共患病诊断技术、监测技术的研究和标准化工作；其次是建立中央和省级重大人畜共患病专家委员会，进行技术指导；三是开展重大人畜共患病防控技术研究，密切关注国外疫情；四是加强实验室建设和管理，确保实验室生物安全；五是同时开展应急人员培训和演练；突发兽医公共卫生事件应急演练，演练方式可多样化，例如观摩演练、实地演练、现场操练等。应急专业人员的培养、培训、使用是提高突发兽医公共卫生事件应急能力的关键。通过演练进一步提高各类应急人员的应急意识、锻炼应急队伍、增强应急工作协调和处置能力。

2. 物资保障 各级人民政府应根据有关法律、法规和应急预案，建立处理突发兽医公共卫生事件的物资和生产能力储备。国家重点储备人员保护的防护用品、诊断试剂；省、县级重点储备无害化处理用品，疫苗、封锁设施、消毒用品等；发生过重大人畜共患病的老疫区县也要做好有关防疫物资储备。物质储备原则是"统一规划、分级储备、确保急需、突出重点、品种齐全、动态储备"。应确保应急所需物资和生活用品的及时供应、补充、更新，加强对物资储备的监督、管理。储备物资需要加强动态管理，保证及时补充和更新。要不断完善国家级和省级突发兽医公共卫生事件应急物资储备、调运机制和相关管理制度建设，确保卫生应急工作顺利开展。

3. 经费保障 县级以上人民政府应当将重大人畜共患病疫情预防和扑灭经费纳入各级财政预算，所需资金应由中央和地方财政按规定比例分担。包括法律、法规及标准的制、修订，以及突发公共卫生事件预防、监测、预警、调查处置（含产品专项抽验）、宣传、补偿、应急物资储备、应急专业人员培训、恢复生产保护等体系运转经费，保证紧急状态防控、救助、善后救济和恢复生产的费用，保障公众生命和健康安全及经济发展。

4. 通讯与交通保障 各级、各类卫生应急队伍要根据实际和需要配备通信设备和交通工具。建立健全应急通信、应急广播电视保障工作体系，完善公用通信网，建立有线和无线相结合、基础电信网络与机动通信系统相配套的应急通信系统。要保证紧急情况下卫生应急交通工具的优先安排、优先调度、优先放行，确保运输安全畅通；要依法建立紧急情况社会交通运输工具的征用程序，确保救灾防病物资和人员能够及时、安全送达。

5. 人员保障 地方各级人民政府组建突发重大人畜共患病疫情应急预

备队，进行重大人畜共患病防控技术培训和演习；各级动物防疫监督和卫生防疫监督机构都要加强重大人畜共患病的科学普及宣传，进行正确的舆论引导，尽量减少人们不必要和过分的恐慌；进行科学防治知识的宣传，及早控制和扑灭疫情。

6. 其他保障

（1）**基本生活保障**　要做好突发公共卫生事件应急处置人员和受影响群众的基本生活保障工作，确保疫区群众有饭吃、有水喝、有衣穿、有住处、有病能得到及时医治。

（2）**社会公众的健康教育**　要建立应对突发公共卫生事件长效机制，疏导公众心理，通过开展专门的知识教育和有形的文明卫生创建活动，提高群众的文明素质和心理承受能力，增强全社会对突发公共卫生事件的防范意识和应对能力。在社会公众中广泛开展突发公共卫生事件应急知识的普及教育，宣传卫生科普知识，指导群众进行防治。

（七）国际和地区间交流与合作机制

我国是 OIE 成员国，在预防和控制工作中必须加强国际的合作与协调。深入研究、跟踪、掌握国际规则和标准的变化，遵循 SPS 区域化原则，实行区域化管理，对动物疫病进行科学的风险评估。积极参加世界卫生组织防控禽流感、救灾防病等有关国际会议，介绍我国防控进展，提出建设性建议；组织召开中外专家和世界卫生组织代表参加的禽流感疫情分析会，指导防控工作；参与东盟、亚洲区域的禽流感防控合作和国际应对突发公共卫生事件的演练，为世界的兽医公共卫生作出了贡献。

吸收国外好的管理经验．一是对重大动物疫病进行区划防控和管理，确定国家和地区疫病实际动物卫生状况，提高我国动物卫生保护水平。二是在进境动物检疫管理中落实《中国对国外口蹄疫区域化认可原则和认可程序》，降低口蹄疫等其他外来动物疫病传入的风险。三是逐步推行执业兽医制度，提高执业兽医人员素质。

（八）突发公共卫生事件督导和评估机制

根据《突发公共卫生事件应急条例》的要求，突发公共卫生事件发生后，卫生行政部门应当组织专家对突发事件进行综合评估，初步判断突发事件的类型，按照应急预案提出启动相应措施的建议。这是突发公共卫生事件评估的法规依据。突发兽医公共卫生事件后，必须立即采取针对性的预防、控制措施，这些措施是否落实到位、是否有效，必须建立可靠的评估机制，进行考核、评估。督导和评估应贯穿于突发公共卫生事件预防、应对和控制的全过程。

1. 突发兽医公共卫生事件督导和评估机制 主要内容包括突发兽医公共卫生事件中的督导和评估、事件后的督导和评估以及应急管理评估。

（1）**突发兽医公共卫生事件的事中评估** 主要内容包括：①评估突发兽医公共卫生事件的类型和性质。要明确是发生了一起事件、还是同时发生了多起事件；确定事件的类型和性质，是属于重大传染病的暴发、流行、群体性不明原因疾病或重大食物中毒、职业中毒，还是其他严重影响公众健康的事件。②评估突发兽医公共卫生事件波及范围及严重程度。要考虑到事件造成的范围，事件给人们带来的生理、心理、社会、经济等各方面的影响。经济损失包括直接经济损失、间接经济损失以及卫生应急处置的耗费等。③评估已采取的应急措施的控制效果，包括应急措施是否全面、落实情况、效果以及目前还存在的问题和困难等。④评估突发兽医公共卫生事件的发展趋势。⑤提出是否需要启动应急预案的建议。

（2）**突发公共卫生事件的事后影响评估** 可分为近期影响和远期影响评估。前者是突发公共卫生事件对社会公众生命和健康的直接危害及对社会生活、社会心理、社会经济的直接冲击和损害，是事发当时显现的影响；后者则是透过近期影响的现象，对社会和公众所产生的间接影响，是事发过后长久的、隐性的，甚至不易察觉的影响。

评估内容主要包括事件概况、现场调查处理、病人救治、所采取措施的效果、应急处理过程中存在的问题、取得的经验及改进建议。

（3）**对应急管理工作过程和结果进行评估** 对应急管理工作过程和结果的评估，应围绕应急处理工作的各个环节展开，包括建立突发兽医公共卫生事件应急体系、事件的报告、流行病学调查，传染源隔离，医疗救护等现场处置，监测、监督、检查，标本采集及检验，卫生防护，有关物资、设备、设施、技术与人才资源的储备，所需经费，以及组织开展防治突发事件相关科学研究等，总结应急管理工作的经验和教训。

专家组在评估兽医公共卫生事件的过程中，应遵循公平、公正和实事求是的原则，尊重科学、发扬民主、认真、严谨，充分利用卫生资源，倡导资源和信息共享。评估步骤包括评估前的准备、评估计划制定、评估的组织实施、资料整理分析、提出决策依据、建议等。

评估程序具体包括如下几步：

①制定评估计划，包括评估的目的、目标、范围和内容，需要完成的任务和所需物资。

②确定专家评估小组成员和负责人，明确各自职责，搜集评估所需信息，确定可能存在的危险，用频率、强度、波及范围及可控性来描述危险程度。

③描述可能受事件影响的目标，包括人群、财产及周围环境等。

④描述事件的影响，说明一定区域存在的危险性。

⑤根据事件可能造成的影响及其程度，确定解决问题的先后顺序。

⑥根据对危险程度评估结果，提出应采取的行动建议。

2. 做好应急处置资料的整理工作 充分认识封存通知书、封锁令、行政处罚系列通知书等法律文书在依法防疫中的重要作用，实现法律文书签发和传送的规范化。在应急处置工作中，应急指挥部和各应急工作小组要及时制订工作方案，并书面汇报应急处置措施落实情况和阶段性工作小结，应急处置具体工作结束时，除材料组外，各应急工作小组应写出工作总结移交材料综合组，随后可即行解散。但材料综合组要进一步收集和整理相关资料，并写出完整的综合应急处置分析材料。一个完整的应急处置档案一般应具备现场诊断报告、病料采集送检单、实验室诊断报告、疫点疫区划定通知书、应急预案启动审批表、封锁令、疫情处置决定书、畜禽扑杀登记表、消毒登记表、免疫登记表、疫情调查表、违法行为通知书、行政处罚决定书、解除封锁申请书、解除封锁验收意见书、解除封锁的通知、应急结束审批表、畜禽扑杀补助发放明细表和各项工作小结及整个应急处置工作总结等材料，材料综合组只有将这些材料完全整理好并归档移交后，方可解散。要确保应急处置材料的完整性、真实性、科学性和一致性。

（九）奖励和惩戒

1. 应急处置专业机构及人员的权力 政府应保障突发公共卫生事件应急管理与处置专业机构和专业人员的经费、福利及人身安全，卫生行政部门和专业机构应保证突发公共卫生事件应对人员的休息和身体健康。

2. 奖励及抚恤 政府、卫生行政部门及专业机构对参加突发公共卫生事件应对的一线工作的专业技术人员，应根据工作性质，制定合理的、高于一般出差补助标准的经济补助。

县级以上人民政府人事部门和卫生行政部门对在突发公共卫生事件应对中作出贡献的先进集体和个人，应联合进行表彰和奖励。

对在应对突发兽医公共卫生事件中作出贡献的专业人员，应进行表彰和奖励。

地方各级人民政府要组织有关部门，对在突发兽医公共卫生事件应对工作中致病、致残、死亡的人员，按照国家有关规定，给予相应的补助和抚恤。

3. 惩戒　要依法对在应急处置工作中随意丢弃、贩卖病死畜禽的违法行为进行惩处，对逃避检疫监管，贩卖病死畜禽，导致疫情暴发，造成养殖业生产遭受重大损失或严重危害人体健康的要依法追究其刑事责任。同时，要不断强化动物防疫工作纪律，对在应急处置工作中不负责任、应急处置不力的有关工作人员要进行纪律处分，造成重大损失构成犯罪的要依法追究其刑事责任。

（十）突发兽医公共卫生事件危害评估与恢复

1. 危害评估　突发兽医公共卫生事件的危害是指突发兽医公共卫生事件对社会造成的影响。根据影响的时间长短，可将突发兽医公共卫生事件的社会影响分为近期和远期影响两类。

（1）**近期影响**　指突发公共卫生事件对社会公众生活及健康的直接危害以及对社会生活、社会心理、社会经济的直接冲击和损害，这在事发当时就能够显现出来。因而，对突发公共卫生事件近期影响的评估，比较容易操作。近期影响评估包括对社会经济影响、对社会生活影响、对社会心理及精神影响、对卫生事业影响的评估四方面。

（2）**远期影响**　指透过近期影响、对社会和公众所产生的间接影响，这是事发过后长久、隐性，甚至不易觉察的影响。因而，对突发公共卫生事件远期影响的评估，需要一些长期、隐性的标志，评估认识和标准不易统一，这使远期影响评估比较困难。

2. 恢复

（1）**突发兽医公共卫生事件后的短期恢复**　突发兽医公共卫生事件应急管理进入恢复、重建阶段后，应尽快采取相关措施，消除突发兽医公共卫生事件给公众带来的心理负面影响，恢复消费者和投资者的信心，恢复正常生产、生活秩序，促使社会各行各业的恢复、发展。

①突发兽医公共卫生事件中遭受影响的人员的安置　突发兽医公共卫生事件对社会或组织生存和稳定的破坏大大超过了正常水平，造成组织或社会整体或某一局部的失衡和混乱，使一定范围内人群失去和谐安定的社会环境而生活在高度不稳定之中。特别是一些重大或者特别重大突发公共卫生卫生事件，在造成重大人员伤亡的同时，往往易造成社会秩序的破坏，使正常生产、生活无法进行。因此，政府及其他公共组织应通过多渠道向遭受影响的民众提供日常和急需物品，保障他们的正常生活，并尽快帮助遭受影响的民众开展生产自救。

②疾病防治和环境污染消除　突发兽医公共卫生事件包括重大传染病疫情、群体性不明原因疾病、重大食物和职业中毒、影响兽医公共卫生的毒物泄漏事件、放射性危害事件等。其特殊性在于，虽然这类在事件经过处置可以迅速得到控制，但并未表明其彻底解决。因此，在突发公共卫生事件结束后，政府及其他公共机构应继续做好疫点的终末消毒、环境污染的消除等工作。

(2) **突发兽医公共卫生事件后的完全恢复**　突发兽医公共卫生事件恢复、重建工作有明显的针对性，应有步骤、按计划、有条不紊地进行。正如诺曼·奥古斯丁所说的"每一次危机既包含了失败的根源，又孕育着成功的种子。发现、培育、进而收获潜在的成功机会，是危机处理的精髓"。

突发兽医公共卫生事件过后，应对突发公共卫生事件所有环节进行实事求是的评估，包括事件根源的分析、事件的后果评价、事件处理措施的评价、政府处理突发兽医公共卫生事件能力的评估等；应健全评估机制，认真审查体制中的不足，弥补政策缺陷，提高政府应对突发兽医公共卫生事件应急管理水平；逐步实现突发兽医公共卫生事件相关资源及能力管理，从"应急"向"长效"转化。

第四节　突发兽医公共卫生事件
案例分析与启示

随着全球化的不断增进，交通、旅游业的日益发达，突发兽医公共卫生事件经常发生，危害也随来越大。如 1985 年最早发现于英国的疯牛病，不仅使英国的经济每年蒙受 70 亿英镑的损失，给民众带来严重的心理恐慌，而且该病迅速蔓延扩散至美洲、亚洲的多个国家，给这些国家的畜牧业生产带来沉重打击，造成重大的经济损失，同时也使民众的健康和生命安全受到严重的威胁。2009 年 4 月席卷全球的甲型 H1N1 流感从墨西哥迅速蔓延至欧美地区乃至全世界 188 个国家，给人类和动物的生命安全带来严重的威胁，其疯狂肆虐更使原本低迷的世界经济雪上加霜。2003 年，SARS 以突如其来的方式迅速在我国传播开来，曾一度引起人们极度的心理恐慌，国内生产生活秩序被严重扰乱，影响了经济发展和社会稳定。从以上这些例子可以看出，兽医公共卫生的重要性。通过对国内外典型公共卫生案例分析，借鉴美国等国家在面对突发事件时的经验和教训，不断完善我国的突发公共卫生事件应急管理机制，同时认真总结我国在兽医公共卫生方面成功的经验，指导今后兽医公共卫生工作。

一、美国疯牛病事件案例分析及启示

疯牛病在医学上称为牛脑海绵状病，简称 BSE。1985 年 4 月，医学家们在英国首先发现了一种新病，专家们对这一世界始发病原体进行组织病理学检查，并于 1986 年 11 月将该病定名为 BSE。BSE 的病程一般为 14～90 天，潜伏期长达 4～6 年，医学界至今未能找到致病的根源。10 年来，这种病迅速蔓延，英国每年有成千上万头牛患这种神经错乱、痴呆、不久死亡的病。此外，这种病还波及世界其他国家，如法国、爱尔兰、加拿大、丹麦、葡萄牙、瑞士、阿曼和德国等。据考察发现，这些国家有的是因为进口英国牛肉引起的。2001 年 9 月 22 日，日本确认了亚洲首例疯牛病。20 世纪 90 年代，疯牛病在欧洲暴发时曾导致数百万头牛被宰杀，至少 137 人因食用受感染的牛肉而丧生。2004 年 6 月，美国佛罗里达州一名妇女因感染新型克雅氏症去世，成为死于"人类疯牛病"的第一名美国人。

（一）事件回顾

2003 年 12 月 23 日，美国华盛顿州梅普尔顿的一家农场中一头 6 岁半的乳牛被确诊感染了疯牛病，这是美国的首例疯牛病案例。很快这些感染疯牛病的牛肉就流散到西部阿拉斯加州、夏威夷州、爱达荷州、蒙大拿州、俄勒冈州、加利福尼亚州、内华达州、华盛顿州八个州以及远在西太平洋的关岛。有三四十家小型肉类企业和多个大型连锁超市都分到了这批牛肉，而这些牛肉大多在俄勒冈一家肉类加工厂中被制成了汉堡包出售。同时，在认证了首例疯牛病疑例仅仅十多个小时后，美国股市、汇市及期货等资本市场就迅即遭到打击。而快餐业遭受的打击更是不小，其中麦当劳的股份当日就下跌了 5.2%。截至当地时间 12 月 26 日，全球已有 25 个国家和地区宣布"封杀"美国牛肉和肉牛，这些国家和地区的进口额占美国此类产品出口额的 90% 左右。有经济人士预测，除了美国牛肉行业直接损失几十亿美元外，此事给美国食品安全信心等带来的"无形"损失将更大。

（二）应对措施

虽然疯牛病风波搅得全美上下不得安宁，但从始至终都仅是这一例疯牛病记录，没有造成扩散，没有引起大面积的疫情，这全部得益于美国多年来建立的严密的疫情控制系统。

1. 隔离疫病隐患 在确诊首例疯牛病后，对于已经流散的牛肉，美国政府部门立即予以同等价格回收，当时就回收了 1 万磅（约 4 500 千克）与病牛在同一天同一地点宰杀加工的牛肉，而且有关部门已经下令在这些地区范围内要回收总计 4.5 吨的牛肉。美国政府采取的等价回收并加大回收力度的措施，极大程度断绝了病肉流入家庭的隐患。美国采取隔离措施，不仅隔离了发现首例疯牛病的农场，而且于 12 月 26 日找到了发病疯牛产下的小牛犊，并将其所在的农场隔离，至此美国被隔离的牛已达到 4 400 头。

2. 加工技术保障 美国的肉类还原先进技术是一种将牛肉及骨头中的肌肉组织以高压移除下来，却不带任何骨头的技术。美国政府法规禁止含有中枢神经系统组织的产品被标示成肉类产品，而以该技术所生产出的产品则可被标示成肉类产品。为了进一步减小疯牛病对消费者造成的威胁，美国农业部也推出多项有针对性的禁令。其中包括禁止所有无法正常站立的牛所制成的产品进入人类的食物中；禁止销售供人食用的任何牛小肠；禁止在食品中混入来自年龄在 30 个月以上的牛的脑、脊柱、眼和其他内脏组织；禁止将利用先进技术从牛骨上剔除的脊髓、中枢神经后根以及与脊髓相连的神经细胞簇等作为牛肉销售；禁止在屠宰过程中采用空气喷射方法将牛击晕，以防止牛脑组织转移至其他部位。

3. 强化检测检疫 美国专门设计了用来检测疯牛病是否在美国存在的监测系统，即使疯牛病发生的几率仅有百万分之一也逃不过该系统的"法眼"。美国疯牛病检测率是世界动物流行病组织（OIE）所建议的 47 倍。而且政府出台新规定，在疯牛病测试结果未获得确认前，所有接受检查的牛都不能进入食品供应环节。结果显示，在所追踪的牛中，经过人道屠宰并检测后，并未更进一步发现有其他牛染病的状况，其后代也未验出有感染疯牛病的状况。

4. 立法分区防患　早在 1997 年美国就以立法形式禁止使用反刍动物的肉骨粉所制成的蛋白质添加剂来喂饲牛，因为疯牛病主要就是通过动物性肉骨粉饲料传播的。而且自 1980 年以来，美国农业部便有一个疯牛病是否可能发生在美国的探讨计划。通过实行该计划，美国总共检测的数量远超过国际上对风险较低的国家所建议的检测量。而且为了改善测试的措施，美国农业部将美国分成 8 个区域，每一个区域相当于一个国家，并在每个区域采取超过国际测试要求的水平来完成检测。因此，在此次疯牛病危机中美国不用像欧洲和日本等国家那样对每一头牛都进行疯牛病的检验，这显示了预警机制的作用。

（三）启示和思考

1. 反应迅速　从时间上看，美国 BSE 监测专项实验室、农业部动植物检疫局（APHIS）的国家兽医服务实验室（NVSL）于 12 月 22 日得到首次检测结果为阳性后，又继续进行了第二次复检，当 12 月 23 日得到的复检结果仍为阳性时，当天下午农业部就举行了新闻发布会，公布了这一结果，并立刻采取了一系列的相关措施。一是立刻派专机将样本送到 BSE 世界参考实验室进行确诊。二是由动植物检疫局对与该头疯牛相关的所有养牛场立刻采取隔离检疫措施，并开始进行流行病学调查，追查疯牛的来源。三是由食品安全局（FSIS）发布召回令，宣布召回并开始追查与疯牛相关的牛肉和相关产品的去向。毋庸置疑，美国农业部确实在第一时间向国际社会和国内消费者通报了 BSE 阳性检测结果，第一时间采取了相关紧急处理措施。这不仅反映了其对大众健康的高度关注，也反映出其对控制和处理疯牛病事件的信心、决心和实力，同时还疏导了消费者因不了解情况而产生的极度恐慌情绪，在一定程度上对恢复和稳定国内市场牛肉的供应，增强消费者的信心，尽可能地减少连锁反应引发的损失等，都起到了明显的促进作用。连续一段时间，发现商家并没有因 BSE 而出现牛肉"跳楼价"倾销的极度恐慌、混乱现象。相反，由于事件处理妥善、信息反馈及时以及美国政府的积极引导和消费者对牛肉的喜爱，公众因 BSE 产生的恐慌情绪很快就恢复了平静，超市里的牛肉价格仍然高于其他肉类,且居高不下。这无疑给美国政府尤其是相关职能部门极大的信心和支持。

2. 严密周详 美国联邦政府由农业部、卫生部、环境保护署、国内安全部、商务部等7个部门及其下属机构主管食品安全。其中主管肉、禽、蛋食品安全的为美国食品安全局(FSIS)。在这次疯牛病事件应急处理中,追查疯牛来源、进行流行病学调查、召回不合格产品、动物性饲料管理、对BSE引起的可传播性海绵状脑病的监视和调查,都由各个相应机构负责。显然,美国对疯牛病侵入已经建立了有效的监控和预防体系,政府各相关主管部门职责分明,目标一致,分工协作,行政高效有序。如农业部于2003年12月30日出台的六项管理新措施,仅用两周时间就通过DNA检测,证实了疯牛病源于加拿大。整个调查时间仅一个多月,就将与BSE病牛同群的进口牛的来龙去脉搞了个水落石出,于2月9日宣布调查结束,同时将调查报告提交各贸易伙伴国,以期尽快解除贸易伙伴国贸易禁令。农业部作为肉类食品安全的主管部门始终代表政府全权处理疯牛病事件,部长作为最高首长,全权部署和开展相关工作,充分体现了"谁主管谁负责,政出一门,一口对外"的高效协调机制。

3. 决策科学 美国行政机关所有行政政策的出台都必须遵守行政程序法,即所有的行政规章、制度等在出台前必须在联邦登记上公布,通过这种渠道,在公布的时间内征求社会各界、各个利益团体和公众的意见和建议,同时要求所有重要的有价值的公众意见,必须在最终公布的行政法规制度中得到体现。从美国BSE事件中,我们可以看到,在面对媒体和公众猛烈批评的巨大压力下,美国农业部关于BSE所有新政策的出台,也依然是遵守该法律。美国所有食品安全政策都是建立在大众健康第一和科学风险分析基础上的,即通过对风险的评估、管理和交流而做出的科学决策,而且由于其执行行政程序法,社会各界的各个利益团体和公众的参与意识强烈,在所有政策正式出台以前,都经历过一段时间的讨论和辩论,所以其食品安全政策的公信力非常强。在执行过程中,很容易得到公众的理解和自觉遵守,收到事半功倍的效果。在处理本次事件中,美国农业部非常重视采纳专家意见。如2003年12月31日任命了由瑞士前任首席兽医官为组长、美国MINNE-SOTA大学动物健康和食品安全中心主任、瑞士联邦兽医局BSE控制项目负责人、新西兰政府BSE专家为成员的BSE专家组,该专家组为美国农业部处理BSE事件提供了非常宝贵的科学意见和建议。但是对BSE调查报告的审议和评价，则由瑞士、美国、英国和新西兰四国的 BSE 专家组成的美国动物和家禽外来疾病顾问委员会的小组委员会具体作出。小组委员会提交的"审议报告"，具有非常高的含金量。从形式上看，其工作不受自身利益和第三方影响，彰显客观和公正；从内容上看，所有成员都是世界一流的专家，他们的审议和评价意见代表了当今世界权威的科学水平，具有很强的说服力，比政府自我评价和自我肯定方式说服力要强很多。

4. 信息服务高效　美国是牛肉出口大国，由于 BSE 事件的发生，世界上 50 多个国家先后宣布对其牛肉和相关产品采取贸易限制措施，大批的美国牛肉及相关产品在入境口岸纷纷遭到进口国拒绝入境和退货，这给美国的养牛业、牛肉加工业和出口企业带来沉重打击。值得欣慰的是，由于美国社会的信息技术高度发达，整个社会的信息资源高度共享，使得许多问题的解决有了良好的基础。如在 BSE 事件中，各进出口企业都能迅速地从美国海关边防局（CBP）、动植物检疫局（APHIS）、食品安全局（FSIS）和食品与药品监督管理局（FDA）等主管部门发布的动态信息和服务指南中，第一时间了解到世界各国对美国牛肉和相关产品采取的最新贸易限制措施，以及对被退回产品的报关和处理要求，从而大大减少了因不了解情况而导致的口岸混乱和贸易损失。

5. 资源充分共享　本次疯牛病事件也反映出美国 BSE 监测计划中存在的问题和漏洞，其中最主要的就是监测网点和检测技术力量的严重不足。比如 12 月 9 日抽取的化验样本，11 日才送到指定检测实验室，由于被认定为非高危样品，需排队等候检验，22 日才得到初诊结果。而在这段时间，与疯牛有关的牛肉和其相关产品早就进入了食物链。在 FSIS 的报告中，涉嫌产品 3.8 万磅，召回仅为 2.1 万磅，实际上已有 1.7 万磅被人消费了。尽管农业部一再强调这些牛肉的安全性，但是对于消费者来说，仍然是心有余悸，这也是农业部被广泛批评和指责的主要原因。对此，美国政府采取了如下措施：一是加大投入，特别是加大了对实施 BSE 监测的投入。如 FSIS 在 2005 年度财政预算为 9.52 亿美元，比 2004 年增加了 0.61 亿美元。二是扩大了 BSE 的监测力度，充分利用和依靠各大学和研究机构现有的技术力量建立了全国 BSE 实验室检测体系。如 2004 年 3 月 15 日，农业部宣布了 BSE 监测扩大样本检测计划，紧接着 29 日就宣布了按地域颁布的 7 个符合联邦兽医局技术标准的实验室为 BSE 定点专项检测实验室并提供所需的经费。同时还宣布，今后凡是符合联邦兽医局技术标准的实验室经考核和确认后都可以对 BSE 样本进行检测分析。从这里可以看出,尽管美国是一个非常富有的国家,但是重复建设、浪费社会资源也是他们所避讳的。

6. 媒体监督有力 美国信息自由法(FOIA)规定,公民享有除了涉及国家安全、商业秘密和个人隐私之外的信息权利,这就从法律的层面充分保障了公民和新闻媒体的知情权。在整个 BSE 事件中,新闻媒体的监督作用可以说在某种程度上直接引导了政府的决策。如农业部部长面对媒体提出的关于 BSE 监测体系的合理性和科学性必须给予全面的解释和说明,对涉及BSE 技术层面的问题,则由动植物检疫局局长、美国首席兽医官德黑文博士负责回答和解释。政府在新闻媒体和扩大消费者强有力的监督下运作,相关主管部门的工作必须具有前瞻性而且工作必须严谨、科学和高效,否则将难以面对公众的压力。

7. 溯源系统得到进一步加强 美国于 2004 年启动全国范围的牲畜"身份"认证系统即身份认证检测病畜。这种系统是给动物颁发的"身份证",每头牲畜或每个牲畜群都将获得一个独特的身份号码。借助这个认证系统,一旦有疯牛病或其他疾病出现,有关机构可以在 48 小时内迅速查清患病牲畜的相关记录,并查出曾经喂养过患病牲畜的农场。

8. 违背自然法则的代价沉重 牛原本以食草为生,为降低成本,提高利润,人们利用现代生物技术大量生产人工饲料,"强迫"牛吃这种人造高蛋白"荤"饲料,就易感染朊病毒而引起疯牛病,疯牛病"是我们人类因违背自然秩序而付出的代价"。

从美国 BSE 事件中,我们可以看到,疯牛病危机不同于单纯的政治、经济、社会危机,它的暴发与升级,既有着深刻的自然科学背景,又涉及政府的管理水平与公众对危机的心理承受力等社会学问题;肉类食品安全问题,不仅关系到人类的健康,还涉及动物的健康和卫生,危及整个国家动物卫生防疫体系的信誉及国家动物和动物食品能否进入国际市场的问题,甚至影响到整个国民经济的发展。美国 BSE 事件的迅速妥善处理和其动物性食品安全管理,得益于先进兽医机构"垂直管理"的兽医管理制度,即依据世界动物卫生组织(OIE)主持制定的标准、准则或建议,在本国的法律和标准体系中,突出了兽医统一的、全过程的管理,不仅包括饲养、屠宰、加工、运输、储藏、销售、进出口的全过程,也包括相关的场所、环境、设施、工艺、操作规程和操作方法,还包括了科研、实验、检验机构以及兽医诊疗管理、动物福利等各个方面。这种管理方式由于较好地保证了动物产品生产全过程由兽医监督,从而使动物性食品安全风险可以降低到最低水平。这样,不仅打破了地区分割,防止人才、技术、设施重复设置的资源浪费,还在一定程度上消除了地方保护主义的影响,确保了工作效率。美国市场上至今没有一块肉是来自中国的,这个残酷的现实告诉我们,我国的动物卫生状况实在不容乐观,改革我国现行兽医管理体制刻不容缓!我国目前动物产品的卫生监督实行的是分段管理和交叉管理,信息管理落后,兽医执法部门多,既不符合国际惯例,也严重影响了兽医防疫整体水平的提高。结合我国的国情,要彻底解决我国动物性食品安全的问题,必须要解决好体制、法制和标准三个方面的大问题。只有这样,才能从根本上逐步改变我国动物卫生状况,从源头上保证和提高我国动物产品的质量,从而参与国际竞争,扩大出口。

二、2005 年四川猪 2 型链球菌病案例分析和启示

猪 2 型链球菌病是由致病性猪链球菌感染引起的一种人畜共患传染病,其特征为急性病例常呈败血症和脑膜炎,慢性病例则为关节炎、心内膜炎及组织化脓等。本病呈世界性分布,发病率和死亡率较高,猪 2 型链球菌病是我国规定的二类动物疫病。

2005 年 6 月 24 日,四川发生猪 2 型链球菌病疫情,此次疫情从 6 月 24 日开始发生,至 7 月 20 日左右感染死亡猪数量达到高峰,随后发病数量迅速减少,共死亡生猪 647 头。疫情对兽医公共卫生产生重要影响,生猪首次发生疫情同日,四川省报告首例人感染猪 2 型链球菌病病例,至 8 月 22 日人间疫情结束,四川省累计报告人感染猪链球菌病病例 204 例,其中死亡 38 例,治愈出院 166 例。

经防控专家组讨论将这次兽医公共卫生事件定性为"重大突发公共卫生事件"。

(一)事件回顾

2005 年 6 月 24 日,在四川省资阳、内江、成都、绵阳、自贡、泸州、南充、德阳等 8 个地(市)、21 个县(市、区)、88 个乡镇、149 个村发生了生猪链球菌病疫情,此次疫情从 6 月 24 日开始发生,至 7 月 20 日左右感染死亡猪数量达到高峰,后发病量减少,至畜间疫情结束,全省共死亡生猪

647头。本次事件不但造成畜牧业重大损失，而且引起人的感染发病，造成严重的兽医公共卫生问题。

6月24日，卫生部门首次发现人感染猪链球菌病例，7月16日起，病人发病明显增多，22日达到高峰，7月28日新发病人数开始下降，8月1日，病例明显下降，8月4日以后人间没有新发病例。人感染猪2型链球菌病例分布在资阳、内江、成都等12个市，37个县（市、区），131个乡镇（街道），195个村（居委会）。

在党中央、国务院的正确领导下，农业部、卫生部高度重视，密切配合，及时研究、部署各项防控措施。四川省委、省政府和有关地区党委、政府迅速行动，启动应急机制，四川省卫生厅和畜牧食品局按照突发公共卫生应急预案，组织各级卫生防疫和动物疫病预防控制机构，全面落实各项防控措施，有效控制了疫情扩散和蔓延。

（二）应对措施

1. 深入调查，查明病因　疫情发生后，农业部立即派出专家组赶赴资阳协助诊断死猪病因，指导防疫工作。通过广泛的流行病学调查，明确病例分布的流行病学特征，确定猪2型链球菌病是引起这次疫情的病原。随着病原、病因的逐步明晰，立即把牲畜疫情排查和防疫工作摆在重要位置，明确要求加强监管、切断病原、防止扩散，把采取措施消灭病原作为"治本"工作来抓。

2. 依法防控，启动预案　疫情发生以后，温家宝总理明确要求，采取果断有力的措施，坚决控制疫病的蔓延。农业部立即布置防控工作，强调各相关部门务必"依法防控，科学防治，群防群控"，千方百计打好疫病防治攻坚战。四川省立即启动防控预案，成立应急指挥部，成立防治督导组、诊断技术专家组、资料信息组、后勤保障组和免疫技术指导组，指导防控工作。资阳市迅速成立应急处置领导小组，按照"抢救病人、查明病因、切断病源、防止扩散"的原则，全力以赴处置疫情，防止疫情扩散，明确重点抓好三个环节："千方百计救治病人，做到早发现、早报告、早诊断、早救治；千方百计搞好牲畜防疫，实行市包县、县包乡、乡包村、村包社、社包户的'五包'责任制；坚决对病死猪实行无害化处理"。安排专项资金用于防控工作，主要用于消毒、扑杀等方面。

3. 开展疫情排查，规范疫情报告　健全疫情信息网络。一是完善"纵向到底，横向到边"的疫情信息网络，健全信息、处理和报送制度，明确相关人员的职责。二是开展疫情监测。各级畜牧部门对存栏生猪进行拉网式普查，对发生疫情地区的养殖户进行重点监控和回访，未发生疫情的地区加强疫情预测预报工作。三是规范疫情报告，实行日报告制度和零报告制度，做到不迟报、不漏报、不瞒报。

4. 落实防控措施，实施综合防控　一是加强消毒与无害化处理，对已发生猪2型链球菌病的农户，要反复消毒；对规模场、种猪场、生猪交易市场、屠宰加工企业要严格消毒制度。二是加强免疫，对疫区和受威胁区的猪进行猪2型链球菌病疫苗免疫。三是科学用药，对发病猪只尽早选用高敏的药物治疗。在高威胁地区，饲料中加入抗生素进行全群预防。所有进行预防用药的生猪必须经过21天的休药期方可出售。四是加强安全监管，强化隔离工作，限制发病地的所有生猪流动。加强对生猪收购、屠宰和流通环节的检验检疫。防止病猪进入屠宰、加工和销售环节。五是加强人员防护，直接接触病死猪是人感染猪2型链球菌病的主要途径。各市、县认真组织，对所有从事生猪屠宰的人员和最近7天从事过生猪屠宰的人员进行体检。做到发现病猪要坚决采取"四不一处理"的措施，即不私宰、不买卖、不转运、不食用，坚决进行无害化处理，杜绝人与病死猪的直接接触，阻断疫源。

5. 加强科研，推广新的防控技术　在确诊病原的基础上，一是紧急组织研制生产猪链球菌2型灭活疫苗，同时对疫苗生产过程实施全程质量管理和监督。二是制定田间科学免疫程序。三是对治疗用药进行筛选，确保科学合理用药。

6. 实施多部门协作，联防联控　在防控疫情中，以指挥部办公室为运转纽带，各级政府加强了卫生、畜牧、工商、商务、食品药品监管、公安、检验检疫等部门的协调力度，各部门加强沟通、密切合作。建立信息沟通机制。特别是畜牧和卫生部门每天至少互通一次疫情，重要情况要随时沟通。

畜牧食品部门集中力量开展流行病学调查和疫情处理，组织开展消毒、堵源和监测工作，严格对病、死畜的无害化处理。卫生部门负责人感染猪链球菌病的医疗救治，控制传染源、阻断传播途径、保护易感人群。工商行政管理部门加强市场监管，严把流通环节，确保入市猪肉的安全。商务部门开展对生猪定点屠宰检查，绝不让病、死猪肉及产品流入市场，同时保证合格猪肉正常流通。公安、政法部门密切关注社会治安情况，及时查处违法案件，确保疾病发生地区社会稳定。食品、药品监督管理部门做好救治药品生产、储备工作。出入境检验、检疫部门积极开展检验、检疫工作。

7. 加强宣传工作，普及科学知识 按照处理突发公共卫生事件的有关规定，实事求是地通报疫情，加强科学防治的宣传，增强群众自觉防范意识，始终坚持正确的舆论导向，利用宣传资料、新闻媒体将防控知识传授到每一个公民。

8. 评估与恢复 人感染猪 2 型链球菌病疫情应急结束后，卫生部、农业部及时组织相关部门，对整个事件概况、现场调查处理、病人救治、采取措施、应急处置中存在的问题、取得的经验进行综合分析、评价。卫生部、农业部联合发布了《四川省猪 2 型链球菌病疫情评估报告》。

（三）启示与思考

在这起突发的兽医公共卫生事件中，在党中央国务院的领导下，按照"依法防治，科学防治，群防群控"的方针。兽医系统在疫源疫病诊断和控制上发挥了重要作用，是人医与兽医联合防控疫病、防控关口前移、标本兼治的成功范例。这起兽医公共卫生事件的成功处置给了我们许多启示，也引起了我们的思考，对今后处置类似事件具有重要的借鉴意义：

1. 早发现，快反应 疫情发生后，兽医部门立即启动应急机制。通过广泛的流行病学调查，明确了病例分布的流行病学特征，在较短的时间里查清了病原和传播途径，为科学控制疫情奠定了基础。明确病原是猪 2 型链球菌后，人间的医疗救治取得显著成效，病死率明显下降。人间立即启动应急机制，主动排查病人，及时报告疫情，疫情的成功处置，为今后处理类似突发事件积累了宝贵经验。

2. 应急机制健全，决策科学 疫情发生后，立即启动应急机制，有条不紊地开展防控工作。应急机制建设在猪 2 型链球菌病疫情防控中发挥了重要作用，近年来，四川省在兽医应急机制建设上，包括指挥体系、法规、预案、队伍培训及演练、防治体系硬件建设、部门协作配合、物资、人力储备等方面，取得了长足进步。各级兽医部门和应急管理人员的危机意识得到加强，出现疫情后迅速成立防控专家组，提供决策咨询，形成科学的防控指南，一是在查清病原上下功夫，二是在研制疫苗上下功夫，三是实行综合防控。卫生部应急办公室于 2005 年启动了全国卫生应急决策、指挥系统的建设，疫情发生后，人间按照应急管理的要求启动应急机制，科学制定人感染猪链球菌病的诊断、治疗、流行病学调查等技术规范，人医、兽医密切协作。这是迅速控制猪 2 型链球菌病疫情的根本所在。

3. 科学防控，技术当先　疫情发生后，科学决策，查明猪 2 型链球菌病病因，为防控工作指明了方向。防控指挥部及时组织防控指导组生产疫苗，制定免疫程序，并对防治用药进行选择，对消灭疫情起到了关键作用。

4. 多部门协作，优势互补　这次疫情是由猪 2 型链球菌病疫情引起的人和畜感染，动物感染是源头。此次疫情的成功防控，证明了多部门合作的重要性，证明了人医与兽医相互配合协调防控的必要性。突发公共卫生事件应急处置涉及多系统多部门，要建立密切的合作机制，特别是加强卫生与兽医部门沟通与协作，充分发挥各自优势。在人畜共患病中，动物疫情与人疫情密切相关，如人禽流感、人猪链球菌病、包虫病等。实践证明，兽医和人医的交叉和融合有利于重大动物疫病的防控。

5. 及时发布信息，普及健康知识　此次疫情，利用新闻媒体的沟通和宣传，让群众了解疫情状况，知晓防控知识，动员群众自觉参与到防控猪 2 型链球菌病中，做到了信息及时公开、透明，对控制疫病起了重要作用，取得了良好效果。突发公共卫生事件一旦发生，往往威胁到公众集体生命安全。因此，必须让公众知情，这有利于整个防控工作。

6. 传统散养模式和生猪流通方式亟待改善　此次疫情全部发生在养殖环境条件较差的散养户中，卫生和防疫条件较好的规模饲养场、养殖大户中均没有发病。因此，要努力提高养殖规模化、规范化和科学化水平；提倡标准化养殖、注重动物福利；逐步改变千家万户分散饲养、管理粗放的生猪饲养模式；努力转变生猪的流通方式，通过提高精深加工能力，在产地增加畜产品的附加值，逐步减少活畜流通量；坚决杜绝活猪带菌长途运输、沿途扩散的现象，有效降低疫情传播蔓延的机会。

三、汶川地震抗震救灾中兽医公共卫生工作的启示

2008 年 5 月 12 日发生的汶川大地震，在中共中央、国务院的坚强领导下，农业系统特别是各级畜牧兽医部门迅速行动，兽医工作者众志成城、不畏艰险，取得了大灾之后无大疫的重大胜利，举世瞩目。

（一）事件回顾

2008 年 5 月 12 日四川省发生里氏 8 级地震，震中位于汶川县映秀镇。

汶川特大地震是新中国成立以来破坏性最强、涉及范围最广、救灾难度最大的一次地震灾害，给人民生活财产造成了重大损失。地震灾害给四川省农业带来了巨大破坏，其中损失最大的是畜牧业。据统计，地震导致全省市、县、乡畜牧部门职工伤亡 264 人，其中死亡 19 人、失踪 13 人、受伤 232 人。重灾区管理服务和动物防疫系统设备设施毁损殆尽，畜禽圈舍垮塌 2 882.32 万米^2，畜禽死亡 3 383 万头（只），其中生猪 340.33 万头，330 余家饲料生产企业不同程度受损，部分草原生态被破坏，畜牧业直接经济损失 221.62 亿元。

党中央和国务院高度重视汶川特大地震抗震救灾工作。温家宝等中央领导特别强调，要加大力度，尽快对死亡畜禽进行无害化处理和消毒工作。遵照中共中央、国务院指示，农业部及灾区各级畜牧兽医部门按照《中华人民共和国动物防疫法》、国务院《重大动物疫情应急条例》的规定，迅速启动应急响应。农业部与灾区各级畜牧兽医部门迅速行动，积极应对：派出专家组赴灾区指导抗震救灾工作，紧急组织调拨消毒药品、器械等防疫物资，全力开展灾区死亡畜禽无害化处理和消毒工作，及时组织开展重大动物疫病和人畜共患病防控，积极支持灾区畜牧兽医系统开展自救和恢复重建。汶川特大地震一周年祭，《人民日报》载文：汶川大地震之后，没有暴发疫情，更没有引发社会动荡，创造了人类救灾史上的奇迹。农业部门特别是兽医人员在确保大灾之后无大疫、确保公共卫生安全中发挥了巨大作用。

（二）应对措施

"地震是天灾，但如发生瘟疫和动物伤人事件则是人祸。"为确保大灾之后无大疫、确保公共卫生安全，根据灾后动物疫病发生规律，科学谋划、快速反应、创新方法、主动工作，有力、有序、有效地推进了以死亡畜禽无害化处理与环境消毒、重大动物疫病与人畜共患病防控以及灾后恢复畜牧生产为重点的畜牧业抗震救灾工作。

1. 迅速部署动物疫病防控工作　地震发生的当日下午，农业部迅速了解灾情、研究落实中央抗震救灾部署，成立了以孙政才部长为指挥长的农业部抗震救灾指挥部，根据《农业重大自然灾害突发事件应急预案》，紧急启动农业救灾应急响应；提出把防止动物疫情和人畜共患病暴发作为农业系统抗震救灾工作的关键，对抗震救灾物资调配、队伍组织、技术指导、科普宣传等工作做出安排部署；先后发出《农业部关于全力做好农业抗震救灾工作的紧急通知》、《农业部办公厅关于做好灾后重大动物疫病防控工作有关问题的紧急通知》，主要从以下几个方面进行部署：

一是从"强化消毒、强化监测、强化无害化处理、强化灾后免疫、强化检疫监督"入手，抓好灾后动物疫病防控工作，千方百计防止动物疫病暴发，确保灾后无重大动物疫病和人畜共患病发生。二是对因灾致死动物和病害动物"不准宰杀、不准销售、不准运输、不准食用"的规定，切实做好产地检疫和屠宰检疫工作，保证灾后动物及其产品的正常流通秩序和动物产品安全。三是要求灾区各地畜牧兽医部门抓紧组建防疫小分队，尽快下到所有受灾乡村，开展死亡畜禽无害化处理和消毒、免疫与监测工作；采取发放挂图、明白纸等形式，指导养殖户开展死亡畜禽无害化处理和畜禽圈舍消毒工作；加快消毒剂、防护服、疫苗等防疫物资生产调运，确保防控需要，非灾区农业部门要抓紧组建应急防疫预备队，准备随时赶赴灾区参加疫病防控工作。

2. 科学开展死亡动物无害化处理和消毒

（1）**科学决策**　把死亡畜禽无害化处理和环境消毒作为第一阶段动物防疫工作的重点。灾情发生后，进入救灾核心地带道路极为拥堵，而死亡动物尸体无害化处理和环境消毒工作又刻不容缓，农业部专家组果断提出动物尸体无害化处理、环境消毒及灭鼠工作按照"由外向内，逐步跟进"原则展开。与卫生部抗震救灾工作组就信息交流、消毒药品、高压消毒器械等防疫物资资源共享达成一致意见，确立防控路径。即：卫生部门在重灾区核心地带对人的遗体和动物尸体处理及环境消毒，采取"由内向外，逐步推进"的原则展开；农业部门在核心地带外围对动物尸体进行处理和环境消毒，采取"由外向内，逐步跟进"的原则展开。动物疫病防控路径的选择，既不耽误灾区动物防疫工作及时展开，也缓解了救人通道交通拥堵状况。同时，外围展开的动物尸体无害化处理、环境消毒工作在环绕重灾区核心地带周边构筑起一道防疫屏障。

（2）**组建应急队伍**　农业部专家组与解放军总后勤部协调，组成6个农业部—解放军联合动物防疫应急分队，及时赶赴汶川、理县、茂县、北川、青川、平武6个重灾区，指导当地畜牧兽医人员和抗震救灾部队官兵开展死亡畜禽无害化处理和环境消毒工作。为充分保障动物防疫应急队工作，设立了省抗震救灾动物疫病防控后勤保障队，下设物资组织组和物资送配组，坚持24小时不间断地向前方提供和运输必须的工作和生活物资，有效保障了应急队工作的正常开展。据统计，累计对 26 个乡镇、463 个规模养殖场、1.7 万户农户及其周边的灾民临时聚集点、屠宰场、市场、军营和水源环境进行了全面消毒，消毒面积达 500 多万米^2；挖掘、清理和处理死亡动物4.1 万多头（只）；发放动物卫生防疫宣传资料 1 万多份，为确保大灾之后无大疫，维护人民群众身体健康和生命安全做出了积极贡献。

3. 开展动物重大动物疫病和人畜共患病的防控工作

（1）**开展紧急免疫，防控动物疫病** 随着抗震救灾工作的深入推进，为防止灾后狂犬病、乙型脑炎、猪 2 型链球菌病、炭疽等人畜共患疾病和重大动物疫情等次生灾害的发生，农业部抗震救灾专家组与四川省畜牧食品局共同制定了《四川省灾区动物紧急免疫方案》（简称《方案》）。《方案》就紧急免疫病种、范围、原则、方法、保障措施等作了详细规定。一是各地畜牧兽医部门在当地抗震救灾指挥部的率领下，与部队、公安、卫生等部门紧密配合，从人群密集区和灾民集中安置区着手，对犬逐一登记、紧急免疫、挂牌确认、进行拴养，果断处置流浪犬和无主畜禽。二是以人口密集地附近的生猪规模场为重点，开展猪乙型脑炎紧急免疫，并加强蚊虫等传播疫源的灭杀。三是在阿坝州以牛羊为重点加强炭疽的紧急免疫。四是加强灾区鼠情监测和报告，探索和创新灭鼠方法，做好灾区灭鼠和鼠传疫病防控工作。五是加强灾区动物防疫知识宣传。据统计，四川省 40 个受灾县共紧急注射狂犬病疫苗 60 万头份、猪乙型脑炎疫苗 512 万头份、猪 2 型链球菌病疫苗 474 万头份、炭疽疫苗 190 万头份。

（2）**开展科学监测，监控动物疫情** 灾区各级畜牧兽医部门加强动物疫情监测预警、疫情监测报告和流行病学调查，防止炭疽病、乙型脑炎、狂犬病、猪 2 型链球菌病等人畜共患疫病和高致病性禽流感、口蹄疫等重大动物疫病的发生和流行。把监测重点放在受灾极重的 21 个县（市、区）和受灾重的 20 个县（市、区）的 967 个乡（镇）8 870 个村。在重点监测的县（市、区），又把城乡结合部、灾民集中安置点、种畜禽场、规模养殖场、养殖小区、畜禽交易市场、畜禽屠宰场、历史疫区作为重点区域进行监测。

（3）**加强检疫监督，保障动物产品安全** 抗震救灾中，农业部和灾区各级畜牧兽医部门将检疫监督工作与动物尸体无害化处理、动物疫病监测、动物疫病预防免疫等工作一并部署安排、一并检查指导、一并抓好落实。一是加强驻厂检疫工作，确保灾区群众和救灾部队吃上放心肉食品。二是加强质量安全检测。四川省畜产品安全检测中心直接抽检承担向灾区调运畜产品的加工企业的肉制品,重点检测畜产品违禁药物、兽药残留。凡供应灾区的肉食品原则上在省内规模养殖场收购加工,凡有在省外收购生猪加工的,除例行抽检外,相关市(州)进行"瘦肉精"专项检测。三是加强监督检查。承担向灾区调运畜产品的屠宰企业所在市(州)的畜牧兽医部门成立督查组,每天对屠宰加工企业驻厂检疫情况进行督查。对在督察中发现的病死和灾害中死亡畜禽一律按"四不一处理"原则进行处理。

4. 危机后的评估与恢复

(1) **灾后畜牧业重建**　一是农业部组织灾后专家组对农业的受灾情况进行评估,特别是对畜牧业损失和兽医设施的毁坏及服务能力进行科学评估,根据评估结果,科学编制畜牧业灾后恢复和兽医服务及执法能力重建规划。灾后恢复重建规划的规划内容、重建项目和投资全部纳入了国家灾后重建总体规划和 4 个专项规划,涉及项目 357 个,总投资 129.32 亿元,为畜牧业灾后恢复重建奠定了基础。二是全力推进畜牧业灾后恢复重建。突出恢复重建的重点,把政府性资金优先用于恢复重建最重要、最紧迫的项目,有力、有序、有效推进灾后畜牧业恢复重建工作。同时组织畜牧兽医技术人员,深入灾区、进村入户,加大动物疫病防控、圈舍修复、综合饲养技术的指导和推广力度,广泛开展畜牧科技助农行动,努力帮扶农户实现畜牧业增收。三是加强灾后恢复重建项目招投标监管。成立恢复重建资金管理领导小组,严格程序、规范要求、加大监管,确保畜牧兽医建设项目招投标不出问题,确保资金安全。在抗灾救灾后,新争取农业项目资金近 1.7 亿元投入地震灾区,各地正紧张有序地开展建设,有力地推动了畜牧业灾后恢复重建。

(2) **表彰和鼓励**　在抗震救灾中,兽医部门涌现出了一大批先进集体和先进个人。他们在关键时刻,坚决服从组织安排,以对党的事业高度忠诚和对人民利益高度负责的精神,忘我工作,克服困难,在防控灾后人畜共患病和重大动物疫病、保证救灾物资供应、恢复畜牧业生产等方面作出了积极贡献,受到了各级政府的表彰与奖励。国家首席兽医师贾幼陵被授予"全国抗震救灾英雄模范"荣誉称号;四川省绵竹市畜牧局等单位和个人被评为"农业系统抗震救灾英雄集体"和"农业系统抗震救灾英雄"荣誉称号;四川省动物防疫监督总站站长余勇被四川省委、省人民政府授予"全省抗震救灾模范"荣誉称号;四川省动物防疫监督总站等 6 个先进集体和余勇等 65 名先进个人获四川省畜牧食品局通报表彰。

（三）启示和思考

在这次抗震救灾中，各级畜牧兽医部门和广大兽医工作者以科学发展观为指导，科学谋划、科学决策、科学救灾，进行了一系列探索和尝试。比如：整合畜牧兽医部门和大专院校、科研院所兽医工作力量，解决"有力防控"；采取"由外向内、逐步跟进"的防控路线，解决"有序防控"；协调兽药企业提高产品性能、改进包装，解决"有效防控"；采取农业、卫生、军队联动，解决交通管控地区"怎么防控"；建立物资供应超前机制，解决"用何防控"；利用媒体、挂图、明白纸、讲座、手机短信等形式，解决"大家防控"；通过无害化处理、消毒、紧急免疫、强化疫情监测、监督管理和处置无主畜、安置幸存活畜、灭鼠等多种措施，解决"综合防控"。这些经验和启示为动物防疫应急工作提供了有益的借鉴。

1. 领导重视，行动迅速是根本保证　地震发生后，农业部多次召开会议研究，从组织领导、物资调配、队伍组织、技术指导、科普宣传等方面部署抗震救灾工作。孙政才等多位部领导先后赴四川、甘肃、陕西等省一线指挥，使动物疫病防控工作得以顺利开展。四川等省、地（市）、县各级畜牧兽医部门相继启动应急响应，分别成立了抗震救灾领导小组及其相应工作机构，研究防控举措、制订防控预案、安排防控工作，并派出督查组、技术指导组、工作组深入灾区一线检查、指导、帮助工作；组建应急防疫队、突击队蹲点驻守具体实施防控工作，有效推动了动物疫病防控工作。

2. 预防为主，常抓不懈是必要准备　自 2005 年发生猪 2 型链球菌病事件以来，各级政府和兽医部门进一步加强了重大动物疫病和人畜共患病的防控与应急工作。国家先后出台了《重大动物疫情应急条例》、《国家突发公共卫生事件应急预案》，各级兽医部门进一步完善了动物疫情应急预案，开展应急演练，落实"早发现、快反应、严处理"的措施，确保万无一失，不留隐患，应急快速，处置果断。农业部每年都下发重大动物疫病免疫方案和监测方案，对高致病性禽流感、口蹄疫、猪瘟、新城疫、狂犬病、炭疽、布鲁氏菌病和猪流行性乙型脑炎等重大动物疫病和人畜共患病有效抗体免疫合格率提出明确指标，并对上述病种的免疫程序、免疫方法作了细化。各地畜牧兽医部门建立免疫、监测、物资储备等机制，在队伍培训、组织建设、应急演练、物资保障等方面做了大量工作，应急处置能力得到很大提高。这些贮备为应对突发地震中的动物疫病紧急防控工作发挥了重要指导作用，为这次地震动物人畜共患病应急处置打下了坚实的基础，使灾区防控工作得以有条不紊地开展。

3. 科学决策，有序开展是关键措施 一是组织技术专家。农业部在抗震救灾工作一开始，就注重引导全系统树立科学防控理念、把握科学防控规律、探索科学防控方式，农业部兽医局从中国动物疫病预防控制中心等单位抽调 20 名人畜共患病专家组成防控工作专家组，先后派出 52 名领导、专家和技术人员赴灾区一线指导抗震救灾工作。二是解决技术难题。为规范灾区死亡动物尸体无害化处置，避免对周边环境二次污染，结合我国主要地震灾区的实际情况，从死亡动物掩埋选址、挖坑标准、掩埋程序以及对施埋人员防护要求等方面，制订了《地震灾区动物尸体深埋处置要点》。三是营造群防群控的氛围。紧急编制发放《地震灾后动物疫病防控宣传知识挂图》等科普宣传资料；利用电台、电视台、报纸、通讯等加强宣传；采用培训人员、举办讲座、技术帮带等方式，提高防控人员的技术素质，提高防控效果。

4. 物资保障，资金到位是重要基础 农业部按照"需要多少、调拨多少、支付多少、就近供应、满足需要"的原则，建立救灾应急物资超前供应机制。一是资金到位。地震发生后，农业部立即商财政部向地震灾区紧急拨付动物防疫消毒无害化处理和鼠害防治补助经费以及动物和病虫害疫情监测与防治资金。为保证救灾资金快速到达灾区，协调财政部和中国农业银行，开通向灾区拨款的"绿色通道"，确保应急资金当日到达。二是物资保障。在整个救灾工作中，保证动物疫病防控物资不断档。农业部协调企业解决消毒剂包装、产品批号等问题，减少企业生产工序，加快生产步伐，缓解了消毒剂数量紧与灾区需量大的矛盾。倡导国内 20 家动物防疫药械企业向灾区捐赠近百万元消毒液、疫苗。三是加强抗震救灾款物管理，通过严把"四个环节"（严把采购环节、严把公示环节、严把物资出入库环节、严把支出环节），加强物资采购管理；严格按照资金使用，确保了抗震救灾资金的专款专用。

5. 整合队伍，部门合作是有效途径 一是整合地震灾区动物疫病防控力量。地震使灾区的畜牧兽医人员、亲属及其财产遭受重大损失。救灾伊始，这部分人忙于自救互救，无暇顾及防控工作。针对这一情况，农业部专家组提出有效整合兽医资源的建议，提出在四川省畜牧食品局直属事业单位抽调兽医技术人员，再从两校兽医专业教师和高年级学生的志愿者中选调人员组成防疫小分队和应急预备队，赴灾区开展无害化处理和消毒工作。二是军地联合实现灾区动物疫病防控全覆盖。由国家部委与解放军总部联合派出专家防疫队的工作模式，对整个灾区实施全面防控与监测。人畜共患病专家防疫队的这次任务来源于农业部，队员由总后勤部派出，在整个灾区大范围机动，不受地域、单位等限制，利用高技术手段，为上级提供了大量有价值的预警信息和建议。这种工作模式是一种卫生战略侦察的雏形，值得深入总结，可在国家重大公共卫生事件和重大动物疫情的应急处置中进一步实践。三是加强部门配合和区域协调，与卫生部建立协调机制，加强防疫信息交流，共享消毒药品、医疗器械等防疫物资，与湖北、湖南等四川周边省份兽医部门建立就近帮扶机制。

参 考 文 献

白刃,杨百学,常洋,等. 2009. 溶菌酶及其应用畜禽业,8:46-47.

陈小雄. 2009. 胰岛素治疗角膜损伤的研究进展. 眼科研究,27(10):927-930.

陈艳文. 2006. 英美法系国家动物卫生法律体系研究. 中国农业大学硕士论文.

陈育红. 2003. 我国毛皮产品质量存在的问题与对策. 内蒙古质量技术监督,1:21-22.

崔宜庆. 2009. 中国结核病形势与影响因素分析. 实用预防医学,16(3):955-958.

方荣昌. 2009. 浅析我国兽用生物制品的现状. 大众商务,5:286.

富强,翟新验,卢胜明. 2003. 3Rs原则的应用实例——用鸡胚肝细胞替代鸡肾细胞培养禽腺病毒. 实验动物科学与管理,20(3):54-56.

甘孟侯. 2004. 目前我国畜禽疫病发生的现状及控制. 畜牧与兽医,36(7,8):1-2.

高集云. 我国兽医管理体制改革正在稳步推进. 网络资料.

高天宇,贾百灵,高睿. 2005. 动物养殖场生物安全体系的内容. 11:48-49.

高玉鹏,任战军主编. 2006. 毛皮与药用动物养殖大全. 北京:中国农业科学技术出版社.

顾方鸿. 2000. 疫苗免疫与生物安全体系. 上海畜牧兽医通讯,3:41.

郭天芬,牛春娥,高雅琴,等. 2007. 影响毛皮质量的疾病及防治措施. 畜牧兽医科技信息,12:18-19.

贺争鸣. 2003. 动物实验中的减少和替代概念(续). 实验动物科学与管理,20(4):53-56.

贺争鸣. 2003. 动物实验中的减少和替代概念. 实验动物科学与管理,20(1):53-56.

胡美华,林伯全. 2007. 规模化猪场生物安全体系的构建. 福建畜牧兽医,29(6):55.

胡天正,杨锁柱. 2008. 浅谈养殖场生物安全体系. 中国动物检疫. 25(4):8.

黄得林著. 2007. 动物产品质量、现代畜牧业、动物疫病与补贴制度理论与实践. 北京:中国农业科学技术出版社.

江宵兵. 2003. 推行生物安全体系生产安全畜禽产品. 中国禽业导刊,20(1):10-11.

李冠民,李继平. 2002. 实验动物科学发展回顾. 实验动物科学与管理,19(3):27-131.

李薇,梁倩影,喻良文,等. 2008. 药用动物规范化养殖研究中的关键问题. 中草药,

39（12）：1899-1901.

刘艳涛. 构建养殖业发展和公共卫生的安全屏障—兽医工作改革发展30年成就综述. 中
国农业信息网.

马世春主编译. 2009. 国外动物福利管理与应用. 北京：中国农业出版社.

孟庆普. 2008. 警惕！人间布鲁氏菌病反弹. 中国乡村医药杂志. 15（5）：3-4.

农业部. 2009年国家动物疫病监测计划的通知. 网络资料.

农业部兽医局，中国动物疫病预防控制中心. 2009. 人畜共患传染病释义. 北京：中国
农业出版社.

曲连东，张永江主编. 2007. 动物实验室的生物安全与防护. 北京：中国农业科学技术
出版社.

石莲. 2008. 中国结核病现状及对策. 中国实用乡村医生杂志，15（3）：5-6.

宋智娟，赵国先，张晓云，等. 2005. 毛皮质量与营养调控. 黑龙江畜牧兽医，'11：90-
91.

孙照刚，徐玉辉，李传友. 2009. 畜禽结核病及其危害. 中国畜牧兽医，36：（7）175-
177.

汪恩强，金东航，黄会岭，等主编. 2003. 毛皮动物标准化生产技术. 北京：中国农业
大学出版社.

汪文辉. 2008. 动物卫生技术标准体系框架研究. 中国农业大学硕士论文.

王传清，李星. 2009. 布鲁氏菌病的流行和研究现状及防控策略. 26（6）：63-64.

王宏伟，刘伟. 2007. 中国兽医实验室建设与管理. 中国牧业通讯.

王建文，赵玉军，林颖. 2006. 人兽共患病频发的原因与对策，27（2）：104-107.

王君玮，王志亮，吕京主编. 2009. 二级生物安全实验室建设与运行控制指南. 北京：
中国农业出版社.

王永鹰. 2006. 我国猪病严重的原因浅析. 上海畜牧兽医通讯，4.

吴启南. 2008. 药用动物资源研究面临的问题与对策. 江苏中医药，40（1）：21-22.

肖必，胡婷，刘树人. 2009. 胰岛素强化治疗肝移植术后糖尿病. 实用医学杂志，25
（18）：3079-3080.

新中国成立60周年兽医事业发展成就综述. 中国农业信息网.

徐百万主编. 2007. 动物免疫采样与监测手册. 北京：中国农业出版社.

徐海军. 2004. 养殖场生物安全体系的构建. 湖北畜牧兽医，2：25-27.

徐缓，刘毅，刘昕. 2008. 中国结核病防治人力资源数量研究. 中国防痨杂志，30（4）：
316-319.

徐吉英，王国杰，王国斌. 2005. 结核病耐药与用药史关系的研究. 临床荟萃，20
（18）：1031-1033.

尹雪，徐缓. 2008. 中国结防机构及其人力资源研究进展. 预防医学论坛，14（1）：51-

53.

张天民. 2006. 生化药物研制的思路与方法中国天然药物. 中国天然药物，4（4）：
242 - 245.

张振兴，李玉峰. 2006. 对我国养殖业生物安全现状的分析与对策. 经济动物学报，10
（1）.

张振兴，李玉峰.2006. 国家应重视兽医和狠抓养殖业的生物安全. 畜牧与兽医，38
（5）：51 - 53.

张振兴. 2009. 我国毛皮动物养殖概况及存在的问题. 经济动物学报，9（4）：187 -
190，210.

章红兵，周小平. 2005. 浅谈规模猪场生物安全体系的建立. 黑龙江畜牧兽医，2：33 -
34.

赵书广. 2005. 猪群生物安全体系建立细则（一）. 今日养猪业，6：22 - 26.

赵书广. 2006. 猪群生物安全体系建立细则（二）. 今日养猪业，1：29 - 31.

赵书广. 2006. 猪群生物安全体系建立细则（四）. 今日养猪业，3：33 - 35.

中华人民共和国国家质量监督检验检疫总局，中国国家标准化管理委员会. 2009.
GB 19489—2008 实验室 生物安全通用要求. 北京：中国标准出版社.

中华人民共和国农业部. 农业部关于进一步规范高致病性动物病原微生物实验活动审批
工作的通知（农医发［2008］27 号）.

中华人民共和国农业部. 兽医实验室生物安全管理规范（302 号公告）.

周东坡，赵凯，马玺，等编著. 2008. 生物制品学. 北京：化学工业出版社.

周丽莎，耿文奎. 2009. 结核病耐药原因分析. 中国公共卫生，25（5）：524 - 526.

周小平，章红兵. 2004. 生物安全与猪的健康. 上海畜牧兽医通讯，6.

祝永华，刘金凤. 2006. 集约化种猪场生物安全体系的建立. 中国动物保健，4：53 -
55.

邹明进. 2007. "3R" 福利与实验动物. 检验检疫科学，17（5）：70 - 71.

Abdesslam B. 2006. The double burden of communicable and noncommunicable diseases in
developing countries. Trans R Soc Trop Med Hyg，100：191 - 1991.

Dye C. 2006. Global epidemiology of tuberculosis. Lancet，367：938 - 401.

Laserson KF，Wells CD. 2007. Reaching the targets frotuberculosis control：the impact
of HIV. Bull WHO. 85（5）：377 - 3811.

图书在版编目（CIP）数据

兽医公共卫生 / 王功民，马世春主编. —北京：
中国农业出版社，2011.1
ISBN 978-7-109-15310-3

Ⅰ.①兽… Ⅱ.①王… ②马… Ⅲ.①兽医学：公共
卫生学 Ⅳ.①S851.2

中国版本图书馆 CIP 数据核字（2010）第 254988 号

中国农业出版社出版
（北京市朝阳区农展馆北路 2 号）
（邮政编码 100125）
责任编辑　颜景辰　刘　玮

北京通州皇家印刷厂印刷　新华书店北京发行所发行
2011 年 1 月第 1 版　2011 年 1 月北京第 1 次印刷

开本：720mm×1000mm　1/16　印张：43.75
字数：726 千字　印数：1～3 000 册
定价：98.00 元
（凡本版图书出现印刷、装订错误，请向出版社发行部调换）